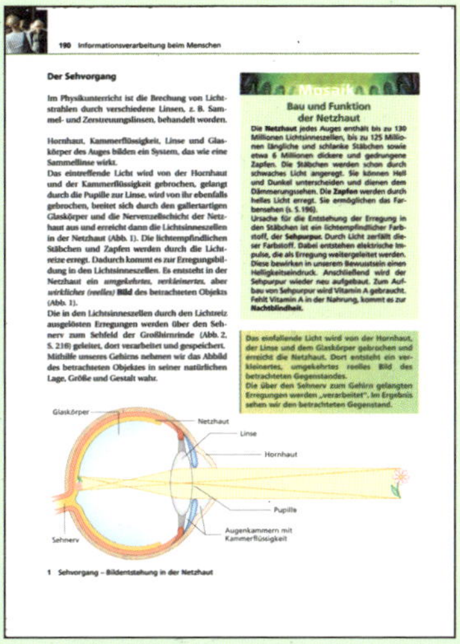

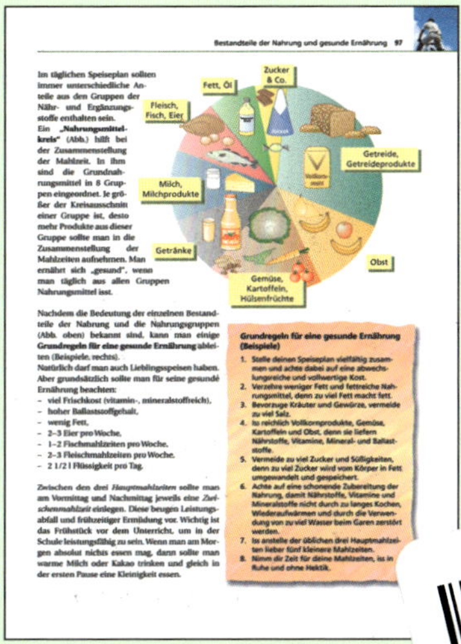

Inhaltsseiten

vermitteln dir – unterstützt durch **Merksätze,** Tabellen, Fotos, Grafiken und Übersichten – biologisches Grundlagenwissen über wichtige Begriffe, Gesetzmäßigkeiten, Erscheinungen und Zusammenhänge.

Das Mosaik

enthält zusätzliche Informationen über interessante Sachverhalte.

Stec[illegible]

W0241407

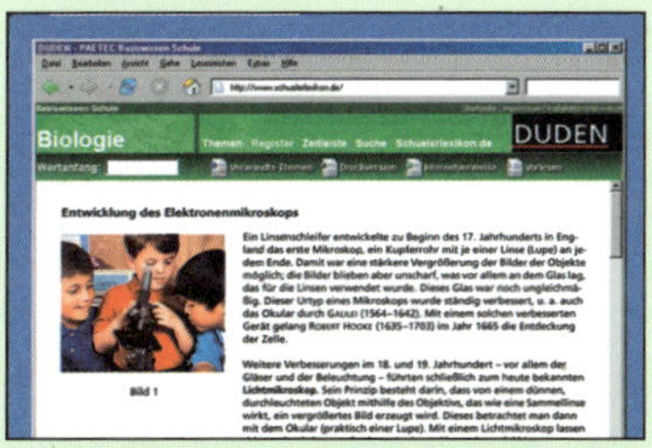

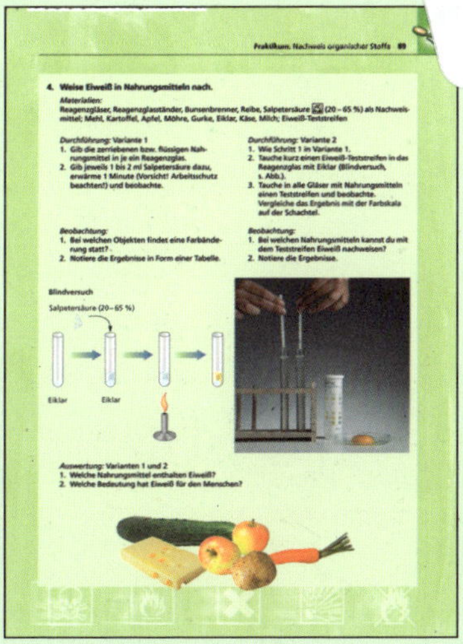

Internetseiten

regen zur weiterführenden Beschäftigung mit wichtigen und interessanten Themen unter Nutzung neuer Medien an.

Praktikum

enthält Aufgaben praktischer Art, z. B. Beobachtungen und Experimente, die du auch in der Gruppe bearbeiten kannst. Sie ermöglichen dir ein tieferes Eindringen in die biologischen Grundlagen.

Projekte

enthalten neben Sachinformationen interessante Fragen, Beobachtungen und Experimente zu einem Projekt, die du in der Gruppe bearbeiten kannst. Sie regen dich außerdem an, eigene Projektideen zu entwickeln.

Inhaltsverzeichnis

1 Lebewesen bestehen aus Zellen 7

1.1 Bau der Zelle und Handhabung des Mikroskops 8

Aufbau des Lichtmikroskops und seine Handhabung 9
schuelerlexikon.de: Entwicklung des Elektronenmikroskops 10
Arbeitsmethoden: Mikroskopieren und mikroskopisches Zeichnen 11
Mikropräparate und ihre Herstellung 12
Zellen als Grundbausteine aller Lebewesen 13
Mosaik: Zelle – Gewebe – Organ – Organismus 15
Praktikum: Mikroskopische Untersuchungen von Zellen und Zellverbänden 16
Lebensvorgänge der Zellen 19
gewusst gekonnt 22
Das Wichtigste im Überblick 24

1.2 Vom Einzeller zum Vielzeller 26

Bau und Lebensweise einzelliger Tiere 27
Mosaik: Kammertierchen (Formaminiferen), Die Schlammamöbe (Amoeba) 28
Bau und Lebensweise einzelliger Grünalgen 30
Mosaik: Hüllengeißelalge (Chlamydomonas) 30
Das „Augentierchen" Euglena – Pflanze oder Tier? 31
Einzeller – Kolonie – Vielzeller 32
Mosaik: Bau und Formenvielfalt der Algen 33
Biologie im Alltag: Bedeutung der Algen 34
Projekt: Untersuchung eines stehenden Gewässers 36
gewusst gekonnt 40
Das Wichtigste im Überblick 41

1.3 Wirbellose Tiere in ihren Lebensräumen 42

Wirbellose Tiere – ein Überblick 43
Projekt: Wirbellose Tiere im Haus 47
Süßwasserpolyp – ein Hohltier 50
Mosaik: Korallen – farbenprächtige Hohltiere 51
Der Regenwurm – ein Ringelwurm 52
Vielfalt der Insekten 56
schuelerlexikon.de: Termiten 61
Spinnentiere 64
Krebstiere 65
Weichtiere 66
Arbeitsmethoden: Bestimmen 67
Stachelhäuter 70
Arbeitsmethoden: Vergleichen 71
gewusst gekonnt 72
Das Wichtigste im Überblick 74

2 Stoff- und Energiewechsel beim Menschen 75

2.1 Bestandteile der Nahrung und gesunde Ernährung 76

Bestandteile der Nahrung – ein Überblick 77
Nährstoffe und ihre Bedeutung 78
Ergänzungsstoffe und ihre Bedeutung 81
Lebensmittelzusatzstoffe 84
Mosaik: Genetisch veränderte Stoffe in Lebensmitteln – Segen oder Fluch? 85
Praktikum: Nachweis organischer Stoffe 86
Nährstoffbedarf und Energiebedarf 90
Arbeitsmethoden: Arbeit mit Tabellen 94
Gesunde Ernährung 96
Methoden zur Beurteilung der Körpermasse 98
Biologie im Alltag: Verschiedene Diäten – eine Auswahl 99
Ernährungsstörungen und Ess-Störungen 100
gewusst gekonnt 102
Das Wichtigste im Überblick 104

2.2 Verdauung, Resorption und Gesunderhaltung der Verdauungsorgane 105

Verdauungsorgane – ein Überblick 106
Verdauungsprozesse 108
Praktikum: Experimente zur Verdauung 111
Arbeitsmethoden: Beschreiben von Naturobjekten und Naturvorgängen 114
Bedeutung der Grundbausteine im Stoff- und Energiewechsel 116
Biologie im Alltag: Magen- und Darmerkrankungen und ihre Vorbeugung 117
gewusst gekonnt 118
Das Wichtigste im Überblick 119

2.3 Atmung, Stofftransport und Ausscheidung 120

Atmung und Atmungsorgane 121
Arbeitsmethoden: Arbeit mit Modellen 124
Gasaustausch 125
Arbeitsmethoden: Erklären von Erscheinungen 126
Bau und Funktionen der Blutbestandteile 129
Biologie im Alltag: Blutgruppen und Blutübertragung 131
Mosaik: Leistungen von KARL LANDSTEINER 133
Bau und Funktionen des Blutkreislaufs 134
Herz- und Kreislauf-Erkrankungen und vorbeugende Maßnahmen 140
Mosaik: Überblick über wichtige Herz- und Kreislauf-Erkrankungen 140
Biologie im Alltag: Verschiedene Herzuntersuchungen 142
Mosaik: Verletzungen der Blutgefäße 143
Ausscheidung und Ausscheidungsorgane 144
schuelerlexikon.de: Erkrankungen der Niere 146
gewusst gekonnt 149
Das Wichtigste im Überblick 151

3 Infektionskrankheiten und Immunsystem 153

3.1 Infektionskrankheiten 154

Entstehung und Verlauf von Infektionskrankheiten 155
Bakterien als Krankheitserreger 157
Arbeitsmethoden: Begründen biologischer Aussagen 159
Viren als Krankheitserreger 163
Pilze als Krankheitserreger 169
gewusst gekonnt 171
Das Wichtigste im Überblick 172

3.2 Immunsystem 173

Immunsystem und Immunität 174
Immunisierung 177
Mosaik: Menschenpocken – eine gefährliche Volksseuche, EMIL VON BEHRING 177
Biologie im Alltag: Organspende, Allergien – Überempfindlichkeit, meist krank machende Reaktionen unseres Immunsystems, Vorbeugung von Infektionskrankheiten 180
gewusst gekonnt 183
Das Wichtigste im Überblick 184

4 Informationsverarbeitung beim Menschen 185

4.1 Informationsaufnahme 186

Informationsaufnahme durch Sinneszellen – ein Überblick 187
Das Auge – unser Lichtsinnesorgan 188
Mosaik: Bau und Funktion der Netzhaut, Kontaktlinsen können Fehlsichtigkeit korrigieren 190
Biologie im Alltag: Das räumliche Sehen, das Farbensehen, optische Täuschungen 195
Mosaik: Schutz der Augen sowie ihre Gesundheit 198
Das Ohr – unser Hörsinnesorgan 200
Bio-Klick: Das Ohr und der Hörvorgang – Informationssuche im Internet 202
Mosaik: Unsere Ohren 204
Die Haut als Sinnesorgan 205
Biologie im Alltag: Bedeutung des Tastens für Blinde 208
gewusst gekonnt 209
Das Wichtigste im Überblick 211

4.2 Informationsverarbeitung im Zentralnervensystem 213

Nervensystem im Überblick 214
Teile des Zentralnervensystems 215
Informationsaufnahme, -weiterleitung und –verarbeitung 218
Reaktions-Abläufe und Reflexe 220
Mosaik: Leben und Leistungen von PAWLOW 223
Lernen und Gedächtnis 224
Erkrankungen und Gesunderhaltung des Nervensystems 228
Mosaik: Schlafphasen 229
Beeinträchtigung der Informationsverarbeitung durch Drogen 230
Biologie im Alltag: Künstlich hergestellte Drogen 235
Mosaik: Medikamentenmissbrauch 236
gewusst gekonnt 237
Das Wichtigste im Überblick 239

4.3 Regelung von Lebensprozessen durch Nerven und Hormone 240

Das Hormonsystem 244
Biologische Regelung 241
Regulation des Blutzuckerspiegels 246
Mosaik: Diabetes-Typen 248
gewusst gekonnt 249
Das Wichtigste im Überblick 250

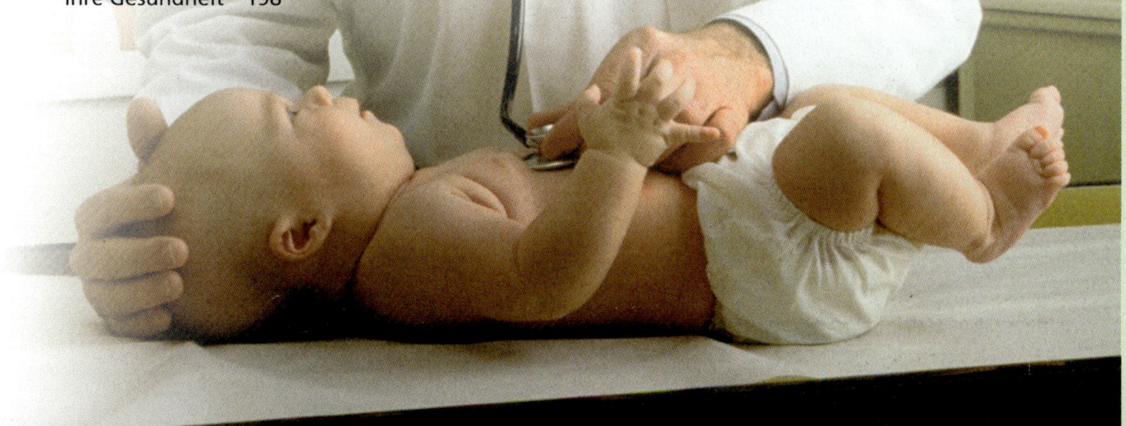

5 Entwicklung und Sexualität beim Menschen 251

5.1 Biologische Grundlagen der Sexualität 252

Sexualität und Pubertät 253
Bau, Funktionen und Hygiene der Geschlechtsorgane 255
gewusst gekonnt 260
Das Wichtigste im Überblick 261

5.2 Fortpflanzung und Entwicklung des Menschen 262

Geschlechtsverkehr und Befruchtung 263
Mosaik: Geschlechtsverkehr 263
Schwangerschaft und vorgeburtliche Entwicklung 264
Die Geburt (Entbindung) 266
Schutz für Mutter und Kind 267
Nachgeburtliche Lebensabschnitte 268
Mosaik: Vom Altern des Menschen 270
Sexualität und Partnerschaft 271
Familienplanung und Empfängnisregelung 274
Geschlechtskrankheiten 277
Informationssuche im Internet: Tripper 278
Biologie im Alltag: Sexueller Missbrauch, Sex in den Medien, Künstliche Befruchtung 279
gewusst gekonnt 280
Das Wichtigste im Überblick 282

6 Zusammenwirken der Organe und Organsysteme 283

Zusammenwirken von Organsystemen bei körperlicher Belastung 284
Stress – Motor oder Bremse unserer Leistungsfähigkeit? 287
gewusst gekonnt 290

Register 292
Bildquelle 296

1 Lebewesen bestehen aus Zellen

1.1 Bau der Zelle und Handhabung des Mikroskops

Verschiedene Mikroskoparten
Man unterscheidet Lichtmikroskope und Elektronenmikroskope. Die Abbildung zeigt ERNST RUSKA und MAX KNOLL mit dem von ihnen erfundenen Elektronenmikroskop.
Wann wurde das Elektronenmikroskop erfunden?
Wodurch unterscheidet es sich von einem Lichtmikroskop?

Mikroskop – ein empfindliches Gerät
Mikroskope sind wertvolle und empfindliche Geräte. Auch für die Schüler sind sie unentbehrliche Arbeitsmittel.
Wie arbeitet man mit einem Mikroskop?
Was muss man wissen und können, um richtig und sorgfältig mit dem Mikroskop umzugehen?

Lupen und Mikroskope – unentbehrliche Hilfsmittel
Lupen und Mikroskope sind heute unentbehrliche Hilfsmittel nicht nur für den Forscher, sondern für viele wichtige Tätigkeiten, z.B. für Blutuntersuchungen. Die Abbildung zeigt das Mikroskop von ROBERT HOOKE um 1665.
Wann wurde das Mikroskop erfunden?
Wodurch unterscheiden sich Lupe und Mikroskop?
Wie funktioniert ein Mikroskop?

Aufbau des Lichtmikroskops und seine Handhabung

Lupen und Mikroskope sind unentbehrliche Hilfsmittel im Biologieunterricht, um kleine Objekte (Prozesse) betrachten und untersuchen zu können.

In der Schule werden **Lichtmikroskope** genutzt. Durch das Lichtmikroskop (Abb. 1) erfolgt eine Vergrößerung des Objektbildes. Es kommt ein Bild zustande, das das Objekt bis über das 2000fache vergrößert zeigt.

Um richtig mit dem Mikroskop umgehen zu können, muss man es **sachgerecht handhaben.**

Nach Möglichkeit sollte vom beobachteten Objekt eine **mikroskopische Zeichnung** angefertigt werden, die die Form, die Lage- und die Größenverhältnisse richtig darstellt.

Beim Mikroskopieren werden sehr kleine Objekte und Lebensvorgänge (z. B. Fortbewegung) mithilfe eines Mikroskops betrachtet bzw. beobachtet. Durch das Mikroskop kommt ein vergrößertes Bild vom Objekt zustande.

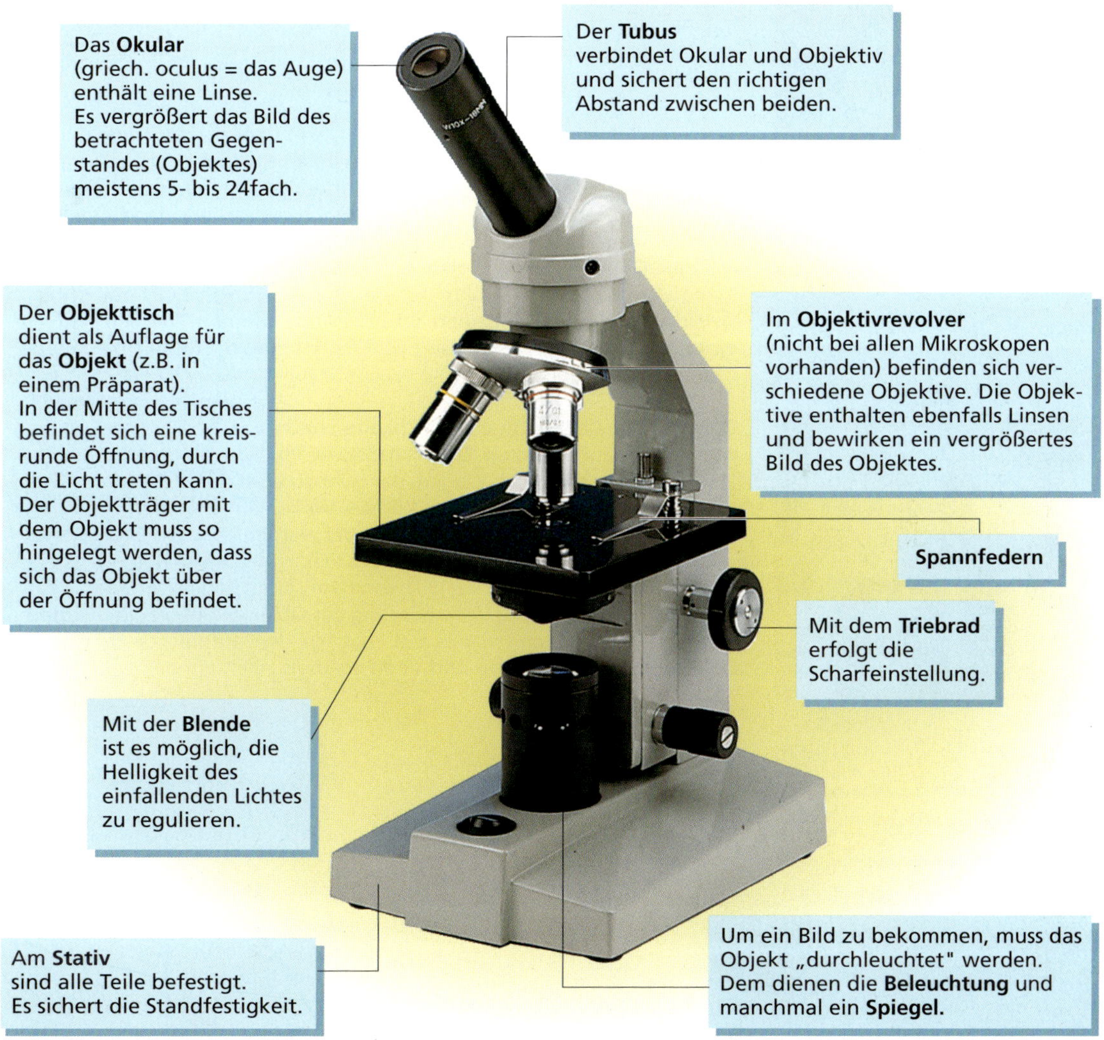

1 Das Lichtmikroskop – seine Bestandteile und deren Funktionen

Entwicklung des Elektronenmikroskops

Bild 1

Ein Linsenschleifer entwickelte zu Beginn des 17. Jahrhunderts in England das erste Mikroskop, ein Kupferrohr mit je einer Linse (Lupe) an jedem Ende. Damit war eine stärkere Vergrößerung der Bilder der Objekte möglich; die Bilder blieben aber unscharf, was vor allem an dem Glas lag, das für die Linsen verwendet wurde. Dieses Glas war noch ungleichmäßig. Dieser Urtyp eines Mikroskops wurde ständig verbessert, u. a. auch das Okular durch GALILEI (1564–1642). Mit einem solchen verbesserten Gerät gelang ROBERT HOOKE (1635–1703) im Jahr 1665 die Entdeckung der Zelle.

Weitere Verbesserungen im 18. und 19. Jahrhundert – vor allem der Gläser und der Beleuchtung – führten schließlich zum heute bekannten **Lichtmikroskop.** Sein Prinzip besteht darin, dass von einem dünnen, durchleuchteten Objekt mithilfe des Objektivs, das wie eine Sammellinse wirkt, ein vergrößertes Bild erzeugt wird. Dieses betrachtet man dann mit dem Okular (praktisch einer Lupe). Mit einem Lichtmikroskop lassen sich maximal aber nur Punkte mit einem Abstand von 0,001 mm unterscheiden (das 100fache dessen, was das Auge vermag). Deshalb sind mit einer 2000fachen Vergrößerung des Objektbildes die Möglichkeiten des Lichtmikroskops erschöpft.

Bild 2

Daher wurde über andere Möglichkeiten nachgedacht. Das Ergebnis war das **Elektronenmikroskop.** Der französische Physiker LOUIS DE BROGLIE (1892–1987) suchte nach Wegen, das Licht zu ersetzen. 1924 erkannte er, das sich bewegende Elektronen kürzere Wellenlängen haben als Lichtstrahlen, sich bündeln lassen und genutzt werden können, um äußerst dünne Präparate zu durchleuchten. Das Elektronenmikroskop war „geboren“. Es wurde erst im Jahre 1931 von dem Deutschen ERNST RUSKA gebaut. Damit konnte eine Vergrößerung des Objektbildes bis 2000000fach erreicht werden. Damit war es z. B. möglich, den Aufbau von feinsten Strukturen der Lebewesen und Viren erstmals zu erkennen.

... und mehr

Informiere dich auch unter: *Mikroskop, Ernst Abbe, Antony von Leeuwenhoek, Carl Zeiss, Praktische Tätigkeiten im Biologieunterricht, Biophysik*

Wie mikroskopiere ich Objekte und fertige eine mikroskopische Zeichnung an?

Um ein Objekt mithilfe des Mikroskops zu betrachten und um eine mikroskopische Zeichnung vom betrachteten Objekt anzufertigen, sind folgende **Schritte auszuführen.**

Handhabung des Mikroskops

1. Schritt

Einstellen der Beleuchtung
Auflegen des Präparates (Objektes)

1. Spiegel zur Lichtquelle einstellen, Blende öffnen, Gesichtsfeld ganz ausleuchten.
2. Tubus durch Drehen am Triebrad heben, Präparat bzw. Objekt (z. B. Haare, Federn, Pollen; Abb. 1) auf Objekttisch über die Öffnung legen und mit Federn befestigen.

2. Schritt

Einstellen der Schärfe und Vergrößerung

1. Um einen Überblick über das zu untersuchende Objekt zu erhalten, mit dem Objektrevolver die kleinste Vergrößerung einstellen.
2. Tubus bis dicht über Präparat bzw. Objekt durch Drehen senken, dabei seitlich beobachten, damit Objekt nicht zerstört wird.
3. Ins Okular sehen, Tubus durch Drehen langsam heben, bis Scharfeinstellung des Objekts erreicht ist.
4. Wenn notwendig, mithilfe der Blende die Helligkeit regulieren.

3. Schritt

Auswählen des Bildausschnittes

1. Durch langsames Verschieben des Präparates bzw. des Objektes einen guten Bildausschnitt vom Objekt suchen.
2. Objekt genau beobachten. Wenn notwendig, eine stärkere Vergrößerung scharf einstellen und Objekt erneut beobachten.

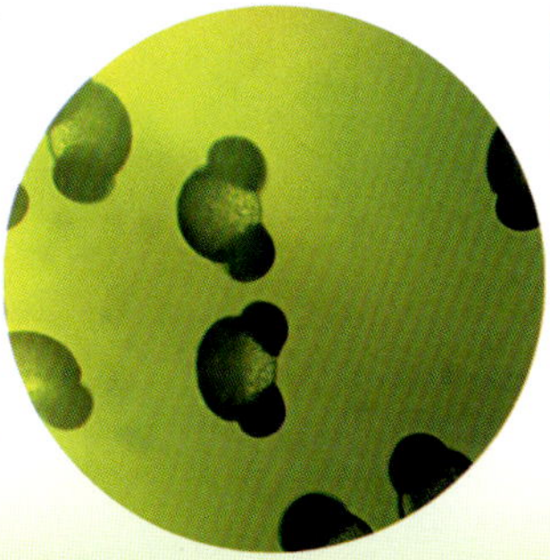

1 Kiefernpollen (50fach vergrößert)

Mikroskopisches Zeichnen

1. Schritt

Betrachten und Auswählen eines Objektausschnittes

1. Objekt im Mikroskop mit dem linken Auge betrachten, mit dem rechten Auge auf das neben dem Mikroskop liegende Zeichenblatt schauen.
2. Entscheiden, was mit Bleistift, aber ohne Hilfsmittel gezeichnet werden soll (Ausschnitt oder ganzes Objekt).
3. Suchen einer geeigneten Stelle.

2. Schritt

Zeichnen und Beschriften des ausgewählten Objektes

1. Zeichnen eines geeigneten Bildausschnittes.
2. Vergleichen von Zeichnung und Bildausschnitt und ergänzen der Zeichnung schrittweise; dabei Form, Lage und Größe des Objekts beachten (objektgetreue Wiedergabe).
3. Beschriften der Zeichnung (Objektname und erkannte Bestandteile, Vergrößerung; Abb. 2).

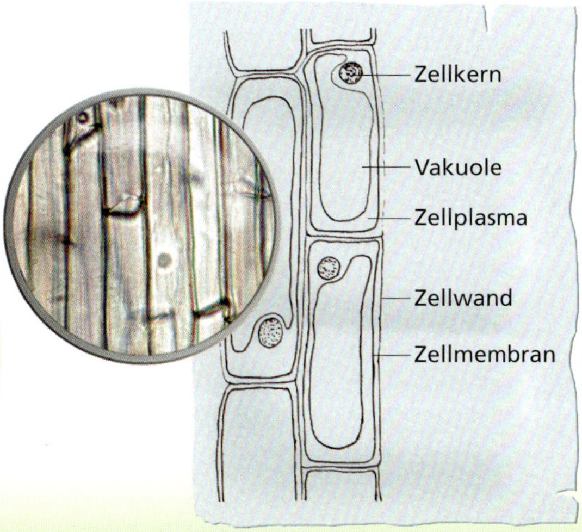

2 Zellen der Zwiebelhaut (Original und Zeichnung)

Mikropräparate und ihre Herstellung

Um ein Objekt mithilfe des Mikroskops zu betrachten, muss ein **Präparat** hergestellt werden. Man unterscheidet Frisch- und Dauerpräparate. **Frischpräparate** werden zur sofortigen Betrachtung der Objekte mit dem Mikroskop hergestellt. Sie halten nicht sehr lange.
Zu ihnen gehören *Trockenpräparate* (z. B. Insektenflügel, Pollenkörner, Fischschuppen, Haare).
Bei *Feuchtpräparaten* werden die Objekte erst in einem Wassertropfen auf den Objektträger gelegt und dann mit einem Deckgläschen abgedeckt (z. B. Moosblättchen, Teile von Früchten, Einzeller).

Objekte, die man häufiger betrachten will, kann man durch besondere Behandlung (Einschluss in Harz oder Glyceringelatine) haltbar machen. Solche Präparate nennt man **Dauerpräparate.**
Bei wieder anderen Objekten, beispielsweise dem Holundermark, dem Kork oder dem Kürbis- und Maisstängel, müssen erst dünne Schnitte angefertigt werden, damit Licht hindurchtreten kann. Erst dann können diese Objekte mithilfe des Mikroskops betrachtet werden.

Ein Mikropräparat besteht aus dem Objektträger, dem Objekt, oftmals einem Einschlussmittel (z. B. Wasser) und einem Deckgläschen (Abb.).

Herstellung eines Frischpräparates vom Zwiebelhäutchen

1. Bereitstellen der benötigten Arbeitsgeräte und Objekte (Objektträger, Deckgläschen, Pinzette, Pipette, Rasierklinge, Wasser, Zwiebel).
2. Reinigen der Objektträger und Deckgläschen.
3. Auftropfen von etwas Wasser mithilfe einer Pipette in die Mitte des Objektträgers.
4. Zerschneiden der inneren durchsichtigen Haut einer Zwiebelschuppe mithilfe einer Rasierklinge in kleine Quadrate (Arbeitsschutz beachten).
5. Abheben eines Stückchens der durchsichtigen Zwiebelhaut mit der Pinzette und in den Wassertropfen auf den Objektträger legen. (Achtung: Wenn sich das Hautstückchen einrollt, dann vorsichtig mit zwei Präpariernadeln aufrollen).
6. Vorsichtig ein Deckglas auf das Objekt im Wassertropfen legen. Dazu das Deckglas schräg an den Wassertropfen heranbringen und langsam auf das Objekt im Wasser sinken lassen.
7. Seitlich hervorquellendes Wasser mithilfe eines

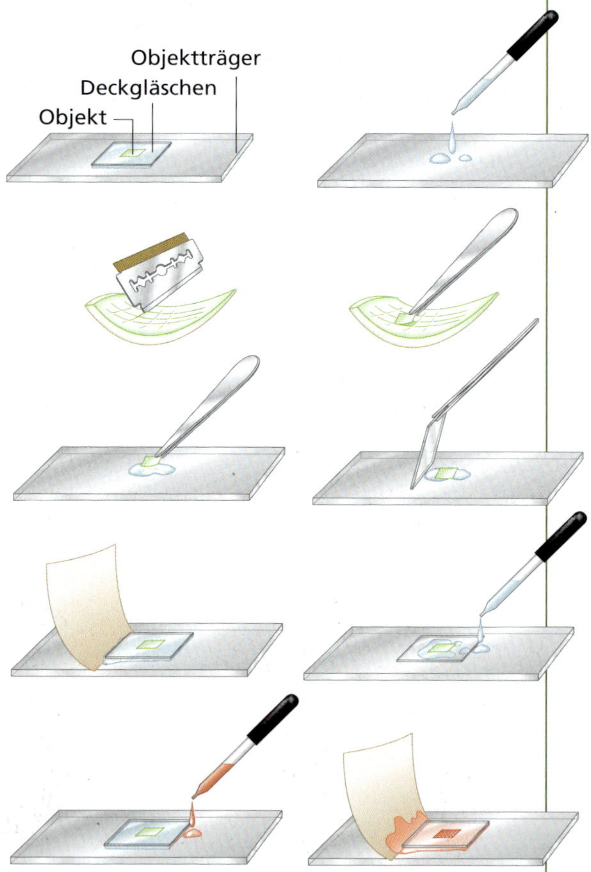

Zellen als Grundbausteine aller Lebewesen

Formenvielfalt und Größe von Zellen

In ihrer Form und Größe sind sowohl die Zellen von Tieren und dem Menschen sowie den Pflanzen (Abb. 2) unterschiedlich.

Nach der **äußeren Form** sind die Zellen z.B. quaderförmig, kugelig oder zylindrisch (Abb. 1). Die verschiedenen Zellen erfüllen auch unterschiedliche Aufgaben.

Im mikroskopischen Bild erscheinen die Zellen flächig. Sie sind aber kleine Körper, die aus verschiedenen Bestandteilen bestehen.

Erhebliche Unterschiede gibt es auch in der **Größe der Zellen** (Tab.; Abb. 2). Da viele Zellen sehr klein sind, wird zum Messen der Zellgröße die Maßeinheit Mikrometer (µm) verwendet. Ein Mikrometer ist immer der tausendste Teil (1/1000) eines Millimeters.

Im Allgemeinen beträgt der Zelldurchmesser 10 bis 250 µm.

Zellarten	Zellgrößen
rote Blutzelle (Mensch)	7,5 µm
Straußenei	75000,0 µm
Mundschleimhautzelle	60,0–80,0 µm
Nervenzelle	1000000,0 µm
glatte Muskelzelle	300,0 µm
Moosblättchenzelle	250,0 µm
Zwiebelhautzelle	400,0 µm
Holundermarkzelle	200,0 µm
Korkzelle	30,0 µm
Faserzelle vom Lein	70000,0–150000,0 µm
Ramiefaserzelle	300000,0 µm

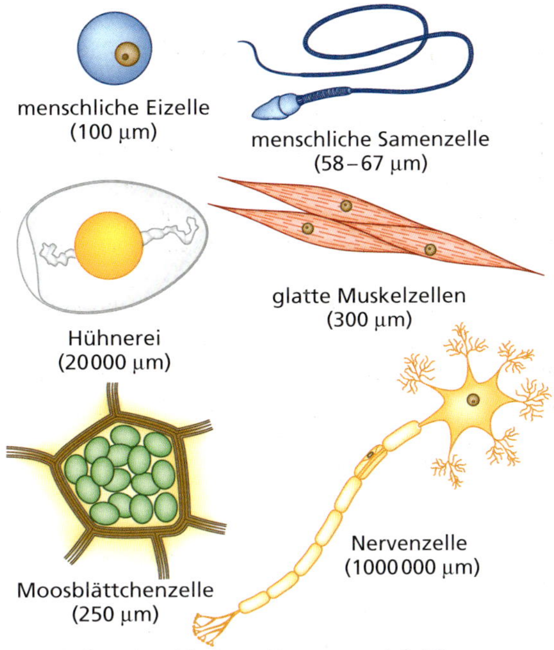

2 Zellen verschiedener Formen und Größe

Sehr kleine Zellen findet man u.a. bei Pilzen. Sie sind nur den Bruchteil eines Millimeters lang. Faserzellen der Leinpflanze z.B. können dagegen bis zu 15 cm lang werden.

Auch Nervenzellen können eine erhebliche Länge von einem Meter erreichen. Sehr groß sind auch die Eizellen einiger Tiere, z.B. erreicht die Eizelle unseres Haushuhnes (das Eigelb) eine Größe von 20 mm (20000 µm).

Entsprechend den unterschiedlichen Aufgaben sind die Zellen in ihrer Größe verschieden und in ihrer Form mannigfaltig. Zellen sind die Grundbausteine aller Lebewesen.

1 Gestalt und Formen der Zellen werden von ihrer Funktion im Organismus bestimmt.

Bau einer Pflanzenzelle

Untersucht man mikroskopisch ein Moosblättchen, Holundermark oder auch das Zwiebelhäutchen und betrachtet man deren Zellen, stellt man fest, dass die Zellen sich gegenseitig durch eine dünne Wand abgrenzen. Es ist die **Zellwand.** Sie enthält Cellulose und verleiht den Zellen ihre Stabilität. Auch bei anderen pflanzlichen Objekten werden die Zellen durch eine Zellwand voneinander abgegrenzt.
Innerhalb des Raumes, den die Zellwand umschließt, ist in den Zellen ein **Zellkern** gut erkennbar (Abb. 1). Er ist meist kugel- oder linsenförmig. In ihm sind die Erbanlagen gespeichert. Er steuert viele Lebensfunktionen.
Zwischen Zellkern und Zellwand ist die Zelle von einer meist feinkörnigen und zähflüssigen, fast durchsichtigen Substanz ausgefüllt, dem **Zellplasma** (Cytoplasma). Es besteht u. a. aus Eiweißen, Salzen und Wasser. Eingelagert sind **Mitochondrien,** die der Atmung dienen.
Zur Zellwand hin wird das Zellplasma von einem sehr dünnen Häutchen umgeben. Dieses Häutchen bildet die äußere Abgrenzung des Zellinhalts und liegt der Zellwand dicht an. Das feine Häutchen wird **Zellmembran** genannt. Im Mikroskop ist die Zellmembran schwer zu erkennen. Sie grenzt das Zellplasma ab und ermöglicht den Stoffaustausch zwischen den Zellen.
Betrachtet man die Zellen der Laubblätter von Pflanzen, aber auch die Zellen der Außenschicht von Stängeln krautiger Pflanzen mithilfe des Mikroskops, so findet man in den Zellen eiförmige bis kugelige kleine, grüne Körper. Sie werden **Chloroplasten** genannt. Sie enthalten den grünen Farbstoff *Chlorophyll.* Daher rührt die grüne Farbe z. B. der Laubblätter.
In den Chloroplasten wird aus Wasser und Kohlenstoffdioxid mithilfe des Chlorophylls unter Nutzung von Licht Traubenzucker gebildet und dabei Sauerstoff freigesetzt, der in die Luft gelangt.
Betrachtet man ältere Pflanzenzellen mithilfe des Mikroskops, so erkennt man, dass sie im Zellinneren Hohlräume besitzen. Diese mit Flüssigkeit (dem Zellsaft) gefüllten Hohlräume heißen **Zellsafträume** oder **Vakuolen** (Abb. 1).

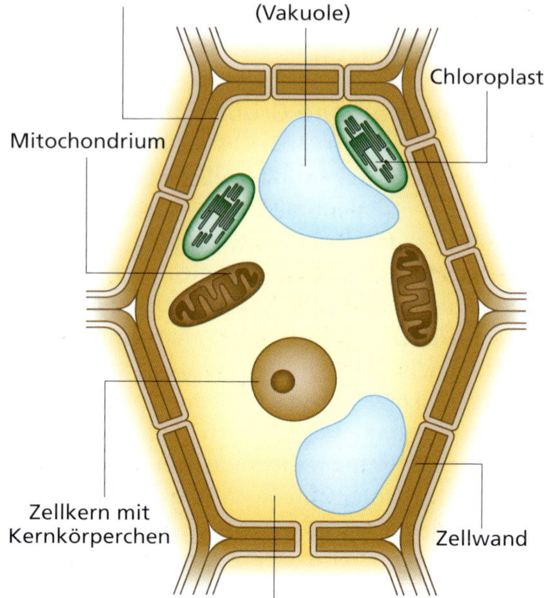

1 Bau einer Pflanzenzelle (schematisch)

Im Zellsaft können verschiedene Stoffe, wie Salze, Nährstoffe, Farbstoffe, gelöst sein.
Mit Zellsaft gefüllte Vakuolen können leicht in Zellen aus dem Fruchtfleisch der Ligusterbeere und der Tomate sowie in Zellen der roten Küchenzwiebel betrachtet werden.

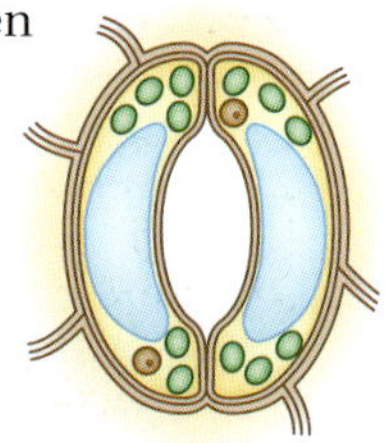

Spezialisierte Pflanzenzellen (z. B. Schließzellen der Spaltöffnungen) bzw. bestimmte Zellbestandteile (z. B. Chloroplasten) führen ganz spezielle Aufgaben aus.

Jede lebende Pflanzenzelle besitzt eine Zellwand, eine Zellmembran, einen Zellkern und ist mit Zellplasma ausgefüllt, in das Mitochondrien eingelagert sind.
In den Zellen grüner Pflanzenteile sind Chloroplasten vorhanden. Sie enthalten den grünen Blattfarbstoff Chlorophyll.
Ältere Pflanzenzellen besitzen im Zellinneren mit Zellsaft gefüllte oft große Vakuolen.

Bau einer Tierzelle

Zellen von Tieren und dem Menschen sind meist sehr weich und zerreißen leicht. Es ist deshalb schwieriger, Mikropräparate von tierischen als von pflanzlichen Zellen herzustellen.
Von der Mundschleimhaut geht das aber verhältnismäßig leicht (Arbeitsanleitung, s. S. 17).
Im mikroskopischen Bild einer Tierzelle (Abb. 1) ist wie bei pflanzlichen Zellen ein **Zellkern** zu erkennen. Abgegrenzt werden die Zellen ebenfalls durch eine **Zellmembran.** Eine **Zellwand ist aber nicht vorhanden.**

Der Raum zwischen Zellkern und Zellmenbran ist bei jungen wie auch bei älteren tierischen Zellen vollständig mit **Zellplasma** (Cytoplasma) ausgefüllt, in dem sich ebenfalls **Mitochondrien** befinden.
Im Zellplasma befinden sich außerdem winzige, von einer Membran umschlossene Bläschen (Versikel). Sie enthalten verschiedene Verdauungssysteme.
Mit Zellsaft gefüllte große **Vakuolen** und **Chloroplasten** sowie eine feste **Zellwand** fehlen in tierischen Zellen.

Die Zellen von Organen der Tiere und des Menschen bestehen aus dem Zellkern, dem Zellplasma mit Mitochondrien und einer Zellmembran, die die Zelle nach außen abgrenzt.

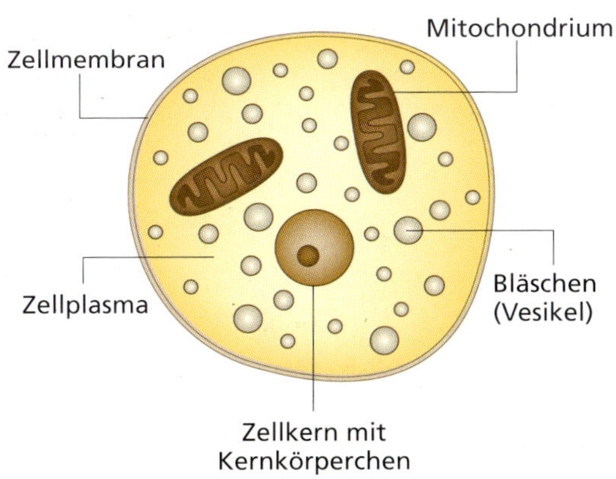

1 Bau einer Tierzelle (schematisch)

Mosaik

Zelle – Gewebe – Organ – Organismus

Zellen sind die Grundbausteine aller Lebewesen, von Einzellern und Vielzellern.
Bei Vielzellern haben sich die Zellen spezialisiert. Ihr Bau entspricht ihrer spezifischen Aufgabe. Man findet bei den Vielzellern also eine **Arbeits-** und **Funktionsteilung der Zellen.**
Zellen mit einer spezifischen (bestimmten) Aufgabe und einem entsprechenden Bau sind zu Zellverbänden zusammengeschlossen. Sie bilden ein **Gewebe.** Beispielsweise bilden *Hautzellen* das *Hautgewebe* und erfüllen gemeinsam Schutzfunktionen, die *Muskelzellen* das *Muskelgewebe* zur Bewegung des Körpers oder die *Leitungszellen der Sprossachse* bei Pflanzen das *Leitgewebe* zum Transport der Mineralstoffe und des Wassers.
Mehrere Gewebe arbeiten eng zusammen und bilden ein **Organ.** Jedes Organ hat bestimmte Aufgaben zu erfüllen, z. B. Magen (Verdauung), Lunge (Atmung), Laubblatt (Fotosynthese). Organe wirken ebenfalls eng zusammen und bilden ein **Organsystem,** z. B. Verdauungssystem.
Alle Organsysteme bilden letztendlich den gesamten **Organismus,** das Lebewesen.
Ein vielzelliger Organismus ist also eine Einheit von Zellen, Geweben und Organen.
Lebensfähig sind Vielzeller nur, wenn Zellen, Gewebe und Organe richtig zusammenwirken. Wenn ein Organ oder mehrere Organe beschädigt werden, ist der gesamte Organismus nicht mehr ausreichend leistungsfähig.

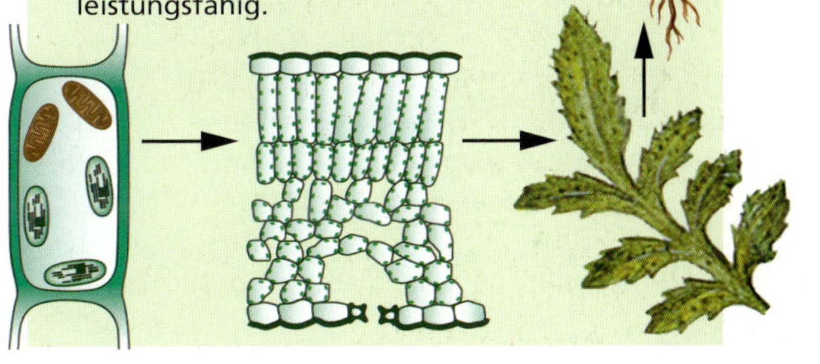

Mikroskopische Untersuchungen von Zellen und Zellverbänden

Mithilfe des Mikroskops kann man einzelne Zellen bzw. auch Zellverbände (Gewebe) betrachten und untersuchen. Bei der Herstellung der Mikropräparate beachte die Anleitung auf Seite 12.

Die Handhabung des Mikroskops sowie die Anfertigung einer mikroskopischen Zeichnung kannst du nach den Anweisungen auf Seite 11 durchführen.

1. Untersuche den Querschnitt vom Holundermark.

Materialien:
Mikroskop, Objektträger, Deckgläschen, Rasierklinge, Lanzettnadel, Pipette, Filterpapier; Wasser, Holundermark

Durchführung und Beobachtung:
1. Entnimm aus einem jungen Holunderzweig das Mark.
2. Fertige mit der Rasierklinge mehrere sehr dünne Schnitte vom Holundermark an (Vorsicht, Arbeitsschutz beachten!).
   Lass dir gegebenenfalls das Vorgehen vom Lehrer, der Lehrerin vormachen.
3. Übertrage den dünnsten Schnitt auf einen Objektträger.
4. Betrachte das Objekt mithilfe des Mikroskops.
   Zeichne einige Zellen und beschrifte die erkannten Teile.

Auswertung:
1. Beschreibe deine Beobachtungsergebnisse.
2. Erläutere die Funktion der erkannten Bestandteile.
3. Welche Aufgabe erfüllt das Mark im Holunderstängel?

2 Sprossachse und Sprossachsenquerschnitt

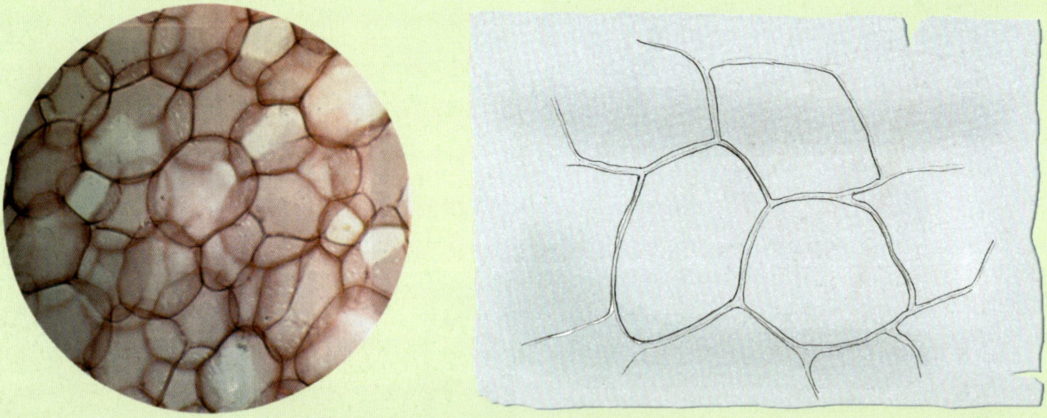

1 Holundermarkzellen (mikroskopisches Bild und Schülerzeichnung)

2. Untersuche einige Zellen der Mundschleimhaut.

Materialien:
Mikroskop, Objektträger, Deckgläschen, Streichholz, 2 Pipetten, Filterpapier; Wasser, Methylenblau- oder Eosinlösung; Zellen der Mundschleimhaut

Durchführung und Beobachtung:
1. Schabe mit dem Streichholz wenig Mundschleimhaut von der Innenseite deiner Wange ab (Beachten der Hygiene!) und übertrage sie auf einen Objektträger.
2. Vermische sie mit einem Tropfen Wasser und lege ein Deckgläschen auf.
3. Sauge mithilfe des Filterpapiers einen Tropfen der Farbstofflösung unter dem Deckgläschen durch.
4. Betrachte die Zellen mithilfe des Mikroskops. Zeichne eine Zelle und beschrifte die erkannten Teile.

Auswertung:
1. Beschreibe den Bau der Zellen.
2. Erläutere die Funktion der erkannten Zellbestandteile.

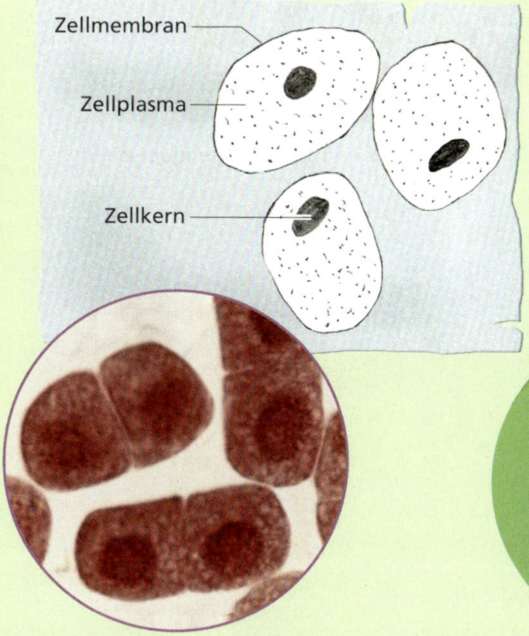

1 Zellen der Mundschleimhaut (mikroskopisches Bild und Schülerzeichnung)

3. Untersuche das Fruchtfleisch der Ligusterbeere.

Materialien:
Mikroskop, Objektträger, Deckgläschen, Lanzettnadel, Pipette; Wasser, Ligusterbeeren

Durchführung und Beobachtung:
1. Entnimm einer reifen Ligusterbeere mit der Lanzettnadel etwas Fruchtfleisch.
2. Übertrage das Fruchtfleisch auf einen Objektträger, gib wenig Wasser (kleiner Tropfen) dazu und lege ein Deckgläschen auf.
3. Drücke mit der Lanzettnadel das Deckgläschen vorsichtig an, damit das Fruchtfleisch etwas gequetscht wird.
4. Betrachte das Objekt mithilfe des Mikroskops. Zeichne einige Zellen und beschrifte die erkannten Teile.

Auswertung:
1. Beschreibe den Bau der Zellen.
2. Erläutere die Funktion der erkannten Zellbestandteile.

2 Ligusterpflanze mit Beeren

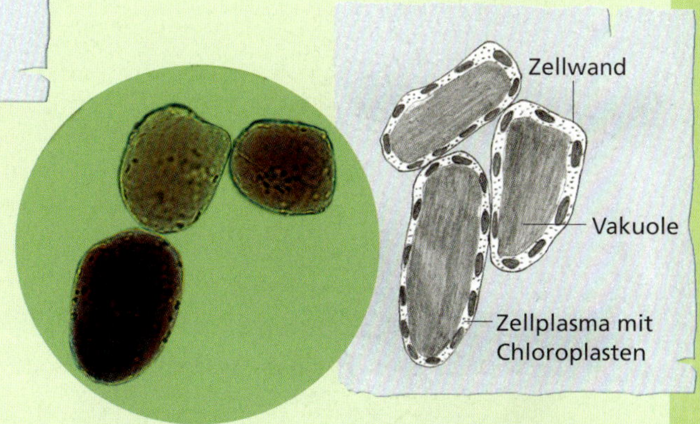

3 Zellen aus dem Fruchtfleisch der Ligusterbeere (mikroskopisches Bild und Schülerzeichnung)

4. Untersuche ein Blättchen vom Sternmoos bzw. von der Wasserpest

Materialien:
Blättchen von Sternmoos oder Wasserpest, Lupe, Mikroskop, Objektträger, Deckgläschen, Pipette, Wasser, Pinzette

Durchführung und Beobachtung:
1. Trenne ein Blättchen vom Stämmchen der Moospflanze oder der Wasserpestpflanze ab.
2. Fertige ein Frischpräparat vom Moosblättchen oder von der Wasserpest an.
3. Betrachte das Objekt mithilfe eines Mikroskops oder einer Lupe.
4. Fertige eine Zeichnung von einem Ausschnitt des mikroskopischen Bildes an.

Auswertung:
Beschreibe das mikroskopische Bild!

1 Sternmoos (Mnium)

2 Zellen des Moosblättchens

5. Untersuche einige Zellen der Kartoffelknolle

Materialien:
Kartoffelknolle, Skalpell oder Rasierklinge mit Halter, Mikroskop, Objektträger, Deckgläschen, Pipette, Iod-Kaliumiodid-Lösung

Durchführung und Beobachtung:
1. Schneide aus einer Kartoffelknolle mehrere Zylinder heraus. Nimm einen Zylinder und versuche mit der Rasierklinge möglichst dünne und durchsichtige Scheibchen zu schneiden (Arbeitsschutz beachten!).
2. Gib ein Scheibchen mit der Pinzette in einen Wassertropfen auf dem Objektträger, bedecke das Objekt mit einem Deckgläschen!
3. Betrachte das Objekt mithilfe des Mikroskops und zeichne einige Zellen.
4. Sauge mithilfe von Filterpapier Iod-Kaliumjodid-Lösung unter dem Deckgläschen hindurch.
5. Betrachte das gefärbte Objekt mithilfe des Mikroskops und zeichne einige Zellen.

Auswertung:
1. Beschreibe beide mikroskopischen Bilder.
2. Erläutere die Aufgaben der Zellen der Kartoffelknolle.

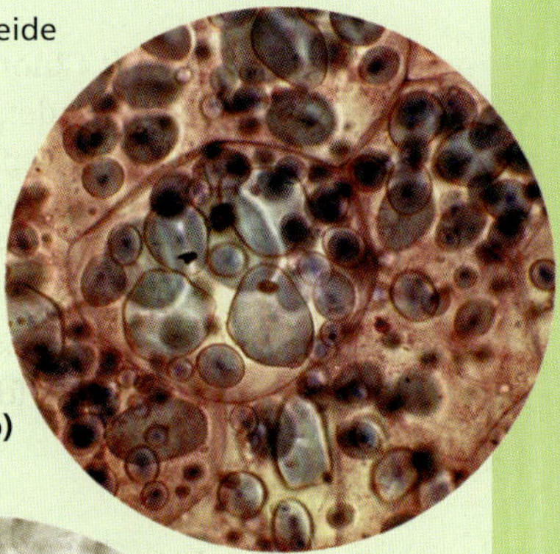

b)

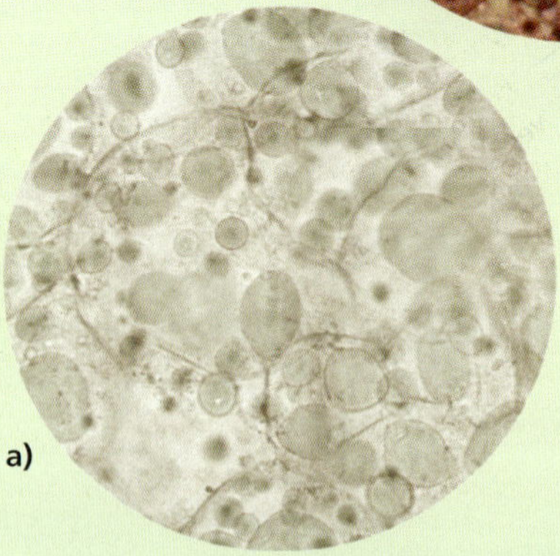

a)

3 Zellen der Kartoffelknolle (**a** ungefärbt, **b** gefärbt)

Lebensvorgänge der Zellen

Ernährung und **Wachstum** sind wesentliche Kennzeichen aller Lebewesen. Um zu wachsen, müssen die Lebewesen aus der Umwelt Nahrung mit den darin enthaltenen Nährstoffen aufnehmen. Sie müssen sich ernähren.
Die Nährstoffe benötigen sie, um ihre Lebensfunktionen aufrechtzuerhalten (Abb. 1, 2).

Zellen ernähren sich

In der Ernährung der Zellen gibt es Unterschiede. Die Zellen der **Tiere,** der **Pilze,** der meisten **Bakterien** und des **Menschen** sind auf energiereiche organische Stoffe als Nährstoffe, z.B. Traubenzucker, Stärke, Eiweiße, Fette, angewiesen. Daraus bauen diese Organismen ihre eigenen energiereichen organischen Körperstoffe auf. Man sagt, die Zellen dieser Lebewesen ernähren sich **heterotroph** (Abb. 1).

Zellen der **Pflanzen mit Chloroplasten,** in denen sich das Chlorophyll befindet, und **einige Bakterien,** die Chlorophyll besitzen, ernähren sich dagegen von energiearmen anorganischen Stoffen, von Kohlenstoffdioxid aus der Luft, von Wasser und Mineralstoffen aus dem Boden. Man sagt, diese Zellen ernähren sich **autotroph** (Abb. 2). Aus Wasser und Kohlenstoffdioxid bauen sie in den Chloroplasten mithilfe des Chlorophylls und unter Nutzung des Sonnenlichtes Traubenzucker auf und geben Sauerstoff ab.

Unter Nutzung von Mineralstoffen werden in den Zellen auch Eiweiße und andere Stoffe gebildet.

Zellen von Pflanzenteilen, die keine Chloroplasten mit Chlorophyll besitzen, z. B. Zellen der Wurzel, der Samen und Früchte, müssen mit den in den chlorophyllhaltigen Zellen gebildeten energiereichen organischen Stoffen versorgt werden.

Ernährung ist die Aufnahme von Stoffen aus der Umwelt in den Körper bzw. die Zelle zur Aufrechterhaltung aller Lebensfunktionen.
Die Zellen von Tieren, Pilzen, den meisten Bakterien und dem Menschen ernähren sich heterotroph, die von Pflanzen mit Chloroplasten, in denen sich Chlorophyll befindet, und einigen Bakterien, die Chlorophyll besitzen, autotroph.

Die energiereichen organischen Nährstoffe (z.B. Traubenzucker, Eiweiß), die die Bakterien, Tiere, Pilze und der Mensch benötigen, werden letztlich von Pflanzen mit Chlorophyll erzeugt.
Es sind also vor allem Pflanzen, die die Lebensgrundlage für alle anderen Organismen, einschließlich des Menschen schaffen.

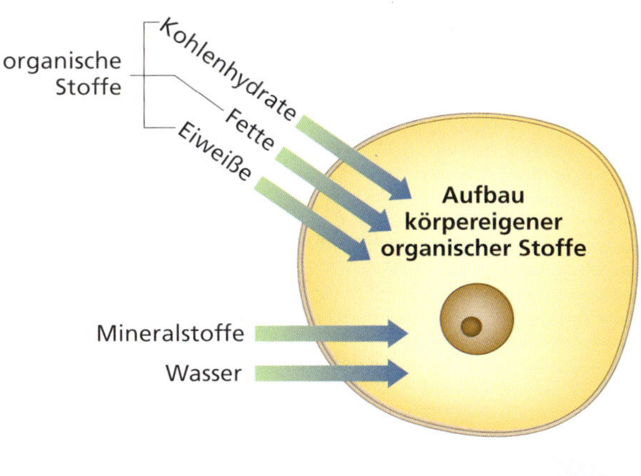

1 Heterotrophe Ernährung einer Tierzelle

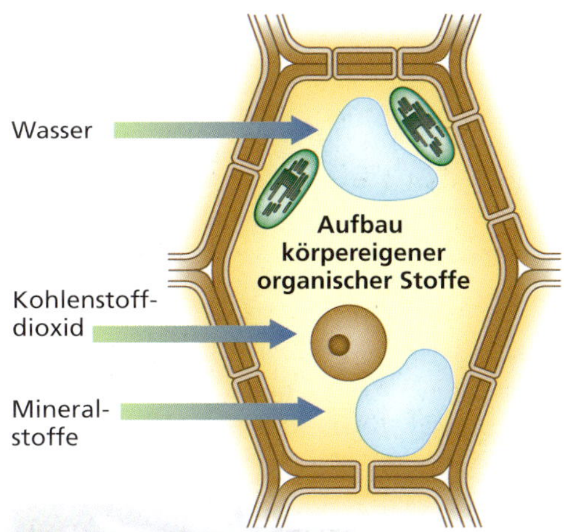

2 Autotrophe Ernährung einer Pflanzenzelle

Zellen wachsen und differenzieren sich

Wenn bei der Zellteilung zwei kleine Tochterzellen entstanden sind, so müssen diese erst zum Normalmaß der Mutterzelle heranwachsen. Dies kann nur erfolgen, wenn die Tochterzelle organische Stoffe (Kohlenhydrate, Fette, Eiweiße) aufnimmt. Es werden in der Zelle neues Zellplasma und neue Zellbestandteile gebildet sowie die Zellmembran vergrößert (Abb. 1).
Diese Vorgänge führen zu einer bleibenden Volumenzunahme der Zelle, die als **Plasmawachstum** bezeichnet wird.
Die Zellen erreichen die Größe der Mutterzelle. Nach Beendigung des Plasmawachstums sind die neuen Mutterzellen wieder teilungsfähig.

Das Plasmawachstum erfolgt durch Zunahme von Zellplasma und Zellbestandteilen. Die Tochterzellen bauen Stoffe aus dem Stoffwechsel ein und erreichen die Größe der Mutterzelle.

Zellteilungs- und Plasmawachstum kommt bei allen Organismen, auch Tieren und Menschen, vor. Später erfolgt die **Differenzierung der Zellen.**

Bei Pflanzen gibt es das **Zellstreckungswachstum** (Abb. 1). An die Zone des Bildungsgewebes schließt sich die **Zellstreckungszone** an. Die Zellen in der Streckungszone sind lang gestreckt, besitzen große Vakuolen und verdickte Zellwände. Sie sind aus den kleinen, zartwandigen Zellen des Bildungsgewebes durch schnelle Aufnahme von Wasser entstanden. Dabei ist das Zellplasma aufgerissen. Nach Wassereinlagerung haben sich Vakuolen gebildet, die sich häufig sogar zu einer großen Vakuole vereinigen. Dadurch werden Zellplasma und Zellkern an den Rand gedrängt (Abb. 1).
Mit diesem Zellstreckungswachstum sind **Differenzierungsvorgänge** verbunden. Dabei erhalten die Zellen entsprechend ihrer späteren Funktion, z. B. als Epidermis-, Leitungs-, Festigungszelle, auch die endgültige Form sowie ihren speziellen Bau, und sie ordnen sich in spezifischer Weise an. Abgeschlossen wird dieser Wachstumsprozess mit der Einlagerung besonders von Cellulose in die Zellwand, wodurch die typische Zellwand einer ausgewachsenen Pflanzenzelle entsteht. Auf diese Weise wird die notwendige Stabilität der ausgewachsenen Zelle und des ganzen Pflanzenorgans erreicht.

Das Streckungswachstum ist gekennzeichnet durch die Vergrößerung des Zellvolumens vor allem durch Wasseraufnahme (Vakuolenbildung).
Durch Differenzierungsvorgänge erhalten die Zellen entsprechend der zukünftigen Funktionen ihre endgültige Form und Anordnung.

Das Wachstum von Pflanzen, Tieren und dem Menschen unterscheidet sich. Während Pflanzen zeitlebens wachsen, wachsen Tiere und der Mensch nur im Jugendalter.

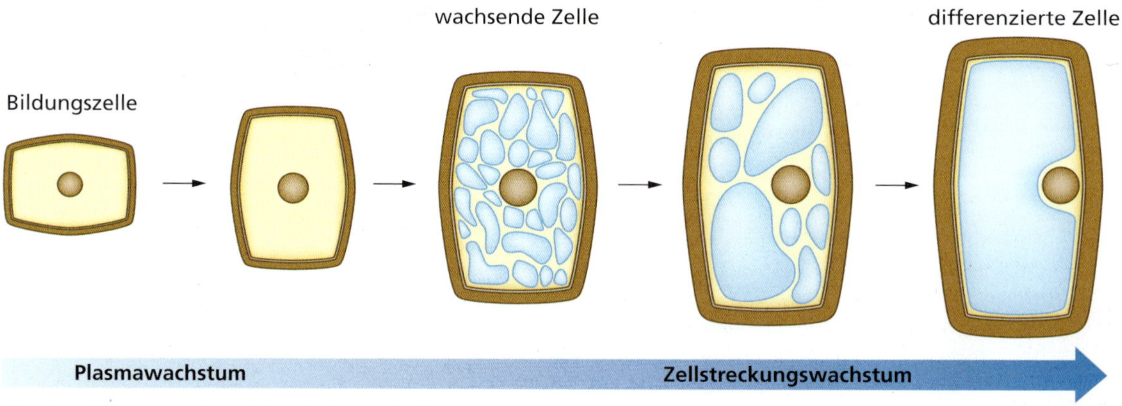

1 Eine Pflanzenzelle wächst (schematisch).

Zellen teilen und vermehren sich

Die zahlreichen Zellen der Pflanzen und Tiere beispielsweise sind aus einer Zelle hervorgegangen, aus der befruchteten Eizelle.
Die **Zellteilung** beginnt mit der Teilung des Zellkerns. Jede neue Zelle erhält dabei die gleichen Bestandteile der vorher verdoppelten Zellkernbestandteile. Zwischen den beiden neuen Zellkernen bildet sich eine zarte Membran, die zunehmend verstärkt wird.
Die **tierische Mutterzelle** schnürt sich von außen ein und bildet eine Zellmembran zwischen den beiden Kernen (Abb. 1). Bei der **pflanzlichen Mutterzelle** entsteht zusätzlich eine neue Zellwand, die beide Kerne trennt (Abb. 2).
Danach liegen zwei kleine Zellen vor, die gleich groß sind, gleich aussehen und die gleichen Bestandteile enthalten. Diese *Tochterzellen* sind durch Zellteilung (Zellteilungswachstum) aus der *Mutterzelle* hervorgegangen.
Die zwei Tochterzellen sind zunächst zusammen nur so groß wie die Mutterzelle, aus der sie entstanden sind.
Jede der beiden Zellen **wächst** nun wieder. Ist eine bestimmte Größe erreicht, können sie sich wieder teilen. So erfolgt ständig eine **Erneuerung** und **Vermehrung** der Zellen.

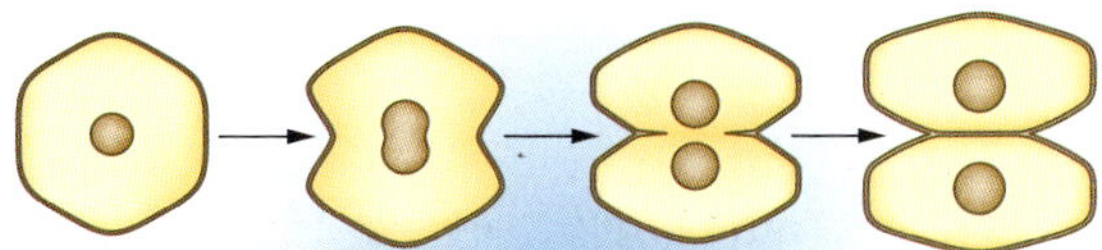

1 Eine Tierzelle teilt sich (schematisch).

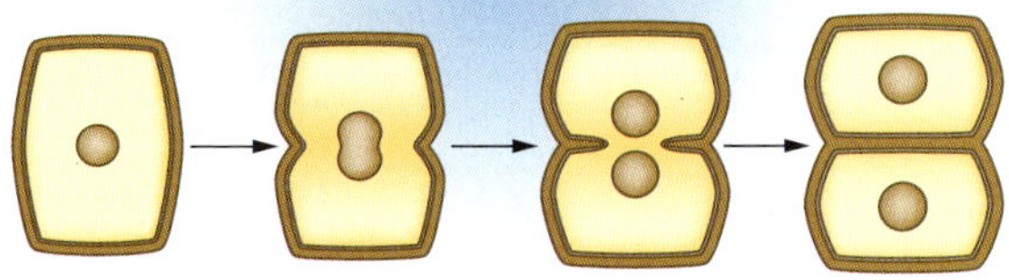

2 Eine Pflanzenzelle teilt sich (schematisch).

Bei Pflanzen teilen sich vor allem junge Zellen, die sich an den Spitzen der Wurzeln und der Sprossachsen, z. B. in den Blatt- und Blütenknospen, befinden.
Bei den Tieren und dem Menschen gibt es in den meisten Organen Zellen, die sich teilen können.

Zellteilung ist die Entstehung neuer Tochterzellen aus Mutterzellen. Sie beginnt mit der Kernteilung.
Die Zellvermehrung erfolgt durch schnell wiederholte Zellteilungen. Die entstandenen Tochterzellen wachsen und teilen sich wieder.

Vergleich einer Pflanzen- und einer Tierzelle

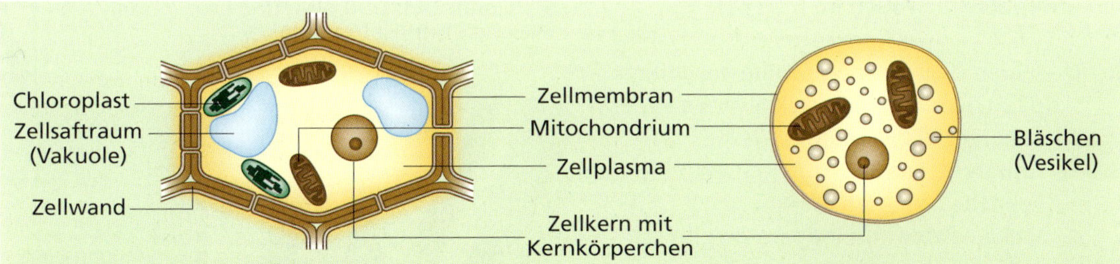

	Zellen von grünen Pflanzen	Zellen von Tieren und dem Menschen
Gemeinsamkeiten	Zellmembran, Zellkern, Zellplasma, Mitochondrien	Zellmembran, Zellkern, Zellplasma, Mitochondrien
Unterschiede	Zellwand Chloroplasten Vakuolen mit Zellsaft	nicht vorhanden

gewusst · gekonnt

1. Die folgende Abbildung stellt ein Mikroskop (Lichtmikroskop) dar. Wie heißen die einzelnen Teile? Übernimm die Ziffern in dein Heft und schreibe den Namen hinter die entsprechende Ziffer.

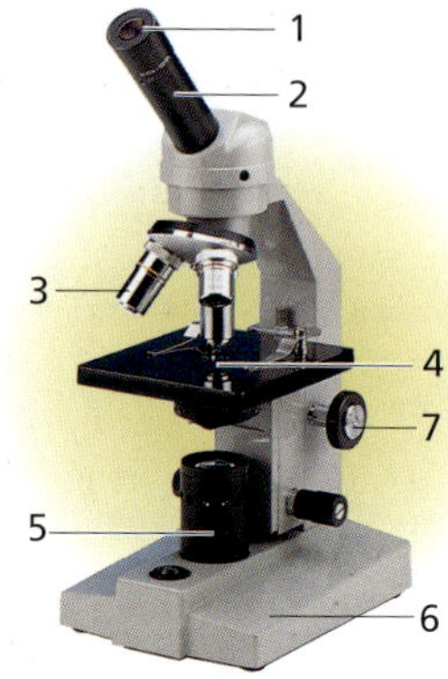

2. Beschreibe, worin sich Licht- und Elektronenmikroskop unterscheiden. Suche auch Informationen im Internet.

3. Bereite einen Kurzvortrag über die Bedeutung des Mikroskops (Lichtmikroskops) vor. Beachte u. a.:
- Wann wurde das Lichtmikroskop erfunden?
- Welche Entdeckungen waren erst möglich, nachdem das Lichtmikroskop erfunden war?
- Welche Forscher haben an diesen Entdeckungen besonderen Anteil?
- Wo wird das Mikroskop heute genutzt?

Informiere dich auch im Internet.

4. Um einen Gegenstand mithilfe des Mikroskops zu betrachten, muss meistens ein Präparat hergestellt werden.
- Erläutere, was man unter einem Präparat versteht.
- Welche Arten von Präparaten gibt es?

5. Erläutere die wesentlichen Schritte, um ein Frischpräparat vom Blütenstaub (Pollen) einer Pflanze herzustellen.

6. Betrachte Frischpräparate vom Blütenstaub (Pollen) verschiedener Pflanzen.
- Fertige zunächst die Frischpräparate an.
- Betrachte den Blütenstaub (Pollenkörner) nacheinander mithilfe des Mikroskops. Beschreibe.
- Zeichne je ein Pollenkorn. Zeichne groß genug und zeichne nur das, was du siehst.

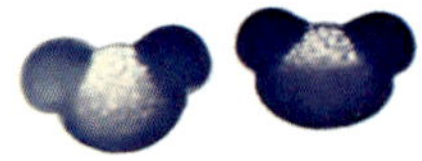

7. Betrachte eine Vogelfeder mithilfe des Mikroskops.
- Beschreibe deine Beobachtungen.
- Fertige eine Skizze an.

8. Fertige ein räumliches Modell einer Zelle an. Verwende dazu geeignetes Material, z. B. Plastikbehälter. Stelle das Modell deinen Mitschülern vor.
Erläutere, welche Teile den Bestandteilen der Zelle entsprechen.

9. Welche Zellen haben keine Zellwand?
A Zellen der Mundschleimhaut
B Zellen der Wurzeln von Pflanzen
C Zellen eines Moosblättchens
D Zellen der Darmwand
Wähle aus und begründe deine Entscheidung.

10. Für das Mikroskopieren, insbesondere zur Herstellung von Präparaten, werden eine Reihe von Geräten benötigt. Diese Geräte sind abgebildet. Übernimm die Ziffern in dein Heft und benenne die Geräte.

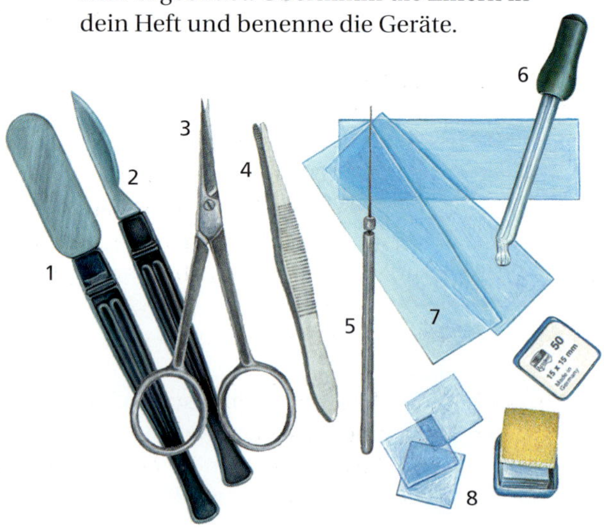

11. Die folgende Abbildung veranschaulicht Zellen von der Wasserpest. Nenne die abgebildeten Bestandteile und gib deren Funktionen an.

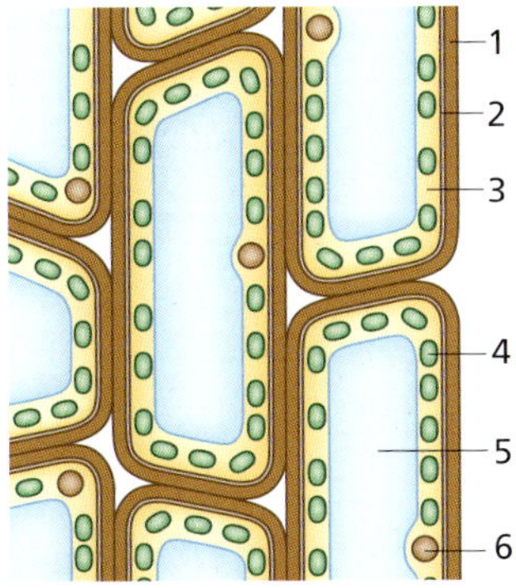

12. Vergleiche Pflanzenzellen mit Zellen von Tieren. Fertige dazu eine Tabelle an.

13. Übertrage den folgenden Text in dein Heft. Fülle den Lückentext aus.
Alle Lebewesen sind aus ① aufgebaut. Sowohl die Zellen der Tiere, Bakterien, Pilze und des Menschen als auch die Zellen der Pflanzen sind von einer ② begrenzt. Bestandteile aller lebenden Zellen sind weiterhin das ③ und der ④.
In den Zellen grüner Pflanzen befinden sich außerdem ⑤ und ⑥. Sie besitzen zusätzlich eine ⑦.

14. Betrachtet man Zellen der Zwiebelhaut mithilfe des Mikroskops, so findet man keine Chloroplasten. Begründe.

15. Lege ein Haar auf durchsichtiges Millimeterpapier. Mikroskopiere.
Schätze die Dicke des Haares.

16. Untersuche eine Kartoffelknolle.
Schneide die Knolle quer durch.
Schabe mit einem Löffel über die Innenseite.
Stelle von den am Löffel haftenden Teilen ein Frischpräparat her und betrachte das Objekt mit dem Mikroskop.
Beschreibe und skizziere, was du siehst.

17. Welcher der folgenden Sätze ist richtig? Begründe deine Entscheidung.

A Pflanzliche und tierische Zellen sind völlig gleich aufgebaut.

B Pflanzliche und tierische Zellen haben gemeinsame, aber auch unterschiedliche Merkmale.

C Pflanzliche und tierische Zellen unterscheiden sich völlig voneinander.

18. Entnimm aus einem Aquarium einen Tropfen Wasser.
Fertige damit ein Frischpräparat an.
Betrachte den Wassertropfen mit dem Mikroskop. Was kannst du erkennen?
Überlege, ob Zellen darunter sind.

19. Untersuche, ob eine Zuckerlösung und eine Eiweißlösung aus Zellen bestehen.

a) Löse Zucker in Wasser auf, fertige ein Frischpräparat davon an und betrachte den gelösten Zucker mithilfe des Mikroskops.

b) Fertige nun ein Frischpräparat vom Hühnereiweiß an und betrachte das Hühnereiweiß ebenfalls mithilfe des Mikroskops.

20. Beschreibe, wie sich Zellen vermehren.
Welche Unterschiede gibt es dabei zwischen pflanzlichen und tierischen Zellen?

21. Weise das Streckungswachstum an Wurzeln von Keimpflanzen experimentell nach.
Entwickle dazu eine Versuchsanordnung.
Beschreibe deine Ergebnisse.

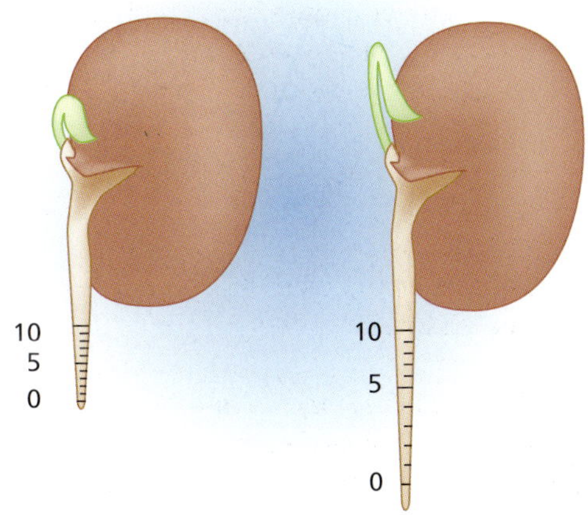

summa summarum

Das Lichtmikroskop

Durch die Erfindung des Mikroskops wurde es möglich, sehr kleine, mit bloßem Auge nicht wahrnehmbare Gegenstände zu beobachten. Beispielsweise wurde von ROBERT HOOKE vor 300 Jahren mithilfe des Mikroskops die Zelle entdeckt.
Um das Mikroskop sachgerecht zu nutzen, müssen sein Aufbau und seine Handhabung bekannt sein.

Ein **Mikropräparat** besteht aus Objektträger, Objekt und Deckgläschen, oftmals wird ein Einschlussmittel (z. B. Wasser) benötigt.

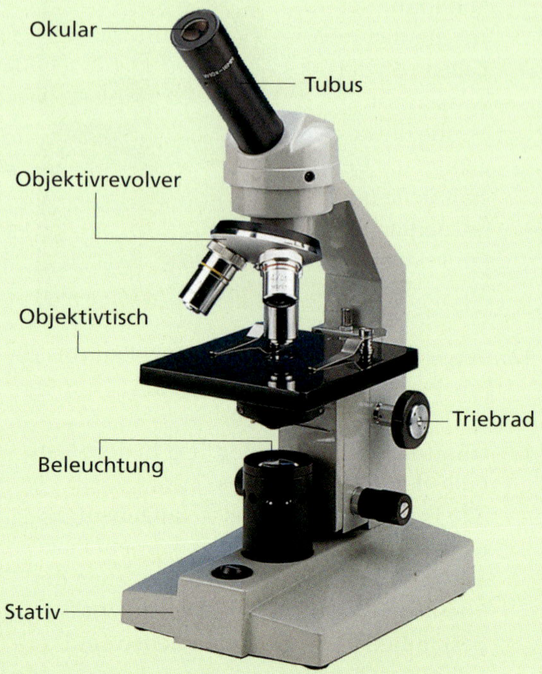

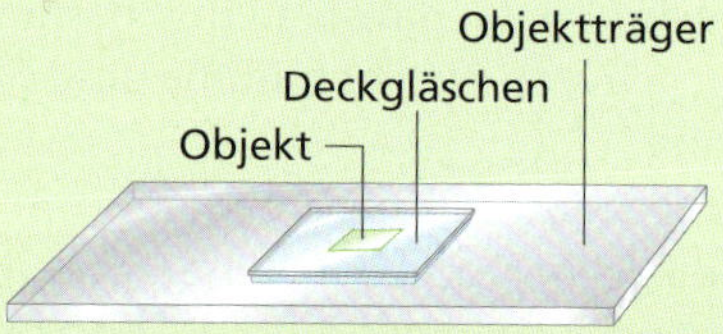

Bau von Zellen

Mithilfe des Mikroskops gelang es ROBERT HOOKE, die Zelle zu entdecken.
Zellen sind Grundbausteine aller Lebewesen. Alle Lebewesen sind aus mikroskopisch kleinen Bausteinen („Kammern"), den Zellen, aufgebaut.
Form und Größe der Zellen sind in Abhängigkeit von ihren Funktionen sehr unterschiedlich.
Pflanzliche und tierische Zellen weisen im Bau Gemeisamkeiten, aber auch Unterschiede auf.

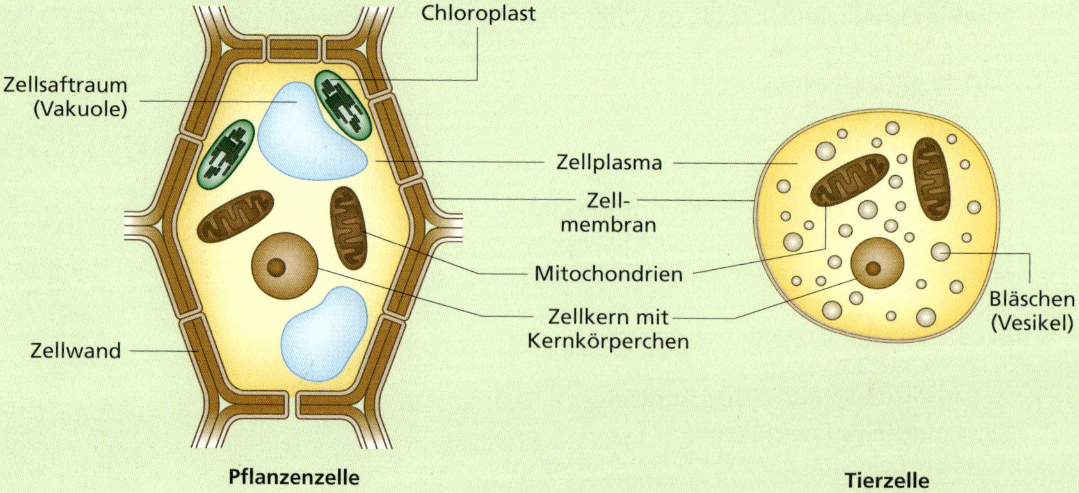

Lebensweise von Zellen

Ernährung

Ernährung – Aufnahme von körperfremden Stoffen aus der Umwelt in die Zelle zur Aufrechterhaltung aller Lebensfunktionen

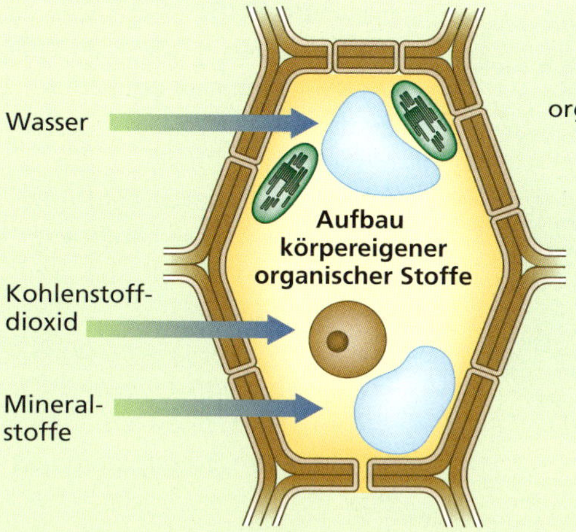

Zellen mit Chlorophyll ernähren sich autotroph.

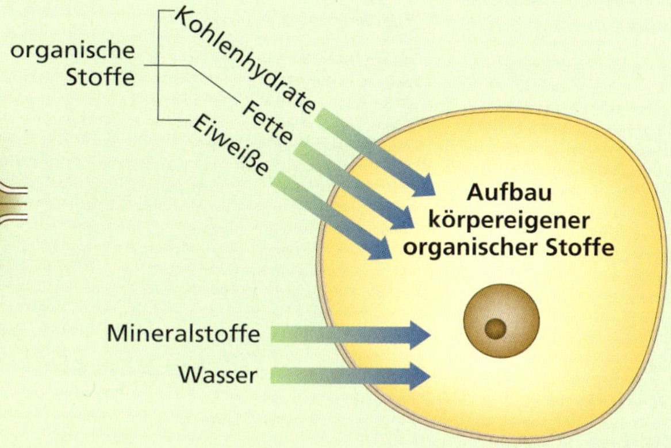

Zellen ohne Chlorophyll ernähren sich heterotroph.

Zellteilung, Zellvermehrung, Zellwachstum, Zelldifferenzierung

Zellteilung – Entstehung neuer Tochterzellen aus Mutterzellen
Zellvermehrung – Erhöhung der Anzahl der Zellen
Zellwachstum – Vergrößerung bzw. Volumenzunahme der Zellen
Zelldifferenzierung – Ausprägung der endgültigen Form und Anordnung der Zellen entsprechend ihrer Funktion

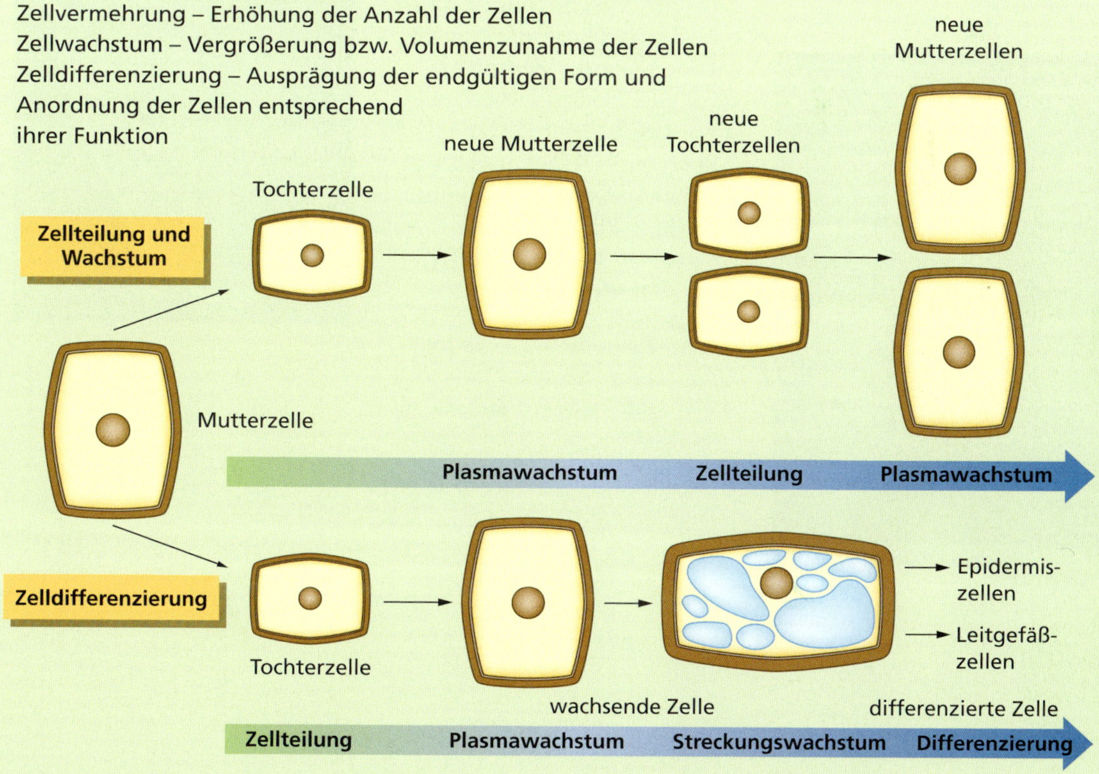

1.2 Vom Einzeller zum Vielzeller

Die „Wetterseite" der Baumstämme – ein Lebensraum für einzellige Pflanzen

An der Nordwestseite der Bäume findet man häufig einen grünen, staubartigen Überzug (Abb.). Wenn man etwas von diesem grünen Staub auf einen Objektträger bringt und mikroskopiert, sind grün gefärbte, kugelige Pflanzen zu erkennen, die nur aus einer einzigen Zelle bestehen.

In welche große Pflanzengruppe können wir diese einzelligen Pflanzen einordnen?
Warum findet man diese Pflanzen nur an der Nordwestseite der Bäume?

Die *Volvox* – ein echter Vielzeller?

Wenn man ein Glas Wasser aus einem ruhigen See oder Teich schöpft und das Glas gegen das Licht hält, erkennt man stecknadelkopfgroße grüne Kugeln (Abb.). Als erster Mensch beobachtete LEEUWENHOEK 1698 diese Kugeln, die man lange Zeit für ein Tier hielt und Kugeltierchen nannte. Heute nennt man diese Pflanze *Volvox.*

An welchen Merkmalen erkennt man, dass die Volvox eine Pflanze ist?
Welche Gemeinsamkeiten und Unterschiede bestehen zwischen einzelligen Grünalgen und Volvox?

Das Pantoffeltierchen – ein Tier aus nur einer Zelle

Das Pantoffeltierchen (Abb.) ist ein Tier, das nur aus einer Zelle besteht. Man sagt auch, das Pantoffeltierchen ist ein tierischer Einzeller.
Das Pantoffeltierchen nimmt wie alle Lebewesen Nahrung auf, bewegt sich, pflanzt sich fort und wächst.

Wie laufen diese Lebensvorgänge beim Pantoffeltierchen ab?
In welchem Lebensraum kommen die Pantoffeltierchen vor?

Bau und Lebensweise einzelliger Tiere

Das Pantoffeltierchen *(Paramecium)*

Beim Mikroskopieren von Wassertropfen aus einem Heuaufguss kann man ein einzelliges Tier entdecken, das seiner Form nach *Pantoffeltierchen* (Abb. 1; Abb. oben S. 26) genannt wird. Es ist 0,1 bis 0,3 mm lang. Die gesamte elastische und formgebende Zellmembran, von der das Pantoffeltierchen umgeben ist, trägt *Wimpern*. Durch das Schlagen mit den Wimpern erfolgt die **Fortbewegung** der Pantoffeltierchen in ihrem Lebensraum, z. B. in stehenden Gewässern wie Tümpeln und Pfützen.

Zur Ernährung nehmen die Pantoffeltierchen Bakterien und Algen durch den *Zellmund* auf (heterotrophe Ernährung, Abb. 2) . Im Zellplasma werden *Nahrungsvakuolen* gebildet, in denen die Nahrung verdaut wird. Dabei wandern die Nahrungsvakuolen durch die Zelle. Die unverdaulichen Reste werden durch den *Zellafter* ausgeschieden.

Zur Regulierung des Wassergehaltes im Zellplasma dienen *pulsierende Vakuolen*. In ihnen sammelt sich überschüssiges Wasser, das durch rhythmisches Zusammenziehen der Vakuolen nach außen abgegeben wird.

Die **ungeschlechtliche Fortpflanzung** erfolgt durch *Querteilung* der Mutterzelle. Nach der Teilung der Zellkerne und der Neubildung der pulsierenden Vakuolen schnürt sich das Zellplasma quer durch. Die neu gebildeten Zellbestandteile werden auf die Tochterzellen verteilt (Abb. 1, S. 28).

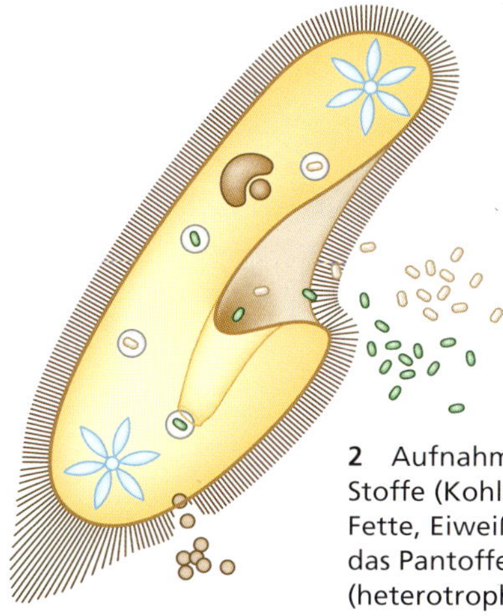

2 Aufnahme organischer Stoffe (Kohlenhydrate, Fette, Eiweiße) durch das Pantoffeltierchen (heterotrophe Ernährung)

Das Pantoffeltierchen ist ein tierischer Einzeller mit einer festen Gestalt. Die Zellmembran trägt Wimpern, die der Fortbewegung dienen. Die Verdauung der Nahrung erfolgt in Nahrungsvakuolen, die Regulierung des Wassergehaltes im Zellplasma durch pulsierende Vakuolen.
Die Fortpflanzung erfolgt vorwiegend ungeschlechtlich durch Querteilung der Zelle.

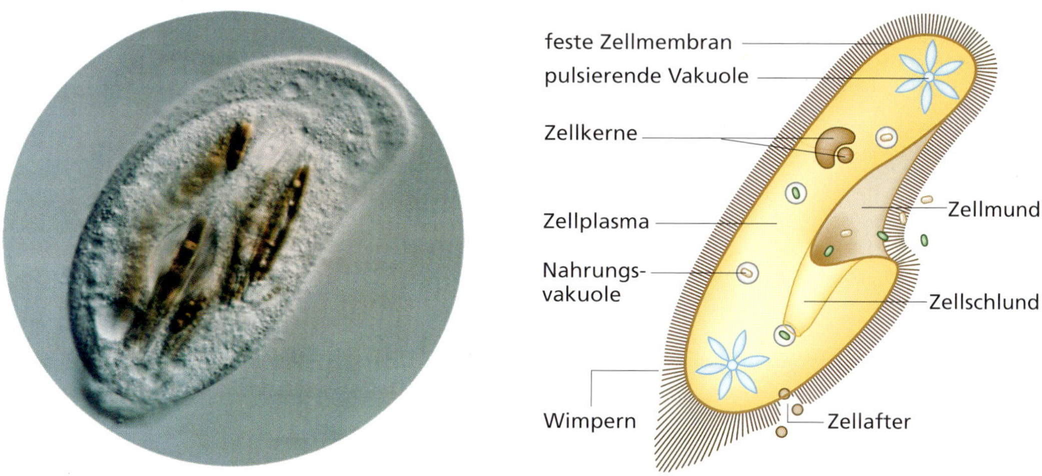

1 Bau des Pantoffeltierchens (Mikrofoto und schematische Zeichnung)

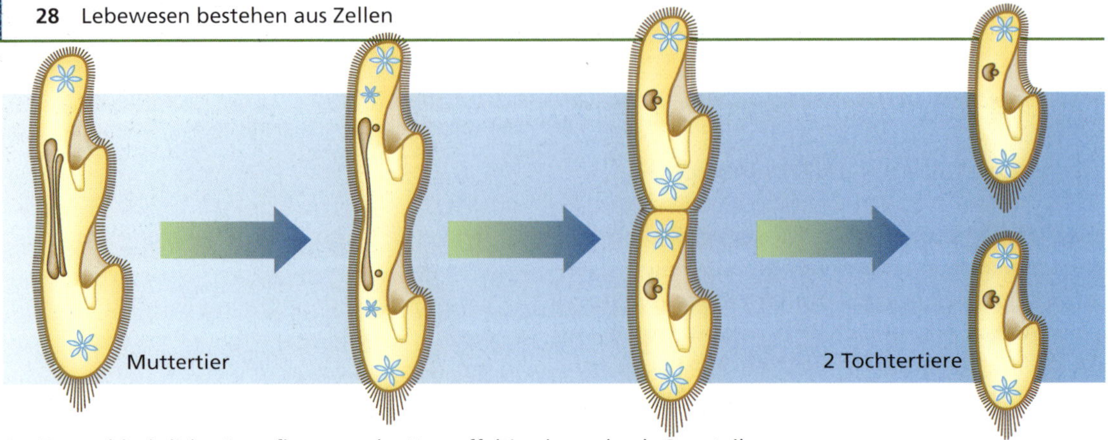

1 Ungeschlechtliche Fortpflanzung des Pantoffeltierchens durch Querteilung

Mosaik

Kammertierchen (Foraminiferen)

Zu den einzelligen Tieren, die Scheinfüßchen bilden (Wurzelfüßer), gehören die **Kammertierchen (Foraminiferen,** Abb. 2, 3). Sie besitzen ein- bis mehrkammerige Schalen aus organischem Material, verfestigt durch Kalk. Die Schalen sind meistens von Poren (sehr kleinen Öffnungen) durchsetzt. Von ihrer äußeren Form her erinnern die Kammertierchen an ein Schneckengehäuse. Aus den Poren treten fädige Scheinfüßchen (Pseudopodien) aus (Abb. 3). Sie dienen zum Schweben, zur Schalenbildung und zur Nahrungsaufnahme. Die Kammertierchen leben meist im Meerwasser. Abgestorbene Tiere lagern sich auf dem Meeresboden ab, ihre Schalen bilden in erdgeschichtlich langen Zeiträumen Kalkschichten (z. B. Kreidefelsen der Insel Rügen). Die in der Schule verwendete Tafelkreide besteht aus Schalen der Kammertierchen.

Die Kammertierchen leben im Meerwasser. Sie besitzen gekammerte Schalen.

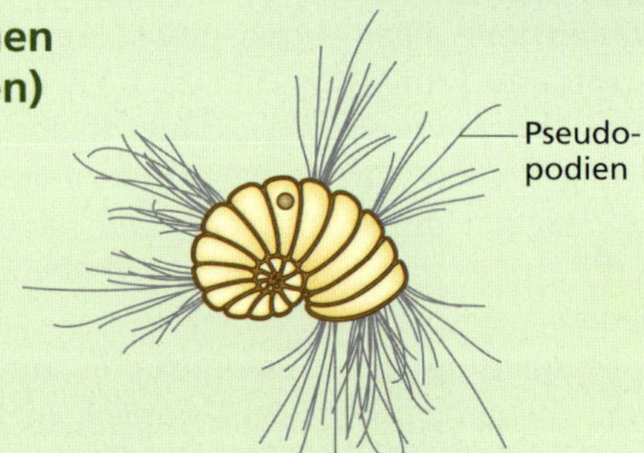

3 Längsschnitt durch ein Kammertierchen

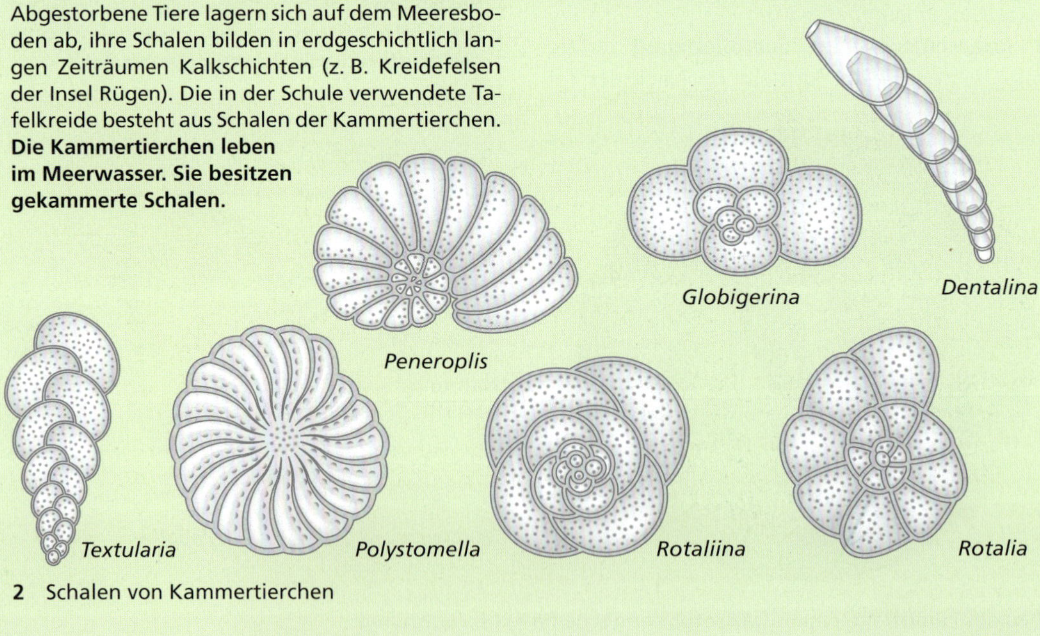

2 Schalen von Kammertierchen

Mosaik

Die Schlammamöbe *(Amoeba)*

Die Amöbe ist ein tierischer Einzeller, der seine Gestalt verändern kann. Scheinfüßchen dienen der Fortbewegung und der Nahrungsaufnahme. Die Fortpflanzung der Schlammamöben erfolgt ungeschlechtlich durch Zellteilung.

An Wasserpflanzen in Teichen oder im Schlamm stehender Gewässer findet man die *Amöbe* (Abb. 2). Man nennt diesen tierischen Einzeller auch *Wechseltierchen,* weil er seine Gestalt immer wieder verändern kann. Durch die Bildung von Plasmafortsätzen, den *Scheinfüßchen,* bewegen sich die *Amöben* kriechend fort.

Zur **Ernährung** nehmen sie Bakterien, andere Einzeller oder Pflanzenreste auf (heterotrophe Ernährung). Die Scheinfüßchen umfließen dabei die Nahrung. Im Zellplasma bilden sich zur Verdauung der Nahrung einige *Nahrungsvakuolen* (Abb. 1). Die **Regulierung des Wassergehalts** im Zellplasma erfolgt durch die *pulsierende Vakuole.*

Bei der ungeschlechtlichen **Fortpflanzung** entstehen durch Zellteilung zwei Tochtertiere (Abb. 3). Zu große Trockenheit und Kälte können die Amöben in einer Dauerform, einer Kapsel, überleben.

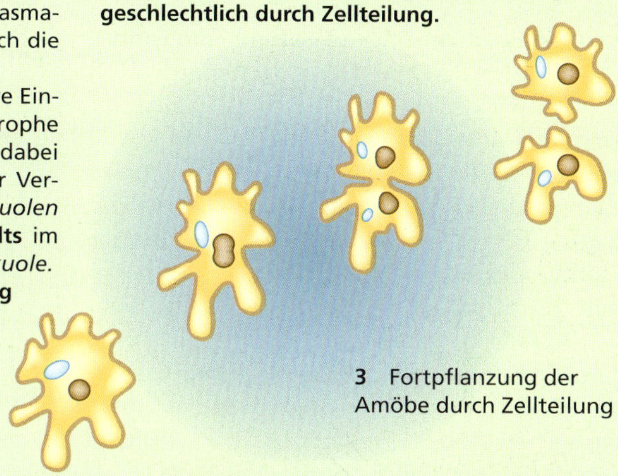

3 Fortpflanzung der Amöbe durch Zellteilung

1 Nahrungsaufnahme durch die Amöbe

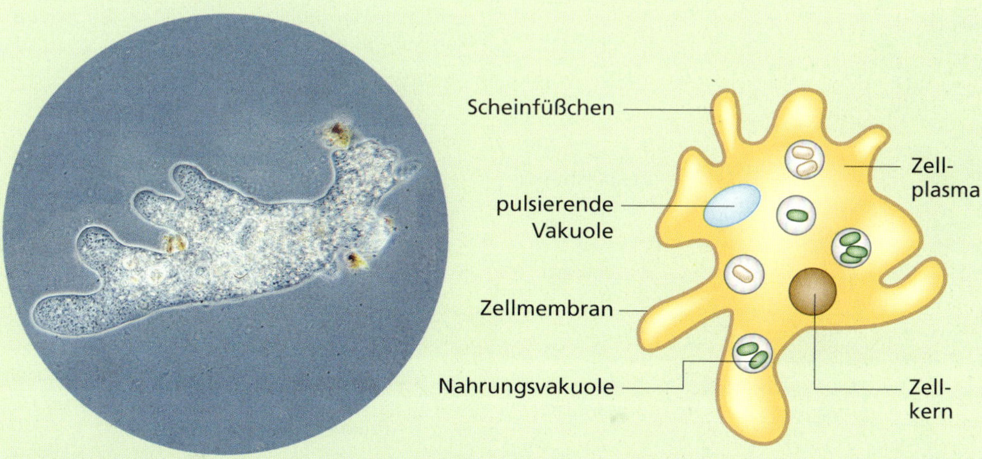

2 Bau der Amöbe (Mikrofoto und schematische Zeichnung)

Bau und Lebensweise einzelliger Grünalgen

Ein Vertreter aus der Pflanzengruppe der Grünalgen ist die einzellige *Chlorella* (Abb. 1), die einen Durchmesser von etwa 10 µm (Mikrometer) hat. Ein Mikrometer ist der tausendste Teil eines Millimeters.
Sie ist in zahlreichen Süßgewässern und an Land, z. B. an feuchten Baumstämmen, zu finden.
In der Chlorellazelle befinden sich ein Zellkern und ein *Chloroplast* mit *Chlorophyll*.
Chlorella und alle anderen Grünalgen nehmen anorganische Stoffe (Kohlenstoffdioxid, Wasser, Mineralstoffe) aus dem Wasser auf. Sie **ernähren** sich *autotroph* (Abb. 2).
Mithilfe des Chlorophylls werden im Licht aus Kohlenstoffdioxid und Wasser der körpereigene Stoff Traubenzucker und Sauerstoff gebildet. Der Sauerstoff wird von der Chlorellazelle in das Wasser abgegeben (Abb. 1). Traubenzucker ist Grundlage für die Bildung anderer Stoffe (z. B. Fette).
Zur **Fortpflanzung** bilden sich in der Chlorellazelle Tochterzellen, die durch Zerfall der Mutterzelle frei werden (Abb. 3).

Die *Chlorella* besteht aus einer kugeligen Zelle, die von einer Zellwand umgeben ist. In der Chlorellazelle befinden sich ein Zellkern und ein Chloroplast mit Chlorophyll.

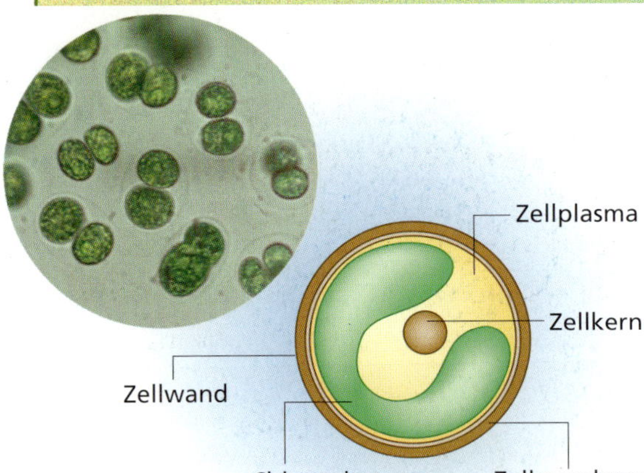

1 Bau der *Chlorella* (Mikrofoto und schematische Zeichnung)

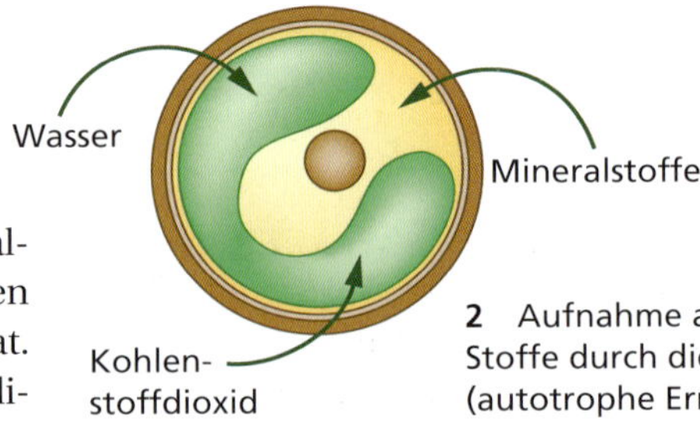

2 Aufnahme anorganischer Stoffe durch die Chlorella (autotrophe Ernährung)

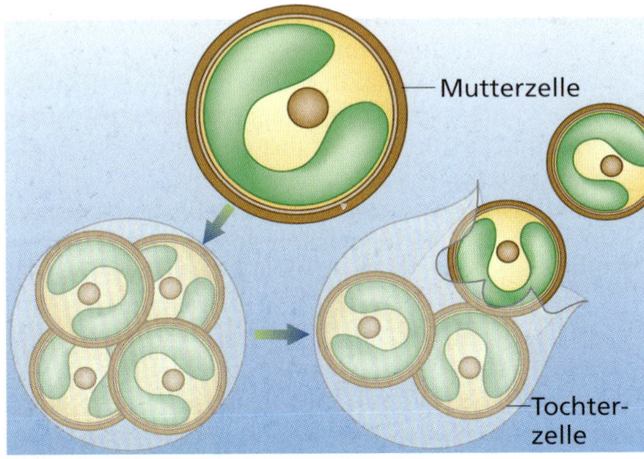

3 Fortpflanzung der *Chlorella*

Mosaik

Hüllengeißelalge *(Chlamydomonas)*

Die Hüllengeißelalge besteht aus einer Zelle, die von einer Zellwand umgeben ist. Sie besitzt zwei Geißeln und einen Augenfleck. Sie enthält einen Zellkern und einen Chloroplasten mit Chlorophyll.

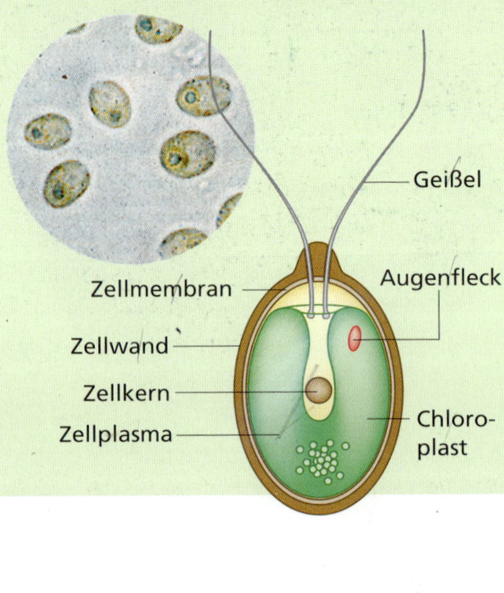

Das „Augentierchen" *Euglena* – Pflanze oder Tier?

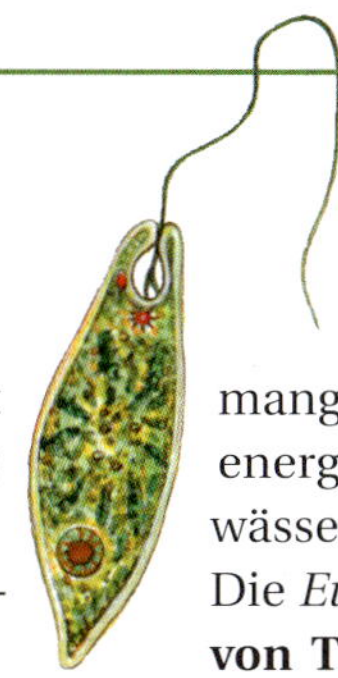

In Pfützen, Tümpeln und Dorfteichen lebt oft zu vielen Millionen die *Euglena*. Sie ist ein spindelförmiger Einzeller und wird aufgrund eines roten Augenfleckes auch *Augentierchen* genannt (Abb. 1).
Die *Euglena* ist etwa 0,05 mm lang. Mit einer Schwimmgeißel kann sich die *Euglena* um das Zwei- bis Dreifache ihrer Körperlänge in der Sekunde **fortbewegen.** Dabei dreht sie sich um die eigene Längsachse.
Bei ungünstigen Lichtverhältnissen bewegt sich die *Euglena* dorthin, wo es heller ist. Mit einem lichtempfindlichen Körperchen (Fotorezeptor) im Geißelsäckchen an ihrem Vorderende nimmt die *Euglena* wahr, aus welcher Richtung das Licht kommt.

Entsprechend der Bedingungen in der Umwelt ernährt sich die Euglena *autotroph* oder *heterotroph.* Bei günstigen Lichtverhältnissen ernährt sich die *Euglena* autotroph. Sie nimmt die energiearmen anorganischen Stoffe Kohlenstoffdioxid und Wasser auf und baut mithilfe des Chlorophylls und unter Nutzung des Lichts in den Chloroplasten energiereiche organische Stoffe (Kohlenhydrate) auf. Bei Lichtmangel ernährt sich die *Euglena* heterotroph von energiereichen organischen Stoffen aus dem Gewässer.
Die *Euglena* besitzt **Merkmale von Pflanzen und von Tieren.** Die Chloroplasten mit Chlorophyll und die autotrophe Ernährung sind Merkmale, die für Pflanzen charakteristisch sind. Das Fehlen einer Zellwand und die heterotrophe Ernährung sind Merkmale der Tiere.

Die *Euglena* wird von den Botanikern den Algen zugeordnet. Aufgrund ihrer Besonderheiten im Bau und in der Lebensweise ist sie für die Wissenschaftler ein wichtiges Forschungsobjekt bei der Gewinnung von Kenntnissen über die Entwicklung der Organismen in erdgeschichtlich langen Zeiträumen.

Die einzellige *Euglena* besitzt Merkmale der Pflanzen (z. B. Chloroplasten mit Chlorophyll, autotrophe Ernährung) und Merkmale der Tiere (z. B. Fehlen einer Zellwand, heterotrophe Ernährung).

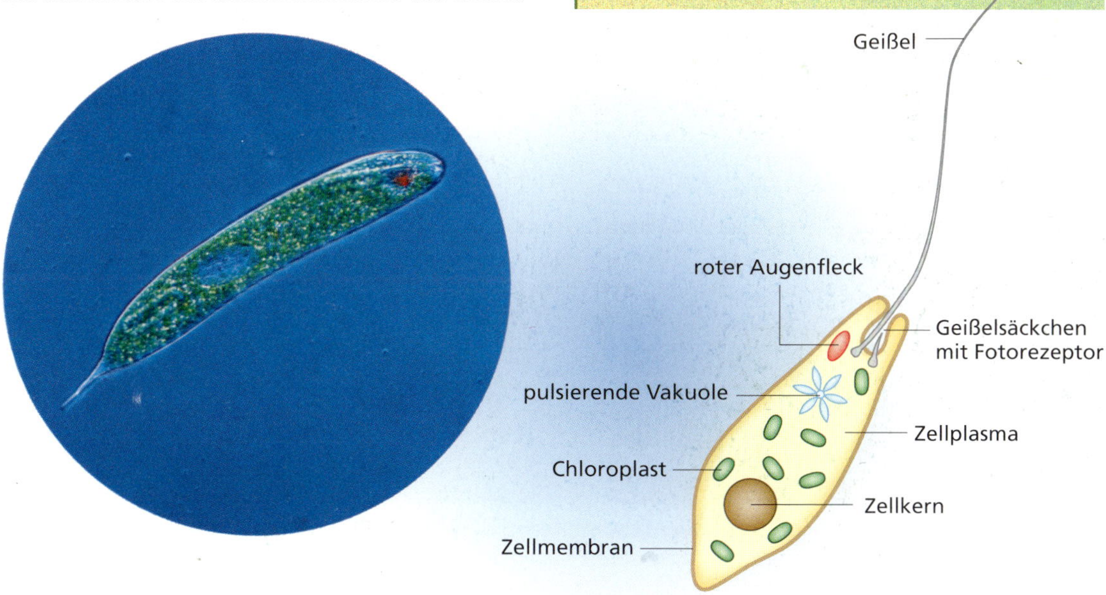

1 Bau des „Augentierchens" *Euglena* (Mikrofoto und schematische Zeichnung)

Einzeller – Kolonie – Vielzeller

Die *Hüllengeißelalge* (Abb., S. 30) ist ein pflanzlicher Einzeller. Jede Zelle ernährt sich, wächst, bewegt sich und pflanzt sich fort.

Die Entwicklung vom Einzeller zum Vielzeller verlief wahrscheinlich über ein Zwischenstadium. Die Tochterzellen haben sich nach der Teilung nicht mehr getrennt. Umgeben von einer Gallerthülle, blieben sie zusammen. Trennt man die Einzelzellen, ist jede Zelle für sich lebensfähig. Solch einen Verband von gleichartigen Einzelzellen, die häufig durch eine Gallerthülle miteinander verbunden sind und eine neue Lebensform bilden, bezeichnet man als **Zellkolonie.**

Bei der *Mosaikgrünalge (Gonium)* liegen bis zu 16 gleichartige Einzelzellen in einer Gallerthülle beieinander.

Die Alge *Eudorina* besteht aus 32 gleich gebauten Einzelzellen, die von einer zarten Gallertschicht zusammengehalten werden.

Jede dieser Einzelzellen kann sich ernähren und wächst, dient der Fortpflanzung und Bewegung. Beide Grünalgen sind Zellkolonien (Abb. 1).

Die *Volvox* besteht aus etwa 20 000 Einzelzellen (Abb. 2). Sie sind durch Plasmafäden (Plasmabrücken) miteinander verbunden und bilden eine millimetergroße, mit Schleim ausgefüllte gallertartige Hohlkugel. Die Einzelzellen unterscheiden sich jedoch im Bau und in der Funktion voneinander.

Die Mehrzahl der Zellen sind **Geißelzellen.** Sie tragen je zwei Geißeln und besitzen einen Chloroplasten. Sie ermöglichen die Bewegung, die Ernährung von anorganischen Stoffen (autotrophe Ernährung) und den Aufbau körpereigener organischer Stoffe. Aufgrund der Verbindung durch Plasmabrücken erfolgt die Fortbewegung durch einen koordinierten Geißelschlag aller Geißelzellen.

Der Fortpflanzung dienen wenige **Fortpflanzungszellen** (Abb. 2). Bei der *ungeschlechtlichen Fortpflanzung* entstehen aus größeren Einzelzellen der Volvoxkugel durch Zellteilungen im Inneren der Hohlkugel Tochterkugeln. Die Tochterkugeln wachsen in der Mutterkugel heran (Abb. 1, S. 33).

Zur *geschlechtlichen Fortpflanzung* bildet Volvox Ei- und Spermienzellen (Abb. 2, S. 33). Die Spermienzellen gelangen zur Eizelle. Aus der befruchteten Eizelle entsteht eine neue Tochterkugel.

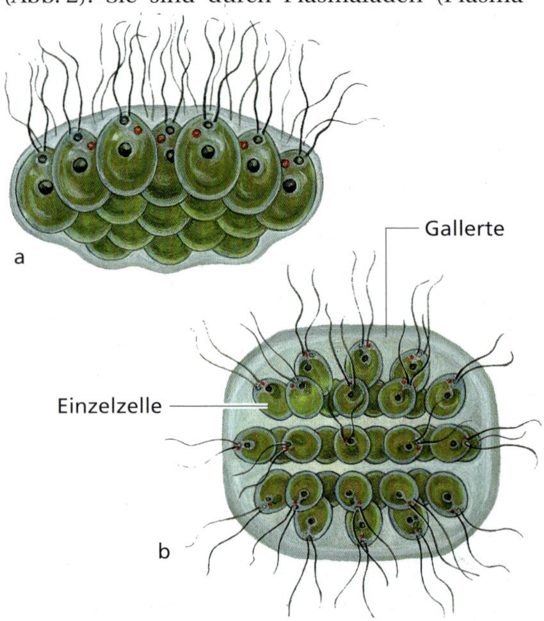

1 Die Grünalgen *Gonium* (a) und *Eudorina* (b) sind Kolonie bildende Organismen.

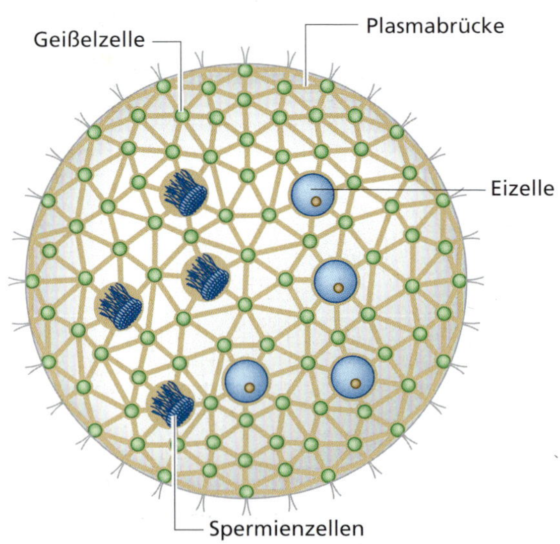

2 Bei der Grünalge *Volvox* verbinden Plasmabrücken netzartig die einzelnen Zellen miteinander.

1 Die Mutterkugel platzt auf und setzt Tochterkugeln frei.

Nach dem Zerfall der Mutterkugel gelangen die Tochterkugeln ins Freie und wachsen zu je einer neuen Mutterkugel heran (Abb. 1).
Bei der *Volvox* besteht eine **Funktionsteilung** zwischen den beiden Zelltypen (Geißelzellen, Fortpflanzungszellen). Aus dem Verband herausgelöste Einzelzellen sind nicht lebensfähig. Diese Merkmale kennzeichnen *Volvox* als **Zwischenglied** zwischen pflanzlichen Kolonien und Vielzellern.

Die Grünalge *Volvox* besteht aus Geißel- und Fortpflanzungszellen. Zwischen ihnen besteht eine Funktionsteilung. Volvox ist ein Entwicklungsstadium zwischen einer Kolonie und einem echten Vielzeller.

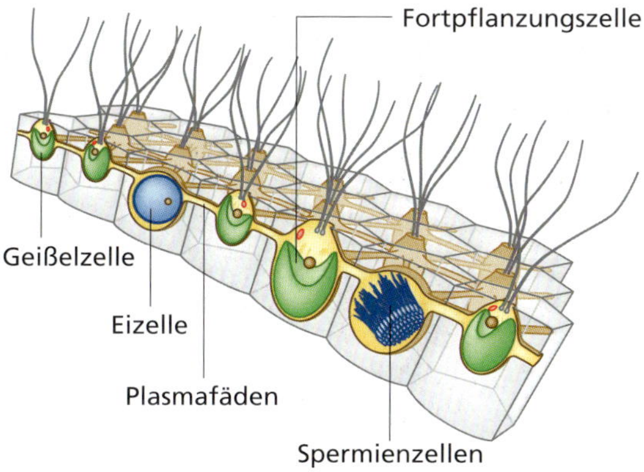

2 Der vergrößerte Ausschnitt von *Volvox* zeigt den Feinbau dieser Grünalge.

Mosaik

Bau und Formenvielfalt der Algen

Auf der Erde gibt es etwa 33000 verschiedene Algenarten. Manche Algenarten bestehen nur aus einer **Zelle** (z. B. *Chlorella*, Abb. 2, S. 30).
Andere Algen bilden **Zellfäden.** Aus einem Zellfaden ist z. B. die *Kraushaaralge* (Abb. 3) aufgebaut. Sie sitzt mit einer Haftzelle auf dem Untergrund fest und lebt im Süßwasser. Kommt es beim Wachstum zu Quer- und Längsteilungen der Zellen, entstehen wie beim *Meersalat* (Abb. 3) **Zellflächen.** Der Meersalat kommt im Meerwasser vor und ist mit einer Haftscheibe auf Steinen festgewachsen.
In der **Größe** unterscheiden sich die Algen erheblich. Einige Algen kann man nur mithilfe des Mikroskops sehen (Abb. 1, S. 30), andere werden bis zu 120 m lang und gehören zu den größten Pflanzen auf der Erde, z. B. der *Birnentang.* Algen sind unterschiedlich **gefärbt.** So ist der *Meersalat* grün, der *Blasentang* braun gefärbt. Der *Meersalat* gehört zu den **Grünalgen,** der *Blasentang* zu den **Braunalgen.** Der grüne Farbstoff Chlorophyll ist von anderen Farbstoffen überlagert.
Die Algen sind eine sehr einfach aufgebaute Pflanzengruppe. Sie bestehen beispielsweise aus einzelnen Zellen, Zellfäden oder Zellflächen. In ihrer Form und Größe zeigen die Algen eine große Mannigfaltigkeit.

3 Algen, die aus Zellfäden (a) bzw. Zellflächen (b) aufgebaut sind.

Biologie im Alltag

Bedeutung der Algen

Aus Stoffen, die in den Algen enthalten sind, werden **Kosmetikprodukte** hergestellt (Abb. 1). Aufgrund von Eigenschaften, die aus Algen gewonnene Stoffe besitzen (z. B. gelierende Wirkung, hoher Vitamingehalt), finden Algen auch in der **Nahrungsmittelindustrie,** z. B. bei der Herstellung von Milchprodukten wie Eis und Pudding (Abb. 1), Verwendung. In einigen Ländern, z. B. Japan und China, werden Algen zu Süßigkeiten und Suppen verarbeitet oder als Beilage zu Fleischgerichten gegeben. Dazu werden sie in großen „Algenfarmen" unter Wasser gezüchtet.

In der Wissenschaft sind Algen wichtige **Forschungsobjekte.** Weil sie sich sehr schnell fortpflanzen und wachsen können, nutzt man sie besonders zur weiteren Erforschung von Vorgängen in den Zellen. Die neuen Erkenntnisse wollen die Wissenschaftler zum Beispiel in der Medizin und bei der Abwasserreinigung mithilfe von Algen anwenden. Zur Kultivierung von Algen, die nur aus einer oder wenigen Zellen aufgebaut sind, verwendet man *Rohrschlangenkultivatoren* (Abb. 2). Der Rohrschlangenkultivator ist so aufgebaut, dass für die Algen optimale Umweltbedingungen vorhanden sind (z. B. optimale Lichtzufuhr). Dadurch wachsen die Algen schneller, und die Wissenschaftler können in kurzer Zeit viele Algen ernten.

2 Rohrschlangenkultivator in einem Labor

Die verschiedenen Algenarten stellen unterschiedliche Ansprüche an die Umwelt (z. B. an die Menge organischer Stoffe im Wasser) und können deshalb als **Anzeiger für die Bewertung der Wasserqualität** genutzt werden (s. S. 35).

Algen werden in der Kosmetik- und Nahrungsmittelindustrie zur Herstellung verschiedener Produkte genutzt. In einigen Ländern werden sie als Nahrung verwendet. Sie sind wichtige Forschungsobjekte und haben Bedeutung für den Umweltschutz.

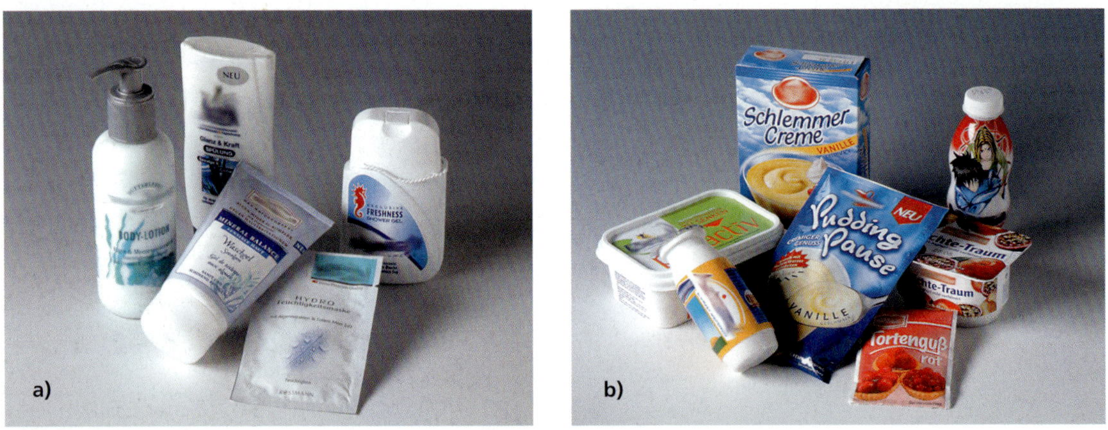

1 Aus Algen hergestellte Produkte – Kosmetikartikel (a) und Nahrungsmittelprodukte (b)

Gewässer-güte-klassen	Wasser-qualität	Kennzeichnung	Algenarten (Auswahl)
I	unbelastet bis sehr gering belastet	Wasser klar, nährstoffarm, sauerstoffreich	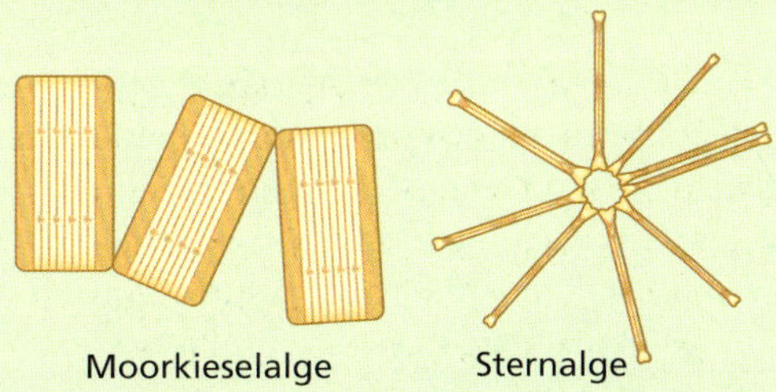
II	mäßig belastet	mäßige Verunreinigungen mit organischen Stoffen, Abnahme des Sauerstoffgehalts	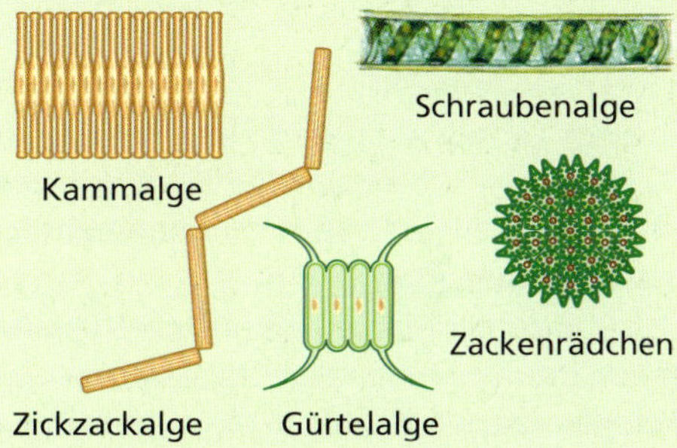
III	stark verschmutzt	Wasser trüb durch Abwasser, Ablagerung von Faulschlamm beginnt, Sauerstoffmangel	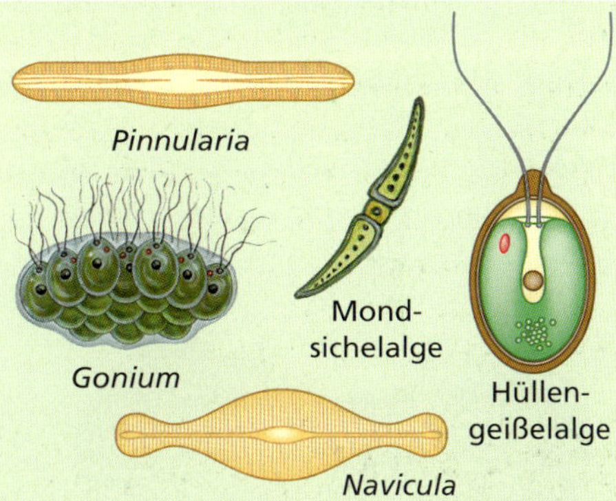
IV	sehr stark verschmutzt	sehr großer Sauerstoffmangel, hoher Gehalt an organischen Stoffen, Boden schwarz durch Faulschlamm, Bildung von Schwefelwasserstoff (Geruch)	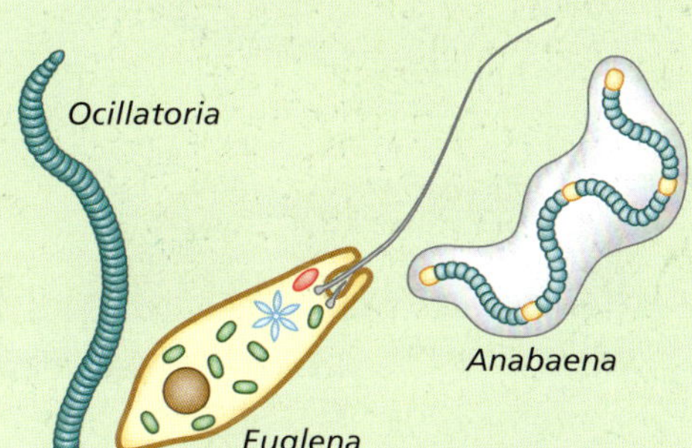

1 Algen – Anzeiger für Gewässergüteklassen

Untersuchung eines stehenden Gewässers

Hinweise für die Projektarbeit

Beim projektorientierten Arbeiten geht es zunächst darum, eigene Ideen zum Thema zu entwickeln und sich eigene Aufgaben zu stellen, die die jeweilige Gruppe möglichst selbstständig bearbeitet. Dabei sollte das Thema von unterschiedlichen Seiten aus betrachtet werden.

Bei der Bearbeitung des Projekts geht man am besten schrittweise vor.

Schritt 1: Ideenmarkt

Am besten veranstaltet man zuerst einen Markt der Ideen und wählt daraus die Themenbereiche aus, die die jeweilige Gruppe bearbeiten möchte.

Schritt 2: Arbeitsplan

Jede Gruppe stellt für sich einen Arbeitsplan auf. Folgende Punkte sollten beachtet werden:

- Welche Fragen sollen in der Gruppe zum ausgewählten Themenbereich beantwortet werden?
- Welche Materialien/Medien sollen genutzt werden?
- Welche Methoden sollen bei der Informationsbeschaffung angewendet werden?
- Welche Experimente möchte die Gruppe durchführen?
- Wer ist für welchen Bereich bzw. für welche Frage zuständig?
- Welcher zeitliche Rahmen steht zur Verfügung?
- Wie sollen die Ergebnisse dargestellt werden?

Schritt 3: Arbeit am Projekt

Die Umsetzung des Arbeitsplanes erfolgt. Treten Fragen auf, können sich die Schüler an den Lehrer wenden.

Schritt 4: Ergebnispräsentation vor den Mitschülern

Hierbei muss man beachten, dass sich die Mitschüler meistens mit anderen Fragestellungen beschäftigt haben.

Die Art der Darstellung muss also in kurzer und logischer Form erfolgen, so dass alle Mitschüler die Versuche und Ergebnisse verstehen und die gewonnenen Erkenntnisse nachvollziehen können.

Schritt 5: Ergebnispräsentation im Schulhaus

Zum Abschluss des Projekts kann z. B. eine Wandzeitung oder ein Poster angefertigt werden, die einen Gesamtüberblick über die Arbeit aller Gruppen geben.

Die Ergebnisse werden an gut sichtbarer Stelle im Schulhaus ausgehängt.

Gewässer prägen das Landschaftsbild in Teilen von Deutschland wesentlich mit.
Sie sind nicht nur eine Wasseransammlung, sondern gleichzeitig Lebensraum für viele Organismen. Dieser Lebensraum weist z. B. gegenüber einem Wald viele Besonderheiten auf. Sie zu erkunden ist sehr wichtig.
Für die Beurteilung eines Gewässers ist dessen Umfeld von großer Bedeutung, weil vom Umfeld viele Einflüsse auf ein Gewässer ausgehen (z. B. Eintrag von Schadstoffen).
Viele Gewässer sind umgeben von landwirtschaftlichen Nutzflächen, von Wäldern oder liegen als Dorfteich inmitten eines Dorfes.

1. *Erkunde das Umfeld eines ausgewählten Gewässers und trage die Ergebnisse in eine Skizze ein.*
Beachte dabei folgende Gesichtspunkte:
- *Gibt es Zu- bzw. Abflüsse?*
- *Ist das Gewässer von landwirtschaftlichen Nutzflächen (z. B. Feldern, Grünland) oder Wald umgeben?*
- *Liegen Siedlungen, Betriebe in der Nähe des Gewässers?*
- *Sind Gefahren für das Gewässer erkennbar?*

2. *Ermittle den Geruch von Wasser eines Gewässers. Gehe nach folgender Anleitung vor.*

Materialien:
Gläser, Messzylinder, Flaschen mit Korken, Wasserproben

Durchführung:
1. Gib Gewässerproben jeweils in eine Flasche, verschließe sie. Schüttle sie kräftig.
2. Beschreibe nach Öffnung der Flasche den Geruch der Gewässerprobe.
   Nutze zur Einschätzung folgende Geruchsqualitäten: aromatisch, süßlich, faulig, modrig.
   Entscheide, mit welcher Intensität die jeweilige Geruchsqualität auftritt: schwach, stark, sehr stark.
3. Registriere die Ergebnisse in einer Tabelle.

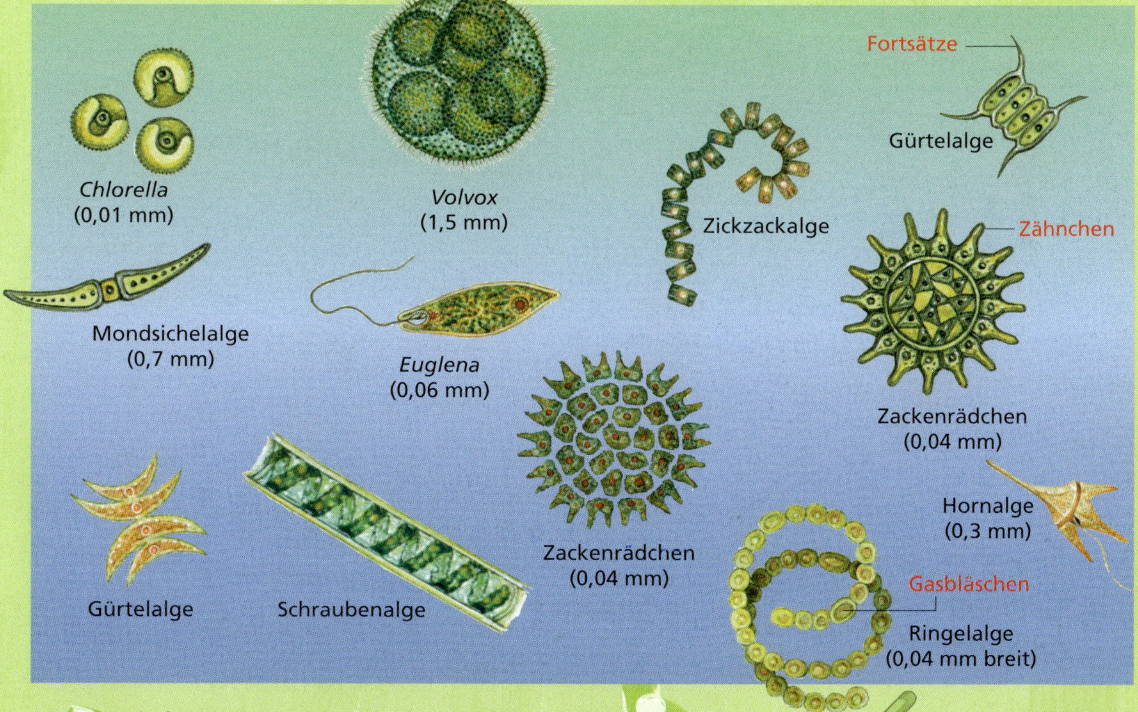

1 Beispiele für im Wasser lebende Pflanzen (pflanzliches Plankton)

Auswertung:
1. Fertige dazu eine Tabelle an.
2. Ermittle mögliche Ursachen für den Geruch des Wassers eines Gewässers.

Gewässer sind Lebensraum für viele Organismen, insbesondere für Kleinstlebewesen. Diese sind nur wenig schwerer als Wasser und werden meist nur durch die Wasserströmung in Bewegung gehalten. Man bezeichnet solche Lebewesen als **Plankton** (griech. = das Umhergetriebene).

Besonders wichtig ist das *pflanzliche Plankton* (Abb. 1, S. 37). Am Tage produziert es organische Stoffe und Sauerstoff. Es erhöht den Sauerstoffgehalt des Wassers und ist Nahrungsquelle für Kleinkrebse und einige Jungfische.
Tierisches Plankton (Abb. 1), zu dem u. a. Wasserflöhe und andere Kleinkrebse zählen, ist wiederum Nahrungsgrundlage für andere Wassertiere (z. B. Fische, Larven von Insekten).
Bei im Wasser schwebenden Organismen (Plankton) ist die Oberfläche oft durch Zacken oder Fortsätze vergrößert, manche bilden in Gallerte eingebettete Kolonien, oder sie besitzen winzige Gasblasen.
Dadurch wird das Absinken im Wasser wesentlich verlangsamt, sie „schweben".

3. *Entnimm eine Wasserprobe und betrachte sie mithilfe eines Mikroskops. Prüfe, ob von den auf den Seiten 37, 38 abgebildeten Kleinstlebewesen (Plankton) einige in der Probe vorkommen. Nenne und beschreibe sie.*

4. *Stelle ein Frischpräparat vom Pantoffeltierchen her. Betrachte ein Pantoffeltierchen mithilfe eines Mikroskops.*
Beschreibe Bau und Fortbewegung.

5. *Im Süßwasser und in Meeren kommen Kieselalgen vor. Die Form dieser einzelligen Pflanzen ist sehr vielgestaltig (Abb., S. 39).*
a) Prüfe eine Wasserprobe mithilfe des Mikroskops auf Vorhandensein von Kieselalgen (s. Abb., S. 39).

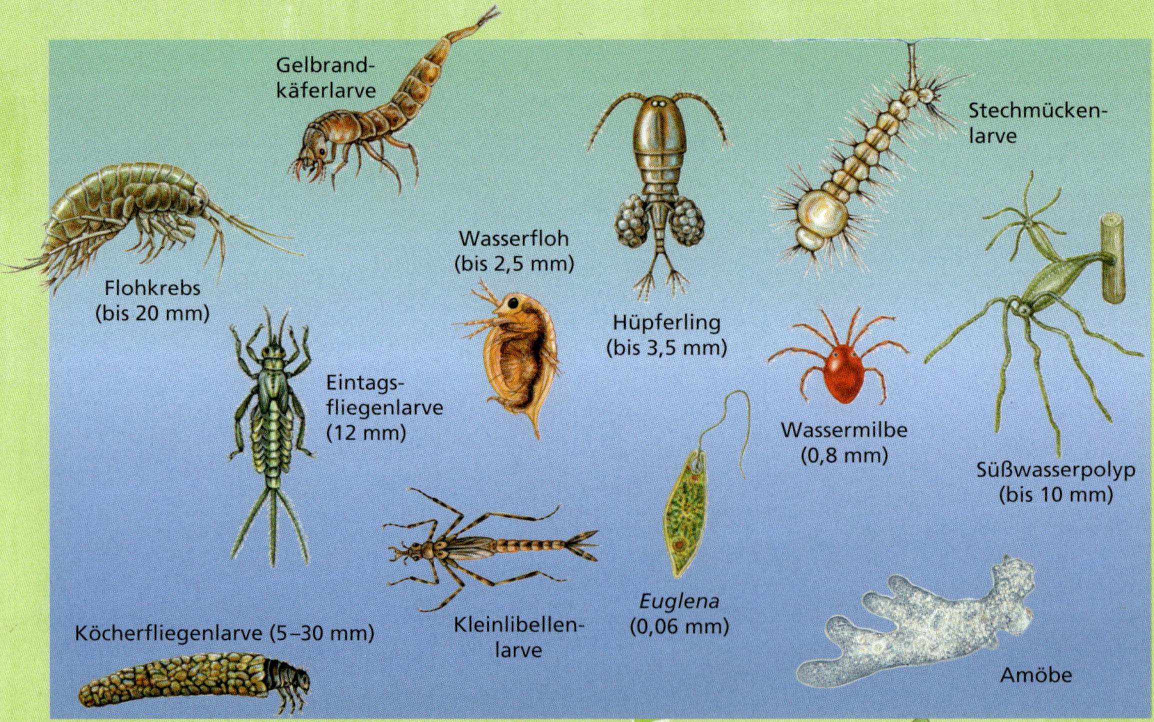

1 Beispiele für im Wasser lebende wirbellose Tiere unterschiedlicher Gruppen (tierisches Plankton)

b) Erkundige dich in der Apotheke nach der Bedeutung von Heilmitteln aus Kieselgur.

c) Kieselalgen haben erdgeschichtliche Bedeutung. Recherchiere im Internet.

Zwischen den Lebewesen eines Gewässers bestehen **vielfältige Beziehungen.** Diese Wechselbeziehungen werden besonders deutlich, wenn man fragt „Wer frisst wen?“.
Infolge der **Nahrungsbeziehungen** bestehen zwischen den Organismen eines Gewässers zahlreiche Abhängigkeiten, die in einfachen Nahrungsketten bzw. komplexen Nahrungsnetzen ihren Ausdruck finden.

6. *Am Anfang von Nahrungsketten bzw. Nahrungsnetzen im Gewässer stehen Grünalgen. Begründe diese Aussage. Gehe dabei auf die Ernährunsstufen ein.*

7. *Ohne die Grünalgen gäbe es für die Tiere in einem Gewässer bald keine Nahrung mehr. Wie ist das zu erklären?*

8. *a) Was versteht man unter autotropher Ernährung und heterotropher Ernährung?*

b) Gib für die folgenden im Wasser lebenden Kleinstlebewesen die Ernährungsweise an: Amöbe, Geißelalge, Chlorella, Pantoffeltierchen, Kugel-Grünalge, Volvox und Euglena.

9. *Betrachte mithilfe des Mikroskops weitere Algen, z. B. Chlorella, Schraubenalge, Zieralgen. Beschreibe ihren Bau. Zeichne und beschrifte die erkannten Teile.*

In manchen Gewässern ist die Belastung durch den Menschen, z. B. durch Schadstoffe und Müll, so groß, dass z. B. Fische sterben. Der Freizeitsport gefährdet die Gewässer ebenfalls.

10. *Wodurch können Veränderungen der Lebensbedingungen eines Gewässers zustande kommen?*

11. *Ist das von dir untersuchte Gewässer ebenfalls Gefahren ausgesetzt? Beschreibe.*

12. *Was kann getan werden, um das Gewässer zu schützen? Beschreibe und begründe Maßnahmen, auch persönlicher Art.*

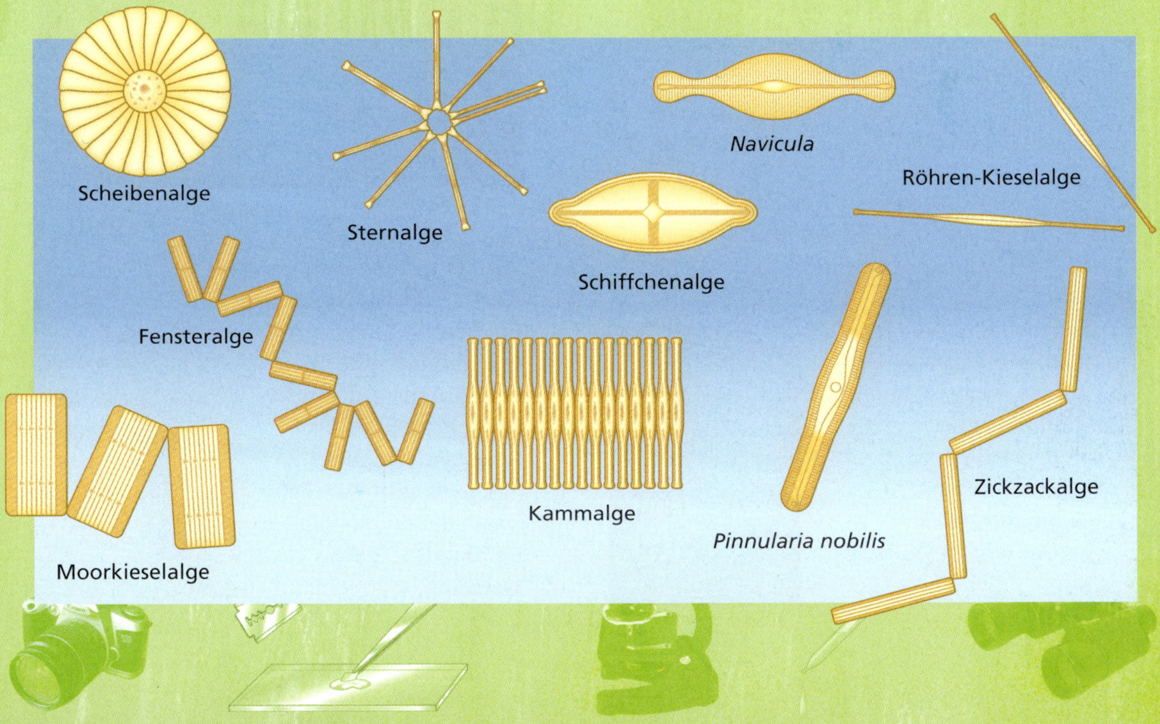

gewusst · gekonnt

1. Vergleiche den Bau der Hüllengeißelalge und der Alge *Chlorella*.

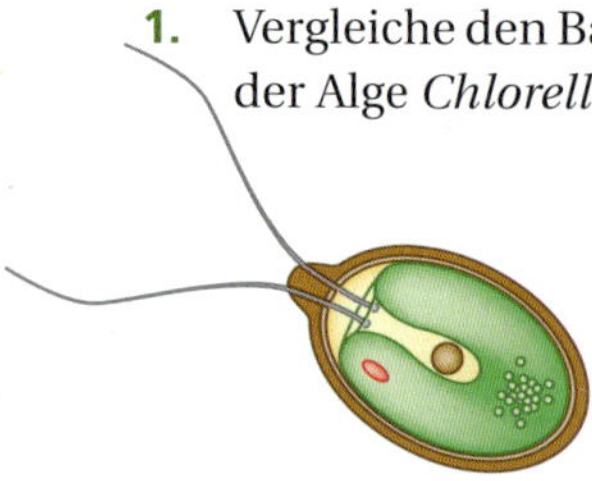

Stelle an zwei Beispielen den Zusammenhang zwischen Bau und Funktion her.

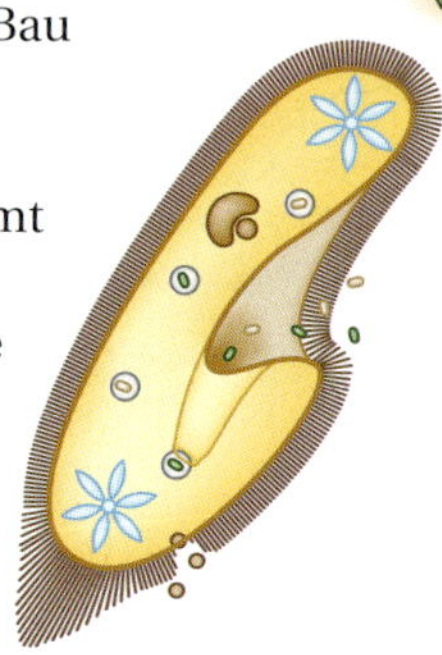

2. Das Pantoffeltierchen kommt nur in Gewässern vor, in denen sich viele organische Stoffe befinden.
Begründe.

3. Welche Bestandteile des Pantoffeltierchens dienen
- der Fortbewegung,
- der Verdauung der Nahrung,
- der Regulierung des Wassergehaltes im Zellplasma?

Beschreibe.

4. Nenne Merkmale, an denen man
a) pflanzliche Einzeller und
b) tierische Einzeller erkennt.
Ordne jeder Gruppe zwei Beispiele zu.

5. Beschreibe, wie sich die *Euglena*
- bei günstigen Lichtverhältnissen,
- bei Lichtmangel ernährt.

6. Schabe mit einem Spatellöffel etwas von dem grünen Belag an Baumstämmen ab.
Stelle davon ein Feuchtpräparat her und mikroskopiere.
Fertige eine Zeichnung an.

7. Beschreibe den Bau der Volvoxkugel.

8. Nenne Merkmale, an denen du einen Einzeller, eine Kolonie und einen Vielzeller erkennst.

9. Vergleiche den Bau von *Chlorella*, Kraushaaralge und Meersalat.

10. Innerhalb der Pflanzengruppe Algen gibt es eine große Formenvielfalt.
Erläutere dies an Beispielen aus dem Lehrbuch. Informiere dich auch im Internet.

11. In Andreas' Aquarium haben sich einzellige Algen so stark vermehrt, dass das Wasser „grün gefärbt" erscheint. Kai gibt Andreas den Rat, die Aquarienbeleuchtung abzuschalten und das Aquarium eine Zeit lang mit einer Decke abzudunkeln. Kathrin schlägt vor, nichts zu unternehmen, weil die Algen von selbst wieder verschwinden.
Was hältst du von diesen Vorschlägen? Begründe deine Meinung.

12. Das Seegras ist aus Wurzeln, einer unterirdischen Sprossachse und Laubblättern aufgebaut und bildet einen Blütenstand aus. Besucher der Meeresküste halten das Seegras oft für eine Grünalge. Ist das richtig? Begründe deine Meinung.

Einzellige Lebewesen

Einzellige Grünalgen

Chlorella

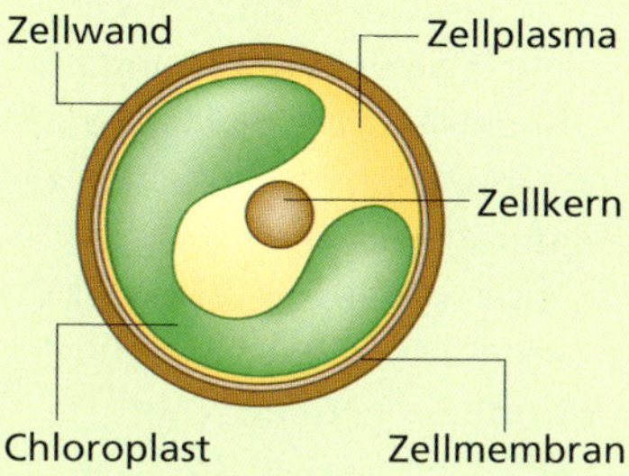

Einzellige Tiere

Pantoffeltierchen (Paramecium)

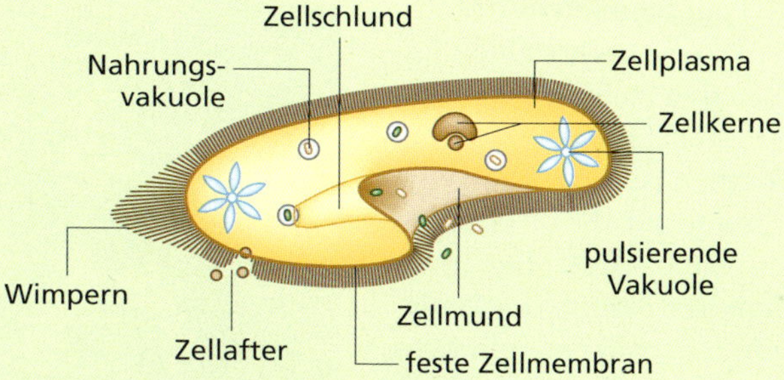

Die *Euglena* ist ein Einzeller

mit Merkmalen der Pflanzen:
Chloroplasten mit Chlorophyll
autotrophe Ernährung (bei günstigen Lichtverhältnissen)

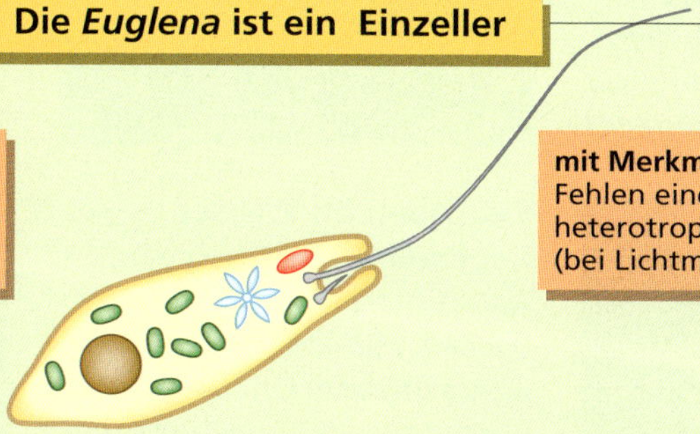

mit Merkmalen der Tiere:
Fehlen einer Zellwand
heterotrophe Ernährung (bei Lichtmangel)

Vom Einzeller über die Kolonie zum Vielzeller bei Algen

Einzeller
(z. B. Hüllengeißelalge)

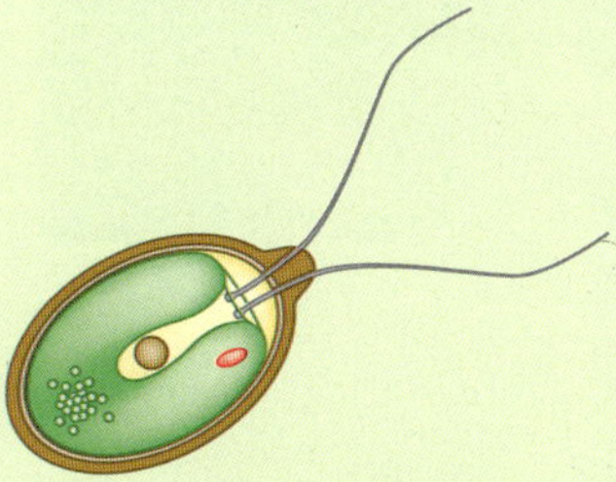

Ein Einzeller besteht aus einer Zelle. Diese Zelle ernährt sich, wächst, bewegt sich und pflanzt sich fort.

Zellkolonie
(z. B. Eudorina)

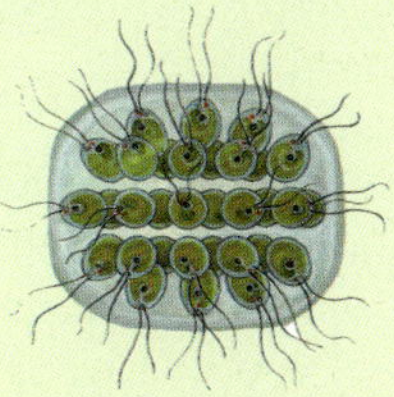

Alle Zellen in einer Kolonie haben die gleiche Funktion. Jede Zelle ernährt sich, wächst und dient der Fortpflanzung und Bewegung.

Zwischenglied zwischen Kolonie und Vielzeller
(z. B. Volvox)

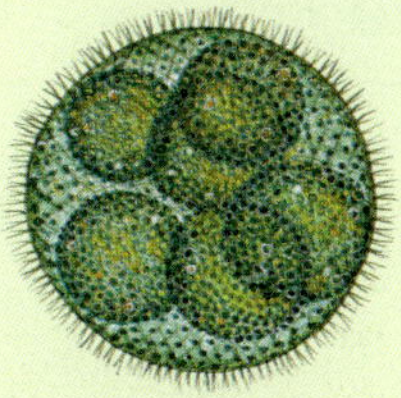

Als Übergang zum Vielzeller besitzen die Zellkolonien schon Zellen mit unterschiedlichen Funktionen: z. B.
- Fortpflanzungszellen,
- Geißelzellen, verbunden durch Plasmafäden.

Vielzeller
(z. B. Meersalat)

Vielzeller bestehen aus mehreren oder vielen differenzierten und spezialisierten Zellen.

1.3 Wirbellose Tiere in ihren Lebensräumen

Baumeister in der Natur
Zwischen krautigen Pflanzen oder auf Bäumen und Sträuchern sowie in Gebäuden findet man unterschiedlich gestaltete Spinnennetze. Bei genauerem Hinsehen fällt eine Spinne auf, die oftmals mit dem Bauch nach oben unter dem Netz hängt. Die Kreuzspinne z. B. baut ein radartiges Fangnetz (Abb.).
Zu welchem Zweck bauen einige Spinnen so kunstvolle Netze? Worin liegt die Schönheit der Spinnen?

Gemeiner Krake – ein „Meeresungeheuer“?
Vertreter der Gruppe Weichtiere besiedeln die Meere und Süßgewässer sowie das Land. Zu ihnen gehören auch dir bekannte Tiergruppen, z. B. die Schnecken, Muscheln und Tintenschnecken, auch Kopffüßer genannt (Abb. Gemeiner Krake). Trotz gemeinsamer Merkmale besitzt doch jede dieser Gruppen eigene charakteristische Merkmale.
Warum gehören Vertreter dieser Tiergruppen zu den Weichtieren?

Ein Leben im Wasser
Der Europäische Flusskrebs war früher in allen sauberen Bächen, Flüssen und Seen häufig anzutreffen. Um die Jahrhundertwende vernichtete eine Krankheit, die so genannte Krebspest, fast alle Krebsvorkommen. Deshalb wurde der in seiner Lebensweise ähnliche Amerikanische Flusskrebs (Abb.) in Deutschland eingebürgert.
Wie ist der Flusskrebs an seinen Lebensraum angepasst?
Wie können die wenigen Bestände des Europäischen Flusskrebses geschützt werden?

Wirbellose Tiere – ein Überblick

Gegenwärtig sind über 1 Million verschiedene wirbellose Tierarten bekannt. Die meisten gehören zur Gruppe der Insekten (760 000 Arten). Dagegen gibt es nur etwa 48 000 verschiedene Wirbeltierarten.

Einige wirbellose Tiere leben ständig in Häusern, z. B. das *Silberfischchen* (Abb. 1) und der *Menschenfloh* (Abb. 5, S. 46). In den Federn von Betten finden unzählige *Milben* ihren **Lebensraum.**

Viele wirbellose Tiere leben im Boden, z. B. der *Regenwurm* (Abb. 1, S. 45) und die *Maulwurfsgrille* (Abb. 3). Sie tragen zur Durchmischung des Bodens bei.

Andere Wirbellose wiederum haben ihren Lebensraum in der Waldstreu und in Kompostablagerungen, z. B. *Springschwänze* (Abb. 2, 4). Diese Tiere ernähren sich von abgestorbenen Organismen und bewirken so, dass tote Lebewesen zersetzt werden.

Auch auf Bäumen und Sträuchern, auf und in den Blättern von Pflanzen und im Wasser, z. B. der *Gelbrandkäfer* (Abb. 5, S. 44), sind wirbellose Tiere zu finden. Selbst in unserer Haut und im Innern unseres Körpers können wirbellose Tiere leben, z. B. der *Spulwurm* (Abb. 4, S. 46).

Viele wirbellose Tiere **beeinflussen unser Leben** direkt, z. B. als Erreger von Krankheiten (u. a. Malaria) oder als Lieferanten von Nahrung, z. B. Honig und Seide. Andere rufen Schadfras an Pflanzen hervor, z. B. *Borkenkäfer* (Abb. 2), *Kartoffelkäfer* (Abb. 3, S. 45).

2 Vielfalt der Wirbellosen

In ihrer **Größe, Gestalt** und **Farbe** sind wirbellose Tiere außerordentlich vielgestaltig. Wirbellose Tiere sind ein wesentlicher **Teil der lebenden Natur.** Für die Aufrechterhaltung des Gleichgewichts in der Natur sind sie unersetzbar.

Alle die genannten Tiere unterscheiden sich von den Wirbeltieren, wie *Taube, Zauneidechse* und *Hund,* durch ein wesentliches Merkmal. Sie haben nämlich im Innern ihres Körpers **keine Wirbelsäule.** Es sind **wirbellose Tiere.** Zu den Wirbellosen gehören viele Tiergruppen, z. B. Weichtiere, Spinnentiere, Krebstiere, Hohltiere, Insekten und Ringelwürmer, Stachelhäuter (s. Nachsatz des Buches).

Als Wirbellose werden die Tiere bezeichnet, die keine Wirbelsäule besitzen.

1 Silberfischchen

3 Maulwurfsgrille

4 Springschwänze

Wirbellose Tiere im Gewässer

1 Ohrenqualle – ein Hohltier
Lebensraum:
in allen Meeren, häufig in der Ostsee
Merkmale:
frei schwimmend, 25 – 40 cm Durchmesser, schirmartige Körperform, durchscheinend, am Rand des gallertartigen Schirms zahlreiche kurze Fangarme, 4 kräftige Fangarme umgeben Mundöffnung, innen Magenhöhle, Nahrung Plankton, kleine Meerestiere

2 Wasserspinne – ein Spinnentier
Lebensraum:
stehende und langsam fließende saubere Gewässer in Europa
Merkmale:
Länge 8 –15 mm, spinnt zwischen Wasserpflanzen glockenförmige Netze, füllt sie mit Luft als Sauerstoffvorrat, Luftglocken sind Wohn- und Lebensraum, Nahrung kleine Wassertiere (Wasserasseln)

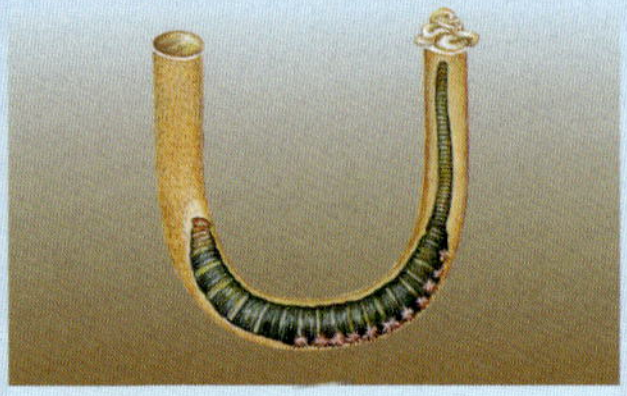

3 Sandpierwurm – ein Ringelwurm
Lebensraum:
Küsten von Mittelmeer, Atlantik, Ost-, Nordsee
Merkmale:
lebt in Röhre im weichen Meeresboden in 25 cm Tiefe, grüngelblich bis bräunlich, rötliche büschelige Kiemen, hinterlässt deutlich sichtbare Kothäufchen, beliebter Köderwurm, Nahrung mit Kleinstlebewesen durchsetzter Sand

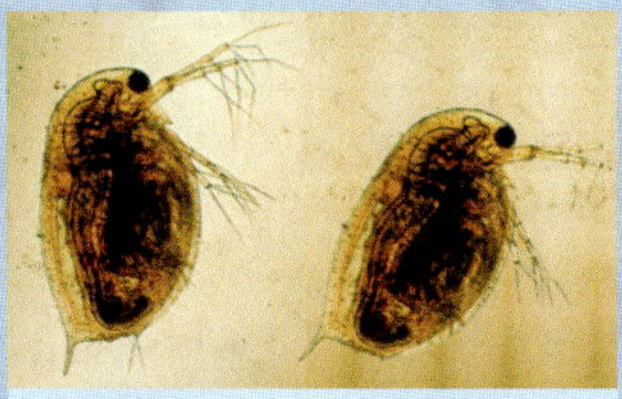

4 Gemeiner Wasserfloh – ein Krebstier
Lebensraum:
Kleingewässer weltweit
Merkmale:
Länge 1,2 – 4 mm, Körper geschützt zwischen zwei Chitinschalen, Kopf und Antennen ragen heraus, großes Komplexauge, 5 Paar Beine mit Filterborsten, wichtiges Fischfutter, Nahrung kleine Algen, Bakterien, Schwebstoffe

5 Gelbrandkäfer – ein Insekt
Lebensraum:
in Gewässern von Europa, Nordamerika
Merkmale:
bis 40 mm, Flügeldecken und Halsschild sind gelb umrandet, Männchen Saugnäpfe an Vorderbeinen, räuberische Lebensweise, Nahrung kleine Lebewesen und Aas

6 Gemeiner Tintenfisch – ein Weichtier
Lebensraum:
Mittelmeer bis Nordsee
Merkmale:
Länge 30 – 40 cm, Fuß umgewandelt zu 9 Kopfarmen (Kopffüßer) und 2 langen Fangarmen mit Saugnäpfen, schulpähnliche Innenschale, Fortbewegung durch Rückstoßprinzip und Flossensaum, bei Gefahr Abgabe eines dunklen Farbstoffes, Nahrung für Menschen, Räuber, Nahrung Fische, Muscheln

Wirbellose Tiere auf dem Lande

1 Roter Waldregenwurm – ein Ringelwurm
Lebensraum:
Humus,
Spreu von Wäldern,
im Wiesenboden,
Kompost,
Fall-Laub
Merkmale:
Länge bis 15 cm,
leuchtend rotbraun
bis violett,
Körper geringelt,
kommt tagsüber öfter
an die Erdoberfläche,
Nahrung organische Stoffe
vermischt mit Boden

2 Feld-Maikäfer – ein Insekt
Lebensraum:
Gärten, Parks,
Wälder in großen Teilen
Europas
Merkmale:
Länge 20–30 mm,
braune Flügeldecken,
dunkles Schild,
Fächerfühler,
Entwicklung 2–3 Jahre
bis zum Vollinsekt,
Nahrung Blätter der Bäume

3 Kartoffelkäfer – ein Insekt
Lebensraum:
weltweit an Kartoffelpflanzen
Merkmale:
etwa 6–11 mm,
Flügeldecken gelb mit
schwarzen Längsstreifen,
Kopf und Brustschild gelb
mit schwarzen Flecken,
Larven rot,
seitlich 2 schwarze
Punktreihen,
Nahrung Blätter von
Kartoffel-, Tabakpflanzen;
Schädling

4 Kellerassel – ein Krebstier
Lebensraum:
Keller, Gewächshäuser,
unter Steinen
(feuchte Lebensräume)
Merkmale:
etwa 1,6 cm,
dunkelgrauer,
abgeplatteter Körper ohne
Kopfbruststück,
Körperoberseite gekörnelt,
atmet mit Kiemen,
Nahrung Fall-Laub,
abgestorbene Pflanzen,
vermodertes Holz

5 Große Wegschnecke – ein Weichtier
Lebensraum:
Wälder, Wegränder,
Wiesen, Gebüsche
(feuchte, schattige Stellen)
Merkmale:
Nacktschnecke,
etwa 10–15 cm Länge,
Rückenfärbung rot,
braun oder schwarz,
Fußsaum rot mit dunklen
Querstrichen,
Haut runzlig,
Nahrung Pflanzenteile

6 Rotknie-Vogelspinne – ein Spinnentier
Lebensraum:
in tropischen Ländern
auf Büschen, Bäumen,
unter Baumwurzeln
Merkmale:
große Kieferklauen,
filzartige Behaarung,
Körperlänge mit
Beinen 25 cm,
braun mit rötlichen
Schimmer,
Nahrung Insekten,
Frösche,
junge Vögel

Wirbellose Tiere als Parasiten (eine Auswahl)

1 Zecke
(Holzbock; Außenparasit)
Merkmale:
gelb-, rot-, graubraun, 1–4 mm lang; Mundwerkzeuge stechend
Schadwirkungen:
Blut saugend, Überträger von Viren (Hirnhautentzündung), Bakterien (Borreliose)
Prophylaxe:
Impfung gegen Hirnhautentzündung, geschlossene Kleidung

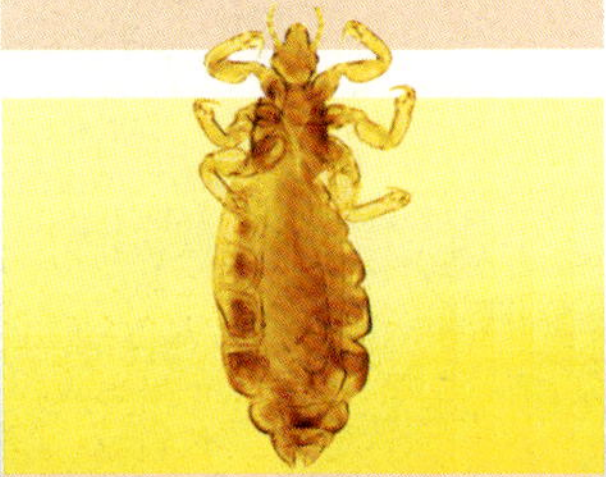

2 Kopflaus
(Außenparasit)
Merkmale:
bis 3 mm lang, stechend-saugende Mundwerkzeuge, Körper abgeplattet, flügellos, Chitinpanzer
Schadwirkungen:
lebt zwischen Haaren der Kopfhaut, saugt Blut, aus Eiern („Nissen") schlüpfen Blut saugende Larven; quälender Juckreiz, Wunden, Krankheitsüberträger (z.B. Flecktyphus).
Prophylaxe:
kaum möglich; Bekämpfung durch Sauberkeit von Kopf und Haaren, durch Mittel aus der Apotheke

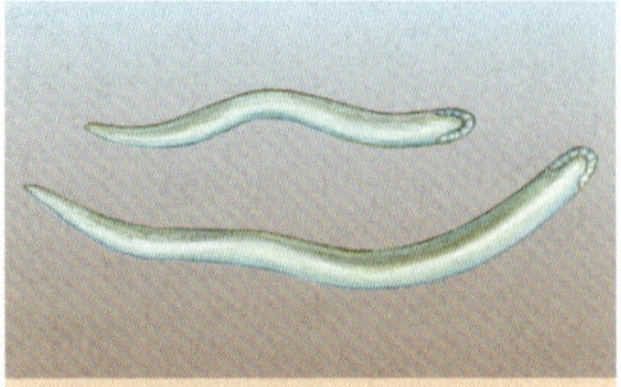

3 Madenwurm
(Innenparasit)
Merkmale:
6–12 mm lang, weiß, drehrund im Querschnitt
Schadwirkungen:
lebt im Dickdarm des Menschen, Ablage der Eier des Nachts in Aftergegend; unangenehmer Juckreiz, Schlafstörungen, Appetitlosigkeit, Gewichtsverlust, Nervosität
Prophylaxe:
Sauberkeit des Körpers, Obst und Gemüse waschen

4 Spulwurm
(Innenparasit)
Merkmale:
20–40 cm lang, bleistiftdick, drehrund im Querschnitt, ungegliedert
Schadwirkungen:
lebt im Dünndarm z. B. des Menschen, Entwicklung erfolgt im menschlichen Körper (Ei im Darm, Larve in der Lunge, Wurm im Dünndarm), bewirkt Lungenentzündung, Leibschmerzen, Erbrechen, Durchfall, Krämpfe
Prophylaxe:
gründliches Waschen der Hände, der Lebensmittel

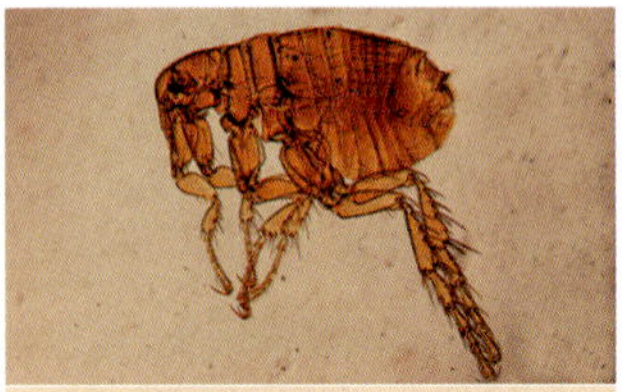

5 Menschenfloh
(Außenparasit)
Merkmale:
bis 3 mm lang, seitlich zusammengedrückter Körper, Hinterbeine kräftige Sprungbeine, Stechrüssel
Schadwirkungen:
saugen an der Haut Blut, „Flohstiche", unangenehmer Juckreiz, Wunden
Prophylaxe:
Sauberkeit der Wohnung

6 Schweinefinnenbandwurm
(Innenparasit)
Merkmale:
bis 6 m lang, 800–900 Glieder, Kopf mit Hakenkranz und Saugnäpfen; Mensch Endwirt, Schwein Zwischenwirt
Schadwirkungen:
Verdauungsstörungen, Leibschmerzen, Erbrechen, Schwindelanfälle, Abmagerung
Prophylaxe:
Sauberkeit der Hände beim Essen, Kochen, Braten von rohem Fleisch, Fleischbeschau in Schlachtbetrieben

Wirbellose Tiere im Haus

Viele wirbellose Tiere findet man auch in den *Räumen von Häusern* (z.B. in Kellern, auf dem Boden und auch in den Wohnräumen). Dazu gehören u. a. *Spinnen, Asseln, Ohrwürmer* und *Fliegen* (s. S. 48, 49). Außerdem findet man hier auch Organismen, die sonst nur in wärmeren Ländern vorkommen.
Für manche heimische wirbellose Tiere bieten Haus und Wohnung Unterschlupf, wenn die Lebensbedingungen im Freien ungünstig sind (z.B. *Spinnen* im Winter). Andere wieder haben den von Menschen geschaffenen Lebensraum erobert und leben jetzt hauptsächlich in Häusern und Wohnungen (Kulturfolger).
Durch **einfache Untersuchungen** lässt sich leicht feststellen, welche wirbellosen Tiere die Unterkunft mit uns teilen.

1. *Ermittle wirbellose Tiere im Haus.*
Materialien:
Glasbehälter (z. B. leere Marmeladengläser mit durchstochenem Deckel, um die Luftzufuhr zu sichern), Pinzette, Bestimmungstabellen (z. B. S. 48, 49).

Durchführung:
1. Suche systematisch ein älteres Haus vom Boden über die Wohnung, den Treppenflur bis in den Keller nach wirbellosen Tieren ab.
2. Hast du ein Tier entdeckt, versuche es zu fangen und in einem der Glasbehälter unterzubringen.
3. Bestimme die gefangenen Tiere nach Abbildungen bzw. Bestimmungstabellen (s. S. 48, 49).

Auswertung:
1. Ermittle die Tierarten, die am häufigsten zu finden sind.
2. Versuche herauszufinden, welche Bedeutung diese Tiere für das Leben der Menschen haben. Nutze dazu das Internet.

Hinweis: Nach der Ermittlung sind die Tiere wieder frei zu lassen (Tierschutz).

Tabelle zum Bestimmen wirbelloser Tiere, die in Häusern leben

1	Tier wurmähnlich 2
1*	Tier nicht wurmähnlich, anders gestaltet 3
2	Tier ohne Beine weißlich **Larven von Insekten** (z.B. *Maden* von Fliegen – Abb. 1)
2*	Tier mit Beinen **Larven von Schmetterlingen** (*Raupen* – Abb. 2)
3	Tier mit mehr als 6 Beinen 4
3*	Tier mit 6 Beinen (Insekten) 6
4	Tier mit 8 Beinen **Spinnentiere** Zu dieser Gruppe gehören *Echte Spinnen* (z.B. *Hausspinne* – Abb. 3), *Weberknechte* (Abb. 4), *Zecken* (*Holzbock* – Abb. 5) und *Milben* (Abb. 6)
4*	Tier mit mehr als 8 Beinen 5
5	Körper lang-oval, abgeflacht; mit höchstens 10 Beinpaaren **Krebstiere** (z.B. *Kellerassel* – Abb. 7, *Rollassel* – Abb. 8)
5*	Körper lang gestreckt, mit weit mehr als 10 Beinpaaren, oft mit auffällig vielen Beinen **Tausendfüßer** (z.B. *Schnurfüßer* – Abb. 9, *Steinläufer* – Abb. 10)
6	Hinterleib mit 2 großen Zangen; Tier mit kurzen Flügeldecken (scheinbar ohne Flügel) **Ohrwürmer** (z.B. *Gemeiner Ohrwurm* – Abb. 11)
6*	Tier anders gestaltet. 7
7	Tier ohne Flügel 8
7*	Tier mit Flügeln. 9

Abb. 1: Fliegenmade (ca. 12 mm)

Abb. 3: Hausspinne (ca. 10 mm)

Abb. 2: Raupe (ca. 20 mm)

Abb. 5: Zecke (ca. 4 mm)

Abb. 4: Weberknecht (ca. 11 mm)

Abb. 6: Milbe (ca. 1,4 mm)

Abb. 8: Gemeine Kugelassel (Rollassel) (bis 15 mm)

Abb. 7: Kellerassel (bis 16 mm)

Abb. 10: Steinläufer (ca. 6 bis 32 mm)

Abb. 9: Schnurfüßer (ca. 10 bis 45 mm)

Abb. 11: Gemeiner Ohrwurm (ca. 9 bis 16 mm)

8	Hinterleib ohne Schwanzfäden, an der Unterseite keine Sprunggabel, Fühler mit mehr als 6 Gliedern (Lupe) **Urinsekten** (z.B. *Springschwänze* – Abb. 12)
8*	Hinterleib mit 3 Schwanzfäden, an der Unterseite keine Sprunggabel, Fühler mit mehr als 6 Gliedern (Lupe) **Urinsekten** (z.B. *Silberfischchen* – Abb. 13)
9	Flügel glasartig, durchsichtig 10
9*	Flügel nicht glasartig, undurchsichtig; beschuppt oder chitinisiert 12
10	Flügel in Ruhe dachförmig gehalten, glasklar (Vorder- und Hinterflügel etwa gleich groß) **Netzflügler** (z.B. *Florfliegen* – Gemeines Goldauge; stark genetzte Flügel, golden schimmernde Augen – Abb. 14)
10*	Flügel in Ruhe flach über dem Hinterleib zusammengelegt 11
11	Fühler stummelförmig kurz, starr; (nur 2 Flügel, anstelle des 1. Flügelpaares zuweilen Schwingkölbchen sichtbar) **Zweiflügler** (z.B. *Stechmücke* – Abb. 15, *Schnake* – Abb. 16, *Stubenfliege* – Abb. 17)
11*	Fühler lang, beim aktiven Tier ständig in Bewegung (4 Flügel, Vorderflügel deutlich größer als Hinterflügel) **Hautflügler** (u.a. *Ameisen* – Abb. 18, *Hornissen* – Abb. 19, Bienen, Hummeln)
12	Vorderflügel derb, chitinisiert **Käfer** (z. B. *Laufkäfer* – Abb. 20, *Marienkäfer* – Abb. 21)
12*	Flügel beschuppt, undurchsichtig **Schmetterlinge** (z.B. *Tagpfauenauge* – Abb. 22, *Brauner Bär* – Abb. 23)

Abb. 12: Springschwanz (ca. 4 mm)

Abb. 13: Silberfischchen (ca. 10 mm)

Abb. 14: Florfliege (ca. 15 mm)

Abb. 15: Stechmücke (ca. 10 bis 15 mm)

Abb. 16: Schnake (ca. 3 bis 50 mm)

Abb. 17: Stubenfliege (ca. 8 mm)

Abb. 18: Ameise (ca. 6 bis 13 mm)

Abb. 19: Hornisse (bis 35 mm)

Abb. 20: Laufkäfer (ca. 13 mm)

Abb. 21: Marienkäfer (bis 8 mm)

Abb. 22: Tagpfauenauge (Spannweite bis 60 mm)

Abb. 23: Brauner Bär (Spannweite bis 65 mm)

Süßwasserpolyp – ein Hohltier

Süßwasserpolypen (Abb. 1) sind in stehenden und fließenden Gewässern beheimatet.

Ihr **Körper** ist sehr einfach gebaut. Betrachtet man den ca. 1 cm großen Polypen mit der Lupe, fallen sofort sein *schlanker, schlauchförmiger Körper* und seine die Mundöffnung umgebenden *Fangarme,* Tentakel genannt, auf (Abb. 1, 2).

Diese Tiere haben keine Wirbelsäule und bestehen aus drei verschiedenen Schichten, die einen *Hohlraum mit Magenfunktion* umschließen (Abb. 2). Tiere mit einem solchen Körperbau nennt man **Hohltiere.**

Die *Außenschicht* besteht aus Hautmuskelzellen, Nesselzellen und einfachen Sinneszellen, die *Innenschicht* aus dicht nebeneinander liegenden Drüsen- und Verdauungszellen. Zwischen beiden befindet sich eine gallertartige *Stützschicht.* In der Stützschicht liegen Nervenzellen, die zu einem einfachen Nervennetz verbunden sind (Abb. 2). Die Polypen besitzen also ein *netzförmiges Nervensystem.*

Süßwasserpolypen **ernähren** sich von kleinen Wassertieren, z. B. *Wasserflöhen, Hüpferlingen,* die oft genauso groß sind wie der Polyp selbst (heterotrophe Ernährung). Die Beute wird mit den Fangarmen erfasst und mit vielen gifthaltigen „Geschossen" gelähmt. Diese kleinen Giftpfeile schnellen bei der geringsten Berührung der Fangarme aus den *Nesselzellen* hervor. Die wehrlose Beute wird nun durch die Mundöffnung in die Magenhöhle gestopft und verdaut. Nahrungsreste gelangen auf umgekehrtem Wege nach draußen.

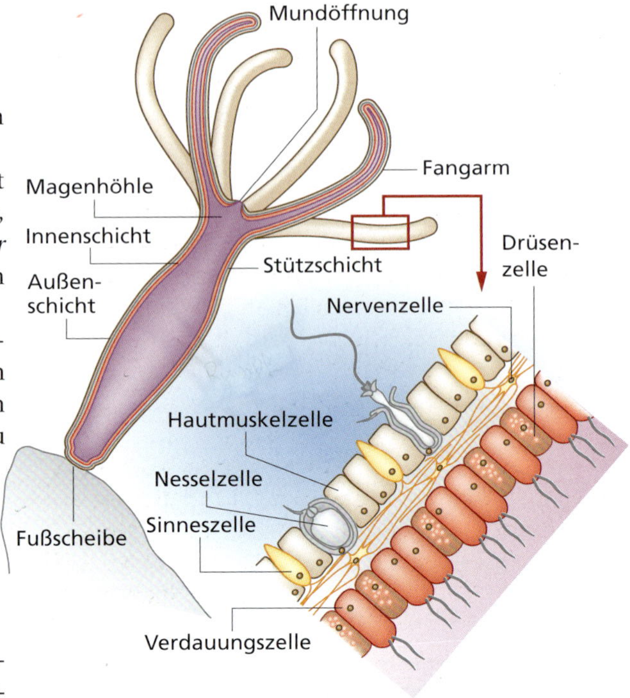

2 Bau des Süßwasserpolypen (längs) und Feinbau der Körperschichten (Fangarm)

1 Der Süßwasserpolyp lebt mit einer Fußscheibe fest sitzend an Wasserpflanzen.

3 Süßwasserpolyp vor und nach Berührung mit einem Gegenstand

Berührt man den Süßwasserpolypen, dann zieht er sich sofort zusammen (Abb. 3, S. 50). Er nimmt die Berührung mit den einfachen Sinneszellen auf. Die Nervenzellen lösen die Bewegung der Hautmuskelzellen aus, der Polyp zieht sich zusammen. Er kann also **auf Umwelteinflüsse reagieren.**
Der Süßwasserpolyp kann sich **aktiv fortbewegen.** Er haftet abwechselnd mit den Fangarmen und der Fußscheibe am Untergrund fest und bewegt sich durch Strecken und Zusammenziehen seines Körpers (Abb. 2). Manchmal lässt sich das Tier einfach von der Wasserströmung treiben.

Süßwasserpolypen **pflanzen** sich vor allem ungeschlechtlich durch **Knospung fort** (Abb. 1).
An einem ausgewachsenen Tier, dem Mutterpolypen, bildet sich eine beulenartige Wölbung, die nach einiger Zeit zu einem kleinen Tochterpolypen heranwächst. Der Tochterpolyp kann sich vom Mutterpolypen abtrennen und zum neuen Mutterpolypen heranwachsen.

Bei Verletzung oder gar Abtrennung eines Körperteils wächst das verloren gegangene Teil des Polypen nach. Aber auch ein winziges Stückchen des Polypenkörpers wächst zu einem vollständigen Tier heran. Diese Eigenschaft nennt man **Regeneration.**

Der Süßwasserpolyp ist ein Hohltier. Er ist durch seinen Bau und seine Lebensweise an seinen Lebensraum Wasser angepasst.
Süßwasserpolypen, Quallen und Korallen gehören zu den Hohltieren.

Mosaik

Korallen – farbenprächtige Hohltiere

Zu den Hohltieren gehören auch die farbenprächtigen **Korallen.** Sie leben einzeln, z. B. *Seerose* (Abb. unten), oder zur Kolonie vereinigt, z. B. *Edelkoralle, Steinkorallen.*
Bei Kolonien bildenden Korallen entstehen häufig an der Fußscheibe Kalkskelette. Auf dem oberen Teil dieser Kalkskelette wachsen die Korallen weiter und vermehren sich durch Knospung. Im Laufe der Zeit entstehen aus den Kalkskeletten die oft riesigen, in allen Farben leuchtenden **Korallenriffe.**

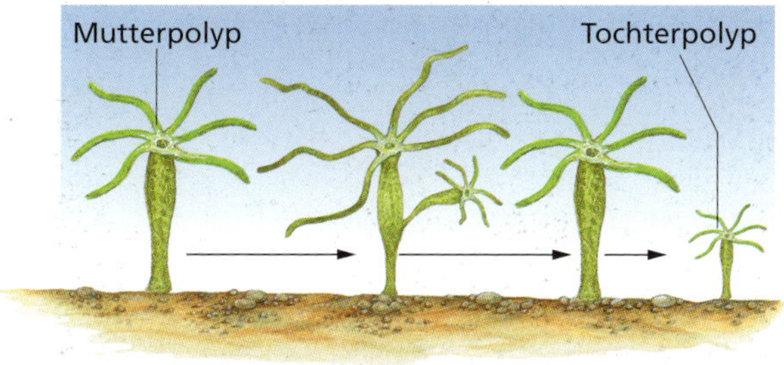

1 Ungeschlechtliche Fortpflanzung des Süßwasserpolypen (Knospung)

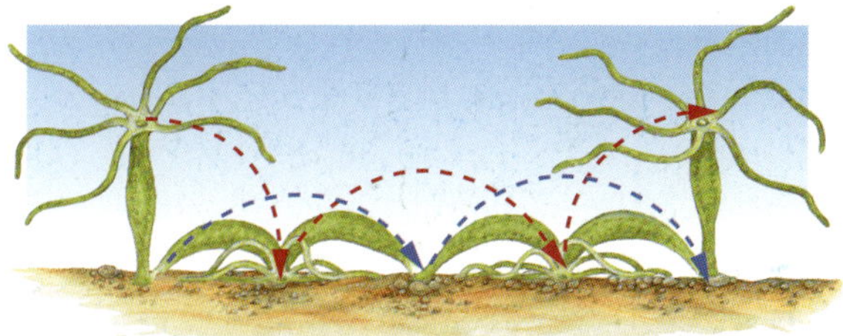

2 Der Süßwasserpolyp kann sich auf verschiedene Weise fortbewegen.

Der Regenwurm – ein Ringelwurm

Körpergliederung und Bau des Regenwurms

Der *Gemeine Regenwurm* (Abb. 2) besitzt eine nackte, dünne und schleimige Haut.
Betrachtet man ihn genauer, z. B. mit einer Lupe, so fällt auf, dass sich der Körper in eine Vielzahl (bis zu 180) fast gleichförmiger Ringe gliedert. Regenwürmer werden deshalb den **Ringelwürmern** zugeordnet.
Jeder Körperring, Segment genannt, besitzt vier Paar kurze, steife **Borsten.**
Die äußere Gliederung **(Segmentierung)** des Regenwurms setzt sich nach innen fort (Abb. 1). Querwände grenzen die einzelnen Ringe voneinander ab.
Der **Darm** durchzieht den gesamten Körper von der Mundöffnung bis zum After als gestrecktes Rohr. Das **Blut** fließt in einem Blutgefäßsystem, das aus einem Rücken- und einem Bauchgefäß besteht. Diese beiden Gefäße sind durch Ringgefäße miteinander verbunden. Ein solches System wird als **geschlossener Blutkreislauf** bezeichnet. Bauchseits verläuft ein starker Nervenstrang (Bauchmark) durch den Körper. Seine Form erinnert an eine Strickleiter. Die Biologen sprechen deshalb von einem **Strickleiternervensystem.**

2 Der Körper des Gemeinen Regenwurms ist lang gestreckt, walzenförmig sowie am Vorder- und Hinterende zugespitzt.

Jeder Ring enthält ein Paar trichterförmige **Ausscheidungsorgane,** die überschüssige Flüssigkeit aus dem Körper befördern.
Unter der äußeren Haut liegt der **Hautmuskelschlauch.** Dieser besteht aus je einer Schicht Ring- und Längsmuskeln.

Der Körper des Regenwurms ist in zahlreiche Ringe (Segmente) gegliedert. Er gehört zur Gruppe der Ringelwürmer. Sie besitzen einen Hautmuskelschlauch, ein Strickleiternervensystem, einen durchgehenden Darm und ein geschlossenes Blutgefäßsystem.

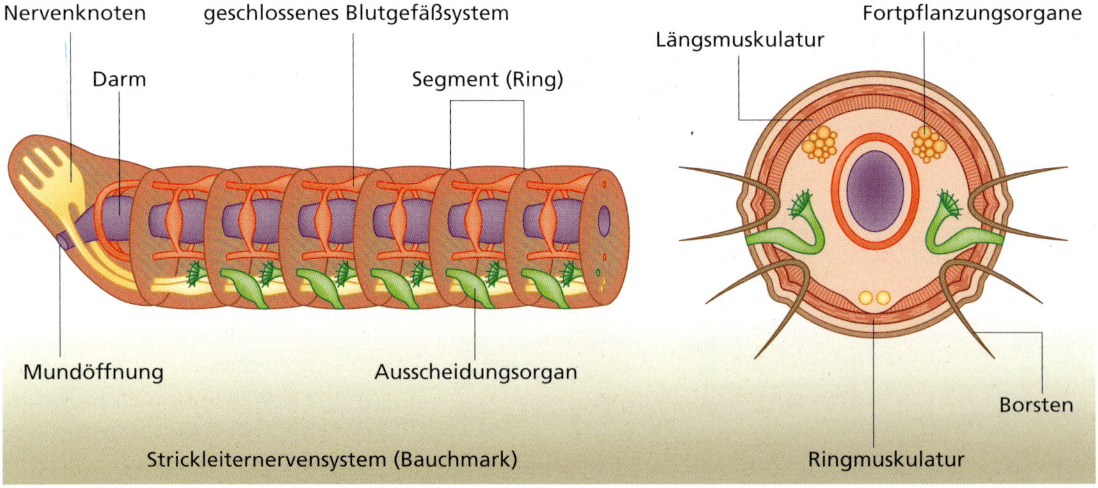

1 Beim Regenwurm (Längs- und Querschnitt) stimmen äußere und innere Körpergliederung weitgehend überein.

Lebensweise des Regenwurms

Der *Gemeine Regenwurm* bewegt sich kriechend fort. Verantwortlich für diese **Fortbewegung** ist sein **Hautmuskelschlauch.** Durch Zusammenziehen der *Ringmuskeln* wird der Körper gestreckt, er wird dünn. Dabei erschlaffen die *Längsmuskeln.* Anschließend ziehen sich die Längsmuskeln zusammen und die Ringmuskeln erschlaffen. Der Regenwurm wird an dieser Stelle dicker und zieht den Körper nach (Abb. 2). Durch dieses abwechselnde Zusammenziehen und Erschlaffen der Muskeln entsteht eine wellenförmige Bewegung, die dem gliedmaßenlosen Tier ein Vorwärtskriechen ermöglicht. Die **Borsten** unterstützen die Fortbewegung, indem sie sich im Boden festhalten und ein Zurückgleiten verhindern.

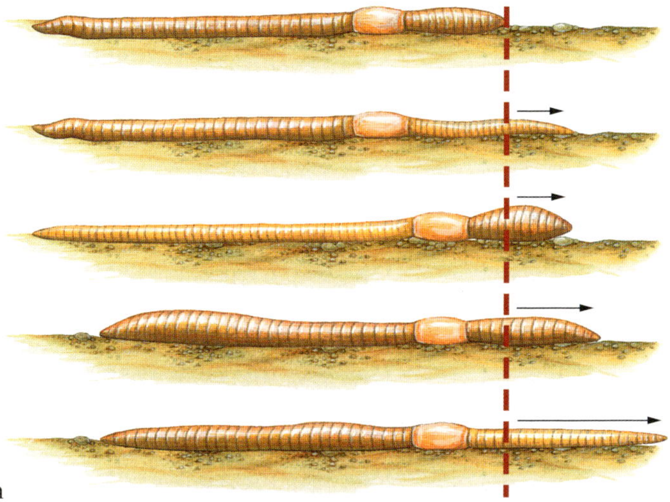

2 Kriechbewegung beim Regenwurm (→ Bewegungsrichtung)

Tagsüber halten sich die Regenwürmer im kühlen und feuchten Erdboden auf. Sie meiden also Sonne und Trockenheit. Der hohe Feuchtigkeitsbedarf der Regenwürmer hängt mit ihrer **Atmung** zusammen. Die Aufnahme von Sauerstoff und die Abgabe von Kohlenstoffdioxid erfolgen durch die dünne, feuchte und schleimige Haut. Er ist ein **Hautatmer.**
Starke Sonneneinstrahlung würde seine Haut austrocknen und sie für Atemluft unpassierbar machen. Er müsste ersticken. Deshalb kommt er nachts zur Nahrungssuche aus seinen selbst gegrabenen Erdröhren und lebt tagsüber im feuchten Boden.
Er ist ein **Feuchtlufttier** und gut an das Leben im Boden angepasst.

1 Paarung des Regenwurms

Der Regenwurm bewegt sich kriechend vorwärts. Er ist ein Hautatmer und Feuchtlufttier.

Der Regenwurm besitzt sowohl männliche als auch weibliche Geschlechtsorgane. Er ist ein **Zwitter.** Zur **Fortpflanzung** müssen sich jedoch immer zwei Tiere paaren (Abb. 1), denn es erfolgt stets eine wechselseitige Begattung. Dabei legen sich zwei geschlechtsreife Tiere mit den Vorderenden an einer rot gefärbten, ringförmigen Verdickung, dem **Gürtel,** aneinander und tauschen Samenzellen aus.
Die Samenzellen werden in Samentaschen im Inneren des Körpers aufbewahrt.
Sind die Eizellen reif, sondert der Gürtel Schleim ab und bildet somit eine schützende Hülle, die wie eine Manschette den Körperabschnitt umgibt. Nun windet sich der Regenwurm aus der Schleimhülle heraus, dabei findet die Befruchtung statt.

1 Durch den Regenwurm in seine Röhren eingezogene Blätter

Die Schleimhülle erhärtet an der Luft, sie wird zu einem **Kokon.** In ihm befinden sich die befruchteten Eizellen.
Aus den befruchteten Eizellen entwickeln sich kleine Regenwürmer. Die Entwicklungsdauer ist u.a. von der Bodentemperatur abhängig. Sie dauert in unseren geografischen Breiten etwa drei bis vier Wochen.

Der Regenwurm ist ein zwittriges Tier. Zur Fortpflanzung findet eine Paarung statt.

Der Regenwurm **reagiert auf Umwelteinflüsse.** Er besitzt keine Augen. Trotzdem kann er hell und dunkel unterscheiden. Verantwortlich dafür sind lichtempfindliche Zellen, die über die gesamte Körperoberfläche verteilt sind, am Kopfende jedoch besonders dicht beieinander liegen. Diese lichtempfindlichen Zellen stehen mit dem Gehirn und dem Strickleiternervensystem in Verbindung.
Sobald der Regenwurm tagsüber an die Erdoberfläche gelangt, nehmen die Lichtsinneszellen die Lichtunterschiede wahr. Er kriecht wieder ins Dunkle zurück.
Der Regenwurm ist auch in der Lage, Berührungen und Erschütterungen wahrzunehmen. Er zieht sich daraufhin ebenfalls sofort in seine Erdröhre zurück (s. Experiment, S. 55).

Der **Lebensraum** der Regenwürmer ist der Boden. Sie leben in einem verzweigten **Röhrensystem,** das von der Erdoberfläche bis in 2 Meter Tiefe reicht. Das Röhrensystem wird ständig ausgebaut und erweitert, indem sich die Regenwürmer regelrecht durch das Erdreich bohren und fressen.

Die neu entstandenen Gänge werden anschließend mit Schleim und Kot ausgekleidet, sodass keine Erde nachrutschen kann. Dieses Röhrensystem stellt somit ein ideales *Bewässerungs-* und *Durchlüftungssystem* des Bodens dar. Die Regenwurmröhren erleichtern das Eindringen von Regenwasser und Luft in den Erdboden.
Gleichzeitig bewirkt die Tätigkeit der Regenwürmer eine **Auflockerung des Bodens.** Durch die Tätigkeit der Regenwürmer wird den Pflanzenwurzeln das Eindringen ins Erdreich erleichtert.

Nachts ziehen Regenwürmer Blätter, Gräser oder abgestorbene Pflanzenteile als **Nahrung** in ihre Erdröhren (Abb. 1). Diese werden jedoch nicht sofort gefressen, sondern erst wenn sie durch die Tätigkeit von Mikroorganismen zersetzt sind. Die zersetzten Stoffe werden dann zusammen mit Erde durch den zahnlosen Mund aufgenommen (heterotrophe Ernährung).

Unverdaute Nahrungsreste und Mineralien findet man oft als kleine Kothäufchen an der Erdoberfläche unmittelbar neben der Öffnung von Wurmröhren. Auf diese Weise tragen Regenwürmer mit ihrem Kot zur **Humusbildung** und **Bodendurchmischung** (Abb. 1) und damit zur **Verbesserung der Bodenfruchtbarkeit** bei.

Ermittle Reaktionen des Regenwurms auf Umwelteinflüsse.

Materialien:
Regenwürmer, Glasröhre, dunkle Hülse, Holzstäbchen, Papier, Filterpapier, Wasser, Pinsel, Becherglas mit stark verdünnter Essigsäure (5%ig;)

1. Untersuche die Fortbewegung des Regenwurms.

Durchführung und Beobachtung:
1. Setze einen Regenwurm auf Papier und beobachte seine Fortbewegung.
2. Horche sehr genau auf Bewegungsgeräusche. Finde eine Erklärung dafür.

Auswertung:
Beschreibe die Fortbewegung des Regenwurms.

2. Untersuche die Lichtempfindlichkeit des Regenwurms.

Durchführung und Beobachtung:
1. Schiebe eine dunkle Hülle über die Glasröhre mit dem Regenwurm und beobachte.
2. Setze durch Verschieben der Hülle das Vorder- bzw. Hinterende des Regenwurms (jeweils 2 cm) dem Licht aus und beobachte.

Auswertung:
1. Beschreibe die Reaktion des Regenwurms auf Licht.
2. Begründe das Verhalten des Regenwurms.

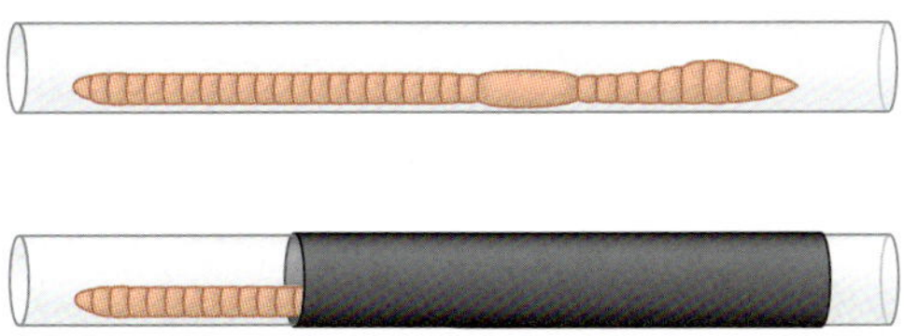

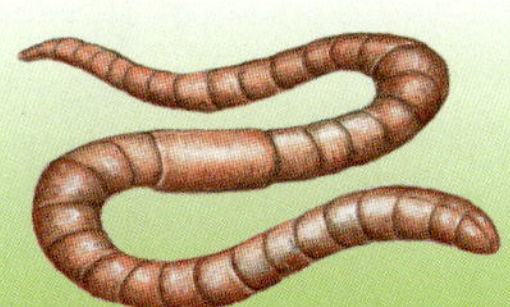

3. Untersuche die Berührungsempfindlichkeit des Regenwurms.

Durchführung und Beobachtung:
1. Berühre den Regenwurm vorsichtig mit einem Holzstäbchen am Vorderende und beobachte.
2. Berühre ihn anschließend an verschiedenen Körperstellen und beobachte.

Auswertung:
Beschreibe die Berührungsempfindlichkeit des Regenwurms.

4. Untersuche die Reaktion des Regenwurms auf chemische Stoffe.

Durchführung und Beobachtung:
1. Nähere einen mit verdünnter Essigsäure angefeuchteten Pinsel auf wenige Zentimeter dem Regenwurm (nicht berühren!).
2. Beobachte die Reaktion des Regenwurms.

Auswertung:
1. Beschreibe das Verhalten des Regenwurms.
2. Begründe sein Verhalten.

5. Untersuche die Reaktion des Regenwurms auf unterschiedliche Feuchtigkeit.

Durchführung und Beobachtung:
1. Setze einen Regenwurm auf die trockene Seite eines zur Hälfte angefeuchteten größeren Blattes Filterpapier.
2. Beobachte sein Verhalten.

Auswertung:
1. Beschreibe das Verhalten des Regenwurms.
2. Begründe sein Verhalten.

Vielfalt der Insekten

Mit ungefähr 800 000 Arten sind die Insekten auf der Erde die am meisten verbreitete Tiergruppe. Sie bewohnen fast alle Lebensräume. Um eine Ordnung in die vielen Arten zu bringen, wurde ein Ordnungssystem aufgestellt, in dem die Insekten nach ihrem äußeren und inneren Bau, aber auch nach ihrer stammesgeschichtlichen Entwicklung zusammengefasst wurden. Ein wesentliches **Merkmal der Zuordnung** zu Insektengruppen ist beispielsweise **die Anzahl und Ausbildung der Flügel.** Diese sind bei den verschiedenen Insekten sehr unterschiedlich.

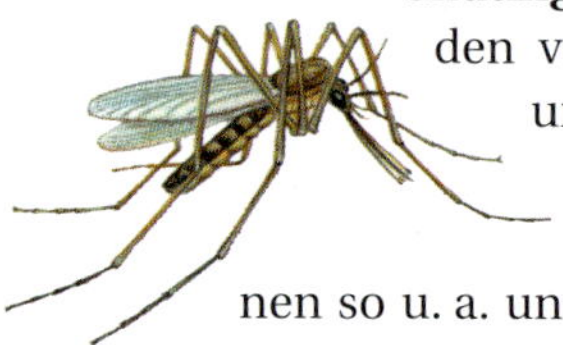

Vier wichtige Gruppen können so u. a. unterschieden werden, die Käfer, Schmetterlinge, Hautflügler und Zweiflügler. Diese Gruppen werden von den Biologen aufgrund gemeinsamer Merkmale **Insektenordnungen** genannt.
Betrachtet man einen **Käfer,** z. B. *Maikäfer* (Abb. 4), findet man 2 feste Vorderflügel. Diese werden Deckflügel genannt. Sie schützen den Körper und die unter ihnen liegenden dünnhäutigen Hinterflügel. Diese dienen dem Fliegen.

Auf einer Blüte lässt sich ein farbenprächtiger **Schmetterling** nieder, z. B. ein *Tagpfauenauge* (Abb. 3). Seine Vorder- und Hinterflügel sind dünnhäutig. Sie besitzen einen Überzug aus dachziegelartig angeordneten farbigen Schuppen. Vorder- und Hinterflügel werden beim Fliegen genutzt.

2 Wespe – ein Hautflügler

In der Küche stören uns lästige *Stubenfliegen* (Abb. 1) oder *Schmeißfliegen.* Sie gehören wie auch die *Mücken* (Abb.) zu den **Zweiflüglern.** Ihr wichtiges Merkmal sind 2 häutige Vorderflügel, mit denen sie fliegen. Die Hinterflügel sind zu Schwingkölbchen umgewandelt. Damit halten die Tiere ihr Gleichgewicht beim Fliegen.
Untersucht man eine Wespe (Abb. 2), so findet man bei ihr ähnlich ausgebildete Vorder- und Hinterflügel. Sie sind dünnhäutig und durchsichtig und dienen dem Fliegen. Die Insektenordnung mit solchen Flügeln heißt **Hautflügler.**

Ein Teil der großen Tiergruppe Insekten wird nach der Anzahl und der Ausbildung der Flügel in Insektenordnungen unterteilt.
Wesentliche Kennzeichen sind:

Käfer	**– je 1 Paar harte Vorder- und häutige Hinterflügel,**
Schmetterlinge	**– 2 Paar zarte Flügel mit farbigen Schuppen,**
Zweiflügler	**– je 1 Paar häutige Flügel und Schwingkölbchen,**
Hautflügler	**– 2 Paar häutige Flügel.**

1 Stubenfliege – ein Zweiflügler

3 Tagpfauenauge – ein Schmetterling

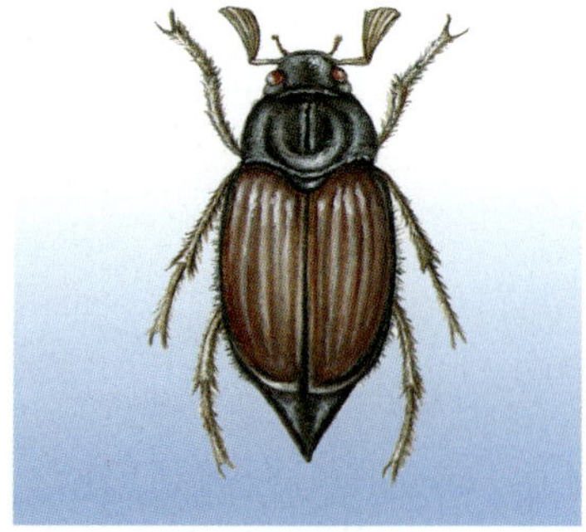

4 Maikäfer – ein Käfer

Äußerer und innerer Bau der Insekten, ihre Lebensweise

Untersucht man verschiedene Insekten, z. B. *Honigbiene, Stubenfliege* und *Maikäfer,* so kann man bei allen deutlich drei **Körperabschnitte** erkennen, den Kopf, die Brust und den Hinterleib (Abb. 1). Umgeben sind diese Abschnitte außen von einer dünnen schützenden Chitinschicht, dem **Außenskelett.**

Am **Kopf** befinden sich ein Paar zusammengesetzte Augen, Mundwerkzeuge und ein Paar Fühler. Die *zusammengesetzten Augen* bestehen aus keilförmigen Einzelaugen, durch die zusammen ein Bild entsteht. Sie werden *Komplexaugen* genannt. Sie sind besonders leistungsfähig bei der Wiedergabe von Bewegungen. Beispielsweise hat eine *Stubenfliege* ungefähr 4 000 und eine *Libelle* etwa 3 000 Einzelaugen.

Die *Fühler* sind wie die Augen Sinnesorgane (Antennen). Sie dienen vor allem dem Riechen und Tasten.

Die *Mundwerkzeuge* entsprechen der Ernährungsweise der Insekten. Es werden u. a. beißende, saugende, stechende und leckende Mundwerkzeuge unterschieden (Abb. 2).

Am **Brustteil** befinden sich drei gegliederte *Beinpaare* und meist zwei Paar *Flügel* (Abb. 1). Die Flügel schützen den Körper oder dienen dem Fliegen. Der oftmals große **Hinterleib** enthält die inneren Organe.

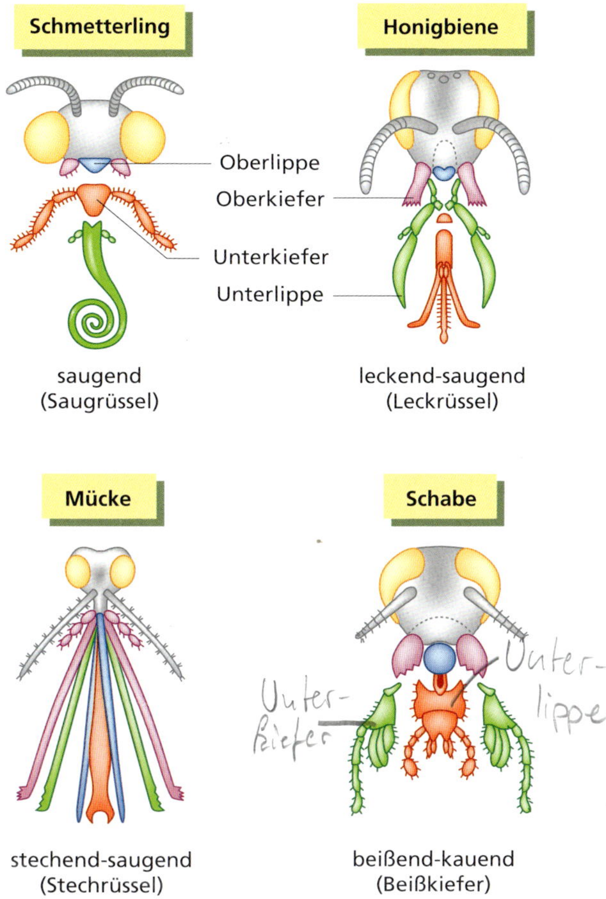

2 Mundgliedmaßen von Insekten – angepasst an ihre Ernährungsweise

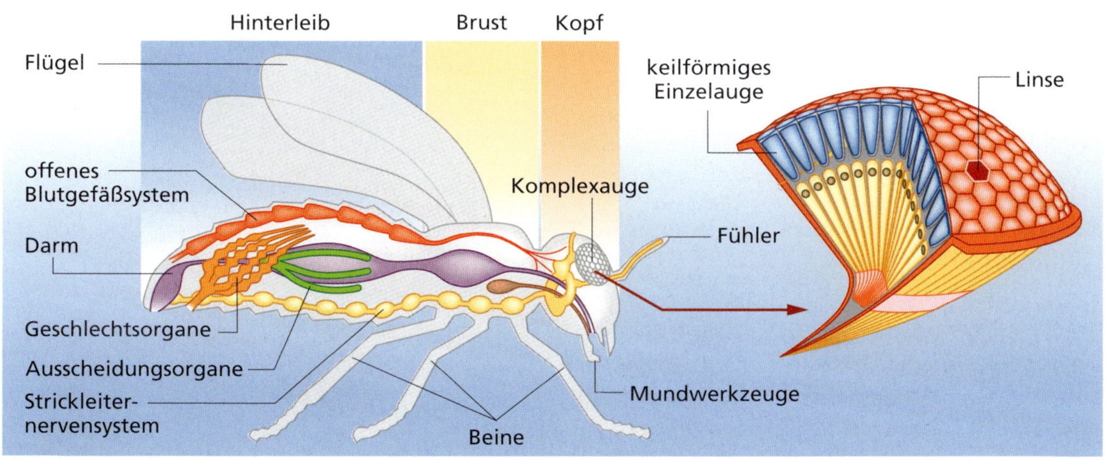

1 Äußerer und innerer Bau eines Insekts (schematisch)

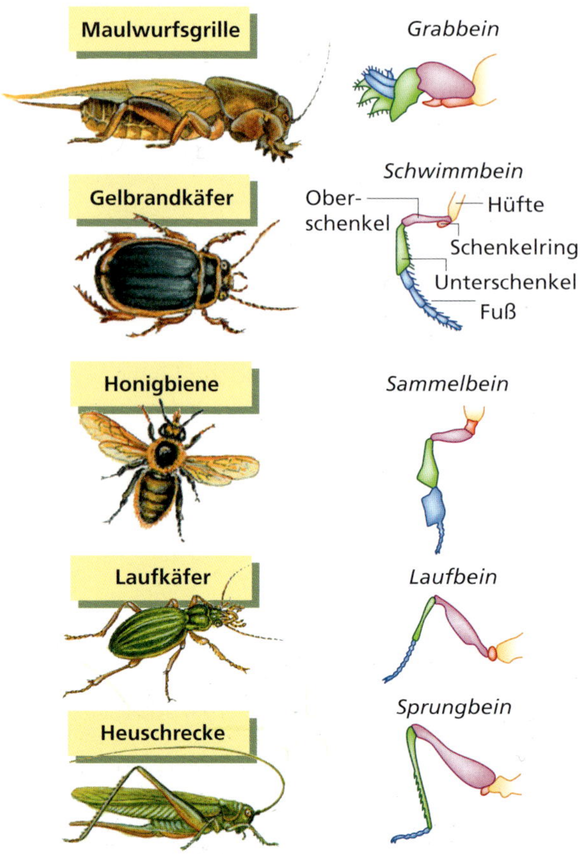

1 Beine von Insekten – angepasst an ihre Lebensweise

Auch die Beine der Insekten sind an ihre Lebensweise angepasst. Entsprechend ihrer Tätigkeit sind sie unterschiedlich ausgebildet (Abb. 1).

Die Insekten sind in Kopf, Brust und Hinterleib gegliedert. Sie besitzen Fühler, leistungsfähige Augen und unterschiedlich ausgebildete Mundwerkzeuge.
An der Brust befinden sich 3 Paar gegliederte Beine sowie meist 2 Paar Flügel.

Auch Insekten müssen wie alle anderen Lebewesen **atmen.** Dazu besitzen sie in ihrem Körper ein verzweigtes Röhrensystem (**Tracheensystem,** Abb. 2). Die Öffnungen der Tracheen liegen im Hinterleib. Vor dem Abflug werden die Flügel gleichmäßig bewegt. Durch dieses „Pumpen" werden die Tracheen mit Luft gefüllt. Dadurch werden alle Teile des Körpers mit Sauerstoff versorgt. In den Flügeln sind die Tracheen als „Adern" sichtbar.
Insekten haben als **Blutgefäßsystem** nur ein Rückengefäß. Ansonsten umspült das Blut ohne Gefäße die inneren Organe. Sie besitzen also ein **offenes Blutgefäßsystem** (Abb. 1, S. 57).
Eine *Fliege* kann über ihre Augen sehr gut Bewegungen wahrnehmen und darauf mithilfe ihres **Strickleiternervensystems** reagieren. Dieses befindet sich auf der Bauchseite des Insekts (Abb. 1, S. 57).

Insekten benötigen wie alle anderen Lebewesen Energie für ihre Lebensfunktionen. Dafür müssen sie sich **ernähren.** Mithilfe ihrer Mundwerkzeuge nehmen sie ihre Nahrung, z. B. Blütenstaub (Pollen), Nektar, Pflanzenteile, auf (heterotrophe Ernährung). Die Nahrung wird im Darm verdaut. Unverdaute Stoffe verlassen den Körper durch den After. Aus den mit der Nahrung aufgenommenen Nährstoffen werden körpereigene Stoffe aufgebaut. Sie werden für den Aufbau des Körpers benötigt und dienen als Energiequelle.

Insekten atmen durch Tracheen. Sie besitzen ein offenes Blutgefäßsystem und ein Strickleiternervensystem. Sie ernähren sich u. a. von Blütenstaub, Nektar und Pflanzenteilen.

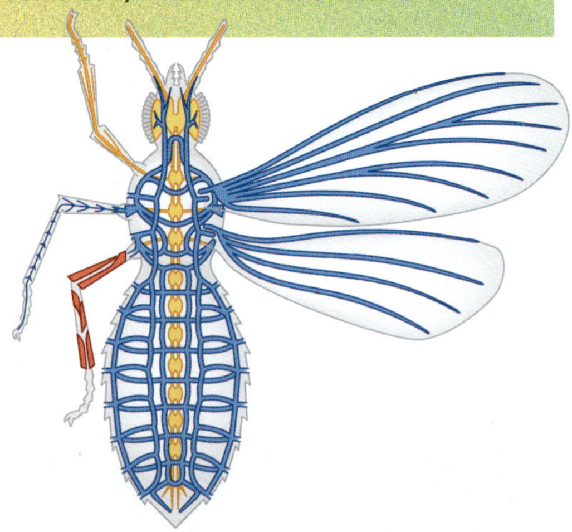

2 Das Atmungssystem (Tracheensystem) der Insekten durchzieht als feine Röhren den Körper.

Fortpflanzung und Entwicklung

Insekten sind getrenntgeschlechtlich, d.h., es gibt bei ihnen Männchen und Weibchen. Diese unterscheiden sich oft in der Größe und auch in der Färbung.
Männchen und Weibchen **paaren** sich. Im Innern des Weibchens werden die Eier befruchtet **(innere Befruchtung).**
Sie legen zahlreiche **befruchtete Eier** ab. Bei vielen Insektenarten schlüpfen aus den Eiern **Larven,** die völlig anders aussehen und gebaut sind als die ausgewachsenen Insekten. Sie haben keine Flügel, fressen andere Nahrung, z. B. Blätter, und bewegen sich oftmals kriechend vorwärts. Sie wachsen und müssen sich dabei mehrere Male häuten.
Die letzte Larvenhaut erstarrt, wird fest. Es ist eine fast bewegungslose **Puppe** entstanden. In der Puppe entwickelt sich das **voll ausgebildete Insekt** (Imago), das die Puppenhaut verlässt (Abb. 1).
Die Entwicklung vom Ei über ein Larven- und Puppenstadium zum ausgewachsenen Insekt wird **vollkommene Verwandlung (vollkommene Metamorphose)** genannt. Diese Form der Entwicklung gibt es u. a. bei *Käfern, Schmetterlingen* (Abb. 1), *Haut-* und *Zweiflüglern.*
Bei einigen Insekten wird während der Entwicklung kein Puppenstadium ausgebildet. Die aus den **befruchteten Eiern** schlüpfenden **Larven** sehen den ausgewachsenen Insekten schon sehr ähnlich. Sie wachsen und häuten sich und entwickeln sich zum **voll ausgebildeten Insekt.**
Diese Entwicklung vom Ei über mehrere Larvenstadien zum ausgewachsenen Insekt wird **unvollkommene Verwandlung (unvollkommene Metamorphose)** genannt.
Sie gibt es u. a. bei *Heuschrecken* (Abb. 2), *Wanzen, Libellen* und *Schaben.*

**Insekten pflanzen sich geschlechtlich fort.
Es werden bei ihnen zwei Entwicklungsformen (Metamorphosen) unterschieden:**
- **die vollkommene Verwandlung (Ei – Larve – Puppe – Insekt) und**
- **die unvollkommene Verwandlung (Ei – Larven – Insekt).**

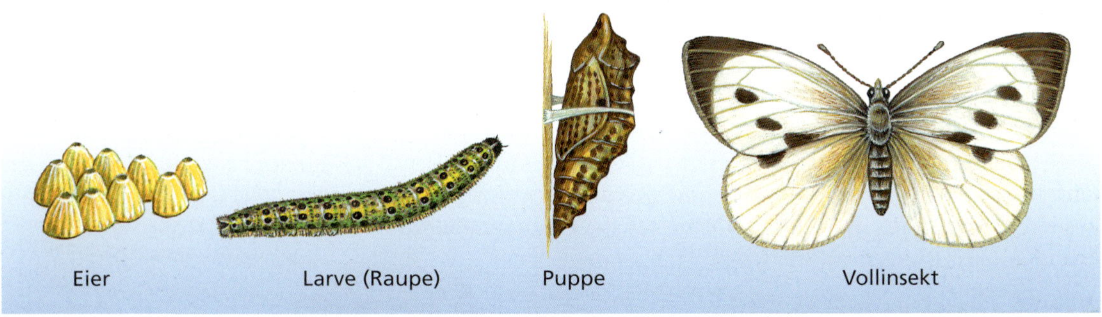

1 Vollkommene Verwandlung (vollkommene Metamorphose) des Kohlweißlings

2 Unvollkommene Verwandlung (unvollkommene Metamorphose) der Heuschrecke

Tierstaat als Form des Zusammenlebens

Einige Insekten *(z. B. Honigbiene, Termiten, Rote Waldameisen, Wespen)* leben in einem **Tierstaat** zusammen. Die Anzahl der zusammenlebenden Tiere ist je nach Art unterschiedlich. Das Leben in diesen Staaten läuft nach strengen „Regeln" ab und ist gekennzeichnet von einer **Arbeitsteilung.**

In einem Tierstaat gibt es unterschiedlich gebaute Lebewesen mit unterschiedlichen Aufgaben. Die Einzellebewesen sind voneinander abhängig.
Die Aufgabe eines Tierstaates besteht darin, Bedingungen zu schaffen, die die Erhaltung der Art garantieren.

Die *Rote Waldameise* gehört zu den Staaten bildenden Insekten (Abb. 1, 2).
Ein **Ameisenstaat** hat oft mehrere Königinnen, eine große Anzahl von Arbeiterinnen und viele Männchen.
Die ungeflügelten und fortpflanzungsunfähigen Arbeiterinnen bauen die Nester, tragen die Nahrung heran und pflegen die Larven und Puppen.
Im Frühjahr beginnen die Königinnen mit der Eiablage. Aus den unbefruchteten Eiern schlüpfen nur Männchen. Später schlüpfen geflügelte Jungameisen. Gemeinsam starten sie im Mai zum „Hochzeitsflug".
Dort findet die Begattung statt. Die jungen Königinnen können nun einen neuen Ameisenstaat gründen.

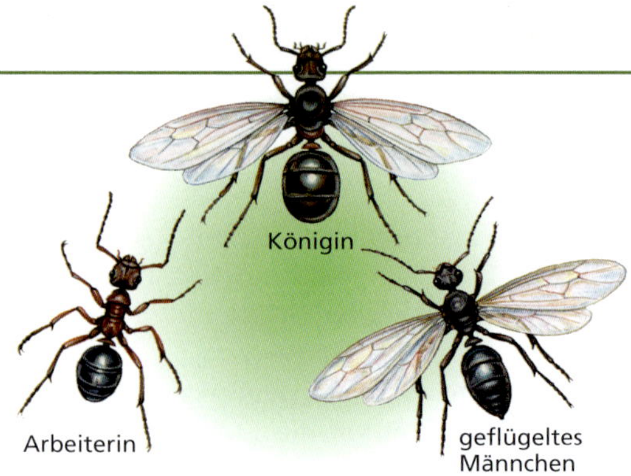

2 Im Ameisenstaat leben drei verschiedene Ameisenformen.

Die **Nesthügel** im Wald können bis zu 1,5 m hoch werden (Abb. 1). Die Ameisen bauen sie aus Nadeln, Rindenteilen, Holzstückchen und anderen Materialien. Der unterirdische Teil des Ameisenstaates kann bis zu 2 m in die Tiefe hinabreichen.
Ein Tierstaat ist eine Form des Zusammenlebens von Tieren einer Art mit Arbeitsteilung aufgrund des unterschiedlichen Körperbaus und verschiedener Aufgaben der Mitglieder.
Die Ameisen ernähren sich räuberisch und vertilgen z. B. große Mengen an Forstschädlingen wie Käfer, und Raupen. Sie verbreiten Samen von Pflanzen, z. B. Taubnessel, Veilchen. Sie selbst sind Nahrungsgrundlage für viele Waldtiere. Damit tragen sie auch zum ökologischen Gleichgewicht im Wald bei. Wegen ihres Nutzens stehen sie unter **Naturschutz.** Man verbreitet sie auch künstlich und schützt ihre Nesthügel. Nahrungsvorräte werden nicht angelegt. Die Wintermonate überdauern Ameisen in Winterstarre.

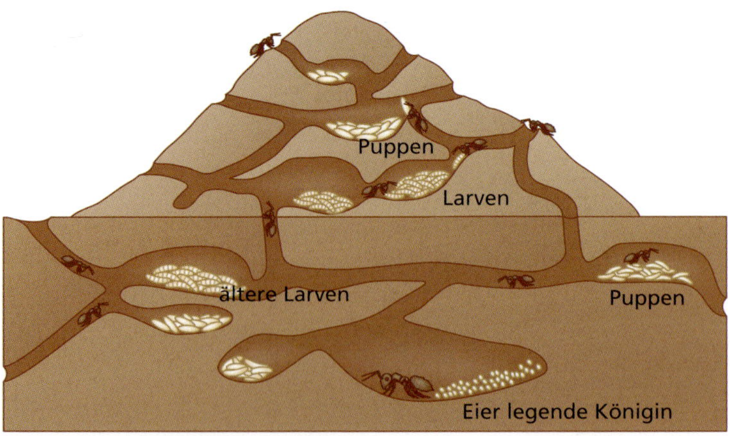

1 Nesthügel der Roten Waldameise (Original und Zeichnung)

Termiten

Bild 1

Termiten oder „Weiße Ameisen" (Ordnung *Isoptera*) lieben die gleichmäßige Wärme, deshalb kommen sie eigentlich nur in tropischen und subtropischen Gebieten (Afrika mit 700 Arten) vor. Gelegentlich werden Termiten durch Schifffahrt oder andere Transportmöglichkeiten in Städte (z. B. Hamburg – Erdholztermite) eingeschleppt. Die ca. 2000 Termitenarten sind systematisch in sechs Familien unterteilt. Die Riesen- und Trockenholztermiten sind primitive Formen. Die Ernte- und die Nasentermiten sind durch ihr Verhalten und ihre Lebensweise als höher entwickelt anzusehen. Die Termiten sehen vielleicht den Ameisen ähnlich, aber sie sind nicht miteinander verwandt (andere Entwicklung, Körperbau, Ernährung usw.). Man kann die Termiten als ursprüngliche **Schaben,** die ihre nächsten Verwandten sind, ansehen.

Dort, wo sie leben richten sie mehr **Schaden** an, als sie **Nutzen** bringen können. Als Boden bildende Insekten lockern sie den Boden auf, zersetzen selbst Baumriesen innerhalb kurzer Zeit und stellen als **Destruenten** (Reduzenten) anorganische Stoffe anderen Organismen zur Verfügung. Für Menschen in Afrika, Säuger (z. B. Erdferkel), Vögel (brasilianischer Specht), Reptilien (Eidechsen), Amphibien (Frösche, Kröten), aber auch für andere Insekten (Laufkäfer, Ameisen) nehmen sie in der **Nahrungskette** eine wichtige Stellung ein. „Weiße Ameisen" zerstören durch Fraß alle Materialien organischer Herkunft. Als Grundnahrung nehmen sie Holz oder tote cellulosehaltige Stoffe zu sich.

Weiterhin fressen sie saftige Pflanzenteile, wie z. B. Kakteen, Kartoffelknollen, Möhren usw. Dauerhaften **Schutz** vor Termiten bieten nur Materialien wie Beton, Glas oder Metall.

Wie der Ausdruck „Weiße Ameise" besagt, sind die meisten Termiten dünnhäutig und farblos oder weiß gefärbt. Sie benötigen für ihre **Lebensweise** keine Pigmentierung, weil sie sich ständig in ihrem Bau unter der Erdoberfläche aufhalten. Wenn man von einigen braunen bis schwarzbraunen Ausnahmen (z. B. Schwarze Termite) absieht, die nicht ständig verborgen leben, ist der Begriff „Weiß" für alle Larven, **Arbeiter** und **Soldaten** zutreffend.

... und mehr

Informiere dich auch unter: *Tierstaat, Wespen, Hummeln, Arbeitsteilung bei Tieren, Honigbiene, Staat, Königin, Arbeiterin*

Ökologische Bedeutung der Insekten

Zahlreiche Insekten, die sich vom Nektar der Blüten ernähren, tragen den Blütenstaub von Blüte zu Blüte. Sie sorgen für eine ausreichende **Bestäubung** als notwendige Voraussetzung für die Bildung von Samen und Früchten.
Andere Insekten **ernähren** sich von toten Tieren, abgestorbenen Pflanzen und Tierausscheidungen (z. B. Kot). Beispielsweise kann man *Aaskäfer* beobachten, wie sie eine tote Zauneidechse zerfressen, oder *Mistkäfer* (Abb. 3), wie sie einen Dunghaufen „durcharbeiten". Auch die *Springschwänze* (Abb. 4, S. 43) ernähren sich vom Fall-Laub. Sie alle zersetzen tote organische Substanzen und tragen zur **Humusbildung** bei. Einige Insekten sind also als **Zersetzer (Destruenten)** toter organischer Substanz wichtige Glieder im Stoffkreislauf der Natur.

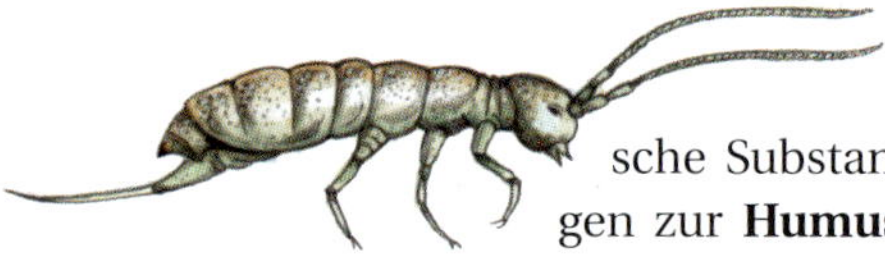

Zahlreiche Insekten sind Blütenbestäuber oder Zersetzer toter Substanzen.

Unter den Insekten gibt es Pflanzenfresser, z. B. *Blattläuse, Borkenkäfer, Larven* vom Kohlweißling. Sie richten **Schaden** an. Andere Insekten, z. B. *Marienkäfer, Laufkäfer* und *Ameisen,* sind Fleischfresser. Sie ernähren sich von anderen Insekten und ihren Larven. Dadurch leisten sie einen beträchtlichen Beitrag zur **biologischen Schädlingsbekämpfung.**
Auch andere Tiere, wie *Vögel, Frösche, Eidechsen* und *Kröten,* ernähren sich von Insekten oder ihren Larven und Puppen. Insekten sind also Nahrungsgrundlage für zahlreiche Tiere und sind somit ein wichtiges **Glied in der Nahrungskette** (Abb. 2).

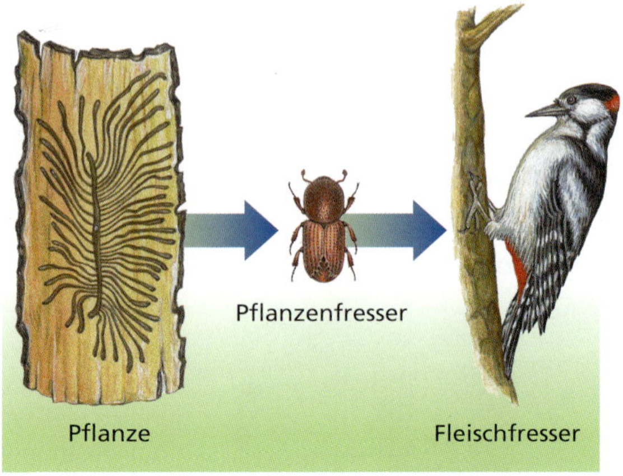

2 Insekten sind Glieder einer Nahrungskette.

Insekten sind für viele Tiere eine wichtige Nahrungsgrundlage. Damit sind sie ein notwendiges Glied im Stoffkreislauf der Natur.

1 Honigbiene auf einer Blüte (Brombeerblüte)

3 Mistkäfer auf einem Laubblatt

Insekten, die Schaden für den Menschen hervorrufen

Schaden wird hauptsächlich hervorgerufen durch Schadfraß an Kulturpflanzen *(z. B. Kartoffel-, Borkenkäfer)*, an Lebensmittelvorräten *(z. B. Schaben, Kornkäfer)*, an Textilien und Pelzwaren *(z. B. Kleidermotten, Pelzkäfer)* sowie an Holz *(z. B. Hausbock)*, aber auch durch Übertragung der Erreger von Pflanzenkrankheiten sowie von Krankheiten des Menschen und der Tiere *(z. B. Stechmücke)*.

1 Einheimische Stechmücke

Das Weibchen saugt Blut, das sie für ihre Nachkommen benötigt. Ihr Speichel verhindert beim Saugen das Gerinnen des Blutes. Dabei können Krankheiten übertragen werden.

2 Nonne
(Schmetterling)

Die Larven (Raupen) dieses Schmetterlings fressen Nadel- oder Laubblätter der befallenen Bäume (Fichte, Kiefer, Buche, Eiche), bei Massenauftreten verursachen sie Kahlfraß. Durch die Verhinderung des Aufbaus von organischen Stoffen aus anorganischen Stoffen unter Nutzung des Sonnenlichtes in den Laubblättern kommt es zur Beeinträchtigung der Holzqualität.

3 Anophelesmücke
(„Fiebermücke")

Die Mücke lebt in tropischen Gebieten. Sie enthält im Speichel den Erreger der Malaria, ein Sporentierchen (Plasmodium). Mit dem Stich gelangen die Sporentierchen in den Körper des Menschen. Sie zerstören die roten Blutzellen. Durch ausgeschiedene Giftstoffe kommt es zu gefährlichen Fieberanfällen, den Malariaanfällen.

4 Apfelwickler
(Schmetterling)

Die Larve (Raupe) legt Fraßgänge im Fruchtfleisch und im Kerngehäuse des Apfels an, wechselt dann zu anderen Äpfeln. Die Fraßgänge zerstören das Fruchtfleisch und verursachen das Faulen der Frucht.

5 Borkenkäfer
(Käfer)

Der Käfer legt in der Rinde von Nadelbäumen Fraßgänge an. Im „Muttergang" legt das Weibchen Eier ab. Die ausschlüpfenden Larven fressen waagerechte Nebengänge, in deren Ende sie sich verpuppen. Durch die Zerstörung der Rinde und Beeinträchtigung des Stoffstroms kommt es zum Absterben der Bäume.

Spinnentiere

Die **Spinnentiere** umfassen auf der Erde über 30 000 Arten. In Größe, Körperbau und Aussehen zeigen sie eine große Mannigfaltigkeit. Sie besiedeln alle Regionen der Erde und sind in vielfältigen Lebensräumen zu Hause. Aufgrund von bestimmten Merkmalen werden sie den **Gruppen** *Skorpione, Echte Spinnen* oder *Webespinnen, Weberknechte* (Abb. 2–4) und *Milben* zugeordnet.

Gemeinsame Merkmale aller Spinnentiere sind: Einteilung des Körpers in Kopfbruststück und Hinterleib, 4 Paar gegliederte Laufbeine an der Brust, am Kopf 2 Paar Mundwerkzeuge (Kiefertaster, Kieferklauen), der Hinterleib trägt keine Gliedmaßen (Abb. 1).

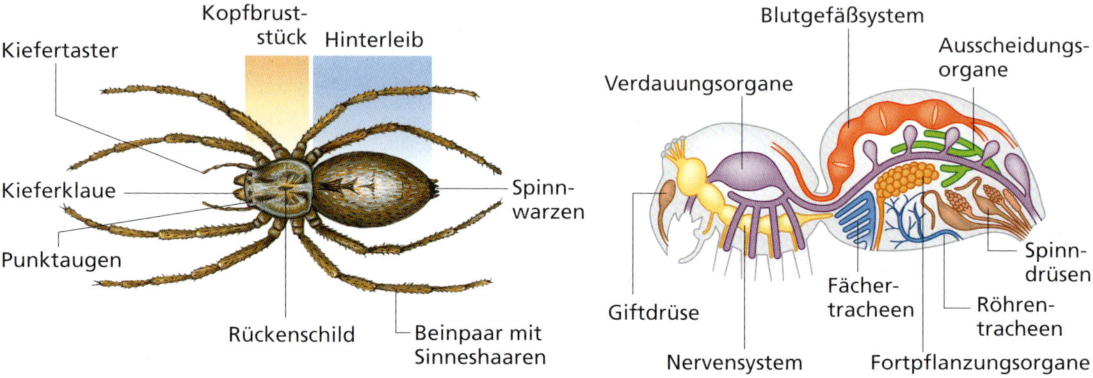

1 Körpergliederung (äußerer Bau) und innerer Bau der Kreuzspinne (schematisch)

2 Skorpion
(bis 18 cm)

Lebensraum:
Wüsten, Steppen tropischer und subtropischer Länder
Merkmale:
abgeflachter Körper, am Ende des gegliederten, nach vorne geschlagenen Hinterleibes ein Giftstachel, Nachttier, tagsüber im Versteck
Nahrung:
Insekten, Tötung durch Stich mit Giftstachel

3 Weberknecht
(Körper 1 cm)

Lebensraum:
Baumstämme, Mauern, Hauswände, unter Steinen, im Moos, in Wohnungen
Merkmale:
lange, zerbrechliche Beine, gegliederter Hinterleib
Nahrung:
Insekten, kleinere Spinnen, abgestorbene Tier- und Pflanzenreste

4 Braune Krabbenspinne
(bis 6 mm)

Lebensraum:
Eichen- und Nadelwälder
Merkmale:
grüner Körper, Oberseite des Hinterleibs braun, abstehende Beinpaare; kein Fangnetz, lauert regungslos auf Beute
Nahrung:
Insekten, Tötung durch Giftbiss

Krebstiere

Auf der Erde gibt es etwa 20 000 verschiedene **Krebstiere.**
Sie unterscheiden sich im Aussehen, in der Größe und auch im Verhalten. Aufgrund gemeinsamer Merkmale werden sie einzelnen **Gruppen** zugeordnet, z. B. den *Asseln* (Abb. 4, S. 45), *Flohkrebsen, Hüpferlingen, Zehnfußkrebsen* (Garnelen, Krabben, Flusskrebse).

Die Krebstiere sind in ihrem äußeren Körperbau sehr vielgestaltig. Neben winzigen Kleinkrebsen, die im Wasser schweben, gibt es fest gepanzerte, wehrhafte Arten *(z. B. Hummer).*
Trotz der großen Mannigfaltigkeit haben die Krebstiere typische **gemeinsame Merkmale** (Abb. 1), z. B. den Besitz von 2 Antennenpaaren, einen ungleichmäßig gegliederten Körper (Kopfbrust, Hinterleib) und ein Außenskelett aus Kalk und Chitin sowie Kiemen zum Atmen.

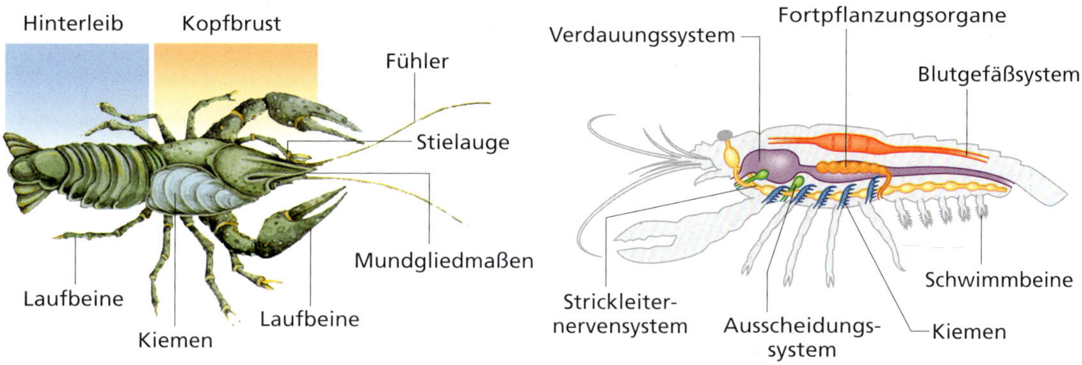

1 Körpergliederung, äußerer und innerer Bau des Flusskrebses (schematisch)

2 Strandkrabbe (ca. 6 cm)

Lebensraum:
flache Küsten von Nord- und westlicher Ostsee, unter Steinen
Merkmale:
flacher Körper;
kann schnell laufen und bewegt sich dabei seitwärts fort; Nahrungsmittel;
Kurzschwanzkrebs
Nahrung:
Muscheln, Würmer, kleine Fische, Schnecken

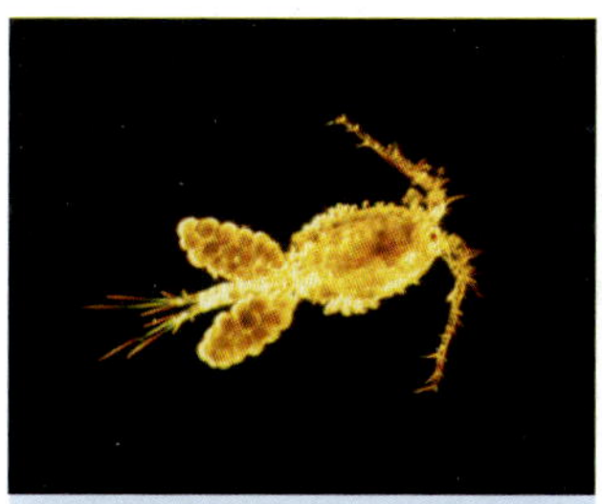

3 Hüpferling (ca. 4 mm)

Lebensraum:
Uferbereiche stehender Gewässer
Merkmale:
birnenförmiger Körper,
lange Antennen;
hüpfende Fortbewegung;
Weibchen mit 2 Eipaketen;
Glied in Nahrungskette
Nahrung:
Algen, tierische Einzeller

4 Bachflohkrebs (ca. 2 cm)

Lebensraum:
klare, stehende und fließende Gewässer
Merkmale:
gekrümmter, weißlich grauer, seitlich abgeflachter Körper
Nahrung:
Algen, abgestorbene Wasserpflanzen

Weichtiere

Weichtiere sind weltweit verbreitet. Sie sind mit ca. 120 000 Arten nach den Insekten die zweitgrößte Tiergruppe.
Sie besiedeln alle Lebensräume, z. B. Meere, Süßgewässer, Festland. In Gestalt und Lebensweise sind die Weichtiere ebenfalls sehr mannigfaltig (Abb. 2–4). Zu den Weichtieren gehören die *Schnecken* (Lungen- und Kiemenschnecken; Nackt- und Gehäuseschnecken), *Muscheln* und *Tintenfische (Kopffüßer).*
Sie besitzen **gemeinsame Merkmale:** ungegliederter Körper mit drüsenreicher Haut, muskulöser Fuß als Fortbewegungsorgan, oftmals eine schützende Kalkschale bzw. ein Gehäuse (Abb. 1).

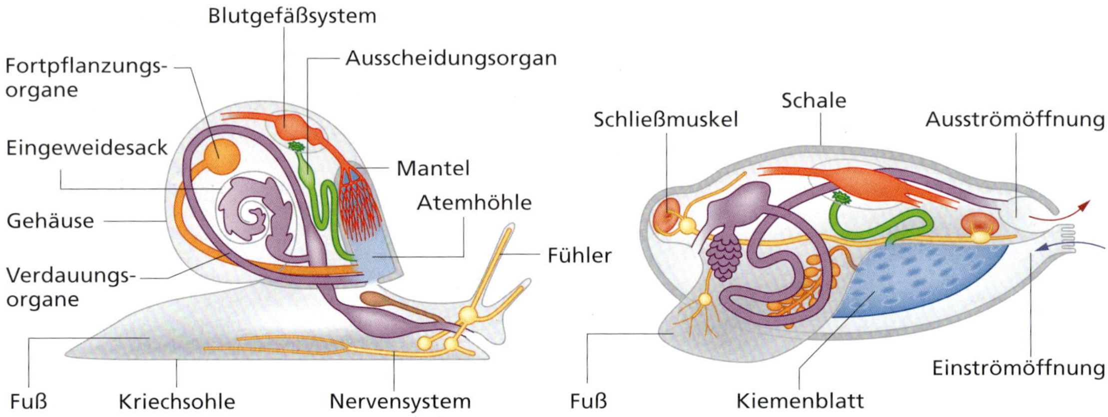

1 Äußerer und innerer Bau von Weinbergschnecke und Miesmuschel (schematisch)

2 Weinbergschnecke
(Gehäuse bis 5 cm)

Lebensraum:
feuchte Stellen in Laubwald, Hecken, Gebüschen, Gärten
Merkmale:
Gehäuseschnecke,
2 Paar Fühler,
Eingeweidesack umschließt innere Organe,
Zwitter, Paarung,
überwintern in Winterstarre
Nahrung:
saftige Pflanzenteile

3 Teichmuschel
(ca. 20 cm)

Lebensraum:
stehende Süßgewässer
Merkmale:
breite, eiförmige,
dunkelbraune Schale,
innen perlmuttglänzend
Nahrung:
Algen und abgestorbene feine Teilchen;
biologische Selbstreinigung der Gewässer;
stark gefährdet

4 Kalmar
(ca. 50 cm)

Lebensraum:
Atlantik, Mittelmeer,
gelegentlich Nord-, Ostsee
Merkmale:
gestreckter Körper, mit relativ großen Flossen hinten, stützende Innenschale,
8 Kopfarme (Kopffüßer) und 2 lange Fangarme,
Delikatesse für Mensch
Nahrung:
Fische, Muscheln

Wie bestimme ich Lebewesen?

Auf Wanderungen oder Exkursionen sieht man viele Lebewesen (z. B. Pflanzen, Tiere, Pilze), die unbekannt sind. Wenn man wissen möchte, um welches Lebewesen es sich handelt und zu welcher Organismengruppe es gehört, ist das durch das Bestimmen herauszufinden.

Das **Bestimmen** ist ein Verfahren, mit dem der Name eines unbekannten Lebewesens *mithilfe von Abbildungen* oder *Bestimmungsschlüsseln* festgestellt wird. Dazu müssen die typischen Merkmale des unbekannten Lebewesens mit dem bloßen Auge, einem Fernglas oder einer Lupe beobachtet, erfasst und benannt werden.

In der Regel ist ein **Bestimmungsschlüssel** so aufgebaut, dass 2 unterschiedliche Ausbildungsformen eines Merkmals (z. B. Schwanz lang, Schwanz kurz; Blüte rot, Blüte weiß) verglichen und gegenübergestellt werden. Die 2 Ausbildungsformen bilden ein Merkmalspaar und werden mit 1 und 1*, 2 und 2* usw. bezeichnet.

Am Ende der Zeilen mit den Merkmalen steht jeweils eine Ziffer (z. B. 2, 3). Sie führt zu dem Merkmalspaar, bei dem die Bestimmung fortgesetzt werden muss. So gelangt man schrittweise zum Namen des unbekannten Lebewesens.

Beim Bestimmen kann man in folgender **Schrittfolge** vorgehen:

1. Schritt

Lies im Bestimmungsschlüssel das erste angegebene Merkmalspaar (1 und 1*).

2. Schritt

Betrachte bzw. beobachte genau das zu bestimmende Lebewesen im Hinblick auf die angegebenen Merkmale. Nutze auch Hilfsmittel wie Lupe, Fernglas.

3. Schritt

Entscheide, welches Merkmal du von den zwei sich gegenüberstehenden Merkmalen auswählst. Setze die Bestimmung fort, indem du entsprechend der Ziffer am Ende der Merkmalszeile zum angegebenen nächsten Merkmalspaar gelangst.

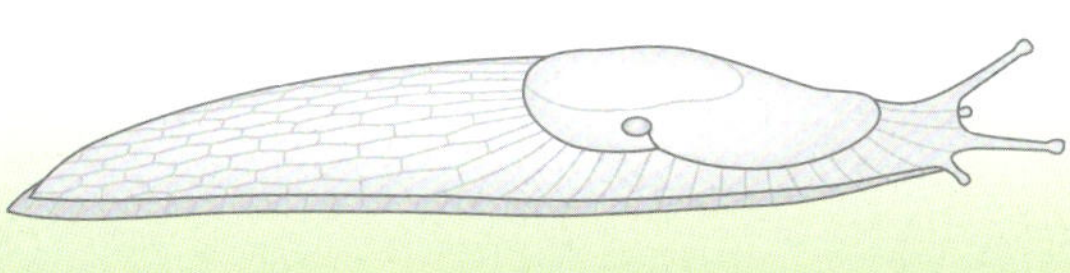

4. Schritt

Wiederhole diese Schritte mit weiteren Merkmalspaaren so lange, bis du zum Namen des unbekannten Lebewesens gelangst.

5. Schritt

Benenne das Lebewesen. Präge dir die typischen Merkmale ein.

Aufgabe

Mit den folgenden **Bestimmungsschlüsseln** kannst du einige Schneckenarten bestimmen.

Suche dir auf den Seiten 68, 69 eine Schneckenart aus und versuche, sie zu bestimmen.

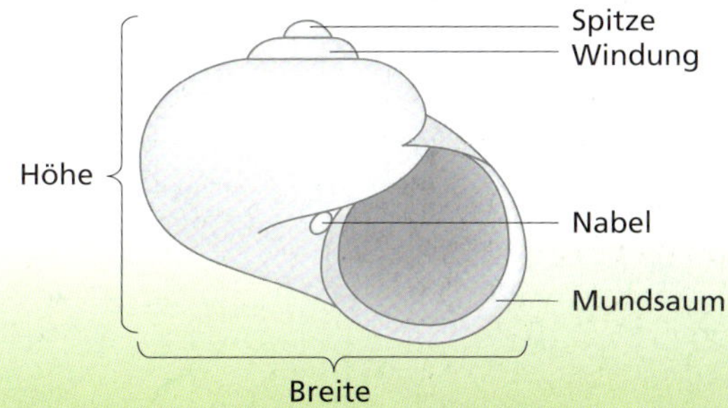

Wir bestimmen einige Landgehäuseschnecken	
1	• Gehäuse bis 5 cm breit • Gehäuse gelbbraun gefärbt mit dunklen Streifen **Weinbergschnecke**
1*	• Gehäuse unter 5 cm breit • Gehäuse meist anders gefärbt. 2
2	• Gehäuse kugelig. 3
2*	• Gehäuse scheibenförmig oder spitz 6
3	• Gehäuse mit Nabel 4
3 *	• Gehäuse ohne Nabel 5
4	• Gehäuse mit dichten Härchen, bis 1,2 cm breit • Färbung graubraun bis rotbraun **Behaarte Laubschnecke**
4 *	• Gehäuse ohne Härchen, bis 2 cm breit • Färbung weiß mit dunklen Bändern **Heideschnecke**
5	• Mundsaum und Lippen dunkel • Färbung verschieden, oft gestreift **Hain-Schnirkelschnecke**

5*	• Mundsaum und Lippe weiß • Färbung verschieden, oft gestreift **Garten-Schnirkelschnecke**
6	• Gehäuse scheibenförmig 7
6*	• Gehäuse mehr oder weniger spitz 8
7	• Gehäusemündung dreibuchtig gezähnt • Gehäusemitte flach **Zahnschnecke**
7 *	• Gehäusemündung ungezähnt • Gehäusemitte breit und schalenartig **Diskusschnecke**
8	• Gehäuse spitz eiförmig • Färbung bernsteingelb bis orange **Bernsteinschnecke**
8 *	• Gehäuse spindelförmig • Färbung gelbbraun bis rotbraun **Schließmundschnecke**

5*

7

7*

8

8*

Stachelhäuter

Die etwa 6000 Arten leben vor allem im Meer. Sie leben räuberisch, sie ernähren sich z. B. von Schwämmen, Hohltieren, Muscheln, Schnecken, Würmern und Krebsen, aber auch von Pflankton. In der äußeren Erscheinungsform sind sie meist stern- oder walzenförmig.
Zu den meist fünfstrahlig symmetrischen Stachelhäutern gehören die *Seesterne, Seeigel, Schlangensterne, Haar-* und *Federsterne,* zu den zweiseitig symmetrischen Vertretern die länglichen *Seewalzen* oder *Seegurken.*
Die 5 Gruppen besitzen **gemeinsame Merkmale**. Dazu gehören u. a. die Einlagerung von Kalkplatten in die Haut, sodass ein schützendes Kalkskelett entsteht, die Ausbildung eines Wassergefäßsystems, das aus Siebplatte, Kanälen und Saugfüßchen besteht. Es dient u. a. der Fortbewegung.

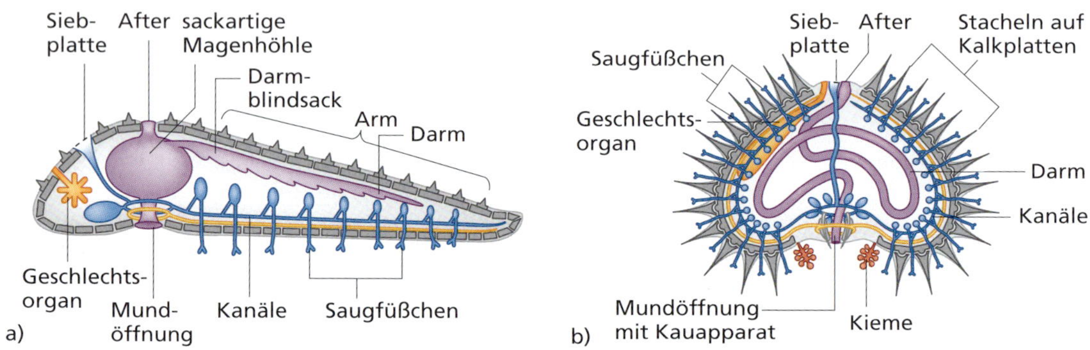

1 Äußerer und innerer Bau von Seestern (a) und Seeigel (b)

2 Seesterne

Lebensraum:
Korallenriffe, Küstennähe, bis 7000 m Meeresgrund
Merkmale:
meist 5 Arme mit zahlreichen Saugfüßchen auf Unterseite, Körperwand aus Kalkplättchen, Oberseite farbig
Nahrung:
Muscheln, Schwämme, Schnecken, Plankton

3 Seeigel

Lebensraum:
Küstenzone, Tiefsee
Merkmale:
halbkugeliger Körper, derbes kapselartiges Skelett mit Stacheln, mächtiger Kauapparat
Nahrung:
Algen, Aas, Detritus

4 Seegurke oder **Seewalze**

Lebensraum:
Korallenriff, felsig-sandiger Untergrund
Merkmale:
zweiseitig symmetrischer, walzenförmiger, muskulöser Körper, Mundöffnung mit Tentakeln am Vorderende, derbe Haut mit Kalknadeln
Nahrung:
Plankton, Kammertierchen, Bakterien

Wie vergleiche ich Naturgegenstände bzw. Vorgänge?

Oftmals wird im Biologieunterricht verlangt, dass mindestens zwei oder auch mehrere Naturgegenstände oder Lebensvorgänge miteinander verglichen werden sollen.
Das **Vergleichen** ist eine wichtige Tätigkeit im Biologieunterricht. Dabei soll man übereinstimmende und unterschiedliche Merkmale von den zu vergleichenden Objekten ermitteln.
Die Ergebnisse des Vergleichs kann man z. B. in Form einer Tabelle oder in Sätzen formuliert darstellen. Beim Ausführen des Vergleichs werden sehr häufig weitere Tätigkeiten benötigt, z. B. das Beobachten und Untersuchen. Beim Vergleichen sollte man **schrittweise vorgehen.**

Aufgabe

Vergleiche ein Wirbeltier und ein wirbelloses Tier nach ausgewählten Gesichtspunkten.

1. Schritt

Festlegen der Objekte, die verglichen werden sollen

Hund und Honigbiene

2. Schritt

Auswählen geeigneter Merkmale für den Vergleich

Vergleichsmerkmale:
Skelett, Atmungsorgane, Fortpflanzung
Hilfsmittel:
Abbildungen, Hundeskelett, Bienen (Originale), Lupe

3. Schritt

Durchführen des Vergleichs

Ermitteln von Gemeinsamkeiten und Unterschieden
Gemeinsamkeiten: Hund und Honigbiene besitzen Atmungsorgane und pflanzen sich fort.
Unterschiede: unterschiedliche Atmungsorgane (Tracheen, Lunge), Hund Knochenskelett – Honigbiene Chitinpanzer, Hund geschlechtliche Fortpflanzung – Honigbiene geschlechtliche Fortpflanzung verbunden mit Metamorphose

Darstellen der Ergebnisse (z. B. in einer Tabelle)

	Honigbiene	Hund
Skelett	Chitinpanzer als äußerer Schutz	Knochenskelett als innere Stütze (Innenskelett)
Atmungsorgane	feine Röhren durchziehen den Körper (Tracheensystem)	Lunge mit Lungenbläschen
Fortpflanzung	Ei – Larve – Puppe – Vollinsekt (vollkommene Metamorphose)	innere Befruchtung, Entwicklung im Mutterleib, lebend gebärend

4. Schritt

Ableiten von weiterführenden Erkenntnissen

Im Wasser lebende wirbellose Tiere (z. B. Muscheln, Krebstiere) atmen durch Kiemen, auf dem Lande lebende Wirbellose (z. B. Schnecken, Spinnen) durch Lungen (Angepasstheit an den Lebensraum).

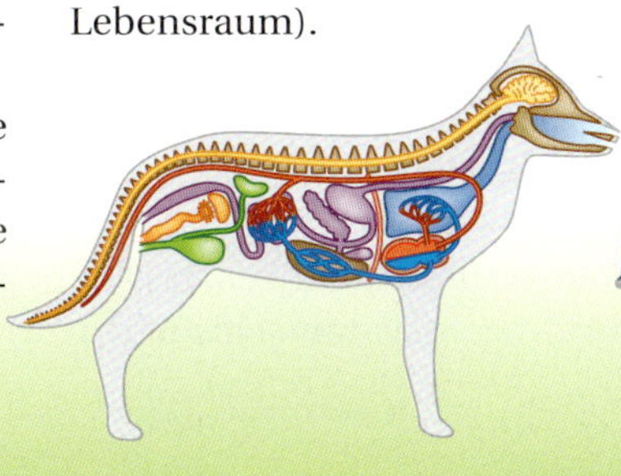

gewusst · gekonnt

1. Betrachte einen Süßwasserpolypen mit der Lupe. Beschreibe seinen Bau.

2. Der Süßwasserpolyp und die Ohrenqualle gehören zu den Hohltieren. Welche Merkmale charakterisieren Hohltiere?

3. Die Strandkrabbe und die Ohrenqualle leben beide im Gewässer.
Vergleiche in einer Tabelle beide Organismen nach folgenden Gesichtspunkten: Tiergruppe, Körperbau, Fortbewegung, Nahrung, Beutefang.
Suche dazu Informationen im Internet.

4. Betrachte mit dem bloßen Auge und mit der Lupe einen Regenwurm. Beschreibe seinen äußeren Bau.

5. Regenwurm und Maulwurf sind durch ihren Körperbau an ihre unterirdische Lebensweise angepasst.
Vergleiche beide miteinander. Worin äußert sich die Anpassung?

6. Fülle ein Becherglas mit lockerer Erde und beobachte, wie sich der Regenwurm eingräbt. Beschreibe deine Beobachtung.

7. Beschreibe anhand der Abbildungen das Leben der Regenwürmer in den verschiedenen Jahreszeiten.

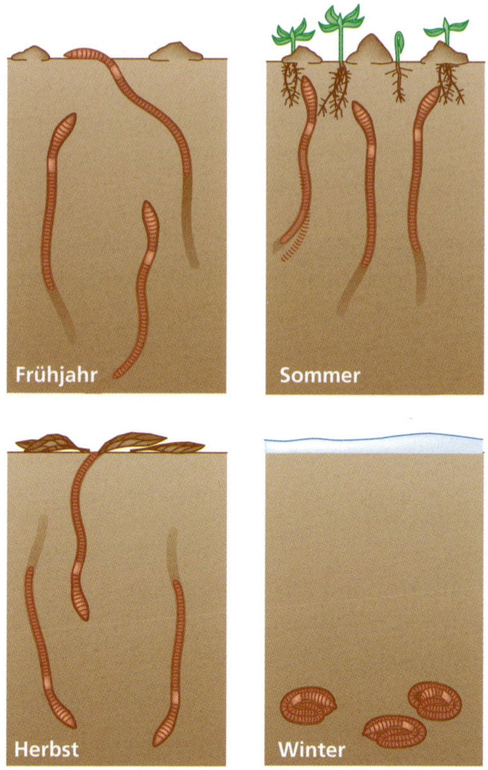

8. Insekten sind mit ihren Beintypen an ihre Umwelt angepasst.
Begründe diese Aussage am Beispiel der Maulwurfsgrille und der Honigbiene.

9. Wirbeltiere haben ein Innenskelett. Insekten haben ein Außenskelett.
Vergleiche beide Skelettarten miteinander.

10. a) Benenne 4 Insektenordnungen.
b) Stelle für je einen Vertreter einen Steckbrief auf.

11. a) Beschreibe an je einem selbst gewählten Beispiel die vollkommene und die unvollkommene Metamorphose.
b) Nenne je zwei weitere Beispiele für eine vollkommene und eine unvollkommene Metamorphose.

12. Fertige eine tabellarische Übersicht zum Leben einer Arbeitsbiene an.
Verwende dazu entsprechende Literatur bzw. Informationen aus dem Internet.

13. Auch Termiten (Abb.) sind Staaten bildende Insekten.

Sammle mithilfe entsprechender Literatur oder des Internets Informationen über einen Termitenstaat und halte einen Vortrag dazu.

14. Berühre vorsichtig das Radnetz einer Spinne nacheinander an verschiedenen Stellen.
Beschreibe das Verhalten der Spinne.

15. Vergleiche den Flusskrebs mit dem Wasserfloh. Begründe, warum beide zu den Krebstieren gezählt werden.

16. Setze eine Schnecke vorsichtig auf eine Glasplatte und beobachte von der Unterseite her deren Fortbewegung.
Beschreibe die Fortbewegung.

17. Wodurch ist es möglich, dass eine Schnecke auch scharfkantige Gegenstände, sogar Messer, Rasierklingen u. a., überwinden kann, ohne sich zu verletzen?
Lass eine Schnecke über einen solchen Gegenstand kriechen, beobachte und erläutere deine Beobachtung.

18. Sammle Gehäuse von Landschnecken. Finde anhand eines Bestimmungsbuches heraus, zu welchen Schnecken die Gehäuse gehören.

19. Am Nord- bzw. Ostseestrand findet man verschiedene Muschelschalen.
Bestimme anhand eines Bestimmungsbuches die dazugehörenden Muscheln.

20. In der Entwicklung des Rinderfinnenbandwurms ist der Mensch Endwirt, das Rind Zwischenwirt. Fertige ein Schema vom Zyklus an.
Suche dazu Informationen im Internet.

Merkmale ausgewählter wirbelloser Tiergruppen

Wirbellose Tiere besitzen keine Wirbelsäule. Sie sind sehr vielgestaltig. Sie besiedeln die verschiedensten Lebensräume, z. B. Wälder, Wiesen, Felder, den Boden, die Flüsse, Seen und Meere. An ihren jeweiligen Lebensraum sind sie durch ihren Bau und ihre Lebensweise gut angepasst.

Vertreter der Hohltiere

Körper aus 3 Schichten, Magenhöhle, bewegliche Fangarme

Quallen
Ohrenqualle

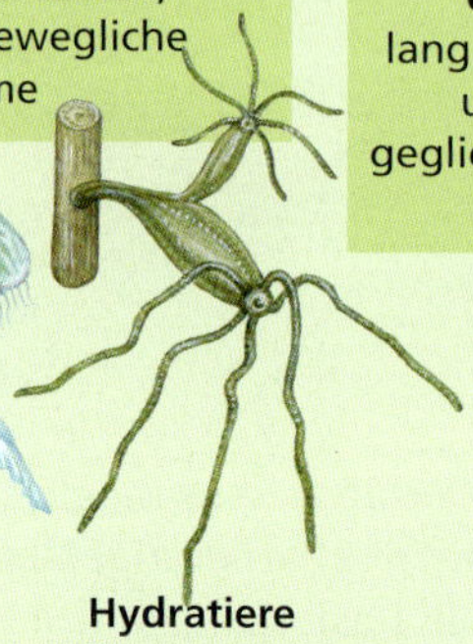

Hydratiere
Süßwasserpolyp

Vertreter der Ringelwürmer

lang gestreckter Körper, außen und innen in Segmente gegliedert, Hautmuskelschlauch, Borsten; Hautatmer

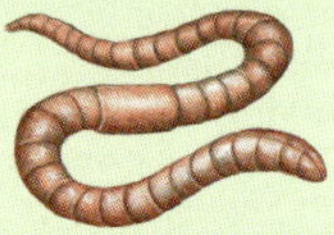

Wenigborster
Regenwurm

Vertreter der Spinnentiere

Kopfbrust, Hinterleib, 4 Paar Laufbeine, Rückenschild, Spinnwarzen, Netzbau; Außenverdauung

Echte Spinnen
Kreuzspinne

Vertreter der Insekten (Ordnungen der Insekten)

Flügel, meist 3 Paar Laufbeine, Komplexauge, unterschiedlich ausgebildete Mundwerkzeuge und Beine, verzweigtes Röhrensystem als Atmungssystem (Tracheensystem)

Käfer
Gold-Laufkäfer

Schmetterlinge
Tagpfauenauge

Zweiflügler
Große Stubenfliege

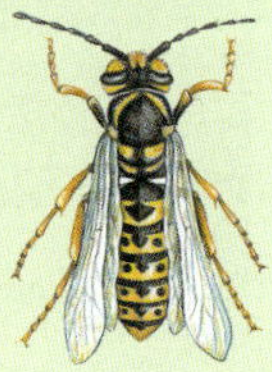

Hautflügler
Gemeine Wespe

Vertreter der Krebstiere

Außenskelett, meist 5 Paar Lauf- und Schwimmbeine; Häutung, Kiemenatmung

Zehnfußkrebse
(Wasserbewohner)
Flusskrebs

Vertreter der Weichtiere

weicher Körper, Fuß mit Kriechsohle, Gehäuse (Gehäuseschnecken) bzw. Schalen (Muscheln) aus Kalk; Lungen- oder Kiemenatmung

Schnecken
(Wasser- und Landbewohner)
Weinbergschnecke

Muscheln
(Wasserbewohner)
Herzmuschel

Stoff- und Energiewechsel beim Menschen

2

2.1 Bestandteile der Nahrung und gesunde Ernährung

Nahrung ist lebenswichtig

Stelle dir eine lange Kette von ungefähr 750 aneinander gereihten 100-Liter-Fässern vor. Wissenschaftler haben ausgerechnet, dass der Mensch im Laufe seines Lebens den Inhalt aller dieser Fässer in Form von Nahrung zu sich nimmt. Das wären ungefähr: 560 Fässer Wasser, 25 Fässer Fett, 140 Fässer Zucker und Stärke, 25 Fässer Eiweiß.

Wozu braucht der Körper die Nahrungsmittel?

Was geschieht mit der aufgenommenen Nahrung im Körper?

Essen und Trinken – tägliche Last oder Freude?

„Essen und Trinken hält Leib und Seele zusammen" – dieser Ausspruch verdeutlicht, dass Essen nicht nur reine Nahrungsaufnahme ist. Essen und Trinken hat viel mit Gefühlen und Sich-wohl-Fühlen zu tun.

Warum sind gemeinsame ruhige Mahlzeiten im Familien- oder Freundeskreis so wichtig?

Gibt es Regeln für eine gesunde Ernährung?

Welche Bedeutung haben diese Regeln?

„Richtig essen", was heißt das?

„Richtig essen" heißt, möglichst viele der verschiedenen Nahrungsmittel abwechselnd auszuwählen und insgesamt nur so viel zu essen, dass man dem Körper nicht mehr Energie zuführt, als er an Energie verbraucht.

Warum sollte man täglich auf eine abwechslungsreiche Kost achten?

Was bedeutet der Ausspruch „Zu viel Fett macht fett!"?

Bestandteile der Nahrung – ein Überblick

Zusammensetzung unserer Nahrungsmittel

In großen Supermärkten kann man alle Nahrungsmittel kaufen. Zur besseren Übersicht für die Kunden sind sie nach Gruppen geordnet, z. B. Back- und Teigwaren, Milch und Milchprodukte, Fleisch- und Wurstwaren, Obst und Gemüse.
Betrachtet man die Verpackungen der Nahrungsmittel, stellt man fest, dass auf den meisten Verpackungen die Inhaltsstoffe (Abb. 2) angegeben sind. Dabei fällt auf, dass es fast immer die gleichen Inhaltsstoffe sind, z. B. Eiweiß, Fett, Kohlenhydrate, Vitamine, aber in einer unterschiedlichen Zusammensetzung.
Es gibt keine Nahrungsmittel oder Lebensmittel, die sich von ihren Inhaltsstoffen her völlig gleichen. Deshalb ist es sehr wichtig, die Zusammensetzung der Nahrungsmittel und die Bedeutung ihrer Inhaltsstoffe etwas genauer zu kennen.
Zu den Hauptbestandteilen der meisten Nahrungsmittel gehören die *Kohlenhydrate, Fette* und *Eiweiße*. Sie leisten den Hauptbeitrag zu unserer Ernährung. Diese Bestandteile der Nahrung bezeichnet man als **Nährstoffe.**
Dienen die Nährstoffe vor allem dem Neuaufbau von Zellsubstanz und damit dem Wachstum des Organismus, so spricht man von **Baustoffen.** Werden die körpereigenen Nährstoffe abgebaut, um die in ihnen enthaltene chemische Energie für die Aufrechterhaltung der Lebensprozesse zu nutzen, spricht man von **Betriebsstoffen.**
Die Nahrung enthält aber noch weitere wichtige Bestandteile, z. B. *Vitamine, Mineralstoffe, Ballaststoffe* und *Wasser.* Die Bestandteile werden als **Ergänzungsstoffe** zusammengefasst.
Der Mensch nimmt mit der Nahrung die Stoffe auf, die er zum Aufbau des Körpers und seiner Erhaltung braucht. Man benötigt ungefähr 60 verschiedene Stoffe zur Aufrechterhaltung seines Lebens. In jedem Nahrungsmittel sind ein Teil dieser Stoffe enthalten.

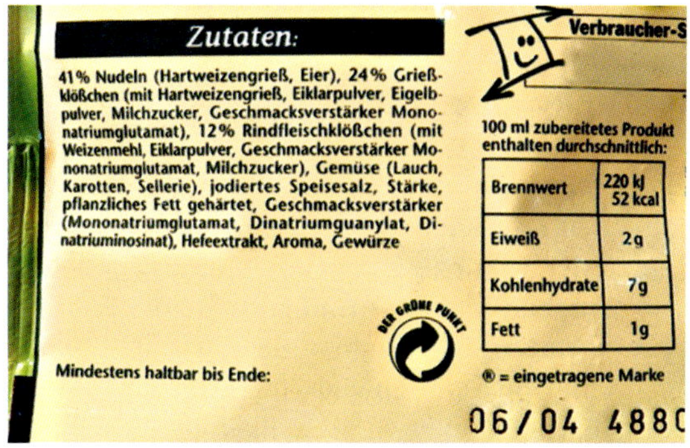

2 Jedes Nahrungsmittel enthält verschiedene Inhaltsstoffe.

Bestandteile der Nahrung sind die Nährstoffe (Kohlenhydrate, Fette, Eiweiße) und die Ergänzungsstoffe (z. B. Vitamine, Mineralstoffe, Ballaststoffe, Wasser).

1 Bestandteile der Nahrung sind Nährstoffe und Ergänzungsstoffe.

Nährstoffe und ihre Bedeutung

Kohlenhydrate

Kohlenhydrate nimmt man von der Menge her täglich am meisten zu sich. Beispielsweise gehören zu den Kohlenhydraten verschiedene *Zucker,* wie Trauben-, Rohr- und Fruchtzucker, und *Stärke,* wie Kartoffel- und Weizenstärke (Abb. 1, 2). Wenn man also täglich viele Teigwaren, z. B. Brot, Nudeln, und Zuckerwaren, z. B. Honig, Bonbons, zu sich nimmt, erhält der Körper viele Kohlenhydrate (Tab. unten). Kohlenhydrate sind in den Nahrungsmitteln in unterschiedlichen Anteilen enthalten (Abb. 1).

Mehr als die Hälfte aller aufgenommenen Kohlenhydrate wird als **Energiegrundlage** genutzt.

Diese Energie benötigt man für die Muskelarbeit, für die Aufrechterhaltung der Körpertemperatur, für die Arbeit der Nerven und für die Ausführung vieler anderer Lebensprozesse im Körper.

Einen Teil der Kohlenhydrate speichert der Körper als Energiereserve in der Leber und in der Muskulatur.

Ein geringer Teil wird zur Bildung von Abwehrstoffen verwendet und ist am Aufbau des Körpers beteiligt. In erster Linie liefern Kohlenhydrate jedoch Energie zum Ausführen von Lebensprozessen. Ist die Aufnahme von Kohlenhydraten auf die Dauer größer als der Energiebedarf des Körpers, werden die überschüssigen Kohlenhydrate in Fett umgewandelt und z. B. im Unterhautfettgewebe gespeichert. Das führt zu **Übergewicht,** das viele Krankheiten begünstigt, z. B. Bluthochdruck, Arterienverkalkung (s. S. 140).

2 Kohlenhydratreiche Nahrungsmittel enthalten vorwiegend Stärke oder Zucker.

Die Kohlenhydrate (z. B. Zucker, Stärke) sind die wichtigsten Energielieferanten und Baustoffe für unseren Körper.

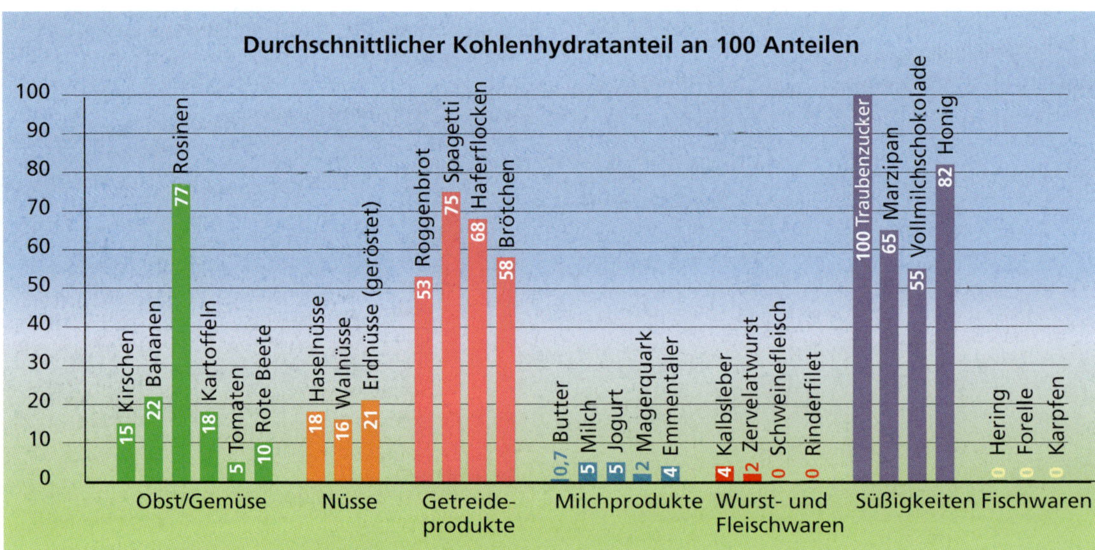

1 Die Kohlenhydratanteile in Nahrungsmitteln sind sehr unterschiedlich.

Eiweiße

Täglich nehmen wir mit der Nahrung auch **Eiweiße** auf, denn auch diese Nährstoffe sind für unseren Körper lebensnotwendig.
Pflanzliches Eiweiß findet man vor allem in Kartoffeln, Nüssen, Bohnen und Getreideprodukten, *tierisches Eiweiß* in Fleisch, Fisch, Eiern, Milch und Milchprodukten (Abb. 2).
Aus den Bausteinen der aufgenommenen pflanzlichen und tierischen Eiweiße bildet der Körper *menschliches Eiweiß*.

Eiweiß wird für den Aufbau und die Erhaltung von Muskeln, Organen und Blut benötigt.
Auch für ein funktionierendes Nerven- und Immunsystem ist der Körper auf das Eiweiß in der Nahrung angewiesen.
Für Kinder und Jugendliche ist eine ausreichende Eiweißzufuhr besonders wichtig. Wachstum ist nämlich immer mit einer Vergrößerung des Eiweißgehaltes verbunden.

Nicht in allen Ländern der Erde haben Kinder ausreichend Fleisch und Kartoffeln zu essen sowie Milch zu trinken. Wachstumsstörungen und andere Krankheiten sind die Folgen.

2 Eiweißhaltige Nahrungsmittel liefern zugleich Aufbaustoffe und Energie.

Die Eiweiße (pflanzliches und tierisches Eiweiß) sind wichtige Baustoffe für unseren Körper.

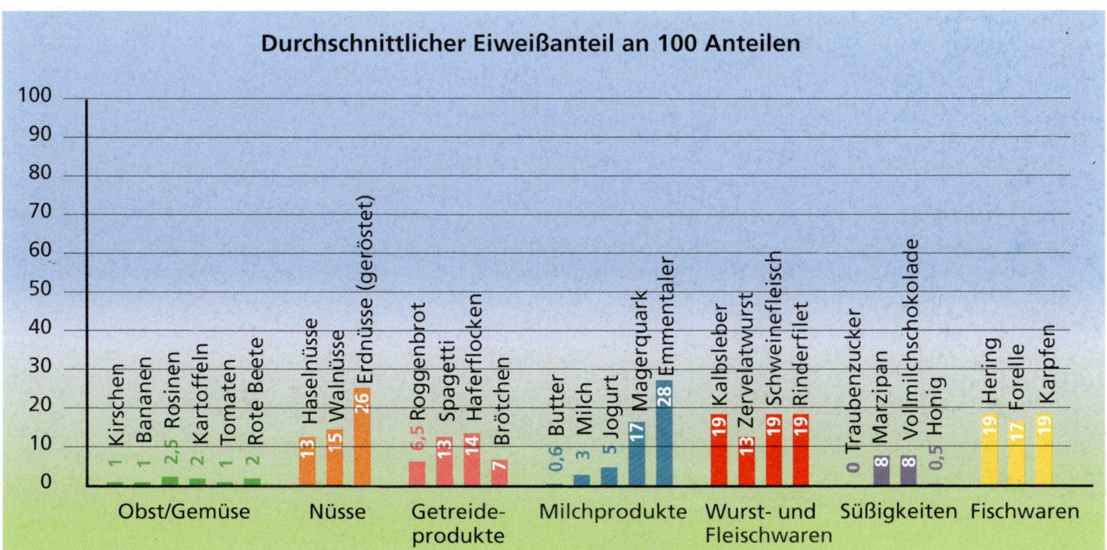

1 Die Eiweißanteile in Nahrungsmitteln sind sehr unterschiedlich.

Fette

Fette sind die energiereichsten Nährstoffe, die aufgenommen werden. Fette werden ebenso wie die Kohlenhydrate hauptsächlich als Energielieferanten im Körper verwendet. Sie liefern pro Gramm doppelt so viel Energie wie Kohlenhydrate oder Eiweiße.
Fette sind in Lebensmitteln wie Butter, Margarine, Schmalz, Speck und Öl sichtbar enthalten (Abb. 1, 2).

2 Fetthaltige Nahrungsmittel sind vor allem Energielieferanten.

Auch in Fleisch, Wurst, Käse, Nüssen, Schokolade und Milch sind Fette vorhanden, aber in verdeckter Form (Abb. 1, 2).
Wenn man mehr Fett zu sich nimmt, als man an Energie für Bewegungen und Tätigkeiten benötigt, wird das überschüssige Fett im Körper gespeichert. **Übergewicht** ist dann die Folge.

Fette sind als Energielieferanten für unseren Körper unerlässlich.

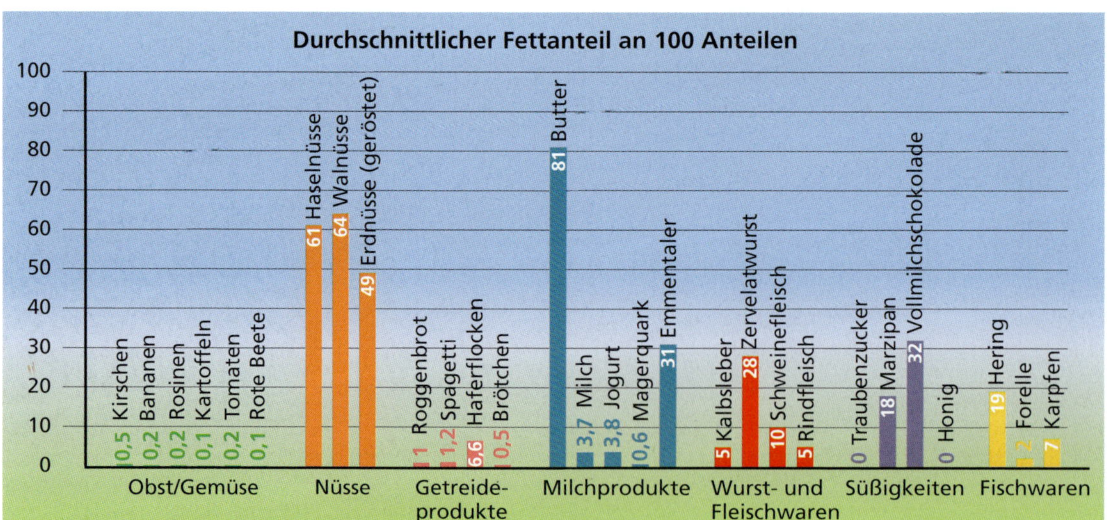

1 Die Fettanteile in Nahrungsmitteln sind sehr unterschiedlich.

Ergänzungsstoffe und ihre Bedeutung

Zu den Bestandteilen der Nahrungsmittel gehören neben den Nährstoffen auch *Mineralstoffe, Vitamine, Ballaststoffe* und *Wasser.* Diese Bestandteile werden als **Ergänzungsstoffe** zusammengefasst. *Zusätzlich sind Farb-, Aroma- und Konservierungsstoffe* (s. a. S. 84) enthalten.

Mineralstoffe

Die verschiedenen **Mineralstoffe** werden in unterschiedlichen Mengen von unserem Körper gebraucht. *Natrium, Calcium* und *Magnesium* z. B. werden in großen Mengen benötigt *(Hauptelemente).* Andere Stoffe wie *Eisen, Fluor, Chlor* und *Iod* braucht der Körper nur in Spuren *(Spurenelemente).*

Mineralstoffe müssen mit der Nahrung dem Körper zugeführt werden. Im Unterschied zu den Nährstoffen liefern sie **keine Energie,** haben aber lebenswichtige Funktionen zu erfüllen (Tab. unten).

Calcium und **Phosphor** müssen das ganze Leben über mit Milch, Milchprodukten, Vollkornprodukten und Gemüse aufgenommen werden. Beide Mineralstoffe sind Hauptbestandteile der Knochen und Zähne. Erst durch diese Stoffe werden sie hart und belastbar. Ohne den Mineralstoff Calcium würde das Herz nicht schlagen, das Blut würde nach Verletzungen nicht gerinnen, die Abwehr von Krankheitserregern nicht funktionieren und Nerven- und Muskelzellen könnten nicht richtig arbeiten. Nimmt man über die Nahrung zu wenig Calcium und Phosphor auf, „holt" sich der Körper die erforderliche Menge aus den Knochen. Mit der Zeit werden diese schwach und brüchig.

1 Calciumreiche Nahrungsmittel festigen die Knochen.

Mineralstoffe müssen mit der Nahrung aufgenommen werden. Sie sind an zahlreichen Prozessen im Körper beteiligt.

Mineralstoffe	Wirkungen im Körper	Vorkommen in Nahrungsmitteln	tägliche Zufuhr
Natrium	Regulierung von Wasserhaushalt und Blutdruck, Salzsäurebildung in der Magenschleimhaut, Schweißbildung, Vorgänge in den Nerven	Vollkornbrot, Hühnerei, Hering, Brötchen, Kochsalz, Wurst, Käse, Schinken	2000 – 3000 mg
Calcium	Aufbau von Knochen, Muskeln und Zähnen, Nerventätigkeit	Vollkornbrot, Vollmilch, Käse, Nüsse, Jogurt, Fisch, Grünkohl, Spinat	1200 mg
Magnesium	Blutgerinnung, Aufbau von Muskeln und Knochen, Herztätigkeit	Vollmilch, Fisch, Kartoffeln, Leinsamen	350 – 400 mg
Eisen	Bestandteil des roten Blutfarbstoffes (Hämoglobin), unterstützt die Sauerstoffversorgung des Körpers, Wachstum	Vollkornbrot, Haferflocken, Leber, grüne Bohnen, Spinat, Kartoffeln, Fleisch, Fruchtsäfte	12 – 15 mg
Iod	Aufbau des Schilddrüsenhormons, Wachstum	Fisch, Iodsalz, Grünkohl, Eier, Milch	0,2 mg

Vitamine

Da **Vitamine** im menschlichen Körper nicht gebildet werden können, müssen sie regelmäßig mit der Nahrung aufgenommen werden. Sie sind **Wirkstoffe** für den Ablauf lebenswichtiger Vorgänge in unserem Körper. Sie werden mit Großbuchstaben bezeichnet, z. B. A, B, C, D. Jedes Vitamin erfüllt im Körper eine bestimmte Aufgabe (Tab. unten). Vitamine wirken schon in geringen Mengen.

Fehlt ein Vitamin bzw. wird von einem Vitamin zu wenig aufgenommen, kann dies zu **Vitaminmangelerscheinungen** führen.

Bei den Vitaminen lassen sich wasserlösliche und fettlösliche Vitamine unterscheiden. Manche Vitamine werden durch Licht bzw. Wärme zerstört (Tab. unten). Bei der Lagerung von Nahrungsmitteln und bei der Zubereitung von Speisen muss auf diese Eigenschaften geachtet werden.

Vitamine sind in den meisten Nahrungsmitteln enthalten, wenn auch in unterschiedlichen Mengen (Abb., auf 100 g). Mancher Gesunde schluckt massenweise **Vitamintabletten,** um sich stark und fit zu erhalten. Dies ist jedoch auf Dauer nicht ungefährlich. Zwar scheidet der Körper ein Zuviel an den meisten Vitaminen wieder aus, manche jedoch werden von ihm gespeichert. Das kann wiederum zu Krankheiten führen.

Vitamine sind lebensnotwendige Wirkstoffe. Nur geringe Mengen werden für den Ablauf der Lebensprozesse benötigt.

Vitamine	wichtig für	z. B. enthalten in	Mangel führt zu	tägliche Zufuhr	Eigenschaften
Vitamin A	Sehen, Wachstum und Erneuerung der Haut	Leber, Butter, Margarine, Eigelb, Innereien; als Vorstufe „Carotin" in Möhren, Spinat, Grünkohl, Tomaten, Paprika	Wachstumsstörungen, Nachtblindheit, Verhornungserscheinungen der Haut	1,3 – 1,6 mg	lichtempfindlich, fettlöslich
Vitamin B_1	Zuckerabbau im Körper, Funktionieren des Nervensystems	Vollkornbrot, Haferflocken, Hülsenfrüchten, Naturreis, Kartoffeln, Schweinefleisch, weißen Bohnen, Linsen	Nervenkrankheiten, Lähmungen, Abmagerung, Appetitlosigkeit, Krämpfe, Herzschwäche, Beriberi	0,4 – 1,8 mg	hitzebeständig, wasserlöslich
Vitamin C	Aufbau von Knochen, Zähnen, Blut, Stärkung der Abwehr von Krankheitserregern	Obst, vor allem Zitrusfrüchten und Beerenobst, Kartoffeln, Kopfkohl, Paprikaschoten, Petersilie	Gelenk- und Knochenschmerzen, Skorbut, Infektanfälligkeit	75 mg	hitzeempfindlich, wasserlöslich

Ballaststoffe

„Ballast“ – das klingt nach überflüssig und wertlos. **Ballaststoffe** sind die Bestandteile unserer Nahrung, die der menschliche Körper nicht verwerten kann und deshalb wieder ausscheidet. Dazu gehören die vor allem in Pflanzen vorkommenden Holzstoffe *(Lignin)* und *Cellulosefasern*. Sie sind für uns unverdaulich. Man hielt die Ballaststoffe früher für völlig überflüssig. Sie liefern keine Energie und keine Aufbaustoffe für unseren Körper. Sie gelangen durch unseren Magen und Darm relativ unverändert hindurch. Sie wurden deshalb als „Ballast“ angesehen.

Heute weiß man, wie wichtig diese Stoffe für unser Wohlbefinden sind. Sie sorgen für ausreichende Füllung des Darmes, fördern damit die Darmbewegungen und beugen so der Stuhlverstopfung und Darmträgheit vor. Ballaststoffe fordern zum guten Kauen und damit zum langsamen Essen auf. Sie tragen zur Magenfüllung und damit zur Sättigung bei. Die Nahrungsmittel haben einen unterschiedlichen Gehalt an Ballaststoffen.

Ballaststoffreiche Nahrungsmittel sind z.B. Weizen- und Haferspeisekleie, Roggenknäckebrot und Haferflocken (Abb.).

Ballaststoffe sind unverdauliche Bestandteile der pflanzlichen Nahrung.

Wasser

Trinken ist lebensnotwendig. Der Mensch kann viel länger ohne feste Nahrung als ohne Wasser auskommen. Über die Hälfte der Körpermasse des Menschen besteht aus Wasser. Wasser dient als **Lösungsmittel** und als **Transportmittel** für Nährstoffe, Ergänzungsstoffe und viele andere Stoffe. Es wird für den Abtransport und die Ausscheidung von Stoffen gebraucht. Durch Verdunstung von Wasser als Schweiß an unserer Haut beispielsweise schützen wir unseren Körper vor Überhitzung.

Unserem Körper gehen etwa 2,5 l Wasser am Tag verloren, z.B. über den Darm mit dem Kot, als Urin und über die Haut (Schweiß) und Lunge. Folglich muss ebenso viel Wasser wieder dem Körper zugeführt werden, z. B. durch die Aufnahme von Nahrungsmitteln und Getränken (Abb. 1).

Obst und Gemüse (Abb.) sind wasserhaltige Nahrungsmittel. Wer viel Obst und Gemüse isst, kann etwas weniger trinken. Säuglinge, Kinder und Jugendliche haben einen besonders hohen Flüssigkeitsbedarf und müssen deshalb häufiger und auch relativ mehr trinken als Erwachsene.

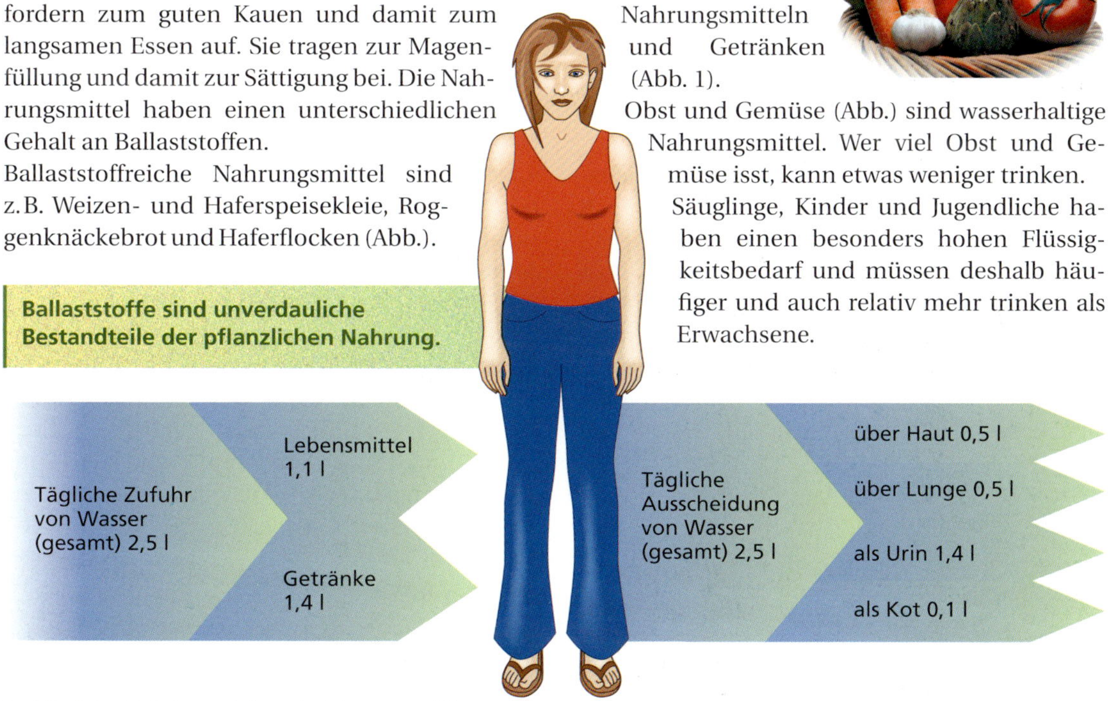

1 Tägliche Zufuhr und Ausscheidung von Wasser

Lebensmittelzusatzstoffe

Es ist schon gesagt, dass Nährstoffe (Kohlenhydrate, Fette, Eiweiße) und Ergänzungsstoffe (Mineralstoffe, Ballaststoffe, Vitamine, Wasser) Bestandteile unserer Nahrung und in unterschiedlichen Anteilen in den Nahrungsmitteln enthalten sind. Auf ihren aufgedruckten Beschreibungen kann man lesen, dass in ihnen noch zusätzliche Stoffe, so genannte **Lebensmittelzusatzstoffe**, enthalten sind. Sie sind in Listen mit **E-Nummern** erfasst.

Nach dem Lebensmittelgesetz (LMG) müssen Zusatzstoffe gesundheitlich unbedenklich sein. Dies wird laufend nachgeprüft, und so wurden schon viele Zusatzstoffe aus der Liste gestrichen. Neue Zusatzstoffe werden erst nach gründlicher Prüfung in die Liste aufgenommen. Es muss im Prinzip nachgewiesen werden, dass sie schon bekannten Zusatzstoffen überlegen und absolut gesundheitlich unbedenklich sind.

Es gibt verschiedene Gruppen von Zusatzstoffen.

Lebensmittelfarbstoffe (E mit 100er Nummern) sind natürliche oder synthetische Farbstoffe, die laut Lebensmittelgesetz zum Färben von Nahrungs-, Genuss- und Arzneimitteln zugelassen sind. Unansehnliche Waren erhalten durch Lebensmittelfarben ein verkaufsförderndes farbiges und appetitanregendes Aussehen. Bedenklich dabei ist, dass der Eindruck guter Qualität vermittelt wird, auch wenn das nicht der Fall ist.

Grundsätzlich kann man davon ausgehen, dass von Lebensmittelfarbstoffen keine Gesundheitsgefährdung ausgeht.

Konservierungsstoffe (E mit 200er Nummern) verlängern die Haltbarkeit von Lebensmitteln, indem sie den durch Bakterien, Hefe- und Schimmelpilze verursachten Verderb verzögern. Sie dienen damit einerseits dem vorbeugenden Gesundheitsschutz (verdorbene Produkte enthalten Giftstoffe), andererseits ermöglichen sie aber auch unsinnig lange Transportwege und Lagerzeiten. Außerdem leisten sie einer hygienisch nachlässigen Verarbeitung Vorschub.

Nahrungsmittel mit Farbstoffen, Konservierungsstoffen und Säuerungsmitteln

Nahrungsmittel mit Bindemittel, Aromastoffen und Geschmacksverstärker

Bindemittel (Dickungsmittel, E mit 400er Nummern) dienen dem Eindicken und Gelieren der Lebensmittel durch Bindung von Wasser, z. B. bei Marmeladen, Puddings, Gelees, Backwaren.

Süßungsmittel (E mit 900er Nummern) sind alle Stoffe, die zum Süßen von Nahrungsmitteln verwendet werden. *Süßstoffe* sind Süßungsmittel, die eine deutlich höhere Süßkraft als Haushaltszucker haben. *Zuckeraustauschstoffe* sind nur etwa halb so süß wie Haushaltszucker.

Säuerungsmittel (E mit 200er und 300er Nummern) verleihen Lebensmitteln einen angenehm sauren Geschmack und haben darüber hinaus auch konservierende Eigenschaften.

Aromastoffe und Geschmacksverstärker sind Substanzen, die den Geruch bzw. den Geschmack von Lebensmitteln verstärken. Glutaminsäure (E 620) und deren Salze, Glutamate (E 621–625) sind die am häufigsten angewandten Geschmacksverstärker. Sie heben vor allem Fleisch und Fischaromen hervor und werden in großen Mengen in der Wurst, in Suppen und der Soßenindustrie verwendet.

Lebensmittelzusatzstoffe sind bei entsprechender Dosierung nicht gesundheitsschädigend. Ihr Hinzufügen soll den „Anblick" bzw. die Haltbarkeit der Lebensmittel verbessern.

Mosaik

Gentechnisch veränderte Stoffe in Lebensmitteln – Segen oder Fluch?

Einen Salat mit Gen-Mais wählen oder doch lieber einen Salat mit Tomaten aus ökologischem Anbau essen?
Jeder Verbraucher kann sich selbst für oder gegen ein Genprodukt entscheiden.

Meinung der **Befürworter:**
Genprodukte sind der Anfang eines neuen Zeitalters der Lebensmittelerzeugung, eines Zeitalters, in dem es gelingen wird, den Hunger auf der Welt zu besiegen.
Gentechnisch veränderte Lebensmittel sind ein Segen für die Menschheit.

Meinung der **Gegner:**
Genprodukte sind der Anfang vom Ende, der Anfang einer Entwicklung, deren Auswirkungen vom Menschen nicht vorhersehbar sind und möglicherweise nicht beherrschbar sein werden.
Gentechnisch veränderte Lebensmittel sind ein Fluch für die Menschheit.

Segen oder Fluch?
Auf diese beiden Kernaussagen lässt sich im Grunde die Diskussion über Genprodukte reduzieren.
Welcher dieser Aussagen soll nun der Verbraucher Glauben schenken?
Selbst die Wissenschaftler sind sich nicht einig. Für beide Thesen finden sich sowohl Befürworter wie Gegner.
Dies verunsichert die Verbraucher sehr stark, zumal die geplante Kennzeichnungspflicht für Genprodukte, die von der EU-Kommission 1997 und ganz neu 2004 in der NovelFoodVerordnung vorgeschlagen wurde, noch sehr lückenhaft ist. Diese kann beim Verbraucher keine Zufriedenheit aufkommen lassen.
So ist nicht vorgesehen, dass Milch, Jogurt, Fleisch, Eier und Käse von Tieren, die gentechnisch verändertes Futter erhalten haben, gekennzeichnet sein müssen.
Positiv ist, dass ab 18. April 2004 alle Lebensmittel und Zutaten sowie auch Futtermittel **kennzeichnungspflichtig** sind, die auf gentechnisch veränderte Organismen zurückzuführen sind. Sie dürfen erst dann auf den Markt, wenn sie zugelassen sind. Mittlerweile sind weltweit mehr als 40 verschiedene Nutzpflanzenarten auch in gentechnischer Bearbeitung, viele befinden sich bereis im Feldversuch. Dazu gehören verschiedene *Melonen, Zuckerrohr, Blumenkohl, Chicoré, Weintrauben, Salat, Erdnuss, Pfeffer, Weizen* oder *Mais.*
Auch Zierpflanzen und Bäume werden unter anderem mit den neuen Methoden gezüchtet (z. B. *Gladiolen, Silberbirke, Chrysanthemen).*

Wichtige Aspekte sind neben dem Schutz gegen Pflanzenkrankheiten bzw. gegen Schädlinge die Anspruchslosigkeit gegenüber schlechten Böden. Zunehmend werden aber auch qualitative Veränderungen vorgenommen, z. B. die Veränderung der Ölzusammensetzung bei *Raps, Sonnenblume* oder *Soja* oder die bessere Haltbarkeit bei empfindlichem *Obst* und *Gemüse.*
Heute sind weltweit neben *Tomate, Soja* und *Mais* weitere 9 Nutzpflanzenarten, z.T. in mehreren Sorten, zugelassen: *Raps, Baumwolle, Tabak, Papaya, Kürbis, Melone, Kartoffel, Flachs* und *Nelke.*
Am 18. April 2004 trat in allen EU-Ländern eine **neue Verordnung** in Kraft, mit der Zulassung und Kennzeichnung von gentechnisch veränderten Lebens- und Futtermitteln einheitlich und in gesetzlich verbindlicher Form geregelt werden. Für diese Produkte werden die *Sicherheitsanforderungen* verschärft.

Für die Zulassung gibt es nun ein einheitliches, EU-weites Verfahren für alle Lebens- und Futtermittel, die unter die neue Verordnung fallen.

Nachweis von organischen Stoffen in Nahrungsmitteln

Der Mensch nutzt Pflanzen und Tiere oder Teile von ihnen als Nahrungsmittel oder stellt aus ihnen Nahrungsmittel her.

Mithilfe von Chemikalien kann man durch **einfache Nachweisuntersuchungen** überprüfen, welche organischen Grundnährstoffe in den verschiedenen Nahrungsmitteln enthalten sind.
Oft ist der Nachweis an einer Farbveränderung zu erkennen.

1. Weise Stärke in Nahrungsmitteln nach.

Materialien:
Je ein Uhrgläschen mit einer Spatelspitze Stärke, Grieß, etwas Kartoffelknolle, Bananenfrucht, einige Reiskörner, Würfelzucker, ein Stückchen gekochtes Ei, Speck und Weißbrot; Pipette, Iod-Kaliumiodid-Lösung als Nachweismittel

Durchführung:
Führe den Stärkenachweis anhand der Abbildungen durch.

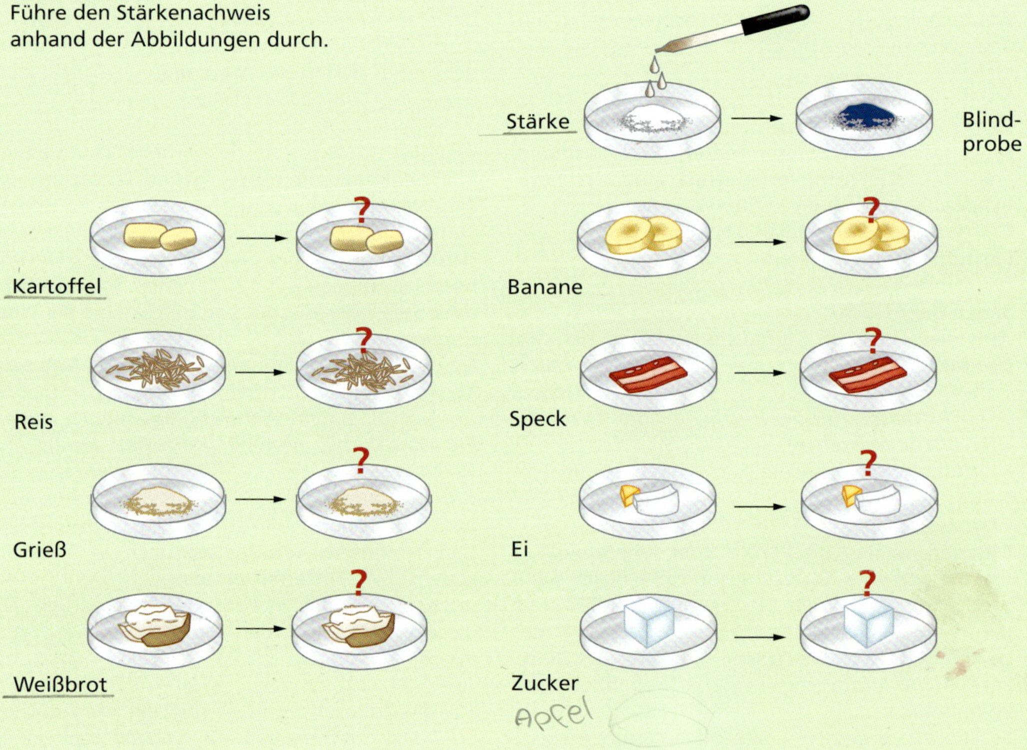

Beobachtung:
Bei welchen Nahrungsmitteln findet eine Farbveränderung statt?
Notiere die Ergebnisse in Form einer Tabelle.

Auswertung:
1. Welche Nahrungsmittel enthalten Stärke?
2. Welche Bedeutung hat Stärke für den Menschen?

2. Weise Traubenzucker (Glucose) in Nahrungsmitteln nach.

Materialien:
Reagenzgläser, Bunsenbrenner, Reagenzglasständer, Reagenzglashalter, Wasser, Reibe; Fehling I und II als Nachweismittel; Weintrauben, reife Birnen, Kartoffeln, Äpfel, Möhren, Pflaumen, Selterswasser, Camembert, Honig, gekochtes Hühnerei, Milch, Brot, Traubenzucker, Glucose-Teststreifen Banane Schwarzbrot

Durchführung: Variante 1
1. Stelle aus Fehling I und II ein Gemisch aus gleichen Teilen her.
2. Gib die Flüssigkeiten sowie die zerriebenen Nahrungsmittel in je ein Reagenzglas mit etwas Wasser und schüttle die Reagenzgläser.
3. Gib jeweils einige Tropfen vom Gemisch Fehling I und II dazu, erhitze vorsichtig (beachte starken Siedeverzug) und beobachte.

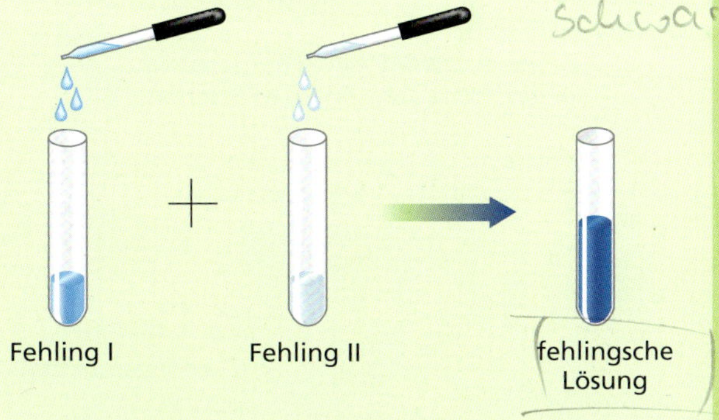

Beobachtung:
1. Bei welchen Nahrungsmitteln findet eine Farbveränderung im Reagenzglas statt?
2. Notiere deine Ergebnisse in Form einer Tabelle.

Blindversuch

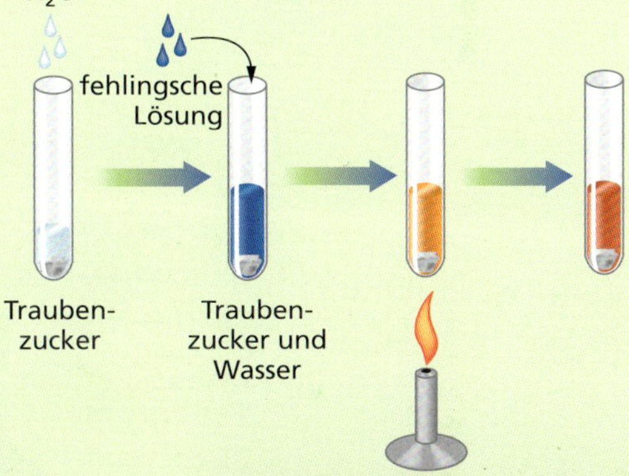

Durchführung: Variante 2
1. Wie Schritt 2 in Variante 1.
2. Tauche kurz einen Glucose-Teststreifen in das Reagenzglas mit Traubenzuckerlösung (Blindversuch, s. Abb.).
3. Tauche in alle Gläser mit Nahrungsmitteln einen Teststreifen und beobachte.
   Vergleiche das Ergebnis mit der Farbskala auf der Packung.

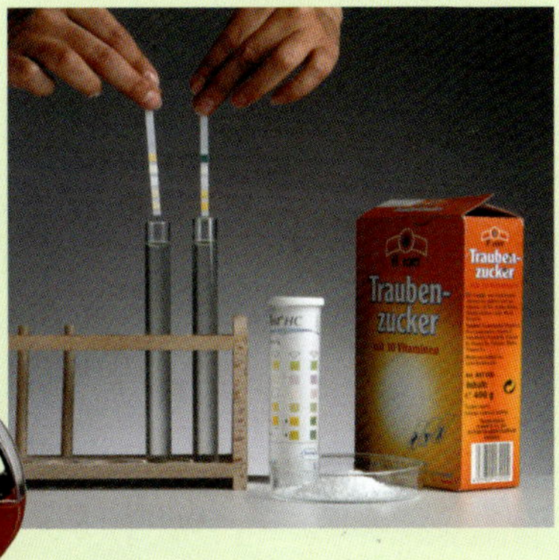

Beobachtung:
1. Bei welchen Nahrungsmitteln kannst du mit dem Teststreifen Traubenzucker nachweisen?
2. Notiere die Ergebnisse.

Auswertung: Varianten 1 und 2
1. Welche Nahrungsmittel enthalten Traubenzucker?
2. Welche Bedeutung hat Traubenzucker für die Pflanzen?

3. Weise Fett in Nahrungsmitteln nach.

Materialien:
Filterpapier, Pipette, Spatel, Bleistift, Lineal; Honig, Leberwurst, Wasser, Speiseöl, Vollmilch, Butter, Selters, Speck

Durchführung:
1. Zeichne mit dem Bleistift auf jedes Filterpapier ein Kreuz auf, sodass 4 Felder entstehen.
   Tropfe bzw. verschmiere die Nahrungsmittel auf die Teile des Filterpapiers (s. Abb.).
2. Halte das Filterpapier gegen das Licht und prüfe, ob ein Fleck zu erkennen ist. Überprüfe nach etwa 10 Minuten.

Beobachtung:
Bei welchen Nahrungsmitteln ist ein Fettfleck erkennbar?

Auswertung:
1. In welchen Nahrungsmitteln ist Fett enthalten?
2. Welche Bedeutung hat Fett für den Menschen?

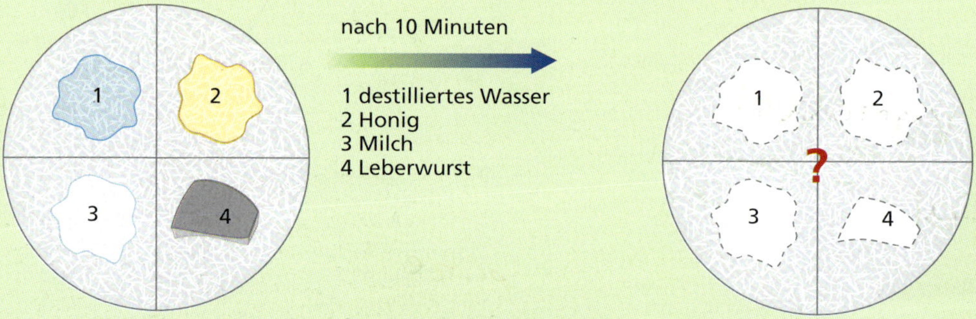

4. Weise Eiweiß in Nahrungsmitteln nach.

Materialien:
Reagenzgläser, Reagenzglasständer, Bunsenbrenner, Reibe, Salpetersäure (20 – 65 %) als Nachweismittel; Mehl, Kartoffel, Apfel, Möhre, Gurke, Eiklar, Käse, Milch; Eiweiß-Teststreifen

Durchführung: Variante 1
1. Gib die zerriebenen bzw. flüssigen Nahrungsmittel in je ein Reagenzglas.
2. Gib jeweils 1 bis 2 ml Salpetersäure dazu, erwärme 1 Minute (Vorsicht! Arbeitsschutz beachten!) und beobachte.

Beobachtung:
1. Bei welchen Objekten findet eine Farbänderung statt?
2. Notiere die Ergebnisse in Form einer Tabelle.

Durchführung: Variante 2
1. Wie Schritt 1 in Variante 1.
2. Tauche kurz einen Eiweiß-Teststreifen in das Reagenzglas mit Eiklar (Blindversuch, s. Abb.).
3. Tauche in alle Gläser mit Nahrungsmitteln einen Teststreifen und beobachte. Vergleiche das Ergebnis mit der Farbskala auf der Schachtel.

Beobachtung:
1. Bei welchen Nahrungsmitteln kannst du mit dem Teststreifen Eiweiß nachweisen?
2. Notiere die Ergebnisse.

Blindversuch

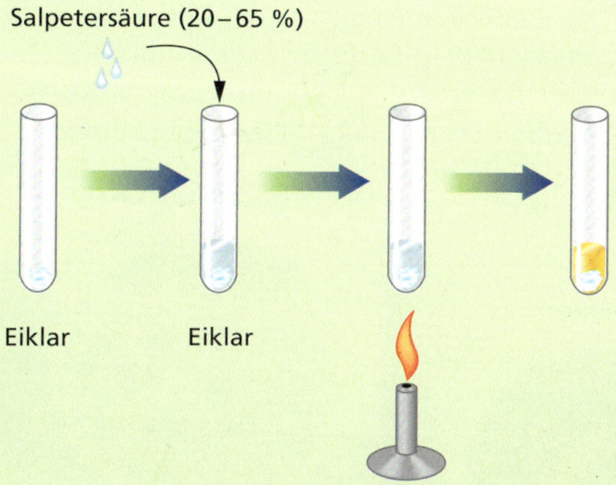

Auswertung: Varianten 1 und 2
1. Welche Nahrungsmittel enthalten Eiweiß?
2. Welche Bedeutung hat Eiweiß für den Menschen?

Nährstoffbedarf und Energiebedarf

Nach einer mehrstündigen Exkursion, auf der die Schüler Untersuchungsaufgaben lösen müssen, kommen sie müde und hungrig in ihre Jugendherberge zurück.
Welche Ursachen gibt es für ihren Körperzustand?
Mit der Nahrung nehmen wir energiereiche Nährstoffe wie Kohlenhydrate, Fette und Eiweiße auf. Sie sind für unseren Körper sowohl Baustoffe als auch Energielieferanten.
Die Müdigkeit und das Hungergefühl nach der Exkursion zeigen an, dass die Energiereserven des Körpers aufgebraucht sind. Durch die ständige Bewegung und geistige Tätigkeit hat der Körper der Schüler viel Energie verbraucht.
Nehmen die Schüler nun Nahrung zu sich, dann sind Hunger und Müdigkeit schnell „verflogen“.
So ein Hungergefühl haben viele Menschen bereits frühmorgens nach dem Aufstehen, obwohl sie die ganze Nacht geruht haben.

Zahlreiche Lebensfunktionen wie Herztätigkeit, Atmung, Tätigkeit des Gehirns, Aufrechterhaltung der Körpertemperatur laufen in unserem Körper auch im Ruhezustand, selbst im Schlaf ab. Dafür verbraucht der Körper Energie.
Die Energiemenge, die der Körper bei völliger Ruhe für die Aufrechterhaltung der Lebensvorgänge in den Zellen und für die Tätigkeitsbereitschaft der Organsysteme während 24 Stunden verbraucht, wird **Grundumsatz** genannt.

Jeder Mensch hat also einen bestimmten **Nährstoffbedarf** und damit auch einen **Energiebedarf.**

Der Grundumsatz ist die Energiemenge, die der Körper in Ruhe in 24 Stunden für die Aufrechterhaltung seiner Lebensfunktionen benötigt.

Die **Maßeinheit** für die Energiemenge heißt **Joule** (J).
1000 Joule entsprechen 1 **Kilojoule** (kJ).
Der Grundumsatz ist für jeden Menschen individuell. Er ist abhängig von der Körpermasse, dem Alter und dem Geschlecht. Eine einfache *„Faustregel“* besagt: Pro Kilogramm Körpermasse benötigt der Körper 4,186 kJ Energie pro Stunde.

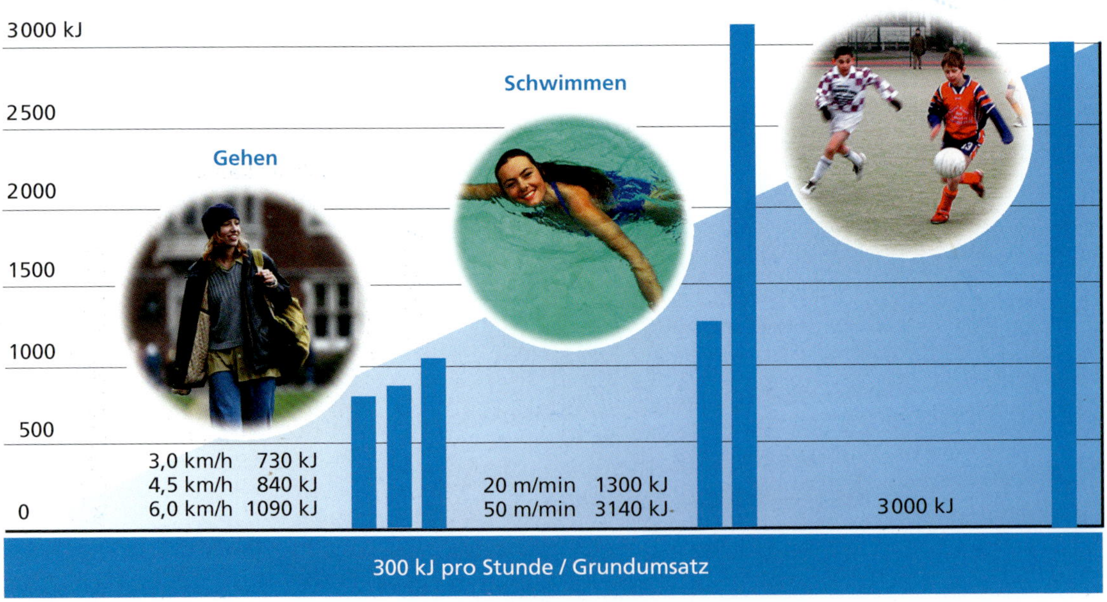

1 Benötigte Energiemenge (Grundumsatz und Leistungsumsatz) pro Stunde in kJ (Körpermasse 70 kg)

Das sind für Mädchen ca. 250 kJ, für Jungen ca. 300 kJ, um im Ruhezustand die Lebensfunktionen aufrechtzuerhalten.
Der Normwert beträgt für Frauen mittleren Alters etwa 6000 kJ und für Männer mittleren Alters ca. 7300 kJ pro Tag (s. a. Tabelle).

Querschnittswerte des täglichen Grundumsatzes		
Mädchen 15 J.	60 kg	6029 kJ
Junge 15 J.	70 kg	7032 kJ
Frau	65 kg	6530 kJ
Mann	75 kg	7535 kJ

Das bedeutet, dass pro Tag von den Frauen Nährstoffe mit einem Energiegehalt von 6000 kJ und von den Männern Nährstoffe mit einem Energiegehalt von 7300 kJ verbraucht werden. Dann erst haben sie die Energiemenge für den Ablauf der Lebensvorgänge wie Tätigkeit des Herzens, der Leber, Nieren, Lunge, des Gehirns und anderer Organe sowie für die Erhaltung der Körpertemperatur.

Der Grundumsatz ist abhängig von der Körpermasse, dem Alter und dem Geschlecht.

Zusätzlich zum Grundumsatz verbraucht der Körper für jede weitere Leistung auch mehr Energie. Bereits beim Aufstehen leisten unsere Muskeln Arbeit und verbrauchen bei dieser Tätigkeit auch mehr Energie als im Ruhezustand.
Zusätzliche Energie wird auch zum Anfertigen von Schulaufgaben, zum Denken, Schreiben, Lesen und Sprechen, aber auch zur sportlichen Betätigung wie Laufen, Schwimmen, Radfahren benötigt. Dieser Teil der Energiemenge, der über den Grundumsatz hinaus zum Ausführen der Körperfunktionen benötigt wird, wird **Leistungsumsatz** (auch **Arbeitsumsatz**) genannt.
Der Leistungsumsatz ist für verschiedene Tätigkeiten sehr unterschiedlich (Abb. 1; Abb. 1, S. 92).

Der Leistungsumsatz (Arbeitsumsatz) ist die Energiemenge, die der Körper für die Ausführung jeder weiteren Tätigkeit – zusätzlich zum Grundumsatz – benötigt.

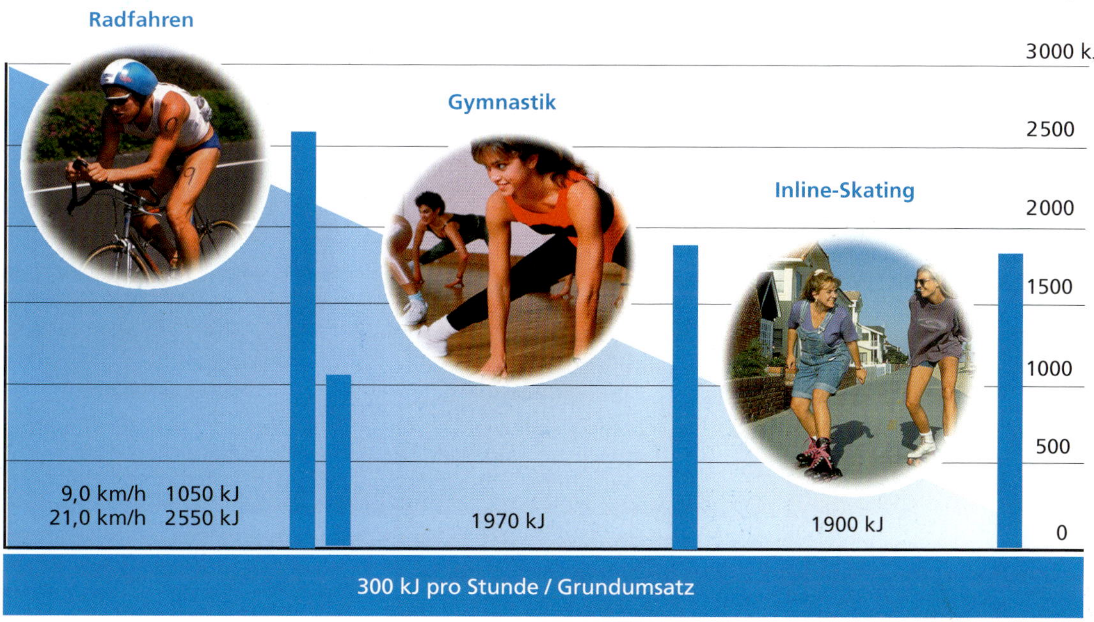

1 Benötigte Energiemenge (Grundumsatz und Leistungsumsatz) pro Stunde in kJ (Körpermasse 70 kg)

Der **Gesamtenergiebedarf** des Körpers, der **Gesamtumsatz**, ist die Summe von Grundumsatz und Leistungsumsatz.

So ist der Gesamtenergiebedarf von Mensch zu Mensch unterschiedlich. Er ist neben der auszuführenden Tätigkeit u. a. auch vom Alter, dem Geschlecht, der jeweiligen Körpermasse sowie der Körperzusammensetzung (Anteil Muskelmasse/Körperfett) abhängig.

Grundumsatz plus Leistungsumsatz ergibt den täglichen Gesamtenergiebedarf des Menschen (Gesamtumsatz).

Energiebedarf pro Tag in kJ in verschiedenen Lebensaltern

Lebensalter	Energiebedarf an kJ/Tag	
Kinder		
1– 4 Jahre	5 000	
7–10 Jahre	8 400	
Jugendliche	**männlich**	**weiblich**
12–15 Jahre	10 000	8 000
16–19 Jahre	13 000	10 500
Erwachsene	**männlich**	**weiblich**
25 Jahre	10 900	9 200
45 Jahre	10 000	8 400
65 Jahre	9 200	7 500

Bei leichter körperlicher Tätigkeit wird ein Gesamtumsatz von ca. 9000 bis 10 000 kJ erreicht, bei mittelschwerer Tätigkeit bis 11 000 kJ, bei sehr schwerer körperlicher Arbeit von ca. 12000 bis 25000 kJ (Abb. 1).
Der Energiebedarf ist umso höher, je schwerer die körperliche Tätigkeit ist (Abb. 1; Abb. 1, S. 90, 91).
Kinder und Jugendliche haben aufgrund der Wachstums- und Entwicklungsprozesse einen relativ hohen Energiebedarf, der mit zunehmendem Alter beim Erwachsenen immer geringer wird (Tab. oben).
Frauen benötigen wegen ihres Körperbaues weniger Energie als Männer.

Der tägliche Energiebedarf ist von Mensch zu Mensch unterschiedlich. Er ist in erster Linie abhängig von der Tätigkeit, der Körpermasse, dem Alter und Geschlecht des Menschen.

1 Der durchschnittliche tägliche Energiebedarf ist abhängig von der Schwere der auszuführenden Tätigkeit.

Jede Tätigkeit verlangt eine bestimmte Energiemenge für ihre Ausführung (Abb. 1, S. 90, 91; Abb. 1, S. 92). Die Energie, die wir täglich benötigen, nehmen wir mit unserer Nahrung auf. Das bedeutet, dass jedes Nahrungsmittel neben den Bestandteilen einen bestimmten **Energiegehalt** besitzt (Tab. unten). Dieser ist als Brennwert auf vielen Verpackungen – bezogen auf 100 g – aufgeführt. Mithilfe von **Ernährungstabellen** kann man errechnen, welche Energiemenge man am Tag mit der Nahrung aufnimmt. Anhand der ausgeführten Tätigkeiten kann man dann prüfen, ob die mit der Nahrung aufgenommene Energiemenge zu gering oder überhöht ist.

Die Nahrungsmittel haben einen Energiegehalt. Sie liefern uns die Energie für das Ausführen der verschiedenen Tätigkeiten.

Energie- und Nährstoffgehalt ausgewählter Nahrungsmittel

Nahrungsmittel in g (berechnet auf 100 g)	Energiegehalt in kJ	Nährstoffe in g		
		Eiweiß	Kohlenhydrate	Fette
Milch, Milchprodukte, Eier 				
Schlagsahne	1289	2,4	3,3	31,7
Milch (3,5 %)	268	3,3	4,6	3,6
Butter	3142	0,7	0,0	83,2
Margarine (Rama)	2965	0,1	0,5	80,0
Frischkäse (40 %)	1132	7,0	3,0	26,0
Ei	314	5,1	0,3	5,5
Brot, Back- und Teigwaren 				
Roggenvollkornbrot	808	6,8	38,8	1,2
Roggenmischbrot	879	6,4	43,7	1,1
Makkaroni	1485	12,0	71,0	2,0
Brötchen	1126	6,8	58,0	0,5
Cornflakes (Kellogs Frosties)	1579	4,8	87,0	0,5
Obst, Gemüse 				
Äpfel	226	0,3	11,4	0,6
Banane	368	1,2	20,1	0,2
Kartoffeln	293	2,0	14,8	0,1
Möhren	109	1,0	4,8	0,2
Fisch, Fleisch, Wurst 				
Forelle	431	19,5	0,0	2,7
Karpfen	481	18,0	0,0	4,8
Schweinekotelett	556	21,6	0,0	5,2
Rinderfilet	506	21,2	0,0	4,0
Bockwurst	1159	12,3	0,0	25,3
Geflügelsalami	1558	22,0	2,0	32,0
Süßwaren, Eis 				
Honig	1272	0,3	82,3	0,0
Eiskrem	862	4,5	22,0	13,0
Nesquick	1539	4,5	78,7	3,3
Vollmilchschokolade	2176	7,7	56,9	32,3
Getränke 				
Nektar (Pfirsich-Banane)	273	0,4	15,2	0,1
Apfelsaft	193	0,2	10,6	0,1

Wie arbeite ich mit Tabellen?

Mit Tabellen werden Informationen in übersichtlicher Form nach ausgewählten Kriterien mit dem Ziel geordnet, bestimmte Zusammenhänge oder Entwicklungen ableiten zu können. Man unterscheidet das Anlegen und Interpretieren von Tabellen.
Beim **Anlegen** sowie **beim Interpretieren von Tabellen** kann man schrittweise vorgehen.

Anlegen von Tabellen

Aufgabe

Für alle Nahrungsmittel gibt es Energieangaben sowie Inhaltswerte für Eiweiße, Fette und Kohlenhydrate bezogen auf Grammgewicht.
Suche für deine an einem Tag verzehrten Speisen und Getränke die entsprechenden Daten zusammen. Erstelle aus den Daten eine Tabelle.

1. Schritt

Festlegen von Ordnungskriterien

Ordnungskriterien können sein:
- Nahrungsmittel in Gramm
- Energiegehalt in Kilojoule
- Nährstoffmengen in Gramm

2. Schritt

Anlegen des Tabellenkopfes

Nahrungsmittel in g	Energiegehalt in kJ	Nährstoffe in g		
		Eiweiß	Kohlenhydrate	Fette

3. Schritt

Zeichnen der Tabelle, Eintragen der gefundenen Werte, Finden der Überschrift

Ein Beispiel für eine Tabelle wird im Folgenden dargestellt.

Energie- und Nährstoffgehalt der Speisen und Getränke eines Tages (Auswahl)

Nahrungsmittel in g	Energiegehalt in kJ	Nährstoffe in g		
		Eiweiß	Kohlenhydrate	Fette
Milch (3,5 %) 1 Glas	80	3,3	4,6	3,6
Roggenvollkornbrot (45 g)	400	3	19	Spuren
Butter (20 g)	620	Spuren	Spuren	17
Marmelade (25 g)	215	Spuren	12	0
Kartoffeln (200 g)	580	4	29	Spuren
Schnitzel (150 g)	1290	30	15	15
Rotkohl (200 g)	185	3	7	Spuren
Obstkompott (125 g)	420	0	24	0
Apfeltorte (100 g)	905	3	31	8
Fanta (0,2 l)	275	0	16	0

Interpretieren von Tabellen

Aufgabe

Interpretiere die auf Seite 94 angelegte Tabelle.

1. Schritt

Erkennen des Tabelleninhalts, Beschreiben des Tabelleninhalts

Die Tabelle enthält Angaben über den Energie- und Nährstoffgehalt der Speisen und Getränke eines Tages.
Die Nahrungsmittel enthalten unterschiedliche Mengen an Energie und Nährstoffen.

2. Schritt

Erkennen von Zusammenhängen oder Entwicklungen

Folgende Zusammenhänge können abgeleitet werden:

a) Zusammenhang zwischen Anteil der Nährstoffe und Einteilung der Nahrungsmittel
b) Zusammenhang zwischen Energiegehalt und Einteilung der Nahrungsmittel
c) Zusammenhang zwischen Nährstoffmengen und Energiegehalt
d) Zusammenhang zwischen aufgenommener Energiemenge und benötigtem Energiebedarf

3. Schritt

Erklären der Zusammenhänge oder Entwicklungen

a) Nach dem Anteil der Nährstoffe kann man eiweiß-, kohlenhydrat- und fetthaltige Nahrungsmittel unterscheiden:
eiweißhaltig – Schnitzel,
kohlenhydrathaltig – Vollkornbrot, Kartoffeln, Obstkompott,
fetthaltig – Butter, Schnitzel.
b) Nach dem Energiegehalt kann man energiereiche und energieärmere Nahrungsmittel unterscheiden:
energiereich – Schnitzel, Apfeltorte,
energieärmer – Milch, Marmelade.
c) Je mehr Nährstoffmengen im Nahrungsmittel sind, desto energiereicher ist es (s. Apfeltorte, Milch).
d) Der tägliche Energiebedarf ist abhängig von Tätigkeit, Körpermasse, Alter und Geschlecht. Jugendliche benötigen 10 000 bis 13 000 kJ (männlich) bzw. 8 000 bis 10 500 kJ (weiblich). Anhand der aufgenommenen Speisen und Getränke kann man die aufgenommene Energiemenge berechnen (Beispiel S. 94 ≙ 8 015 kJ).

Gesunde Ernährung

Viele Kinder möchten gern Pommes frites oder Makkaroni mit viel Ketchup essen, dazu eine Cola trinken und als Nachtisch einen Eisbecher mit Schlagsahne verzehren.
Die Eltern bestellen sich meistens ein anderes Gericht, z. B. Kartoffeln mit Rinderfilet, Salat, Obstsaft und als Nachtisch eine Quarkspeise.

Beide Mahlzeiten enthalten die Hauptnährstoffe Kohlenhydrate, Eiweiße, Fette und auch die Ergänzungsstoffe wie Vitamine, Mineral- und Ballaststoffe sowie Wasser.

Wer von beiden ernährt sich „gesünder"?

Diese Frage kann man erst beantworten, wenn man die Anteile der verschiedenen Nähr- und Ergänzungsstoffe beider Mahlzeiten untersucht.
Dann wird man feststellen, dass die Mahlzeit der Kinder sehr fettreich ist. Wir kennen den Ausspruch „Zu viel Fett macht fett!".
Grundlage für Gesundheit und Wohlbefinden ist nicht eine einseitig ausgerichtete Ernährung (z. B. fettreich, eiweißreich), sondern eine **vielseitige und vollwertige Ernährung.**
„Vollwertig" bedeutet, dass die Ernährung alle lebensnotwendigen Nährstoffe und Ergänzungsstoffe in einer ausgewogenen Menge enthält.
Diese Bedingung erfüllt aber kein einzelnes Nahrungsmittel allein. Jedes Nahrungsmittel enthält immer nur einen Teil aller benötigten Nähr- und Ergänzungsstoffe.
Für **Jugendliche** gilt als Faustregel für die Aufnahme von Kohlenhydraten, Fetten und Eiweißen pro Tag und pro Kilogramm Körpermasse 3 bis 4 g Kohlenhydrate, 0,9 g Fette, 0,8 g Eiweiße.

Bei einem gesunden **Erwachsenen,** der seine Körpermasse halten möchte, sollte etwa die Hälfte der benötigten Energie aus Kohlenhydraten in der Nahrung kommen (Abb. 1). Diese Meinung enthalten die *„Empfehlungen für die Nährstoffzufuhr"* der Deutschen Gesellschaft für Ernährung.

Eine gesunde Ernährung erreicht man durch ein ausgewogenes Verhältnis von Nähr- und Ergänzungsstoffen in der Nahrung.

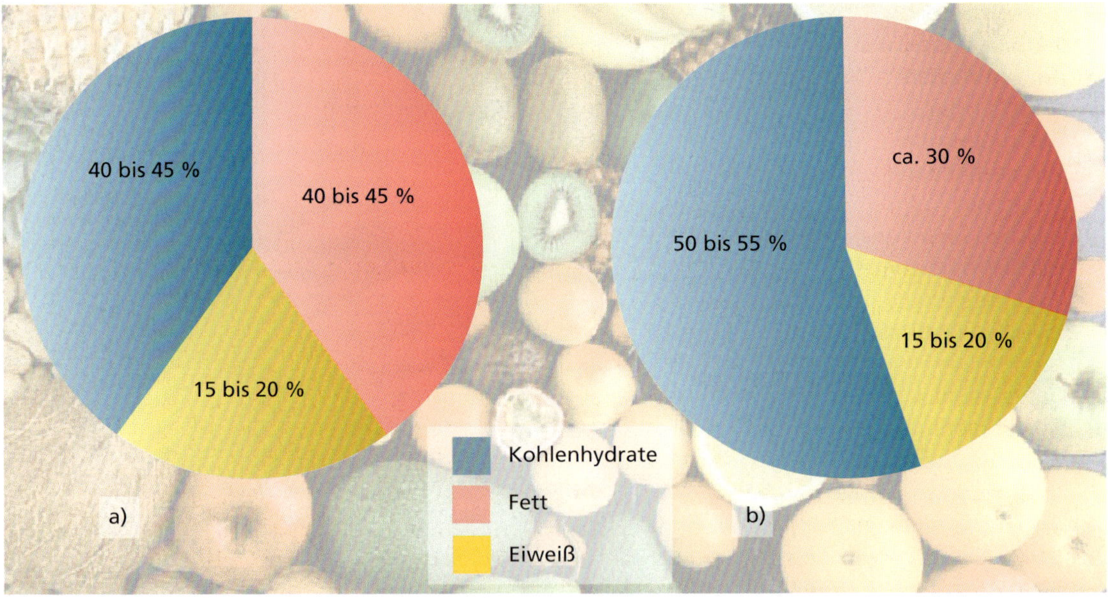

1 Anteile der Nährstoffe in der aufgenommenen Nahrung heutiger Ernährung (a) und bei einer ausgewogenen „idealen" Ernährung nach Empfehlung der Deutschen Gesellschaft für Ernährung (b)

Im täglichen Speiseplan sollten immer unterschiedliche Anteile aus den Gruppen der Nähr- und Ergänzungsstoffe enthalten sein.
Ein **„Nahrungsmittelkreis“** (Abb.) hilft bei der Zusammenstellung der Mahlzeit. In ihm sind die Grundnahrungsmittel in 8 Gruppen eingeordnet. Je größer der Kreisausschnitt einer Gruppe ist, desto mehr Produkte aus dieser Gruppe sollte man in die Zusammenstellung der Mahlzeiten aufnehmen. Man ernährt sich „gesund“, wenn man täglich aus allen Gruppen Nahrungsmittel isst.

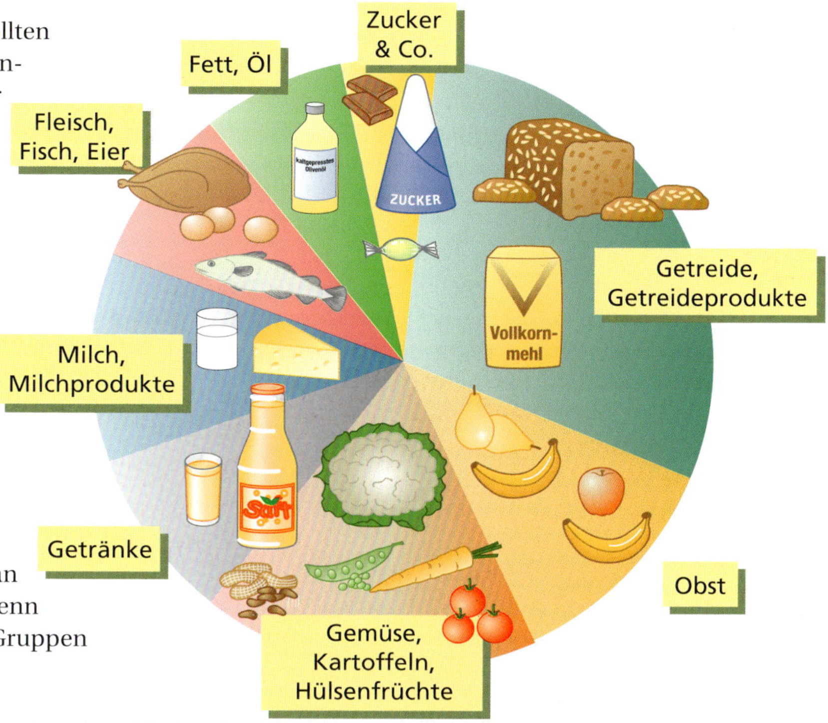

Nachdem die Bedeutung der einzelnen Bestandteile der Nahrung und die Nahrungsgruppen (Abb. oben) bekannt sind, kann man einige **Grundregeln für eine gesunde Ernährung** ableiten (Beispiele, rechts).
Natürlich darf man auch Lieblingsspeisen haben. Aber grundsätzlich sollte man für seine gesunde Ernährung beachten:
- viel Frischkost (vitamin-, mineralstoffreich),
- hoher Ballaststoffgehalt,
- wenig Fett,
- 2–3 Eier pro Woche,
- 1–2 Fischmahlzeiten pro Woche,
- 2–3 Fleischmahlzeiten pro Woche,
- 2 1/2 l Flüssigkeit pro Tag.

Zwischen den drei *Hauptmahlzeiten* sollte man am Vormittag und Nachmittag jeweils eine *Zwischenmahlzeit* einlegen. Diese beugen Leistungsabfall und frühzeitiger Ermüdung vor. Wichtig ist das Frühstück vor dem Unterricht, um in der Schule leistungsfähig zu sein. Wenn man am Morgen absolut nichts essen mag, dann sollte man warme Milch oder Kakao trinken und gleich in der ersten Pause eine Kleinigkeit essen.

Grundregeln für eine gesunde Ernährung (Beispiele)

1. Stelle deinen Speiseplan vielfältig zusammen und achte dabei auf eine abwechslungsreiche und vollwertige Kost.
2. Verzehre weniger Fett und fettreiche Nahrungsmittel, denn zu viel Fett macht fett.
3. Bevorzuge Kräuter und Gewürze, vermeide zu viel Salz.
4. Iss reichlich Vollkornprodukte, Gemüse, Kartoffeln und Obst, denn sie liefern Nährstoffe, Vitamine, Mineral- und Ballaststoffe.
5. Vermeide zu viel Zucker und Süßigkeiten, denn zu viel Zucker wird vom Körper in Fett umgewandelt und gespeichert.
6. Achte auf eine schonende Zubereitung der Nahrung, damit Nährstoffe, Vitamine und Mineralstoffe nicht durch zu langes Kochen, Wiederaufwärmen und durch die Verwendung von zu viel Wasser beim Garen zerstört werden.
7. Iss anstelle der üblichen drei Hauptmahlzeiten lieber fünf kleinere Mahlzeiten.
8. Nimm dir Zeit für deine Mahlzeiten, iss in Ruhe und ohne Hektik.

Methoden zur Beurteilung der Körpermasse

Die Frage nach dem „richtigen Gewicht“ ist schwer zu beantworten. Es ist individuell unterschiedlich, denn die Nahrungsaufnahme reguliert sich bei gesunden Menschen über Appetit, Hunger und Sättigung so, dass die Menschen ein ihrer körperlichen Verfassung angemessenes „Gewicht“ erreichen und dass die vom Körper benötigten Nährstoffe in angemessener Menge aufgenommen werden. Es sollte eine Körpermasse (Gewicht) sein, bei der man sich wohl fühlt **(„Wohlfühlgewicht“).**

1. Methode:

Es gibt die **Formel nach Broca,** mit der man das **„Normalgewicht“** errechnen kann:

„Normalgewicht“ = Körpergröße in cm – 100 in kg

2. Methode:

Bei sehr großen oder sehr kleinen Menschen führt die Broca-Formel zu Ungenauigkeiten. Exakter ist die Berechnung des „Normalgewichts“ nach dem Körpermasse-Index, dem **BMI (Body-Mass-Index).** Er errechnet sich nach der Formel

$$\text{BMI} = \frac{\text{Körpermasse (in kg)}}{(\text{Körpergröße in m})^2}$$

Die BMI-Werte werden aus medizinischer Sicht beurteilt (s. Tab. unten). Die Werte zwischen 19 und 25 liegen im normalen Bereich.

Körpermasse-Index (BMI)		
	Frauen	**Männer**
Untergewicht	unter 19	unter 20
Normalgewicht	19–24	20–25
Übergewicht	25–30	26–30
Fettsucht	über 30	über 30

In Abhängigkeit vom Alter gelten die folgenden BMI-Werte als optimal.

Alter in Jahren	Untergewicht	Normalgewicht	Übergewicht
19–24	19	19–24	über 24
25–34	20	20–25	über 25
35–44	21	21–26	über 26
45–54	22	22–27	über 27
55–64	23	23–28	über 28
über 64	24	24–29	über 29

3. Methode:

Für Kinder und Jugendliche unter 14 Jahren hat der BMI noch keine Gültigkeit. Als Maßstab gilt hier eine Grafik, die Körpermassebereiche nach Körpergrößen angibt (Abb. unten).

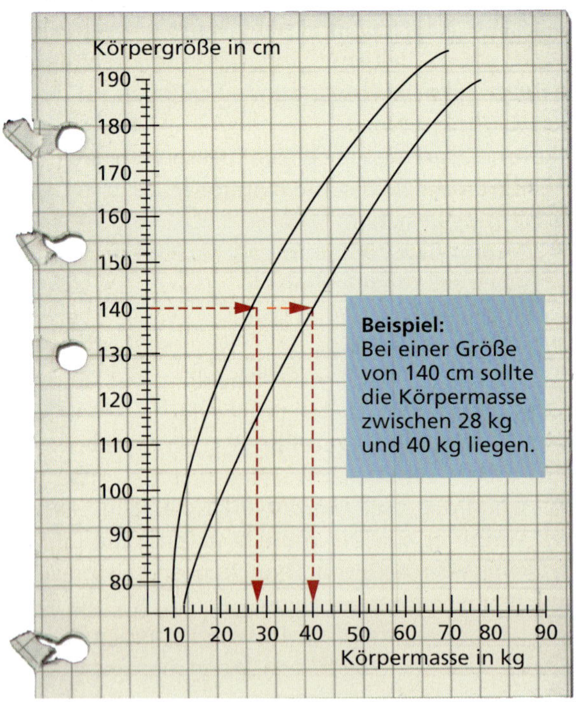

1 Für Kinder und Jugendliche unter 14 Jahren kann man die Körpermasse nach dieser Grafik berechnen.

Biologie im Alltag

Verschiedene Diäten – eine Auswahl

Unter einer **Diät** versteht man eine von der normalen Ernährung abweichende Ernährungsform. Sie kann vom Arzt zur Vorbeugung oder Behandlung von Erkrankungen verordnet werden, z. B. als *Aufbaudiät* nach Magen-Darm-Operationen, als *fettarme Diät* bei Störungen der Fettverdauung, als *Schonkost* bei bestimmten Erkrankungen. Mit dem klassischen „diaita“ (griech. = vom Arzt verordnete Lebensweise) hat das heutige Wort „Diät“ nichts zu tun. Die vielen unterschiedlichen Diäten werden vor allem mit dem Ziel durchgeführt, die **eigene Körpermasse** (Körpergewicht) **zu verringern.** Allen, die eine Diät machen möchten, muss bewusst sein, dass es bei jeder Diät sowohl **Vorteile** als auch **Nachteile** gibt.

Apfelessig-Diät
Diese Diät basiert in erster Linie auf den Regeln einer **energiereduzierten Mischkost.** Die Speisen, die mit Apfelessig zubereitet werden, dürfen täglich nicht mehr als 5025 kJ Energie überschreiten. Erlaubt sind fettarme Produkte. Die Diät sollte mit leichten Fitnessübungen kombiniert werden.
Vorteile: Apfelessig wirkt verdauungsfördernd, unterstützt dadurch das Abnehmen.
Nachteile: Die Verringerung der Körpermasse ist nicht allein auf den Apfelessig zurückzuführen, sondern auf das bewusste ausgewogene Essen während der Diät. Empfindlichen Personen „schlägt“ der Apfelessig auf den Magen und verursacht Übelkeit.

„Friss die Hälfte“-Diät (FdH)
Bei dieser Diät isst man wie bisher weiter, halbiert aber streng seine Portionen. Der Körper erhält so nur die halbe Energiemenge. Verbunden werden sollte diese Diät ebenfalls mit Bewegungsübungen.
Vorteile: Man braucht keine Joule zu zählen, keine Diätpläne aufzustellen bzw. große Einschränkungen in der Ernährung vorzunehmen.
Nachteile: Diese Diät führt nur zum Erfolg, wenn man sehr diszipliniert seine Essensportionen halbiert. Dabei ist darauf zu achten, dass eine ausgewogene Nahrungszusammenstellung erfolgt, damit kein Nährstoffmangel auftritt.

Weight Watchers
Bei dieser Diät kann man ausgewogen essen, aber nach einem **Punkteplan.** Die Diät kombiniert das Prinzip der energiereduzierten Mischkost geschickt mit einer Gruppentherapie. Die Diät enthält vor allem fettarme (5–10 %), eiweißreiche (50 %) Nahrungsmittel und ballaststoffreiche Kohlenhydrate (40–45 %).

Allen Nahrungsmitteln und Getränken wird eine „Pointszahl“ zugeordnet. Abspeckwillige können dabei essen, worauf sie Lust haben, solange sie nicht ihren täglichen Richtwert überschreiten. Dieser wird am Anfang der Diät je nach Gewicht und Geschlecht von der Gruppenleitung festgelegt (Frauen ca. 5000 kJ; Männer ca. 6700 kJ).
Vorteile: Die Weight Watchers haben in ihr Programm viel Flexibilität eingebaut. So können beispielsweise pro Tag bis zu vier und pro Woche bis zu 28 Punkte („Fiesta-Points“) angespart und auf Partys oder Familienfeiern verbraucht werden. Bewegung und Fitness werden darüber hinaus als „Bonus-Points“ gutgeschrieben.
Nachteile: Die Fettzufuhr von 10 % ist sehr gering.

Um sich gesund zu ernähren, reicht die Beachtung der acht Regeln (s. S. 97). Es gibt keine strengen Gebote oder Verbote (Ausnahme: vom Arzt verordnete Diäten).

Ernährungsstörungen und Ess-Störungen

Die Aufnahme von zu viel Nahrung bzw. eine einseitige Ernährung schaden auf Dauer unserem Körper, da bestimmte Stoffe im Übermaß aufgenommen werden, andere lebensnotwendige Stoffe aber fehlen. Beide Ernährungsformen führen zu **Ernährungsstörungen** bzw. **Ess-Störungen.**

Ernährungsstörungen

Untersuchungen bestätigen, dass ca. 40 % der Bundesbürger zu dick sind. Sie sind übergewichtig. Die Ursache für das **Übergewicht** besteht u. a. darin, dass die Menschen täglich mehr Energie mit der Nahrung aufnehmen, als sie durch ihre Tätigkeit verbrauchen (Abb. 1). Wer abnehmen will, muss täglich entweder weniger essen (weniger Energiezufuhr) oder mehr Energie verbrauchen, z. B. durch körperliche Arbeit oder Sport.

Bekommen die Menschen zu wenig zu essen, hungern sie, führt dies zur Unterernährung, zum **Untergewicht.** Besonders für Kinder und Jugendliche hat das Untergewicht besondere Folgen. Sie magern ab, besitzen keine Abwehrstoffe gegen Infektionskrankheiten, ihre körperliche und geistige Entwicklung wird gehemmt. Gerade in den Wachstums- und Entwicklungsjahren benötigen sie regelmäßige Mahlzeiten mit einer ausreichenden und ausgewogenen Menge an Nähr- und Ergänzungsstoffen.

Einseitige Ernährung kann zu **Mangelerscheinungen** führen.
Eine Mangelerscheinung ist z. B. der *Vitamin-A-Mangel* (s. a. Tab., S. 82). Er tritt besonders bei Vorschulkindern auf, wenn sie zu wenig Vitamin A mit der Nahrung aufnehmen. Die Folgen sind u. a. Nachtblindheit und völlige Erblindung. Die Kinder mit Vitamin-A-Mangel sind besonders anfällig gegenüber Infektionen, z. B. Masern, Durchfall und Atemwegsentzündungen. Der Verlauf dieser Krankheiten verschlimmert sich und kann zum Tode führen. Das Vitamin A ist

1 Hauptsache es schmeckt, oder?

also ein wichtiger Bestandteil der menschlichen Nahrung.
Vitamin A ist u. a. wichtig für gutes Sehvermögen, das Knochenwachstum, die Zahnentwicklung und die Entwicklung von Abwehrstoffen gegen Infektionen.

Die Aufnahme von zu viel Nahrung bzw. eine einseitige Ernährung führen zu Ernährungsstörungen wie Übergewicht, Untergewicht, Mangelerscheinungen.

Ess-Störungen

Es gibt aber auch zahlreiche Menschen, die von **Ess-Störungen** betroffen sind. Im Leben dieser Menschen nimmt der Umgang mit dem Essen einen besonders hohen Stellenwert ein.

Im letzten Jahrzehnt hat sich die Zahl der an der **Magersucht** erkrankten Menschen verdreifacht. Hauptmerkmal dieser Ess-Störung ist die extreme Gewichtsabnahme, die durch eine streng kontrollierte und eingeschränkte Nahrungsaufnahme verursacht wird.

Die große Angst vor einer Gewichtszunahme oder dem „Dickwerden“ verfolgt die Betroffenen auch noch, wenn sie bereits untergewichtig sind. Das „Nicht-Essen“ wird zur Sucht.
Körperliche Folgeschäden der Magersucht sind u. a. das Absinken des Stoffwechsels, des Pulses, des Blutdrucks sowie der Körpertemperatur. Dies führt zur Müdigkeit, zum ständigen Frieren und zur Verstopfung. Magersucht ist nicht mit Medikamenten zu heilen.
Dazu sind ärztliche Hilfe und eine langjährige therapeutische Behandlung notwendig.

1 Ess-Sucht führt zum Übergewicht.

Eine weitere Ess-Störung ist die **Bulimie** (Ess-Brech-Sucht). Seit 1980 ist sie als eigenständiges Krankheitsbild bekannt. An Bulimie erkrankte Menschen leiden unter sich wiederholenden „Fressanfällen“, bei denen es zur Aufnahme großer Mengen kalorienreicher, leicht verzehrbarer Nahrung innerhalb einer bestimmten Zeitspanne kommt (z. B. zwei Anfälle/Woche). Im Anschluss an diese „Heißhungerattacken“ versuchen die Erkrankten durch verschiedene Maßnahmen eine Gewichtszunahme zu verhindern. Dazu gehören u. a. das selbst herbeigeführte Erbrechen des Gegessenen und der Medikamentenmissbrauch, vor allem die Einnahme hoher Dosen von Abführmitteln.
In der Öffentlichkeit zeigen die an Bulimie Erkrankten ein kontrolliertes Essverhalten; deshalb sagt man, die Bulimie ist eine „heimliche“ Ess-Störung. Die Betroffenen tun alles, um ihre „Fressanfälle“ und das danach folgende Erbrechen zu verheimlichen.
Um ihren „Heißhungerattacken“ nachgehen zu können, vernachlässigen sie nach und nach andere Interessen und den Kontakt zu anderen Personen. Dieses Verhalten führt zur Einsamkeit und verstärkt ihre Schuldgefühle gegenüber den Angehörigen und Freunden.

Auch *körperliche Schäden* sind die Folgen, z. B. Schwellungen der Speicheldrüsen, Zerstörung der Schleimhäute von Speiseröhre und Magen, Kalium- und Magnesiummangel, die letztlich zu Nierenschäden und Herzrhythmusstörungen führen.

Auch diese Ess-Störung ist nicht durch Medikamente heilbar. Die Teilnahme an einer angeleiteten Selbsthilfegruppe und eine langjährige Therapie sind erforderlich.

Es gibt Menschen, die sind **ess-süchtig.** Sie leiden unter der **Ess-** bzw. **Fettsucht.** Äußeres Merkmal dieser Ess-Störung ist das Übergewicht. Ursache dafür ist das regelmäßige Zuvielessen, aber auch Diätkuren, die anschließend zu Essanfällen führen. Ess-Süchtige essen nicht, weil sie Hunger haben. Sie essen z. B. aus Trauer, Wut, Langeweile, Einsamkeit, Ärger oder auch Überforderung. Sie essen also, um emotionale Bedürfnisse zu befriedigen. Das Essen ist für die Betroffenen der einzige Trost und die einzige Freude (Abb. 1).
Die *körperlichen Folgen* des Übergewichtes verursachen u. a. Bluthochdruck und eine Überbelastung des Herzens. Dies kann zum Schlaganfall und zum Herzinfarkt (s. S. 140, 141) führen. Die Überbelastung des Skeletts kann Gelenkleiden und Wirbelsäulenschäden zur Folge haben.
Ess-Süchtige müssen, um sich von dieser Ess-Störung zu befreien, einen anderen Bezug zum Essen finden. Dies geht kaum allein, sondern besser mit einer Selbsthilfegruppe und einer langjährigen therapeutischen Begleitung.

Ursache für Ess-Störungen ist der gestörte Umgang mit dem Essen, z. B. das zwanghafte In-sich-Hineinstopfen großer Nahrungsmengen (Bulimie, Ess-Sucht) oder die Verweigerung der Nahrungsaufnahme (Magersucht).

gewusst · gekonnt

1. Übernimm den Lückentext in dein Heft und vervollständige ihn.
Mit der … ① … nimmt der Mensch Nährstoffe und … ② … auf. Zu den Nährstoffen gehören … ③ …, Fette und … ④ … Es sind … ⑤ …, … ⑥ … Stoffe. Der Nährstoff … ⑦ … dient in erster Linie zum Aufbau von Zellen. Kohlenhydrate und … ⑧ … liefern hauptsächlich … ⑨ … zur Aufrechterhaltung der Körperfunktionen und zum Ausüben von … ⑩ … Zu den Ergänzungsstoffen zählen wir Wasser, … ⑪…, … ⑫ … und Ballaststoffe.

2. Schreibe einen Tag lang alle Nahrungsmittel auf, die du gegessen hast. Beurteile sie anhand von Ernährungstabellen und des Nahrungsmittelkreises auf Seite 97.

3. Entscheide selbst, welches Getränk für dich gesünder ist. Begründe deine Entscheidung.

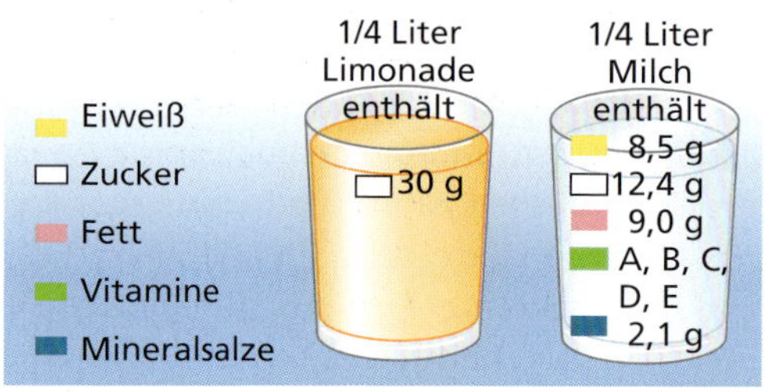

4. a) Stelle einen Speiseplan für 1 Tag, 1 Woche mit Köpfchen zusammen. Verwende dazu den Nahrungsmittelkreis auf Seite 97.
b) Was verstehst du unter einer „ausgewogenen" und „vollwertigen" Ernährung?

5. Der Mensch sollte täglich etwa 2,5 Liter Wasser mit der Nahrung und als Flüssigkeit aufnehmen.
a) Informiere dich über den Wassergehalt von Nahrungsmitteln mithilfe von Ernährungstabellen oder im Internet.
b) Errechne an ausgewählten Nahrungsmitteln, die du an einem Tag zu dir nimmst, die aufgenommene Wassermenge.
c) Wie viel Flüssigkeit musst du außerdem noch trinken, um den durchschnittlichen Flüssigkeitsbedarf zu decken?

6. Brot hat für unsere Ernährung eine besondere Bedeutung. Brotsorten gibt es in großer Vielfalt.
a) Erkundige dich, welche Brotsorten in Geschäften deines Wohn- oder Schulortes angeboten werden.
b) Wodurch unterscheiden sich diese Brotsorten voneinander?
Worin liegt jeweils ihre Bedeutung hinsichtlich einer gesunden Ernährung?
Nutze dazu auch die folgende Tabelle.

Brotsorten, 100 g	Ballaststoffe in g	Magnesium in mg	Eisen in mg	Vitamin B_1 in mg
Knäckebrot	14,0	68	2,0	0,20
Mehrkornbrot	9,0	70	2,2	0,13
Roggenvollkornbrot	8,1	70	3,0	0,18
Roggenmischbrot	6,2	40	2,3	0,18
Weizenmischbrot	4,6	75	1,7	0,14
Weizentoastbrot	3,6	24	2,2	0,08
Weißbrot	3,0	24	0,9	0,09

c) Gestalte die Tabelle zu einem Diagramm um.

7. Überprüfe, ob in Möhrensaft, Ascorvitlösung, dest. Wasser, Apfelsaft, Glucoselösung und Zitronensaft das Vitamin C enthalten ist. Gehe dabei entsprechend der folgenden Anleitung vor.
1. Gib in je ein Reagenzglas 3 ml der Lösungen.

2. Gib in alle Lösungen einige Tropfen einer schwach violetten Kaliumpermanganatlösung, schüttle und beobachte.
3. Notiere deine Beobachtungsergebnisse.
4. Werte deine Ergebnisse aus.
   - In welchen Lösungen ist Vitamin C enthalten?
   - Beschreibe die Bedeutung von Vitamin C für den Menschen.

8. Vitamine sind lebensnotwendige Nährstoffe.
a) Der Tagesbedarf an Vitamin D liegt beim Menschen während der Wachstumsphase bei 0,1 mg, beim Erwachsenen bei 0,02 mg. Begründe. Wachstumsstörung
b) Bei vielen Menschen tritt die so genannte „Frühjahrsmüdigkeit" auf. Erläutere die Ursache der Frühjahrsmüdigkeit. Wie könnte man der Frühjahrsmüdigkeit vorbeugen?

9. In unseren Lebensmitteln sind zusätzliche Stoffe enthalten.
a) Nenne Gruppen von Lebensmittelzusatzstoffen.
b) Informiere dich im Internet über die Bedeutung dieser Stoffe.

10. Informiere dich im Internet über Pro und Kontra des Einsatzes von Lebensmittelzusatzstoffen.

11. Untersuche in einem Lebensmittelcenter einige abgepackte Lebensmittel in Bezug auf ihre Zusatzstoffe. Nenne ihre Bedeutung.

12. a) Suche in Lebensmittelcentern nach gentechnisch veränderten Lebensmitteln.
b) Recherchiere im Internet nach Pro-und-Kontra-Meinungen ihrer Entwicklung.

13. Überprüfe, ob Fruchtsaft, Honig, Mondamin, weiße Bohnen und Mineralwasser Stärke enthalten.
Gehe dabei entsprechend der Experimentieranordnung auf Seite 86 vor.

14. Überprüfe, ob Weißbrot, Würfelzucker, Blutwurst, gekochtes Hühnerei, Schweinefleisch und Margarine Fett enthalten. Gehe dabei entsprechend der Experimentieranordnung auf Seite 88 vor.

15. a) Plane mithilfe von Ernährungstabellen (s. a. S. 94) einen Tagesspeiseplan entsprechend den Regeln einer gesunden Ernährung.
b) Errechne die Energiemenge für die Mahlzeiten.

16. Sportliche Leistungen verlangen einen hohen Energiebedarf, z. B.:
Gymnastik verlangt 12,2 kJ/(h · kg),
Laufen (9 km/h) verlangt 35,5 kJ/(h · kg),
Wandern (4,5 km/h) verlangt 19,2 kJ/(h · kg),
Handball verlangt 80,1 kJ/(h · kg),
Radfahren (43 km/h) verlangt 65,7 kJ/(h · kg).
a) Birgit (50 kg) und Klaus (70 kg) wandern an einem sonnigen Wochenende 5 Stunden durch die heimatliche Landschaft. Wie viel Energie benötigen Birgit und Klaus für die Wanderung?
b) Jan (60 kg) ist Radrennfahrer. Er unternimmt mit seinem Trainer eine 2-stündige Trainingstour. Wie hoch ist sein Energieaufwand dafür?
c) Max (60 kg) spielt 2 Stunden Handball. Petra (55 kg) erwärmt sich durch 15 Minuten Gymnastik und läuft anschließend 1 Stunde. Wer verbraucht mehr Energie?

17. a) Stelle dir anhand von Nahrungsmitteltabellen ein gesundes Frühstück, Mittagessen und Abendessen zusammen.
b) Errechne für sie den Energiegehalt.

18. Überprüfe mithilfe der Grafik auf Seite 98 deine Körpermasse. Ziehe Schlussfolgerungen in Bezug auf deine Ernährung.

19. Führt eine Diskussion über Ernährungs- und Ess-Störungen. Stellt in einer Tabelle Pro- und-Kontra-Argumente gegenüber.
Sucht weitere Informationen im Internet.

Bestandteile der Nahrung

Mit unserer Nahrung nehmen wir **Nährstoffe** und **Ergänzungsstoffe** auf. Sie erfüllen im Körper bestimmte Aufgaben.

Bestandteile der Nahrung

- **Nährstoffe**
  - Eiweiße, Fette, Kohlenhydrate: bauen die Körpersubstanz auf und erhalten sie, ersetzen Zellen, liefern dem Körper Energie
- **Ergänzungsstoffe**
  - Wasser: dient als Lösungs-, Transportmittel für Stoffe im Körper
  - Vitamine, Mineralstoffe: regulieren und steuern Vorgänge sowie den Aufbau des Körpers
  - Ballaststoffe: sorgen für Darmfüllung, sättigen, beugen Verstopfung vor

Nährstoffbedarf und Energiebedarf

Mit der Nahrung nimmt der Mensch auch die Energie auf, die er täglich für die Aufrechterhaltung der Lebensfunktionen und zum Ausführen aller Tätigkeiten benötigt. Jeder Mensch hat somit einen bestimmten **Nährstoff- und Energiebedarf.**

Grundumsatz	+	Leistungsumsatz	=	Gesamtumsatz
Energie des ruhenden Körpers während 24 Stunden		zusätzliche Energie für jede Leistung		täglicher Gesamtenergiebedarf

Gesunde Ernährung

Eine „gesunde" Ernährung erreicht man durch ein ausgewogenes Verhältnis der Nährstoffe (ca. 50 % Kohlenhydrate, ca. 30 % Fett, ca. 20 % Eiweiß) und Ergänzungsstoffe in der Nahrung.

Ernährungsstörungen
- Übergewicht
- Untergewicht
- Mangelerscheinungen

Ess-Störungen
- Magersucht
- Ess-Brech-Sucht
- Ess-Fettsucht

persönliche Ursachen
- zu viel Essen
- zu wenig Essen
- einseitige Ernährung

2.2 Verdauung, Resorption und Gesunderhaltung der Verdauungsorgane

Ohne Ernährung kein Leben!

Alle Organismen, auch der Mensch, müssen, um leben zu können, Nahrung aufnehmen. Der Mensch nimmt mit seiner Nahrung körperfremde organische energiereiche Stoffe auf.

Wozu braucht der Körper die Nahrung?

Die Leber – größte Drüse des menschlichen Körpers

Sie ist vergleichbar mit einer chemischen Fabrik, in der verschiedene Produkte auf- und abgebaut, aber auch gebildet und gespeichert werden. Sie bildet und speichert z. B. körpereigene organische Stoffe (Glykogen), baut Giftstoffe ab und wandelt Fett in Kohlenhydrate um.

Welche Aufgaben erfüllt die Leber im Einzelnen?

Warum ist eine Schädigung der Leber lebensgefährlich?

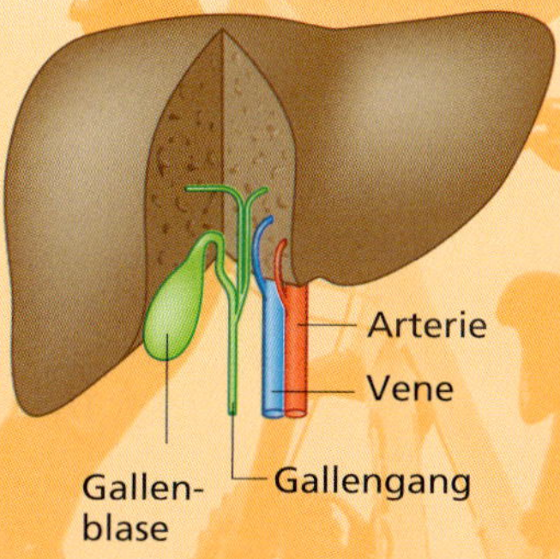

Verdauungsorgane – ein wichtiges Organsystem

Die Nahrung „durchwandert" unsere Verdauungsorgane. Jedes Organ erfüllt bei der Ernährung und Verdauung bestimmte Funktionen.

Was versteht man unter Verdauung?

Welche Aufgaben erfüllt jedes Verdauungsorgan?

Was geschieht mit den Bestandteilen der Grundnährstoffe im Körper?

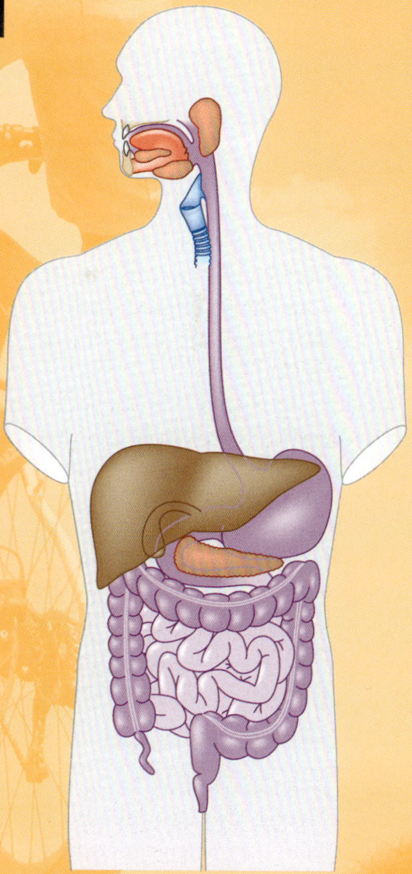

Verdauungsorgane – ein Überblick

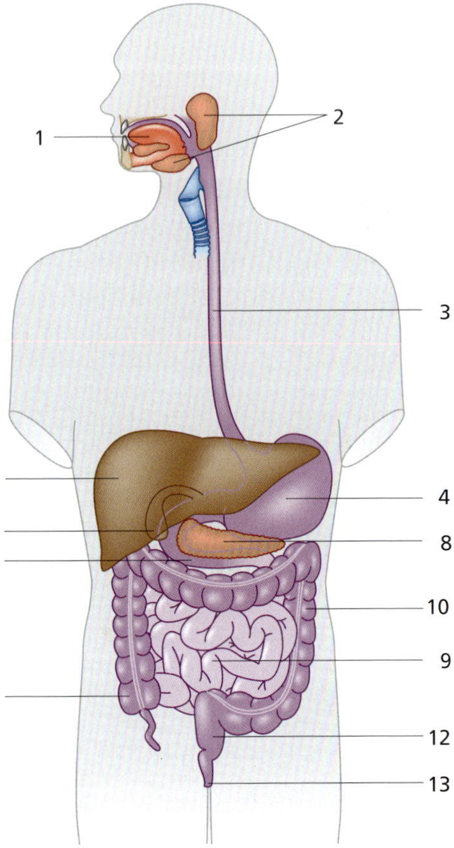

Wie bei allen Säugetieren „durchwandert“ die aufgenommene Nahrung auch beim Menschen mehrere Organe, die Verdauungsorgane. Jedes Organ erfüllt dabei eine bestimmte Funktion. In der Abbildung kann man den Weg der Nahrung im menschlichen Körper verfolgen und die Kenntnisse über die Verdauungsorgane wiederholen.

1 Die Nahrung gelangt in die Mundhöhle. Die **Zähne** zerkleinern die Nahrung. Die Zunge zerdrückt weiche Nahrung, vermischt die Nahrung mit Speichel und befördert diese zum Gaumen.

2 Die **Speicheldrüsen** sondern Mundspeichel ab. Er vermischt sich mit der Nahrung und leitet die Verdauung der Nährstoffe, z.B. der Stärke, ein.

3 Die Muskeln der **Speiseröhre** drücken den Nahrungsbrei zum Magen hinab.

4 Die Muskulatur des **Magens** hält den Speisebrei in ständiger Bewegung. Die Speisen verweilen unterschiedlich lange im Magen.
Die Drüsen der Magenschleimhaut sondern Magensaft ab. Die Nahrung wird mit Magensaft durchtränkt. Die Verdauung der Eiweiße wird im Magen eingeleitet.

5 Der Speisebrei wird in kleineren Portionen zum **Zwölffingerdarm** weitergeleitet. Der Zwölffingerdarm ist der erste Abschnitt des Dünndarms.

6/7 In der **Leber** wird Gallensaft gebildet und in der **Gallenblase** gespeichert.
Zur Verdauung der Fette wird der Gallensaft bei Bedarf in den Zwölffingerdarm abgegeben.

8 Die **Bauchspeicheldrüse** stellt Bauchspeichel her. Dieser wird in den Zwölffingerdarm zur Verdauung aller Nährstoffe wie Stärke, Fette und Eiweiße abgegeben.

9 Drüsen im **Dünndarm** sondern den Darmsaft ab. Im Dünndarm werden alle Nährstoffe weiter verdaut, d. h. in ihre kleinsten wasserlöslichen Bestandteile, die Grundbausteine, zerlegt. Die Grundbausteine von Stärke, Eiweiß und Fett werden durch die Darmwand in das Blut bzw. die Lymphe abgegeben und in den Körper transportiert.

10 Im **Dickdarm** wird dem Nahrungsbrei Wasser entzogen. Er wird eingedickt. Durch Darmbewegungen wird der Nahrungsbrei zum Mastdarm transportiert.

11 Im **Blinddarm** werden unverdauliche Pflanzenfasern von Bakterien zersetzt.

12 Im **Mastdarm** sammeln sich die unverdauten Reste der Nahrung als Kot an.

13 Der Schließmuskel des **Afters** reguliert die Entleerung des Darms.

Die Nahrung gelangt durch den Mund mit Mundspeicheldrüsen und Zähnen in die Speiseröhre, von dort in den Magen und Dünndarm mit Zwölffingerdarm. Die unverdauten Reste werden über den Dickdarm mit dem Blinddarm sowie über den Mastdarm zum After transportiert.

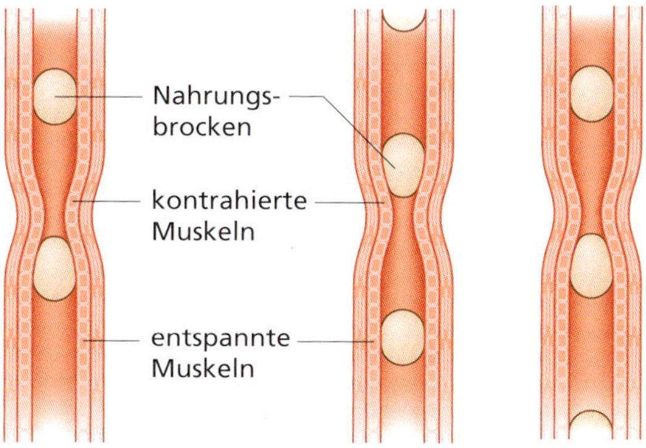

1 Portionsweiser Transport des Nahrungsmittelbreies in der Speiseröhre (Peristaltik)

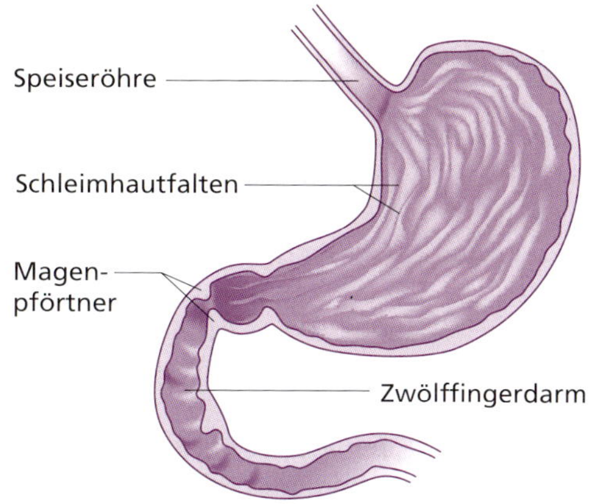

4 Magen (geöffnet) und Zwölffingerdarm sind mit Schleimhäuten ausgekleidet.

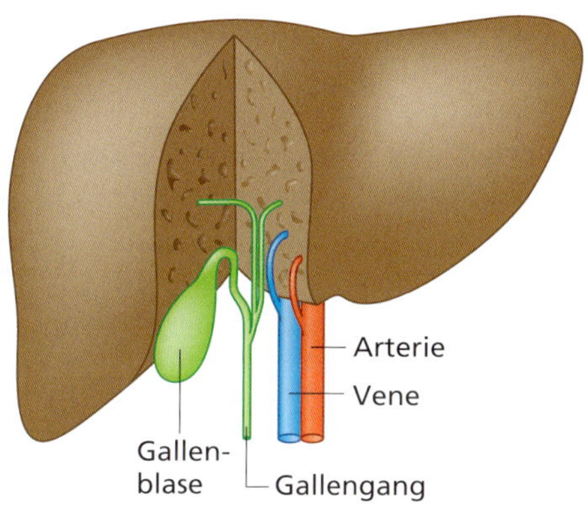

2 Die Leber ist die größte Drüse unseres Körpers, vergleichbar mit einer chemischen Fabrik, in der verschiedene Produkte auf- und abgebaut werden.

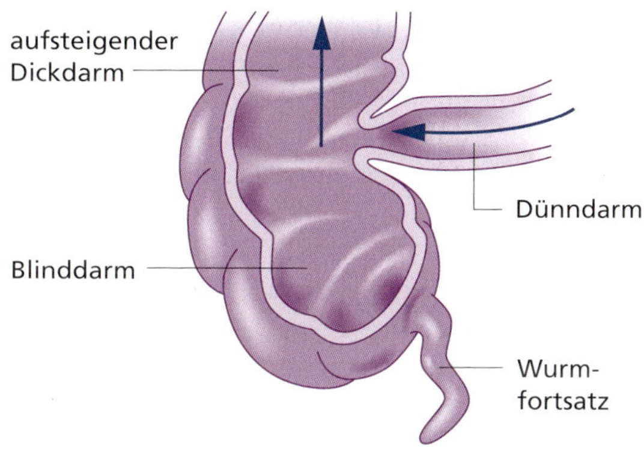

5 Der Blinddarm ist der blind endende Anfangsabschnitt des Dickdarms. Die Pfeile geben die Bewegungsrichtung des Darminhaltes an.

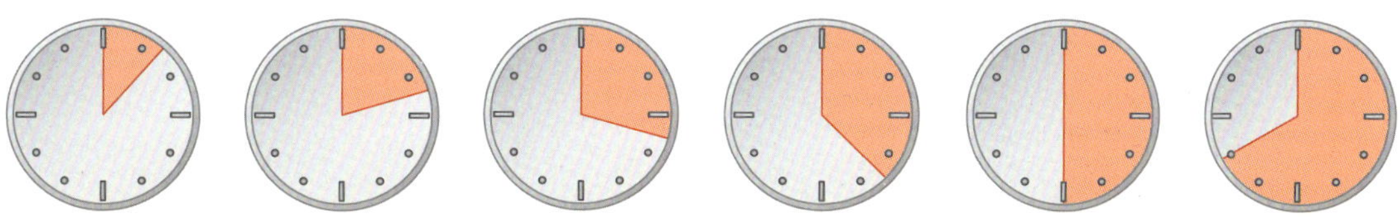

Milch Brühe Reis Eier (weich) Zwieback Pudding Fisch (gekocht) Tee, Weißbrot Kaffee, Bier Wein	Fisch (gebraten) Eier (hart) Spargel Blumenkohl Kartoffelbrei Brötchen Jogurt Torten	Schwarzbrot Schinken Bratkartoffeln Äpfel Kartoffelsalat Huhn (gekocht) Schweinefleisch (mager) Spinatgemüse	Erbsen Linsen Rinderbraten Räucherfisch Gänsebraten Entenbraten Kalbsbraten Salzheringe Schnittbohnen	Schweinefleisch (fett) Geflügel (gebraten)	Ölsardinen Aal

3 Die Verweildauer der Speisen im Magen (in Stunden) ist sehr unterschiedlich.

Verdauungsprozesse

Verdauungsenzyme

In den Verdauungsorganen Mundhöhle, Magen und Dünndarm werden die in unserer Nahrung enthaltenen Grundnährstoffe (Kohlenhydrate, Eiweiße, Fette) auf chemischem Weg in so kleine und wasserlösliche Bestandteile zerlegt, dass diese durch jede Zellmembran gelangen. Die **Grundbausteine der Nährstoffe** werden in unseren Körperflüssigkeiten (Blut bzw. Lymphe) zu allen Zellen transportiert. Die Zerlegung der Grundnährstoffe erfolgt mithilfe von **Enzymen**.
Verdauungsenzyme sind Eiweißstoffe, die die Zerlegung der Grundnährstoffe (Eiweiße, Kohlenhydrate, Fette) in ihre wasserlöslichen Bestandteile auslösen und diesen Vorgang steuern (siehe **Experimente,** S. 111–113).
Diesen Zerlegungsvorgang nennt man **Verdauung.**

Bei der Verdauung verändern die Enzyme sich selbst nicht. Sie können immer wieder Verdauungsvorgänge bewirken. Sie werden auch **Biokatalysatoren** genannt.

Enzyme sind Wirkstoffe, die biochemische Reaktionen im Körper vermitteln und steuern. Sie bleiben unverändert erhalten und können weitere Reaktionen im Stoff- und Energiewechsel auslösen.

Jede biochemische Reaktion erfordert das Vorhandensein eines bestimmten Enzyms. Jedes Enzym katalysiert nur eine bestimmte biochemische Reaktion. Es bildet mit dem Ausgangsstoff eine Zwischenverbindung und geht nach Ablauf der biochemischen Reaktion wieder unverändert aus ihr hervor.

Der Ausgangsstoff, auf den das Enzym einwirkt, wird als **Substrat** bezeichnet. Das Enzym bindet sein Substrat. Durch die Enzymwirkung wird das Substrat in ein neues Produkt umgewandelt.

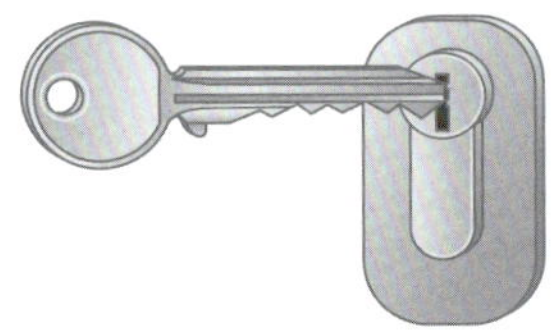

Die bestimmte biochemische Reaktion, z. B. die Verdauung der Kohlenhydrate, läuft im Körper nur ab, wenn bestimmte Enzyme vorhanden sind. Der Ausgangsstoff, das Substrat, muss also zum Enzym „passen“ wie der Schlüssel zum Schloss.
Jedes Enzym kann demnach in der Zelle nur den passenden Ausgangsstoff binden und zu einem neuen Stoff umsetzen.
Nach der Stoffumwandlung trennen sich beide „Partner“ (Enzym und neuer Stoff) wieder (Abb. 1). Die Wirkung von Enzymen kann nachgewiesen werden (s. Nachweis 1, S. 111).

Enzyme sind substratspezifisch und reaktionsspezifisch.

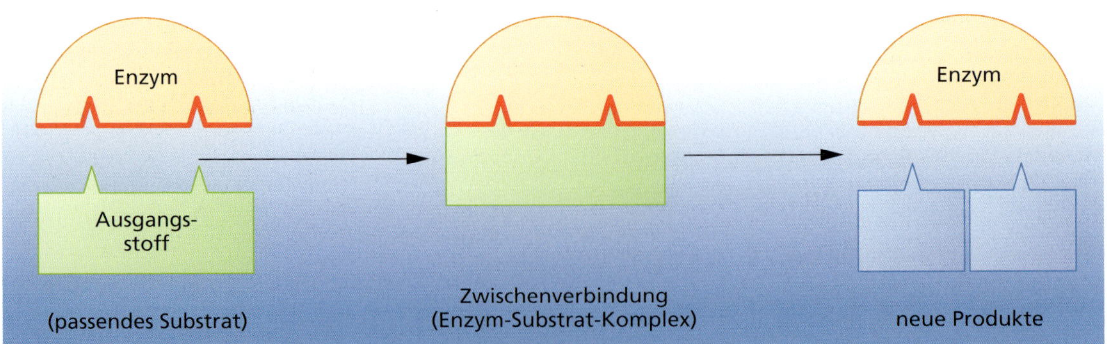

1 Wirkungsweise eines Enzyms (schematische Darstellung)

Verdauung der Grundnährstoffe

In unseren Verdauungsorganen laufen komplizierte mechanische und biochemische Prozesse ab. Durch sie werden die Grundnährstoffe Kohlenhydrate, Fette, Eiweiße in ihre kleinsten wasserlöslichen Bestandteile zerlegt (verdaut). Die **Kohlenhydrate** werden bis zum Bestandteil *Traubenzucker* (Glucose) abgebaut, die **Eiweiße** bis zu den verschiedenen *Aminosäuren* und die **Fette** in ihre zwei Bestandteile, nämlich in *Glycerol (Glycerin)* und verschiedene *Fettsäuren*.

Verdauung ist der Vorgang, in dem die Grundnährstoffe (Kohlenhydrate, Fette, Eiweiße) durch Enzyme chemisch in ihre kleinen, wasserlöslichen Bestandteile zerlegt werden.

Diese Verdauungsprozesse können **modellhaft in Schemata** dargestellt werden (Abb. 1; s. S. 110).

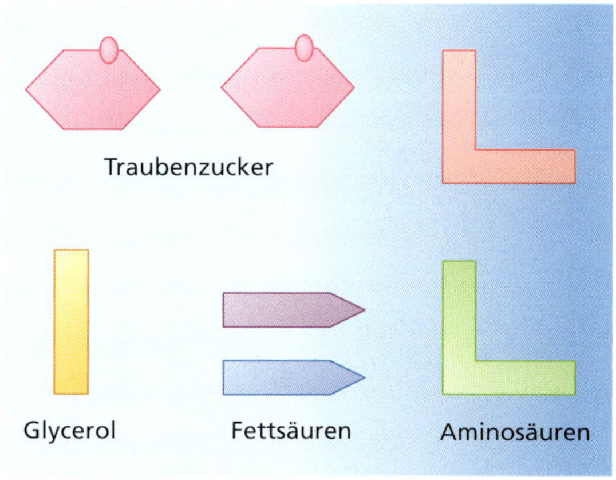

2 Symbole für Nährstoffbestandteile

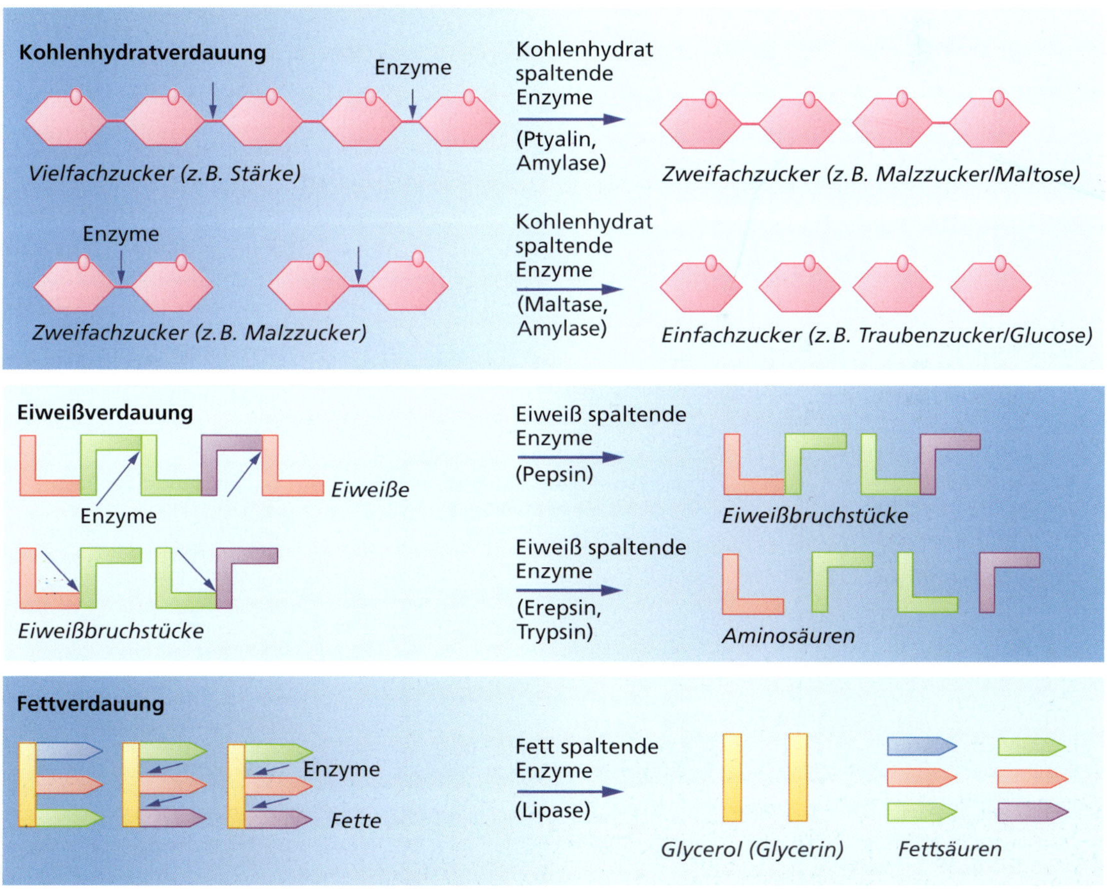

1 Modellhafte Darstellung der Verdauung der Grundnährstoffe Kohlenhydrate, Eiweiße, Fette

Verdauung der Grundnährstoffe

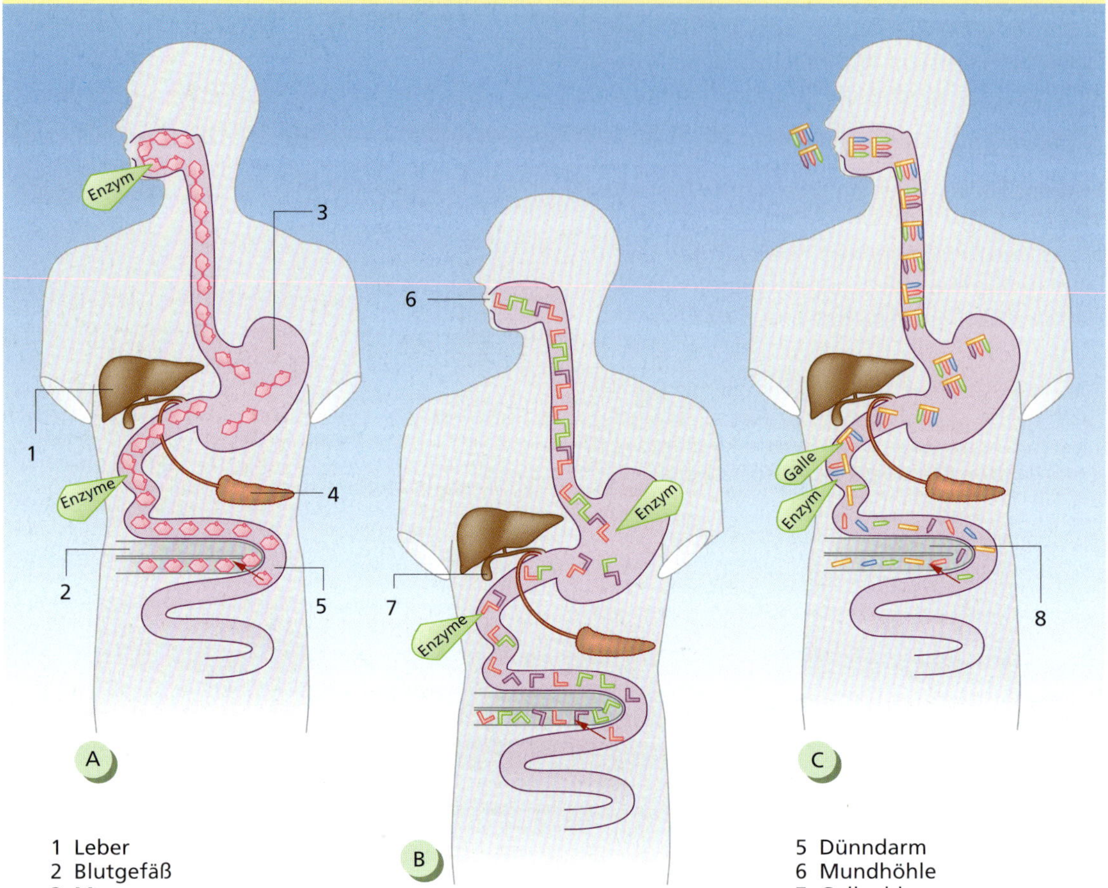

1 Leber
2 Blutgefäß
3 Magen
4 Bauchspeicheldrüse
5 Dünndarm
6 Mundhöhle
7 Gallenblase
8 Lymphgefäß

Die **Kohlenhydratverdauung** (A) beginnt in der Mundhöhle. Stärke wird teilweise mithilfe von Mundspeichelenzymen (z. B. Ptyalin, Amylase) in einen Zweifachzucker, z. B. Malzzucker (Maltose), umgewandelt. Im Dünndarm erfolgt die weitere Verdauung der Kohlenhydrate durch Enzyme des Darmsaftes (z. B. Maltase) und des Bauchspeichels (z. B. Amylase) bis zum Grundbaustein Traubenzucker (Glucose).

Die **Eiweißverdauung** (B) beginnt im Magen durch Salzsäure und Enzyme des Magensaftes (z. B. Pepsin).

Die weitere Verdauung der Eiweißbruchstücke in verschiedene Aminosäuren, die Grundbausteine der Eiweiße, findet im Dünndarm mithilfe von Enzymen des Darmsaftes (z. B. Erepsin) und des Bauchspeichels (z. B. Trypsin) statt.

Die **Verdauung der Fette** (C) erfolgt im Dünndarm. Zuerst werden durch den Gallensaft die Fette in Tröpfchen verteilt.

Danach werden die Tröpfchen mithilfe von Enzymen aus Bauchspeichel und Darmsaft (z. B. Lipase) bis zu den Grundbausteinen Glycerol (Glycerin) und verschiedene Fettsäuren verdaut.

Experimente zur Verdauung

Du weißt nun, dass bei der Verdauung die mit der Nahrung aufgenommenen Grundnährstoffe mithilfe von Enzymen in ihre kleinsten Bestandteile zerlegt werden. Die **Wirkung von Enzymen** kann in einem einfachen Experiment überprüft werden (s. Experiment unten).

Die **Verdauung der Grundnährstoffe** kann in Experimenten nachvollzogen werden (*Experimente* 2, 3, S. 112, 113).

Ein wichtiges Kohlenhydrat in den Nahrungsmitteln ist **Stärke**. Stärke besteht aus einer Vielzahl von **Traubenzuckerbausteinen**. Da Stärke nicht bzw. kaum wasserlöslich ist, muss sie durch Enzyme im Mund- und Bauchspeichel, im Magen- und Darmsaft chemisch in ihre Bestandteile – wasserlösliche Traubenzuckerteilchen – abgebaut (verdaut) werden. Der Traubenzucker ist wichtiger Baustoff und Energielieferant.

Stärke kann mithilfe von Iod-Kaliumiodid-Lösung durch blauschwarze Färbung nachgewiesen werden (s. S. 86).

Betropft man beispielsweise Brot (Brot ist ein stärkehaltiges Nahrungsmittel) mit Iod-Kaliumiodid-Lösung, wird man eine blauschwarze Färbung ermitteln.

Will man die Stärkeverdauung durch Mundspeichel nachweisen, muss man ein Stückchen Brot ca. 5 Minuten kauen und das gekaute Brot auf Zucker untersuchen (*Nachweis* 2, S. 87).

Auch die Verdauung von **Eiweißen** und **Fetten** lässt sich im Experiment nachweisen (*Experiment* 3, S. 113).

1. Weise die Wirkung von Enzymen nach.

Materialien:
Wasserstoffperoxid (H_2O_2,), frischer Kartoffelpress-Saft; Reagenzgläser, Reagenzglasständer, Holzspan, Pipette, Streichhölzer, Brenner

Durchführung und Beobachtung:
1. Gib in ein Reagenzglas 3 ml Wasserstoffperoxid.
2. Gib frischen Kartoffelpress-Saft dazu, halte das Reagenzglas mit dem Daumen zu, schüttele es leicht und halte nach kurzer Zeit einen glimmenden Holzspan hinein.
3. Notiere deine Ergebnisse.

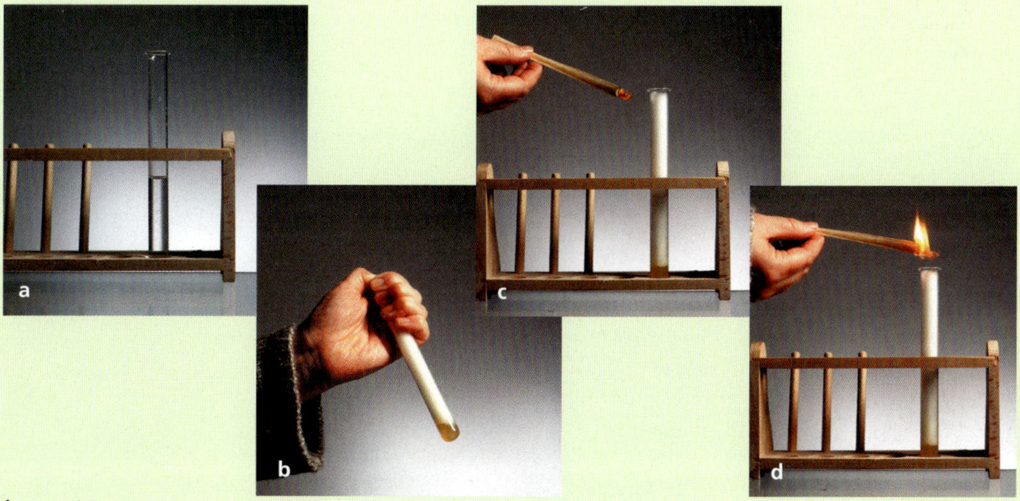

Auswertung:
1. Erkläre die Wirkung von Kartoffelpress-Saft auf Wasserstoffperoxid.
2. Versuche eine Reaktionsgleichung aufzustellen.

2. Weise die Verdauung von Stärke in der Mundhöhle nach.

Materialien:
Reagenzgläser, Bunsenbrenner, Wasser, Fehling I und II, stärkehaltiges Nahrungsmittel ohne Zucker (z. B. entrindetes Brot, Haferflocken), aber ca. fünf Minuten intensiv gekaut

Durchführung und Beobachtung:
1. Mische Fehling I und II zu gleichen Teilen (s. S. 87).
2. Führe das Experiment entsprechend der Abbbildung durch.
3. Notiere deine Ergebnisse.

Kontrollversuch

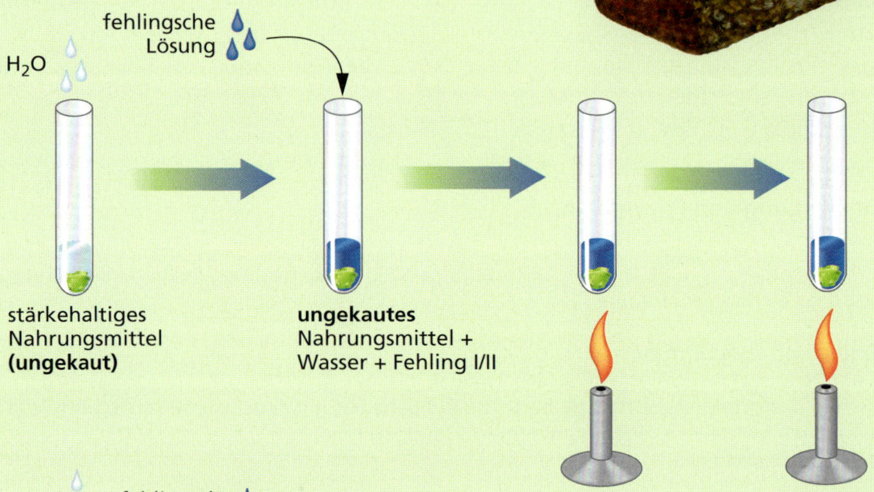

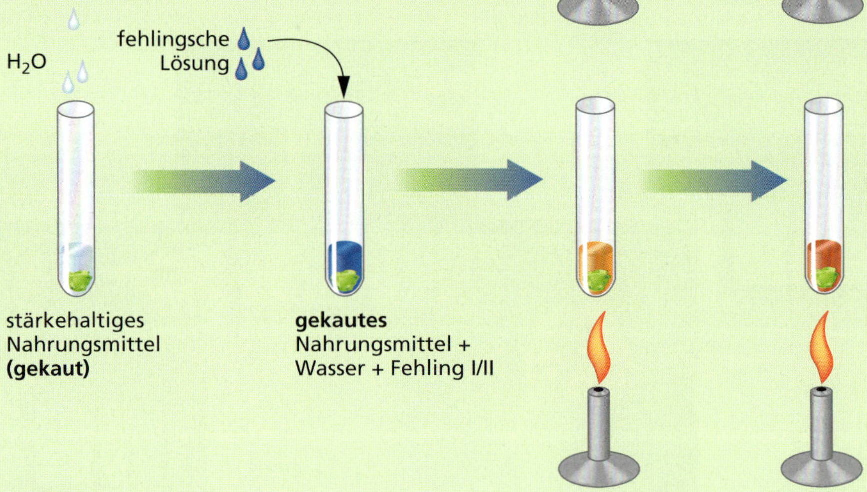

Auswertung:
1. Erläutere die Wirkung des Speichels auf die Stärke.
2. Versuche den Prozess modellhaft darzustellen.

3. Weise die Verdauung von Fett im Dünndarm nach.

Materialien:
Frischmilch (ohne Konservierungsstoffe), Pankreatinlösung (1%ig), Sodalösung (0,5–1%ig, Natriumcarbonatlösung [X]), Phenolphthaleinlösung, dest. Wasser, 2 Reagenzgläser, 2 Messzylinder, Wasserbad mit Thermometer

Durchführung und Beobachtung:
1. Gib in 2 Reagenzgläser je 3 ml Milch und 3 ml warmes Wasser (40 °C).
2. Gib in Reagenzglas 1 dazu:
   1–2 ml Pankreatinlösung und 1–2 Tropfen Phenolphthaleinlösung.
   Gib in Reagenzglas 2 nur 1–2 Tropfen Phenolphthaleinlösung dazu.
3. Tropfe in beide Reagenzgläser unter kräftigem Schütteln so lange Sodalösung (0,5–1%ig) hinzu, bis die Lösungen eine gleich starke Rotfärbung annehmen.
4. Lass die Reagenzgläser stehen und beobachte sie nach 10, 20 und 30 Minuten.
5. Notiere deine Ergebnisse.

Reagenzglas 1

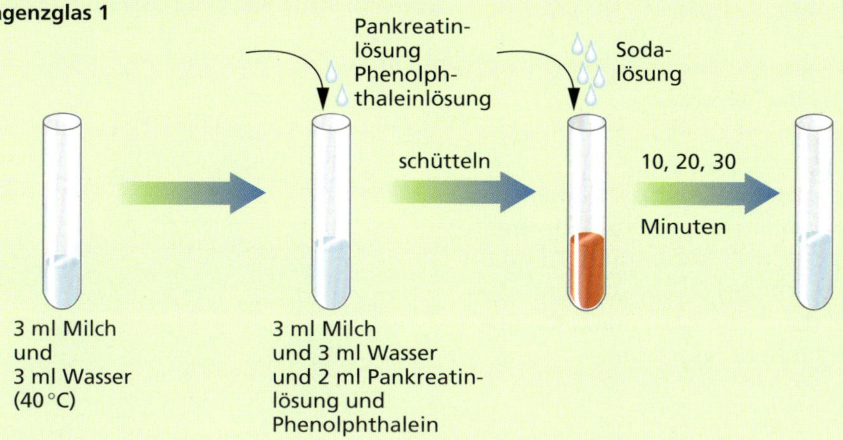

Reagenzglas 2

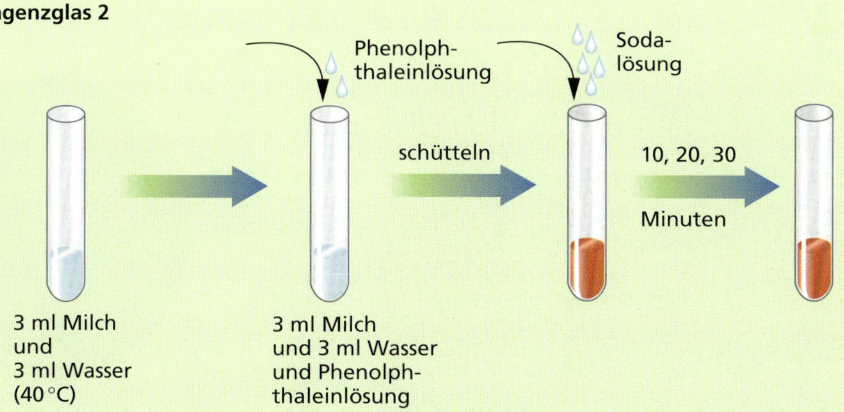

Auswertung:
1. Vergleiche die Ergebnisse in beiden Reagenzgläsern.
2. Erläutere die Wirkung der Pankreatinlösung auf die Milch.

Wie beschreibe ich Naturobjekte und Naturvorgänge?

Beim **Beschreiben von Naturobjekten und Naturvorgängen** konzentriert man sich auf wesentliche Merkmale, Eigenschaften und Verhaltensweisen. In einfach formulierten Sätzen beschreibt man, wie das Naturobjekt beschaffen ist, welche Merkmale es aufweist oder wie der Naturvorgang abläuft. Dabei werden in der Regel äußerlich wahrnehmbare wesentliche Merkmale des Gegenstandes oder der Erscheinung dargestellt.
Beim Beschreiben gibt man also an, wie ein Sachverhalt beschaffen ist und nicht, warum er so und nicht anders ist.
Beim Beschreiben von Naturobjekten und Naturvorgängen kann man **schrittweise vorgehen.**

Aufgabe

Beschreibe die Resorption der Grundbausteine der Nährstoffe im Dünndarm!

1. Schritt

Erfassen wesentlicher Merkmale des Sachverhaltes

Bau der Dünndarmwand (Abb. 1), Grundbausteine der Eiweiße (Aminosäuren), Kohlenhydrate (Glucose), Fette (Glycerol/Glycerin und Fettsäuren), Blutgefäße, Lymphgefäße, Aufnahme der Grundbausteine durch die Darmwand in Blut und Lymphe, ihr Transport im Körper

2. Schritt

Auswahl der Darstellungsform

Text und schematische Zeichnung mit Symbolen

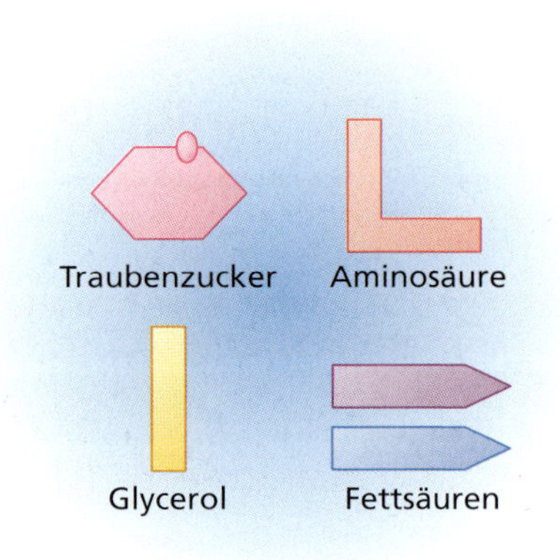

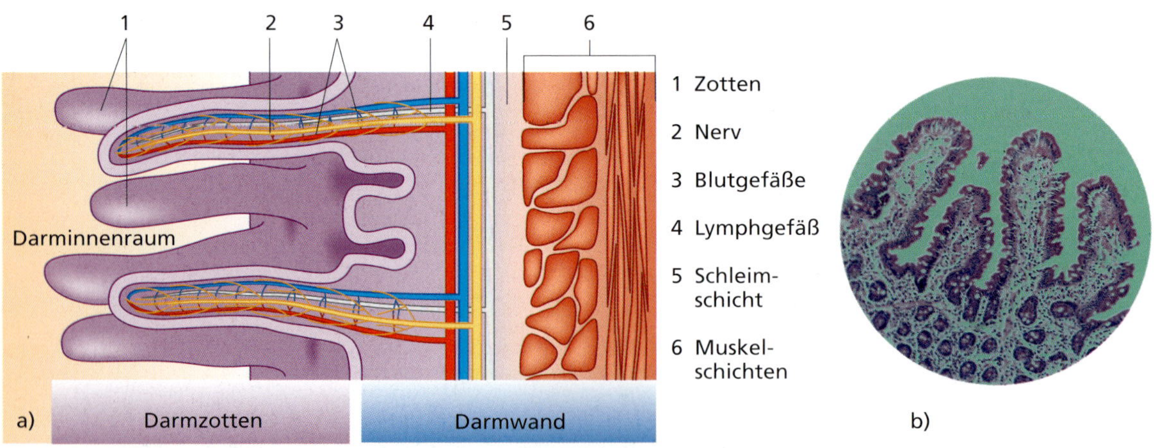

1 Bau von Darmzotten und Darmwand (a, schematisch), Mikrofoto von Darmzotten (b)

3. Schritt

Darstellen der Beschreibung

Der mehrere Meter lange Dünndarm besitzt für die Verdauung und Resorption eine zentrale Bedeutung.
Um viele durch die Verdauung gebildete Nährstoffbausteine aufnehmen zu können, besitzt der Dünndarm eine große innere Oberfläche. Diese kommt dadurch zustande, dass die Schleimhaut des Dünndarms in große Falten gelegt ist (Abb. 1, S. 114).
Diese Falten wiederum besitzen etwa 4 Millionen fingerartige, 1,5 mm hohe Ausstülpungen (Zotten), die die innere Oberfläche des Dünndarms weiter vergrößern. Jede Schleimhautzotte enthält feine Blutgefäße, die ein Lymphgefäß umgeben. Außerdem ist die Schleimhaut sehr dünnwandig.

Die wasserlöslichen Bausteine der Grundnährstoffe Kohlenhydrate und Eiweiße, Traubenzucker und Aminosäuren, gelangen durch die sehr dünne, einschichtige Wand der Dünndarmzotten (Abb.) in das Blut.
Die Bauteile der Fette, Glycerol (Glycerin) und Fettsäuren, werden in die Lymphe aufgenommen (Resorption, Abb.).
Das Blut und die Lymphe transportieren die Nährstoffbausteine und verteilen sie im Körper.

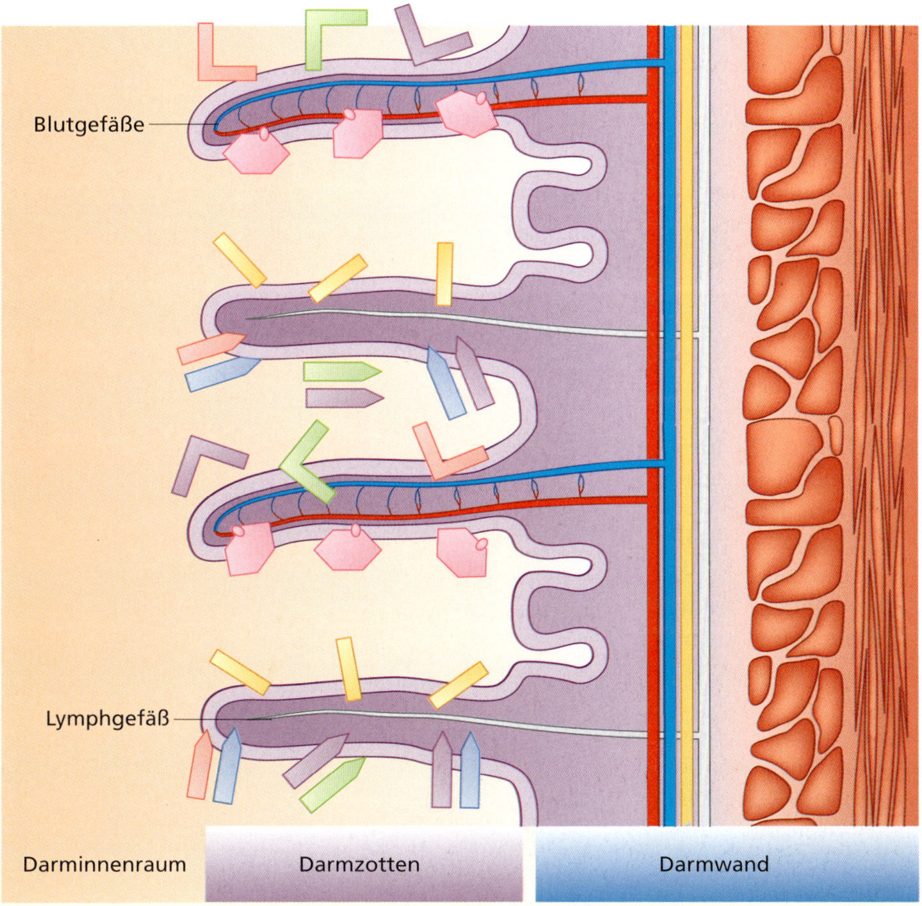

Bedeutung der Grundbausteine im Stoff- und Energiewechsel

Die energiereichen organischen Grundnährstoffe Kohlenhydrate, Fette und Eiweiße sind lebensnotwendige Baustoffe und Energielieferanten (s. S. 78–80).
Sie werden mit der Nahrung aufgenommen. In den Nährstoffen ist die **Energie** in Form von chemischer Energie gespeichert.

In den Verdauungsorganen werden die körperfremden Nährstoffe Kohlenhydrate, Fette, Eiweiße in ihre Grundbausteine abgebaut (verdaut). Die Nährstoffbausteine, z. B. Traubenzucker, Aminosäuren, Glycerol (Glycerin) und Fettsäuren, werden durch das Blut bzw. die Lymphe zu den Zellen transportiert.
In den Zellen werden ständig aus diesen körperfremden Grundbausteinen der Nährstoffe körpereigene, organische Stoffe, z. B. körpereigene Kohlenhydrate, Fette, Eiweiße, aufgebaut (Abb. 1). Diese werden als **Baustoffe** für wachsende Zellen verwendet, ersetzen die abgestorbenen Zellen und werden genutzt, vorhandene Zellen zu erneuern.
Auch viele organische Verbindungen, z. B. Enzyme, Abwehrstoffe, Blutbestandteile, werden aus den Nährstoffbausteinen aufgebaut.

Alle diese Zellprozesse, ebenso die Konstanthaltung der Körpertemperatur, erfordern Energie. Auch im Ruhezustand, selbst im Schlaf, benötigt der Körper Energie für das Aufrechterhalten der Lebensfunktionen, z. B. für die Herztätigkeit, die Atmung, die Tätigkeit des Gehirns.

Das bedeutet also, dass die Körpertemperatur von etwa 37 °C nur konstant gehalten werden kann, wenn wir ausreichend Energie mit unserer Nahrung aufnehmen. Auch das Gehirn funktioniert als Reflexzentrum und Informationsspeicher nur richtig, wenn genügend Nährstoffe vorhanden sind.

Aus den Nährstoffbausteinen Traubenzucker, Aminosäuren, Glycerol (Glycerin) und Fettsäuren werden in den Zellen körpereigene organische Stoffe (Kohlenhydrate, Fette, Eiweiße) aufgebaut.

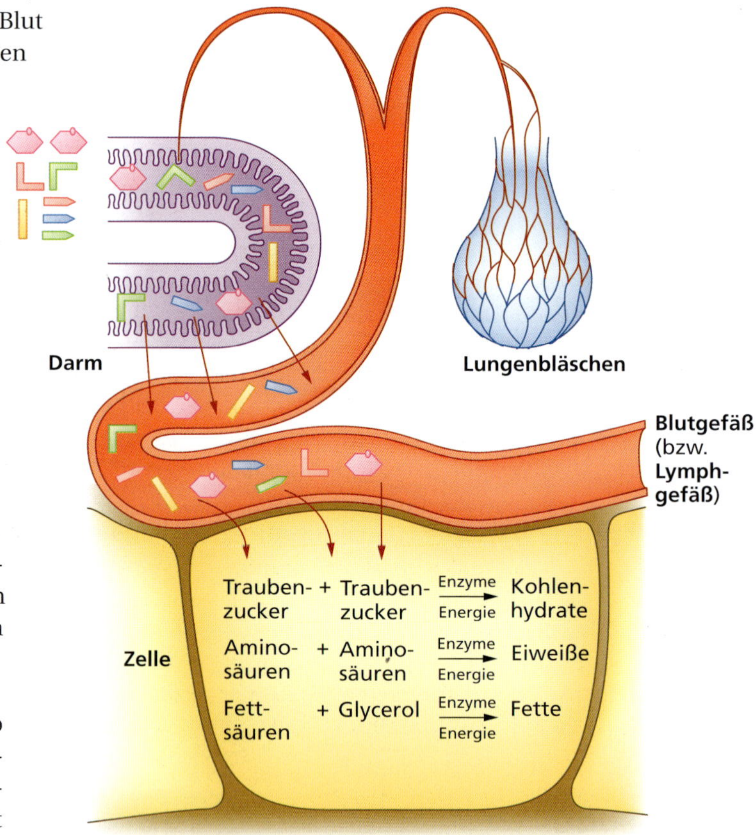

1 Aufbau körpereigener energiereicher organischer Stoffe (Kohlenhydrate, Eiweiße, Fette) in den Zellen aus Nährstoffbausteinen

Biologie im Alltag

Magen- und Darmerkrankungen und ihre Vorbeugung

Bei sehr vielen Menschen treten Erkrankungen von Magen und Darm auf, z. B. Entzündungen der Magenschleimhäute (Gastritis), Magen- und Darmgeschwüre oder Durchfall.
Bei der **Magenschleimhautentzündung** (Gastritis) kommt es zur Anschwellung der Schleimhaut. Sie kann durch solche Faktoren wie ungenügend gekaute Nahrung, zu stark gewürzte Speisen, zu heiße oder zu kalte Kost, Alkohol und Nikotin, starken Kaffee oder Tee, sehr saure Speisen, aber auch durch Ärger, Hektik und Stress sowie durch Magenbakterien (Abb. 1) ausgelöst werden.
Jeder kann selbst durch das Einhalten der Regeln einer gesunden Ernährung (s. S. 97) diese Erkrankung vermeiden.

Geschwüre sind „Löcher" oder „Wunden" in der Schleimhautschicht des Magens oder Zwölffingerdarms. Kleine Verletzungen der Schleimhaut oder mangelnde Durchblutung oder eine Überproduktion von Magensäure führen dazu, dass Magensäure und Magensaft die Magenwände angreifen und zerfressen können. Die Schleimhäute des Magens bzw. des Zwölffingerdarms bieten nicht mehr genügend Schutz gegen die Säure.
Begünstigend wirken auch Nikotin und Stress sowie eine erbliche Veranlagung. Bei Magen- und Darmgeschwüren hat man meist große Schmerzen nach dem Essen, man muss oft erbrechen. Darüber hinaus leiden die Betroffenen unter Übelkeit, Appetitlosigkeit, Völlegefühl und Gewichtsverlust.
Durch eine gesunde Lebensweise kann man selbst Magen- bzw. Darmgeschwüren vorbeugen. Dazu gehört z. B. das Aufgeben des Rauchens, denn Zigarettenrauch fördert die Geschwürbildung. Günstig ist die Einnahme von Essen in 5 bis 6 kleineren Mahlzeiten. Magen und Darm werden dadurch weniger belastet.

1 Besiedelt das Bakterium Helicobacter pylori die Region um den Magenpförtner, führt dies zur Magenschleimhautentzündung in diesem Bereich.

Bei **Durchfall** wird der Nahrungsbrei zu schnell durch Magen und Darm transportiert, so dass die Nährstoffe und viel Flüssigkeit dem Körper verloren gehen. Durchfall kann z. B. von verdorbenen Nahrungsmitteln, Abführmitteln oder Schadstoffen hervorgerufen werden.
Auch bei **Bakterienerkrankungen** (z. B. Cholera, Ruhr, Typhus) treten heftige, oft blutige Durchfälle auf. Nicht selten gibt es Durchfall bei Angst vor Klassenarbeiten und Prüfungen. Es gibt auch Menschen, die keine Milch oder Milchprodukte vertragen und mit Durchfall darauf reagieren. Wenn man solche Reaktionen seines Körpers kennt, sollte man die auslösenden Faktoren meiden.

Am Blinddarm hängt ein wurmförmiger Fortsatz (Abb. 5, S. 107). Die Entzündung dieses Wurmfortsatzes – auch fälschlich als **„Blinddarmentzündung"** bezeichnet – führt zu einer fieberhaften Erkrankung. Der entzündete bzw. vereiterte Wurmfortsatz muss schnellstens operativ entfernt werden.

Durch eine gesunde Lebensführung kann man Magen- und Darmerkrankungen vorbeugen.

gewusst · gekonnt

1. Vergleiche die Ernährung von Pflanze und Tier/Mensch.

2. Benenne die Verdauungsorgane und Verdauungsdrüsen entsprechend der Ziffern 1–13.

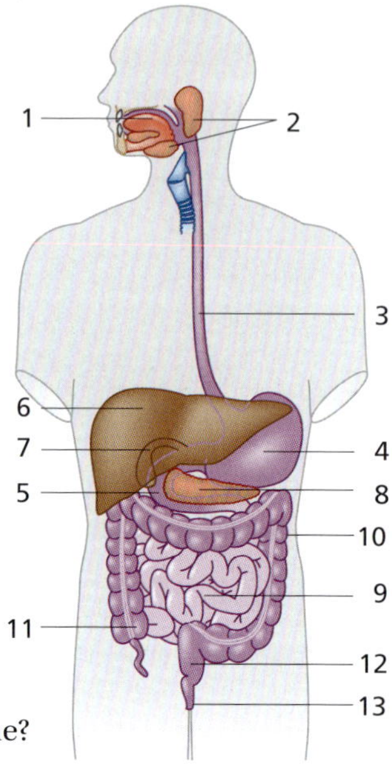

3. Beschreibe den Weg der Nahrung durch deinen Körper. Welche Aufgaben erfüllen die einzelnen Verdauungsorgane?

4. Bei einigen Menschen produziert die Gallenblase nicht genügend Gallensaft. Welcher Grundnährstoff sollte nur in geringen Mengen mit der Nahrung aufgenommen werden? Begründe deine Entscheidung.

5. Betrachte mithilfe des Mikroskops einen Schnitt durch den Dünndarm mit Dünndarmzotten (Dauerpräparat). Beschreibe.

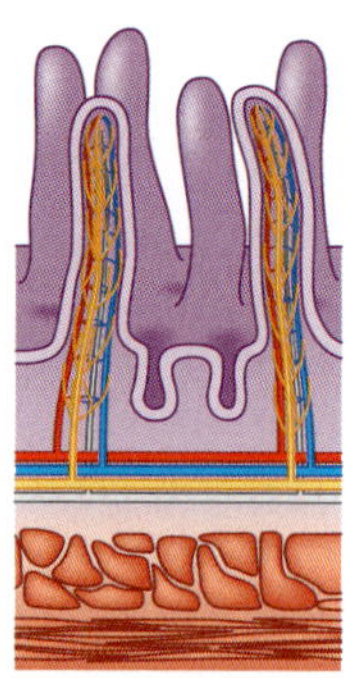

6. Erläutere den engen Zusammenhang zwischen Bau und Funktion am Beispiel der Darmzotten.

7. Stelle die Verdauungsvorgänge in Mundhöhle, Magen und Dünndarm mithilfe von Symbolen dar. Nutze dazu die Symbole der Abb. 1, Seite 109.

8. Begründe die Notwendigkeit der chemischen Umwandlung der Grundnährstoffe in den Verdauungsorganen.

9. Übernimm den Lückentext in dein Heft und vervollständige ihn.
Im Verdauungssystem werden die in der Nahrung enthaltenen ... ① ... mithilfe von ... ② ... in ihre Grundbausteine zerlegt. Die Eiweiße werden in ... ③ ..., die Kohlenhydrate in ... ④ ... umgewandelt. ... ⑤ ... und ... ⑥ ... sind Grundbausteine der Fette.
Die Verdauung beginnt in der ... ⑦ ... . Dort werden ... ⑧ ... aufgespalten. Die Eiweißverdauung beginnt im ... ⑨ ... .
Die Endverdauung aller Grundnährstoffe findet im ... ⑩...statt. Die Fette werden mithilfe von ... ⑪ ... wasserlöslich gemacht. Durch die Wand der ... ⑫... hindurch werden die Grundbausteine der Nährstoffe von ... ⑬... bzw. Lymphe aufgenommen.

10. Täglich wirken etwa 5 Liter Verdauungssäfte im Darm. Mit der Nahrung werden 2–3 Liter Wasser aufgenommen.
Der Stuhl des gesunden Menschen enthält aber nur wenig Wasser. Erkläre.

11. Weshalb sollte man zu vielen Speisen Rohkostsalate reichen?

12. Begründe die Regel: „Gut gekaut ist halb verdaut."
Nenne weitere Ernährungsregeln. Informiere dich dazu im Internet.

Ernährung

Ernährung ist die Aufnahme von Nahrung aus der Umwelt zur Aufrechterhaltung der Körperfunktionen.

Die **Nahrungsmittel** enthalten sowohl Grundnährstoffe und Ergänzungsstoffe als auch verschiedene Zusatzstoffe.

Verdauungsorgane sind Mundhöhle, Speiseröhre, Magen und Darm. **Verdauungsdrüsen** sind Mund- und Bauchspeicheldrüsen, Leber mit Gallenblase.

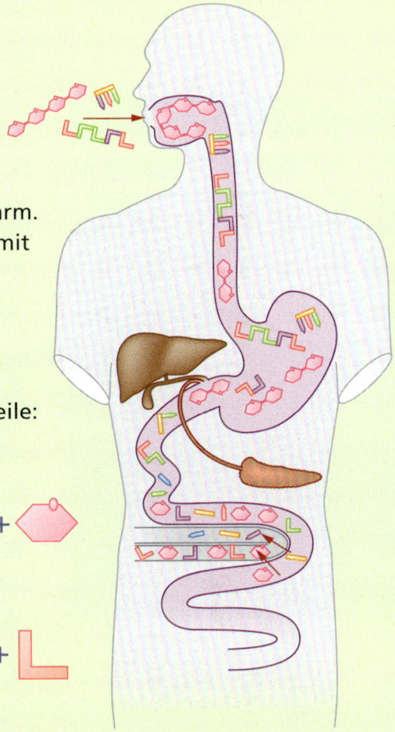

Verdauung

Verdauung ist die chemische Zerlegung der Grundnährstoffe (Kohlenhydrate, Fette, Eiweiße) in ihre wasserlöslichen Bestandteile:

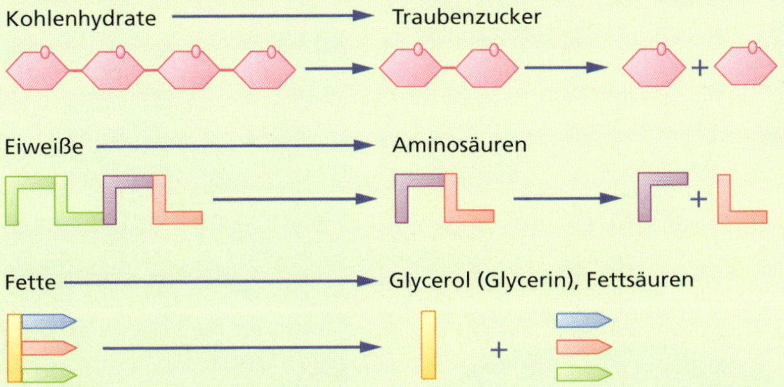

Die **Grundbausteine der Nährstoffe** werden vom Blut (Traubenzucker, Aminosäuren) bzw. der Lymphe (Glycerol, Fettsäuren) aufgenommen (Resorption) und zu allen Zellen des Körpers transportiert. In den Zellen werden aus den Nährstoffbausteinen körpereigene organische Stoffe (Kohlenhydrate, Fette, Eiweiße) aufgebaut.

2.3 Atmung, Stofftransport und Ausscheidung

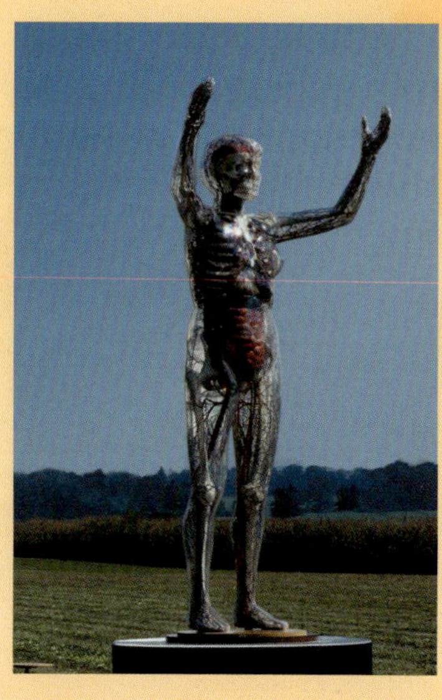

Das Blut – unser „Lebenssaft“

Das Blut galt schon bei den alten Kulturvölkern als „Lebenssaft“. Erst 1628 wurde der Blutkreislauf von dem englischen Arzt WILLIAM HARVEY (1578 bis 1657) entdeckt.

Im Deutschen Hygiene-Museum in Dresden kann man den Blutkreislauf an der „Gläsernen Frau“ (Abb.) und seine Kompliziertheit genau betrachten und bewundern.

Aus welchen Bestandteilen besteht der „Lebenssaft“?
Welche Aufgaben erfüllt das Blut in unserem Körper?

Die Lunge – ein „schwammiges“ Organ

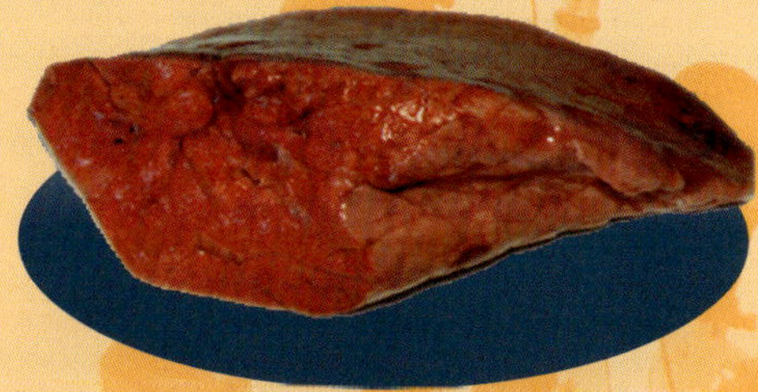

Ralfs Mutter hat beim Fleischer ein Stück Schweinelunge gekauft. Ralf schaut ihr zu, wie sie die Lunge in einer Schüssel mit Wasser säubert. Plötzlich ruft er aus: „Die Lunge schwimmt ja auf dem Wasser.“

Interessiert betrachten beide die Lunge genauer, schneiden ein Stückchen ab und untersuchen das Innere. Ralf meint schließlich: „Die Lunge sieht aus wie ein Schwamm.“

Wie kommt es, dass die Lunge auf dem Wasser schwimmt?
Welche Aufgabe hat die Lunge bei der Atmung?

Körperliche Anstrengung – gesund für den Organismus?

Nach einem Wettstreit im Fahrradfahren atmest du viel tiefer und auch schneller, du schwitzt auch mehr als bei sitzender Tätigkeit im Klassenzimmer.

Wie kommt das?
Welche Vorgänge laufen in unserem Körper ab?
Welctthe Stoffe werden über unsere Haut ausgeschieden?
Warum ist die Absonderung von Stoffen lebensnotwendig?

Atmung und Atmungsorgane

Die Atmung ist ein wesentliches Merkmal vieler Organismen, auch des Menschen. Bei der Atmung wird Luft ein- und ausgeatmet (Abb. 4, S. 122).

Atmungsorgane und ihre Funktionen

Beim Einatmen strömt die Luft durch die beiden Nasenhöhlen, den Rachenraum, über den Kehlkopf in die Luftröhre. Von dort gelangt die Luft durch die Bronchien in alle Teile der Lunge (Abb. 1).

In den **Nasenlöchern** befinden sich kurze, borstenartige Härchen, die gröbere Staubteilchen der Einatemluft abfangen.

Die **Nasenhöhlen** sind mit einer feuchten Schleimhaut mit feinen Flimmerhärchen ausgekleidet. Hier wird die eingeatmete Luft angefeuchtet, vorgewärmt und von Staubteilchen gereinigt. Die angefeuchtete und erwärmte Einatemluft gelangt weiter in den **Rachenraum,** kreuzt den Speiseweg und erreicht schließlich über den **Kehlkopf** die Luftröhre (Abb. 2).

Die **Luftröhre** (Abb. 1) ist ein etwa 10 cm bis 12 cm langes elastisches Rohr. In ihrer Muskelwand befinden sich Knorpelspangen. Diese verhindern das Zusammendrücken der Luftröhre. Beim Schlucken von Nahrung legt sich der Kehldeckel über den Kehlkopfeingang und verschließt die Luftröhre. Gelangen beim Verschlucken doch Nahrungsbröckchen in die Luftröhre, so werden sie durch kräftiges Husten wieder herausgeschleudert.

Die Innenseite der Luftröhre ist mit einer dünnen Schleimhaut mit Flimmerhärchen ausgekleidet. Die Flimmerhärchen „filtern" aus der eingeatmeten Luft beispielsweise weitere Staubteilchen heraus und befördern sie mit dem Schleim über den Rachenraum nach außen. Die Atemluft wird angefeuchtet und erwärmt.

Die Luftröhre gabelt sich an ihrem unteren Ende in zwei lungenwärts verlaufende Hauptäste, die **Hauptbronchien** (Abb. 1). Sie besitzen den gleichen Bau (Abb. 3, S. 122) wie die Luftröhre. Jede Bronchie transportiert die Einatemluft in je einen **Lungenflügel** und die Ausatemluft aus ihm heraus (Abb. 1; Abb. 1, S. 122).

In den Lungenflügeln verzweigen sich die Bronchien in immer feinere Verästelungen. An den feinsten Endaufzweigungen sitzt eine große Anzahl von Bläschen. Diese Bläschen werden als **Lungenbläschen** bezeichnet (Abb. 1, 2, S. 122).

Das **Lungengewebe** des Menschen können wir mit einem lufthaltigen Schwamm vergleichen, dessen Hohlräume die Lungenbläschen darstellen.

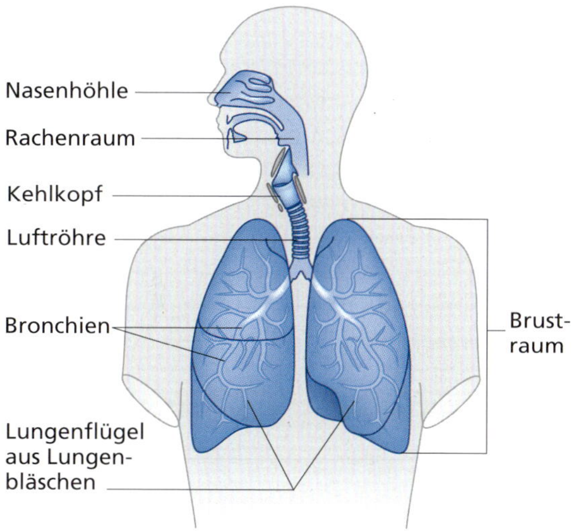

1 Die Atmungsorgane sind mit einer dünnen Schleimschicht ausgekleidet.

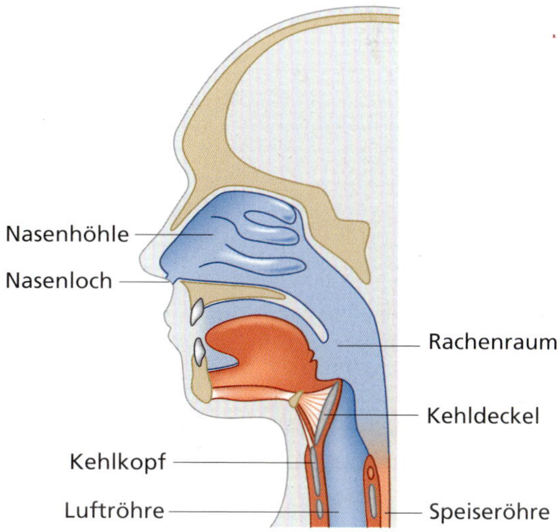

2 Die Luft durchströmt Nasenhöhle und Rachenraum.

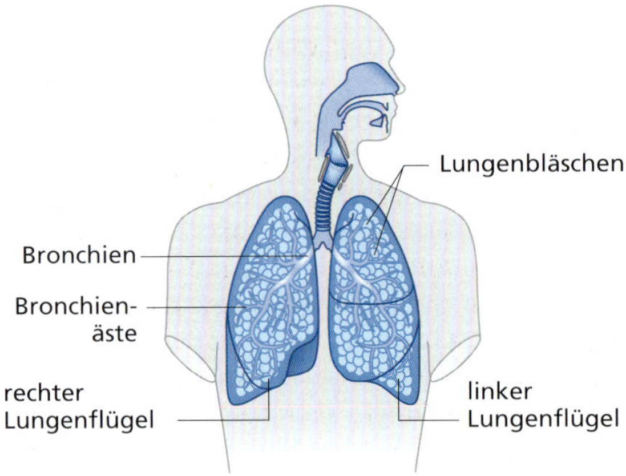

1 Die feinsten Verzweigungen der Bronchien enden in traubenförmig angeordneten Lungenbläschen.

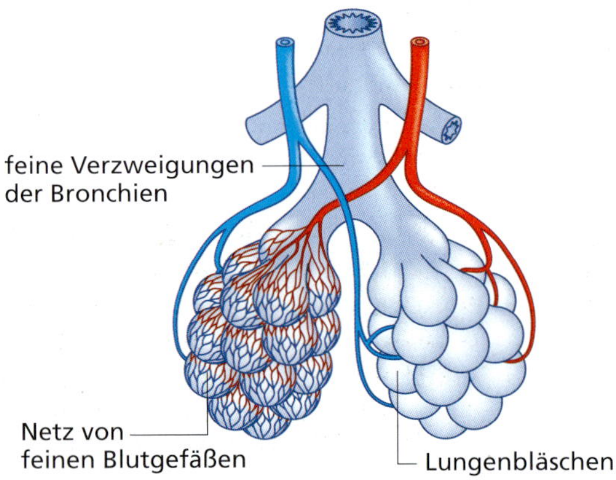

2 Die Lungenbläschen sind mit einem Netz von haarfeinen Blutgefäßen (Kapillaren) umsponnen.

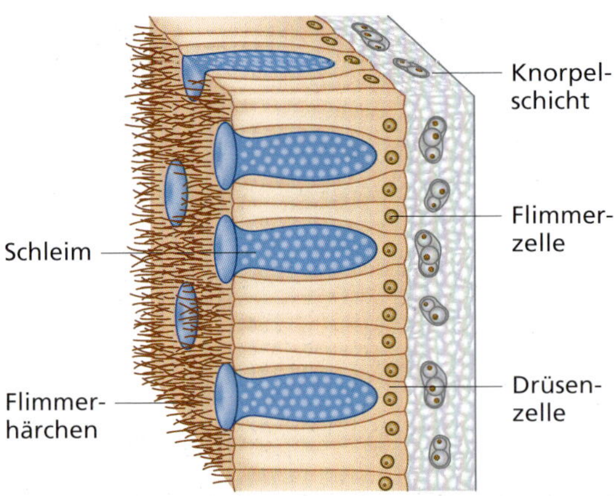

3 Schnitt durch eine Bronchie mit Schleimschicht und Flimmerhärchen

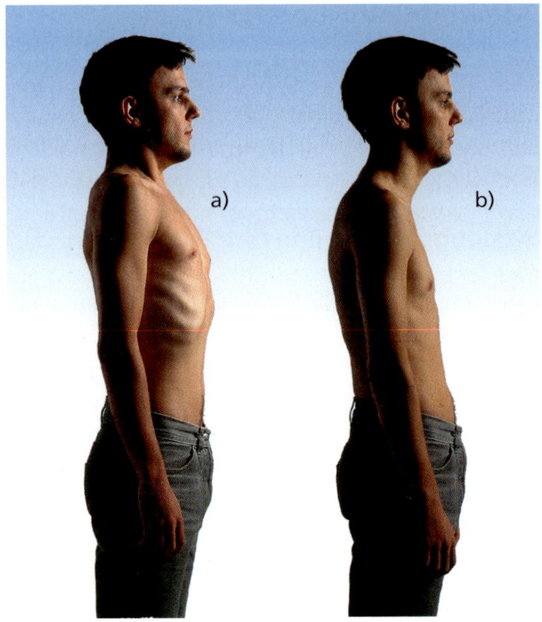

4 Ein Schüler atmet tief ein (a) und aus (b). Was beobachtest du?

Diese kleinen kugeligen, luftgefüllten Hohlräume mit einem Durchmesser von 0,1 mm bis 0,3 mm bestehen aus einer einzigen, extrem dünnen Zellschicht von 0,003 mm Wandstärke. 300 Millionen bis 500 Millionen dieser Lungenbläschen enthält die menschliche Lunge.
Die Aufgliederung der Lunge in Lungenbläschen führt zu einer enormen Vergrößerung ihrer inneren Oberfläche. Sie wird auf ca. 80 m^2 geschätzt. Dies bedeutet eine Vergrößerung der Fläche für den Gasaustausch zwischen Atemluft und Blut in der Lunge (s. S. 125). Alle Lungenbläschen werden netzartig von feinsten **Blutkapillaren** umsponnen. Sie sind ebenfalls sehr zartwandig und bilden ein sehr dichtes Netz um die Lungenbläschen (Abb. 2). Wenn man die Blutkapillaren aneinander legen würde, käme man auf eine geschätzte Gesamtlänge von etwa 2 500 km.

Mit jedem Atemzug gelangt die Luft in die Nasenhöhle, über den Rachenraum und den Kehlkopf in die Luftröhre, von dort durch die Bronchien bis in die Lungenbläschen. Die Einatemluft wird auf ihrem Weg zur Lunge gereinigt, angefeuchtet und vorgewärmt.

Atembewegungen

Betrachtet man einen Säugling im Schlaf, stellt man fest, dass er „ruhig“ atmet.
Sein Brustkorb hebt und senkt sich regelmäßig. Hat man selbst einen 100-m-Lauf hinter sich, dann atmet man unregelmäßig und schnell ein und aus. Der Brustkorb hebt und senkt sich viele Male schnell hintereinander. Es dauert eine geraume Zeit, bis man wieder ruhig und regelmäßig atmet. Die Bewegungen beim Ein- und Ausatmen werden durch Muskeln, die Zwischenrippenmuskeln (Abb. 1) und das Zwerchfell (Abb. 2), bewirkt.
Die **Atembewegungen** beim Ein- und Ausatmen sind durch das Heben und Senken des Brustkorbes gekennzeichnet (Abb. 1, 2).
Beim **Einatmen** ziehen sich die Zwischenrippenmuskeln und auch die Muskeln des Zwerchfells zusammen. Dadurch heben sich die Rippen (der Brustkorb). Das Zwerchfell wird flacher und senkt sich. Dies bewirkt eine Vergrößerung des Brustraumes. Die Lunge vergrößert sich; es entsteht ein Unterdruck. Luft strömt über die Atmungswege in die Lunge (Abb. 1, 2; Abb. 4a, S. 122).
Erschlaffen die Zwischenrippenmuskeln und auch die Muskeln des Zwerchfells, senken sich die Rippen (der Brustkorb). Das Zwerchfell hebt sich. Es entsteht ein Überdruck. Die Luft wird aus der Lunge gedrückt. Sie wird **ausgeatmet** (Abb. 1, 2; Abb. 4b, S. 122). Die Änderung des Brustumfanges beim Ein- und Ausatmen kann man am Körper beobachten (Abb. 4, S. 122).
In Ruhe atmet ein erwachsener Mensch in einer Minute etwa 16-mal ein und aus. Bei den Kindern bis zum 10. Lebensjahr beträgt die Zahl der Atemzüge in Ruhe 20 bis 25 in der Minute.
Jeder von euch hat schon beobachtet, dass beispielsweise die Anzahl der Atemzüge pro Minute nach einem sportlichen Wettkampf erhöht ist. Auch in Angstsituationen oder bei Aufregungen atmet man schneller, also in der Minute häufiger ein und aus.
Die Zahl der Atemzüge in der Minute – die **Atemfrequenz** – verändert sich entsprechend der ausgeführten Tätigkeit.
Bei körperlich anstrengenden Tätigkeiten benötigt der Körper viel Sauerstoff. Die Zahl der Atemzüge nimmt dann zu, damit der Körper genügend Sauerstoff bekommt.

Die Atembewegungen werden durch die Zwischenrippenmuskeln und das Zwerchfell bewirkt. Beim Einatmen hebt sich der Brustkorb, der Brustraum vergrößert sich, die Luft strömt in die Lunge.
Beim Ausatmen senkt sich der Brustkorb, der Brustraum wird kleiner, die Luft wird aus der Lunge gepresst.

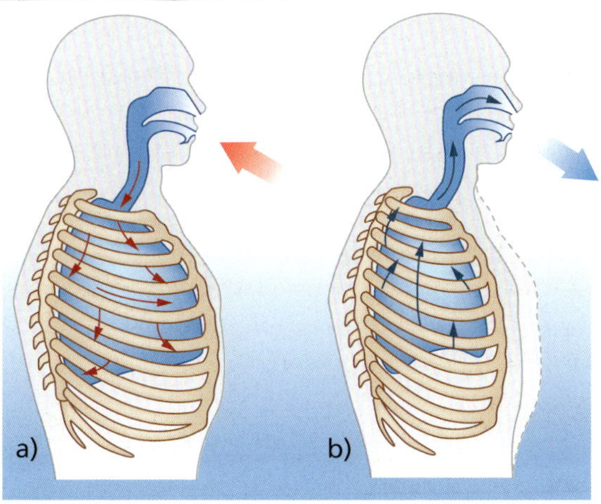

1 Die Atmung mithilfe der Zwischenrippenmuskulatur nennt man Brustatmung.
a Einatmung, b Ausatmung

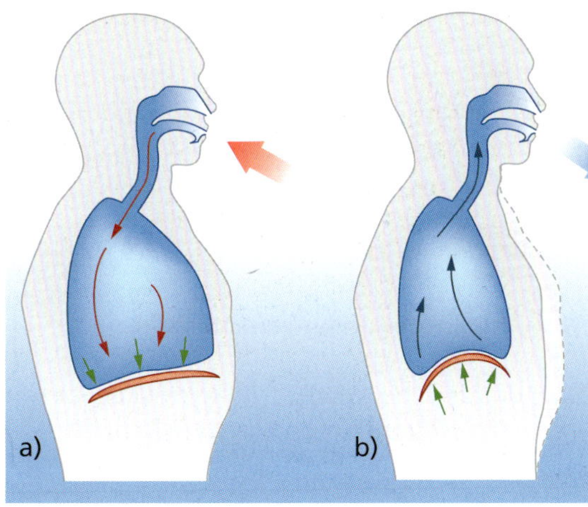

2 Die Atmung, bei der vorwiegend das Zwerchfell benutzt wird, ist die Zwerchfellatmung.
a Einatmung, b Ausatmung

Wie arbeite ich mit Modellen?

Im Biologieunterricht werden oftmals sowohl Objekte als auch Zusammenhänge und Vorgänge sowie Theorien mithilfe von Modellen erarbeitet. Diese Modelle (z. B. Blütenmodelle, Herzmodelle, Modelle von Zellen, Modelle zur Veranschaulichung der Verdauung, Atmung) spiegeln wesentliche Aspekte der Naturerscheinung wider.
Ein **Modell** stellt das wirkliche Objekt oder auch den in der Natur vorkommenden Vorgang in vereinfachter Form dar. Es zeigt – entsprechend der Aufgabenstellung – nur bestimmte Merkmale und Eigenschaften des Originals. Wenn man **mithilfe von Modellen Objekte bzw. Erscheinungen der Natur erklären** will, kann man nach folgender **Schrittfolge vorgehen:**

Aufgabe

Beschreibe und erkläre das Ein- und Ausatmen mithilfe eines Modells!

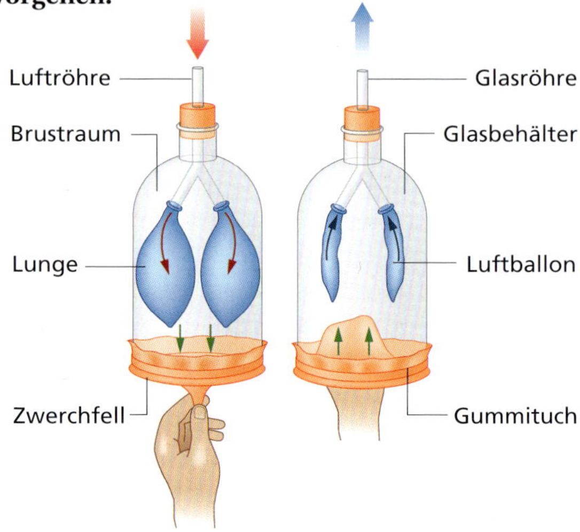

1. Schritt

Beschreiben des Naturvorganges

Siehe Text Seite 123.

2. Schritt

Erkennen wesentlicher Zusammenhänge

Zusammenhang zwischen
- Heben/Senken des Brustkorbes und Zwischenrippenmuskeln/Zwerchfell
- Heben/Senken des Brustkorbes und Ein- und Ausströmen der Atemluft
- Heben/Senken des Brustkorbes und Vergrößerung/Verkleinerung des Brustraumes.

3. Schritt

Auswählen eines geeigneten Modells

Das dondersche Modell hilft, vor allem die Zwerchfellatmung zu veranschaulichen.

4. Schritt

Ableiten der Zusammenhänge

- Beziehungen zwischen Original (Atmung) und Modell
- Teile des Modells – Teile der Atmungsorgane (s. Abb.)
- Gummituch nach unten ziehen – Einatmen der Luft, Vergrößerung der Lunge
- Gummituch mit Faust eindrücken – Ausatmen der Luft, Verkleinerung des Lungenvolumens

5. Schritt

Erklären der Zusammenhänge

Atmungsvorgänge (siehe Text Seite 123).

Gasaustausch

Etwa ein Fünftel der Einatemluft besteht aus Sauerstoff. Der Rest ist Stickstoff und Kohlenstoffdioxid sowie andere Gase. Sauerstoff ist ein farbloses Gas. Er wird im Körper für das Ausführen von Lebensprozessen benötigt, insbesondere zur Umwandlung von organischen Stoffen, um Energie zu erhalten. Die Ausatemluft enthält weitaus weniger Sauerstoff als die Einatemluft, dafür aber mehr Kohlenstoffdioxid. Es ist ebenfalls ein farbloses Gas.

Man kann also sagen, dass die Lunge eine wichtige Funktion ausführt, nämlich den **Gasaustausch** zwischen dem eingeatmeten *Sauerstoff* und dem ausgeatmeten *Kohlenstoffdioxid* (Abb. 1).

Da Sauerstoff nur eine beschränkte Löslichkeit in Wasser ausweist, kann er nicht durch das Blutplasma transportiert werden. Bei allen Wirbeltieren, also auch beim Menschen, wird der Sauerstoff an den Farbstoff der roten Blutzellen, das **Hämoglobin,** gebunden. So wird er mit dem Blut durch den Körper zu allen Organen und Zellen des Körpers transportiert (Abb. 2).

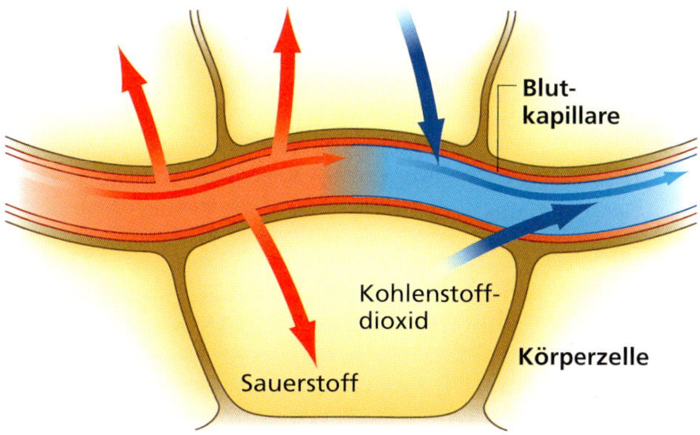

2 Gasaustausch zwischen Blutkapillaren und Körperzellen

Die Funktion der Lunge ist der Gasaustausch zwischen Sauerstoff und Kohlenstoffdioxid. Der eingeatmete Sauerstoff gelangt aus den Lungenbläschen ins Blut, das aus dem Körper kommende Kohlenstoffdioxid aus dem Blut in die Lungenbläschen und wird ausgeatmet.

Wie ist der Gasaustausch zu erklären (s. S. 126)?

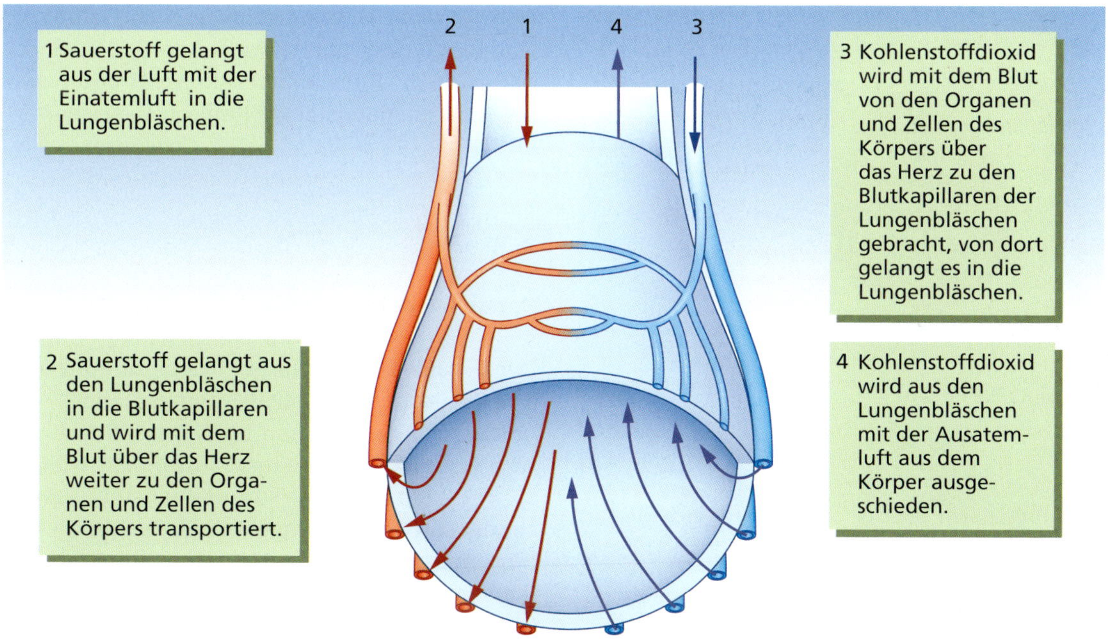

1 Gasaustausch in der Lunge zwischen Lungenbläschen und Blutkapillaren

Wie erkläre ich Erscheinungen in der Natur?

Beim **Erklären** wird das Wesen einer beobachteten und beschriebenen Erscheinung durch Zurückführen auf allgemeine Gesetzmäßigkeiten aufgedeckt.
Es wird zusammenhängend und geordnet dargestellt, warum eine Erscheinung in der Natur so und nicht anders auftritt. Dabei wird die Erscheinung auf das Wirken bestimmter Gesetzmäßigkeiten zurückgeführt, indem man darstellt, dass die Wirkungsbedingungen dieser Gesetzmäßigkeiten in der Erscheinung vorliegen.
Beim Erklären kann nach folgender **Schrittfolge** vorgegangen werden.

Aufgabe

Erkläre den Gasaustausch von Sauerstoff und Kohlenstoffdioxid in den Lungenbläschen.

1. Schritt

Beschreiben der Erscheinung

Mit jedem Atemzug strömt Luft – und mit ihr Sauerstoff – bis in die Lungenbläschen. Er gelangt durch die dünnen Wände der Lungenbläschen und der Blutkapillaren bis in das Blut (Abb. 1). Das Blut transportiert den Sauerstoff in alle Teile des Körpers.

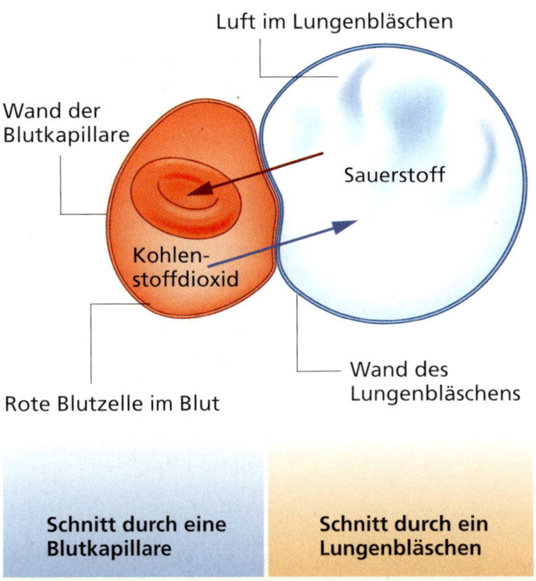

1 Der Gasaustausch erfolgt durch die dünnen Wände von Lungenbläschen und Blutkapillare.

In den Zellen des Körpers wird durch verschiedene Lebensprozesse Kohlenstoffdioxid gebildet. Es wird vom Blut zur Lunge gebracht. Dort gelangt es – entgegengesetzt dem Sauerstoff – durch die dünnen Wände in die Lungenbläschen und wird ausgeatmet. Es findet in den Lungenbläschen ein **Gasaustausch** statt.

2. Schritt

Ableiten der zutreffenden Gesetzmäßigkeit

Der Gasaustausch in der Lunge erfolgt auf der Grundlage der physikalischen Gesetzmäßigkeit Diffusion, ein Verteilungsprozess. Die Diffusion wird durch die Eigenbewegung der Teilchen, die sich vom Ort ihrer höheren Konzentration zum Ort ihrer niederen Konzentration bewegen, erreicht.

3. Schritt

Darstellen der Erklärung

Der Gasaustausch in der Lunge beruht auf dem unterschiedlichen Gehalt (Konzentration) der Atemgase Sauerstoff und Kohlenstoffdioxid zwischen Lungenbläschen und Blutkapillare (Abb. 1, S. 127). Beim Einatmen strömt sauerstoffangereicherte Luft in die Lungenbläschen. Der Gehalt (Konzentration) an Sauerstoff ist dadurch in den Lungenbläschen höher als in den sie umgebenden Kapillaren.

Um diesen Unterschied auszugleichen, wandern Sauerstoffteilchen aus den Lungenbläschen in die Blutkapillaren.

Das nun sauerstoffreiche Blut transportiert den Sauerstoff zu allen Organen und Zellen des Körpers.

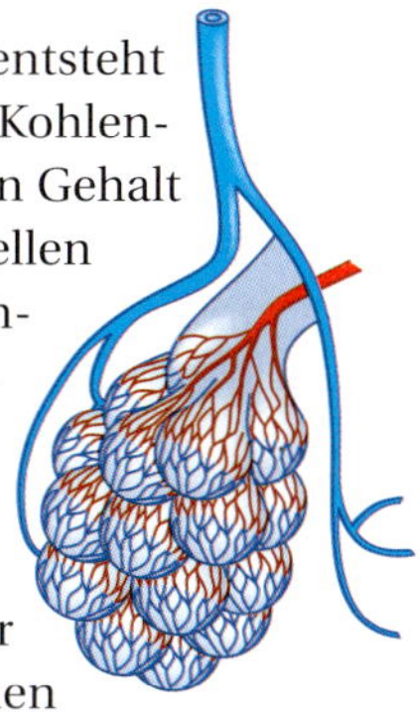

In den Zellen und Organen entsteht bei Stoffwechselprozessen Kohlenstoffdioxid als Endprodukt. Sein Gehalt (Konzentration) ist in den Zellen höher als in den sie umgebenden Blutkapillaren. Das Kohlenstoffdioxid wandert aus den Zellen und Organen in die Blutkapillaren und wird mit dem Blut aus dem Körper über das Herz zu den Lungenbläschen transportiert.
Da der Gehalt (Konzentration) an Kohlenstoffdioxid im Blut, das aus dem Körper kommt, höher ist als in den Lungenbläschen, wandert das Kohlenstoffdioxid aus dem Blut in die Lungenbläschen. Beim Ausatmen gelangt das Kohlenstoffdioxid in die Luft.

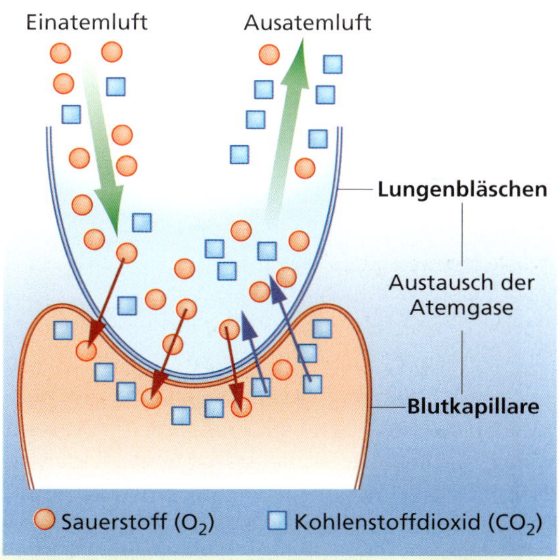

1 Der Gasaustausch beruht auf dem unterschiedlichen Gehalt an Sauerstoff und Kohlenstoffdioxid.

Zusammensetzung der Ein- und Ausatemluft

Wissenschaftler haben die eingeatmete und ausgeatmete Luft auf ihre Bestandteile untersucht. Sie stellten fest, dass die Anteile an Sauerstoff und Kohlenstoffdioxid unterschiedlich sind (Tab.). Der Anteil an Sauerstoff ist in der Einatemluft höher als in der Ausatemluft; beim Kohlenstoffdioxid ist es umgekehrt.
Die mit der Ausatemluft ausgeschiedenen Stoffe Wasser und Kohlenstoffdioxid sind **Stoffwechselendprodukte.**

In einfachen **Experimenten** kann man den unterschiedlichen Gehalt an Kohlenstoffdioxid in der Ein- und Ausatemluft sowie die Ausscheidung von Wasser aus der Lunge nachweisen (s. Experimente 1, 2, S. 128).

Die Luft ist also für die meisten Lebewesen eine Grundlage für ihre Atmung und damit für ihre Existenz.
Die Luft unserer Umgebung enthält wechselnde Mengen Wasserdampf (Luftfeuchtigkeit).

Durch natürliche Prozesse und durch menschliche Tätigkeit gelangen weitere Stoffe (feste, flüssige und gasförmige) in die Luft. Bei einigen dieser Stoffe handelt es sich um **Luftschadstoffe.** Dazu gehören Stoffe wie Ruß, Kohlenstoffmonooxid, Schwefeldioxid, Stickstoffoxide, Ozon, FCKW und viele andere.

Zusammensetzung der Ein- und Ausatemluft (bezogen auf 10 000 Anteile)

Bestandteile	Einatemluft	Ausatemluft
Sauerstoff	2100 (21 %)	1700 (17 %)
Kohlenstoff-dioxid	3 (0,03 %)	403 (4,03 %)
Stickstoff	7 800 (78 %)	7800 (78 %)
Edelgase	97 (0,97 %)	97 (0,97 %)

1. Weise den unterschiedlichen Gehalt an Kohlenstoffdioxid in der Ein- und Ausatemluft nach.

Vorbereiten des Experiments:
1. Stelle eine Vermutung auf.
2. Entwickle einen Experimentierplan.
3. Wähle notwendige Materialien aus 2 Gaswaschflaschen oder Erlenmeyerkolben, 2 Klammern, Gummischläuche, T-Stück, Nachweismittel (Kalkwasser).

Durchführung des Experiments, Beobachtung und Protokollieren der Ergebnisse:

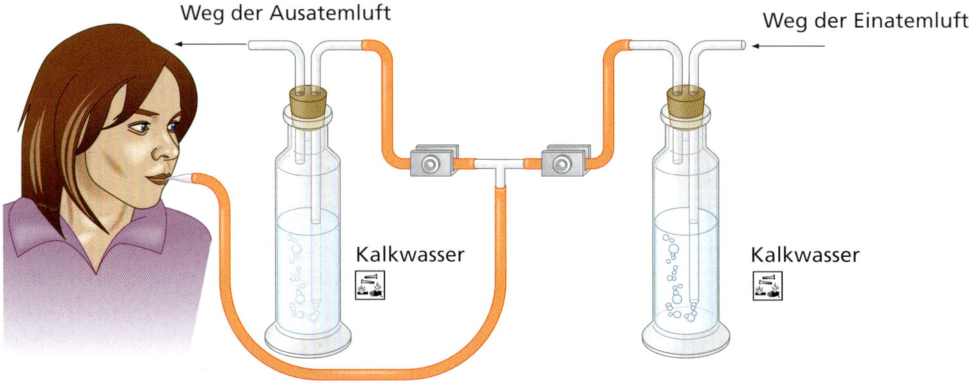

1. Atme einige Male ein und schließe dabei die linke Klammer. Atme einige Male aus und schließe dabei die rechte Klammer.
2. Betrachte die beiden Waschflaschen. Welche Unterschiede stellst du fest?
3. Notiere deine Ergebnisse.

Auswertung des Experiments:
1. Vergleiche das Kalkwasser in beiden Waschflaschen! Begründe die Unterschiede.
2. Vergleiche deine Ergebnisse mit der aufgestellten Vermutung.

2. Weise die Wasserabgabe aus der Lunge nach.

Materialien:
Spiegel oder Glasscheibe

Durchführung und Beobachtung:
1. Hauche deine Ausatemluft auf den Spiegel bzw. an die Glasscheibe.
2. Beobachte den Spiegel bzw. die Glasscheibe.
3. Notiere deine Ergebnisse.

Auswertung:
Erkläre die beobachtete Erscheinung.

Bau und Funktionen der Blutbestandteile

Durch den Körper eines erwachsenen Menschen fließen etwa 5 bis 6 Liter Blut. Wissenschaftler bezeichnen Blut als flüssiges Organ. Mithilfe eines Mikroskops kann man einige Bestandteile des Blutes erkunden.
Betrachtet man beispielsweise mithilfe des Mikroskops einen Blutausstrich (Abb. 1), sind in einer klaren Flüssigkeit zahlreiche rötliche scheibenförmige Gebilde und vereinzelt größere farblose und unterschiedlich geformte Gebilde zu sehen.
Das Blut besteht nämlich aus einem flüssigen Bestandteil, dem **Blutplasma,** und festen **Bestandteilen.**
Zu den festen Bestandteilen gehören die *roten Blutzellen,* die *weißen Blutzellen* und die *Blutplättchen* (Abb. 2, 3).

Durch eine *einfache Untersuchung* kann man die Bestandteile des Blutes erkunden. Man holt frisches Blut beispielsweise vom Schlachthof, gibt es in einen Messzylinder, setzt ein Salz zur Verhinderung der Gerinnung hinzu und lässt das Blut stehen. Nach einiger Zeit setzt sich ein dunkelroter Niederschlag ab, darüber steht eine helle, trübe Flüssigkeit (Abb. 2). Dieser Vorgang wird **Blutsenkung** genannt.
Betrachtet man mikroskopisch den Niederschlag, so sind *rote Blutzellen, weiße Blutzellen* und *Blutplättchen* zu erkennen. Der Niederschlag wird also von den festen Bestandteilen gebildet. Er umfasst etwa 45% des Blutes (Abb. 2).

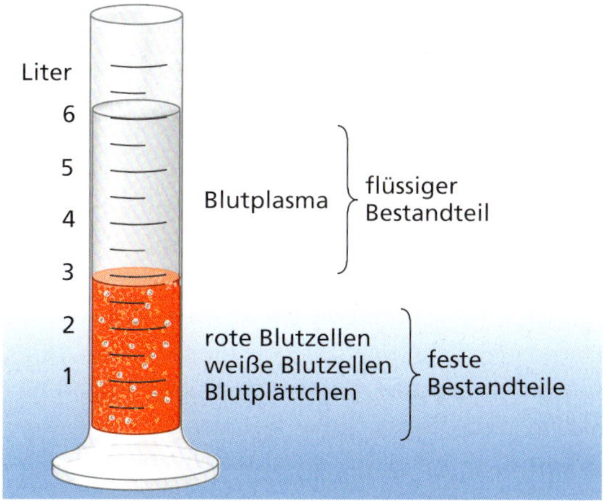

2 Blutsenkung – Anteil der Bestandteile

Die helle Flüssigkeit, die ca. 55% des Blutes ausmacht, ist das **Blutplasma.** Es besteht etwa zu 90% aus Wasser (Blutserum), in dem ca. 10% gelöste Stoffe, z.B. Eiweiße, Traubenzucker, Harnstoff, Kochsalz, enthalten sind.
Im Blutplasma wird – im Gegensatz zum Sauerstoff – der größte Teil des im Körper entstehenden Kohlenstoffdioxids zur Lunge transportiert und über die Lungenbläschen ausgeschieden.
Die bei der Verdauung der Kohlenhydrate und Eiweiße entstandenen Nährstoffbausteine (Traubenzucker und Aminosäuren) gelangen durch die Darmwand ins Blut.

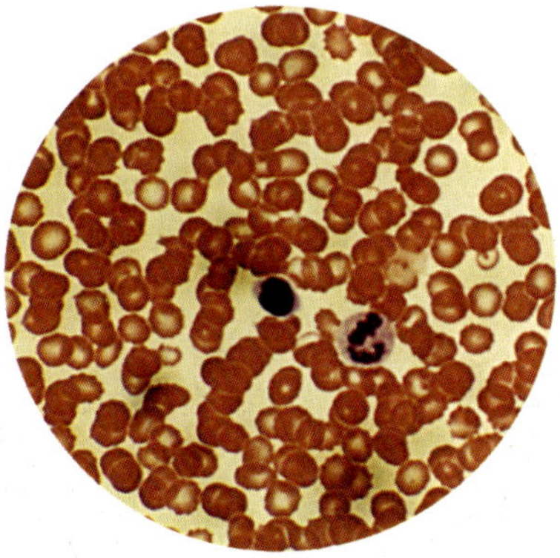

1 Im Blutausstrich sind unter dem Mikroskop die verschiedenen Blutzellen des Menschen zu erkennen.

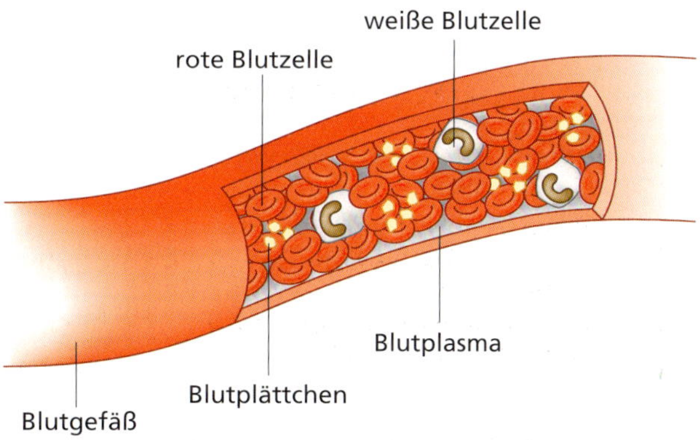

3 Die Bestandteile des Blutes in einem Blutgefäß haben unterschiedliche Aufgaben.

Sie werden im Blutplasma zu allen Zellen des Körpers gebracht, von denen sie als Aufbaustoff und Energielieferant genutzt werden.

Im Gegenzug dazu werden die in den Zellen entstehenden Stoffwechselendprodukte, z.B. Kohlenstoffdioxid, Harnstoff, im Blutplasma zu den Ausscheidungsorganen, wie Lunge, Nieren und Haut, gebracht und ausgeschieden. Das Blutplasma transportiert auch Mineralstoffe und Vitamine vom Darm sowie Botenstoffe, Hormone genannt, die von Hormondrüsen gebildet werden, in den Körper.
Die **roten Blutzellen** enthalten den roten Blutfarbstoff *Hämoglobin.* In der Lunge gelangt der Sauerstoff aus den Lungenbläschen ins Blut. Der Blutfarbstoff Hämoglobin bindet den Sauerstoff. Mit den roten Blutzellen wird der lebensnotwendige Sauerstoff in alle Teile des Körpers, z.B. zu den Zellen der Muskeln und der inneren Organe, transportiert. Die **weißen Blutzellen** vernichten eingedrungene Krankheitserreger und Fremdkörper und tragen zur Antikörperbildung bei (s. S. 176).

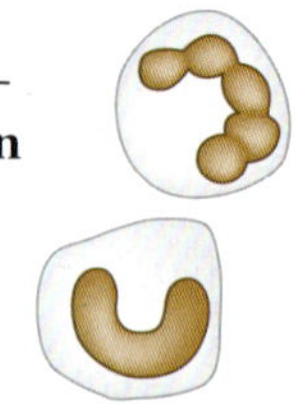

Eine wesentliche Rolle spielen auch die **Blutplättchen**, nämlich bei der Blutgerinnung und dem Wundverschluss.

Das Blut ist ein vielseitiges Transportmittel. Die roten Blutzellen nehmen Sauerstoff auf und transportieren ihn von der Lunge in den Körper.
Im Blutplasma werden z. B. Nährstoffbausteine vom Darm in den Körper und Kohlenstoffdioxid aus dem Körper zur Lunge gebracht.

Blutzellen und ihre Funktionen

rote Blutzellen (Erythrozyten)	**weiße Blutzellen (Leukozyten)**	**Blutplättchen (Thrombozyten)**
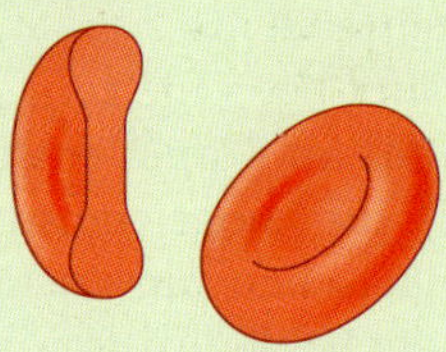	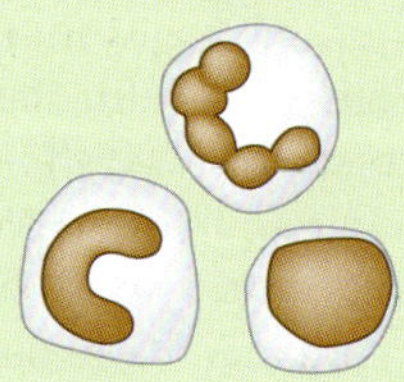	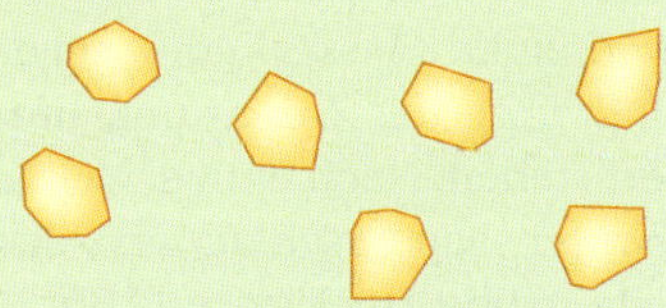
Bau: kernlos und außen umgrenzt durch eine Zellmembran; enthalten roten Farbstoff Hämoglobin; kreisrund, scheibenförmig und auf beiden Seiten in der Mitte eingedellt (7 µm bis 8 µm Durchmesser)	*Bau:* besitzen einen Kern und bewegen sich amöboid vorwärts; können ihre Form laufend ändern (bis 0,02 mm Durchmesser)	*Bau:* kernlos, sehr klein, verschieden geformt (0,5 µm bis 2,5 µm Durchmesser); zerfallen sehr leicht an der Luft
Bildungsort: rotes Knochenmark, z.B. in den Wirbeln, im Brustbein	*Bildungsort:* Knochenmark	*Bildungsort:* Knochenmark
Lebensdauer: etwa 120 Tage, müssen laufend neu gebildet werden, 1 mm^3 Blut enthält ca. 4,5 bis 5 Mio. rote Blutzellen.	*Lebensdauer:* etwa 10 Tage 1 mm^3 Blut enthält ca. 5 000 bis 9 000 weiße Blutzellen.	*Lebensdauer:* etwa 4 bis 10 Tage 1 mm^3 Blut enthält ca. 250 000 Blutplättchen.
Aufgabe: Transport von Sauerstoff	*Aufgabe:* Vernichtung eingedrungener Krankheitserreger und Fremdkörper, Antikörperbildung	*Aufgabe:* Gerinnung des Blutes und Wundverschluss

Biologie im Alltag

Blutgruppen und Blutübertragung

Nach Operationen oder großen Blutverlusten wird oftmals eine **Blutübertragung (Bluttransfusion)** notwendig. Wird wahllos das Blut eines Spenders übertragen, kann es passieren, dass sich die roten Blutzellen des Empfängers zusammenballen. Diese Blutpfropfen würden die Blutgefäße verstopfen. Der Empfänger würde sterben. Durch Untersuchungen wurde festgestellt, dass das Blut jedes Menschen bestimmte Stoffe enthält, die unterschiedliche Eigenschaften hervorrufen. Aufgrund des Vorhandenseins oder Fehlens dieser Stoffe wird das Blut den **Blutgruppen** A, B, AB oder 0 (Null) zugeordnet.

Die eine Stoffgruppe bildet Eiweiß-Zucker-Verbindungen. Diese befinden sich auf der Oberfläche (Zellmembran) der roten Blutzellen. Diese Stoffe werden **Antigene** genannt. Es gibt zwei Antigene, das Antigen A und das Antigen B.
Erblich ist festgelegt, ob die roten Blutzellen das Antigen A **oder** B, die Antigene A **und** B oder gar kein Antigen besitzen. Danach wird das Blut in die Blutgruppen A, B, AB oder 0 eingeteilt (Abb. 1, S. 132). Besitzen die roten Blutzellen das Antigen A, bilden sie die Blutgruppe A; besitzen sie das Antigen B, bilden sie die Blutgruppe B. Befinden sich die Antigene A und B auf den roten Blutzellen, gehört das Blut zur Blutgruppe AB. Sind keine Antigene auf den roten Blutzellen, hat das Blut die Blutgruppe 0 (Null).

Die zweite Stoffgruppe sind Eiweiße. Diese Stoffe werden **Antikörper** genannt. Sie sind im Blutplasma enthalten. Man unterscheidet auch zwei Antikörper, den *A-Antikörper* und den *B-Antikörper*. Das Blutplasma der Blutgruppe A enthält den B-Antikörper, das Blut der Blutgruppe B den A-Antikörper. Das Blut der Blutgruppe AB hat keine Antikörper. Im Blut der Blutgruppe 0 kommen beide Antikörper (A- und B-Antikörper) vor (Tab. unten; Abb. 1, S. 132). Die **Verklumpung** des Blutes wird durch diese Antikörper im Blutplasma ausgelöst. Dies geschieht nach dem **„Schlüssel-Schloss-Prinzip“** (Tab. unten). Durch die spezifische chemische Struktur des Antikörpers (Schlüssel) kann er sich nur an die Blutzellen anlagern, die das passende Antigen (Schloss) besitzen, und durch diese Anlagerung die Verklumpung auslösen (Tab. unten; Abb. 1, S. 132).

Bei einer **Blutübertragung sollte immer Blut der gleichen Blutgruppe verwendet werden.** Es gibt aber **Notsituationen,** z. B. Konservenmangel bei den seltenen Blutgruppen B und AB, operative Eingriffe oder schwere Unfälle, die blutgruppenungleiche Transfusionen notwendig machen. Bei solchem AB0-ungleichen Spenderblut sollten grundsätzlich Konzentrate von roten Blutzellen verwendet werden. Bei ihnen sind mit dem Blutplasma auch die Antikörper weitgehend entfernt worden.

Modell der Antigen-Antikörper-Reaktion der Blutgruppen („Schlüssel-Schloss-Prinzip“)

Blutgruppen	A	B	AB	0
Antigene auf der Oberfläche der roten Blutzellen	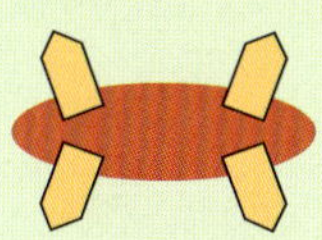 Antigene A	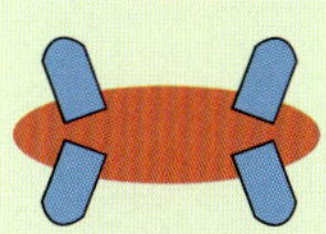 Antigene B	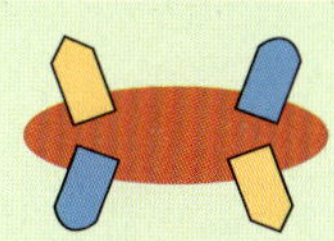 Antigene A und B	 keine Antigene
Antikörper im Blutplasma	 B-Antikörper	 A-Antikörper	keine Antikörper	 A- und B-Antikörper
Verklumpung mit	A-Antikörpern	B-Antikörpern	A- und B-Antikörpern	keine

Bei der Blutübertragung von roten Blutzellenkonzentraten gelten folgende Regeln:

1. 0-rote Blutzellenkonzentrate können auf Empfänger der Blutgruppe 0 und dürfen auf Empfänger der Blutgruppen A, B und AB übertragen werden.
2. A- und B-rote Blutzellenkonzentrate dürfen nur blutgruppengleich und können auf Empfänger der Blutgruppe AB übertragen werden.
3. AB-rote Blutzellenkonzentrate dürfen nur auf Empfänger der Blutgruppe AB übertragen werden.

Bei der Transfusion von roten Blutzellenkonzentraten sind die Spender der Blutgruppe 0 **Universalspender,** die Empfänger der Blutgruppe AB **Universalempfänger** (Abb. 1; Tab. S. 131).

Vor einer **Blutübertragung** muss das Blut auf Vorhandensein der Antigene und Antikörper untersucht werden, um eine Verklumpung zu vermeiden. Deshalb wird das Blut der Spender und Empfänger im Labor untersucht und eine **Blutgruppenbestimmung** vorgenommen.

Oftmals hängt das Leben von Verunglückten oder Kranken von einer schnellen Blutübertragung ab. Deshalb wird u.a. vom Roten Kreuz zu **Blutspenden** aufgerufen. Unter medizinischer Aufsicht und Kontrolle können gesunde Menschen Blut spenden. Das gespendete Blut wird gründlich untersucht, u.a. auf HIV (s.S. 167) und Gelbsucht. Nur wenn diese Tests ohne Befund bleiben, negativ sind, werden die **Blutkonserven** zur Verwendung freigegeben. Die Blutpräparate werden auf Abruf durch die Krankenhäuser in speziellen Kühlräumen für einen begrenzten Zeitraum aufbewahrt.

Nach dem Vorhandensein oder Fehlen von Stoffen an den roten Blutzellen – Antigene genannt – wird das Blut den Blutgruppen A, B, AB und 0 (Null) zugeordnet.
Im Blutplasma befinden sich ebenfalls Stoffe – Antikörper genannt – , die eine Verklumpung des Blutplasmas auslösen können.
Bei einer Blutübertragung sollte immer Blut der gleichen Blutgruppe verwendet werden.

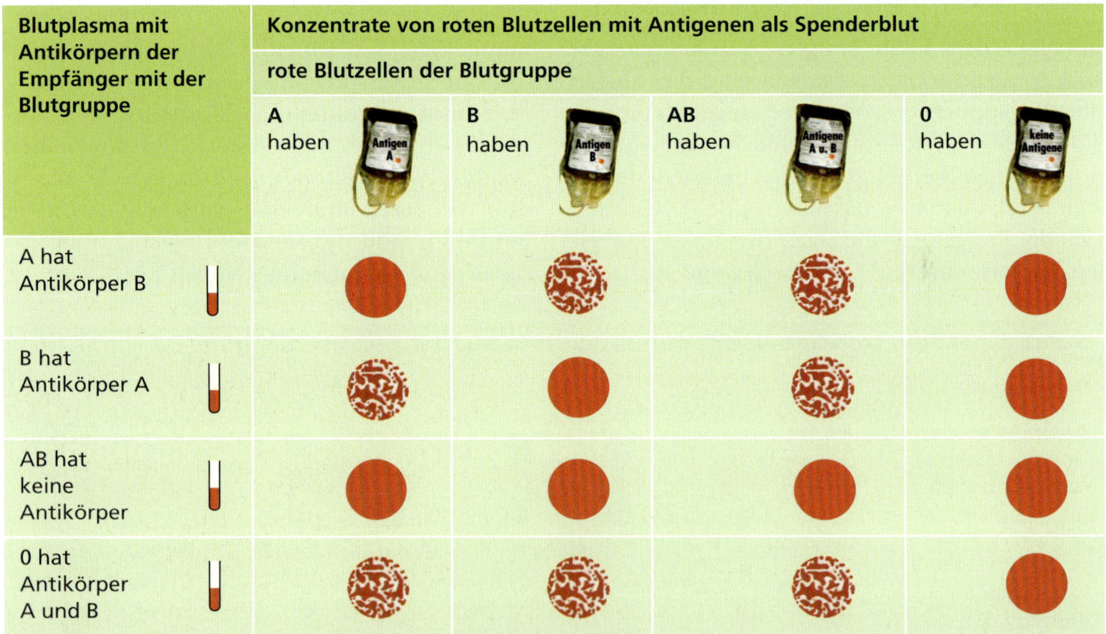

1 Bluttransfusionsschema für das AB0-System bei Verwendung der Konzentrate von roten Blutzellen als Spenderblut (● nicht verklumpt; verklumpt)

Mosaik

Leistungen von KARL LANDSTEINER

Seit mehreren Jahrhunderten haben Wissenschaftler versucht, Menschen durch Blutübertragungen zu helfen. Aber nur wenige waren erfolgreich. Meistens war das Ergebnis der Tod des Patienten. Erst ab 1901 wurde die Blutübertragung eine verlässliche Hilfe für den Arzt.

Der Wiener Arzt **DR. KARL LANDSTEINER** hatte nämlich 1901 die Ursachen für den Nichterfolg der Blutübertragungen gefunden. Durch intensive Untersuchungen stellte er Folgendes fest: Wenn man Blut verschiedener Menschen mischt, dann verklumpen einige Blutmischungen, andere aber nicht. In weiteren Untersuchungen trennte er das Blut verschiedener Testpersonen in die roten Blutzellen und das Blutserum (Blutplasma mit Fibrin). Anschließend vermischte er jeweils das Serum und die roten Blutzellen der verschiedenen Testpersonen untereinander. Wieder traten bei einigen Testpersonen in den Blutmischungen Verklumpungen auf. Bei anderen Testpersonen wurden hingegen die roten Blutzellen von keinem der Blutseren aller Testpersonen verklumpt. Nach seiner Meinung musste es also drei verschiedene Blutgruppen geben. Er nannte die beiden zur Verklumpung führenden Blutgruppen A und B und die nicht zur Verklumpung führende Blutgruppe C. Diese Blutgruppe wurde erst acht Jahre später als Blutgruppe 0 (Null) bezeichnet.

Im Jahre 1902 wurde die vierte Blutgruppe von LANDSTEINERS Mitarbeitern entdeckt. Später erhielten die vier Blutgruppen die Bezeichnung A, B, 0 (Null) und AB.

Mit der Entdeckung der vier Blutgruppen und der Feststellung von LANDSTEINER, dass im Serum eines Menschen der Antikörper fehlt, der gegen die eigene Blutgruppe gerichtet ist (A hat nicht Antikörper A), wurde die Blutübertragung von Mensch zu Mensch ermöglicht und ihre Gefahr reduziert.

Für seine Entdeckungen der Blutgruppen bekam LANDSTEINER im Jahre 1930 den Nobelpreis. Neben der Erforschung der Blutgruppen gelang es Landsteiner herauszufinden, dass an den roten Blutzellen weitere Substanzen vorhanden sind, die bei einer Blutübertragung ebenfalls beachtet werden müssen, z. B. **Rh-Faktor (Rhesus-Faktor).** Das Blutmerkmal Rh kommt etwa bei 85 % der Mitteleuropäer vor (Rh-positives Blut). Es fehlt bei etwa 15 % (Rh-negatives Blut).

1 KARL LANDSTEINER (1868–1943)

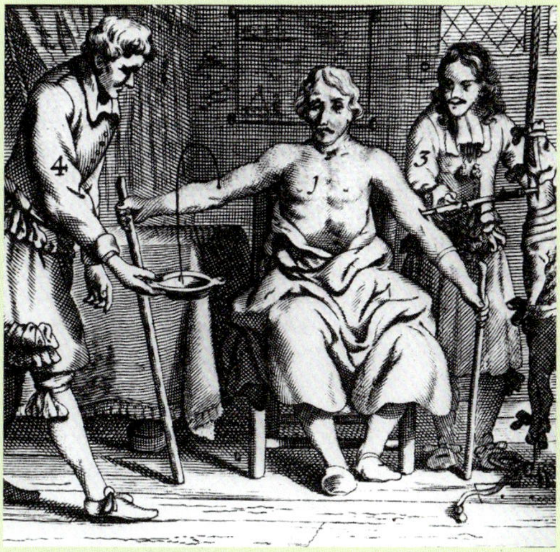

2 Blutübertragung im 17. Jahrhundert

Bau und Funktionen des Blutkreislaufs

Das Herz und seine Leistung

Unser Herz ist etwa faustgroß und liegt zwischen den beiden Lungenflügeln fast in der Mitte der Brusthöhle. Die Spitze des Herzens weist nach links unten (Abb. 1, 2). Betrachtet man den Längsschnitt eines Herzens (Abb. 1, 2), erkennt man, dass das Herz ein **Hohlmuskel** ist.

Eine muskulöse Scheidewand, die **Herzscheidewand**, teilt das Herz in zwei vollständig voneinander getrennte Hälften. Jede Hälfte besteht aus einem kleineren **Vorhof** und einer größeren **Herzkammer**.

Die Blutströmung in und vom Herzen wird durch **Herzklappen** geregelt. Die Vorhöfe und Herzkammern werden durch Segelklappen getrennt. Je eine Herzkammer und die Lungen- bzw. Körperarterie werden durch eine Taschenklappe getrennt (Abb. 2).

Das Herz ist ein Hohlmuskel. Es ist durch die Herzscheidewand in zwei Hälften getrennt. Diese bestehen aus je einem Vorhof und einer Herzkammer.

Die **Tätigkeit des Herzens** kann man mit einer Saug-Druck-Pumpe vergleichen. Da das Herz ein Hohlmuskel ist, kann es sich abschnittsweise zusammenziehen (kontrahieren) und erschlaffen. Diese Tätigkeit des Herzmuskels bewirkt das Ansaugen des Blutes zum Herzen, den Transport des Blutes im Herzen und das Ausstoßen des Blutes aus dem Herzen in den Körper bzw. zur Lunge. Das Zusammenziehen (Kontrahieren) und Erschlaffen des Herzmuskels erfolgt in einem bestimmten Rhythmus.

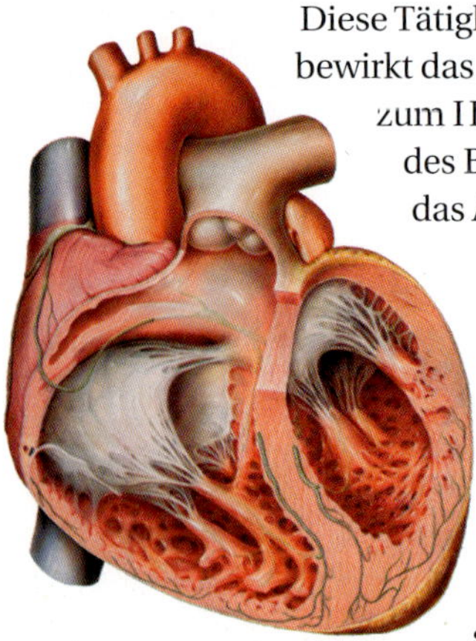

1 Herz des Menschen (Original) mit Herzkammern, getrennt durch die Herzscheidewand

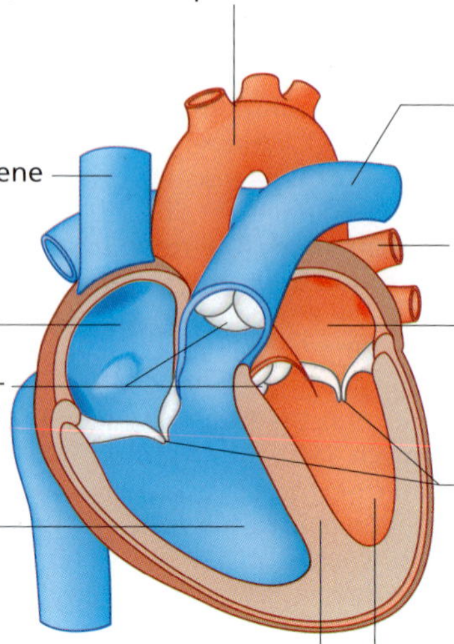

2 Herz des Menschen im Längsschnitt

Nach jedem Zusammenziehen des Muskels erfolgt ein Erschlaffen. Man sagt, das **Herz schlägt** (Abb. 1, S. 135).

Durch rhythmisches Zusammenziehen und Erschlaffen des Herzmuskels wird das Blut aus dem Körper und der Lunge vom Herzen angesaugt und auch in den Körper und zur Lunge zurückgepumpt.

Das Herz eines Erwachsenen schlägt in Ruhe 60- bis 80-mal in der Minute, d.h., der Herzmuskel zieht sich 60- bis 80-mal in der Minute zusammen und erschlafft wieder. Bei jedem Schlag pumpt das Herz etwa 70 ml Blut aus jeder Herzkammer in die abführenden Blutgefäße.

Berechnet man die Arbeit des Herzens für einen Tag, so kommt die erstaunliche Anzahl von etwa 80 000 bis 100 000 Herzschlägen mit einer Pumpleistung von etwa 14 000 Litern heraus. Im Verlaufe eines 70- bzw. 75-jährigen Lebens pumpt das Herz ungefähr 200 bis 250 Millionen Liter Blut in den Körper.

Die Anzahl der Herzschläge pro Minute wird als **Herzfrequenz** bezeichnet.

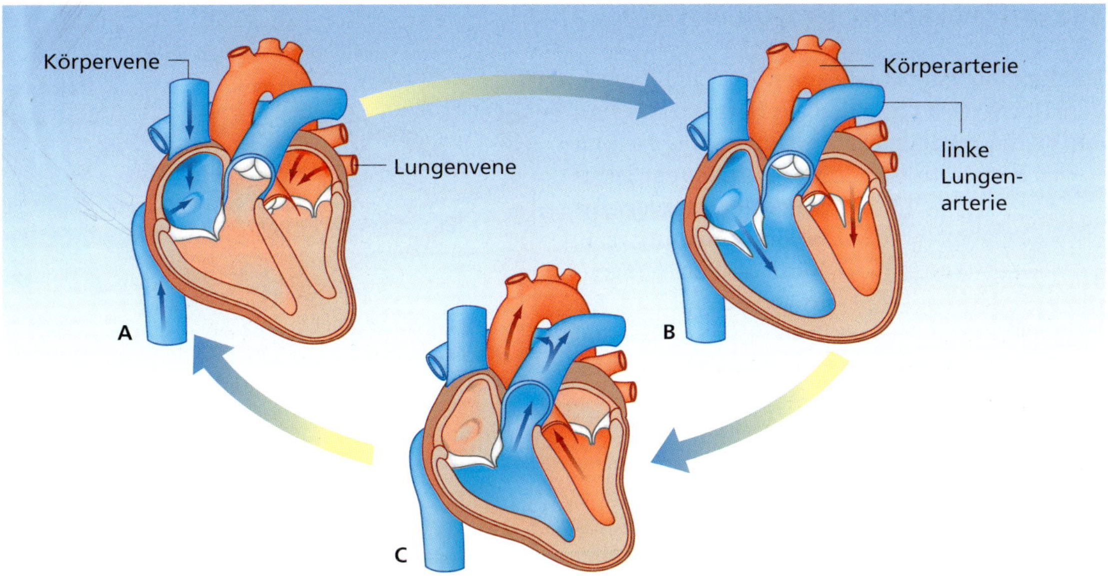

Beim **Erschlaffen des Herzmuskels** füllen sich die Vorhöfe mit Blut aus Körper- und Lungenvenen (Abb. A). Die Vorhöfe ziehen sich zusammen, die Herzklappen (Segelklappen) öffnen sich, das Blut fließt in die beiden Herzkammern (Abb. B).
Das Erschlaffen des Herzmuskels wird als **Diastole (Ansaugvorgang)** bezeichnet.

Beim **Zusammenziehen des Herzmuskels** wird das Blut durch die sich öffnenden Herzklappen (Taschenklappen) aus den Herzkammern herausgepresst. Aus der rechten Herzkammer wird es in die Lungenarterien, aus der linken Herzkammer in die Körperarterie gepumpt (Abb. C). Das Zusammenziehen des Herzmuskels wird als **Systole (Auspressvorgang)** bezeichnet.

1 Arbeitsweise des Herzens (Erschlaffung und Kontraktion des Herzmuskels)

Die Anzahl der Herzschläge pro Minute und damit die Herzfrequenz ändert sich im Verlaufe des Lebens (Tab.).

Anzahl der Herzschläge pro Minute in Ruhe (Herzfrequenz)	
Neugeborenes	130 –140
2-Jähriger	120
10-Jähriger	90
14-Jähriger	80 – 85
30-Jähriger	70
70-Jähriger	72
80- bis 85-Jähriger	80 – 85

Die Tätigkeit des Herzens, die Herzfrequenz, wird durch innere und äußere Faktoren beeinflusst. Beispielsweise bewirken Angst- und Schrecksituationen, auch körperliche Anstrengungen und Freude eine Erhöhung der Herztätigkeit.

Der Erwachsene hat normalerweise eine Ruhe-Herzfrequenz von 72 Schlägen in der Minute, ein durchtrainierter Sportler, z. B. Läufer, kann eine Ruhe-Herzfrequenz von 40 oder weniger Herzschlägen haben. Beim Leistungssport steigt die Herzfrequenz bis auf 250 Herzschläge pro Minute.

Die Anzahl der Herzschläge pro Minute ist die Herzfrequenz. Sie ist abhängig vom Alter und von den Leistungen des Körpers.

Bau und Funktionen der Blutgefäße

Das Blut fließt durch unseren Körper in Blutgefäßen. Durch die Kontraktion des Herzmuskels wird das Blut in die Blutgefäße gepumpt, die das Blut vom Herzen in den Körper wegführen. Diese Blutgefäße werden **Arterien** genannt, z. B. Körperarterie, Lungenarterie (s. S. 138). Sie besitzen eine dicke und elastische Muskelschicht in ihrer Wand (Abb. 1a).

Durch den Druck, mit dem das Herz das Blut in die Arterien pumpt, wird ihre elastische Muskelwand gedehnt. An dieser Stelle entsteht eine Erweiterung der Arterie. Dann kontrahiert an der erweiterten Stelle die Muskelwand, die Arterie wird zusammengezogen und das Blut wird ein Stückchen weitergedrückt.

Die Erweiterung und Kontraktion der Muskelwand erfolgt im Rhythmus des Herzschlags. Dadurch entsteht eine Druckwelle, die sich über die ganze Arterie fortsetzt (Abb. 1b). Diese Druckwelle kann man deutlich als **Puls** fühlen, z. B. an den Handgelenken, an den Schläfen, am Hals.

Je nach körperlicher Anstrengung, z.B. Kniebeugen, 100-m-Lauf, Wandern, ist die Zahl der Herzschläge und damit auch die Zahl der „Pulsschläge" unterschiedlich.

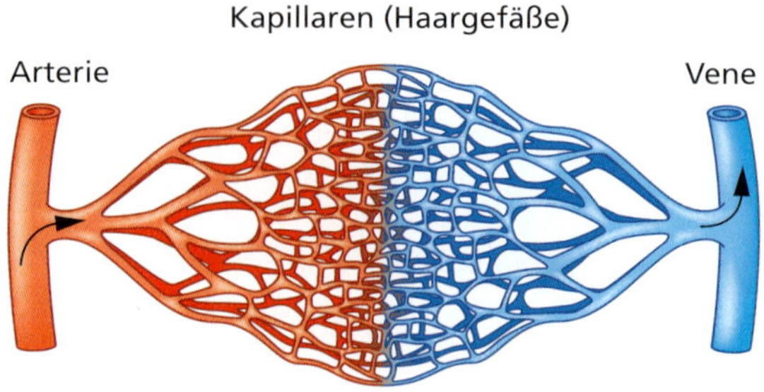

2 Kapillaren bilden ein feines Kapillarnetz. Das Blut strömt durch die Kapillaren in die Vene.

Arterien besitzen eine sehr dicke, elastische Muskelschicht. Arterien führen das Blut vom Herzen in alle Körperteile bzw. zur Lunge.

Die Arterien verzweigen sich nach dem Abgang aus dem Herzen und werden im Querschnitt immer kleiner, bis sie in haarfeine Blutgefäße (Haargefäße, Kapillaren) übergehen. Die **Kapillaren** bilden ein dichtes Kapillarnetz (Abb. 2).

Die Wand der Kapillaren besteht nur aus einer Zellschicht (Abb. 1a, S. 137). Die im Blut gelösten Stoffe gelangen im Körper aus den Kapillaren in die Körperzellen.

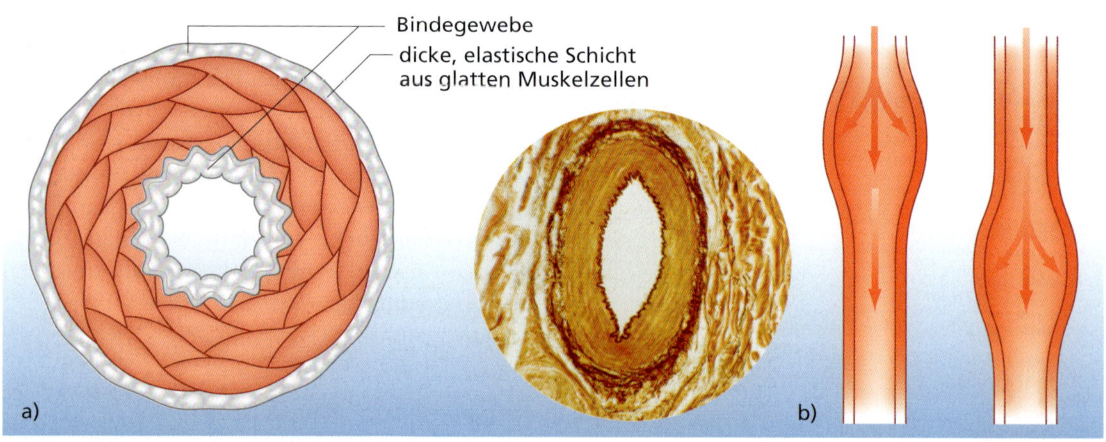

1 Im Querschnitt der Arterie (Schema und Original) ist die dicke Muskelschicht zu sehen (a). Die fortschreitende Druckwelle des Blutes ist als Pulswelle zu fühlen (b).

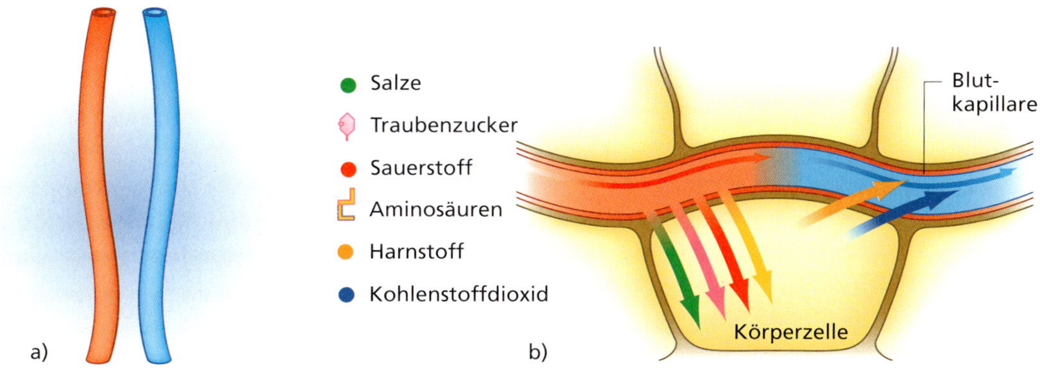

1 Die Blutkapillaren (a) besitzen eine einschichtige Zellwand (a). Der Austausch von Stoffen (Auswahl) findet zwischen Blutkapillare und Körperzelle statt (b).

Aus den Körperzellen wandern die Stoffwechselendprodukte (z.B. Harnstoff, Kohlenstoffdioxid) in die Kapillaren (Abb. 1b).

Kapillaren besitzen eine einschichtige Kapillarwand. Kapillaren ermöglichen den Stoffaustausch im Körper zwischen Blut und Zellen bzw. in der Lunge zwischen Blut und Lungenbläschen.

Die Kapillaren gehen über in **Venen** (Abb. 2), die im Querschnitt immer größer werden. Sie transportieren das Blut aus dem Körper bzw. aus der Lunge zum Herzen hin. Die Venen haben im Gegensatz zu den Arterien dünne, aber sehr dehnbare Wände. Sie können sich nicht aktiv zusammenziehen. An Stellen, an denen Venen mit einer Arterie in einer gemeinsamen Bindegewebshülle eingeschlossen sind, drückt die Pulswelle der Arterie die Venenwand zusammen. Dies verursacht den Blutstsrom in der Vene. Die Venen enthalten im Innern in bestimmten Abständen **Venenklappen.** Sie verhindern das Zurückfließen des Blutes (Abb. 2b). Auch Muskeln, z. B. Skelettmuskeln, drücken auf die Venen und fördern den Blutstrom.

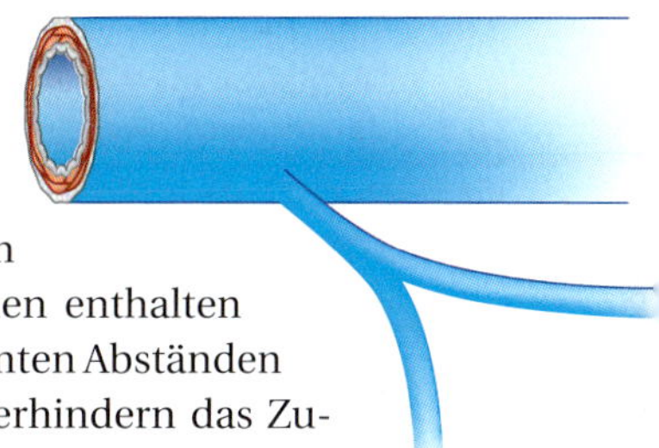

Venen besitzen eine dünne Muskelschicht und Venenklappen. Venen führen das Blut aus dem Körper bzw. aus der Lunge zum Herzen. Venenklappen verhindern das Zurückfließen des Blutes in den Körper.

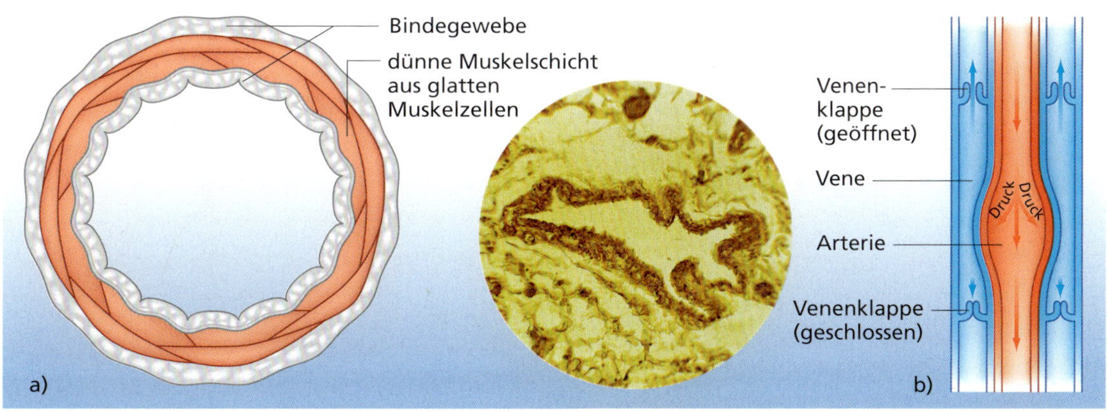

2 Im Querschnitt der Vene (Original und Schema) ist die dünne Muskelschicht zu sehen (a). Das Blut strömt in der Arterie vom Herzen und in der Vene zum Herzen (b).

Blutkreislauf im Überblick

Das Blut durchfließt unseren Körper in Arterien, Kapillaren und Venen. Diese Blutgefäße bilden ein geschlossenes Röhrensystem. In diesem Röhrensystem kreist das Blut durch den Körper und erreicht alle Organe und Zellen (Abb. 1a, b). Dieser ständige Blutstrom vom Herzen und zurück zum Herzen wird **Blutkreislauf** genannt.
Beim Blutkreislauf werden *Lungenkreislauf* und *Körperkreislauf* unterschieden (Abb. 1a).

Der *Lungenkreislauf* beginnt in der rechten Herzhälfte. Das sauerstoffarme und kohlenstoffdioxidreiche Blut fließt aus der rechten Herzkammer in Arterien zur Lunge. Es nimmt dort Sauerstoff auf, gibt Kohlenstoffdioxid ab und fließt in Venen zurück zur linken Herzhälfte (Abb. 1a).

Im Körperkreislauf fließt nun das sauerstoffreiche und kohlenstoffdioxidarme Blut aus der linken Herzkammer in Arterien in alle Teile des Körpers.

In den Kapillaren gibt das Blut Sauerstoff und andere Stoffe ab und nimmt Kohlenstoffdioxid und weitere Stoffe, z. B. Stoffwechselendprodukte, auf. Das nun sauerstoffarme und kohlenstoffdioxidreiche Blut fließt aus dem Körper in Venen zurück zur rechten Herzhälfte (Abb. 1a).
Damit schließt sich der Blutkreislauf wieder.

Das Blut fließt in einem geschlossenen Röhrensystem, das von Arterien, Kapillaren und Venen gebildet wird, durch unseren Körper. Bei dem Blutkreislauf wird zwischen Körperkreislauf und Lungenkreislauf unterschieden.

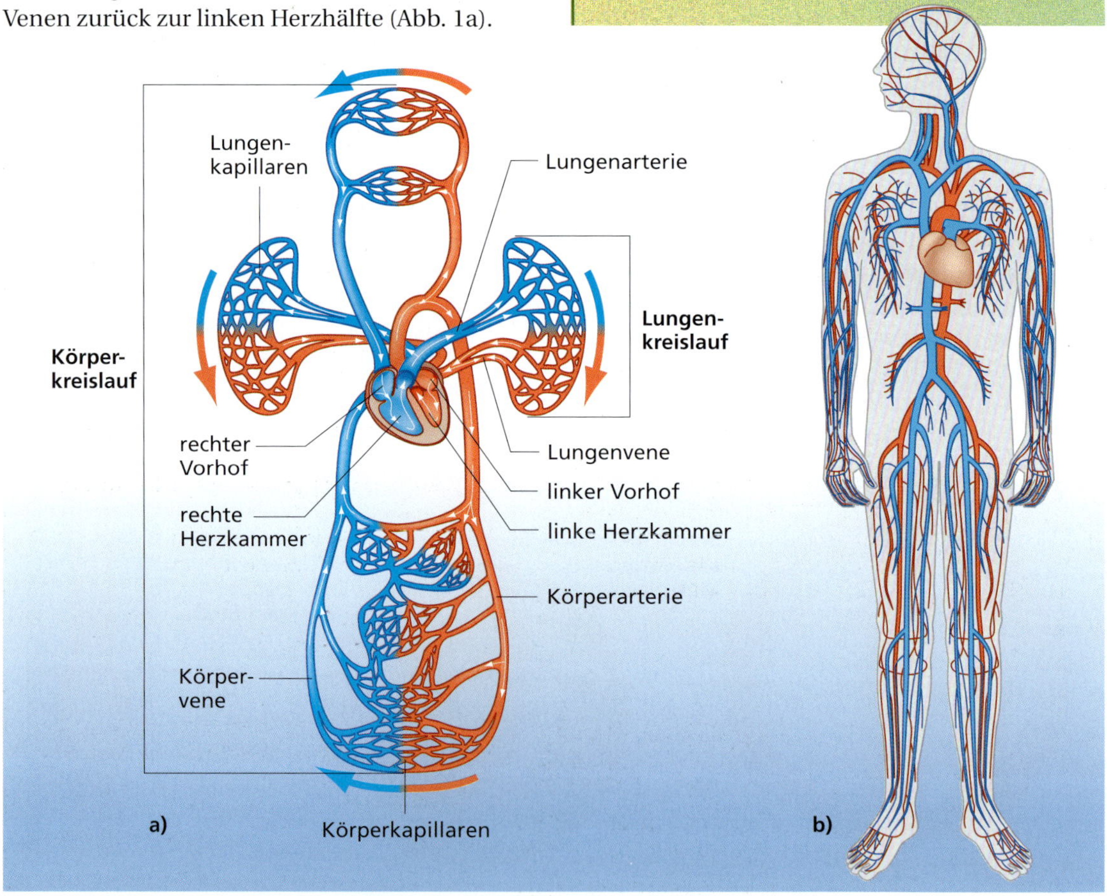

1 Der geschlossene Blutkreislauf des Menschen besteht aus Körperkreislauf und Lungenkreislauf. Beide werden aus Arterien, Kapillaren und Venen gebildet.

Wärmetransport

Der Blutkreislauf hat nicht nur die Aufgabe, die Zellen unseres Körpers mit Nährstoffen und Sauerstoff zu versorgen und die Stoffwechselendprodukte aus den Körperzellen abzutransportieren, sondern er spielt auch bei der **Regelung unserer Körpertemperatur** eine wichtige Rolle. Sie muss auf etwa 37 °C gehalten werden, egal, welche Höhe die Temperatur in unserer Umgebung hat, z. B. im Winter, im Sommer.
Bei hoher Außentemperatur oder sehr starker körperlicher Belastung wird ein Ansteigen der Körpertemperatur durch vermehrte Abgabe von Wärme verhindert. Durch Erweiterung der Blutgefäße der Haut wird vermehrt Wärme an die Umgebung abgegeben. Starke Absonderung von Schweiß und anschließende Verdunstung kühlen den Körper ebenfalls ab.

Bei sehr niedrigen Außentemperaturen werden die Blutgefäße eng gestellt, sodass die Durchblutung des äußeren Körpers vermindert und die Abgabe von Wärme an die Umwelt verringert wird. Gleichzeitig wird die Muskeltätigkeit gesteigert, um die Produktion von Wärmeenergie zu erhöhen (s. a. S. 242 Regelung der Körpertemperatur).

Wenn wir beispielsweise frieren, versuchen wir durch Bewegung unseres Körpers uns wieder „warm zu machen“. Damit wird die Körpertemperatur wieder auf die normale Höhe gebracht.

Neben der Versorgung der Körperzellen mit Nährstoffen und Sauerstoff sowie dem Abtransport von Stoffwechselendprodukten aus den Zellen ist der Blutkreislauf auch an der Regelung unserer Körpertemperatur beteiligt.

1. Führe Pulsmessungen durch.

Materialien:
Armbanduhr

Durchführung:
1. Fühle mit drei Fingern einer Hand den Puls an deiner Halsschlagader (rechts oder links des Kehlkopfes).
   Zähle die Pulsschläge in einer Minute.
   Notiere die Ergebnisse in einer Tabelle.
2. Führe die gleiche Untersuchung an deinem Handgelenk durch. Notiere auch diese Ergebnisse.
3. Führe 10 Kniebeugen aus, wiederhole das Zählen der Pulsschläge in einer Minute.
   Notiere die Ergebnisse.

Beobachtung:
Vergleiche die Ergebnisse.

Auswertung:
1. Erläutere den Begriff Puls.
2. Finde eine Erklärung für die unterschiedlichen Werte.

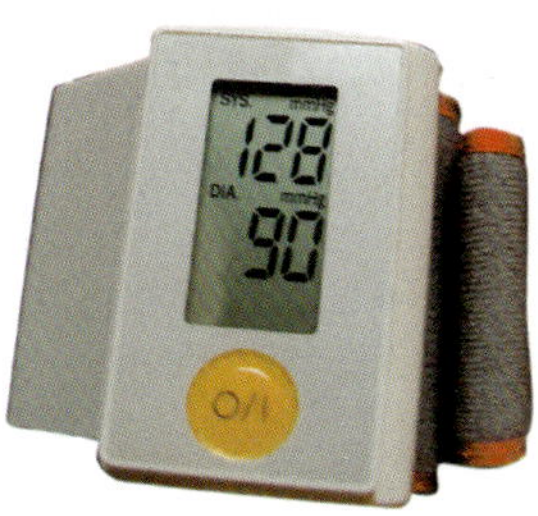

2. Führe Blutdruckmessungen durch.

Materialien:
Blutdruckmessgeräte

Durchführung:
1. Miss in der Armbeuge oder am Handgelenk mit einem Blutdruckmessgerät den Blutdruck eines Mitschülers.
   Notiere den oberen und unteren Blutdruckwert.
2. Lass deinen Mitschüler 10 Kniebeugen machen.
   Wiederhole die Blutdruckmessung.
   Notiere die gemessenen Werte.

Beobachtung:
Vergleiche die Ergebnisse.

Auswertung:
1. Erläutere den Begriff Blutdruck.
2. Was verstehst du unter oberen und unteren Blutdruckwerten?
3. Finde eine Erklärung für die unterschiedlichen Werte der Untersuchungen 1 und 2.

Herz- und Kreislauf-Erkrankungen und vorbeugende Maßnahmen

Herz- und Kreislauf-Erkrankungen stehen seit Jahren an erster Stelle bei Krankheitsstatistiken. Trotz der Fortschritte der Medizin auch auf diesem Gebiet sind Erkrankungen des Herzens und des Kreislaufs die Ursache für den Tod vieler Menschen, vor allem in den hoch entwickelten Industrieländern.

Zu den häufigsten Kreislauf-Erkrankungen gehören u.a. *Bluthochdruck, Arterienverkalkung, Schlaganfall, Herzinfarkt* und *Krampfadern* (Abb., S. 141).

Herz- und Kreislauf-Erkrankungen haben vielfältige **Ursachen. Risikofaktoren** begünstigen den Ausbruch der Krankheit. Dazu gehören u.a. übermäßiger Nikotin-, Alkoholgenuss, Übergewicht durch zu fetthaltige Ernährung, Bewegungsmangel, auch großer Stress, bedingt durch Ärger, Aufregung oder Konfliktsituationen. Jeder Mensch kann Herz- und Kreislauf-Erkrankungen vorbeugen, wenn er in seiner persönlichen Lebensweise möglichst viele Risikofaktoren vermeidet.

Jeder sollte durch das Einhalten einiger **Grundregeln einer gesunden Lebensweise** (s. S. 142) den Herz- und Kreislauf-Erkrankungen vorbeugen.

Mosaik

Übersicht über wichtige Herz- und Kreislauf-Erkrankungen

Herzinfarkt

Der Herzmuskel benötigt Sauerstoff und Nährstoffbausteine für seine Tätigkeit. Diese Stoffe werden ihm durch die **Herzkranzgefäße** (Abb. a) zugeführt.

Wenn durch Fett- oder Kalkeinlagerungen an der Innenwand der Herzkranzgefäße eines oder mehrere dieser Gefäße verengt sind, werden Abschnitte des Herzmuskels nicht mehr ausreichend versorgt. Sauerstoffmangel verursacht Herzschmerzen, z.B. „Enge in der Brust", Schmerzen im linken Brustkorb, die in die linke Schulter bis in den Arm ausstrahlen. Sind dies Zeichen eines Anfalls, die nach ausreichendem Sauerstoffangebot wieder verschwinden, spricht man von **Angina pectoris** (Abb. b).

Wird ein Herzkranzgefäß durch ein Blutgerinnsel verschlossen, tritt der **Herzinfarkt** ein (Abb. c). Die nicht versorgten Teile des Herzmuskels sterben ab.

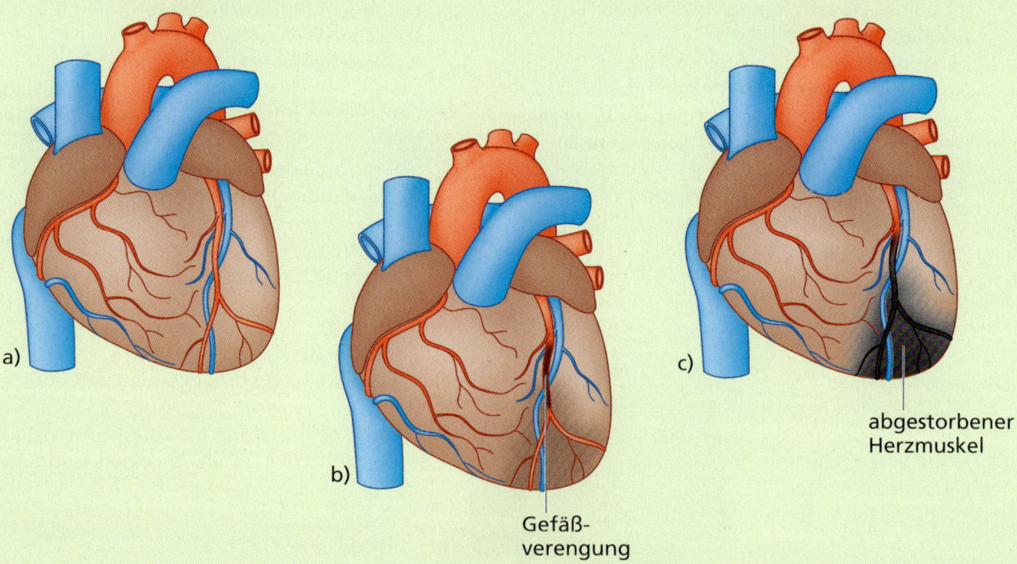

Mosaik

Bluthochdruck

Das fließende Blut drückt gegen die Wände der Blutgefäße, besonders gegen die Wände der Arterien. Die Kraft, mit der der Blutstrom gegen die Gefäßwand drückt, wird als **Blutdruck** gemessen. Dies erfolgt am Arm mithilfe eines Blutdruckmessgerätes (Abb.). Untersuchungen ergaben, dass der Blutdruck im Normalfall zwischen 120 und 80 mm Hg hin- und herpendelt (mm Hg bedeutet „Millimeter Quecksilbersäule"), bei 60-Jährigen zwischen 160 und 90 mm Hg. Steigt der Blutdruck dauerhaft auf Werte oberhalb des für das Alter gültigen Normalwertes an, spricht man von **„Bluthochdruck"**. Hoher Blutdruck führt einerseits zu Herzmuskelschwäche, andererseits zu Gefäßverkalkungen mit ihren Folgen Schlaganfall und Herzinfarkt, aber auch zu Schäden am Gehirn und an den Nieren.

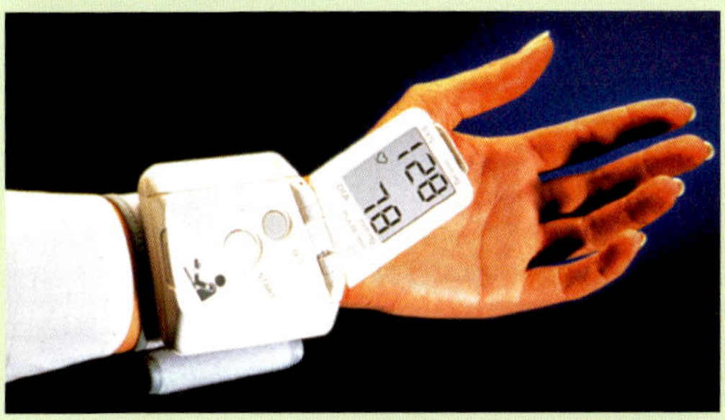

Arterienverkalkung (Arteriosklerose)

Gesunde Arterien (Abb. a) besitzen eine dicke, elastische Muskelschicht (Abb. 1, S. 136), durch deren Tätigkeit das Blut in den Gefäßen fließt. Schon in jungen Jahren können sich durch **Kalk- und Fettablagerungen** an der Innenwand der Arterien Verengungen bilden (Abb. b–d). Die Gefäßwand verliert ihre Elastizität. Durch diese Verengungen fließt weniger Blut. Dadurch werden beispielsweise Organe wie das Gehirn, die Nieren, das Herz weniger mit Sauerstoff versorgt, als sie für ihre Tätigkeit benötigen. Diese Organe erkranken.

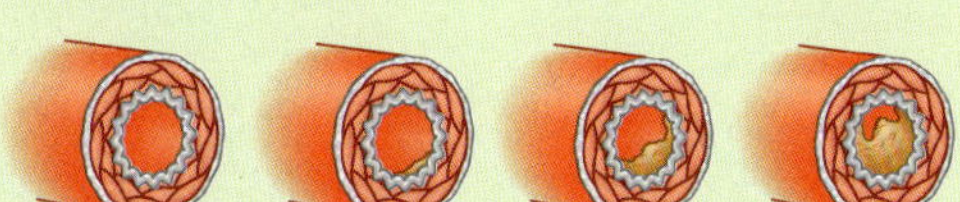

a) b) c) d)

Normale Arterie (a) und Stadien der Arterienverkalkung (b–d)

Schlaganfall (Hirnschlag)

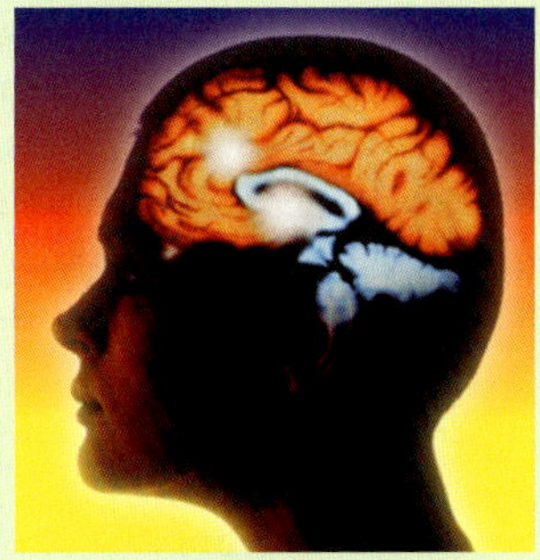

Als **Schlaganfall** bezeichnet man Ausfallserscheinungen des Gehirns. Ursache ist oftmals eine Mangeldurchblutung durch Arterienverkalkung im Gehirn und im Bereich der Halsgefäße. Sie kann bis zum Gefäßverschluss führen. Durch diese Mangeldurchblutung erhalten bestimmte Hirnregionen keinen Sauerstoff und keine Nährstoffbausteine. Die betroffenen Hirnregionen können ihre Aufgaben nicht mehr ausführen, sie gehen zugrunde. Das führt u. a. zur halbseitigen Lähmung des Körpers, zu Sprachstörungen, Erkennungs- und Sehstörungen.

Krampfadern

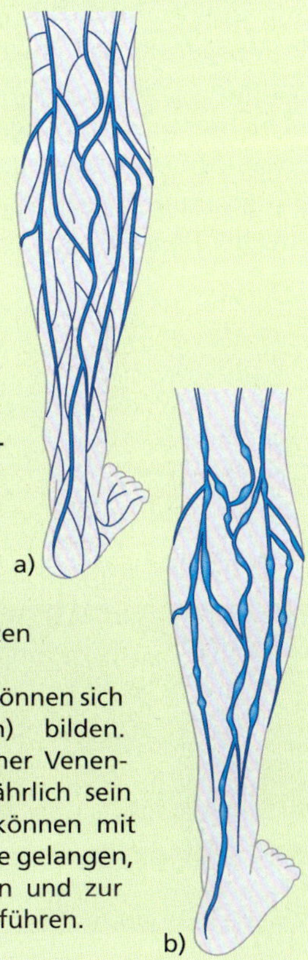

Bei Menschen, die vorwiegend stehende, sitzende oder bewegungsarme Tätigkeiten ausführen, werden die Venen an den Beinen (Abb. a) durch den ständigen Blutstau erweitert. Die Venen können sich nicht aktiv zusammenziehen. Sie verformen sich zu **Krampfadern** mit Aussackungen (Abb. b). Die Venenklappen (s. S. 137) können sich nicht mehr schließen, sodass der Rückfluss des Blutes zum Herzen gestört ist.

In den erkrankten Venen können sich Blutgerinnsel (Thromben) bilden. Dann spricht man von einer Venenthrombose, die sehr gefährlich sein kann. Die Blutgerinnsel können mit dem Blutstrom in die Lunge gelangen, dort ein Gefäß verstopfen und zur tödlichen Lungenembolie führen.

Biologie im Alltag

Verschiedene Herzuntersuchungen

Mithilfe eines **Elektrokardiogramms (EKG)** kann der Arzt die Herztätigkeit untersuchen. Die entstehenden elektrischen Ströme werden über Elektroden aufgenommen und mit einem Schreiber in einer Herzstromkurve aufgezeichnet (Abb. a). Verschiedene Herzkrankheiten sind im EKG an typischen Abweichungen von der normalen Herzstromkurve zu erkennen (Abb. b).

Bei einem **Herzkatheter** (Abb. 1) wird durch die Arterie in der Leiste oder Armbeuge ein dünner Schlauch (Katheter) zum Herzen vorgeschoben. Durch ein Kontrastmittel werden Herzkranzgefäßverengungen sichtbar.
Mit einem **Ballonkatheter** (Abb. 2), der in die verengte Stelle des Blutgefäßes geschoben wird, kann durch Druck die Verengung gedehnt und die Ablagerung im Blutgefäß zur Seite gepresst werden.
Bei mehreren Verengungen wird eine **Bypassoperation** (Abb. 3) vorgenommen. Dabei wird meist eine gesunde Beinvene am Herzen zur Umgehung der Engstelle eingepflanzt.

Grundregeln einer gesunden Lebensweise

1. Beginne nicht mit dem Rauchen bzw. stelle das Rauchen ein, denn das Nikotin bewirkt eine Verengung der Blutgefäße!
2. Kontrolliere dein Körpergewicht, denn Übergewicht belastet deinen Kreislauf! Erhöhte Blutfettwerte (Cholesterin) tragen wesentlich zur Arterienverkalkung bei.
3. Achte auf deinen Blutdruck! Erhöhter Blutdruck schädigt die Blutgefäße und beschleunigt die Arterienverkalkung.
4. Vermeide ein Zuviel an Stress! Stress ist eine seelische Anspannung, die verschiedene Folgen haben kann, z.B. Herzklopfen, Prüfungsangst, Schweißausbrüche, Verkrampfungen der Herzkranzgefäße.
5. Achte auf regelmäßige Bewegung deines Körpers, vermeide Bewegungsmangel, denn Bewegung erhält die Blutgefäßwände elastisch! Herz- und Kreislaufkranke dürfen sich aber nicht überanstrengen. Nicht alle Sportarten sind empfehlenswert (Tab.).

empfehlenswert	nicht empfehlenswert
Laufen, Wandern, Rad fahren, Schwimmen, Bergwandern, Skilanglauf	Ringen, Gewichtheben, Liegestütze, Tauchen, Klimmzüge, Rudern, Bergsteigen, Windsurfen, Kraftsport

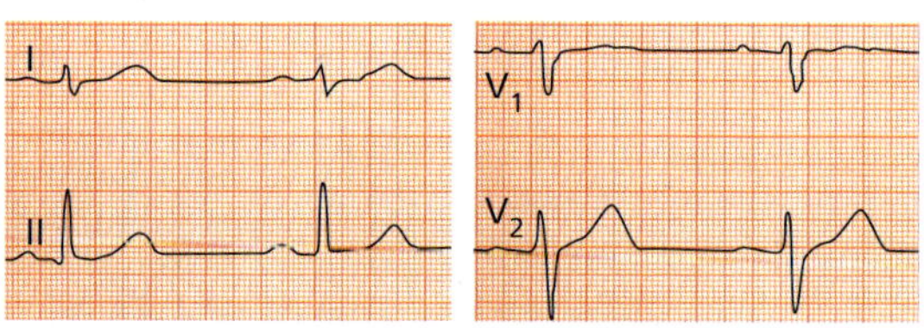

a) normal

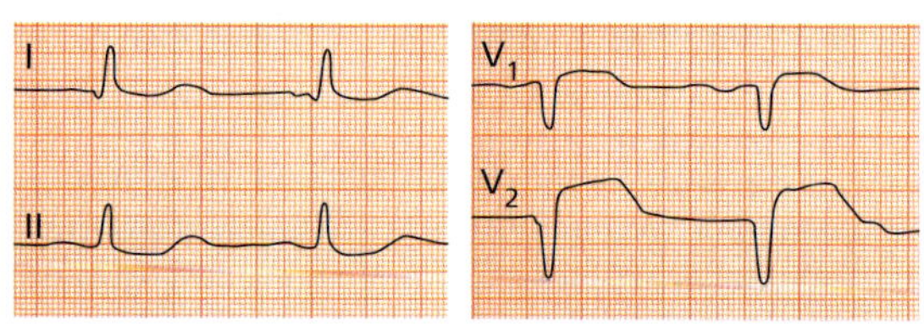

b) Abweichung

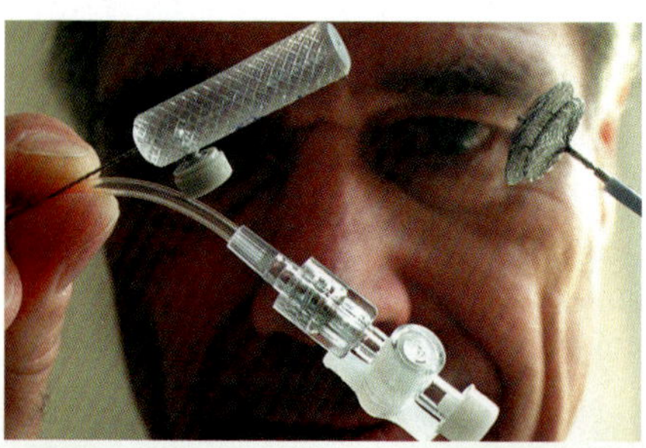
1 Herzkatheter

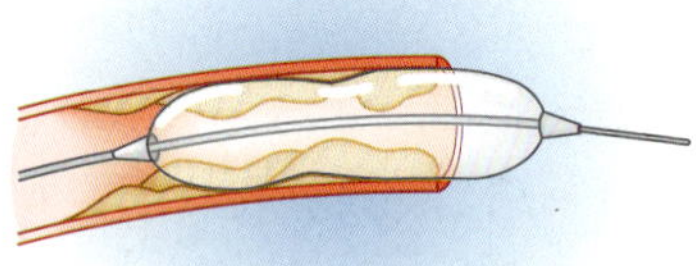
2 Ballonkatheter

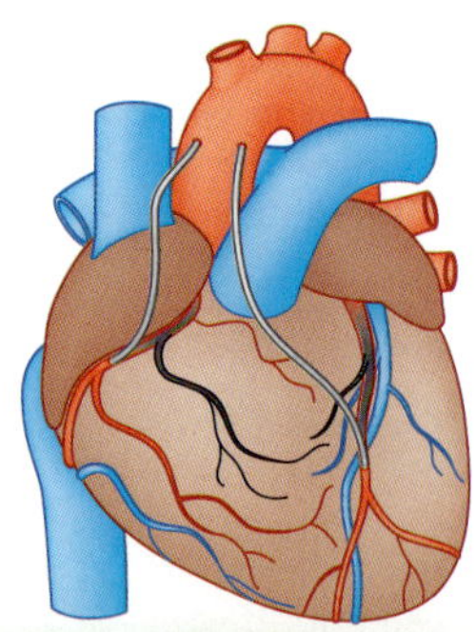
3 Bypassoperation

Mosaik

Blutgerinnung und Wundverschluss

Wird ein Blutgefäß verletzt (Abb. 1), sind die **Blutplättchen** zur Stelle und bewirken eine Verengung des Blutgefäßes, damit langsamer Blut austritt. Die Blutplättchen bilden einen Pfropfen und verschließen das Gefäß.
Bei größeren Verletzungen setzen die Blutplättchen einen Stoff frei, einen Gerinnungsfaktor, der die Bildung von *Fibrin* bewirkt. Fibrin ist nicht löslich, besteht aus sehr langen, dünnen Fäden, die sich zu einem feinen Netz verdichten. In diesem Fibrinnetz verfangen sich Blutplättchen und Blutzellen. Die Blutplättchen geben einen Stoff ab, der das *Fibrinnetz* festigt. Auf diese Weise entsteht ein Gerinnsel, das die Wunde verschließt. Dieser Vorgang heißt **Blutgerinnung** (Abb. 2).
Das Blutgerinnsel trocknet zu einer Kruste. Diese Kruste verhindert als **Wundschorf** das Eindringen verschiedener Fremdkörper, z. B. Bakterien und Schadstoffe.

1

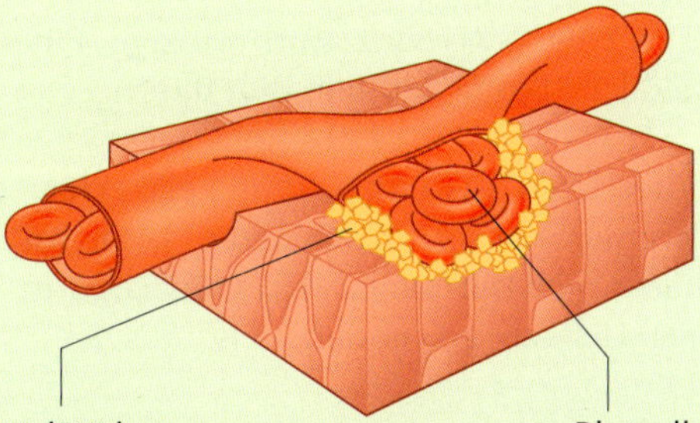

2

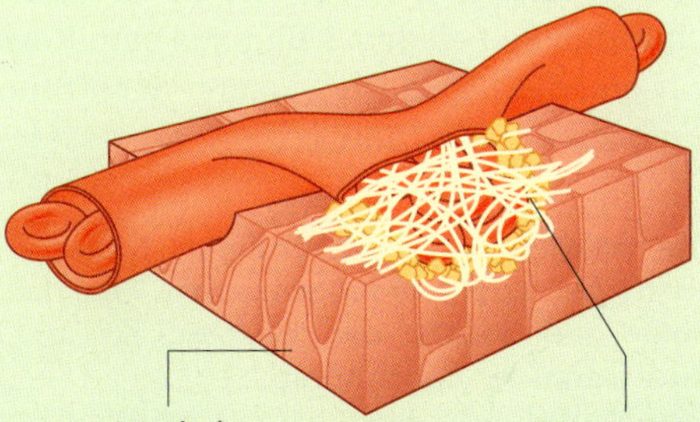

Verletzungen der Blutgefäße

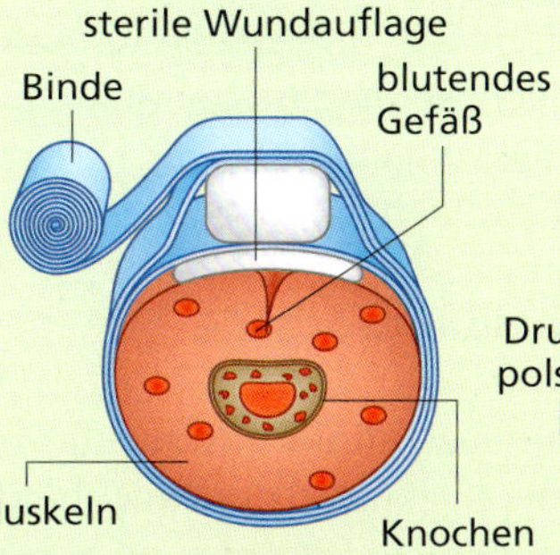

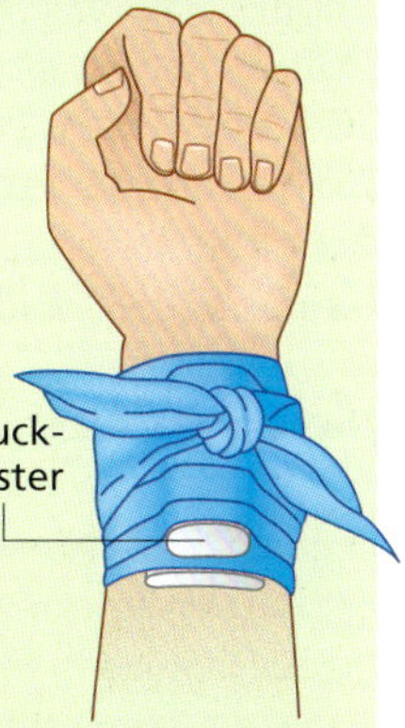

Erste Hilfe bei Verletzungen der Blutgefäße

Werden bei Unfällen Blutgefäße verletzt, muss man bei stark blutenden Wunden unterscheiden zwischen Blutungen aus Venen und Blutungen aus Arterien.
Werden Venen beschädigt, sickert dunkelrotes Blut gleichmäßig pulsierend aus der Wunde. Zur Blutstillung genügt ein **Druckverband** unmittelbar, also direkt, auf die offene Wunde (Abb. oben links). Dabei wird eine sterile Wundauflage auf die Blutungsstelle gelegt. Diese wird 2- bis 3-mal mit einer Binde umwickelt. Anschließend wird ein Druckpolster, z. B. ein Verbandspäckchen, unmittelbar über den Wundbereich gelegt. Mit der restlichen Binde wird nun das Druckpolster fest, aber nicht zu fest, umwickelt. Der Druck des Verbandes darf nicht so stark sein, dass Durchblutungsstörungen und Abschnürungen am Körper hinter dem Druckverband entstehen. Daher muss ein Druckverband regelmäßig kontrolliert werden. Mit dem Druckverband können Blutungen kleinerer und mittelgroßer Gefäße gestillt werden.
Tritt aus einer Wunde stoßweise und manchmal spritzend hellrotes Blut aus, ist eine Arterie verletzt. **Arterienblutungen** sind lebensgefährlich. Zur Blutstillung reicht ein Druckverband nicht aus. Bei allen spritzenden Blutungen wird die Arterie herzaufwärts vor der Blutungsstelle zusammengedrückt (abgedrückt) bzw. gegen einen Knochen gepresst, damit der Blutzufluss vom Herzen zur Wunde unterbrochen wird (Abb. oben rechts). Anschließend wird ein Druckverband angelegt und erst dann kann das Abdrücken der Arterie unterbleiben. Ist ein Druckverband sehr stark durchblutet, wird ein zweiter mit etwas erhöhtem Druck darüber gewickelt. Sofort einen Arzt benachrichtigen.

Ausscheidung und Ausscheidungsorgane

Die in den Zellen unseres Körpers entstehenden Stoffwechselendprodukte Wasser, Kohlenstoffdioxid und Harnstoff sowie überschüssige Salze müssen ausgeschieden werden. An der Ausscheidung beteiligt sind die Lungen (Abb. 1, S. 121), die Haut (s. S. 147) und die Nieren.

Nieren als Ausscheidungsorgane

Die **paarigen Nieren** liegen links und rechts von der Wirbelsäule an der Rückwand der Bauchhöhle (Abb. 1). Sie sind nicht an der Körperwand festgewachsen, sondern werden von Fettgewebe in ihrer Lage gehalten.
Die Nieren sind bohnenförmig, dunkelbraunrot gefärbt und haben eine glatte Oberfläche (Abb. 1). Sie bestehen aus einer *Rindenschicht*, die von etwa 2 bis 2,5 Millionen Nierenkörperchen gebildet wird, und aus einer *Markschicht*, in der sich zahlreiche Harnkanälchen befinden (Abb. 2).

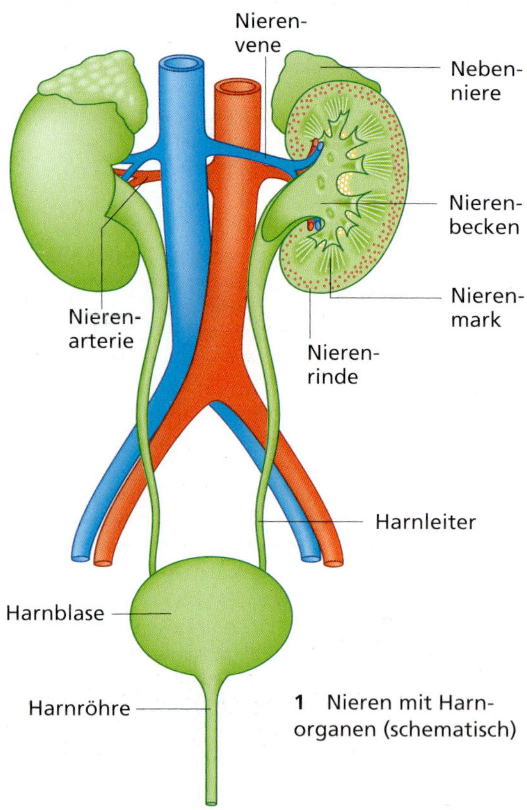

1 Nieren mit Harnorganen (schematisch)

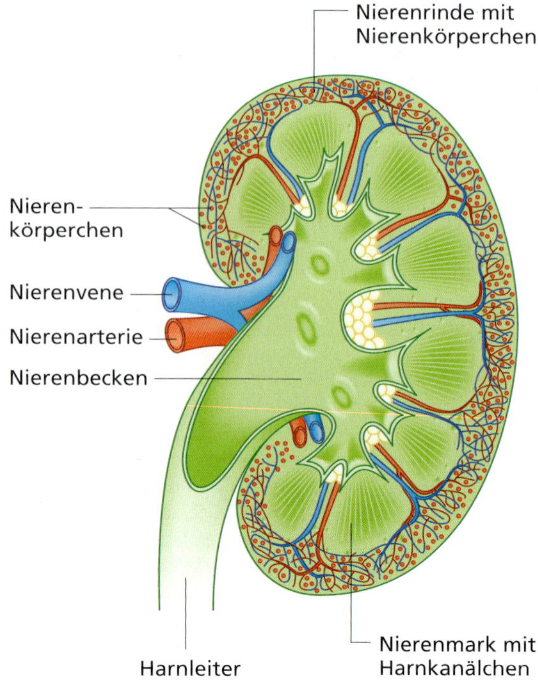

2 Feinbau der Niere (schematisch)

Die *Nierenkörperchen* sind winzige Filter, die schädliche Stoffe aus dem Blut filtern.

Sie bestehen aus einem Blutkapillarknäuel, das von einer Kapsel umschlossen wird. An diese schließt sich ein feines Harnkanälchen in Form eines vielfach gewundenen Rohres an (Abb. 2, S. 145).
Jeweils in der Nierenmitte treten sowohl die Nierenarterie in die Niere ein als auch die Nierenvene aus der Niere aus.
Die *Nierenarterie* transportiert mit Stoffwechselendprodukten beladenes Blut aus dem Körper in die Niere, die *Nierenvene* versorgt den Körper mit „gereinigtem“ Blut (Abb. 1, 2).

Die paarigen, bohnenförmigen Nieren sind wichtige Ausscheidungsorgane. Sie liegen links und rechts der Wirbelsäule an der Rückwand der Bauchhöhle.
Die Nierenrinde besteht aus Millionen von Nierenkörperchen.
Die Markschicht wird aus zahlreichen Harnkanälchen gebildet.

In den Nierenkörperchen beginnt die **Harnbildung** (Abb. 1). Wenn das Blut durch das Blutkapillarknäuel fließt, werden im Nierenkörperchen Wasser und darin gelöste Stoffe, wie Traubenzucker, Harnstoff, Salze, aus dem Blut ausgeschieden. Diese Flüssigkeit nennt man **Primärharn.** Er gelangt in die Harnkanälchen (Abb. 1, 2).

Da die Kapillarwände äußerst feine Poren besitzen, können Stoffe, die größer als die Poren sind (z. B. Eiweiße, rote Blutzellen), nicht ausgefiltert werden.

Es werden 180 Liter Primärharn pro Tag gebildet. Er enthält außer Eiweiß nahezu alle im Blut gelösten Stoffe, z. B. ca. 30–40 g Harnstoff, ca. 8 g Salze. Da wir an einem Tag niemals 180 Liter, sondern höchstens einen bis zwei Liter Harn ausscheiden, muss es einen Mechanismus geben, der die Wassermenge des Primärharnes reduziert.
Dies geschieht in den mehrfach gewundenen Harnkanälchen, die netzartig von Blutkapillaren umsponnen werden. In ihnen wird der größte Teil des Wassers und der Stoffe, die im Körper weiterverwendet werden, wie Traubenzucker und Salze, durch Resorption wieder dem Blut zugeführt (Abb. 1, 2). Aus den Harnkanälchen gelangt der **Sekundärharn** oder **Endharn (Urin)** in kleine Sammelröhrchen. Diese münden wiederum in das Nierenbecken.
Von dort aus tröpfelt der Harn Tag und Nacht in den **Harnleiter,** einen etwa 30 cm langen Schlauch, dessen Muskeln den Harn abwärts zur **Harnblase** befördern (s. Abb. 1, S. 144).

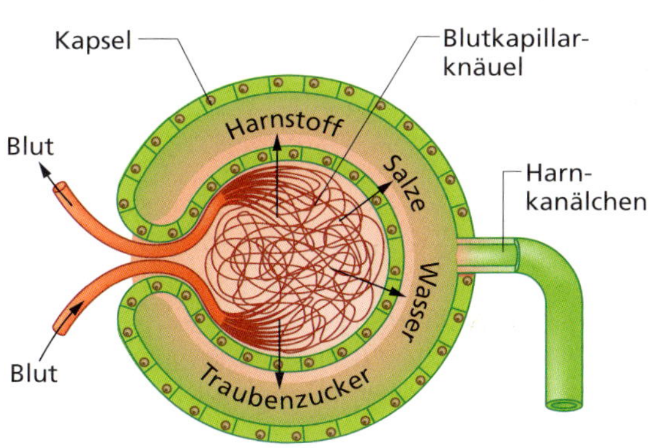

1 Nierenkörperchen als Filter (schematisch)

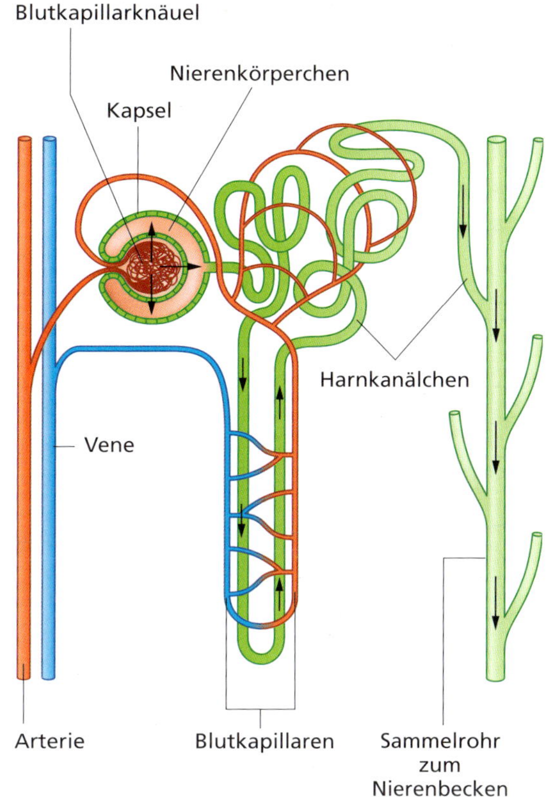

2 Harnbildung (schematisch) in Harnkanälchen und Weiterleitung des Harns in Sammelröhrchen

Diese füllt sich allmählich und speichert zeitweise den Harn. Die Muskeln der Blasenwand pressen den Harn durch die Harnröhre aus dem Körper.

Die männliche Harnröhre führt gemeinsam mit dem Samenleiter als Harnsamenröhre durch den Penis und ist etwa 20 cm lang. Die weibliche Harnröhre ist dagegen nur 4 cm lang.

Die Nieren entfernen aus unserem Blut überschüssiges Wasser, Salze und Stoffwechselendprodukte, z. B. Harnstoff. Der gebildete Harn wird über Harnleiter, Harnblase und Harnröhre ausgeschieden.

Erkrankungen der Niere

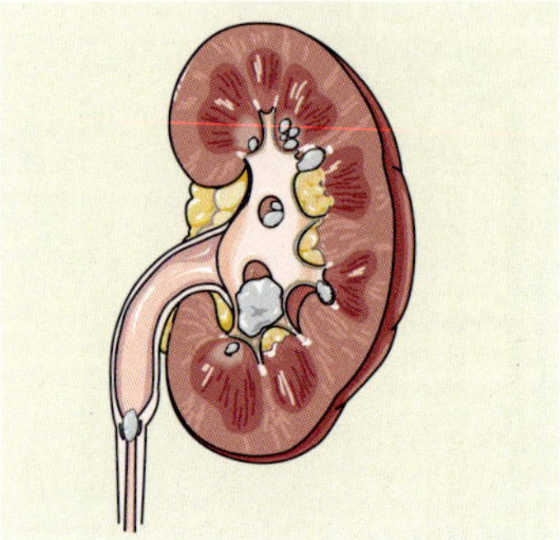

Bild 1

Unter den **Nierenerkrankungen** kommt die **Nierenbeckenentzündung** am häufigsten vor. Entzündungen des Nierenbeckens werden von Bakterien hervorgerufen und treten oft nach starken Erkältungen auf. Hohes Fieber, Schmerzen in der Nierengegend und Beschwerden beim Wasserlassen können darauf hinweisen.

Eine **Harnblasenentzündung** kann auf das Eindringen von Krankheitserregern oder auf Reizstoffe im Harn zurückgeführt werden. Oft wird sie nicht ernst genug genommen; lebenslange Erkrankungen können die Folge sein.

Im Nierenbecken können Harnbestandteile, z. B. Calcium- und Phosphatsalze, als feste **Nierensteine** ausgefällt werden. Bleiben sie im Nierenbecken, verursachen sie kaum Beschwerden. Gelangt ein Nierenstein in den Harnleiter und bleibt dort stecken, staut sich der Harn. Die Harnleitermuskulatur versucht durch Muskelbewegungen den Stein in die Blase zu befördern. Das verursacht große Schmerzen (Nierenkolik). Die Behandlung reicht von Medikamenten über Ultraschallzertrümmerung bis zum operativen Eingriff.

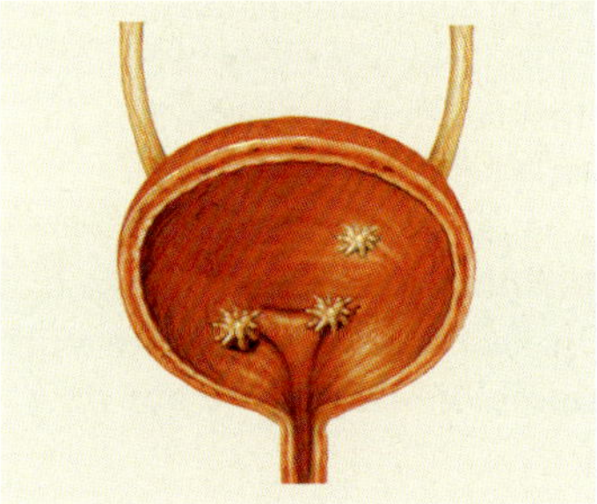

Bild 2

Auch in der Blase können **Blasensteine** entstehen. Sie können Schmerzen, Harnanhalten und Blut im Urin zur Folge haben.

Durch **vorbeugende Maßnahmen,** z. B. Tragen von Nierenschutz beim Motorradfahren, Wechseln nasser Badekleidung, Vermeiden von örtlicher Unterkühlung, Vermeiden extrem gewürzter Speisen, ausreichende tägliche Flüssigkeitszufuhr (mindestens etwa 2 Liter), können wir unsere Nieren und Harnorgane gesund erhalten.

Der dauernde Ausfall der Nierenfunktionen führt zu einem Rückstau von Endprodukten des Stoff- und Energiewechsels im Körper und somit zu einer inneren Vergiftung.

Beim Nierenversagen gelangen alle schädlichen Stoffe, die mit dem Urin normalerweise ausgeschieden werden, in die Blutbahn. Bei Nierenversagen gibt es zwei Behandlungsmöglichkeiten, entweder werden die Nieren durch eine Maschine (Dialysegerät, künstliche Niere) oder durch die Niere eines anderen Menschen (Nierentransplantation) ersetzt.

... und mehr

Informiere dich auch unter: *Ausscheidungsorgane, Niere, Erkrankungen, Nierenerkrankungen*

Haut als Ausscheidungsorgan

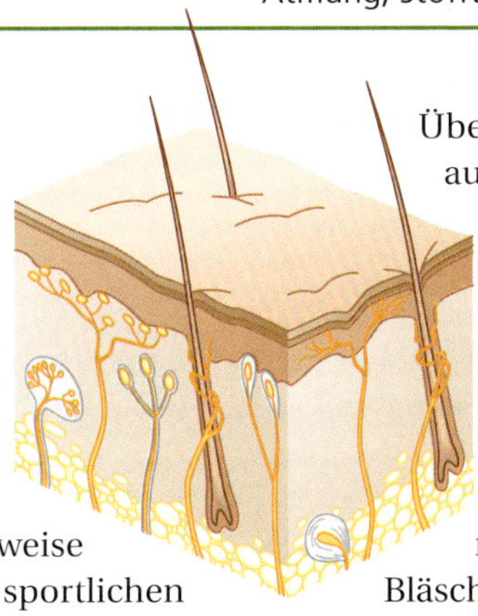

Unsere Haut ist ein wichtiges Sinnesorgan (s. S. 205).
Über die Haut scheiden wir aber auch Stoffe ab. Sie ist also auch ein notwendiges **Ausscheidungsorgan**.
Jeder hat das bestimmt schon am eigenen Körper erfahren. Beispielsweise schwitzt unser Körper nach einem sportlichen Wettstreit oder in der Sauna. Der ausgeschiedene *Schweiß* besteht wie der Harn aus Wasser, Kohlenstoffdioxid und Harnstoff. Die Schweißabsonderung erfolgt durch **Schweißdrüsen.** Diese Drüsen sind knäuelartig aufgerollte Schläuche. Der Ausführungsgang jeder Schweißdrüse ist korkenzieherartig gewunden und mündet in der Oberhaut (Abb. 1, S. 148). Die Schweißdrüsen verdunsten täglich bis zu ein Liter Wasser, bei anstrengender körperlicher Arbeit sogar 5 bis 10 Liter. Der unangenehme Schweißgeruch entsteht, wenn Bakterien den Schweiß zersetzen. Besonders zahlreich befinden sich Schweißdrüsen in den Achselhöhlen, den Fußsohlen, Handtellern und den Ellenbeugen.

Über die Schweißabgabe wird u. a. auch unsere *Körpertemperatur* reguliert.

Neben Schweiß sondert die Haut auch Talg, ein zähflüssiges Hautfett, aus **Talgdrüsen** (Abb. 1, S. 148) ab. Ihre Drüsenzellen liegen in der Wand von vielen kleinen, traubenartig angeordneten Bläschen (Bläschendrüsen). Der Ausführungsgang jeder Talgdrüse ist relativ gerade und mündet in der Oberhaut (Abb. 1, S. 148).
Das Hautfett wirkt Wasser abstoßend und erschwert das Eindringen von Krankheitserregern. Die Haut wird durch den dünnen Fettfilm geschmeidig gehalten.
Der **Nachweis der Wasserabgabe und der Kohlenstoffdioxidabgabe** durch die Haut kann an einem **einfachen Experiment** beobachtet werden (s. unten).

Die Haut ist ein wichtiges Ausscheidungsorgan. Mit dem Schweiß werden Wasser, Harnstoff und Kohlenstoffdioxid aus dem Körper entfernt.

Weise die Abgabe von Wasser und Kohlenstoffdioxid durch die Haut nach.

Materialien:
Folienbeutel oder Becherglas 800 ml, Handtuch, Gummiringe, Kalkwasser als Nachweismittel, Pipette

Durchführung und Beobachtung:
1. Stecke die Hand in ein Becherglas oder einen Folienbeutel, verschließe mit dem Handtuch die Öffnung des Becherglases oder Folienbeutels.
2. Beobachte nach etwa 10 Minuten die Hand und die Innenwand des Becherglases bzw. des Folienbeutels. Beobachte die Hand nochmals nach etwa 30 Minuten. Notiere deine Ergebnisse.
3. Ziehe die Hand heraus und gib mit der Pipette einige Tropfen Kalkwasser in das Becherglas bzw. den Folienbeutel und schwenke das Becherglas bzw. den Beutel.
   Beobachte und notiere deine Ergebnisse.

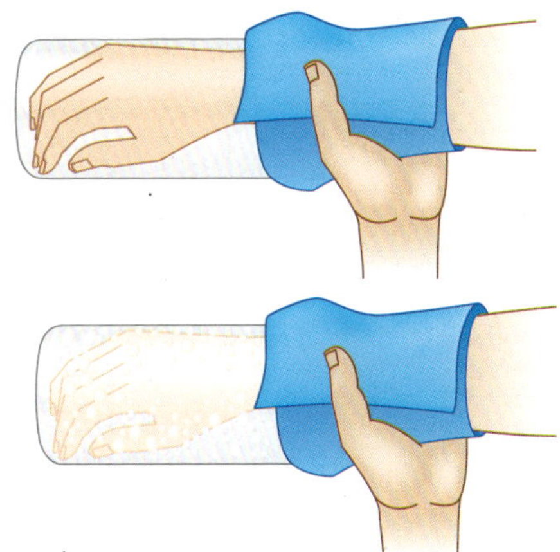

Auswertung:
1. Vergleiche die Ergebnisse.
2. Erkläre die Erscheinungen.

Der Aufbau der Haut entspricht ihren Aufgaben. Die **äußere Haut** als unser größtes Organ mit einer Fläche von fast 2 m^2 stellt einerseits eine unmittelbare Verbindung unseres Körpers zur Umwelt her, und andererseits grenzt die Haut unseren Körper gegen die Umwelt ab. Die Haut des Menschen besteht aus drei Schichten, der *Ober-*, *Leder-* und *Unterhaut* (Abb. 1).

Die oberste Hautschicht der **Oberhaut,** die *Hornschicht*, besteht aus flachen, plattenförmigen Zellen ohne Zellorganellen, die miteinander verschmolzen sind und Hornsubstanz (Keratin) enthalten. Diese Zellen lösen sich ständig als Hautschuppen ab.
Darunter liegen Zellschichten, die als *Keimschicht* bezeichnet werden. Die Keimschicht besteht aus hohen zylindrischen Zellen und Zellen, die braune bis schwarze Farbstoffkörnchen (Melaninpigmente) enthalten.
Die Menge der Pigmente ist von Mensch zu Mensch unterschiedlich. Die Farbstoffkörnchen schützen uns vor allem gegenüber kurzwelligen UV-Strahlen. Die Keimschicht insgesamt hat die Aufgabe, neue Zellen zu bilden, die nach außen geschoben werden und dabei verhornen.
In der Keimschicht befinden sich auch bewegliche Zellen, die Keime aufnehmen und vernichten.

Mit der Oberhaut ist die darunter liegende **Lederhaut** durch Papillen (kleine Erhebungen) wellenförmig verzahnt.
Die Lederhaut ist eine derbe Bindegewebsschicht, in die z.B. Drüsen, Nerven, Blutgefäße, Sinneszellen (Abb. 1; s. a. S. 205), Muskeln und Haare eingelagert sind.

An die Lederhaut schließt sich das **Unterhautgewebe** an (Abb. 1).
Diese Fettschicht schützt Muskeln, Knochen und innere Organe vor Schädigungen durch Druck und Stoß. Sie dient der Wärmeisolation des Körpers und als Energiequelle.
Fette aus dieser Schicht werden als „Energielieferanten“ genutzt.

Unsere äußere Haut besteht aus Oberhaut (Schutz, Bildung neuer Zellen), Lederhaut (Ausscheidungs- und Sinnesfunktion) und Unterhaut (Wärmeisolierung, Schutz, Energiespeicher).

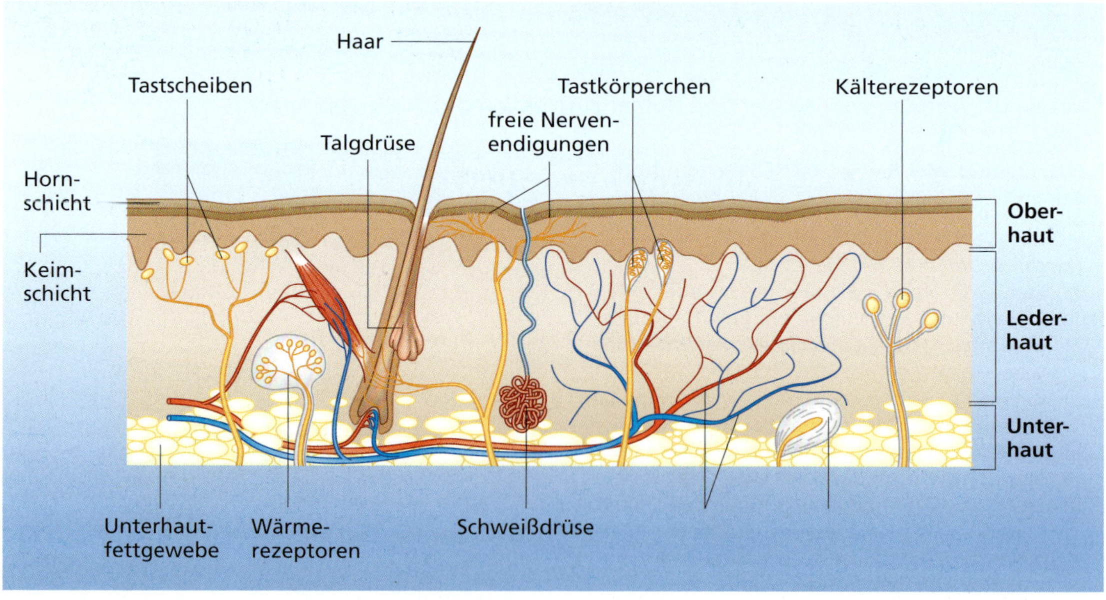

1 Aufbau der Haut (schematisch)

gewusst · gekonnt

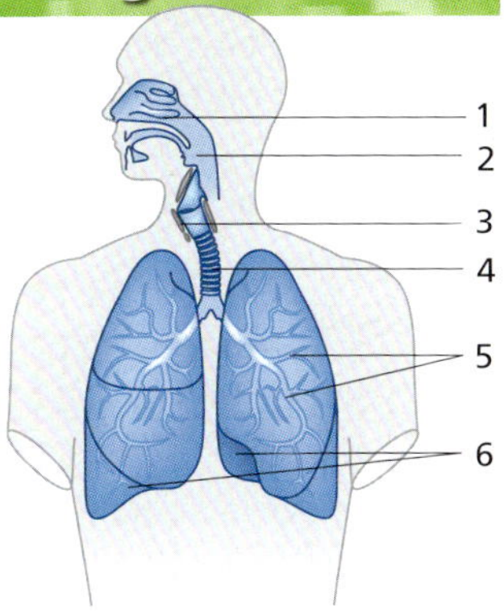

1. Benenne die Atmungsorgane entsprechend der Ziffern 1–6.

2. Beschreibe den Weg der Einatemluft. Erläutere dazu auch, was mit der eingeatmeten Luft in den Atmungsorganen geschieht.

3. Sauerstoff und Kohlenstoffdioxid sind Atemgase.
   a) Beschreibe anhand der Abbildung den Bau eines Lungenbläschens.

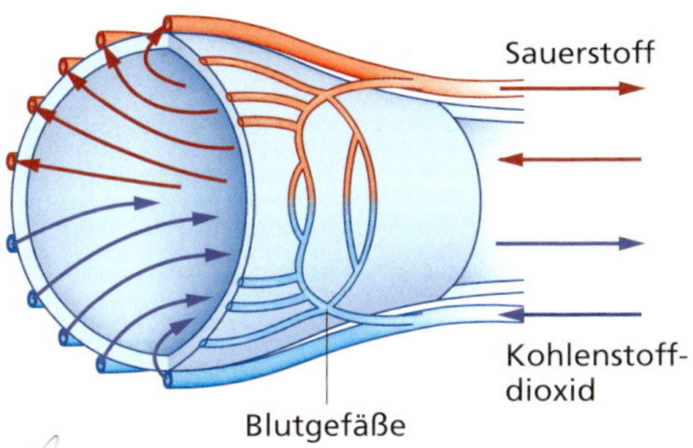

   b) Erkläre den Austausch der Atemgase zwischen den Lungenbläschen und den Blutkapillaren.

4. Erläutere den Zusammenhang zwischen Bau und Funktion am Beispiel der Lungenbläschen.

5. Weise das Atemgas Kohlenstoffdioxid in deiner Ausatemluft nach. Du erhältst dazu ein Trinkröhrchen und ein Reagenzglas mit Kalkwasser (Arbeitsschutz beachten!). Beschreibe, wie du den Nachweis durchführst. Beschreibe dein Beobachtungsergebnis und werte es aus.

6. Übernimm den Lückentext in dein Heft. Vervollständige den Lückentext.
Der Austausch der Atemgase …①… und …②… findet in den …③… statt. Diese sind von einem dichten Netz aus …④… umsponnen. Der …⑤… gelangt aus den Lungenbläschen in das …⑥… Dort wird er an das …⑦… der roten Blutzellen gebunden. Aus den Zellen wandert das …⑧… in das Blut. Aus dem Blut gelangt das …⑨… in das …⑩… und wird ausgeatmet.

7. Zähle deine Atemzüge in einer Minute
   a) beim ruhigen Sitzen,
   b) nach schnellem Lauf (oder 20 Kniebeugen).
Vergleiche und begründe das Ergebnis.

8. Vergleiche Bau und Leistungsfähigkeit der Atmungsorgane von Lurch, Kriechtier und Mensch.

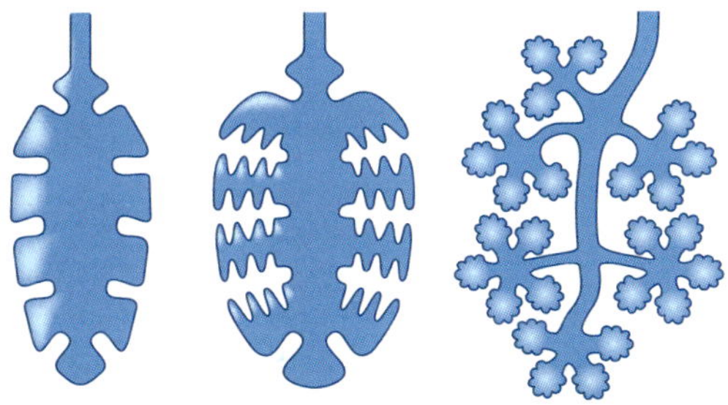

9. Der Tabakrauch enthält viele schädliche Stoffe.
   a) Nenne die Hauptschadstoffe des Tabakrauches.
   b) Erläutere den Zusammenhang zwischen Rauchen und der Schädigung der Atmungsorgane.

10. Betrachte einen Blutausstrich des Menschen mithilfe des Mikroskops (Dauerpräparat). Beschreibe.

11. Das Blut ist ein vielseitiges Transportmittel. Welche Stoffe werden von den Blutbestandteilen transportiert? Fertige eine Tabelle an.

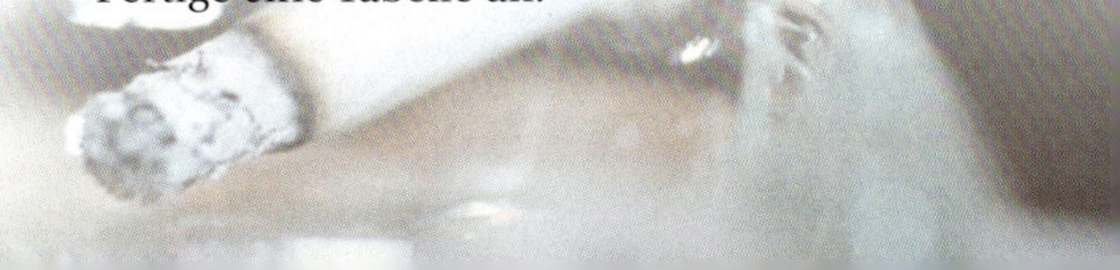

12. Fertige eine Skizze vom Herzen in deinem Heft an! Beschrifte die Skizze mit folgenden Begriffen: rechter Vorhof, Lungenarterie, linke Herzkammer, Lungenvene, Körperarterie, linker Vorhof, Körpervene, rechte Herzkammer, Herzscheidewand, Herzklappen.

13. Blut fließt in Arterien, Kapillaren und Venen durch unseren Körper. Vergleiche Bau und Funktionen der Blutgefäße des Menschen. Fertige dazu eine Tabelle an.

14. Ein erwachsener Mensch hat etwa 6 Liter Blut. Dieses Blut wird durch die Tätigkeit des Herzens in einer Minute einmal durch den Körper gepumpt. Berechne die Pumpleistung des Herzens für 1 Stunde und 1 Tag.

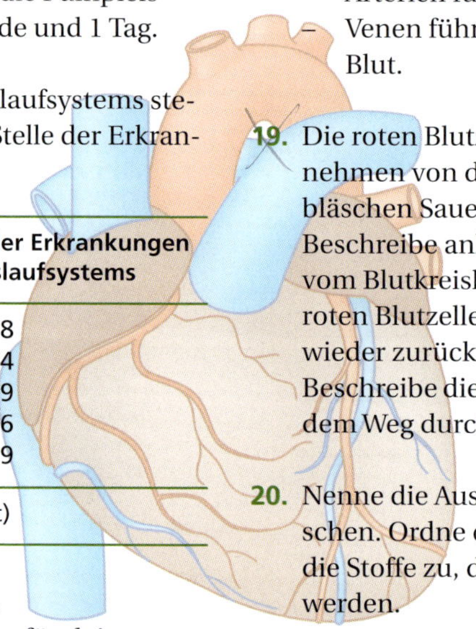

15. Die Erkrankungen des Kreislaufsystems stehen nach wie vor an erster Stelle der Erkrankungen.

Jahre	Anzahl der Erkrankungen des Kreislaufsystems
1993	2 134 378
1994	2 288 764
1995	2 413 429
1996	2 611 866
1997	2 680 989

(Zahlen: Statisches Bundesamt)

a) Interpretiere die Tabelle. Ziehe Schlussfolgerungen für deine persönliche Lebensweise.
b) Gestalte die Tabelle zu einem Diagramm um.

16. Die Herzfrequenz ist abhängig von der körperlichen Aktivität. Plane ein Experiment zur Bestätigung dieser Aussage nach folgender Schrittfolge:
- Vermutungsbildung,
- prüfbare Folgerung,
- Planen,
- Durchführen und Beobachten,
- Auswerten mit Bezug zur Vermutung.

17. Überprüfe die Pulsfrequenz eines Mitschülers.
a) Überlege, wie die Pulsfrequenz festgestellt und gemessen werden kann.
b) Miss den Puls in Ruhestellung und nach 10 Kniebeugen.
Notiere die Ergebnisse.
Wiederhole die Messungen nach 10 Minuten und notiere die Ergebnisse.
c) Vergleiche und begründe die Ergebnisse.

18. Betrachte genau die Abbildung 1 des Blutkreislaufs auf Seite 138. Sind folgende Aussagen korrekt?
Begründe deine Antwort.
- Arterien führen sauerstoffreiches Blut.
- Venen führen kohlenstoffdioxidreiches Blut.

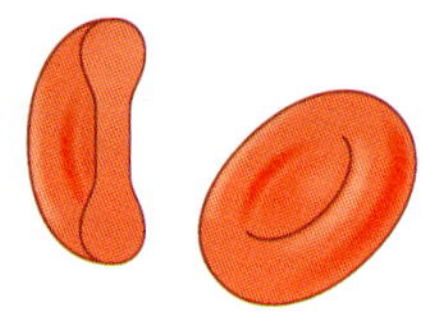

19. Die roten Blutzellen übernehmen von dem Lungenbläschen Sauerstoff.
Beschreibe anhand der Abbildung 1 vom Blutkreislauf auf Seite 138 den Weg der roten Blutzellen durch unseren Körper und wieder zurück zur Lunge.
Beschreibe die Veränderungen von ihnen auf dem Weg durch unseren Körper.

20. Nenne die Ausscheidungsorgane des Menschen. Ordne den Ausscheidungsorganen die Stoffe zu, die aus dem Körper entfernt werden.

21. Die Nieren eines Erwachsenen werden pro Minute von etwa 1,2 Liter Blut durchflossen. Berechne die Blutmenge, die pro Tag (24 Stunden) durch die Nieren fließt.

22. Pro Minute strömen etwa 0,7 bis 1,2 Liter Blut durch die Nieren.
In welcher Zeit fließt die gesamte Blutmenge einmal durch die Nieren?

23. Plane ein Experiment, mit dem man nachweisen kann, dass die Haut der Ausscheidung dient.

Atmung

Atmungsorgane

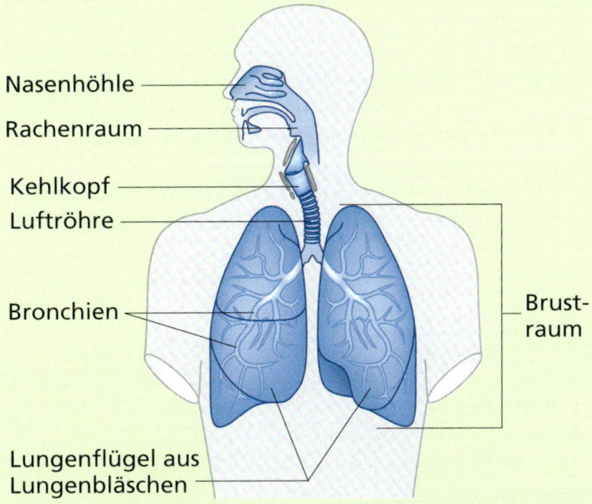

Bau des Lungenbläschens

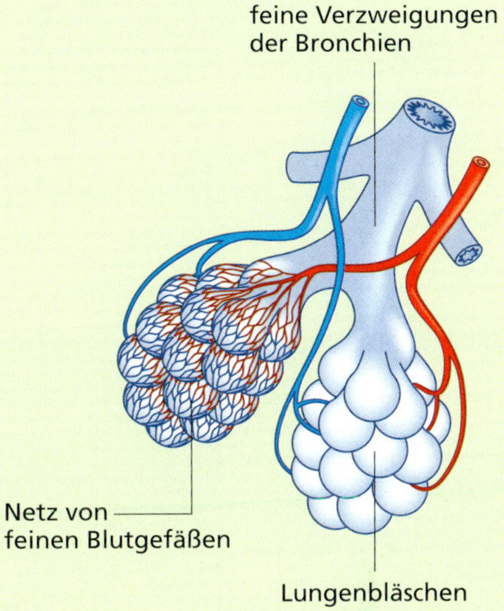

Gasaustausch zwischen Lungenbläschen und Blutkapillare

Der **Gasaustausch** erfolgt in den Lungenbläschen durch Diffusion.
Sauerstoff gelangt aus den Lungenbläschen ins Blut und mit dem Blut über das Herz zu allen Organen und Zellen des Körpers (1, 2).
Kohlenstoffdioxid wird mit dem Blut von den Organen und Zellen des Körpers über das Herz zu den Lungenbläschen transportiert und ausgeatmet (3, 4).

Die **Einatemluft** hat einen höheren Sauerstoffanteil und niedrigeren Kohlenstoffdioxidanteil als die **Ausatemluft.**

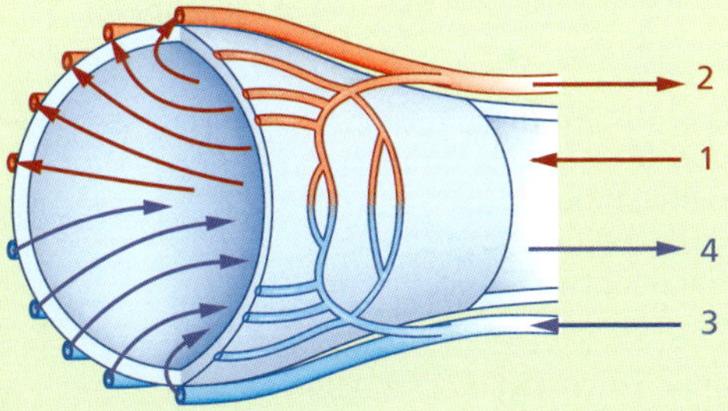

Blut

Blutbestandteile und ihre Funktionen

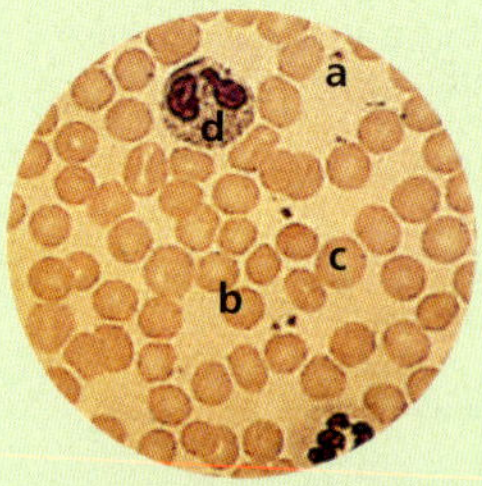

Blutplasma (a):	ca. 55 %
Blutplättchen (b):	kernlos, unterschiedlich geformt; Blutgerinnung
rote Blutzelle (c):	kernlos, scheibenförmig; Sauerstoffbindung
weiße Blutzelle (d):	kernhaltig, wechselnde Form; Vernichtung von Krankheitserregern, Bildung von Abwehrstoffen

Bau und Funktionen des Blutgefäßsystems

Herz

Durch rhythmisches Zusammenziehen des Herzens wird das Blut durch unseren Körper transportiert.

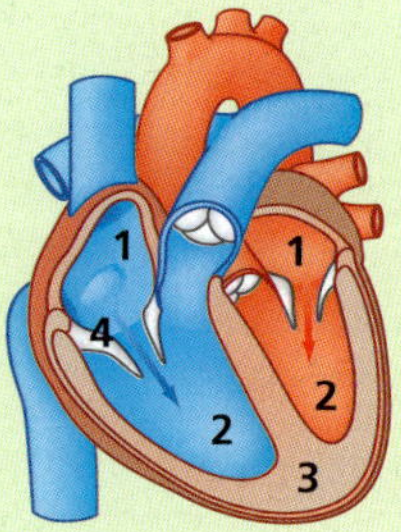

1 Vorhöfe
2 Herzkammern
3 Herzscheidewand
4 Herzkloppen

Blutgefäße

Das Blut fließt in Blutgefäßen durch unseren Körper.

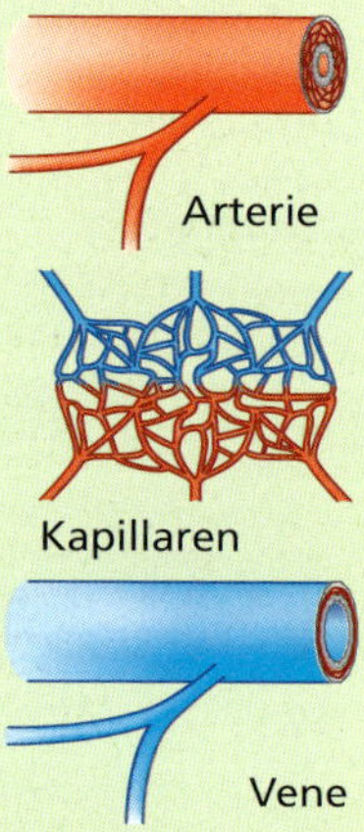

Blutkreislauf

Im geschlossenen Röhrensystem kreist das Blut durch den Körper und erreicht alle Organe.

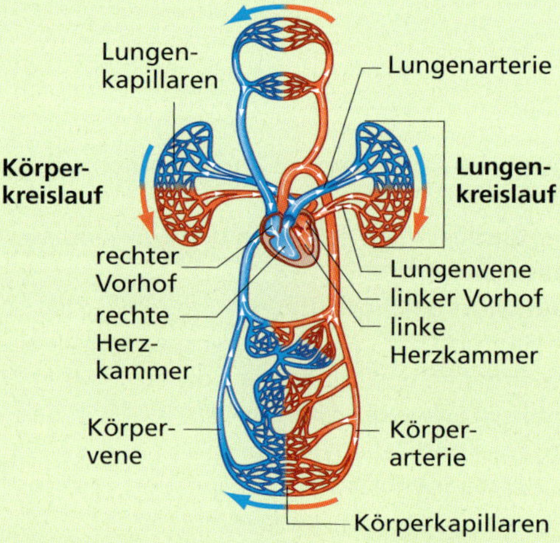

Ausscheidung

Lunge

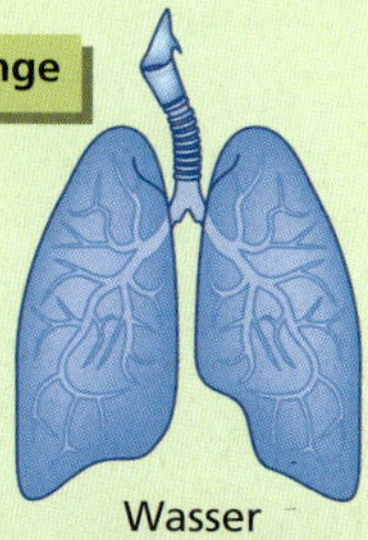

Wasser
Kohlenstoff-dioxid

Haut

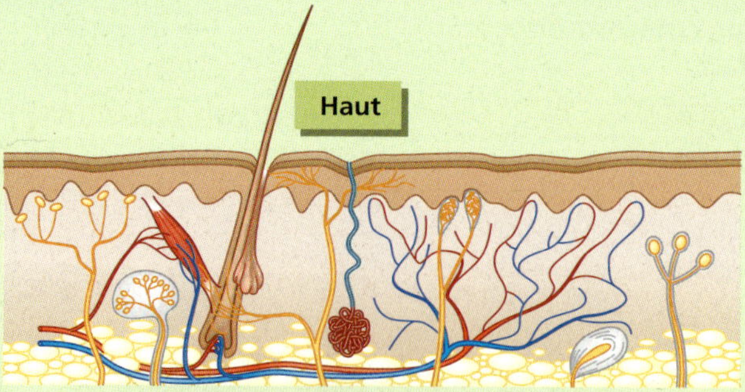

Wasser
Salze
Harnstoff

Nieren

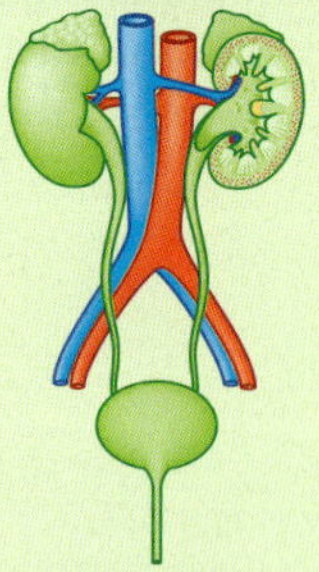

Wasser
Salze
Harnstoff

3 Infektionskrankheiten und Immunsystem

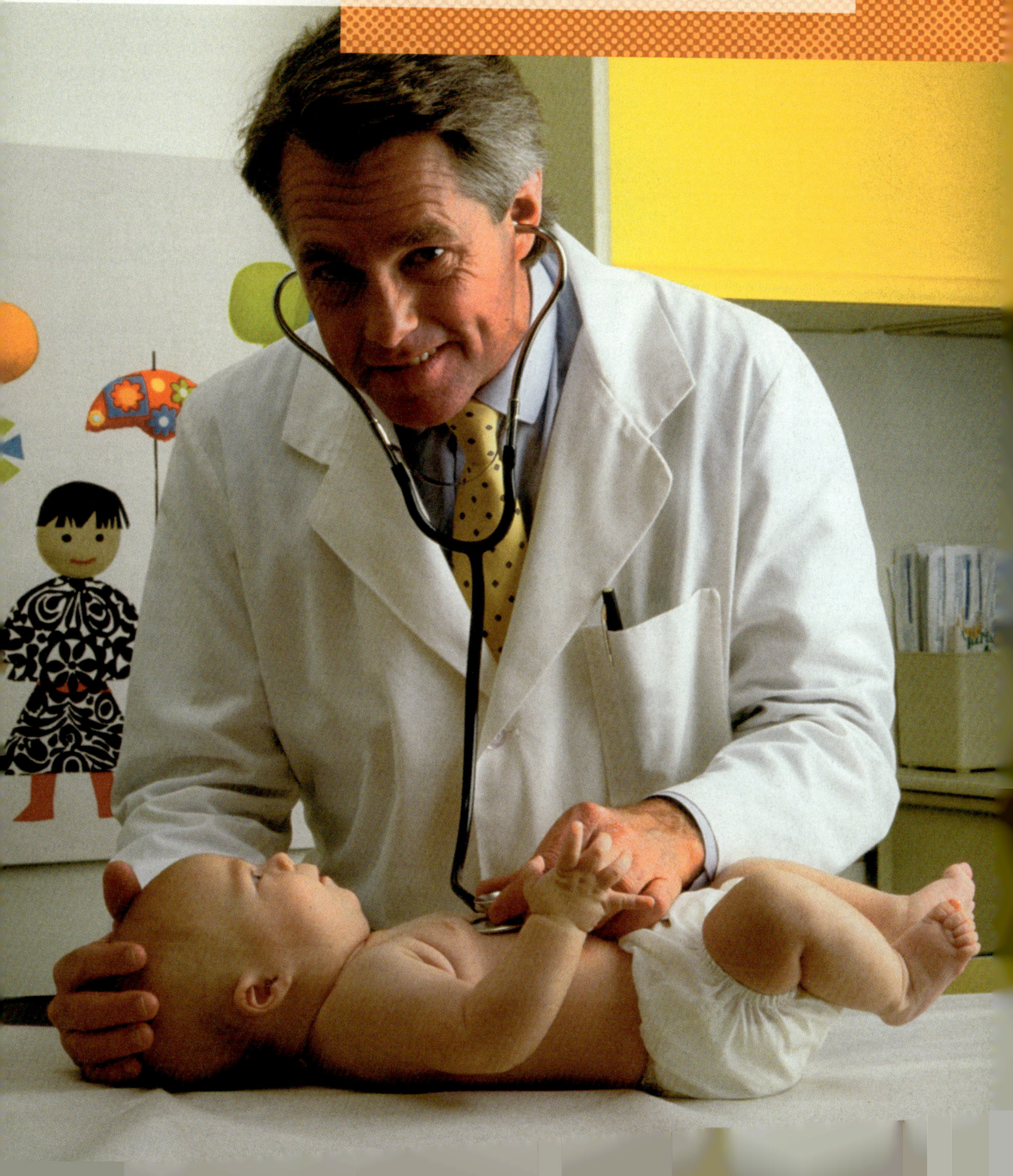

3.1 Infektionskrankheiten

Braunfäule an Tomaten – eine Infektionskrankheit?

Diese Krankheit ist weit verbreitet. Auf den Blättern, den Stängeln und Früchten bilden sich braune Flecken. Blattunterseits findet sich weißer Rasen. Blätter und Stängel vertrocknen und sterben ab, die Früchte verfaulen.

Wer verursacht diese Infektionskrankheit?

Wie kann man ihre Ausbreitung eindämmen?

Bedeutung der Bakterien – Herstellung von Quark, Käse, Alkohol

Geheimnisvoll waren die Vorgänge, die Menschen schon 3000 Jahre vor unserer Zeitrechnung nutzten. Aus vergorenem Saft wurde damals bereits Essig hergestellt. Man konnte aus Milch Quark bereiten und Käse herstellen (Abb.), aus Fruchtsäften entstand nach längerer Zeit ein berauschendes Getränk.

Sind es Lebewesen, die bei der Bildung (Herstellung) von Quark bzw. Käse und Alkohol beteiligt sind?

Wie kann aus Alkohol Essig entstehen?

Infektionskrankheiten – „Geißel" der Menschheit?

Jahrhundertelang haben Pest, Cholera und andere Infektionskrankheiten die Menschen als Seuchen immer wieder heimgesucht. Die letzte Pestepidemie 1720 im Gebiet von Marseille (Frankreich) hat schätzungsweise 50 000 Menschen das Leben gekostet. Als Erinnerung und Gedenken an diese schreckliche Seuche wurden vielerorts „Pestsäulen" errichtet.

Welche Infektionskrankheiten gibt es?

Auf welche Weise kann eine Ansteckung erfolgen?

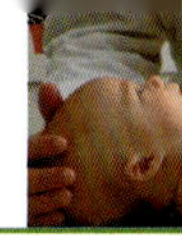

Entstehung und Verlauf von Infektionskrankheiten

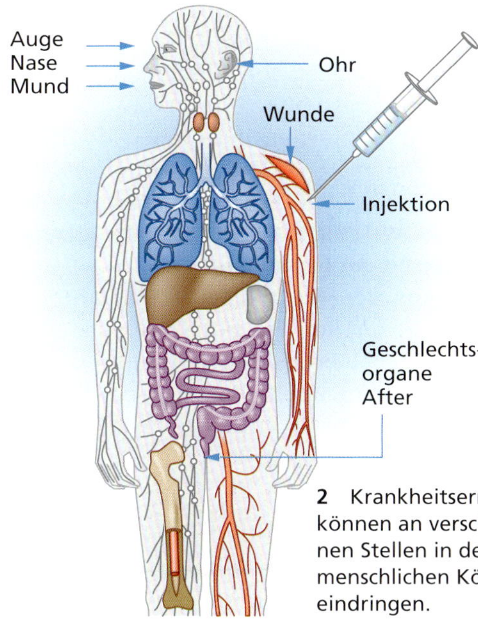

2 Krankheitserreger können an verschiedenen Stellen in den menschlichen Körper eindringen.

Aus der Umgebung können in unseren Körper verschiedene Erreger von Krankheiten eindringen. Dies können *Bakterien, Viren, Pilze,* tierische *Einzeller* oder *Prionen* (Eiweißpartikel) sein. Der Körper wird von ihnen infiziert (angesteckt). Es erfolgt eine **Infektion.** Die ausbrechenden Krankheiten heißen **Infektionskrankheiten** oder **ansteckende Krankheiten.** Sie sind auf andere Personen übertragbar.

Die Erreger können auf direktem oder indirektem Weg in den Körper gelangen (Abb. 1; Tab., S. 156). Die direkte Übertragung erfolgt durch Tröpfchen- und Schmierinfektion, durch Einatmen mit der Luft, durch Geschlechtsverkehr, bei der Geburt. Indirekt können die Erreger mit der Nahrung aufgenommen, durch Instrumente, z. B. Spritzen, eingeimpft oder durch Tiere, z. B. Fliegen, Mücken und Zecken übertragen werden.

Die Krankheitserreger können an den unterschiedlichsten Stellen in den menschlichen Körper eindringen (Abb. 2). Als Eintrittspforten dienen meist die Lunge und die Verdauungsorgane, seltener die Haut und die inneren Schleimhäute.

Infektionskrankheiten sind ansteckende Krankheiten. Sie werden durch Erreger direkt oder indirekt übertragen.

Art	Anzahl der Arten	Wirkungsweise	Beispiele für Krankheiten
Viren	über 1000	Zerstören die Zellen von innen	Grippe, Kinderlähmung, Röteln, Gelbsucht, Mumps, Windpocken, Aids
Bakterien	über 1000	Sondern Giftstoffe ab und zerstören Gewebe	Meningitis (Hirnhautentzündung), Borreliose (durch Zecken übertragen), Keuchhusten, Typhus, Tuberkulose, Pest, Tetanus, Diphtherie, Scharlach, Cholera, eitrige Mandelentzündung
Pilze	über 50	Zerstören über das Immunsystem körpereigenes Gewebe	Hautpilz, Hefepilzbelag in der Mundhöhle
Parasiten	über 50	Manche zerstören die Zellen von innen. Andere sind große Parasiten (z. B. Mücken) und entziehen dem Körper Stoffe.	Malaria, Schlafkrankheit, *Trichomonas*
Prionen (Eiweißpartikel)		Verändern die Eiweiße (Proteine) des Körpers	Creutzfeldt-Jakob-Syndrom, Rinderwahnsinn (BSE)

1 Verschiedene Krankheitserreger können unterschiedliche Krankheiten verursachen.

Nach der Infektion vermehren sich die Erreger im Körper. Durch Abgabe von Giftstoffen (Toxine) bzw. durch eine bestimmte Erregerkonzentration kommt es zur Schädigung des Körpers. Typische Anzeichen für eine Erkrankung – **Symptome** genannt – treten auf, z.B. steigt die Körpertemperatur an. An verschiedenen Symptomen erkennt der Arzt die Art der Erkrankung.
Den Zeitraum, der zwischen der Übertragung der Erreger und dem Auftreten der Symptome (Ausbruch der Krankheit) liegt, nennt man **Inkubationszeit**. Die Inkubationszeit ist bei verschiedenen Infektionskrankheiten unterschiedlich lang (s. Tab.).

Übertragungswege für Infektionen

direkte Übertragung:
- Tröpfcheninfektion (z. B. Schnupfen)
- Schmierinfektion (z. B. Scharlach)
- Atemluft (z. B. Windpocken)
- Geschlechtsverkehr (z. B. Syphilis, Tripper)
- Schwangerschaft (z. B. Röteln)
- Geburt (z. B. Tripper)
- Muttermilch (z. B. Aids)

indirekte Übertragungswege:
- Lebensmittel (z. B. Salmonellose)
- Instrumente (z. B. Aids, Hepatitis)
- Tiere (z. B. Malaria, Borreliose)

Krankheit	Inkubationszeit
Diphtherie	2–7 Tage
Masern	9–11 Tage
Windpocken	14–21 Tage
Röteln	14–21 Tage
Kinderlähmung	7–14 Tage
Scharlach	2–7 Tage

Während der Inkubationszeit vermehren sich die Erreger. Aber im Körper werden auch Abwehrstoffe mobilisiert, sodass in vielen Fällen die Krankheit nicht ausbricht (Abb. 1). Vom aktuellen Gesundheitszustand eines Menschen ist es mit abhängig, ob der Mensch erkrankt. Menschen, die durch ständige Überlastungen, Fehlernährung u.a. geschwächt sind, sind gegenüber Infektionen anfälliger.
In nasskalten Jahreszeiten treten häufig **Erkältungskrankheiten** (Schnupfen, Husten, Halsschmerzen) auf, die relativ harmlos verlaufen. Wir können aber auch beobachten, dass schnell viele Menschen an diesen „grippalen Infekten" erkranken. Wie die grippalen Infekte sind auch andere Infektionskrankheiten ansteckend oder übertragbar.

Die Krankheitserreger vermehren sich im Körper und führen zum Ausbruch der Infektionskrankheit.

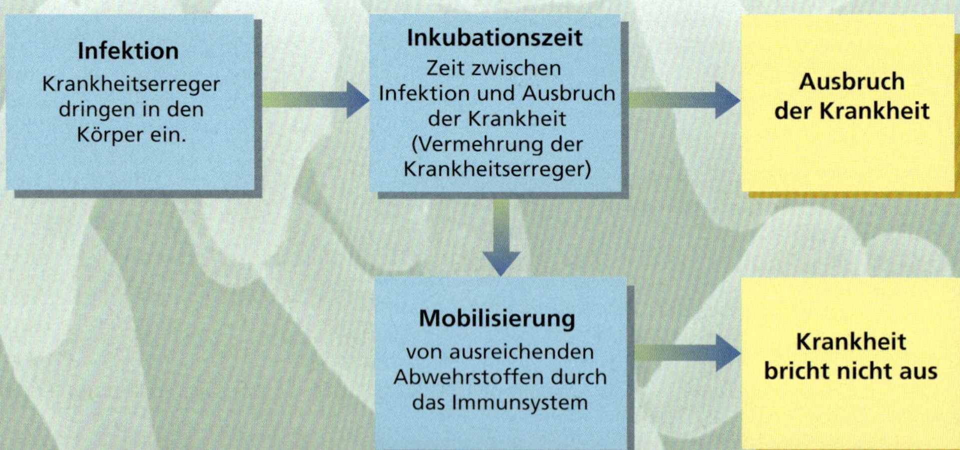

1 Entstehung einer Infektionskrankheit

Bakterien als Krankheitserreger

Vorkommen, Bau und Vermehrung

Bakterien kommen praktisch überall vor, im Wasser, im Boden, in der Luft sowie im Körper von Pflanzen, Tieren und Menschen. In unserem Mund beispielsweise befinden sich ständig mehr Bakterien, als es Menschen auf der Erde gibt. Nur sehen können wir sie mit bloßem Auge nicht. Erst mithilfe eines Mikroskops kann man sie beobachten.

Viele Bakterien leben dort, wo sie ausreichend Nahrung, genügend Feuchtigkeit und eine günstige Temperatur vorfinden. Es gibt aber auch Bakterien, die an Stellen leben, wo keine anderen Lebewesen mehr existieren können.

1970 wurden z. B. Bakterien in heißen Quellen von +60 °C bis +120 °C entdeckt. Andere kommen in hoch konzentrierten Salzlösungen von 120 g bis 300 g Salz pro Liter vor (Ostseewasser: ca. 20 g Salz/l; Nordseewasser: ca. 35 g Salz/l). Sie leben in Salzseen, aber auch auf gesalzenem Fleisch. Auch in ausgesprochenen Kälteregionen, z. B. in der Antarktis, und auf den höchsten Berggipfeln, leben Bakterien. Bakterien haben sich vermutlich schon vor etwa 3,5 Milliarden Jahren entwickelt. Sie gehören zu den ältesten Organismen auf der Erde.

Bakterien (Auswahl)	Länge in µm
Erreger des Milzbrandes	3,0 – 10
Erreger der Diphtherie	0,2
Erreger des Wundstarrkrampfes	2,5 – 5
Erreger der Tuberkulose	3,0
Erreger der Lungenentzündung	1,0
Erreger der Cholera	1,5 – 3,0

Um Bakterien zu beobachten, kann man sie auf einem künstlichen Nährboden, der sich in einer Petrischale befindet, züchten (Abb. 1). Beimpft man einen solchen Nährboden mit Bakterien, bilden sich nach kurzer Zeit Flecken, die rasch größer werden. Es handelt sich um **Bakterienkolonien**, die bei 2 mm Durchmesser etwa 3 bis 4 Milliarden Bakterien enthalten.

Bakterien sind also **sehr klein** (Tab.). Die größten Bakterien kann man mit einem Lichtmikroskop bei 1000facher Vergrößerung erkennen. Für die kleinsten Bakterien (0,2 µm oder 0,0002 mm) ist ein Elektronenmikroskop erforderlich.

Bakterien bestehen nur aus einer einzigen **Zelle** (Abb. 1, S. 158). Sie besitzen eine *Zellwand*, die ihnen ihre Gestalt gibt und ihnen Schutz verleiht. Zusätzlichen Schutz bietet bei vielen Bakterien noch eine *Schleimschicht*, die der Zellwand außen aufgelagert ist.

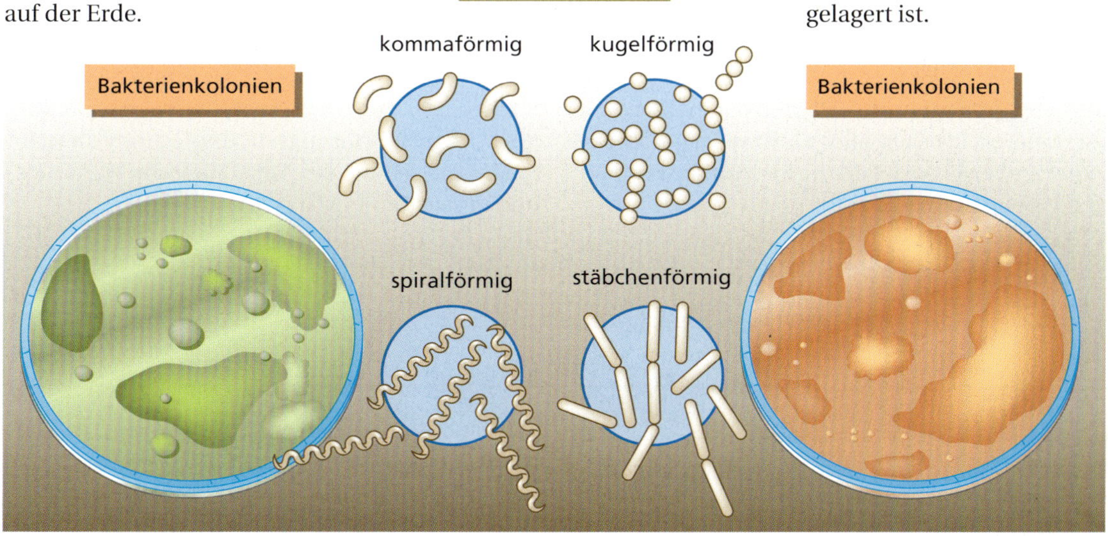

1 Bakterienformen und Bakterienkolonien

Unterhalb der Zellwand befindet sich die *Zellmembran*. Zusammen mit der Zellwand umschließt sie das in der Zelle befindliche *Zellplasma*. Die Zellmembran ermöglicht den Stoffaustausch mit der Umwelt. Sie liegt der Zellwand dicht an.

Ein Zellkern ist aber nicht vorhanden. Bakterien sind **kernlose Lebewesen**. Anstelle des Zellkerns gibt es eine *fadenförmige Kernsubstanz*, die die Erbanlagen enthält.

Die **Form** der Bakterien ist unterschiedlich. Sie können kugel-, stäbchen-, komma- bzw. schrauben- oder spiralförmig aussehen (Abb. 1, S. 157). Manche lagern sich kettenförmig oder paketförmig aneinander. Sie bilden **Kolonien**. Einige besitzen auch Geißeln zur Fortbewegung.

Die Fortpflanzung und Vermehrung der Bakterien erfolgt **ungeschlechtlich durch Querteilung**. Haben sie die Größe des Ausgangsbakteriums erreicht, teilen sie sich erneut. Diese Form der ungeschlechtlichen Fortpflanzung wird **Spaltung** genannt (Abb. 2).

Bei günstigen Lebensbedingungen (u. a. genügend Nahrung, Feuchtigkeit und Temperaturen zwischen + 10 °C bis + 30 °C) kann sich ein Bakterium alle 20 Minuten teilen. Dadurch können in einem Milliliter Milch nach 24 Stunden bereits 5 Millionen Bakterien vorhanden sein. Durch die rasche Vermehrung unterscheiden sie sich von vielen anderen Organismen. Nach der Zellteilung können die Bakterien miteinander verbunden bleiben und können so Zellhaufen, einfache und verzweigte Zellketten bilden. Diese Bakterienkolonien haben je nach Bakterium typische Formen und Farben (Abb. 1, S. 157).

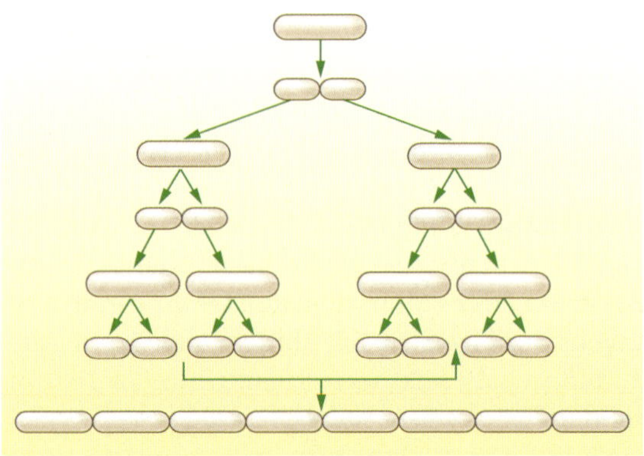

2 Bakterien vermehren sich durch Querteilung (Spaltung).

Die rasche Vermehrung der Bakterien kann man eindämmen oder verhindern, indem die Lebensbedingungen für sie ungünstig gestaltet werden (s. S. 159).

Bakterien sind einzellige oder zu Kolonien oder Zellketten angeordnete Lebewesen, die keinen abgegrenzten Zellkern besitzen (nur fadenförmige Kernsubstanz). Sie treten in unterschiedlichen Formen auf.
Bakterien pflanzen sich ungeschlechtlich durch Querteilung der Zelle (Spaltung) fort.

Die **Bedeutung der Bakterien** ist sehr vielfältig. Sie sind beispielsweise wichtige Glieder im Kreislauf der Natur, Erreger von Krankheiten bei Pflanze, Tier und Mensch, Helfer bei der Herstellung von Nahrungs- und Futtermitteln, Fäulniserreger bei der Zersetzung von Nahrungs- und Futtermitteln.

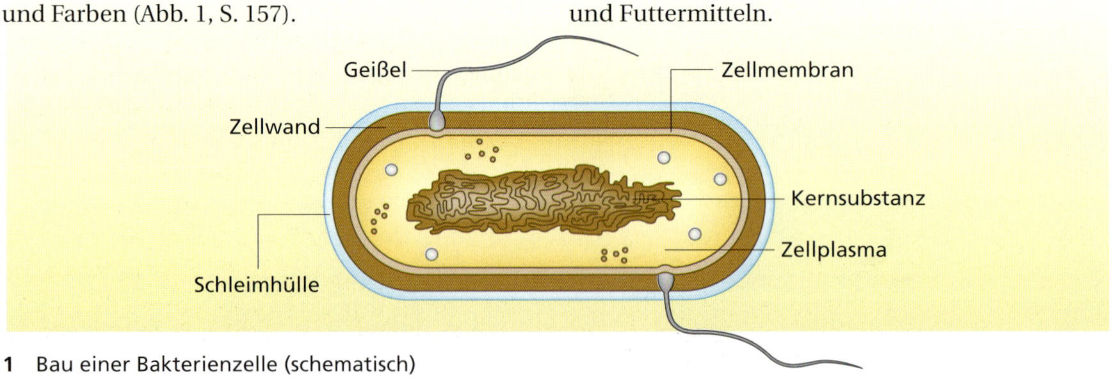

1 Bau einer Bakterienzelle (schematisch)

Wie begründe ich biologische Aussagen?

Im Biologieunterricht wird man oftmals aufgefordert, Aussagen über biologische Sachverhalte, über Naturschutzmaßnahmen oder Maßnahmen zur gesunden Lebensführung zu begründen. Beim **Begründen** soll man nachweisen, dass die entsprechende Aussage richtig ist. Für diesen Nachweis muss man Gründe suchen und sie angeben. Beim Begründen von Aussagen kann man **schrittweise vorgehen**.

Biologische Aussage und Aufgabe

Bei günstigen Lebensbedingungen (u. a. genügend Nahrung, Feuchtigkeit und Temperaturen zwischen + 10 °C bis + 30 °C) kann sich ein Bakterium alle 20 Minuten teilen. Ungünstige Lebensbedingungen verhindern seine Fortpflanzung und Vermehrung.
Nenne und begründe Maßnahmen, die die Vermehrung der Bakterien in Lebensmitteln einschränken.

1. Schritt

Lies die Aussagen, die du begründen sollst, genau durch.

Hast du die Aufgabe richtig verstanden?

2. Schritt

Gründe für die Richtigkeit der Aussagen (eine Auswahl)

Maßnahmen und Gründe:
Erhitzen und Kochen der Lebensmittel – Abtöten der Bakterien durch zu hohe Temperaturen;

Trocknen und Dörren von Lebensmitteln – Wasserentzug bedingt Eindämmen bzw. Verhindern der Fortpflanzung und Vermehrung der Bakterien;
Kühlen bzw. Einfrieren von Lebensmitteln – Schaffung niedriger Temperaturen bedingt Eindämmung der Fortpflanzung und Vermehrung;
Einsalzen von Lebensmitteln – Osmotischer Wasserentzug aus den Lebensmitteln schränkt Lebensbedingungen für Bakterien ein;
Räuchern von Lebensmitteln – durch Wasserentzug und durch die beim Räuchern entstehenden Substanzen werden Fortpflanzung und Vermehrung der Bakterien eingeschränkt (z. B. bei Fisch, Speck, Schinken);
Einsäuern von Lebensmitteln – in saurer Umgebung wird die Entwicklung der Bakterien gehemmt.

3. Schritt

Formulierung bzw. Darstellung der Begründung

Die rasche Vermehrung der Bakterien kann man eindämmen oder verhindern, indem die Lebensbedingungen für sie ungünstig gestaltet werden, z. B. durch Schaffung **niedriger** Temperaturen, durch **Erhitzen** ihrer Nahrungsstoffe auf + 105 °C oder durch **Wasserentzug** (Trocknen und Dörren), **Räuchern** oder **Einsalzen**.
Dies wird bei der Lagerung von Nahrungsmitteln und Futterstoffen ausgenutzt (z. B. Kühlschränke, Kühlhallen, Lagerhallen für Trockennahrung bzw. Trockenfutter).

Bakterienerkrankungen

Bakterien (s. S. 157) können beim Menschen, aber auch bei Tieren und Pflanzen Infektionskrankheiten hervorrufen.
Für den Menschen gehören z. B. *Keuchhusten, Diphtherie, Wundstarrkrampf (Tetanus), Tuberkulose, Cholera, Pest, Borreliose, die Geschlechtskrankheiten Syphilis* und *Tripper* (s. Tab., S. 162) dazu.

Keuchhusten

Keuchhusten gehört zu den gefährlichen Infektionskrankheiten für Säuglinge und Kleinkinder. Diese Krankheit wird durch das Bakterium *Bordetella pertussis* hervorgerufen.
Das Keuchhustenbakterium wird durch Einatmen von winzigen Tröpfchen, die beim Husten und Sprechen von infizierten Menschen abgegeben werden, übertragen. Etwa nach zwei Wochen (Inkubationszeit: 7 bis 21 Tage) treten erste Anzeichen der Erkrankung wie Schnupfen, Husten, Heiserkeit und erhöhte Temperatur auf. Erst danach zeigen sich die typischen Hustenanfälle, Hals- und Schluckbeschwerden, Fieber sowie das Schleimerbrechen (Abb. 1). Gefährliche Erstickungsanfälle sind nicht selten.
Ist die Erkrankung ausgebrochen, können die Begleiterscheinungen des Keuchhustens durch Medikamente, insbesondere Antibiotika, abgeschwächt werden. Durch diese Medikamente werden die Erreger abgetötet bzw. deren Vermehrung verhindert. Sie sorgen für eine Abschwächung der Krankheitszeichen und für eine Verkürzung der Erkrankungsdauer.

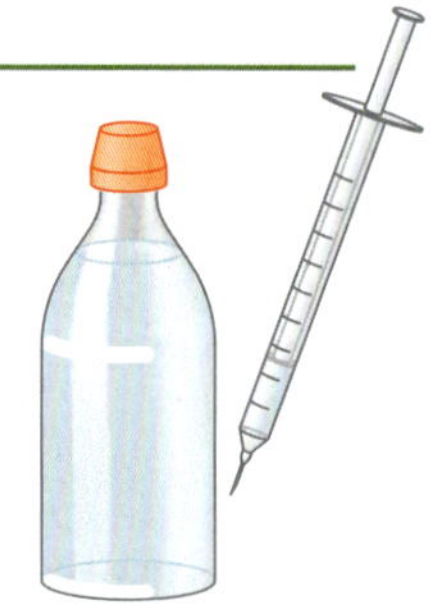

Einen wirksamen Schutz gegen den Keuchhusten bietet die *Impfung,* die im Säuglingsalter durchgeführt wird. Auch Erwachsene können an Keuchhusten erkranken. Bei ihnen verläuft die Erkrankung wesentlich milder und ohne Komplikationen. In der Regel erkrankt ein Mensch an Keuchhusten nur einmal im Leben.

Diphtherie

Diphtherie ist nicht nur eine Kinderkrankheit. Heute sind etwa 70 % der an Diphtherie Erkrankten Erwachsene, auch ältere Menschen.
Bis zum Ende des vorletzten Jahrhunderts war Diphtherie eine gefährliche Seuche. In Deutschland beispielsweise erkrankten 1893 etwa eine halbe Million Menschen. Die Krankheit verlief mit hoher Sterblichkeit. Erst als EMIL VON BEHRING (s. S. 178) ein Diphtherieserum herstellen konnte, wurden viele diphtheriekranke Menschen vor dem Tod bewahrt. Die Diphtherieerreger (Abb. 2) wurden bereits 1884 entdeckt. Sie werden durch Tröpfcheninfektion bei direktem Kontakt, z. B. beim Husten, oder durch infizierte Gegenstände übertragen und gelangen auf die Schleimhäute von Nase, Rachen und Kehlkopf eines anderen Menschen, wo sie sich vermehren.

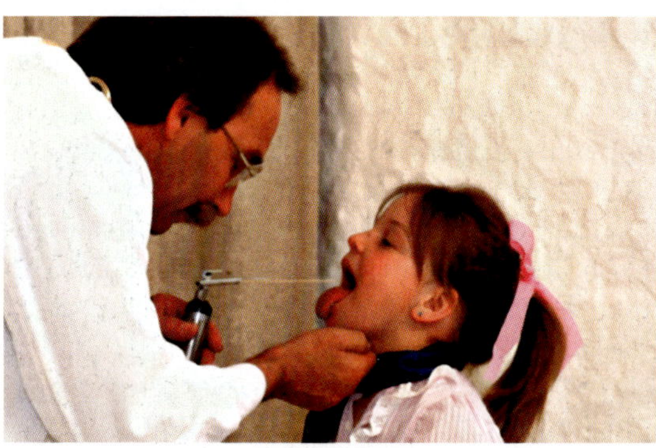

1 Der Keuchhusten *(Pertussis)* führt zu Hustenanfällen sowie Hals- und Schluckbeschwerden.

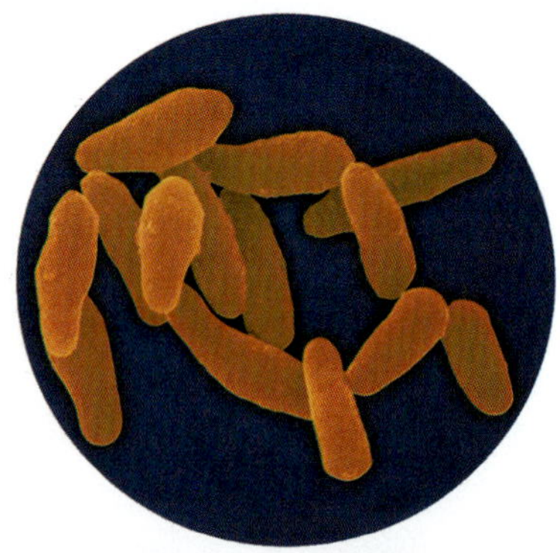

2 Diphtherieerreger (elektronenmikroskopische Aufnahme, 3750fach)

Nach einer Inkubationszeit von 2 bis 7 Tagen treten erste Krankheitserscheinungen wie Abgeschlagenheit, Fieber um 38 °C bis 39 °C und Schluckbeschwerden auf. Die oberen Atemwege entzünden sich, der Rachenraum und die Gaumenmandeln überziehen sich mit grauweißen Belägen. Häufig kommt es auch zum Befall des Kehlkopfes.
Die Beläge können so zunehmen, dass es zu starken Schluckbeschwerden, zu Atemnot und eventuellem Ersticken führen kann. Deshalb erhielt die Diphtherie auch den Namen „Würgeengel".

Die ärztliche Behandlung erfolgt mit einem *Heilserum.* Je zeitiger diese Behandlung beginnt, desto eher werden Schäden vermieden. Zur Behandlung werden auch Antibiotika eingesetzt.

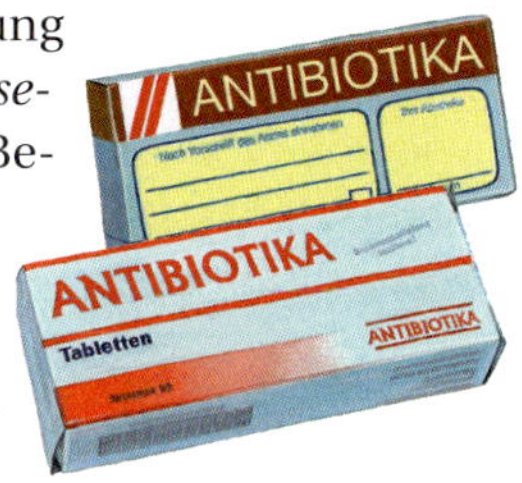

Verläuft die Erkrankung an Diphtherie normal, ist nach ca. 2 bis 3 Wochen mit der Heilung zu rechnen. Besser ist es jedoch, wenn man durch *Impfung* einen langjährigen Schutz gegen Diphtheriebakterien erhält, der allerdings etwa alle 10 Jahre aufgefrischt werden sollte.

Wundstarrkrampf

Die Krankheit **Wundstarrkrampf** (Tetanus) wird durch stäbchenförmige Bakterien hervorgerufen (Abb. 1). Weil sich diese Bakterien überall aufhalten, besonders in Erde, Staub und morschem Holz, kann es schnell zur Infektion kommen. Die Erreger dringen durch kleinste Hautverletzungen – verursacht durch Kratzer, Holzsplitter, Dornen – sowie in geringfügige Schürf- und Schnittwunden in den Körper ein, vermehren sich und produzieren innerhalb weniger Tage ein Nervengift.
Als Krankheitszeichen treten zunächst Mattigkeit, Schweißausbrüche und Schlaflosigkeit, später qualvolle Krampfzustände der Muskulatur (Nackensteife, Muskelstarre im Gesicht) auf. Sind die Atem- und Herzmuskulatur betroffen, verläuft die Krankheit mit Todesfolge. Die Sterblichkeit liegt gegenwärtig bei 30 % bis 50 % aller Erkrankungen. Weltweit werden 300000 bis 500000 Erkrankungen jährlich geschätzt. 60 Milliardstel Gramm des Tetanusgiftes sollen genügen, um den Tod eines Menschen herbeizuführen. Ein Gegengift gibt es nicht.
Im Krankheitsfall muss innerhalb von 24 Stunden mit einem Heilserum behandelt werden. Ein wirksamer Schutz wird durch eine **Impfung** erreicht.

Tuberkulose der Lunge

Die meldepflichtige **Tuberkulose der Lungen** (Abb. 2) wird durch ein stäbchenförmiges Bakterium verursacht. Über die Atemluft gelangt es in die Lunge und bildet knötchenartige Entzündungsherde, die sich schnell ausbreiten. Dadurch wird die Atmung beeinträchtigt, Fieber, Husten und eitriger Auswurf sind die Folgen.

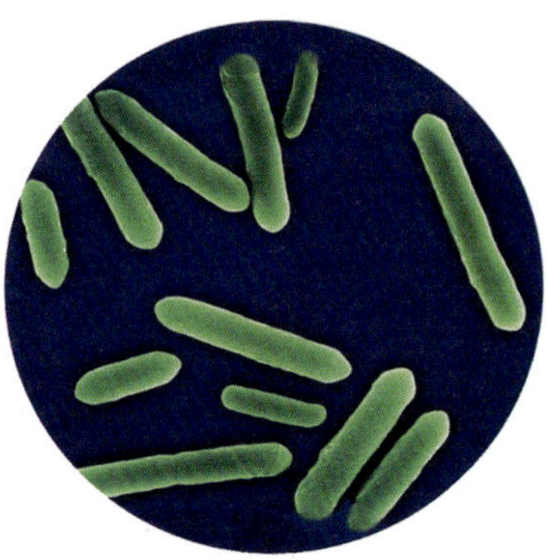

1 Der Tetanuserreger ruft eine schwere bakterielle Erkrankung des Nervensystems mit Krämpfen hervor.

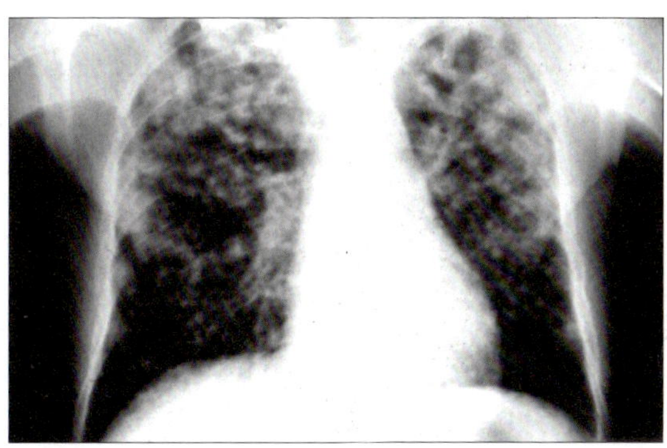

2 Im Röntgenbild sind bei Tuberkulose knötchenartige Entzündungsherde in der Lunge zu sehen.

Unbehandelt führt die Lungentuberkulose zur Zerstörung des Lungengewebes. Dadurch können die Erreger in die Luftwege gelangen, es entsteht die offene Lungentuberkulose mit einer sehr großen Ansteckungsgefahr für andere Personen. Vorbeugende Maßnahmen sind insbesondere *Röntgenuntersuchungen* und *Schutzimpfungen* der Neugeborenen.

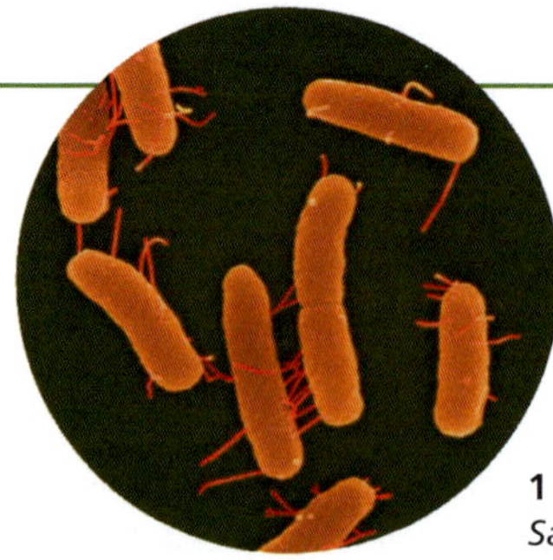

1 Stäbchenbakterium *Salmonella typhimurium*

Salmonellosen

Werden mit **Salmonellen** verseuchte Nahrungsmittel (insbesondere Fleisch, Milch, Eier und deren Produkte) oder verseuchtes Trinkwasser aufgenommen, kann es zu **Lebensmittelvergiftungen (Salmonellosen)** kommen. Erreger sind Salmonellen, stäbchenförmige Bakterien (Abb. 1). Nach einer Inkubationszeit von 20 bis 24 Stunden macht sich die Erkrankung durch Fieber, Übelkeit, Erbrechen und Durchfall bemerkbar. Sie dauert meist nur wenige Tage. Nach dem Bundesseuchengesetz besteht für diese Erkrankung Meldepflicht.
Eine Infektionsgefahr besteht besonders beim Verzehr von ungewaschenem Obst und Gemüse sowie rohen oder kurzzeitig erhitzten Fleisch- und Eierwaren. Erst durch längeres Erhitzen (Kochen oder Braten) werden Salmonellen abgetötet.

Weitere durch Bakterien verursachte Infektionskrankheiten			
Krankheit	**Erreger und Übertragung**	**Inkubationszeit**	**Krankheitsanzeichen (Symptome)**
Scharlach	*Streptokokken* Tröpfchen- und Schmierinfektion	2–7 Tage	hohes Fieber; Kopf-, Halsschmerzen und Erbrechen; feinfleckiger Hautausschlag; Entzündung der Zungenpapillen („Himbeerzunge")
Typhus	*Salmonellen* infiziertes Wasser und infizierte Speisen sowie Lebensmittel	7–14 Tage (durchschnittlich)	Kopf- und Gliederschmerzen; Fieber (bis 40 °C); zunächst Verstopfung, später breiartige, oft auch blutige Durchfälle; rötliche Flecken auf der Bauchhaut
Hirnhautentzündung (Hib)	*Meningokokken* eitrige Prozesse in Ohr, Kehlkopf, Atmungsorganen oder durch das Blut	2–7 Tage	häufig Entzündung der oberen Luftwege, aber auch Ausbreitung auf Mittelohr, Kehlkopf und Hirnhäute, Eiteransammlung über den Großhirnhälften, vielfach Langzeitschädigung des Nervensystems
Tripper (Gonorrhö)	*Gonokokken* Kontakt- oder Schmierinfektion bei Geschlechtsverkehr oder Geburt	meist 3 Tage	eitriger Ausfluss aus Scheide oder Harnröhre, Entzündung von Harnblase und inneren Geschlechtsorganen
Syphilis	*Stäbchenbakterien* Direktkontakt beim Geschlechtsverkehr	ca. 21 Tage	knotige Geschwüre an äußeren Geschlechtsteilen oder Lippen, Zunge und After; später Hautausschläge und großflächige Geschwüre; unbehandelte Krankheit verläuft in 3 Phasen
Borreliose	*Borrelien* Übertragung durch Zecken (Holzbock)	wenige Tage, Wochen, Monate bis Jahre	Hautrötung, Fieber, Muskel- und Kopfschmerzen, Lähmungen von Gliedmaßen und Nerven, Schutzimpfung wird empfohlen

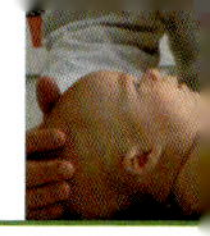

Viren als Krankheitserreger

Bau und Vermehrung

Viren sind sehr klein, z. B. 10 bis 350 nm Länge bzw. Durchmesser (1 nm = 1 Millionstel mm). Sie sind nur mithilfe des Elektronenmikroskops sichtbar. Hinsichtlich ihres Baues und ihrer Eigenschaften sind sie von Bakterien völlig verschieden. Sie haben auch verschiedene Formen und Größen (Abb. 1).

Ihre Außenhülle (Capsid) hat oftmals die Form von geometrischen Körpern. Sie besteht aus Eiweißstoffen. Im Inneren enthält das Virus eine Erbsubstanz.

Manche der über 2000 bekannten Viren besitzen weitere Hüllmembranen, die die Eiweißhülle des Virus (das Capsid) als Schutzhülle umgeben. Viren sind **keine echten Lebewesen**. Sie können sich nur in lebenden Zellen vermehren, zeigen also keinen eigenen Stoffwechsel. Gelangt ein Virus in eine lebende Zelle, kann man in dieser „Wirtszelle" Merkmale des Lebens feststellen. Die eingedrungenen Viren bilden bestimmte Stoffwechselprodukte und beginnen sich zu vermehren. In der „Wirtszelle" werden neue Viren gebildet. Die „Wirtszelle" stirbt ab, die neu gebildeten Viren gelangen nach draußen und können weitere lebende Zellen befallen (s. S. 164).

Ein bestimmtes Virus erzeugt meist eine ganz spezifische Krankheit. Schützen kann man sich vor ihnen durch gesunde Lebensweise (Stärkung der Körperabwehr) und vorbeugende Schutzimpfungen (z. B. gegen Kinderlähmung, Pocken).

Viren stellen keine eigenständigen Lebewesen dar. Sie zeigen aber Merkmale des Lebens, sobald sie in eine Wirtszelle eingedrungen sind.

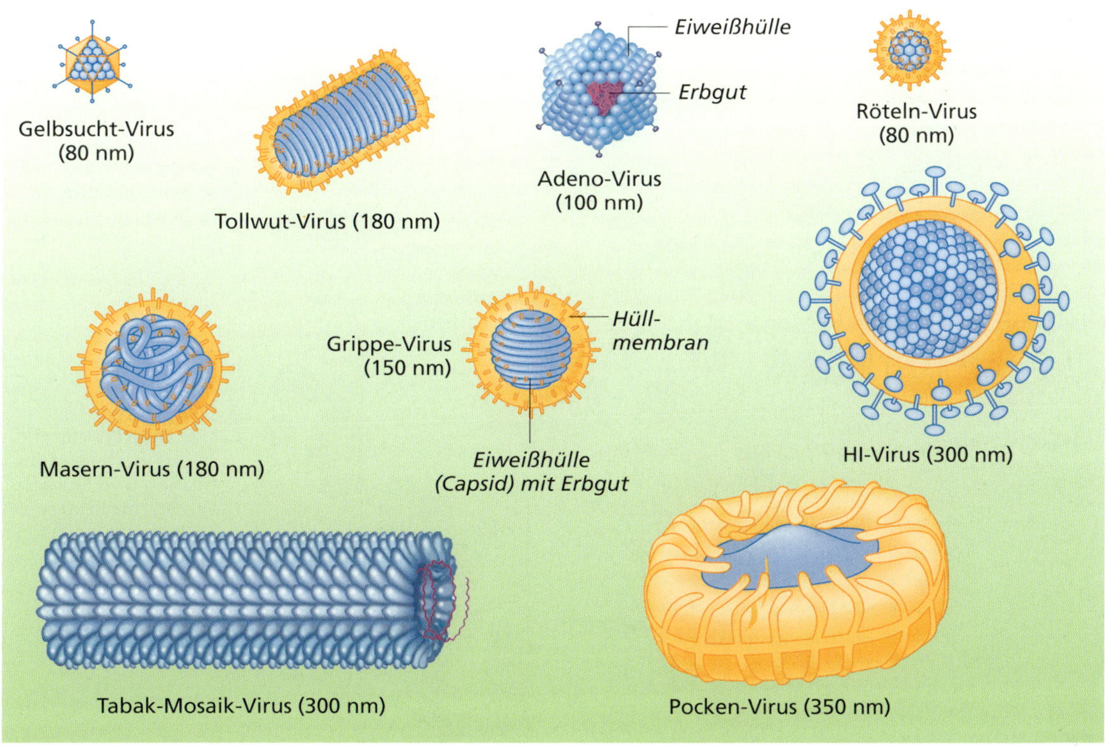

1 Viren sind in ihrer Größe und Gestalt sehr unterschiedlich. Gemeinsame Merkmale sind die Erbsubstanz und die Eiweißhülle (Capsid), die die Erbsubstanz umgibt.

Viruserkrankungen

Virusgrippe

Zu den Infektionskrankheiten beim Menschen, die durch Viren (s. S. 163) verursacht werden, gehören z. B. *Grippe, Masern, Kinderlähmung, Hepatitis* und *Aids* (s. S. 167).

Die **Virusgrippe** (Influenza) ist eine sehr häufige Infektionskrankheit, die durch Influenza-Viren (Grippe-Viren, Abb. 1) ausgelöst wird. Jährlich treten *Grippe-Epidemien* regional auf, d.h., in einem kurzen Zeitraum erkranken viele Menschen. Aber es treten auch Grippe-Epidemien weltweit auf, z. B. 1889/90 („Russische Grippe"), 1918/19 („Spanische Grippe"), 1957/58 („Asiatische Grippe") und 1968/69 („Hongkong-Grippe").

Das Grippe-Virus befällt vor allem die Schleimhautzellen von Nase, Luftröhre und Bronchien. Die Virusgrippe kann leicht und mit nur gering ausgeprägten Symptomen verlaufen. Deshalb wird sie häufig mit einer Erkältungskrankheit verwechselt.

Typische Anzeichen für die Erkrankung sind plötzlich auftretendes hohes Fieber, Kopf-, Glieder- und Halsschmerzen sowie Husten. Bereits wenige Stunden bis zu drei Tagen nach der Infektion mit Grippe-Viren können diese Anzeichen auftreten. Eine schwere Virusgrippe kann mehrere Wochen andauern.

Die Grippe-Viren werden durch Tröpfchen beim Sprechen, Niesen oder Anhusten übertragen, können sich im Körper schnell vermehren (Abb. 1) und die genannten Krankheitsanzeichen hervorrufen. Häufig treten Komplikationen wie Erkrankungen der Lunge oder Herzmuskelentzündung als Folge einer Grippe auf.

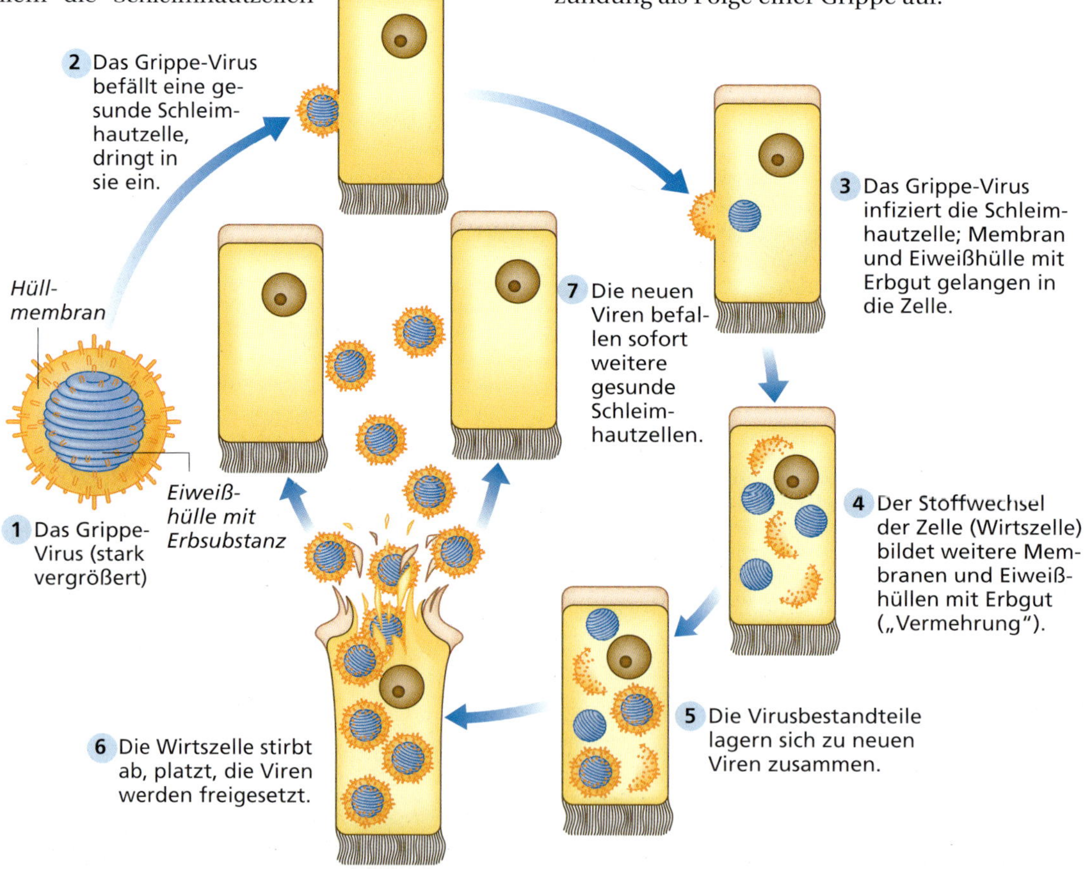

1 Verlauf der Infektion mit Grippe-Viren

Zu den wirksamsten Vorbeugemaßnahmen gehört die *Grippeschutzimpfung,* die von September bis November durchgeführt wird. Gesunde Lebensführung und Abhärtung des Körpers stärken die Abwehrkräfte gegen Grippe-Viren.

Masern

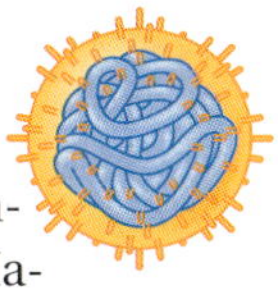

Masern werden oft als eine relativ harmlose Kinderkrankheit angesehen. Die Masern-Viren (Abb.) gelangen über Tröpfcheninfektion in den Körper. Nach 9 bis 11 Tagen Inkubationszeit zeigen sich die Symptome der Krankheit, z.B. Husten, hohes Fieber sowie rotfleckiger Ausschlag vom Kopf über den Körper (Abb. 1).
Masern können schwerwiegende Komplikationen nach sich ziehen, z. B. Hirnhautentzündung, Lungen- und Mittelohrentzündung. Durch Medikamente werden die Begleiterscheinungen der Masern gemildert. Die Krankheit selbst kann man nicht behandeln. Wer einmal an Masern erkrankt war, bekommt die Krankheit nicht ein zweites Mal.
Eine *Impfung* gewährt gegen die Erreger einen zuverlässigen Schutz. Sie hat sich in den vergangenen Jahrzehnten bewährt, die Anzahl der Erkrankungen ist stark zurückgegangen.
Die Weltgesundheitsorganisation (WHO) plant, die Masern durch systematische Impfungen bis 2007 in Europa auszurotten.

Hepatitis

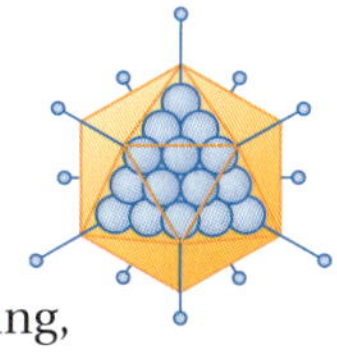

Hepatitis (Leberentzündung mit Gelbsucht) ist eine Leberentzündung, die durch Hepatitis-Viren A bis E (Abb.) hervorgerufen wird. Es gibt insbesondere 3 Typen – Hepatitis A, B und C. Diese virusbedingte Erkrankung macht sich durch Übelkeit, Erbrechen, Abgeschlagenheit bemerkbar. Ein bis zwei Wochen nach der Ansteckung kommt es zu einer leichten Gelbfärbung von Haut und Augen („Gelbsucht“).
Hepatitis A ist die am häufigsten vorkommende und ansteckende Leberentzündung, die hauptsächlich im Kindesalter auftritt. Das Hepatitis-A-Virus gelangt bei schlechten hygienischen Verhältnissen mit der Nahrung in den Körper und

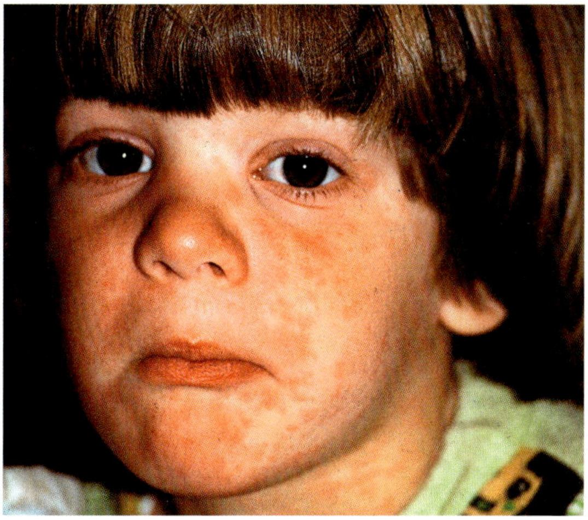

1 Typisches Krankheitszeichen für Masern ist der Hautausschlag.

vermehrt sich dort. Man kann sich schützen, wenn man einige hygienische Grundsätze beachtet (s. unten). Dies ist besonders wichtig bei Reisen, vor allem in Länder mit hoher Hepatitis-A-Gefährdung.
Seit 1992 gibt es eine Impfung gegen Hepatitis A. Sie besteht aus einer *Dreifachimpfung* – zwei Impfungen vor der Reise, eine Impfung 1 Jahr nach der Reise. Danach besteht ein zehnjähriger Schutz. Die Impfung ist besonders für Auslandsreisende wichtig, die über keine entsprechenden Antikörper verfügen. Durch eine Blutuntersuchung kann vor der Impfung festgestellt werden, ob man schon Abwehrstoffe gegen Hepatitis A besitzt. Wenn ja, entfällt die Impfung.

Hygienische Grundsätze für Reisen in gefährdete Gebiete

- Frisches Obst und Gemüse schälen oder kochen!
- Nur abgekochtes Wasser oder Mineralwasser verwenden!
- Keine aufgeschnittenen Früchte und rohen Salate essen!
- Auf Eiswürfel und Speiseeis verzichten!
- Nur durchgegartes Fleisch verzehren!

Handele nach dem Motto:
Schäle es, koche es, brate es oder vergiss es!

Hepatitis B ist die gefährlichste Form der Hepatitis. Die Infektion führt zu den o. g. Krankheitserscheinungen, kann aber auch schwere gesundheitliche Schäden wie chronische Leberentzündungen, Leberzirrhose oder Schrumpfleber nach sich ziehen. Die Übertragung des Hepatitis-B-Virus kann durch alle Körperflüssigkeiten, z. B. Blut, Speichel, Tränenflüssigkeit, Sperma, erfolgen. Hauptsächlich geschieht die Übertragung durch Geschlechtsverkehr und Blutkontakte.
Kleinste Hautverletzungen, wie sie z. B. beim Zähneputzen, durch Tätowieren (Abb. 1) oder Piercing sowie durch Sport auftreten, dienen als Eintrittspforte in den Körper.

In Deutschland stecken sich jährlich etwa 50 000 Personen an. Besonders gefährlich ist die Infektion auch deshalb, weil die Erkrankung nicht ausbrechen muss, die Viren aber weiter übertragen werden können. In solchen Fällen sind alle möglichen Übertragungswege zu vermeiden. Die einzige Möglichkeit, sich vor einer Infektion mit Hepatitis-B-Viren und deren Folgen zu schützen, ist die *Hepatitis-B-Schutzimpfung*. Die Impfung besitzt auch Bedeutung, weil eine akute Hepatitis B nicht behandelt werden kann. Es sind drei Impfungen im Abstand von je einem Monat durchzuführen. Nach einem Jahr muss sie wiederholt werden.

1 Ein millionstel Milliliter Blut mit Hepatitis-B-Viren genügt für die Übertragung beim Tätowieren.

Weitere durch Viren verursachte Infektionskrankheiten

Krankheit	Erreger und Übertragung	Inkubationzeit	Krankheitsanzeichen (Symptome)
Mumps (Ziegenpeter)	*Mumpsvirus* Tröpfcheninfektion (Husten, Niesen)	14–30 Tage	Schwellungen der Ohrspeicheldrüsen und des Gesichts; Fieber, Kopf- und Gliederschmerzen
Röteln	*Rötelvirus* Tröpfcheninfektion (Anhusten), über Mutterkuchen	12–21 Tage	blassroter kleinfleckiger Hautausschlag, zuerst im Gesicht, dann am Körper; Schwellungen der Lymphknoten des Halses; harmlose Virusinfektion – außer bei Schwangeren
Kinderlähmung (Poliomyelitis)	*Poliomyelitis-Viren* Schmier- und Tröpfcheninfektion	3–14 Tage	Fieber, Durchfall, Schluckbeschwerden, Abgeschlafftheit und Gliederschmerzen, später Lähmungserscheinungen
Windpocken	*Windpocken-Virus* Tröpfcheninfektion (Husten, Niesen)	14–21 Tage	Kopfschmerzen, leichtes Fieber, bläschenförmiger, stark juckender Hautausschlag; meist im Kindesalter, verläuft harmlos
Hirnhaut- und Hirnentzüdung (Frühsommer-Meningoencephalitis/FSME)	*FSME-Virus* Stich von Zecken (Holzböcke)	7–10 Tage	Fieber, Kopf- und Gliederschmerzen; Entzündung der Hirnhäute, des Gehirns, der Nerven und des Rückenmarks; Lähmungen; Schutzimpfung möglich

Aids – erworbene Immunschwächekrankheit

Aids heißt übersetzt so viel wie **„Ansteckendes Abwehr-Schwäche-Syndrom“.**

Die einzelnen Worte dieser Abkürzung erklären, was mit Aids gemeint ist.

- *Ansteckendes:* Von einem Menschen auf den anderen übertragbar, im Gegensatz zu vererbten Krankheiten.
- *Abwehr:* Mit den meisten ansteckenden Krankheiten wird der menschliche Körper ohne fremde Hilfe durch seine eigenen Abwehrstoffe fertig. Deshalb bekommt man auch nicht jedes Mal Schnupfen, wenn die halbe Schulklasse erkältet ist.
  Das bedeutet, dass bei den Mitschülern der Schnupfen nach einiger Zeit von selbst weggeht. Das funktioniert, weil die T-Helferzellen im menschlichen Körper sofort Alarm schlagen, wenn Krankheitserreger in den Körper eindringen. Diese Zellen rufen weitere Abwehrzellen zu Hilfe, die dann die Krankheitserreger unschädlich machen (s. S. 176). Bei Aids ist es anders.
- *Schwäche:* Wenn das HI-Virus in den Körper eines Menschen gelangt, kann es die T-Helferzellen zerstören und die Abwehrkräfte so schwächen, dass andere Krankheitserreger vom Körper nicht mehr abgewehrt werden können (Abb. 1).
- *Syndrom:* Bedeutet, dass mehrere Krankheitserscheinungen zusammen auftreten.

Aids ist die jüngste und gefährlichste sexuell übertragbare Krankheit. Ihr Erreger ist das Human-Immundefekt-Virus (HIV). Seit seiner Entdeckung Anfang der 80er Jahre haben sich weltweit 50 Mio. Menschen mit HIV infiziert. 16 Mio. sind bereits an Aids gestorben, zwei Drittel davon allein in Afrika.

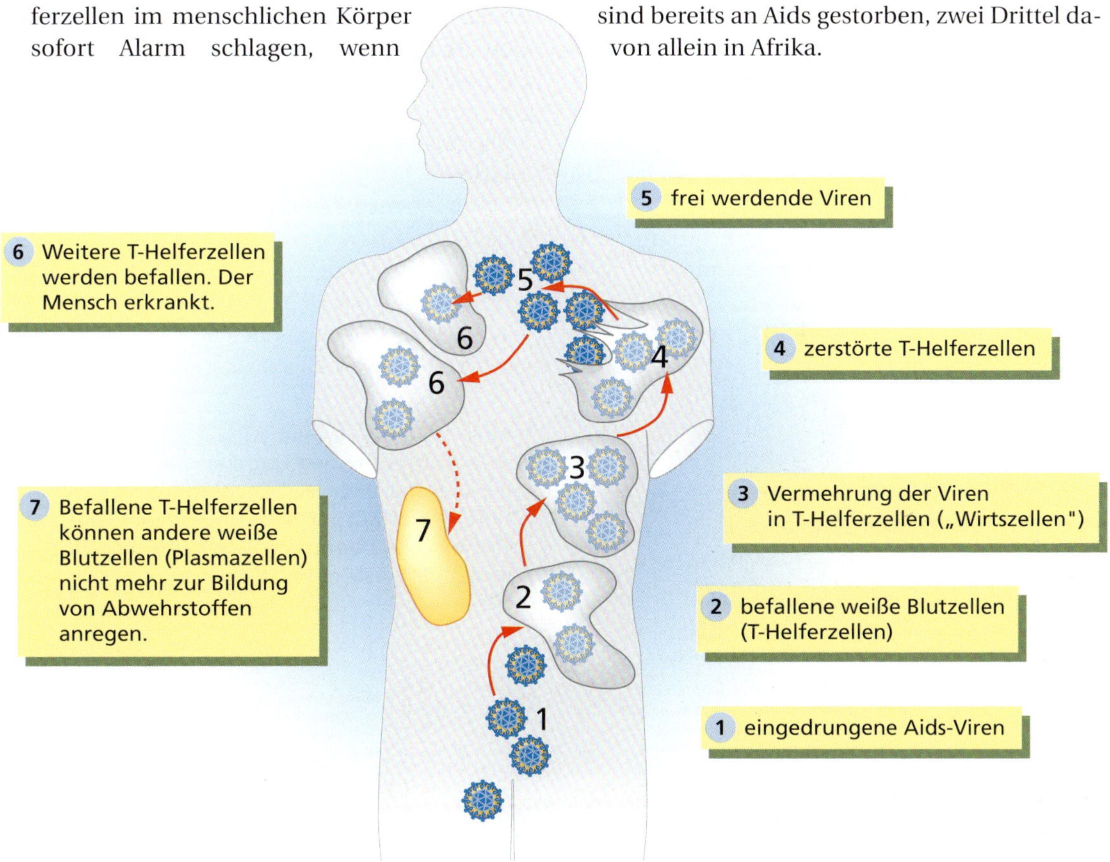

1 HI-Virus und seine Wirkung im Körper

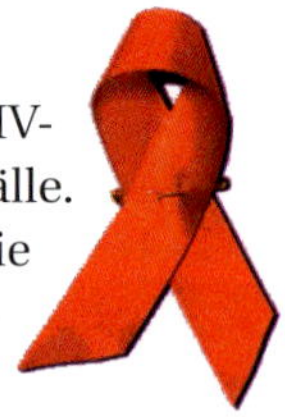

In *Deutschland* gab es bisher 50 000 HIV-Infektionen und 15 000 Aids-Todesfälle.
Das Heimtückische an Aids ist, dass die meisten Betroffenen von ihrer HIV-Infektion erst später Kenntnis bekommen, weil sie lange Zeit nahezu beschwerdefrei sind. In dieser Zeit können sie aber bereits andere anstecken und die Krankheit weiter verbreiten. Gewissheit schafft erst ein HIV-Labortest.
Trotz intensiver Forschung hat man bisher noch keine Impfstoffe oder Heilmittel gefunden. Die Ärzte können heute feststellen, ob HIV im untersuchten Blut sind. Diesen **Bluttest** nennt man **„HIV-Antikörper-Test“,** weil nicht HIV selbst, sondern die Abwehrstoffe (HIV-Antikörper) nachgewiesen werden, die der Körper nach einer Ansteckung mit HIV bildet. Allerdings dauert es längere Zeit, bis die HIV-Antikörper zu erkennen sind. Zwischen der möglichen Ansteckung (z. B. dem letzten ungeschützten Geschlechtsverkehr) und dem Test sollte etwa ein Vierteljahr vergangen sein, sonst sagt der Test nichts aus. Auch wenn der Test zeigt, dass man keine HIV-Antikörper im Blut hat, ist das natürlich kein Freibrief, sich nicht vor Ansteckung zu schützen.
Im Gegenteil: Man sollte alles dafür tun und sich konsequent vor Ansteckung schützen.

Wer **„HIV-positiv“** oder „Antikörper-positiv“ ist, hat sich zwar angesteckt, ist aber noch nicht aidskrank. Wichtig ist aber, dass jeder Infizierte andere über bestimmte Übertragungswege anstecken kann.
Das **Risiko einer HIV-Ansteckung** ist sehr hoch beim Sex mit Zufallsbekanntschaften, Prostituierten und männlichen Homosexuellen. Hier müssen unbedingt Kondome angewendet werden *(„Safer Sex“)!*
Eine weitere Ansteckungsquelle ist das Benutzen infizierter Kanülen durch Drogensüchtige.

Keine Ansteckungsgefahr besteht bei
- Händegeben, Anhusten, Anniesen,
- gemeinsamem Spielen und Sport treiben,
- gemeinsamem Benutzen von Bestecken, Gläsern und Geschirr sowie von Handtüchern und Bettwäsche,
- Besuch von Schwimmbädern, Saunen,
- Mückenstichen, Kontakten mit Tieren u. Ä.

Wie Menschen mit Aids leben, hängt auch davon ab, ob ihnen ihre Umgebung Kraft gibt, sich innerlich gegen diese Krankheit zu wehren. Ein verzweifelter Mensch ist viel anfälliger für Ansteckungskrankheiten als ein Mensch, der sich in seiner Umgebung sicher und geborgen fühlt. Deshalb ist es für Menschen mit HIV oder Aids ganz wichtig, dass man sie nicht alleine lässt. Es gibt auch gar keinen Grund, den Kontakt mit Aidskranken zu meiden. Hände schütteln, sich umarmen, gemeinsam essen – das alles ist ungefährlich, ebenso der Schweiß oder Speichel von Aidskranken.
Wer in seiner Umgebung einen Menschen mit HIV oder Aids kennt und Angst vor einem persönlichen Kontakt hat, der sollte sich an eine **Beratungsstelle** wenden. Sie bietet Rat und Hilfe.

Aids ist eine Immunschwächekrankheit. In den Körper eingedrungene Viren zerstören die Gruppe von weißen Blutzellen (T-Helferzellen). Der Körper bildet nun keine Abwehrstoffe mehr, dadurch können sich Infektionen im Körper ausbreiten.

Pilze als Krankheitserreger

Vielfalt und Bau

Pilze sind einzellige (z. B. Hefepilze), meist aber mehrzellige Organismen (z. B. Schimmelpilze, Hutpilze) ohne Chlorophyll und mit einer Zellwand aus Chitin. Die mehrzelligen Pilze bestehen aus Zellfäden (Hyphen), deren Zellen einen bzw. mehrere Zellkerne besitzen. Die Pilzfäden bauen ein mehrjähriges Pilzgeflecht (Myzel, Vegetationskörper) auf, das den Fruchtkörper der Pilze bildet.

Pilze ernähren sich von organischen Stoffen (z. B. Traubenzucker). Es sind heterotrophe Organismen.

Pilze vermehren sich durch Sporen (Hutpilze, Schimmelpilze) bzw. Sprossung (Hefepilze; Abb. 1–3).

Pilze haben **Bedeutung** als Zersetzer organischer Stoffe im Stoffkreislauf der Natur. Sie werden zur Herstellung von Nahrungsmitteln und Antibiotika genutzt. Hefe- und Schimmelpilze sind aber auch Erreger von *Pilzerkrankungen (Mykosen)* bei Menschen, Tieren und Pflanzen (s. S. 170).

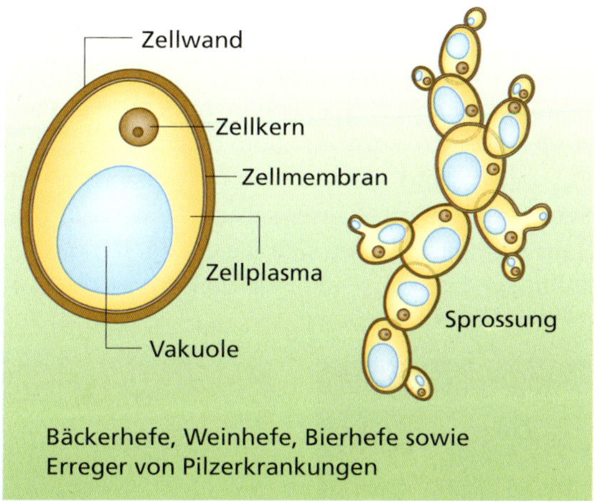

Bäckerhefe, Weinhefe, Bierhefe sowie Erreger von Pilzerkrankungen

1 Hefepilze vermehren sich durch Auswüchse der Mutterzelle, durch Sprossung.

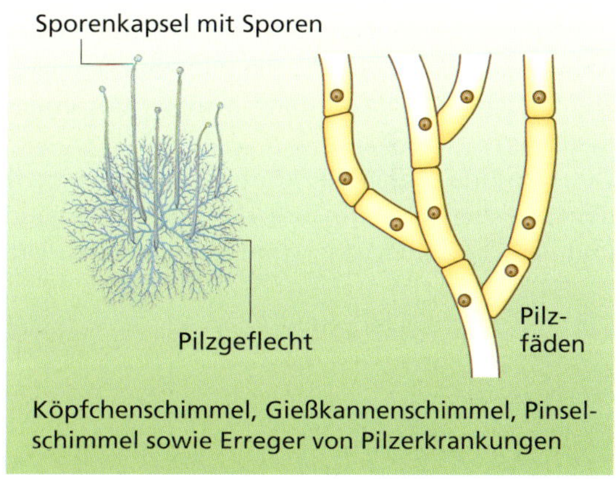

Köpfchenschimmel, Gießkannenschimmel, Pinselschimmel sowie Erreger von Pilzerkrankungen

2 Schimmelpilze bilden schnell wachsende Pilzgeflechte (Myzelien).

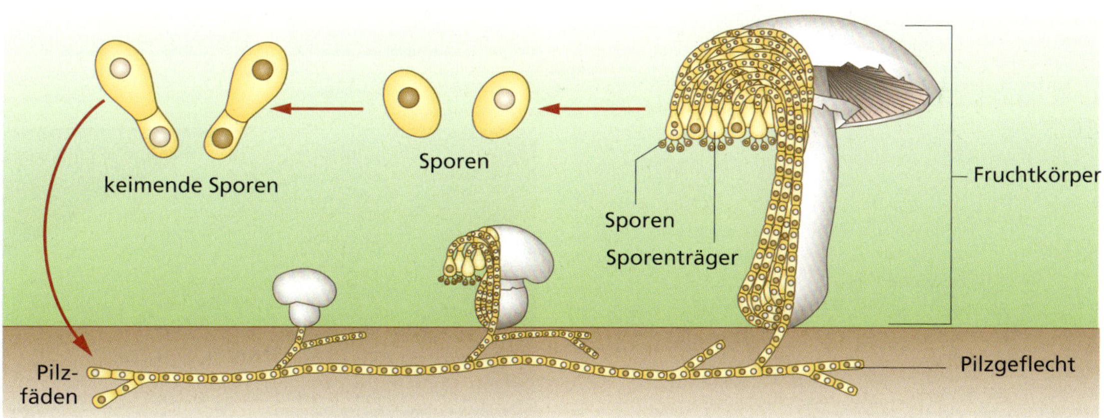

3 Ständerpilze oder Hutpilze (Röhren- und Blätterpilze) vermehren sich durch Sporen.

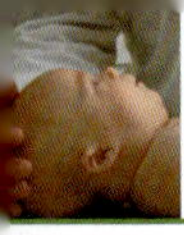

Pilzerkrankungen

Der **Mutterkornpilz** (Abb. 2) befällt manchmal Roggenähren. Er bildet harte, schwarze große kornähnliche Dauerpilzgeflechte (Myzelien) aus, die aus reifenden Roggenähren hinausragen. Sie enthalten giftige Stoffe, z. B. das LSD, ein starkes Rauschgift. Im LSD-Rausch kommt es zu Sinnestäuschungen, Wahrnehmungsstörungen und Wahnerlebnissen. Einige der Inhaltsstoffe werden als Heilmittel in der Medizin verwendet, z. B. zur Behandlung von Migräne, und als wehenförderndes Mittel bei der Geburt.

Die mikroskopisch kleinen **Rostpilze** (Abb. 4) schmarotzen auf Grünpflanzen. Ihr Pilzgeflecht wächst in die Stängel und Blätter der befallenen Pflanze und bildet dort kleine orange, braune bis schwärzliche Flecken aus. Dies sind Sporenlager. Die Pflanzen erkranken bzw. bringen nur einen niedrigen Ernteertrag.

Die **Candida-Hefepilze** können Erkrankungen der Haut, der Schleimhäute, der inneren Organe und des Zentralnervensystems hervorrufen. Die Hefepilzinfektionen äußern sich durch charakteristische Krankheitserscheinungen, z. B. durch Rötung, Schuppung, Jucken und Brennen der Haut bzw. Schleimhäute, weißlichen Ausfluss aus der Scheide, Knötchenbildung an inneren Organen oder weiße punkt- bis flächenförmige Beläge der Mundschleimhaut (Abb. 1).

Beim ersten Auftreten der Symptome sollte ein Arzt aufgesucht werden, damit der Hefepilz in seiner Verbreitung eingeschränkt wird. Die Mykosen werden mit speziellen gegen *Candida-Hefepilze* wirkenden Medikamenten behandelt.

Eine **„Mischkultur“ aus verschiedenen Pilzen** (Hautpilzen, Hefe- und Schimmelpilzen) verursacht Erkrankungen der Haut, Haare, Hand- und Fußnägel (Abb. 3). Krankheitserscheinungen sind u. a. Jucken und Rötung der Haut, Bläschenbildung zwischen den Zehen und an der Fußsohle. Die Pilze sind vor allem dort zu finden, wo es warm und feucht ist, insbesondere in Schwimmbädern, Duschkabinen, Saunen und Badezimmern. Zeigen sich die ersten Symptome, sollte ein Arzt aufgesucht werden.

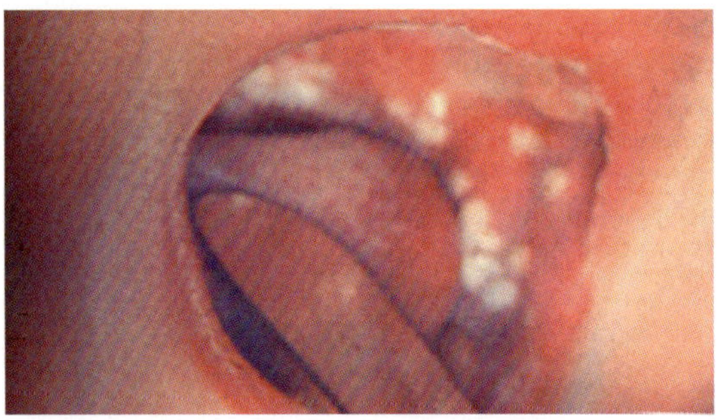

1 Hefepilzerkrankung der Mundschleimhaut

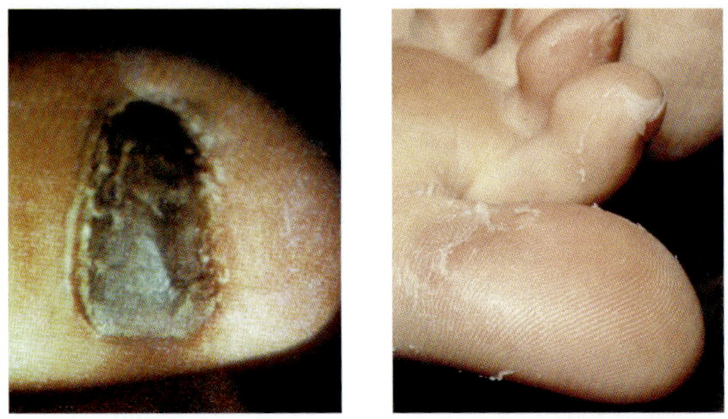

3 Nagel- und Fußpilz

2 Mutterkornpilz

4 Getreiderost

gewusst · gekonnt

1. Erläutere den Bau, die Fortpflanzung und die Vermehrung der Bakterienzelle.

2. Vergleiche den Bau der Bakterienzelle mit dem Bau einer pflanzlichen Zelle und einer Hefepilzzelle.
   Fertige eine Tabelle dazu an.

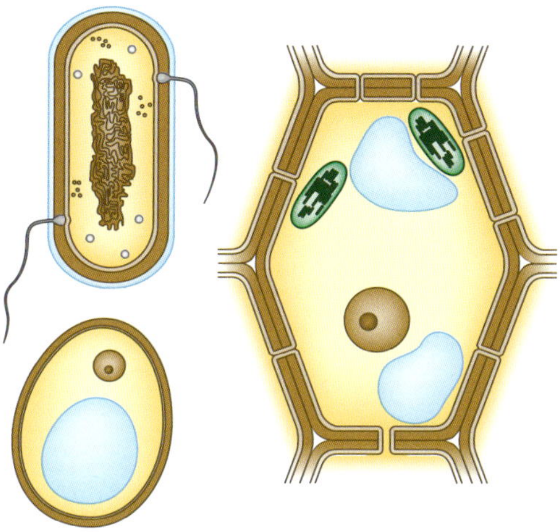

3. Infektionskrankheiten bilden eine recht große Gruppe von Krankheiten, haben jedoch hinsichtlich ihrer Verbreitung eine Gemeinsamkeit.
   a) Nenne die Gemeinsamkeit der Infektionskrankheiten.
   b) Nenne die Arten von Erregern für Infektionskrankheiten.
   c) Beschreibe, auf welchen Wegen Infektionen übertragen werden können.

4. Beschreibe an einer Krankheit, was während der Inkubationszeit im Körper abläuft. Entwickle ein Schema.

5. Nenne Krankheiten, die durch Bakterien verursacht werden.
   Beschreibe von 2 Krankheiten das Krankheitsbild und vorbeugende Maßnahmen. Nutze das Internet unter www.schuelerlexikon.de.
   Fertige eine Tabelle an.

6. Viren sind keine echten Lebewesen. Begründe die Aussage.

7. Nenne Krankheiten, die durch Viren verursacht werden. Nutze das Internet unter www.schuelerlexikon.de.
   Fertige eine Tabelle mit den Spalten Krankheit, Erreger und Symptome an.

8. Erarbeite ein Kurzreferat zum Thema: „Aids ist die gefährlichste der sexuell übertragbaren Krankheiten."
   – Nenne die Hauptansteckungsquellen, Risiken und Schutzmöglichkeiten.
   – Erläutere den Stand der medizinischen Behandlung und Betreuung Aidskranker.

9. Stelle aus keimfreier Milch Jogurt her.
   – Versetze einen halben Liter Milch mit ein oder zwei Teelöffeln Jogurt. (Achte darauf, dass auf der Jogurtpackung der Vermerk steht: „Mit lebenden Jogurtkulturen hergestellt".)
   – Stelle die Milch abgedeckt an einen warmen Ort (ca. + 30 °C bis + 35 °C).
   – Prüfe nach 15 Stunden. Welche Veränderungen sind erfolgt? Erkläre sie.

10. Wein wird in einer offenen Flasche (oft Weinreste) nach kurzer Zeit „sauer". Begründe.

11. Es dauert lange, bis Zwieback und Knäckebrot verschimmeln. Frisches Brot, Marmelade und Obstkuchen zeigen schnell einen Schimmelpilzüberzug. Begründe.

12. Löse etwas Backhefe in Wasser auf. Stelle von der Flüssigkeit ein Frischpräparat her. Betrachte die Hefepilzzellen mithilfe des Mikroskops. Beschreibe sie.

13. Schimmelpilze sind Material- und Nahrungsschädlinge. Beschreibe und begründe Maßnahmen, die das Wachstum von Schimmelpilzen hemmen.

Entstehung und Verlauf einer Infektionskrankheit

Infektion → **Inkubationszeit** → **Krankheit** → **Immunreaktionen** → **Genesung**

- **Infektion:** Erreger dringen in den Körper ein.
- **Inkubationszeit:** Erreger vermehren sich oder geben Giftstoffe (Toxine) ab.
- **Krankheit:** bricht aus.
- **Immunreaktionen:** unspezifische und spezifische Reaktionen zur Bildung von Abwehrstoffen

Inkubationszeit ↓ **Mobilisierung von Abwehrkräften** → **Krankheit** bricht nicht aus.

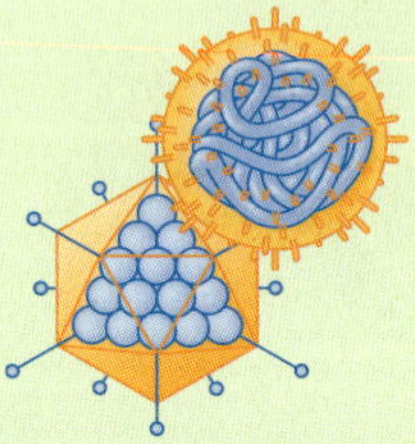

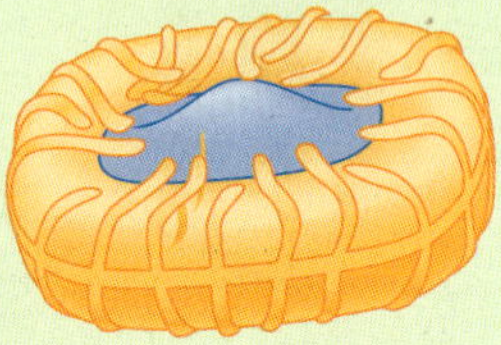

Infektionskrankheiten und ihre Erreger

Infektionskrankheiten (ansteckende Krankheiten) werden von Erregern, z. B. Bakterien, Viren und Pilzen, hervorgerufen. Sie sind übertragbar.

Bakterien als Krankheitserreger

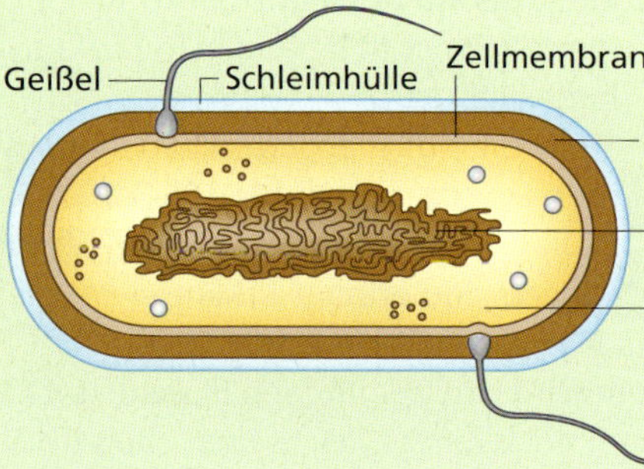

Bakterienerkrankungen sind u. a. Tuberkulose, Diphtherie, Keuchhusten, Typhus

Viren als Krankheitserreger

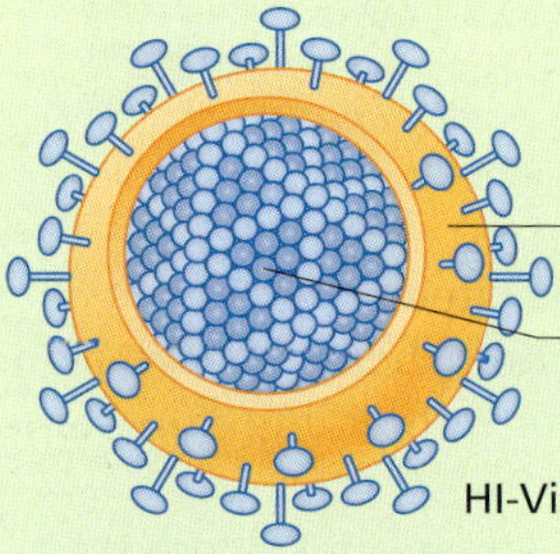

Virenerkrankungen sind u. a. Gelbsucht, Grippe, Aids, Masern

Pilze als Krankheitserreger

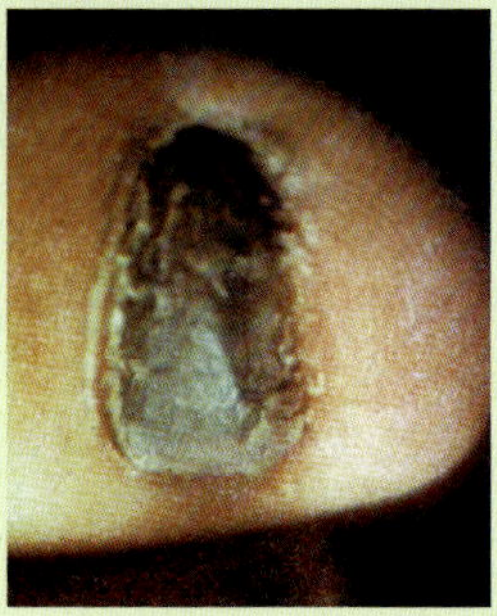

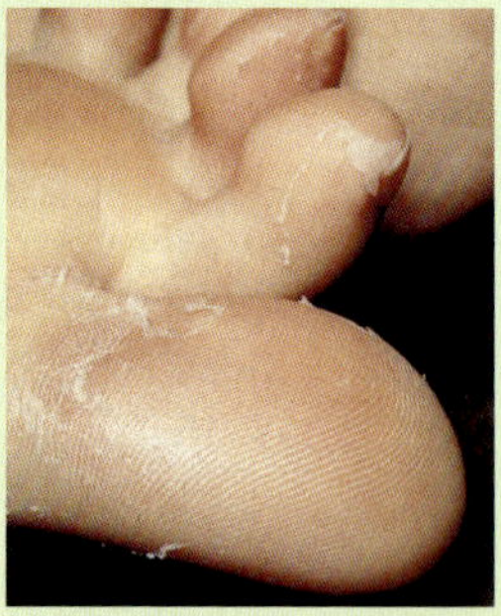

Pilzerkrankungen (Mykosen) werden u. a. hervorgerufen durch Hefepilze und Schimmelpilze (z. B. Haut- und Schleimhautentzündungen), durch Rostpilze (z. B. Getreiderost).

3.2 Immunsystem

Gesundheit – ein hohes Gut!

Jeder kann durch eine gesunde Lebensführung, z. B. durch ein ausgewogenes Verhältnis von körperlicher und geistiger Belastung, zur Gesunderhaltung seines Körpers beitragen. Dennoch treten verschiedene Krankheiten auf, häufig Infektionskrankheiten.

Warum bricht nicht immer eine Krankheit aus, wenn Krankheitserreger in den Körper eingedrungen sind?
Welche Abwehrreaktionen gibt es?
Wie können die Abwehrreaktionen unterstützt werden?

Impfungen – Schutz vor Erkrankung?

Infektionsgefahr besteht immer und überall. Sowohl Kinder als auch Erwachsene können an einer Infektionskrankheit erkranken. Ausreichende Impfungen können vor solchen Erkrankungen und ihren möglichen gesundheitlichen Folgen wie Lähmungen, Krampfleiden und Herzschwäche schützen.

Was verstehst du unter Schutzimpfung?
Welche Vorgänge laufen bei einer Impfung im Körper ab?

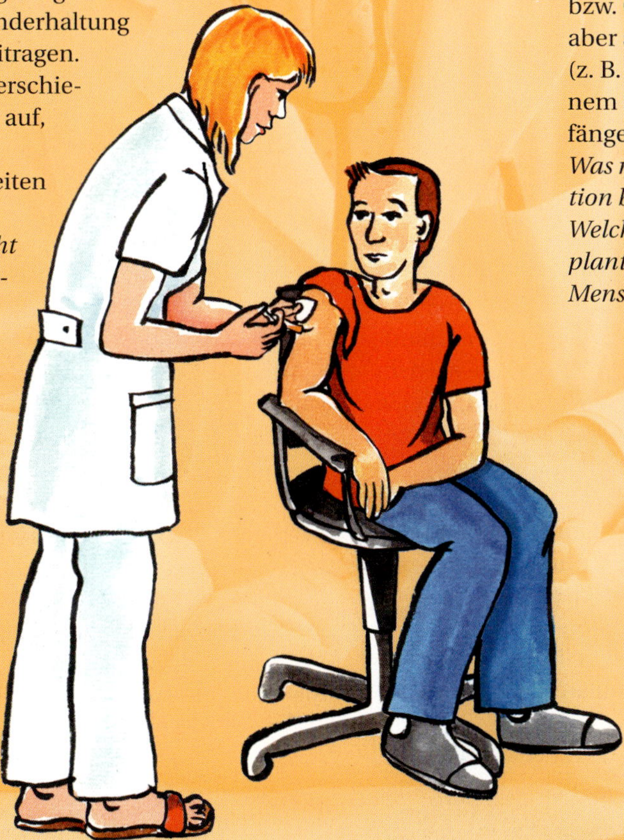

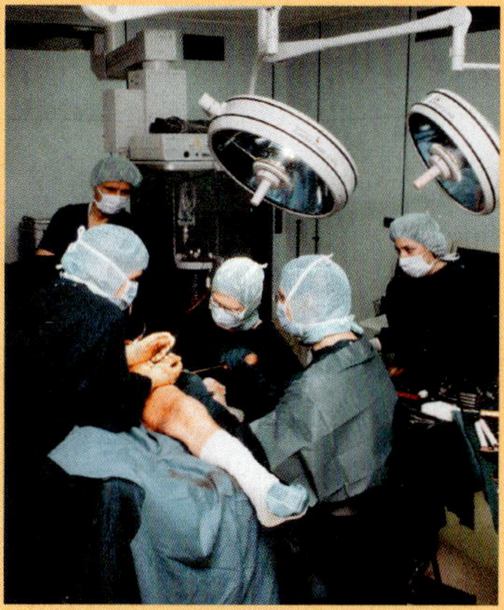

Transplantationen – Leben rettende Operationen!

Das Wort Transplantation kommt aus dem Lateinischen; transplantare bedeutet „verpflanzen“. In der Medizin werden Gewebe (z. B. Hornhaut) bzw. Organe (Nieren, Herz), aber auch Zellen und Zellteile (z. B. Zellkern) operativ von einem Spender auf einen Empfänger übertragen.

Was muss bei einer Transplantation beachtet werden?
Welche Bedeutung haben Transplantationen für das Leben der Menschen?

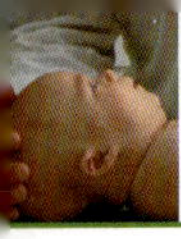

Immunsystem und Immunität

Zahlreiche **Krankheitserreger,** hauptsächlich *Bakterien* und *Viren,* gelangen ständig in unseren Körper, z. B. über Atemwege, über Wunden oder über verschiedene Körperkontakte.
Aber nicht immer bricht die entsprechende Krankheit aus. Der Körper reagiert mit **Abwehrreaktionen.** Man sagt, der Körper ist gegen bestimmte Krankheitserreger immun.

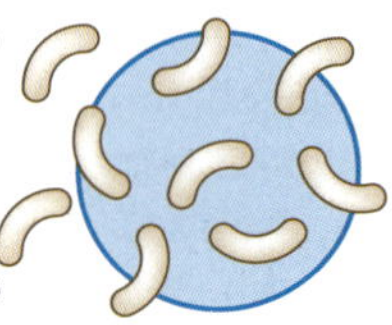

Die Unempfindlichkeit bzw. Widerstandsfähigkeit des Körpers gegenüber Krankheitserregern oder deren giftigen Stoffwechselendprodukten wird als Immunität bezeichnet.

Immunität wird durch die Gesamtheit aller Abwehrreaktionen des Körpers gewährleistet. Es sind auch Reaktionen gegen Fremdeiweiße (z. B. bei Transplantationen) eingeschlossen.

Immunität ist die Widerstandsfähigkeit des Organismus gegen Krankheitserreger und Fremdstoffe.

Die Abwehrreaktionen oder Immunreaktionen werden durch das **Immunsystem (Abwehrsystem)** ausgelöst. Dadurch können Erkrankungen in vielen Fällen wirkungsvoll verhindert werden.

Zum menschlichen Immunsystem (Abb. 1) gehören die *Lymphknoten,* die *Thymusdrüse,* das *rote Knochenmark,* die *Milz,* die *Gaumen-* und *Rachenmandeln* sowie der *Wurmfortsatz* des Blinddarms. Außer diesen Organen werden zu dem Immunsystem noch die *Lymphzellen* (weiße Blutzellen, s. S. 175), die *Fresszellen* und *Plasmazellen* gezählt.

Wesentlichen Anteil an Immunreaktionen besitzen die weißen Blutzellen, insbesondere die **Lymphzellen** oder **Lymphozyten,** die man in *B-* und *T-Lymphzellen* unterteilt.
Etwa 25 % der weißen Blutzellen sind Lymphzellen. Sie stellen die zelluläre Grundlage des Immunsystems dar.

Zum Immunsystem des Menschen gehören die lymphatischen Organe (Lymphknoten, Thymusdrüse, Milz, Gaumen- und Rachenmandeln), das rote Knochenmark und weiße Blutzellen.

Angeborene natürliche Immunität

Es gibt verschiedene **Immunreaktionen.** Beispielsweise lässt eine gesunde und unverletzte Haut keine Erreger in den Körper. Sekretbildungen wie Tränenflüssigkeit, Speichel, Nasensekret schließen aufgrund ihrer schleimigen Beschaffenheit Mikroorganismen ein, so dass sie mit dem Sekret aus dem Körper entfernt werden.
Im Magen werden eingedrungene Erreger oftmals von der Magensäure abgetötet, im Blut werden sie von bestimmten weißen Blutzellen vernichtet.

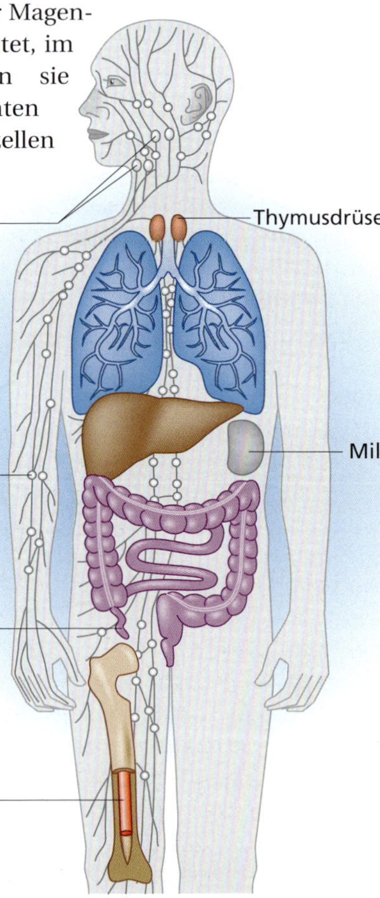

1 Das Immunsystem des Menschen (die lymphatischen Organe) verhindert in vielen Fällen den Ausbruch einer Krankheit.

1 Weiße Blutzelle (Fresszelle) nimmt Krankheitserreger in ihr Plasma auf und vernichtet sie.

Einige amöboid bewegliche weiße Blutzellen (Fresszellen und Granulozyten) umfließen eingedrungene Krankheitserreger, z. B. Bakterien oder Viren, aber auch andere Fremdkörper, nehmen diese in ihr Zellplasma auf und verdauen sie (Abb. 1). Die Überreste werden als Eiter abgeschieden.

Diese *unspezifischen Abwehrreaktionen* machen unseren Körper auf natürlichem Weg widerstandsfähig (resistent) gegenüber Krankheitserregern.

Man sagt, unser Körper besitzt eine **natürliche Immunität** (Widerstandsfähigkeit, Unempfindlichkeit). Er ist gegenüber Krankheitserregern immun (unempfindlich). Diese natürliche Immunität ist **angeboren.**

Natürliche Immunität ist die angeborene Widerstandsfähigkeit gegenüber Krankheitserregern. Die unspezifischen Abwehrreaktionen werden durch weiße Blutzellen (Fresszellen) hervorgerufen.

Erworbene natürliche Immunität

Es gibt aber auch eine **erworbene Immunität.** Darunter versteht man die Widerstandsfähigkeit oder Unempfindlichkeit des Körpers gegenüber bestimmten Krankheitserregern aufgrund des Vorhandenseins von bestimmten **Abwehrstoffen (Antikörpern)** im Körper. Im Körper laufen dann *spezifische Abwehrreaktionen* ab. Die Abwehrstoffe werden erst in der Auseinandersetzung mit eingedrungenen Krankheitserregern oder Fremdkörpern gebildet. Sie bleiben nach der Erkrankung im Körper erhalten. Ursache für die erworbene Immunität sind zwei Formen von weißen Blutzellen (Lymphzellen), nämlich die **B-Lymphzellen** und **T-Lymphzellen**. Die **B-Lymphzellen** sind in der Lage, Abwehrstoffe (Antikörper) zu bilden, die sie an das Blut bzw. die Lymphe abgeben.

Die **T-Lymphzellen (T-Helferzellen)** können Krankheitserreger als körperfremd erkennen und beauftragen die B-Lymphzellen zur Bildung von Abwehrstoffen (Antikörpern; Abb. 1, S. 176).

Nur **die** B-Lymphzellen, die zu den Erregern passen, stellen gegen die eingedrungenen Erreger Antikörper her. Diese Antikörper sind also auf bestimmte Erreger spezialisiert.

Die eingedrungenen Erreger tragen auf ihrer Oberfläche Merkmale oder Strukturen, die als **Antigene** bezeichnet werden. Werden die Antigene der Erreger von den Fresszellen und den T-Helferzellen als körperfremd „erkannt", beginnen die Gegenmaßnahmen.

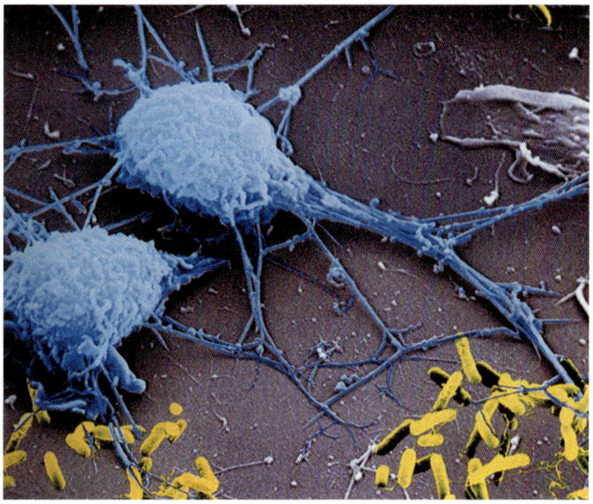

2 Fresszellen können Bakterien (z.B. Darmbakterien) aufnehmen und vernichten.

Die Fresszellen umschließen die Eindringlinge und verdauen sie (Abb. 1, S. 175). Ist eine große Anzahl von Erregern vorhanden, regen die T-Helferzellen die B-Lymphzellen zur Bildung der Abwehrstoffe (Antikörper) an. Diese verbinden sich mit den Antigenen der Erreger. Die Erreger verklumpen und werden von Fresszellen vernichtet. Diese Reaktion bezeichnet man als **Antigen-Antikörper-Reaktion** oder **erworbene natürliche Immunreaktion** (Abb. 1).

Die gebildeten Abwehrstoffe (Antikörper) sind erregerspezifisch, d. h., dass die Antikörper nur zu bestimmten Antigenen passen. Es sind die Antigene, die die Bildung der Abwehrstoffe (Antikörper) ausgelöst haben.
Für jedes Antigen wird ein passender Antikörper gebildet. Bestimmte Lymphzellen können sich bei einem erneuten Zusammentreffen mit einem Antigen, das schon einmal die Bildung von Antikörpern ausgelöst hat, „erinnern". Diese Lymphzellen nennt man **Gedächtniszellen.**
Deshalb kommt es bei wiederholter Infektion mit dem gleichen Erreger häufig nicht mehr zum Ausbruch der Krankheit. Beispielsweise erkrankt man an *Masern, Röteln, Mumps* und *Windpocken* in der Regel nur einmal im Leben. Es wurde eine lebenslange **natürliche Immunität** erworben.
Die Widerstandsfähigkeit unseres Körpers kann durch viele Faktoren geschwächt werden, z. B. durch lang andauernde (chronische) Infektionen und Erkrankungen (z. B. Aids), durch Stress, Mangelernährung und Umweltgifte.

Bei der Immunreaktion (Antigen-Antikörper-Reaktion) werden im Körper Abwehrstoffe (Antikörper) gebildet, mit deren Hilfe eingedrungene Krankheitserreger abgetötet werden. Diese Reaktion ist erregerspezifisch. Die Antikörper bleiben dann oft im Körper erhalten.

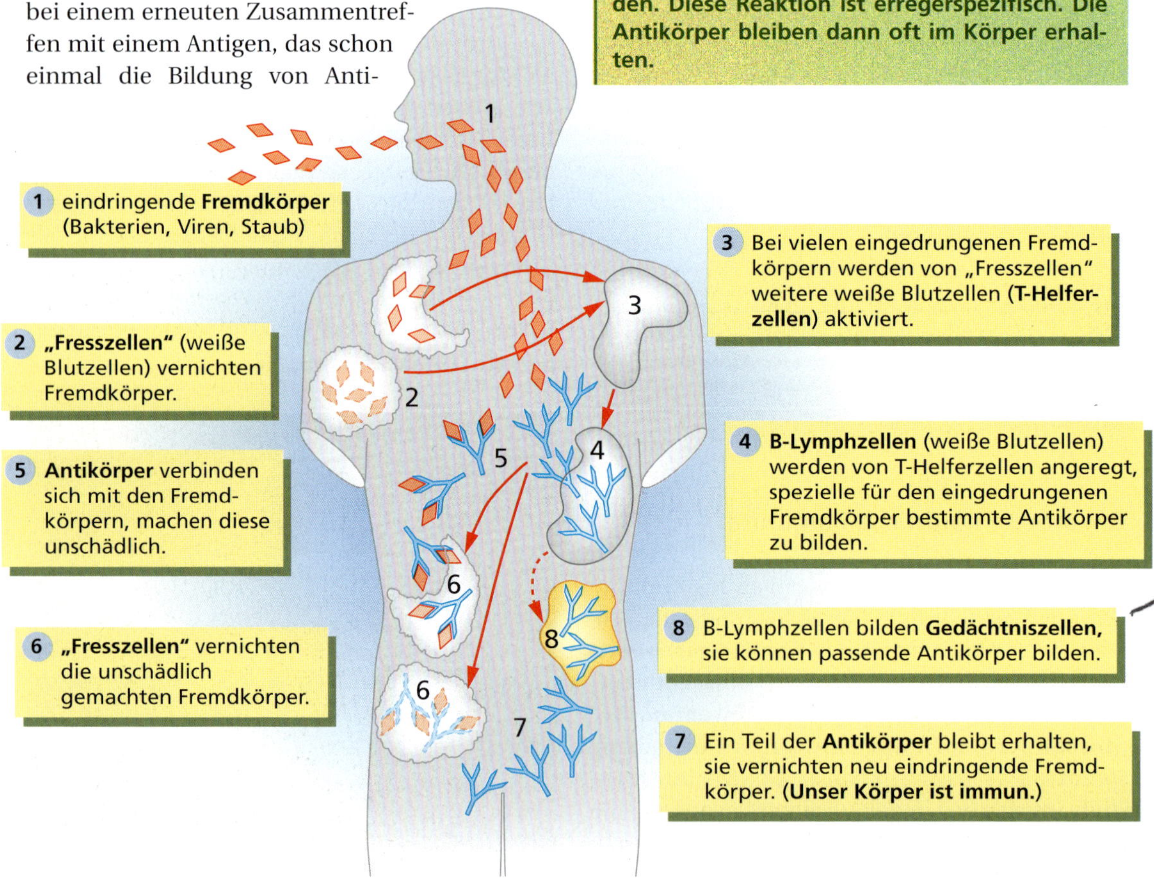

1 Ablauf einer Antigen-Antikörper-Reaktion (Immunreaktion)

Immunisierung

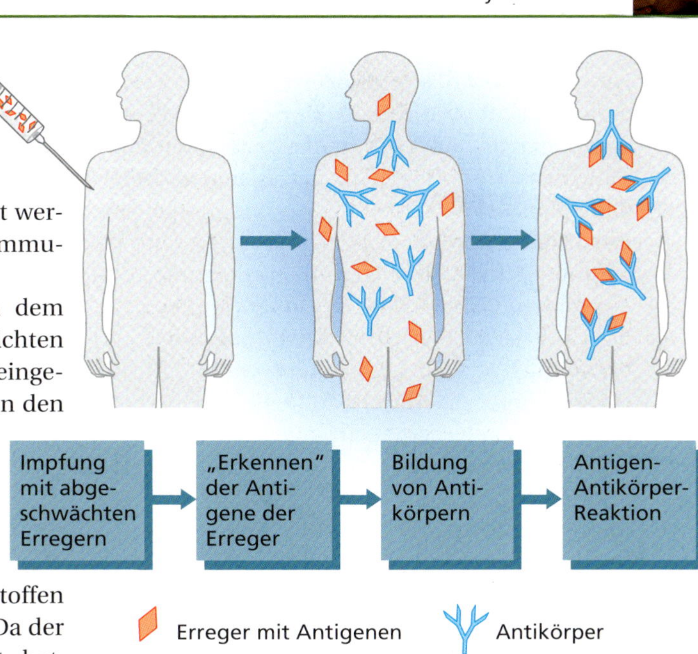

1 Verlauf der aktiven Immunisierung

Die Immunität gegen bestimmte Krankheitserreger kann künstlich durch den Vorgang der **Immunisierung** (Impfen) erreicht werden. Es wird eine aktive und eine passive Immunisierung unterschieden.
Bei der **aktiven Immunisierung** werden dem Menschen kleine Mengen von abgeschwächten Erregern einer bestimmten Krankheit eingeimpft. Die Antigene der Erreger werden von den T-Helferzellen erkannt. Diese regen die B-Lymphzellen an, die passenden Abwehrstoffe (Antikörper) zu bilden. Dringen nun Erreger dieser bestimmten Krankheit in den Körper ein, wird ihre anfangs geringe Anzahl von den Abwehrstoffen abgetötet. Die Krankheit bricht nicht aus. Da der Körper die Abwehrstoffe selbst gebildet hat, nennt man diese Form der Immunisierung aktive Immunisierung (Abb. 1). Angewandt wird sie gegenwärtig z. B. bei *Masern, Mumps* und *Röteln, Typhus, Cholera, Pocken* und *Kinderlähmung.*

Die aktive Immunisierung wirkt mehrere Jahre, weil die Gedächtniszellen, die die Abwehrstoffe bilden, sehr langlebig sind. Deshalb ist diese Art der Impfung eine **Schutzimpfung.**
Schutzimpfungen werden weltweit durchgeführt. Ihre Erfolge sind groß, z. B. bei der Bekämpfung der *Pocken* und der *Kinderlähmung.*

Mosaik

Menschenpocken – eine gefährliche Volksseuche

Tausende Menschen starben jährlich an **Menschenpocken.** Diese Krankheit wird durch Viren hervorgerufen. Lange vor ihrer Entdeckung, in der ersten Hälfte des 20. Jahrhunderts, beschrieb 325 n. Chr. der Chinese GE HONG den Verlauf dieser Infektionskrankheit.

Der Engländer **EDWARD JENNER** (Abb.) beobachtete schließlich, dass Bauernmädchen, die an Kuhpocken erkrankte Kühe molken, sich infizierten (ansteckten), aber nur leicht erkrankten und danach gegen Menschenpocken immun waren. Offensichtlich hatten die Kuhpocken den Körper angeregt, Abwehrstoffe zu bilden, die auch gegen eindringende Menschenpocken wirkten. 1796 entschloss er sich, Menschen vorbeugend mit Kuhpocken zu impfen, und erreichte einen Schutz vor Menschenpocken. JENNERS Entdeckung wurde aber nur zögernd aufgenommen.

In Deutschland wurde diese Impfung (aktive Immunisierung) erst durch das Impfgesetz von 1874 eingeführt. Seitdem erkranken nur noch wenige Menschen an Pocken.

Englischer Landarzt; geboren am 17. 5. 1749 und gestorben am 26. 1. 1823 in Berkeley. Er führte als Erster 1796 die Pockenschutzimpfung ein.

EDWARD JENNER (1749–1823)

Bei der **passiven Immunisierung** (Abb. 1) wird dem Körper ein Serum eingeimpft. Dieses Serum gewinnt man, indem Tieren, z. B. Pferden, Krankheitserreger eingeimpft werden. Die Tiere bilden im Blut Abwehrstoffe (Antikörper) gegen die eingeimpften Erreger. Das den Tieren entnommene Blut enthält nun Abwehrstoffe. Aus diesem Blut wird das Serum gewonnen, das dem Menschen zur Bekämpfung einer bestimmten Krankheit eingeimpft wird.
Da der Körper die Abwehrstoffe nicht selbst bildet, also passiv ist, nennt man diese Form der Immunisierung passive Immunisierung (Abb. 1).
Angewandt wird diese Form der Impfung z. B. bei *Diphtherie, Wundstarrkrampf (Tetanus), Keuchhusten und Hirnhautentzündung (Hib).*
Schon 1890 entwickelte Emil von Behring (s. unten) ein Heilverfahren gegen Diphtherie, das man heute als passive Immunisierung bezeichnet.

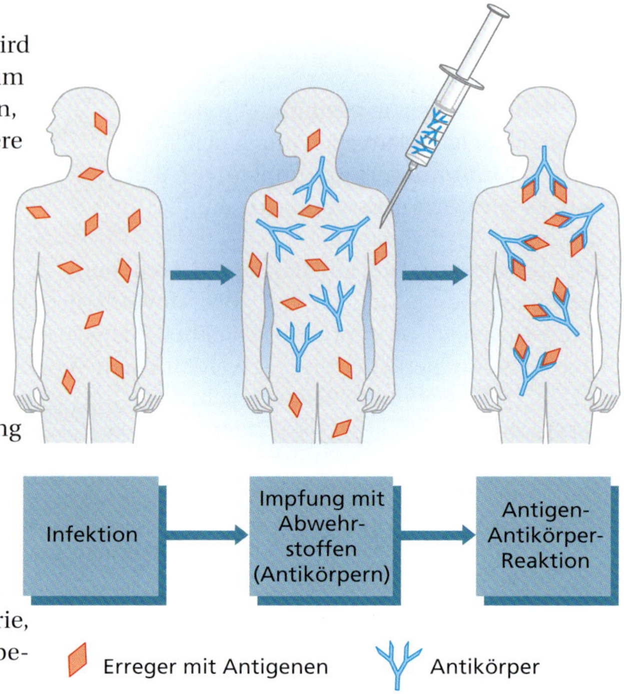

1 Verlauf der passiven Immunisierung

Vorteilhaft ist bei der passiven Immunisierung der rasche Eintritt der Wirkung. Gegen manche Krankheiten gewährt eine Impfung ein Leben lang bzw. mehrere Jahre Schutz.

In der Bundesrepublik gibt es eine ständige Impfkommission, die Empfehlungen zu Impfstoffen, Impfalter sowie zu den Abständen der Impfungen erarbeitet und als **Impfkalender** veröffentlicht (Abb. 1, S. 179).
Denn ein ausreichender Impfschutz von Kindern und Erwachsenen verhindert den Ausbruch von Krankheiten.

Mosaik

Emil von Behring (1854–1917)

Der deutsche Arzt Emil von Behring entwickelte am Hygiene-Institut Berlin (heute Robert-Koch-Institut) eine Serumtherapie gegen Diphtherie und Wundstarrkrampf.

1890 fand Behring heraus, dass die Krankheit Diphtherie durch Bakterien und deren Gifte hervorgerufen wird. Das von ihm entwickelte Heilserum wirkt gegen die Bakteriengifte.

Behring infizierte Pferde mit abgeschwächten Diphtheriebakterien, um die Bildung von Abwehrstoffen (Antikörpern) auszulösen. Aus dem Blut der infizierten Tiere gewann er das Serum mit den Antikörpern und impfte damit an Diphtherie erkrankte Menschen.

Für seine Arbeiten zur passiven Immunisierung erhielt Emil von Behring 1901 den Nobelpreis.

Ab 1893 war er Professor für Hygiene an der Universität Halle und ab 1895 an der Universität Marburg. Dort starb er 1917.

Impfkalender
Empfohlenes Impfalter und Mindestabstände zwischen den Impfungen bis zum 18. Lebensjahr

Antigenkombinationen (Krankheiten)	**Lebensmonat**						**Lebensjahr**	
	Geburt	**2**	**3**	**4**	**11–14**	**15–23**	**5 – 6**	**19–17**
Diphtherie		1.	2.	3.	4.		A	A
Tetanus		1.	2.	3.	4.		A	A
Keuchhusten		1.	2.	3.	4.		A	A
Hirnhautentzündung (Hib)		1.	(2.)	3.	4.			
Kinderlähmung (Poliomyelitis)		1.	(2.)	3.	4.			A
Leberentzündung mit Gelbsucht (Hepatitis B)		1.	(2.)	3.	4.			G
Masern/Mumps/Röteln					1.	2.		

1., 2., 3., 4. – Impfungen; **G** – Grundimmunisierung; **A** – Auffrischungsimpfung; (2.) – kann u.U. entfallen

1 Im Impfkalender ist angegeben, in welchem Alter und welchen Abständen Impfungen durchzuführen sind.

In einigen Ländern der Welt sterben heute noch viele Menschen an durch Impfungen vermeidbaren Krankheiten. Der Weltgesundheitsbericht 1998 gibt beispielsweise an, dass jährlich an *Masern* ca. 960000 Menschen, an *Keuchhusten* ca. 410 000 Menschen und an *Tuberkulose* ca. 2,9 Mio. Menschen sterben. Für einige Erkrankungen hält die Schutzwirkung anfangs nur wenige Wochen an und muss in Abständen wiederholt („aufgefrischt") werden.

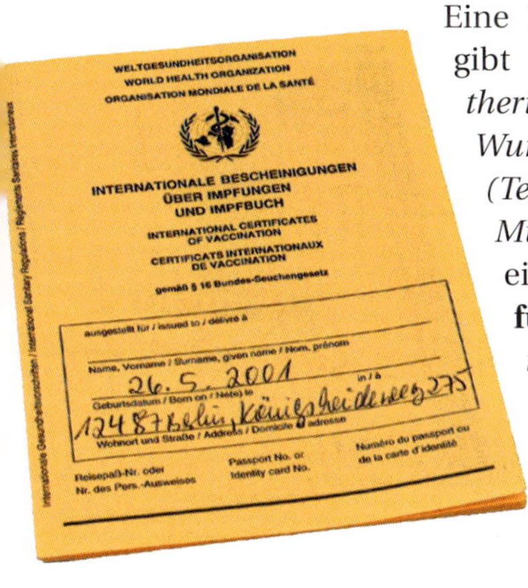

2 Das Impfbuch enthält Eintragungen des Arztes.

Eine **Dreifachimpfung** gibt es gegen *Diphtherie, Keuchhusten, Wundstarrkrampf (Tetanus), Masern, Mumps* und *Röteln*, eine **Vierfachimpfung** gegen *Infektionen der Atmungsorgane* mit Übergreifen auf die *Hirnhäute.*

Solche Mehrfachimpfungen sind besonders für Säuglinge wichtig.

In ein **Impfbuch** (Abb. 2) trägt der Arzt zur Übersicht und Kontrolle alle Impfungen ein.
Auch für Erwachsene sollten verschiedene Impfungen in bestimmten Abständen aufgefrischt werden, z.B. *Diphtherie* – alle 10 Jahre, *Hepatitis* – alle 5 Jahre, *Tetanus* – alle 10 Jahre, *Kinderlähmung* – alle 10 Jahre.

Darüber hinaus werden Impfungen bei besonderem Anlass empfohlen. Dazu gehören u.a. die Impfungen gegen *Grippe, Windpocken, Hirnhautentzündung* (FSME, Frühsommer-Meningoencephalitis, wird durch Zecken übertragen) und verschiedene reisemedizinische Impfungen.

Bei der Immunisierung unterscheidet man aktive und passive Immunisierung.
Bei der aktiven Immunisierung erfolgt die Impfung mit abgeschwächten Krankheitserregern zur Bildung von Abwehrstoffen im Körper. Bei der passiven Immunisierung wird ein Serum mit Abwehrstoffen geimpft.

Biologie im Alltag

Organspende

Zur Wiederherstellung der Gesundheit werden oftmals Zellen, Gewebe oder ganze Organe von einem Menschen auf den anderen übertragen. Infrage kommen z. B. Gefäße, Haut, Niere, Herz u. a. Man bezeichnet die Übertragung als **Transplantation.**

Bei der Übertragung eines Gewebes/Organs kann es zu einer Immunreaktion des Organempfängers kommen.

Das bedeutet: Das gespendete Organ enthält Antigene, die vom Empfänger als fremd erkannt werden. Während der Immunreaktion werden spezielle Lymphzellen und Antikörper gebildet, die gegen das transplantierte Gewebe/Organ wirken. Das gespendete Gewebe/Organ kann abgestoßen werden. Deshalb muss bei der **Organspende** bereits darauf geachtet werden, dass die Antigene von Spender und Empfänger möglichst ähnlich sind (z. B. bei direkten Blutsverwandten). Die Immunabwehr kann durch Medikamente unterdrückt werden.

Nach den Gesetzen ist die Entnahme von Organen nur mit Zustimmung des Betroffenen möglich.

Nach seinem Tode kann die Zustimmung auch durch die nächsten Angehörigen erteilt werden. Organe dürfen nur dann entnommen werden, wenn der Tod zweifelsfrei festgestellt worden ist.

Entscheidend ist dabei der eingetretene Hirntod. Hirntod bedeutet das Absterben des Gehirnes vor dem Absterben aller anderen Organe. Das Gehirn kann z. B. durch einen Schlaganfall absterben. Es kann die Tätigkeit der anderen Organe nicht mehr steuern, sodass z. B. die vom Gehirn gesteuerte Atmung aufhört.

Auch das Herz stellt aufgrund des Sauerstoffmangels seine Tätigkeit ein. Wir sagen, der Mensch ist gestorben. In diesem Fall können die Organe zur Verpflanzung entnommen werden. Bis zur Entnahme wird der Mensch an eine Maschine angeschlossen, die ihn über den Hirntod hinaus künstlich beatmet und für die Durchblutung der Organe sorgt. Nur durchblutete Organe eignen sich für eine Organspende.

Unter allen **Organtransplantationen** weist die Verpflanzung der Niere die höchste Erfolgsquote auf. Nach einem Jahr funktionieren noch 80 bis 90 % der Nieren, nach fünf Jahren noch ca. 75 %.

Weltweit wurden bisher über 350 000 Nieren verpflanzt, davon in der Bundesrepublik Deutschland seit 1963 über 46 000. Die Zahl der Spendernieren deckt jedoch nicht den Bedarf. Dialysepatienten müssen drei bis fünf Jahre auf eine Spenderniere warten. Allein in Deutschland stehen derzeit fast 10 000 Namen auf der Warteliste für eine Niere.

Die Bereitschaft, nach dem Tode Organe für schwer kranke Menschen zu spenden, sollte den nächsten Angehörigen mitgeteilt werden. Am besten ist es, wenn man zu Lebzeiten einen **Organspendeausweis** (Abb. 1) ausfüllt und mit dem Personalausweis bei sich trägt. Dort kann man aufschreiben, ob und welche Organe nach dem Tod entfernt und anderen hilfsbedürftigen Menschen eingepflanzt werden dürfen. Ein Herz muss beispielsweise in weniger als vier Stunden übertragen werden. Da zählt jede Minute.

Geeignete Spenderorgane werden weltweit durch Organbanken erfasst und im Bedarfsfall an entsprechende Kliniken vermittelt.

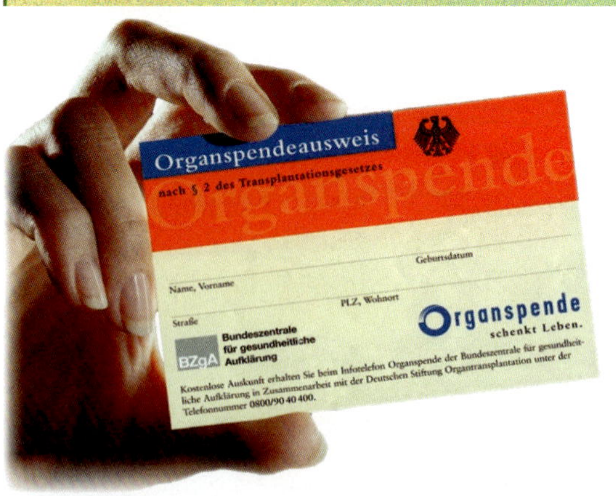

1 Der Organspendeausweis gibt darüber Auskunft, welche Organe nach dem Tode entfernt werden dürfen.

Biologie im Alltag

Allergien – überempfindliche Abwehrreaktionen unseres Immunsystems

Viele Menschen werden von wiederkehrenden Erkrankungszeichen, wie entzündete Augen, Schnupfen, Juckreiz, Hautrötungen und Hautausschlag, geplagt, ohne dass spezielle Erreger festgestellt werden können. Die Menschen leiden an **Allergien.** Dies sind übermäßige Abwehrreaktionen des Immunsystems gegen unschädliche, oft harmlose körperfremde Stoffe.

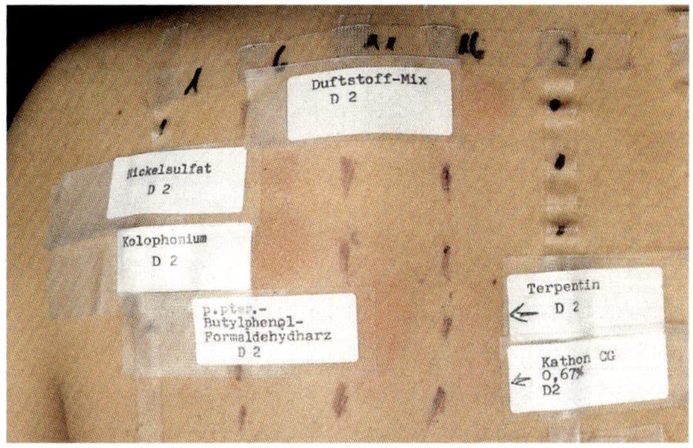

1 Zum Nachweis einer Kontaktallergie dient ein Pflastertest, bei dem Testsubstanzen mit Pflaster meist am Rücken aufgebracht werden.

Diese auslösenden körperfremden Stoffe nennt man **Allergene.** Sie wirken auf unser Immunsystem wie **Antigene** (vom Körper als fremd erkannte Stoffe, die eine Reaktion des Immunsystems auslösen; s. S. 176). Allergene können auf verschiedenem Weg in unseren Körper gelangen, z. B. durch Einatmen, mit der Nahrung, durch Hautkontakt. Dringt ein Allergen in den Körper ein, läuft eine Antigen-Antikörper-Reaktion (s. S. 176) im Immunsystem ab, obwohl die auslösenden Stoffe unschädlich sind.

Die gebildeten Antikörper bewirken, dass bestimmte weiße Blutzellen (so genannte Mastzellen) Stoffe abgeben, die zu den jeweiligen allergischen Symptomen führen. Allergien sind eigentlich **Fehlreaktionen** des **Immunsystems.**

Allergien können durch sehr **verschiedene Allergene** ausgelöst werden (Tab., unten). Die wichtigste **Behandlungsmethode** besteht in der Vermeidung des Kontaktes mit den betreffenden Allergenen. Dies wird für Pollenallergiker mit dem so genannten Pollenflugkalender unterstützt. Zur Linderung und Heilung einer Allergie werden verschiedene Medikamente eingesetzt. Liegt ein Verdacht auf ein allergisch hervorgerufenes Krankheitsbild vor, können unterschiedliche **Allergietests** zur Ermittlung des Allergens durchgeführt werden (Abb. 1).

Allergiearten (Auswahl)	Allergene	Krankheitsanzeichen (Symptome)
Pollenallergie (Heuschnupfen, Pollen- oder Heuasthma)	Blütenpollen von vorwiegend Windbestäubern	verstopfte oder laufende Nase, häufiges Niesen, gerötete und tränende Augen, asthmatische Beschwerden
Tierhaar- bzw. Federallergie	Tierhaare, Federn	Schnupfen, allergisches Bronchialasthma
Nahrungsmittelallergie	Kuhmilch, Hühnerei, Nüsse, Gewürze, Sellerie, Hülsenfrüchte u. a.	Erbrechen, Durchfall, allergische Reaktionen der Haut (Nesselsucht) und der Atmungsorgane, Kopfschmerzen
Schimmelpilzallergie	Sporen von Schimmelpilzen	Schnupfen, asthmatische Beschwerden
Hausstaubmilbenallergie	Kot der Hausstaubmilbe	Schnupfen, asthmatische Beschwerden, Bindehautentzündung, Hautreaktionen
Insektengiftallergie	Gift von Bienen und Wespen	örtliche Reaktionen an der Stichstelle, Nesselsucht, Asthamanfälle bis zum lebensgefährlichen Schock; sofort Gegenmittel spritzen

Biologie im Alltag

Vorbeugung von Infektionskrankheiten

Jeder kann durch geeignete Lebensweise dazu beitragen, dass seine Gesundheit weitgehend erhalten bleibt. Damit Krankheitserreger möglichst nicht in den Körper eindringen können bzw. abgewehrt werden, gilt es, die Regeln der Sauberkeit und Hygiene einzuhalten, den Körper abzuhärten und die eigenen Abwehrstoffe zu mobilisieren.

Zur **gesunden Lebensweise** gehören sowohl eine gesunde Ernährung (Abb.) als auch ein ausgewogenes Verhältnis von körperlicher sowie geistiger Belastung und Entspannung.

Jeder kann also durch seine Lebensweise bewusst darauf achten, dass seine tägliche Nahrung alle Nährstoffe (Kohlenhydrate, Fette, Eiweiße), Vitamine und Ballaststoffe enthält. Weiterhin ist wichtig, dass auch die Mengen so bemessen sind, dass der Körper ausreichend mit Stoffen zum Aufbau der körpereigenen Substanz und mit Energie für alle Lebensprozesse versorgt wird.

Im Tagesablauf sollte ausreichende Bewegung, möglichst an frischer Luft, eingeplant werden. Das können sportliche Aktivitäten, z.B. Laufen, Rad fahren, Schwimmen, Wandern (Abb. 1), aber auch Spaziergänge, Treppen steigen, Tanzen sein. Hygienische Regeln einhalten heißt aber auch, das Wohlergehen und die Leistungsfähigkeit des Körpers durch Beachtung der Auswirkungen von Klimafaktoren, Strahlung, Schad- und Fremdstoffen zu erhalten.

Umweltfaktoren wie Temperatur, Luftfeuchtigkeit, Luftdruck und Schadstoffe haben Einfluss auf die Gesundheit, das Wohlbefinden und die Leistungsfähigkeit der Menschen. Wer krank ist, kann bei bestimmten Wettersituationen Beschwerden vor allem im Bereich des Herz-Kreislauf- und Atmungssystems bekommen.

Der aktuelle Allgemeinzustand unseres Körpers ist mit ausschlaggebend dafür, ob eine Infektionskrankheit ausbricht oder nicht. Ein ständig überlasteter Mensch und ein geschwächter Organismus begünstigen die Ausbreitung von Krankheitserregern. Durch sportliche Aktivitäten und Abhärtungsmaßnahmen, z. B. Fitnesstraining, regelmäßigen Saunabesuch (Abb. 2), kann das Abwehrsystem aktiviert und trainiert werden.

Durch eine gesunde Lebensweise – bezogen auf körperliche und geistige Aktivitäten – können die Abwehrstoffe des Körpers mobilisiert werden.

1 Bei Wanderungen sollte man sich angemessen kleiden, damit man auf unterschiedliche Luft- und Körpertemperaturen eingestellt ist.

2 Um den eigenen Körper abzuhärten und gesund zu erhalten, ist ein wöchentlicher Saunagang empfehlenswert.

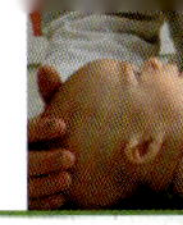

gewusst · gekonnt

1. Viele Menschen sind gegen einige Krankheiten immun. Fertige eine Übersicht zur Immunität an. Verwende dazu folgende Begriffe und Sachverhalte: erworbene natürliche Immunität, Immunität, Überstehen der Infektionskrankheit, Impfung, angeborene natürliche Immunität.

2. Immunität wird durch die Gesamtheit aller Abwehrreaktionen des Körpers gewährleistet.
   a) Beschreibe, wie eine Immunreaktion zustande kommt.
   b) Vergleiche angeborene natürliche und erworbene natürliche Immunität. Nenne Beispiele.

3. Während des ganzen Lebens soll ein ausreichender Schutz gegen Tetanus-Bakterien im Körper vorhanden sein. Deshalb wird immer wieder auf die Tetanus-Schutzimpfung hingewiesen.

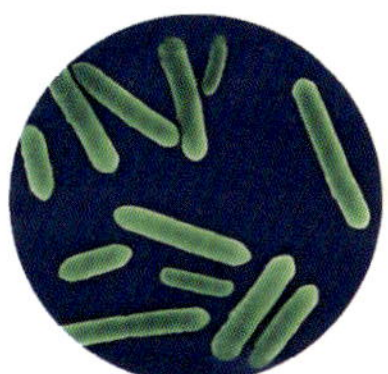

   a) Beschreibe, wie es zur Infektion mit den Tetanuserregern kommen kann.
   b) Eine rechtzeitige Tetanus-Impfung ist wichtig. Begründe.
   c) Nach 10 Jahren muss eine Auffrischung erfolgen. Begründe.

4. Vergleiche aktive und passive Immunisierung. Fertige eine Tabelle an.

5. Im Impfkalender für Säuglinge, Kinder und Jugendliche sind alle Impfungen aufgelistet, die bis zum 18. Lebensjahr empfohlen werden. Für einige Infektionskrankheiten sind Auffrischungsimpfungen nötig. Begründe.

6. Viele Menschen werden durch eine Organtransplantation gerettet. Häufig vergeht eine lange Zeit, bis ein geeignetes Organ gefunden wird. Erläutere die Gründe, die bei der Suche nach einem geeigneten Organ beachtet werden müssen.

7. In den letzten Jahren haben Allergien stark zugenommen. Versuche, auch mithilfe des Internets, Ursachen dafür zu finden.

8. ROBERT KOCH konnte durch seine Untersuchungen Erreger von Infektionskrankheiten nachweisen und so ihre Ursachen aufklären. Bereite einen Vortrag über das Leben und die Verdienste von ROBERT KOCH vor.

   Nutze dafür entsprechende Literatur und das Internet unter www.schuelerlexikon.de.

9. Informiere dich in Nachschlagewerken bzw. im Internet über die Pocken als eine gefährliche Volksseuche, insbesondere in vergangenen Jahrhunderten.

10. Betrachte die Abbildungen. Beschreibe, welchen Vorgang sie veranschaulichen.

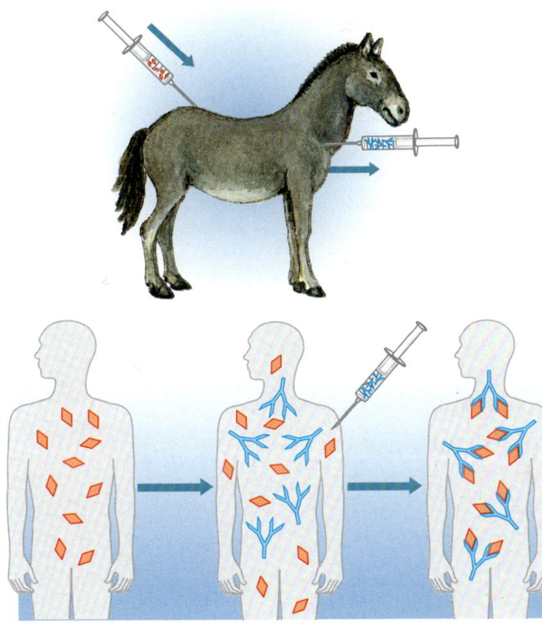

Immunsystem und Immunität

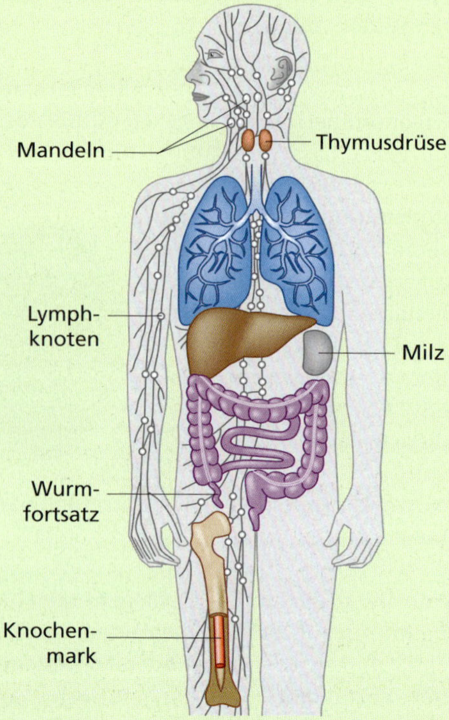

Das **Immunsystem** des Menschen wird durch die lymphatischen Organe gebildet. Es ist ein Abwehrsystem gegen eindringende Fremdkörper.

Schutz vor Infektionskrankheiten

- durch persönliche Maßnahmen wie gesunde Lebensführung, Sauberkeit und Hygiene
- durch Schutzimpfungen
- durch Vermeiden der Umweltbelastung mit Schadstoffen

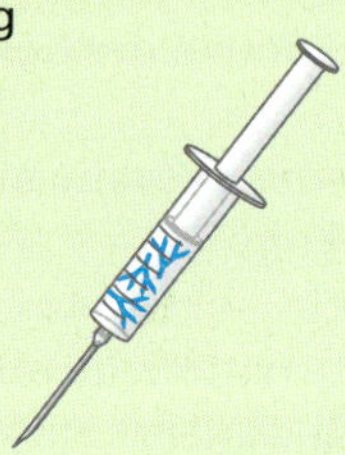

Infektionskrankheiten (ansteckende Krankheiten) werden von Erregern, z. B. Bakterien und Viren, hervorgerufen. Sie sind übertragbar

Immunität
(Widerstandsfähigkeit, Unempfindlichkeit)

- angeborene natürliche Immunität
- erworbene natürliche Immunität

Immunisierung

Durch **Immunisierung (Impfung)** kann künstlich die Immunität gegen bestimmte Krankheitserreger erreicht werden.

Immunisierung

- aktive Immunisierung: Impfen mit abgeschwächten oder toten Erregern – Körper bildet Antikörper
- passive Immunisierung: Impfen mit Abwehrstoffen (Antikörpern)

4 Informationsverarbeitung beim Menschen

4.1 Informationsaufnahme

Sinnesorgane – „Tore“ zur Umwelt

Mit den Sinnesorganen nehmen wir die verschiedensten Umwelteinflüsse auf. Wir erfreuen uns z. B. am Duft der Blüte oder an der Farbenpracht einer blühenden Wiese (Abb.).
Welche Bedeutung hat das Auge für uns als Lichtsinnesorgan? Wie kommt es, dass wir Erscheinungen in unserer Umwelt „sehen“ können?

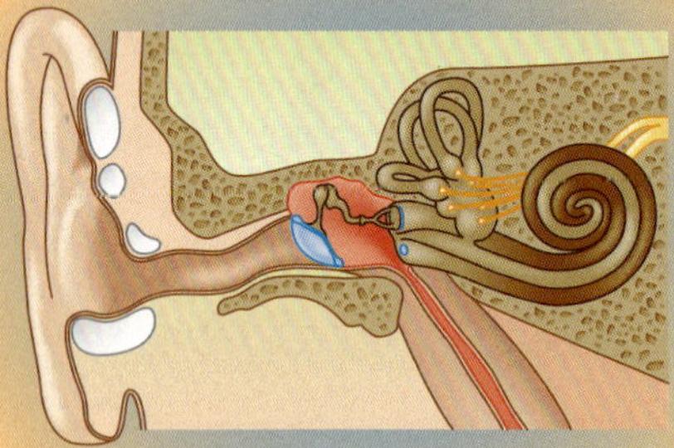

Das Ohr – ein wichtiges Kommunikationsorgan

Beim Besuch von Musikveranstaltungen kann man Sprachen aus verschiedenen Ländern hören. In Diskoveranstaltungen (Abb.) ist die Musik so laut, dass ein Sprechen miteinander unmöglich wird.
Welche Bedeutung hat das Ohr für uns als Hör- und Gleichgewichtssinnesorgan? Wie verläuft der Hörvorgang?

Die Haut – ein bedeutungsvolles Sinnesorgan

Die Haut ist unser größtes Organ und hat sehr viele verschiedene Funktionen zu erfüllen.
Können Tattoos (Abb.) die Funktionen der Haut beeinträchtigen?

Informationsaufnahme durch Sinneszellen – ein Überblick

Mit den Sinneszellen und freien Nervenendigungen nimmt unser Körper Informationen aus der Umwelt und dem Innern des Körpers auf. Sinneszellen können an bestimmten Stellen konzentriert auftreten und von Schutz- und Hilfseinrichtungen umgeben sein. Dann bilden sie **Sinnesorgane.**

Überblick über Sinne und Reizarten

Sinne	Reizarten	Sinneszellen, die erregt werden	Energieformen	Empfindungen
Gesichtssinn	Licht (optische Reize)	Sinneszellen in der Netzhaut des Auges	Lichtenergie	Unterscheiden von Hell und Dunkel; Farben-, Bewegungs-, Bildsehen; räumliches Sehen
Geruchssinn	chemische Stoffe (chemische Reize)	Sinneszellen im Riechfeld der Nasenschleimhaut	chemische Energie	Unterscheiden von Geruchsqualitäten, z. B. brenzlig, würzig, faulig, fruchtig, blumig
Gehörsinn	Schall (akustische Reize)	Sinneszellen im Innenohr (Schnecke)	mechanische Energie (Luftschwingungen)	Wahrnehmen von Tonhöhen und Lautstärken
Gleichgewichtssinn	Lage- und Bewegungsänderungen des Körpers (mechanische Reize)	Sinneszellen im Innenohr (Lagesinneszellen im Vorhof, Bewegungssinneszellen in den Bogengängen)	mechanische Energie	Feststellen der Lage des Körpers, der Körperhaltung und -bewegung
Geschmackssinn	chemische Stoffe (chemische Reize)	Sinneszellen in den Geschmacksknospen der Zunge und des Gaumens	chemische Energie	Unterscheiden von Geschmacksqualitäten, z. B. sauer, süß, bitter, salzig
Temperatursinn	Wärme und Kälte, Veränderung der Temperatur (Temperaturreize)	Sinneszellen und freie Nervenendigungen in der äußeren Haut und der Schleimhaut	thermische Energie	Feststellen von Temperaturunterschieden und -veränderungen, Wärme- und Kälteempfindung
Druck- und Berührungssinn	Druck und Berührung (mechanische Reize)	Sinneszellen und freie Nervenendigungen in der Haut und den inneren Organen	mechanische Energie	Feststellen von Druck und Berührung

Das Auge – unser Lichtsinnesorgan

Schutz- und Hilfseinrichtungen der Augen

Die fast kugeligen Augen liegen geschützt im Schädel, jedes in einer knöchernen **Augenhöhle** (Abb. 1). Die Knochen und Fettpolster schützen die Augen vor zu starkem Druck, Erschütterungen und Beschädigungen. Die **Augenbrauen** verhindern, dass Schweiß in die Augen fließt und zum „Brennen" der Augen führt.

Die **Augenlider** und **Wimpern** schließen sich sofort, wenn Fremdkörper, z. B. Insekten, Staubteilchen, in die Nähe der Augen gelangen. Sie verhindern das Eindringen der Fremdkörper in die Augen.

Die in den **Tränendrüsen** (Abb. 2) produzierte Tränenflüssigkeit gelangt auf die Hornhaut. Durch Lidschlag wird sie gleichmäßig über Hornhaut und Bindehaut verteilt. Im inneren Augenwinkel fließt sie durch Tränenkanälchen in den Tränensack und weiter in die Nasenhöhle. Die Tränenflüssigkeit verhindert ein Austrocknen von Hornhaut und Bindehaut. Außerdem werden kleine, in das vordere Auge gelangte Fremdkörper von der Tränenflüssigkeit herausgespült.

Zu den **Hilfseinrichtungen** des Auges gehören die **Augenmuskeln** (Abb. 1). Sie setzen am äußeren Augapfel an und bewirken die gleichsinnige Bewegung unserer Augen.

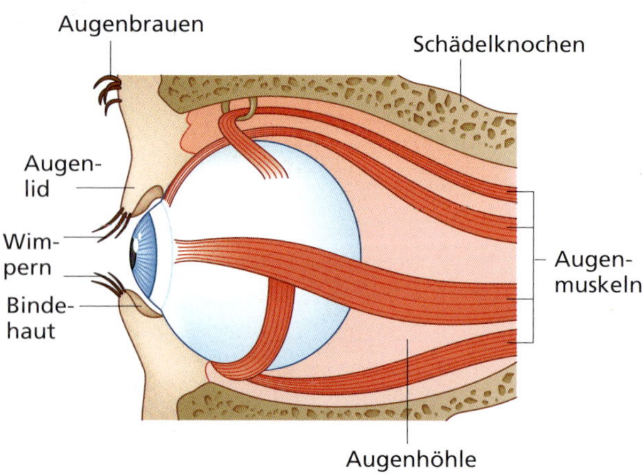

tz- und Hilfseinrichtungen des Auges

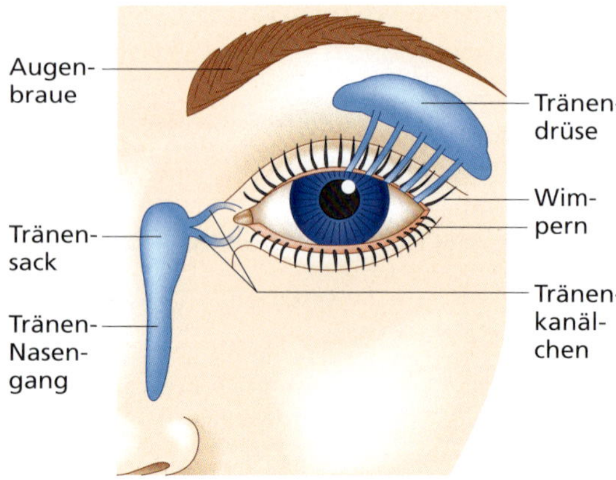

2 Auge mit Tränendrüse und ableitenden Kanälen

Hilfseinrichtungen der Augen sind die Augenmuskeln. Schutzeinrichtungen sind Tränendrüsen, Augenlider, Wimpern, Augenbrauen und Knochen von Schädel und Augenhöhlen.

Bau des Auges und Funktionen seiner Teile

Die Augenwand ist aus drei Schichten aufgebaut (Abb. 1, S. 189).

Die äußere weiße und feste Schicht ist die **Lederhaut.** Nach vorne geht sie in die vorgewölbte durchsichtige **Hornhaut** über. Beide schützen die inneren Teile des Auges. Die mittlere Schicht ist die **Aderhaut.** Sie wird von zahlreichen Blutgefäßen durchzogen und dient der Versorgung der Augenteile mit Nährstoffen und Sauerstoff sowie dem Abtransport von Stoffwechselendprodukten. Nach vorn schließen sich Ziliarkörper und Regenbogenhaut an.

Die **Regenbogenhaut** gibt unseren Augen die Farbe. Sie enthält eingelagerte Farbstoffe. In ihrer Mitte lässt sie ein kreisrundes Loch frei, das Sehloch oder die **Pupille.**

Ring- und strahlenförmig angeordnete Muskeln in der Regenbogenhaut bewirken durch Kontraktion eine Verengung bzw. Erweiterung der Pupille. Dadurch gelangt eine unterschiedliche Menge von Licht in das Auge (Abb. 1, S. 191).

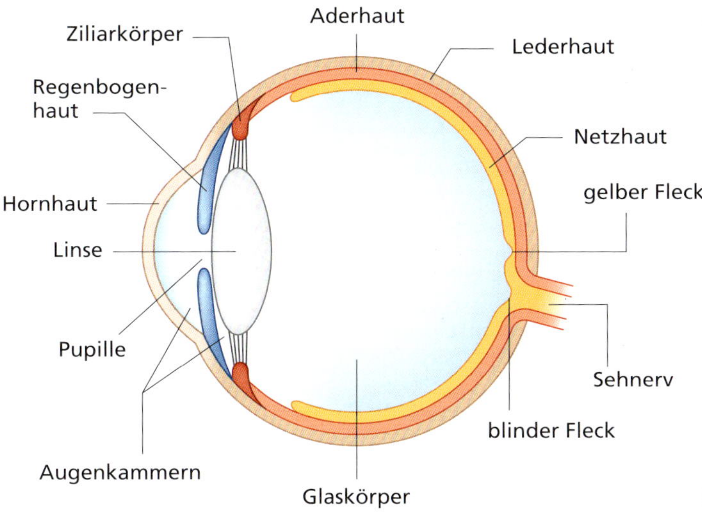

1 Bau des Auges (Längsschnitt)

Der hinter der Regenbogenhaut liegende **Ziliarkörper** besteht aus einem Ringmuskel. Er umgibt wie ein Ring die farblose, durchsichtige und bikonvexe **Linse.** Sie ist durch strahlenförmig vom Linsenrand abgehende Fasern an dem Ziliarkörper befestigt. Durch Kontraktion und Entspannung des ringförmigen Ziliarmuskels kann die elastische Linse gewölbt bzw. abgeflacht werden (Abb. 1, S. 192).

Die Räume zwischen Hornhaut und Regenbogenhaut bzw. zwischen Regenbogenhaut und Linse heißen vordere bzw. hintere **Augenkammer**. Sie sind mit einer klaren Flüssigkeit, dem Kammerwasser, gefüllt. Das Kammerwasser dient u.a. der Aufrechterhaltung des Augeninnendruckes.

Die innere Augenschicht besteht aus zwei Teilen. Außen liegt – bedingt durch eingelagerte Farbstoffe – die schwärzliche **Pigmentschicht.** Sie ist fest mit der Aderhaut verwachsen und schützt die weiter innen liegende lichtempfindliche **Netzhaut** (Abb. 2) vor dem einfallenden Licht. Die Netzhaut enthält die *Lichtsinneszellen* (Stäbchen und Zapfen) sowie verschiedenartige Nervenzellen mit ihren Fortsätzen. Die innerste Schicht der Netzhaut besteht aus netzartig untereinander verbundenen Nervenzellen, die sich zum **Sehnerv** vereinen (Abb. 1). An der Stelle, wo der Sehnerv das Auge verlässt, befinden sich keine Lichtsinneszellen. Diese Stelle ist der blinde **Fleck,** die Stelle des Nichtsehens.

Etwas oberhalb der Austrittsstelle des Sehnervs befinden sich in einer Vertiefung der Netzhaut gehäuft Lichtsinneszellen (nur Zapfen). Es ist die Stelle des schärfsten Sehens, auch **gelber Fleck** genannt. Das Innere des Auges füllt der fast kugelige, durchsichtige, gallertartige **Glaskörper** (Abb. 1) aus. Er bewirkt durch Druck von innen, dass das Auge seine Form behält.

Das nahezu kugelförmige Auge besteht aus drei Augenhautschichten, der Linse und dem Glaskörper.
Alle Teile des Auges führen entsprechend ihres Baues bestimmte Funktionen aus.

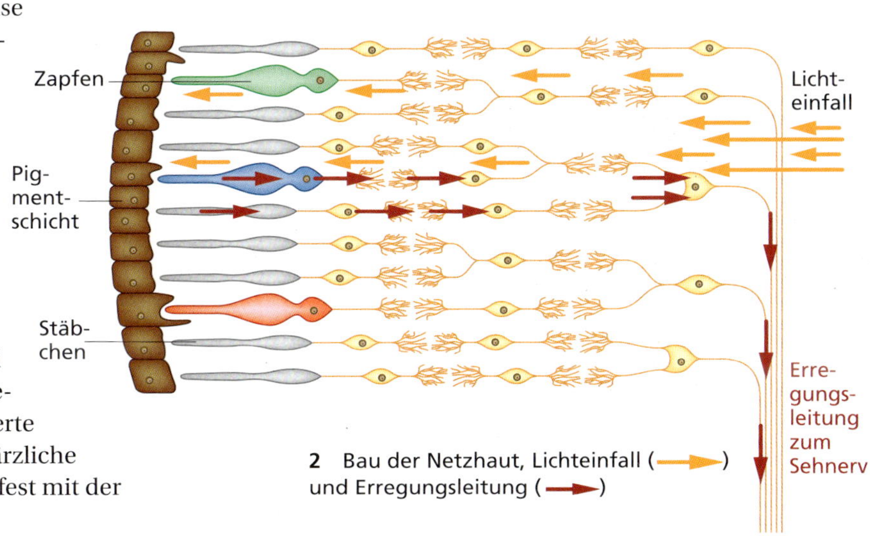

2 Bau der Netzhaut, Lichteinfall (→) und Erregungsleitung (→)

Der Sehvorgang

Im Physikunterricht ist die Brechung von Lichtstrahlen durch verschiedene Linsen, z. B. Sammel- und Zerstreuungslinsen, behandelt worden.

Hornhaut, Kammerflüssigkeit, Linse und Glaskörper des Auges bilden ein System, das wie eine Sammellinse wirkt.
Das eintreffende Licht wird von der Hornhaut und der Kammerflüssigkeit gebrochen, gelangt durch die Pupille zur Linse, wird von ihr ebenfalls gebrochen, breitet sich durch den gallertartigen Glaskörper und die Nervenzellschicht der Netzhaut aus und erreicht dann die Lichtsinneszellen in der Netzhaut (Abb. 1). Die lichtempfindlichen Stäbchen und Zapfen werden durch die Lichtreize erregt. Dadurch kommt es zur Erregungsbildung in den Lichtsinneszellen. Es entsteht in der Netzhaut ein *umgekehrtes, verkleinertes,* aber *wirkliches (reelles)* **Bild** des betrachteten Objekts (Abb. 1).
Die in den Lichtsinneszellen durch den Lichtreiz ausgelösten Erregungen werden über den Sehnerv zum Sehfeld der Großhirnrinde (Abb. 2, S. 216) geleitet, dort verarbeitet und gespeichert. Mithilfe unseres Gehirns nehmen wir das Abbild des betrachteten Objektes in seiner natürlichen Lage, Größe und Gestalt wahr.

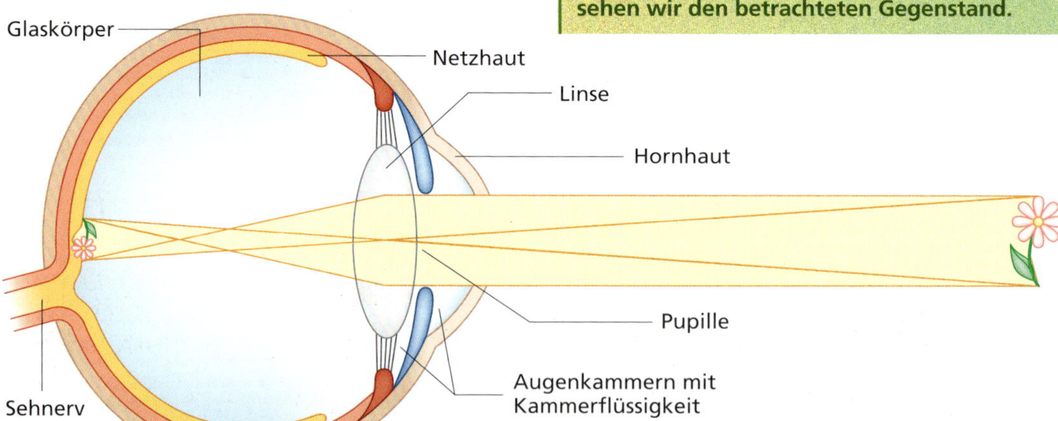

1 Sehvorgang – Bildentstehung in der Netzhaut

Mosaik

Bau und Funktion der Netzhaut

Die **Netzhaut** jedes Auges enthält bis zu 130 Millionen Lichtsinneszellen, bis zu 125 Millionen längliche und schlanke Stäbchen sowie etwa 6 Millionen dickere und gedrungene Zapfen. Die Stäbchen werden schon durch schwaches Licht angeregt. Sie können Hell und Dunkel unterscheiden und dienen dem Dämmerungssehen. Die **Zapfen** werden durch helles Licht erregt. Sie ermöglichen das Farbensehen (s. S. 196).
Ursache für die Entstehung der Erregung in den Stäbchen ist ein lichtempfindlicher Farbstoff, der **Sehpurpur.** Durch Licht zerfällt dieser Farbstoff. Dabei entstehen elektrische Impulse, die als Erregung weitergeleitet werden. Diese bewirken in unserem Bewusstsein einen Helligkeitseindruck. Anschließend wird der Sehpurpur wieder neu aufgebaut. Zum Aufbau von Sehpurpur wird Vitamin A gebraucht. Fehlt Vitamin A in der Nahrung, kommt es zur **Nachtblindheit.**

Das einfallende Licht wird von der Hornhaut, der Linse und dem Glaskörper gebrochen und erreicht die Netzhaut. Dort entsteht ein verkleinertes, umgekehrtes reelles Bild des betrachteten Gegenstandes.
Die über den Sehnerv zum Gehirn gelangten Erregungen werden „verarbeitet“. Im Ergebnis sehen wir den betrachteten Gegenstand.

Anpassungen des Auges

Jeder hat schon an sich selbst beobachtet, dass bei sehr grellem Licht die Pupillen verengt werden, bei weniger Licht und in der Dämmerung geschieht dies nicht. Diese Reaktion ist nicht nur ein Schutzreflex, sondern durch diese Reaktion werden auch die Pupillen verengt bzw. erweitert. Das kann man auch an sich selbst beobachten.

Stelle dich in einem hell erleuchteten Raum vor einen Spiegel und beobachte deine Pupillen.
Verschließe für einige Zeit mit der Hand ein Auge, nimm die Hand fort und schaue wiederum in den Spiegel. Betrachte genau die Pupille des vorher abgedeckten Auges und stelle die Unterschiede zur Pupille des anderen Auges fest.

Es zeigen sich Veränderungen in der Größe der Pupillen. Durch diese unwillkürliche Reaktion, **Pupillenreflex** genannt, passt sich unser Auge an die Menge des einfallenden Lichtes, also an die unterschiedliche Beleuchtungsstärke, an. Diese Anpassung des Auges wird **Pupillenadaptation** genannt.
Die Veränderung der Weite der Pupille beruht auf der Kontraktion bzw. Erschlaffung der ring- bzw. strahlenförmig angeordneten Muskeln in der Regenbogenhaut (Abb. 1).

Pupillenadaptation ist die Anpassung des Auges an die unterschiedliche Beleuchtungsstärke durch Erweiterung bzw. Verengung der Pupille.

Wir können mit unseren Augen nicht zugleich nahe und ferne Gegenstände scharf sehen. Betrachten wir ferne Gegenstände, sehen wir die nahen Gegenstände unscharf; betrachten wir nahe Gegenstände, sehen wir die fernen Gegenstände unscharf.

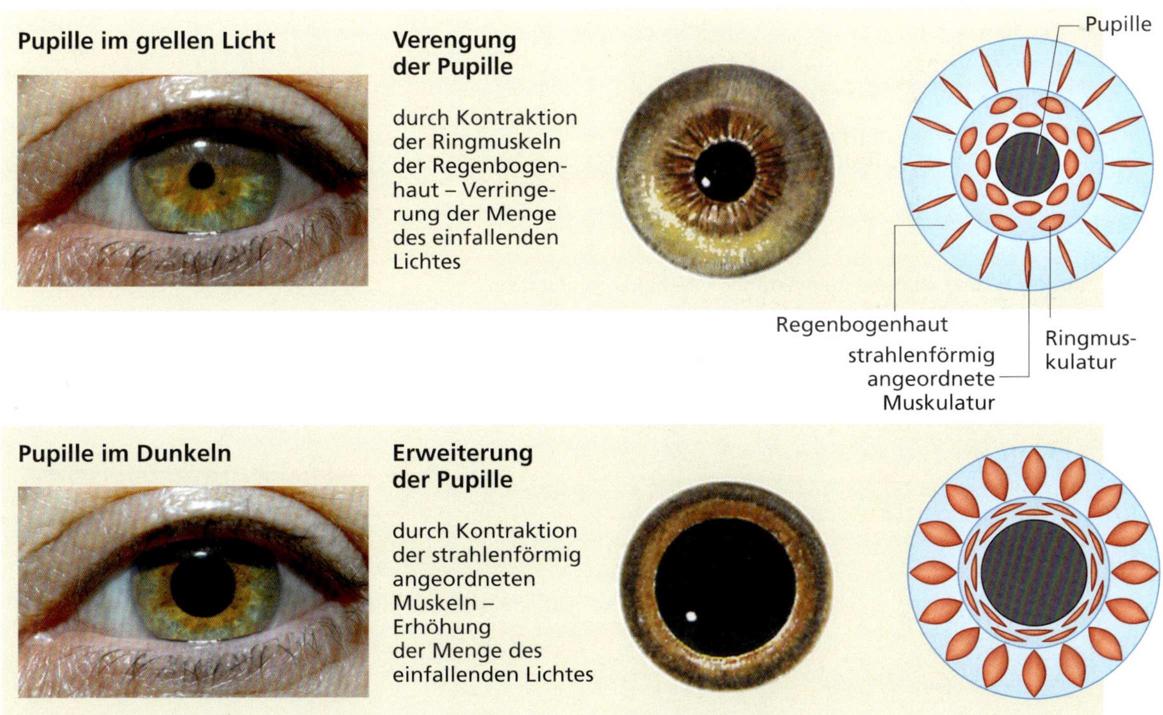

1 Anpassung des Auges an die unterschiedliche Beleuchtungsstärke – Pupillenadaptation

Das Auge passt sich auch an die unterschiedliche Entfernung der betrachteten Gegenstände an. Diesen Vorgang nennt man **Akkommodation.** Die Akkommodation beruht auf der unterschiedlichen Krümmung der elastischen Augenlinse. Die Linsen hängen jeweils mit Linsenbändern am ringförmigen Ziliarmuskel.

Betrachten wir z. B. *ferne Gegenstände,* so fällt das Licht fast parallel auf die Linsen. Die Ziliarmuskeln sind entspannt, die Linsenbänder werden straff gespannt. Dadurch werden die elastischen Linsen abgeflacht. Ihre Brechkraft ist geringer, sodass die entfernten Gegenstände in der Netzhaut scharf abgebildet werden (Abb. 1a).

Beim *Nahsehen* wird das Licht durch die Linsen stärker gebrochen. Dazu werden die Ziliarmuskeln kontrahiert. Dadurch entspannen sich die Linsenbänder, und die Linse nimmt – bedingt durch ihre eigene natürliche Elastizität – eine stark gekrümmte, fast kugelige Form an.
Damit erreicht sie eine höhere Brechkraft, sodass die nahen Gegenstände auf der Netzhaut scharf abgebildet werden (Abb. 1b).

Akkommodation ist die Anpassung des Auges an die unterschiedliche Entfernung der zu betrachtenden Gegenstände durch Änderung der Linsenkrümmung.

a) Anpassung an ferne Gegenstände – Fernakkommodation

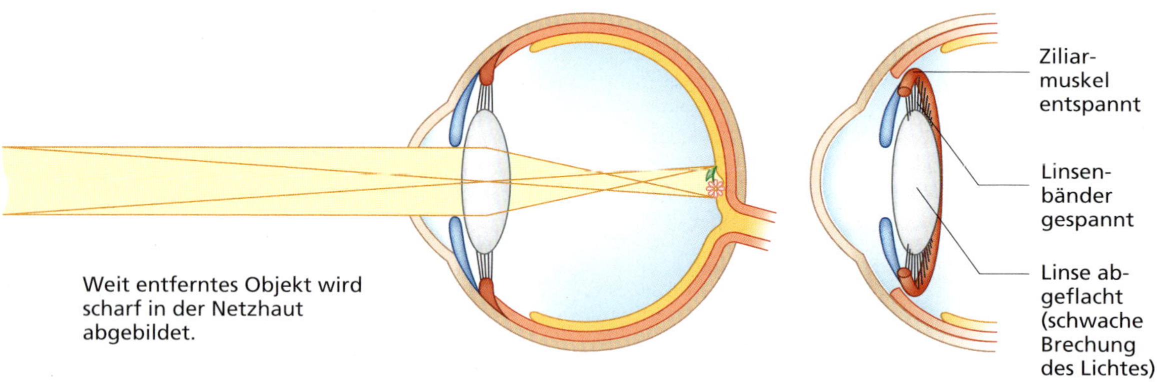

b) Anpassung an nahe Gegenstände – Nahakkommodation

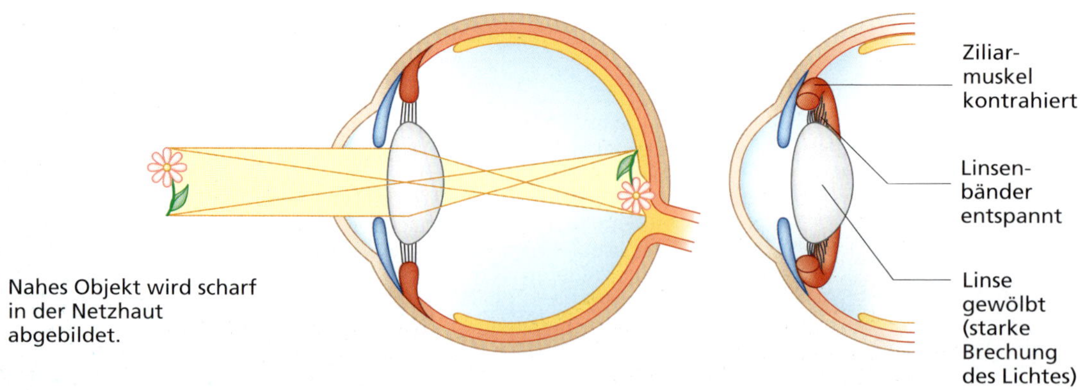

1 Anpassung des Auges an die unterschiedliche Entfernung der betrachteten Gegenstände – Akkommodation

Sehfehler und ihre Korrektur

Bei **normalsichtigen Menschen** geschieht die Anpassung der Linsenkrümmung an die Entfernung des zu betrachtenden Gegenstandes unwillkürlich und ohne Anstrengung. Das hat zur Folge, dass auf der Netzhaut von nahen und fernen Objekten ein scharfes Bild entsteht (s. S. 191, 192).

Bei einer Reihe von Menschen ist die Anpassung des Auges an die unterschiedlichen Entfernungen der Gegenstände gestört.

Diese **Sehfehler** (Abb. 1; Abb. 1, S. 194) können angeboren sein oder auch erst mit zunehmendem Alter auftreten. Letzteres betrifft die **Altersweitsichtigkeit** (Abb. 1, S. 194). Beim jungen Menschen ist die Linse noch elastisch und kann sich durch Krümmung an das Sehen naher und ferner Gegenstände anpassen.

Mit zunehmendem Alter nimmt die Elastizität der Linse ab. 40- bis 45-Jährige – bisher normalsichtig – können oftmals die normale Schrift im üblichen Abstand von 35 cm nicht mehr ausreichend lesen. Sie benötigen eine Lesebrille (mit Sammellinsen). Das Sehen in der Ferne ist dagegen normal. Bei 60- bis 70-Jährigen ist die Elastizität der Linse fast völlig erloschen. Sie müssen meistens eine Brille tragen.

Zur **Korrektur** der Sehfehler sind also Brillen mit verschiedenen Linsen notwendig.

Kurzsichtigkeit (Ursache: angeboren)

Kurzsichtige Menschen können nahe Gegenstände mühelos sehen, aber ferne Gegenstände sehen sie verschwommen.

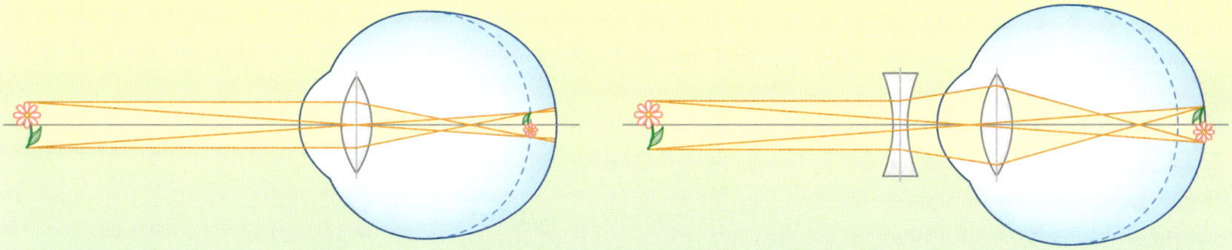

Augapfel zu lang; scharfes Bild von entfernten Gegenständen entstünde vor der Netzhaut, in der Netzhaut ist das Bild unscharf.
Korrektur: durch Brillen mit Zerstreuungslinsen

Weitsichtigkeit/Übersichtigkeit (Ursache: angeboren)

Weitsichtige (übersichtige) Menschen können ferne Gegenstände mühelos scharf sehen, nahe Gegenstände jedoch nur mit Mühe oder nur unscharf.

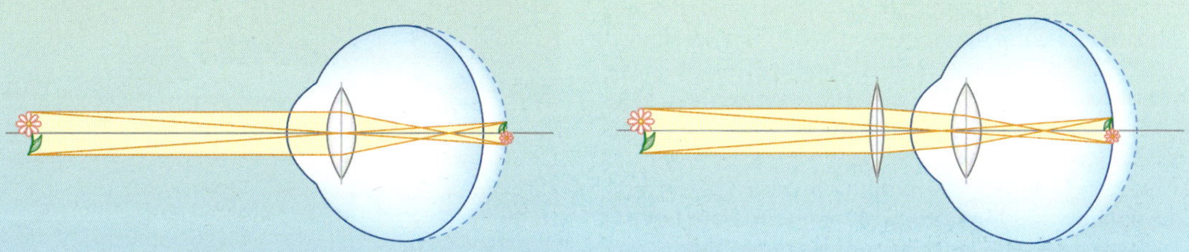

Augapfel zu kurz; scharfes Bild von nahen Gegenständen entstünde hinter der Netzhaut, in der Netzhaut ist das Bild unscharf.
Korrektur: durch Brillen mit Sammellinsen

1 Sehfehler und ihre Korrektur

Altersweitsichtigkeit (Ursache: erworben, Alterserscheinung)

Mit zunehmendem Alter kann sich die Augenlinse den verschiedenen Entfernungen der Gegenstände nicht mehr ausreichend anpassen.

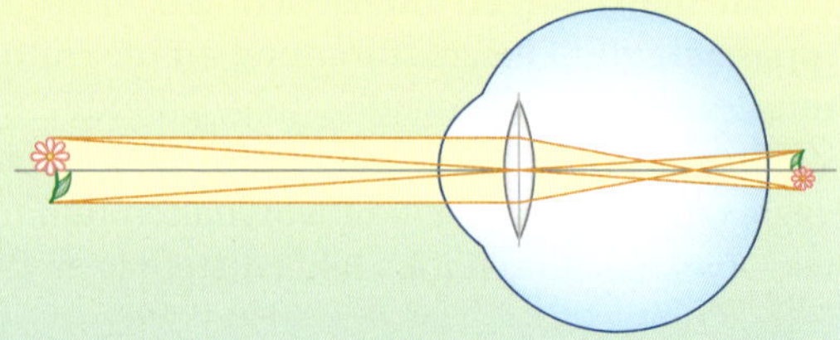

Augapfel normale Länge;
Linse wird flacher,
Nachlassen der Krümmungsfähigkeit und damit des Brechwertes;
scharfes Bild von nahen Gegenständen entstünde hinter der Netzhaut, in der Netzhaut ist das Bild unscharf.

Korrektur:
durch Brillen mit Sammellinsen

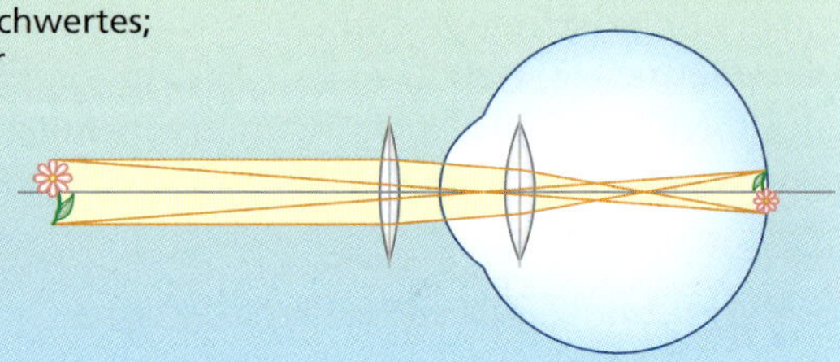

1 Sehfehler und ihre Korrektur

Mosaik

Kontaktlinsen können Fehlsichtigkeit korrigieren

Heute benutzen viele Menschen Kontaktlinsen. Sie meinen: je stärker die Fehlsichtigkeit ausgeprägt ist, desto größer sind die optischen Vorteile der Kontaktlinse. Das gilt für Kurzsichtigkeit und für Übersichtigkeit. Der Abstand zwischen Brillenglas und Auge beträgt ca. 12 mm, während die Kontaktlinse unmittelbar auf dem Tränenfilm schwimmt. Er bildet zwischen Hornhautvorderfläche und Kontaktlinsenrückfläche eine „Tränenlinse“, die als Teil des optischen Systems die Wirkung der Kontaktlinse ergänzt. So kann man selbst hochgradige Fehlsichtigkeiten mit den im Vergleich zum Brillenglas wesentlich dünneren Kontaktlinsen korrigieren. Auch die Abbildungsfehler stärkerer Brillengläser, z. B. Randverzerrungen, treten bei Kontaktlinsen nicht auf. Mit Kontaktlinsen bleiben Sehen und Aussehen natürlich. Da sie jede Augenbewegung mitmachen und ihr Zentrum immer vor der Pupille liegt, gibt es keine unscharfen Randzonen. Das Gesichtsfeld bleibt uneingeschränkt.
Jetzt gibt es auch Kontaktlinsen mit UV-Blocker. Die **UV-Kontaktlinsen** geben einen Zusatzschutz gegen die schädigenden UV-Strahlen der Sonne ab. Erhältlich sind auch **Farblinsen.** Sie werden in verschiedenen Farben angeboten, als Sehhilfe oder auch als Blickfang genutzt. Es gibt Tages-, Wochen- und Monats-Kontaktlinsen. Je nach **Typ** müssen die Kontaktlinsen ausgetauscht werden.

Kontaktlinsen – ein Sehen ohne Brille

Biologie im Alltag

Das räumliche Sehen

In jedem Auge entsteht ein flächiges Bild des betrachteten Gegenstandes. Wir sehen aber nicht zwei getrennte Bilder des Gegenstandes, sondern ein einziges räumliches Bild. Dies ist eine Leistung unseres Gehirns. Vergleicht man nämlich das Netzhautbild des rechten und linken Auges miteinander, dann stellt man fest, dass sie deutlich voneinander verschieden sind. Das rechte Auge sieht den Gegenstand mehr von rechts, das linke mehr von links (Abb. 1). Mit beiden Augen wird der Gegenstand, z. B. ein Buchrücken, vollständig gesehen, da im Gehirn beide Bilder zu einem räumlichen Bild vereinigt werden.

Das **räumliche Sehen** ist für die räumliche Tiefenwahrnehmung unabdingbar. Diese ist nur möglich bei gleichzeitigem Betrachten eines Objekts mit beiden Augen, da jedes Auge den Gegenstand aus einem anderen Blickwinkel wahrnimmt und zwei verschiedene Halbbilder des gesehenen Gegenstands auf der Netzhaut je eines der beiden Augen erzeugt werden.

Die beiden Sehnerven senden somit auch unterschiedliche Erregungsmuster zum Gehirn. Das Gehirn entwickelt aus ihnen die Raumempfindung. Das Prinzip des räumlichen Sehens kann am **Stereoskop** verdeutlicht werden. In diesem optischen Gerät mit zwei Okularen entsteht ein räumliches Bild (Stereobild) des betrachteten Objekts. Mit einer **Stereokamera** kann man die beiden Halbbilder gleichzeitig aufnehmen. Diese räumlichen Bilder kann man dann bei einer Raumbildprojektion betrachten.

Räumliches Sehen ist nur beidäugig möglich. Das räumliche Sehen ist eine Leistung unseres Gehirns.

1. Betrachte den Rücken eines Buches.

Materialien: Biologiebuch

Durchführung und Beobachtung

1. Halte dein Biologiebuch ca. 20 cm entfernt vor dein Gesicht. Schaue mit beiden Augen auf den Buchrücken. Was stellst du fest?
2. Schließe das rechte Auge. Schaue auf den Buchrücken. Was stellst du fest?
3. Schließe das linke Auge. Schaue auf den Buchrücken. Was stellst du fest?

Auswertung:

1. Welche Veränderungen hast du am wahrgenommenen Bild des Buchrückens festgestellt?
2. Versuche die Veränderungen zu begründen.

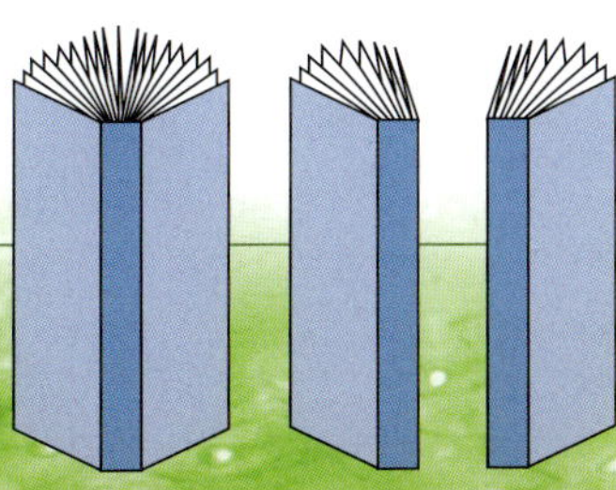

2. Betrachte die Spitze des Bleistifts.

Materialien: spitzer Bleistift

Durchführung und Beobachtung

1. Halte deinem Mitschüler einen spitzen Bleistift ca. 40 cm vor das Gesicht. Er soll ein Auge schließen und versuchen, mit dem Zeigefinger die Bleistiftspitze zu berühren. Was stellst du fest?
2. Wiederhole den Versuch mit geöffneten Augen. Was stellst du fest?

Auswertung:

1. Vergleiche die Ergebnisse von 1. und 2.
2. Versuche eine Begründung zu finden.

Das Farbensehen

Das Licht breitet sich als elektromagnetische Wellen aus. Das Spektrum des sichtbaren Lichtes (das weiße Licht) reicht von den Farben Rot bis Violett. Infrarotes bzw. ultraviolettes Licht ist für uns unsichtbares Licht.

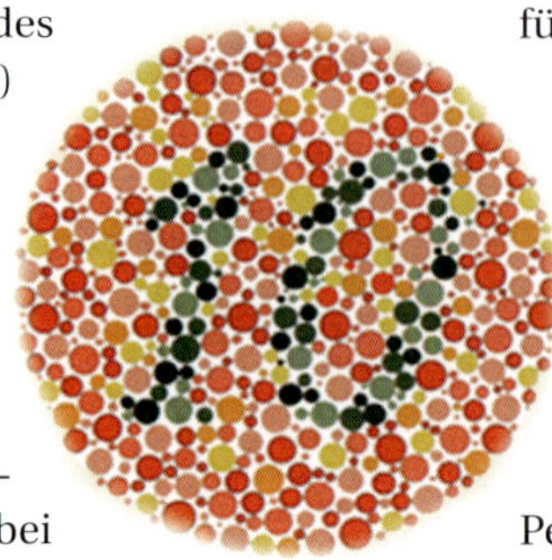

In der Dämmerung und bei geringer Beleuchtung können wir mit den Stäbchen **Hell** und **Dunkel** unterscheiden und mit den Zapfen bei ausreichender Beleuchtung **Farben sehen.**

Untersuchungen ergaben, dass es in der Netzhaut *drei verschiedene Zapfentypen* gibt, die je einen spezifischen Sehfarbstoff besitzen. Sie werden durch Licht der Grundfarben Rot, Grün und Blau erregt.

Eine gleich starke Erregung aller drei Zapfentypen ruft den Eindruck der Farbe Weiß hervor. Werden die Zapfen nur durch rotes und grünes Licht erregt, sehen wir die Farbe Gelb.

Farben können also gemischt werden. Durch *Mischen der Grundfarben* Rot, Grün und Blau erhält man alle Farben (Abb. 2). Dies ist seit dem 18. Jh. bekannt.

In unserem Auge wird jede Farbe durch ein für sie typisches Erregungsverhältnis der drei Zapfentypen widergespiegelt. Dadurch kann unser Auge 150 bis 200 verschiedene Farben bzw. ca. 7 Millionen Farbtöne unterscheiden.

Bei einigen Menschen können die Zapfen für eine der Grundfarben oder sogar für mehrere Farben gestört sein oder ganz fehlen. Es kommt dann zu **Farbensinnstörungen** (Farbenfehlsichtigkeit) bzw. zur **Farbenblindheit.** Zur Überprüfung der Farbenfehlsichtigkeit gibt es Tafeln mit Testbildern (Abb. 1). Durch *Farbtests* kann man ermitteln, ob Personen z. B. an der Rotgrünblindheit (besser Rotgrünsehschwäche) leiden. Ein Rotgrünblinder kann diese Farben in Testbildern (Abb. 1) nicht wahrnehmen, da ihr Farbensystem nur aus den Farben Blau und Gelb besteht..

Für die Ausübung einiger Berufe sind solche Farbtests eine Voraussetzung, z. B. für Lokomotivführer, Kranfahrer, Fahrer von Transportfahrzeugen, ja sogar für alle Autofahrer im öffentlichen Straßenverkehr kann eine Sehstörung gefährlich werden.

Das Farbensehen beruht auf dem Vorhandensein dreier Zapfentypen in der Netzhaut, die auf Licht der Grundfarben Rot, Grün und Blau reagieren.
Die Verarbeitung der Erregungen im Gehirn erzeugt den Eindruck der jeweiligen Farbe.

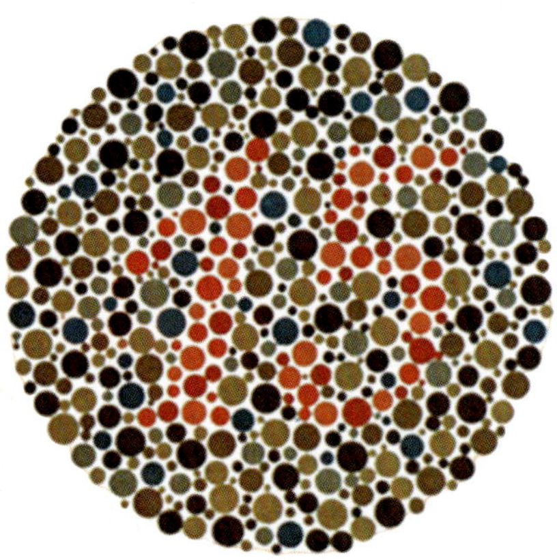

1 Testbild zur Überprüfung der Rotgrünsehschwäche. Beide Farben werden nicht normal gesehen.

2 Veranschaulichung der Farbmischung der Grundfarben Rot, Grün, Blau

Optische Täuschungen

Dass unser Gehirn beim Sehen beteiligt ist, können wir an weiteren Beispielen verdeutlichen.
Betrachtet man die Abbildung 1a) genau, so scheint die Person im Hintergrund größer als die im Vordergrund zu sein. Ein Nachmessen zeigt aber, dass beide Personen gleich groß sind. Dies ist eine **optische Täuschung.** Sie entsteht, weil die Straße einen räumlichen und perspektivischen Eindruck erweckt. Im Gehirn ist die Erfahrung gespeichert, dass der hintere Gegenstand größer sein müsste als der vordere. Daher erscheinen die Personen unterschiedlich groß.
Die optische Täuschung wird noch größer, wenn man ein Auge schließt. Einige sehen auf der Abbildung 1b) ein junges Mädchen, andere eine alte Frau, obwohl auf der Netzhaut aller Betrachter das gleiche Bild entsteht.
Die junge Frau ist links im seitlichen Profil zu erkennen. Wenn man die Wimpern und die Nase der jungen Frau zuhält, sieht man das nach unten gerichtete Gesicht einer alten Frau, das Kinn im Pelzmantel versteckt. Auch bei der Auswertung dieses Bildes werden die gespeicherten Erfahrungen im Gehirn unbewusst bei der Sehwahrnehmung mit verarbeitet.
Bei der Betrachtung der Abbildung 1c) erscheinen die inneren Kreise unterschiedlich groß, obwohl sie den gleichen Durchmesser besitzen. Die Ursache dieser optischen Täuschung liegt darin, dass die Flächen in unserem Gehirn immer in Bezug zu ihrer Umgebung (kleinere Kreise, größere Kreise) wahrgenommen werden. Dabei wirken größere Figuren neben kleinen Figuren besonders groß.

Beim Sehen wirken Auge und Gehirn zusammen (s. Sehvorgang, S. 190). Im Gehirn werden die Erregungen des Sehnervs mit gespeicherten Erfahrungen verarbeitet. Auch manche optischen Täuschungen beruhen darauf, dass das Gehirn das Gesehene nach der Erfahrung deutet.

1 Optische Täuschungen (a, b, c) machen deutlich: Sehen ist ein Vorgang, bei dem das Auge und das Gehirn eng zusammenarbeiten.

1. Ermittle Sinnestäuschungen.

a) Betrachte die abgebildeten Figuren. Was stellst du fest? Vergleiche mit der Realität z. B. durch Messen.

b) Wie kommen deine Wahrnehmungen zustande?

2. Ermittle farbige Nachbilder.

a) Betrachte ca. 1 Min. eine der abgebildeten Farbkreisbögen. Schaue danach auf eine weiße Fläche und warte einige Sekunden. Was siehst du?

b) Welche Farben müssten im Nachbild zu sehen sein? Begründe mithilfe des Farbmischbildes Seite 196.

Mosaik

Schutz der Augen sowie ihre Gesundheit

Jeder Einzelne muss dafür sorgen, dass seine Augen gesund bleiben und vor Verletzungen geschützt werden.

Beim Ausführen aller Tätigkeiten, sei es Lesen, Schreiben, Kochen, Sticken, ist auf **ausreichende Beleuchtung** zu achten. Sehr helles Licht, auch grelles Sonnenlicht, ist schädlich für die Augen. Deshalb sollte eine **Sonnenbrille** getragen werden. In vielen Berufen sind die Augen durch **Schutzbrillen** (Abb. oben) oder **Schutzschilder** (Abb. 1, S. 199) zu schützen, z. B. beim Schleifen, Schweißen, Drehen gegen Funkenflug oder abspringende feste Teilchen, beim Motorradfahren gegen Wind und Fremdkörper, beim Arbeiten mit ätzenden Flüssigkeiten wie Säuren und Basen gegen ätzende Spritzer.

Um die Augen nicht zu überanstrengen, sollte man beim Ausführen seiner Tätigkeit, z. B. beim Arbeiten am Computer, beim Lesen, Schreiben, Sticken und Nähen, **die Augen** nach einiger Zeit **in die Ferne richten.** Denn die Linsenkrümmung verringert sich beim **In-die-Ferne-Sehen,** das Auge ruht sich aus.
Zu beachten ist auch der **Abstand zwischen Auge und Arbeitsgegenstand.** Beim gesunden Auge eines Erwachsenen zwischen 40 und 50 Jahren beträgt er etwa 25 bis 35 cm.

Arbeitsplatz – Lichteinfall von links

Mosaik

Kann man den Arbeitsgegenstand nicht mehr scharf sehen, muss ein Arzt aufgesucht werden.

Am Auge leidet bei Schädigungen der verschiedensten Art häufig zunächst die außen liegende Bindehaut. Die Zeichen der **Bindehautentzündung** sind bekannt: Die Augen erscheinen deutlich gerötet (Abb. 2), Tränen laufen die Wangen hinab, und die Lider blinzeln, vor allem bei hellem Licht. Brennen und Jucken verführen überdies dazu, kräftig zu reiben, wodurch sich die Entzündung verschlimmert.
Betroffen sind meist beide Augen, weil die Ursachen in der Regel das Augenpaar gemeinsam erreichen. Kälte und Wind, Sonnenstrahlen und Rauch, Chemikalien und viele andere Auslöser kommen infrage. Häufig schwellen die Bindehäute auch bei Heuschnupfen und sonstigen Allergien an. Daneben treten zahlreiche Bakterien und Viren als Krankheitserreger auf. Ob sich die Entzündung auf die Bindehäute beschränkt oder ob auch andere Teile, wie die Hornhaut, mit betroffen sind, kann nur der Facharzt feststellen. Denn Entzündungen der Bindehaut neigen dazu, sich chronisch festzusetzen und hartnäckig wiederzukehren.
Verletzungen des Auges sind stets vom Arzt zu behandeln. Bereits winzige *Fremdteilchen* führen im Auge zu heftigen Schmerzen, denn jeder Lidschlag scheuert über die Hornhaut. Häufig lässt sich der Eindringling sogleich beseitigen, behutsam und stets in Richtung des Tränenflusses zur Nase hin. Bei jeder ernsteren Schädigung ist unverzüglich ein Augenarzt aufzusuchen. Auf dem Weg dorthin sollte die Verletzung möglichst steril abgedeckt sein. Gerade bei Arbeits- und Verkehrsunfällen dringen Glas- und Metallsplitter leicht in den Augapfel ein. Es entstehen inwendige Blutungen, und durch eingeschleppte Keime folgt meist eine schwere Infektion. Wird die notwendige Behandlung verzögert, ist das Auge oft nicht mehr zu retten. Auch Narben und Eintrübungen können, trotz Heilung, den völligen Sehverlust bedeuten.
Besonderen Wert erhält die richtige Hilfe vor Ort bei chemischen *Verätzungen* des Auges. Ob Säuren oder Basen, am Arbeitsplatz oder im Haushalt: sofort das Auge ausspülen! Am besten eignet sich klares, fließendes Wasser direkt aus der Leitung mindestens zehn Minuten lang. Wichtig ist, dass die Chemikalie vollständig aus dem Auge entfernt wird, weil sonst die Verätzung weiter fortschreitet. Besonders gefährlich ist in dieser Hinsicht Kalkstaub. Alle Arten von Verätzungen erfordern schnellstmöglich ärztliche Hilfe. Andernfalls drohen schlimme Vernarbungen der vorderen Augenhäute und damit Erblindung.

Die Augen sind ein wichtiges Sinnesorgan des Menschen. Sie lassen uns die Umwelt in ihrer Wirklichkeit sehen und erleben. Die Augen sind aber sehr empfindliche Sinnesorgane, deshalb muss man sie schützen.

1 Schutz der Augen durch ein Schutzschild

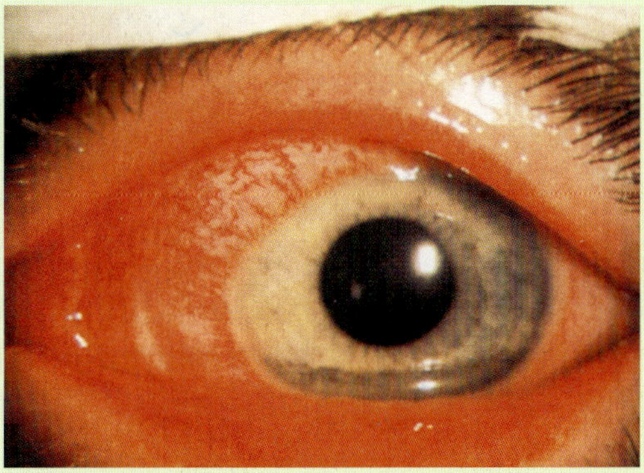

2 Bindehautentzündung

Das Ohr – unser Hörsinnesorgan

Bau des Ohres und Funktionen seiner Teile

Zum **äußeren Ohr** gehört die *Ohrmuschel.* Sie besteht aus einem elastischen Knorpel. Sie ist ein „Schalltrichter“, der die Schallwellen in den *Gehörgang* leitet. Dieser gehört ebenfalls zum äußeren Ohr. Das Ohrschmalz stellt eine Schutzschicht für die Auskleidung des Gehörganges dar. An das äußere Ohr schließt sich das **Mittelohr** an. Es besteht aus der Paukenhöhle mit den *Gehörknöchelchen* Hammer, Amboss und Steigbügel, der *Ohrtrompete* und dem *Trommelfell.* Dieses grenzt das Mittelohr gegen den Gehörgang ab.

Die Ohrtrompete stellt eine Verbindung mit der Rachenhöhle her. Sie dient dem Druckausgleich zwischen beiden Räumen. Das hat jeder bestimmt schon einmal selbst bei schnell fahrenden Fahrstühlen oder beim Start eines Flugzeuges erlebt. Durch Schlucken ist es möglich, die Luftdruckunterschiede von Mittelohr und Mundhöhle auszugleichen.
Trommelfell und Gehörknöchelchen dienen der Übertragung der Schwingungen auf das Innenohr. Das **Innenohr** wird von der *Schnecke,* dem *Hörsinnesorgan,* sowie dem *Vorhof* und den *Bogengängen,* dem *Gleichgewichtsorgan,* gebildet. Alle Teile liegen geschützt im knöchernen Schädel (Abb. 1).

Die Schnecke mit ihren zweieinhalb Windungen enthält etwa 14 000 *Hörsinneszellen.*
Das Innenohr ist mit *Ohrlymphe* ausgefüllt. Diese Flüssigkeit überträgt die Schwingungen vom Mittelohr auf die Hörsinneszellen.
Alles, was wir hören können, z. B. Geräusche, Sprache, Musik, Lärm, wird durch den Schall verursacht. **Schall** wird durch Schwingungen erzeugt. Bei Schallschwingungen unterscheidet man Töne, Klänge, Geräusche und den Knall. Der Schall wird von der Ohrmuschel aufgenommen und im Gehörgang bis zum Trommelfell geleitet, das in Schwingungen gerät. Die Schwingungen werden im Mittelohr von den Gehörknöchelchen über ein dünnes Häutchen, das ovale Fenster, auf die Flüssigkeit (Lymphe) des Innenohres übertragen. Die Hörsinneszellen in der Schnecke werden durch diese Flüssigkeitsschwingungen gereizt und anschließend erregt. Die in den Hörsinneszellen entstehenden Erregungen werden über den Hörnerv zum Hörzentrum des Gehirns (s. S. 216) geleitet und dort verarbeitet. **Wir hören.**

Das Ohr besteht aus Außenohr, Mittelohr und Innenohr. Das Außenohr dient der Schallaufnahme und -weiterleitung, das Mittelohr der Übertragung der Schwingungen. In den Hörsinneszellen des Innenohres entstehen Erregungen, die über den Hörnerv zum Gehirn geleitet werden.

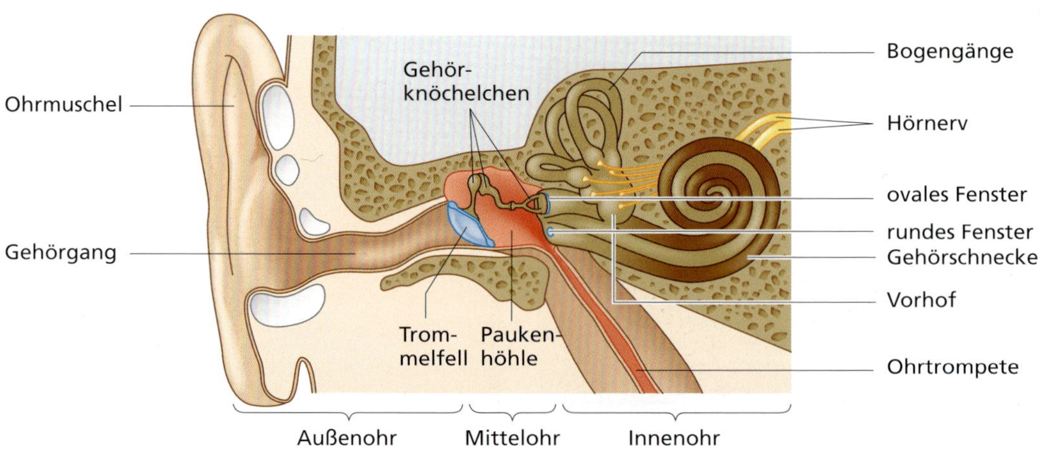

1 Bau des Ohres als Hör- und Gleichgewichtsorgan

Die Unterschiede zwischen **hohen und tiefen Tönen** sind abhängig von der **Anzahl der Schwingungen pro Sekunde** (Frequenz). Je größer die Anzahl der Schwingungen ist (je höher die Frequenz ist), desto höher ist der Ton. Die Tonhöhe wird in *Hertz (Hz)* gemessen (1 Hertz = 1 Schwingung pro Sekunde). Der Mensch kann unterschiedliche Töne von 16 bis 20 000 Schwingungen pro Sekunde (16 bis 20 000 Hz) wahrnehmen. Mit zunehmendem Alter verschlechtert sich das Hören. Während die obere Hörgrenze beim Kind bei etwa 20 000 Hz, beim 35-Jährigen bei 15 000 Hz und beim 50-Jährigen bei 12 000 Hz liegt, sinkt sie beim 70-Jährigen auf ca. 5 000 Hz ab.
Der Mensch kann nicht nur – aufgrund der Anzahl von Schwingungen in der Sekunde – hohe und tiefe Töne unterscheiden, sondern auch laute und leise Töne.

Die **Lautstärke** wird in *Dezibel* (dB) angegeben. Ein Geräusch, das um 10 dB zunimmt, wird als doppelt so laut empfunden. Wirkt eine sehr große Lautstärke, ab 120 dB, längere Zeit auf unsere Ohren ein, empfindet man dies als Schmerz. Die Geräusche können z. B. zur Belästigung werden, zu Konzentrationsschwäche, zu Schlafstörungen, zu Störungen des Nervensystems und zu Gehörverlusten führen (Tab.).
Umgebungsgeräusche, die uns stören, bezeichnen wir persönlich als **Lärm.** Es gibt keinen festen Wert für die Schwelle der Lärmempfindung. Dennoch kann man Lärm als Schall beschreiben, der den Menschen belästigt oder sogar gesundheitlich schädigt. Um zu beurteilen, ob Lärm das Gehör gefährdet, muss man ihn messen.
Bereits ab 65 bis 70 dB kann Lärm wie ein Stressfaktor wirken. Das kann zu hohem Blutdruck und zu Herz-Kreislauf-Beschwerden bis hin zum Herzinfarkt führen. Außerdem können Zunahme der Atemfrequenz, die Abnahme der Hautdurchblutung und eine Verringerung der Magensekretion die Folge sein. Lärmstress kann Magengeschwüre verursachen. Bereits ab 85 dB wird es für das Gehör gefährlich. Viele Menschen, die Lärm in dieser Stärke über Jahre hinweg auf sich wirken lassen, müssen mit Gehörschäden rechnen. Ab 90 dB sind alle Ohren auf Dauer gefährdet.

Geräusch- und Lärmquellen	Lautstärke in Dezibel	Lärmauswirkungen
Lärm in Kesselschmiede	130	Schmerzgrenze
Presslufthammer, 1 m entfernt Propellerflugzeug Diskomusik	120	Schwerhörigkeit durch Schädigung des Innenohres
Düsenflugzeug, 200 m entfernt	115	
Kreissäge, 1 m entfernt	110	
Autohupe	100	Störung des Nervensystems, Veränderung von Puls und Blutdruck, Schlafstörungen
vorbeifahrender LKW, Gewitter	90	
Motorrad, 7 m entfernt	85	
Auto, 7 m entfernt	80	
Straßenverkehr	70	
laute Unterhaltungsgespräche, 1 m entfernt, Staubsauger	65	
Radio bei Zimmerlautstärke	50	Beeinträchtigung von Schlaf und geistiger Arbeit, Konzentrationsschwäche
leises Gespräch	40	
Flüstern, Blätterrauschen	30	
Gehen auf weichem Teppich, Ticken einer Uhr	20	
Computer	10	

Lärm ist eine vom Menschen als störend empfundene Schalleinwirkung. Je nach Stärke, Art und Einwirkdauer kann das Wohlbefinden zeitweise oder dauerhaft beeinträchtigt werden.

Das Ohr und der Hörvorgang – Informationssuche im Internet

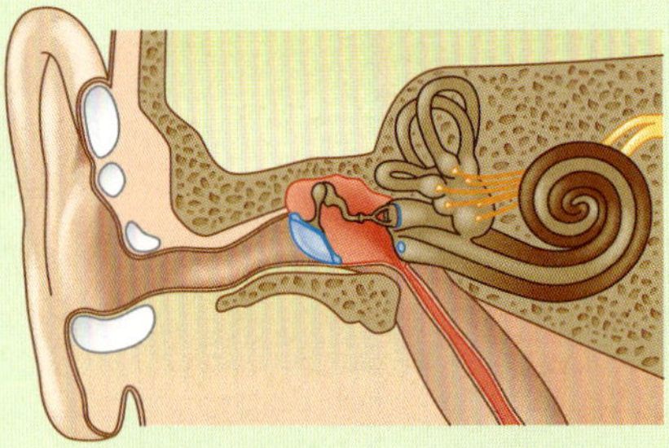

Das Innenohr ist mit *Ohrlymphe* ausgefüllt. Diese Flüssigkeit überträgt die Schwingungen vom Mittelohr auf die Hörsinneszellen. Wir hören.

Das **Internet** ist auch für die Schule zum unentbehrlichen Arbeitsmittel geworden. Es enthält eine riesige Informationsfülle über alle Bereiche des Lebens.

Zur Vorbereitung von Prüfungen, zur Anfertigung eines Vortrages, zur Lösung komplexer Aufgaben oder auch zur Vorbereitung auf ein bestimmtes biologisches Thema kann man sich Informationen aus dem Internet beschaffen.

Dazu ist es möglich, am Computer verschiedene **Suchmaschinen** zu nutzen. Man kann aber auch unter der Adresse **www.schuelerlexikon.de** Informationen suchen, da diese Adresse besonders für Schüler entwickelte und aufbereitete Artikel enthält.

Um Informationen aus dem Internet, z. B. über das Ohr und den Hörvorgang, zu holen, müssen am Computer bestimmte **Schritte ausgeführt** werden.

1. Gib zuerst über einen Web-Browser eine Internetadresse (Suchmaschine) ein, z. B. www.schuelerlexikon.de.
2. Gib in das speziell vorgesehene Suchfenster dein **Suchwort Ohr** ein und frage die Informationen aus der Datenbank ab. Das Suchprogramm durchsucht die Datenbank nach deinem eingegebenen Suchwort darin. Das Ergebnis ist eine Liste von Containern (Artikeln).

Öffne die einzelnen Container und informiere dich über deren Inhalt.

Beispiele für Suchmaschinen
www.google.de
www.yahoo.de
www.web.de
www.msn.de
www.schuelerlexikon.de

Tipps für die Suche im Internet
- Verwende klare und treffende Suchwörter.
- Schreibe die Suchwörter klein, dann werden sowohl die groß- als auch kleingeschriebenen Wörter gefunden.
- Achte darauf, in welcher Sprache die Suchmaschine suchen soll.
- Achte darauf, ob der Informationsabruf kostenpflichtig oder kostenfrei ist.

Findet man mit einer Suchmaschine keine ausreichenden Informationen, so können weitere Suchmaschinen genutzt werden, z. B. www.yahoo.de, www.google.de.

1. Gib die Suchmaschine www.yahoo.de und anschließend das Suchwort „ohr" ein. Frage die Informationen aus der Datenbank ab. Du erhältst mehrere Millionen Dokumente zum Thema Ohr.
2. Schränke die Suche ein, indem du die Suchwörter „ohr hörvorgang" (getrennt durch ein Leerzeichen) eingibst. Du erhältst noch einige Hundert Dokumente zum gewählten Thema.
3. Weitere Einschränkungen erhältst du durch weitere Suchwörter. Ein Minuszeichen vor einem Suchwort bedeutet, dass das Suchwort in den gefundenen Artikeln nicht vorkommt (z. B. liefert „ohr hörvorgang – hörgerät" die Artikel, die Ohr, Hörvorgang, aber nicht Hörgerät enthalten).
4. Öffne ausgewählte Dokumente und informiere dich über deren Inhalt.

Mithilfe der im Internet gesuchten Informationen können folgende **Aufgaben** beantwortet werden:

1. Das Ohr ist für uns ein wichtiges Sinnesorgan.
   Nenne die Teile des Ohres und gib deren Funktion an.
2. Beschreibe den Hörvorgang.
3. Es kommt vor, dass ein Mensch mit gesunden Ohren doch nicht hören kann. Begründe diese Aussage.

Tipps für die Suche im Internet

1. Bei einer sehr großen Anzahl von angezeigten Dokumenten kannst du die Informationssuche einschränken
   – durch Eingabe mehrerer Wörter, die durch ein Leerzeichen getrennt werden, oder durch ein direkt vor das Suchwort gesetztes Pluszeichen,
   – durch ein direkt vor das Suchwort gesetztes Minuszeichen.
2. Die Anzahl der angezeigten Dokumente ist oftmals sehr groß. Die besten „Treffer" stehen am Anfang.

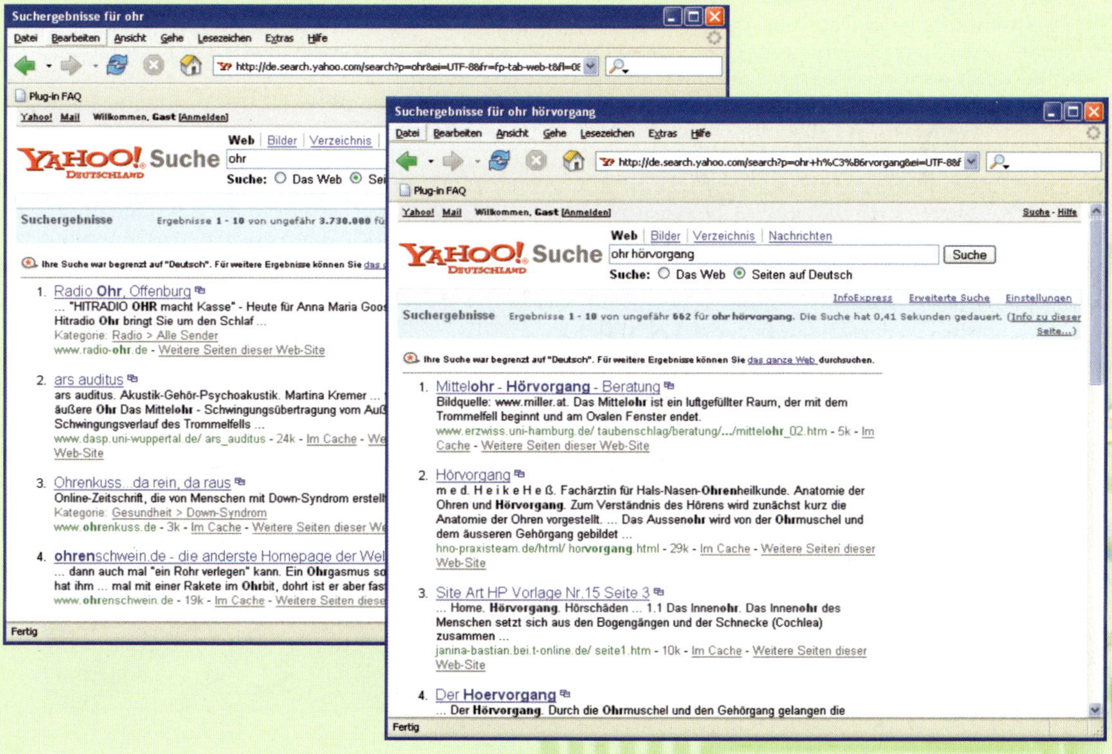

Mosaik

Unsere Ohren

Schutz der Ohren und ihre Gesunderhaltung

Unsere Ohren besitzen keine besonderen Schutzeinrichtungen wie unsere Augen. Die Schallwellen dringen ungehindert in den Gehörgang ein, unabhängig von der Anzahl der Schwingungen pro Sekunde und der Lautstärke der Geräusche. Dauerlärm kann zur Beeinträchtigung der Gesundheit und besonders zu Hörschäden führen (s. Tab., S. 201). In einigen Berufen ist es erforderlich, einen **Hörschutz** zu tragen, z. B. bei Schmiedearbeiten, Arbeiten mit einem Presslufthammer, bei der Prüfung von Motoren, beim Einweisen von Flugzeugen, beim Fahren mit einem Traktor, in einer Spinnerei (Abb. unten).

Personen, die in lärmgefährdeten Berufen tätig sind, müssen sich regelmäßig untersuchen lassen, damit eine beginnende **Lärmschwerhörigkeit** frühzeitig erkannt werden kann. Lärmschwerhörigkeit ist eine anerkannte Berufskrankheit.

Mit fortschreitendem Alter tritt in der Regel eine Veränderung des Hörvermögens ein, wobei vor allem die höheren Töne schlechter oder nicht mehr wahrgenommen werden. Alte Menschen hören oft Klingeln (Fahrrad, Telefon, Wecker) nicht, verstehen Telefongespräche wesentlich schlechter, vermögen mehreren Stimmen in einer Unterhaltung nicht mehr zu folgen u. a. m. Diese **Altersschwerhörigkeit** ist unterschiedlich stark ausgeprägt und kann zur Verordnung von Hörgeräten führen.

Untersuchungen haben ergeben, dass die **Schwerhörigkeit** nicht nur ein Problem alter Menschen ist. Bereits jeder vierte über 40 Jahre klagt darüber, nicht gut zu hören. Immer mehr junge Menschen haben ihr Gehör bei Disko-Besuchen, durch Tragen von Walkmen, im Verkehrslärm oder im Beruf überanstrengt. Das kann zu akuten Hörstörungen, insbesondere zum plötzlichen **Gehörverlust (Hörsturz)** führen. Dieser muss schnellstens ärztlich untersucht werden, um bleibende Schwerhörigkeit zu vermeiden. Heute bietet die **Hörgerätetechnik** eine große Auswahl an modernen Hörgeräten an, vom bewährten Hinter-dem-Ohr-Gerät über Hörbrillen bis hin zum winzigen Gerät, das im Gehörgang getragen wird. Das Hörgerät ist ein elektronisches Gerät zur Verbesserung des Hörvermögens bei Schwerhörigkeit. Es besteht aus einem Mikrofon, Verstärker und Lautsprecher.

Unsere Ohren sind auch gegen **Zugluft** zu schützen. Entzündungen des Gehörganges können zur **Mittelohrentzündung** führen, ebenso eindringende Krankheitserreger. Relativ häufig kommt es vor, dass spielende Kinder **Fremdkörper in das Ohr** einführen (Murmeln!), die sich dann nicht mehr entfernen lassen. Es ist falsch, tief in den Gehörgang eingedrungene Fremdkörper selbst wieder entfernen zu wollen. Jeder Versuch des Fassens mit einer Pinzette u. Ä. treibt den Fremdkörper tiefer in das Ohr. Es können dabei durchaus Trommelfellverletzungen ausgelöst werden. Der Arzt hat besondere Instrumente, um hinter den Fremdkörper zu gelangen und ihn so zu entfernen.

Ähnlich wie Fremdkörper kann auch **verhärtetes Ohrenschmalz** wirken. Es kann die Ursache für eine Hörverschlechterung sein. Keinesfalls darf hierbei mit Haarnadeln, Streichhölzern oder ähnlichem „untauglichem Werkzeug" eingegriffen werden. Eine Ohrspülung durch den Arzt mit lauwarmem Wasser entfernt oft auch fest haftendes Ohrenschmalz.

Die Ohren sind wichtige Kommunikationsorgane. Sie sind zu schützen und gesund zu erhalten.

Mosaik

Ohr als Gleichgewichtsorgan

Bei jeder Ausführung von Tätigkeiten verändert der Mensch die Lage und Bewegung seines Kopfes und letztlich auch seines Körpers. Diese Veränderungen bewirken eine Bewegung der Ohrlymphe in den 3 Bogengängen und den Ampullen sowie im Vorhof (Abb. unten; Abb. 1, S. 200). Durch die Strömung der Ohrlymphe werden die Sinneszellen im Innenohr erregt. Verändern wir unsere Lage, vor allem die Lage des Kopfes, werden die Lagesinneszellen im **Vorhof** erregt. Die entstehenden Erregungen werden über Nerven zum Gehirn geleitet und dort verarbeitet.

Bei jeder Bewegung des Kopfes bzw. des Körpers, auch Drehbewegung, werden durch die Lymphe in den **Bogengängen** die Bewegungssinneszellen gereizt und erregt. Auch diese Erregungen werden über Nerven zum Gehirn geleitet und dort verarbeitet.
Der Mensch kann auf diese Weise das Gleichgewicht seines Körpers wieder herstellen.

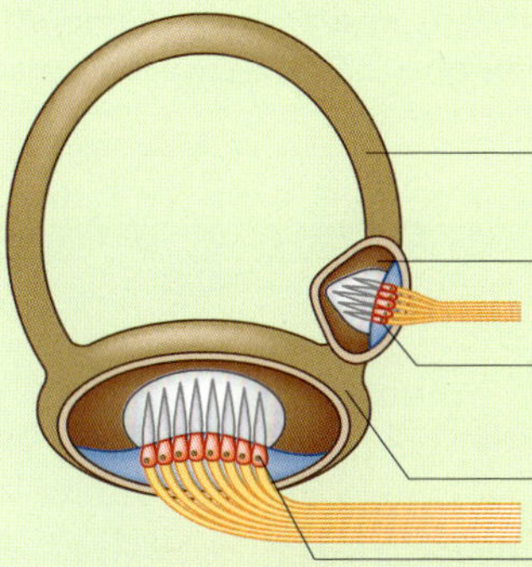

Sinneszellen in Ruhe

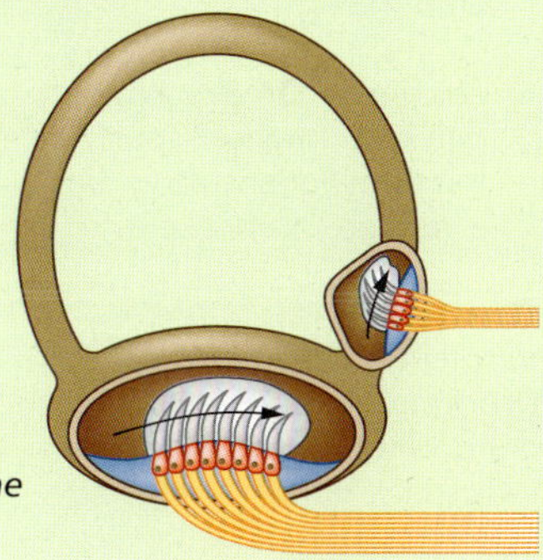

Sinneszellen durch Strömung der Ohrlymphe gereizt

Die Haut als Sinnesorgan

Dass unsere Haut ein wichtiges Ausscheidungsorgan ist, z. B. von Wasser, Schweiß, ist bekannt. Sie ist aber auch gleichermaßen ein unentbehrliches Sinnesorgan (Abb. unten).
Über die Haut nehmen wir unterschiedliche Empfindungen wahr, z. B. die Berührung einer Hand, den Druck eines harten Gegenstandes, die Kälte des Schnees, die Wärme der Ofenplatte (Abb. unten) oder den Schmerz einer Wunde.
Die Haut besitzt also mehrere Sinnesfunktionen, beispielsweise den **Temperatursinn,** den **Tastsinn** und den **Schmerzsinn.** Durch Temperaturreize sowie durch Druck- und Berührungsreize werden Sinneszellen und freie Nervenendigungen in der Haut, besonders in der Lederhaut, erregt (Abb. unten). Bei zu starker Reizung empfindet man Schmerz.

Freie Nervenendigungen sowie *Wärmerezeptoren* werden nur durch Temperaturerhöhung, *Kälterezeptoren* nur durch Temperaturerniedrigung erregt. Sie übermitteln uns keine absoluten Temperaturwerte wie ein Thermometer, sondern nur Temperaturunterschiede und -veränderungen (s. Experimente 2, 3, S. 207). Das hat zur Folge, dass man Wasser derselben Temperatur sowohl als warm als auch als kalt empfindet. Das hängt davon ab, ob die ins Wasser eingetauchte Haut der Hand vor dem Eintauchen eine höhere oder niedrigere Temperatur als das Wasser hatte.
Diesen Sachverhalt kann man mit einem einfachen **Experiment** nachweisen (s. S. 207).
Die Kältekörperchen liegen in der oberen Lederhaut, die Wärmekörperchen tiefer in der Lederhaut.

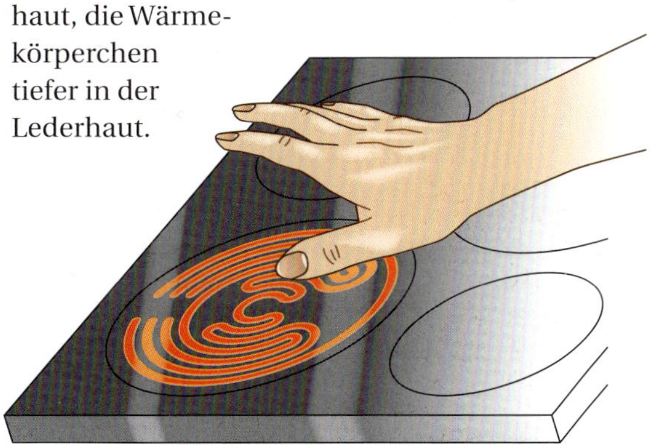

1 Nervenfortsätze am Haar
2 freie Nervenendigungen
3 Kälterezeptoren
4 Lamellenkörperchen
5 Wärmerezeptoren
6 Tastscheiben
7 Tastkörperchen

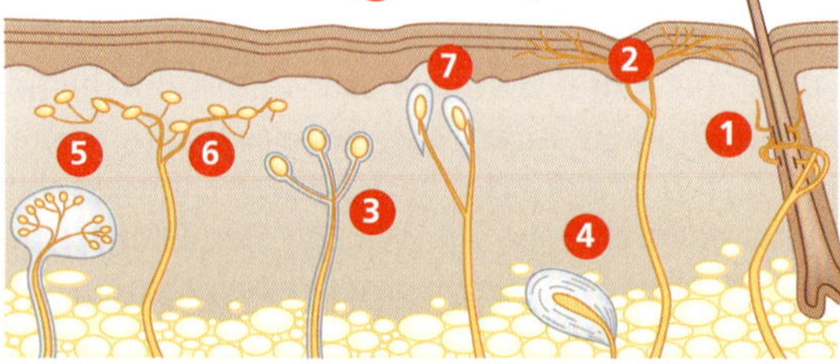

1 Haut als Sinnesorgan

Kälte- und Wärmepunkte		
Hautregionen	**Kältepunkte pro cm²**	**Wärmepunkte pro cm²**
Nase	8 – 13	1
Stirn	5,5 – 8	2
Unterarm	6 – 7,5	0,3 – 0,4
Handrücken	7 – 9	1,7
Handfläche	1 – 5	0,4

Die Kälterezeptoren liegen in der oberen Lederhaut, die Wärmerezeptoren tiefer in der Lederhaut. Untersuchungen ergaben, dass wir in unserer Haut etwa 250000 kälteempfindliche Stellen (Kältepunkte) und ca. 30000 wärmeempfindliche Stellen (Wärmepunkte) besitzen.
Beide sind in ihrer Anzahl pro Quadratzentimeter Hautfläche unterschiedlich verteilt (Tab.).
Durch feinste Berührungen, Druck und Erschütterungen werden die unterschiedlichen *Tastkörperchen* der Haut (Abb. 1) erregt. Feinsten Druck und feinste Berührungen vermitteln uns *Tastscheiben* und *Tastkörperchen* in der Hautoberfläche (s. Untersuchung 1, unten).
Tiefer in der Lederhaut und im Unterhautfettgewebe liegen die *Lamellenkörperchen*, die auf stärkeren Druck reagieren. Der Tastsinn ist besonders bei Blinden ausgeprägt (s. S. 208). Der **Schmerz** wird uns von freien Nervenendigungen gemeldet. Sie liegen in sehr großer Anzahl in unserer Haut und reichen bis in die Oberhaut hinein.

Die Haut ist ein wichtiges Sinnesorgan. In der Lederhaut befinden sich Sinneszellen (Wärme, Kälte, Tastkörperchen) und freie Nervenendigungen, die auf Wärme, Kälte, Berührung und Druck sowie Schmerz reagieren.

1. Untersuche Druck- und Berührungsempfindungen (Tastsinn) an verschiedenen Stellen des Armes.

Materialien:
Folienstift, Augenbinde, Tastborste

Durchführung und Beobachtung:
1. Zeichne auf die Haut deines Nachbarn an verschiedenen Körperstellen, z.B. Handrücken, Ober- und Unterarm, mit dem Folienstift je eine Fläche von einem Quadratzentimeter.
2. Verbinde die Augen deines Nachbarn.
3. Ermittle die Anzahl der Druck- und Berührungspunkte, indem du jeweils die gesamte Fläche durch Berühren (jeweils gleiche Anzahl in den 3 Quadraten) mit einer Tastborste absuchst. Dein Nachbar soll jeweils den Punkt angeben, an dem er einen Berührungsreiz empfindet.
4. Zeichne jeden Druckpunkt, den dein Nachbar spürt, mit dem Folienstift in das jeweilige Quadrat ein.

Auswertung:
Vergleiche die Anzahl der Druckpunkte in den Quadraten der drei Untersuchungsstellen. Was stellst du fest? Begründe.

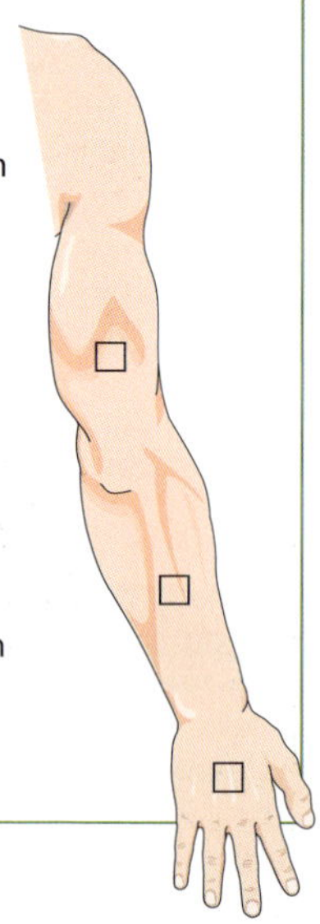

2. Ermittle Kälte- und Wärmepunkte an der Hand.

Materialien:
Stricknadeln, Eiswasser, heißes Wasser (60 °C), 2 dünne Folienstifte (grün, rot)
Durchführung und Beobachtung:

1. Zeichne auf den Handrücken deines Nachbarn an verschiedenen Stellen mit dem Folienstift eine Fläche von einem Quadratzentimeter (Abb.).
2. Taste mit der im Eiswasser gekühlten Stricknadel in den Flächen nach Kältepunkten. Markiere sie grün.
3. Taste mit der im heißen Wasser erwärmten Stricknadel in den Flächen nach Wärmepunkten. Markiere sie rot.

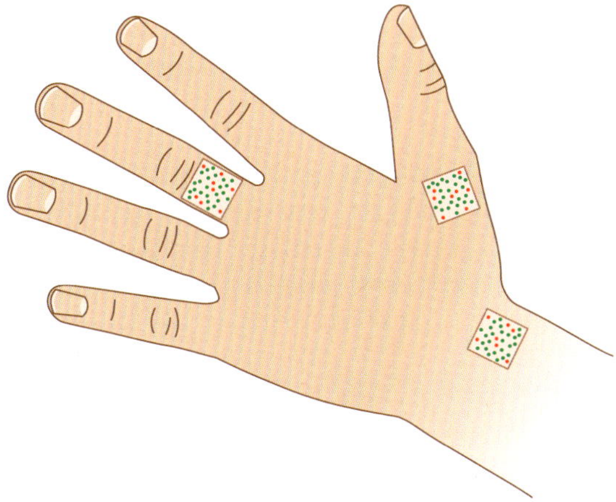

Auswertung:
Stelle die Anzahl der Wärme- und Kältepunkte fest.

3. Weise die Temperaturempfindlichkeit und die Anpassung der Temperatursinneszellen nach.

Materialien:
3 Schalen mit Wasser unterschiedlicher Temperatur (10 °C, 25 °C, 35 °C)

Durchführung und Beobachtung:

1. Stelle 3 Schalen mit Wasser unterschiedlicher Temperatur nebeneinander (Abb.).
2. Tauche gleichzeitig für ca. 2 Minuten die eine Hand in die Schale mit 10 °C warmem Wasser und die andere Hand in das 35 °C warme Wasser. Welche Temperaturempfindungen stellst du mit den Händen fest?
3. Bringe nach 2 Minuten beide Hände in die Schale mit 25 °C warmem Wasser. Welche Temperaturempfindungen stellst du nun fest?
4. Lass beide Hände noch einige Minuten in der Schale mit 25 °C warmem Wasser. Was stellst du fest?

Auswertung:
Vergleiche deine Temperaturempfindungen. Versuche sie zu begründen.

Biologie im Alltag

Bedeutung des Tastens für Blinde

In der Haut des Menschen befinden sich etwa 640 000 Tastpunkte. Die Anzahl der Tastkörperchen ist besonders groß an den Fingerspitzen, der Fußsohle, den Lippen und in der Handfläche.
Mithilfe der Tastkörperchen kann man ertasten, ob ein Gegenstand glatt, rau, spitz, stumpf, eckig oder rund ist. Da die Anzahl der Tastkörperchen in den Fingerspitzen besonders groß ist, können blinde Menschen mit ihren Fingern die **Blindenschrift** ertasten.
Die Blindenschrift (Abb. 2) ist eine Punktschrift, die von Blinden abgetastet („gelesen") und eingedrückt („geschrieben") werden kann. Sie beruht auf einer zwölfpunktigen, von CHARLES BARBIER (1767–1841) geschaffenen Grundform. Der blinde LOUIS BRAILLE (1809–1852) vereinfachte die Grundform durch das Sechspunktgrundzeichen (Abb. 2a). Damit begründete er die international eingeführte Blindenschrift, die nach ihm benannte braillesche Schrift. Bei den gedruckten Materialien für Blinde werden die brailleschen Zeichen durch Druckpressen als abtastbare, etwas vom Papier erhabene Punkte in das Papier gedrückt (Abb. 2 b).
Jeder Buchstabe wird durch eine bestimmte Anzahl von Punkten sowie durch ihre Anordnung zueinander gekennzeichnet (Abb. 2 a).

Damit sich blinde Menschen zeitlich orientieren können, gibt es **Blindenuhren** (Abb. 3). Diese Uhren besitzen auf den Zeigern und dem Zifferblatt braillesche Zeichen. Durch Abtasten dieser Zeichen können die blinden Menschen die Uhrzeit feststellen.
Der Tastsinn ist also besonders bei Blinden ausgeprägt. Sie finden sich mit seiner Hilfe in ihrer Umgebung zurecht.

1 Blinde Schülerin am Computer

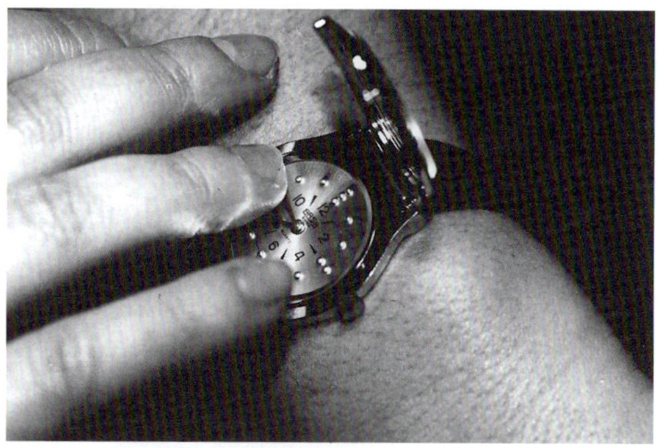

3 Blindenuhr mit ertastbarem Relief

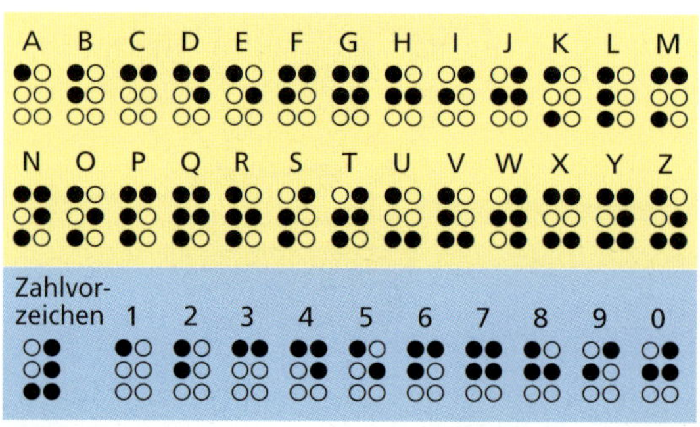

2 a) Blindenschrift (Schema)

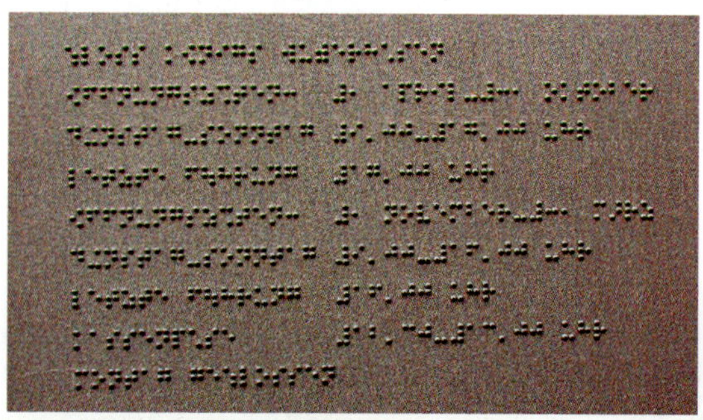

2 b) Blindenschrift (Original)

gewusst · gekonnt

1. Beschreibe an einem Beispiel, welche Vorgänge im Körper eines Menschen ablaufen, wenn er auf einen Reiz reagiert, z.B. Fußgänger – Ampelverkehr; Fuß – Reißnagel; Fußballtorwart – scharf geschossener Ball.

2. Wir ziehen unsere Hand sofort zurück, wenn wir mit ihr unbewusst einen sehr heißen Gegenstand berühren.
Beschreibe an diesem Sachverhalt den Ablauf einer Reiz-Reaktions-Kette.

3. Beim Ballfangen wirken Sinnesorgane, Nervensystem und Muskeln zusammen.
Erläutere an diesem Beispiel den Ablauf vom Reiz zur Reaktion.

4. Nenne die Teile des Auges und gib deren Funktion an. Fertige dazu eine Tabelle an.

5. Nenne Schutz- und Hilfseinrichtungen des Auges und beschreibe deren Funktion.

6. Beschreibe den Sehvorgang.
Betrachte dazu die Abbildung 1 auf Seite 190.

7. Wenn du weinst, „läuft" dir die Nase.
Begründe diese Aussage.

8. Beschreibe den Verlauf der Lichtstrahlen durch eine Sammellinse. Verwende dazu deine Kenntnisse aus dem Physikunterricht.
Nutze dazu auch im Internet die Suchmaschine www.schuelerlexikon.de.

9. Du kannst nahe und ferne Gegenstände nicht gleichzeitig deutlich sehen.
Wie nennt man diese Anpassung deiner Augen? Beschreibe diesen Sachverhalt an folgenden Fotos.

10. Ein weitsichtiger Mensch sieht nahe Gegenstände unscharf. Begründe.

11. Viele ältere Menschen tragen erst seit ihrem 45. Lebensjahr eine Brille. Begründe.

12. Beschreibe anhand der Abbildungen die Anpassung unserer Augen an die unterschiedliche Beleuchtung.

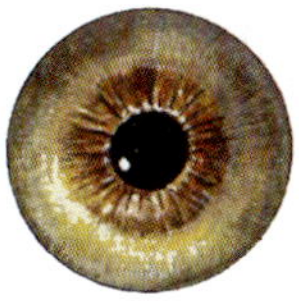

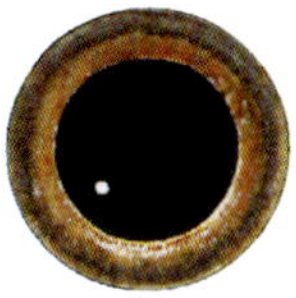

13. Ein Mensch mit Rotgrünsehschwäche kann die Zahl im Testbild nicht wahrnehmen.
Begründe die Aussage.

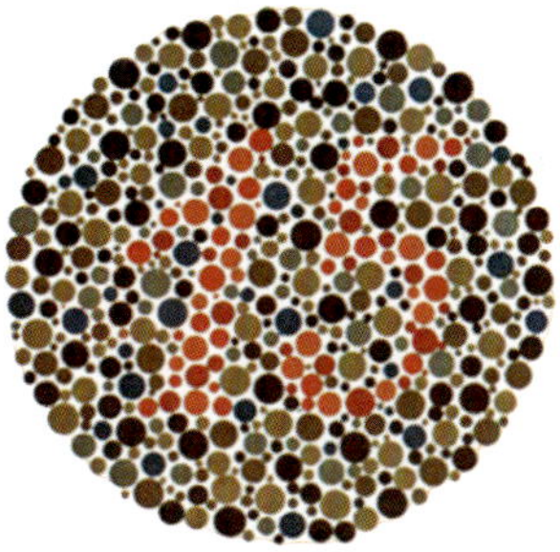

14. Mit einer einfachen Untersuchung kannst du den blinden Fleck deines Auges nachweisen.
Halte dazu dein linkes Auge zu.
Halte die untere Abbildung in Armeslänge vor dein rechtes Auge und schaue genau auf das linke Dreieck. Nähere nun langsam die Abbildung deinem Auge. Was stellst du fest?

15. Trifft unverhofft grelles Licht deine Augen, verschließt du sie. Beschreibe und begründe diese Reaktion deiner Augen.

16. a) Vergleiche Aufbau von Auge und Kamera.
b) Vergleiche den Strahlengang im Auge (Abb. 1, S. 190) und in der Kamera (Abb. unten).

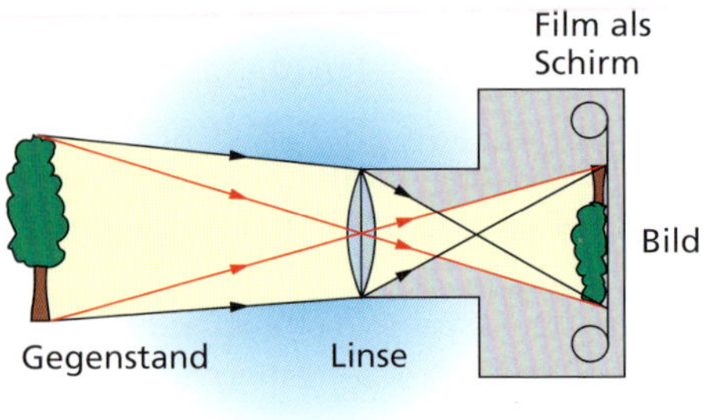

17. Beim Lesen soll der Abstand vom Buch etwa 30 cm betragen.
Begründe diese Aussage.

18. Betrachte die Abbildung. Was stellst du fest? Begründe.

19. Waldkauz und Igel sind als Nachttiere fast farbenblind. Zauneidechse und Haushuhn sind als Tagtiere fast „nachtblind".
Erläutere diesen Sachverhalt.

20. Nenne die Teile des Ohres und gib deren Funktion an. Fertige dazu eine Tabelle an.

21. Beschreibe den Hörvorgang. Suche dazu Informationen im Internet.

22. Es kommt vor, dass ein Mensch mit gesunden Ohren doch nicht hören kann. Begründe.

23. Beim Aufwärtsfahren mit der Seilbahn in den Bergen oder auch mit dem Fahrstuhl in einem Hochhaus empfindet man Druck in den Ohren. Begründe diese Aussage.

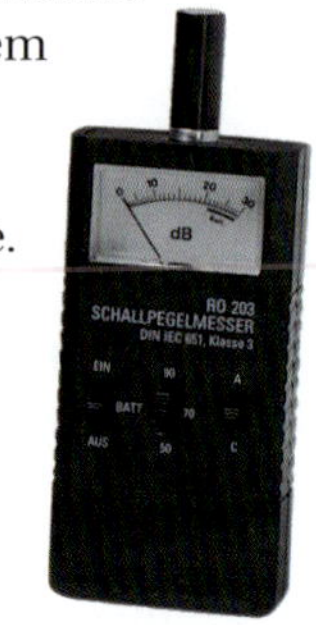

24. In lärmintensiven Betrieben muss in bestimmten Zeitabständen eine Lärmmessung durchgeführt werden.
Begründe.

25. Wenn du mit einem spitzen Gegenstand das Trommelfell zerstörst, führt diese Verletzung zur Beeinträchtigung deiner Hörfähigkeit.
Begründe.

26. Um unsere Ohren gesund zu erhalten, sollten die aufzunehmenden Geräusche eine bestimmte Lautstärke nicht überschreiten.
Erläutere diesen Sachverhalt an einigen Beispielen.
Nutze dazu die Tabelle auf Seite 201 und das Internet unter www.schuelerlexikon.de.
Ziehe daraus Schlussfolgerungen für dein eigenes Verhalten.

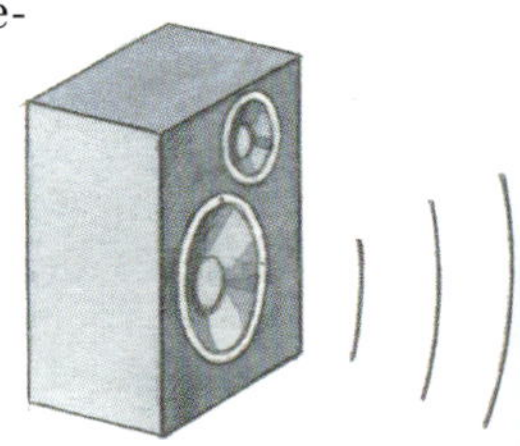

27. Lärm ist ein gesundheitsschädigender Risikofaktor.
a) Ermittle in deiner Umgebung verschiedene Lärmquellen und leite mögliche Schutzmaßnahmen ab. Fertige dazu eine Tabelle an.
b) Ziehe Schlussfolgerungen für dein eigenes Verhalten.

28. Die Haut ist ein Sinnesorgan.
Begründe diese Aussage.

Sinnesorgane des Menschen

Sinneszellen, die sich oft in **Sinnesorganen** befinden, sowie **freie Nervenendigungen** werden durch Reize aus der Umwelt und dem Körperinneren erregt. Sinneszellen sind auf bestimmte Reize spezialisiert.

Mithilfe der Sinnesorgane können wir mit unserer **Umwelt Kontakt** aufnehmen, uns an unsere Umwelt **anpassen.** Wir können uns mit ihrer Hilfe orientieren und vielfältige Situationen – auch Gefahren – erkennen und bewerten, Eindrücke aufnehmen und im Gehirn verarbeiten.

Das Auge als Lichtsinnesorgan

Das **Auge** wird durch optische Reize (Licht) erregt. Jeder Teil des Sinnesorgans hat bestimmte Funktionen beim Sehen zu erfüllen.

Bau des Auges

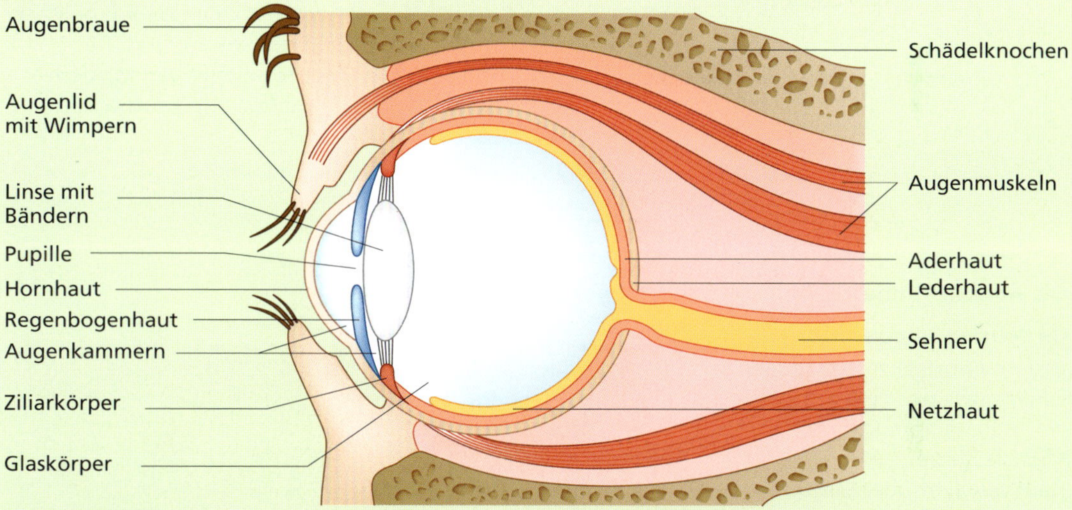

Sehvorgang

Hornhaut, Augenflüssigkeit, Augenlinse und Glaskörper bilden ein System, das wie eine Sammellinse wirkt. Durch dieses Linsensystem wird das auftreffende Licht gebrochen. Es breitet sich durch den Glaskörper aus und erregt die Lichtsinneszellen in der Netzhaut. Dort entsteht ein umgekehrtes, verkleinertes und wirkliches (reelles) Bild des betrachteten Objekts.

Die in den Lichtsinneszellen entstehenden Erregungen werden über den Sehnerv zum Sehfeld des Gehirns geleitet. Die Erregungen werden verarbeitet. Der Mensch nimmt das Bild des betrachteten Objekts in seiner natürlichen Größe und Gestalt wahr.

Anpassungen des Auges

Mithilfe der Sinnesorgane können wir uns an unsere Umwelt anpassen, z. B. können sich die Augen an unterschiedliche Beleuchtungsstärken *(Pupillenadaptation)* und an unterschiedliche Entfernungen von Objekten *(Akkommodation)* anpassen.

Sehfehler und ihre Korrektur

Sehfehler, z. B. Kurzsichtigkeit, Weit- oder Übersichtigkeit und Altersweitsichtigkeit, können mit Brillengläsern, die Sammel- bzw. Zerstreuungslinsen ähnlich sind, korrigiert werden. Bei allen Sehfehlern entsteht das Bild des betrachteten Objektes nicht auf der Netzhaut.

Das Ohr als Hörsinnesorgan

Bau des Ohres

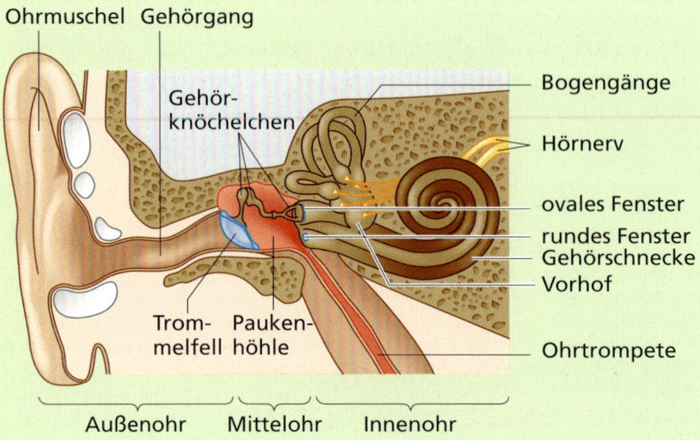

Hörvorgang

Der Schall wird von der Ohrmuschel aufgenommen und im Gehörgang bis zum Trommelfell geleitet. Dieses wird in Schwingungen versetzt, die über die Gehörknöchelchen auf die Flüssigkeit des Innenohres (Lymphe) übertragen werden. Die Hörsinneszellen in der Gehörschnecke werden gereizt. Die entstehenden Erregungen werden über den Hörnerv zum Hörzentrum im Gehirn geleitet und dort verarbeitet. Der Mensch nimmt verschiedene Tonhöhen und Lautstärken wahr.

Die Haut als Sinnesorgan

Die Haut hat als unser größtes Organ sehr viele verschiedene Funktionen zu erfüllen. Stoffwechselendprodukte werden über sie ausgeschieden. Die Haut reguliert über Schweißabgabe und Veränderungen an den Blutgefäßen unsere Körpertemperatur. Durch eine Vielzahl von Sinneszellen (Abb.) stehen wir über die Haut mit unserer Umwelt in Verbindung. Sie vermittelt uns über Sinneszellen und freie Nervenendigungen Empfindungen wie Wärme, Kälte, Druck, Berührung und Schmerz.

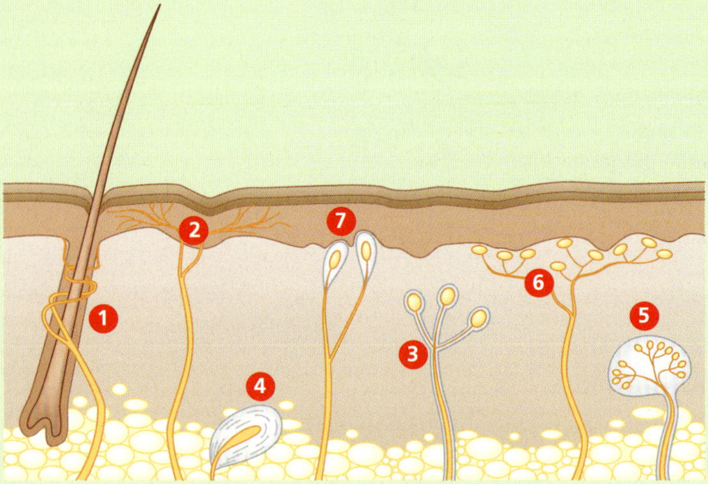

1. Nervenfortsätze am Haar
2. freie Nervenendigungen
3. Kälterezeptoren
4. Lamellenkörperchen
5. Wärmerezeptoren
6. Tastscheiben
7. Tastkörperchen

Unsere Sinnesorgane sind sehr empfindliche Organe. Sie sind vor Reizüberflutung, gewaltsamer Beschädigung sowie vor Zugluft und Fremdkörpern zu schützen.

4.2 Informationsverarbeitung im Zentralnervensystem

Lernen – eine Leistung des Gehirns

Lernen können alle höheren Tiere. Der Mensch und mit Einschränkungen Menschenaffen können sich Kenntnisse und Fähigkeiten aneignen sowie Einstellungen, Denk- und Verhaltensweisen aufgrund von Einsichten oder Erfahrungen entwickeln.

Jeder Mensch lernt individuell. Einige lernen aus Büchern, andere brauchen nur konzentriert dem Vortragenden zu lauschen, wieder andere müssen alles mitschreiben und danach lernen.

Welche Bedeutung hat das Lernen?

Welche Lerntypen kann man unterscheiden?

Ohne Nerven geht es nicht

Bei Wettkämpfen hast du vielleicht schon einmal einem Speerwerfer (Abb.) zugesehen. Er nimmt mit seinem Speer in der Hand Anlauf, streckt sich, holt mit dem Arm weit aus und wirft den Speer mit voller Kraft fort. Diese zielgerichteten Bewegungen werden nicht nur durch seine Gelenke und Muskeln, sondern auch durch das Zusammenspiel mit seinen Sinnesorganen und Nerven ermöglicht.

Wie ist unser Nervensystem aufgebaut?

Welche Leistungen kann es vollbringen?

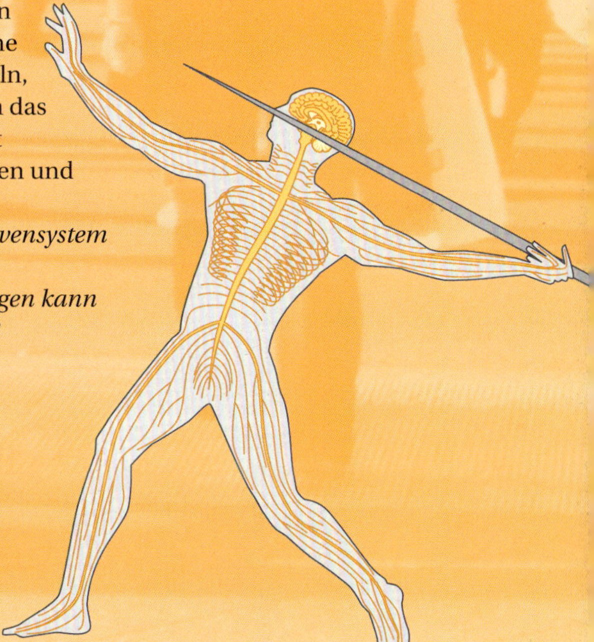

Sinnesorgane und Nerven – ein eng verknüpftes „Paar"

Unsere Sinnesorgane ermöglichen uns im Zusammenwirken mit dem Nervensystem die Orientierung in der Umwelt.

Auch beim Volleyball gelingt der Abschlag des Balls nur, wenn die Spieler aufmerksam und konzentriert jede Bewegung der gegnerischen Spieler auf dem Volleyballfeld beobachten. Sie müssen dann blitzschnell reagieren, um die gezielten Bälle über das Netz zu schlagen.

Wie wirken Nervensystem und Sinne zusammen?

Welche Bedeutung hat dieses Zusammenwirken für den Menschen?

Nervensystem im Überblick

Das Nervensystem durchzieht den ganzen Körper (Abb 1). Es besteht aus drei Teilen.

- Das **Zenralnervensystem** (Gehirn, Rückenmark, s. S. 215 – 217) verarbeitet die einlaufenden Erregungen, sodass wir unsere Umwelt wahrnehmen.
- Das **periphere Nervensystem** umfasst die Nerven, die vom Gehirn und Rückenmark ausgehen und das Nervengeflecht für die Haut und die Muskeln von Hals, Nacken, Rumpf und Gliedmaßen bilden. Die Erregungen werden von Sinneszellen oder freien Nervenendigungen in der Haut aufgenommen und über *Empfindungsnerven (sensible Nerven)* zu den Nervenzentren Gehirn und Rückenmark geleitet. Dort werden sie auf die *Bewegungsnerven (motorische Nerven)* übertragen, die die entsprechenden Organe zur Reaktion anregen (s. S. 218).
- Das **vegetative Nervensystem** (Eingeweidenervensystem) umfasst die Nerven, die zu den inneren Organen und von ihnen weg führen. Sie steuern die Tätigkeit des Herzens, der Drüsen und der glatten Muskulatur in den inneren Organen, z. B. Atmung, Blutkreislauf, Verdauung, Ausscheidung.

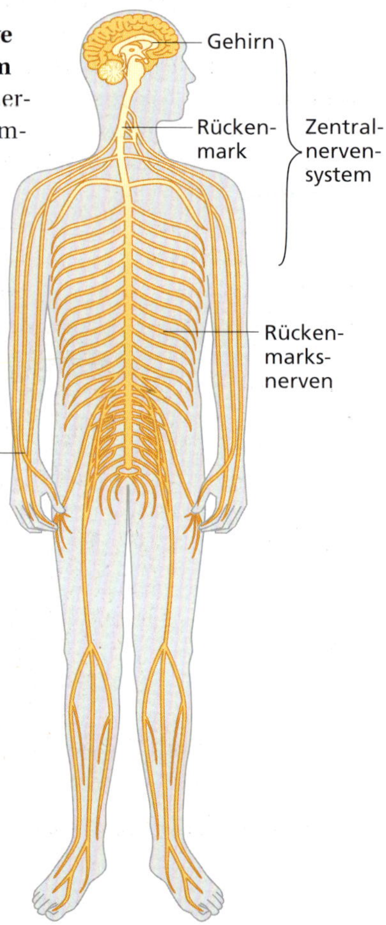

1 Zentralnervensystem und peripheres Nervensystem im Überblick

Das vegetative Nervensystem ist kaum von unserem Willen beeinflussbar. Es arbeitet selbstständig, ist aber auch mit dem Zentralnervensystem verknüpft. Zwei gegensätzlich wirkende Nervenstränge bilden das vegetative Nervensystem – der *Sympathikus* und *Parasympathikus* (Abb. 2).

Das Nervensystem besteht aus dem Zentralnervensystem (Gehirn, Rückenmark), dem peripheren Nervensystem (Empfindungs- und Bewegungsnerven, hinführend zu und ausgehend von Gehirn und Rückenmark) und dem vegetativen Nervensystem (Symphathikus und Parasympathikus als Gegenspieler).

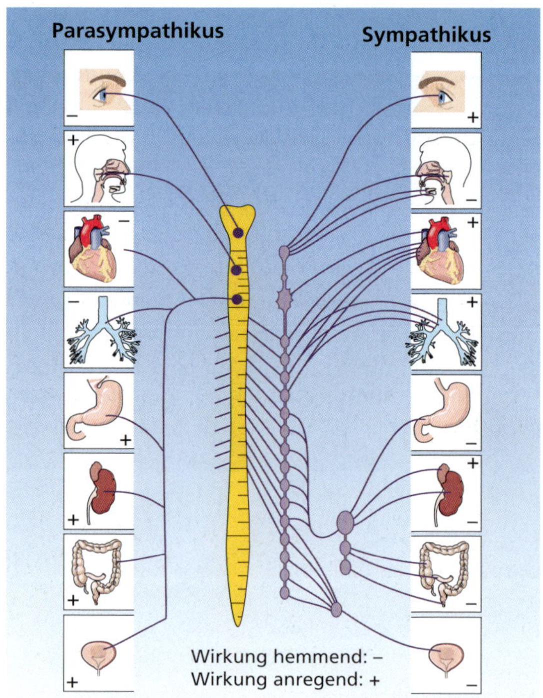

2 Parasympathikus und Sympathikus – 2 Gegenspieler

Teile des Zentralnervensystems

Der Mensch besitzt wie alle Wirbeltiere ein **Zentralnervensystem,** bestehend aus vielen Millionen *Nervenzellen,* die in *Gehirn* und *Rückenmark* konzentriert sind.

Bau und Funktionen der Nervenzelle

Die Bausteine von Gehirn und Rückenmark sind also die **Nervenzellen.** Sie weisen einen besonderen Bau auf. Sie bestehen aus einem *Nervenzellkörper* mit kurzen Fortsätzen *(Dendriten)* und einem langen Nervenzellfortsatz, auch *Nervenfaser (Neurit)* genannt (Abb. 1). Die Nervenfaser verbindet z. T. meterlang den Nervenzellkörper mit anderen Nervenzellen, Drüsenzellen oder Muskelfasern. Am Ende ist der Neurit auch vielfach verzweigt und besitzt kleine Verdickungen, die *Endköpfchen.* Die kurzen baum- oder strauchartig verzweigten Fortsätze am Nervenzellkörper werden *Dendriten* genannt. Sie stehen mit anderen Nervenzellen oder auch Sinneszellen in Verbindung. So sind die Nervenzellen durch ihren Bau für die Aufnahme, Verarbeitung und Weiterleitung von Informationen (Nervenimpulsen, Erregungen) spezialisiert.

Wissenschaftler schätzen, dass die Gesamtlänge aller Nervenfasern eines Menschen eine Strecke von etwa einer Milliarde Meter bildet. Das wäre eine Leitung, die von der Erde bis zum Mond und wieder zurück reichen würde.

Jeder Neurit nimmt an den Endknöpfchen Kontakt mit den Dendriten der darauf folgenden Zelle auf (Abb. 1).

Zwischen dem Endknöpfchen und dem Dendriten der folgenden Zelle bleibt ein winziger Spalt. Endknöpfchen, Spalt und die Membran des Dendriten bilden die *Synapse.* Die Nervenimpulse überwinden diesen Spalt mithilfe von chemischen Stoffen (Überträgersubstanzen).

Die Nervenzelle ist der kleinste Baustein des Nervensystems. Sie besteht aus dem Nervenzellkörper mit Dendriten und dem Neuriten. Die Nervenzelle dient der Aufnahme, Weiterleitung und Übertragung von Nervenimpulsen.

Bau und Funktionen des Gehirns

Das weiche und druckempfindliche Gehirn ist durch die Schädelknochen vor schädlichen äußeren Einflüssen geschützt (Abb. 1, S. 216). Einen weiteren **Schutz** bieten die drei Hirnhäute und die Hirnflüssigkeit. Das Gehirn eines Erwachsenen wiegt etwa 1 500 g und enthält etwa 10 bis 14 Milliarden Nervenzellen. Das Gehirn wird in fünf Abschnitte (Abb. 1, S. 216) eingeteilt. Jeder Abschnitt erfüllt bestimmte Aufgaben. Das **Nachhirn** oder verlängerte Rückenmark ist das Reflexzentrum unseres Körpers. Von hier aus werden z. B. Atmung, Herzschlag, Blutdruck und Kreislauf gesteuert. Das Nachhirn ist aber auch „Umschaltstelle" für wichtige Nervenbahnen, die die Verbindungen der Körpermuskulatur mit dem Gehirn darstellen.

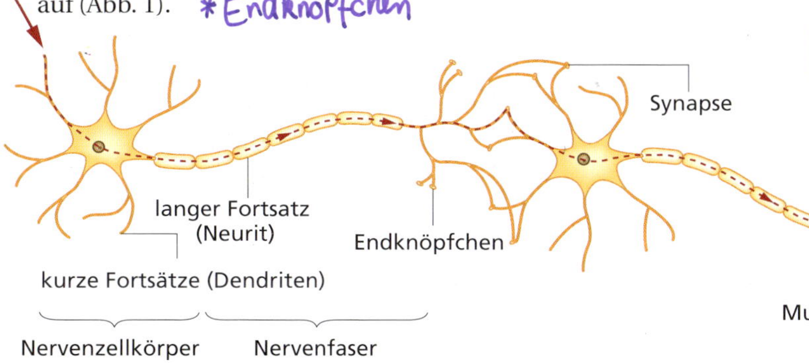

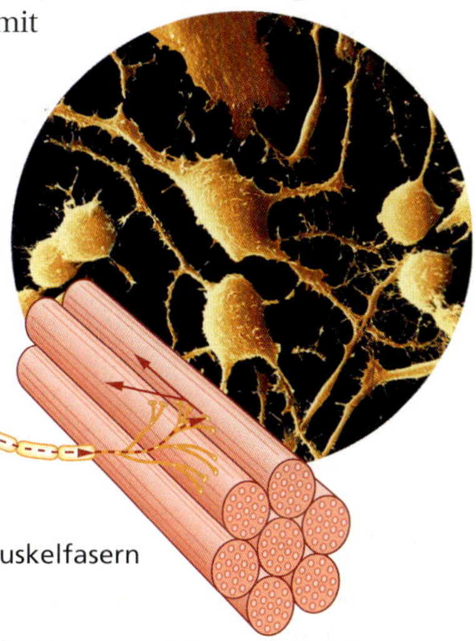

1 Die Nervenzellen – kleinste Bauelemente des Nervensystems – dienen der Erregungsleitung (⟶).

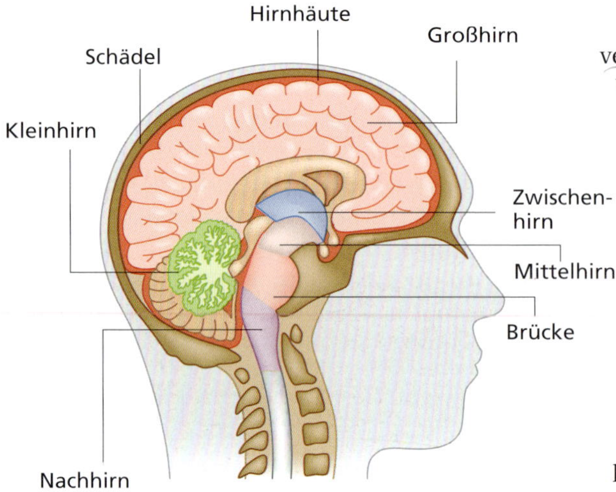

1 Mittelhirn, Brücke und Nachhirn bilden den Hirnstamm.

Das sich nach hinten auswölbende **Kleinhirn** macht etwa ein Achtel der gesamten Hirnmasse aus. Seine beiden Hälften sind stark gefurcht. Die äußere graue Hülle, die *Kleinhirnrinde,* besteht aus Nervenzellen, die untereinander über sehr viele Verknüpfungsmöglichkeiten verfügen. Der innere Teil, das *Kleinhirnmark,* wird von vielen Nervenfasern gebildet. Das Kleinhirn steht mit dem Gleichgewichtsorgan im Innenohr in Verbindung, reguliert und koordiniert unsere sämtlichen Bewegungsabläufe.

Das kleine **Mittelhirn** ist ebenfalls eine „Umschaltstelle" für Nervenbahnen, die vor allem von den Augen und Ohren zum Gehirn führen. Es ist eine Zentralstelle für zahlreiche Reflexe (s. S. 220–223).

Das **Zwischenhirn** ist eine Schaltstation für Nervenbahnen aus dem gesamten Körper zum Gehirn und vom Gehirn in den Körper. In diesem Gehirnabschnitt sitzt auch eine Zentrale, die z. B. die Körpertemperatur, den Glucose- und Salzgehalt des Blutes reguliert sowie für verschiedene Gefühle wie Hunger, Durst, Angst, Wut, Aggression, Freundschaft und Liebe verantwortlich ist.

Das **Großhirn** besteht aus zwei Hälften, die durch eine Längsspalte voneinander getrennt sind. Die Oberfläche wird durch zahlreiche Windungen und Furchen unterteilt. Die im Durchschnitt 6 mm dicke *Großhirnrinde* ist die aus Nervenzellkörpern (s. S. 215) bestehende *graue Substanz.* Unterhalb der Großhirnrinde befindet sich das *Großhirnmark,* die *weiße Substanz,* bestehend aus Nervenfasern (s. S. 215).

Das Großhirn ist das Zentrum zahlreicher Empfindungen und Wahrnehmungen, Sitz der Lernfähigkeit, des Erinnerungsvermögens und des Gedächtnisses, des Denkens, der Begriffssprache, des bewussten Handelns (s. S. 226, 227). Den einzelnen Bereichen der Großhirnrinde sind bestimmte Funktionen zugeordnet. Dies führte zur Einteilung in **Rindenfelder** (Abb. 2). Für die Aufnahme, Verarbeitung und Weiterleitung von Erregungen sowie für die Speicherung von Informationen sind einzelne Gehirnteile eng miteinander verbunden.

Das weiche Gehirn liegt geschützt in der Schädelkapsel. Es besteht aus mehreren Abschnitten (Nach-, Klein-, Mittel-, Zwischen- und Großhirn), die jeweils bestimmte Funktionen erfüllen.

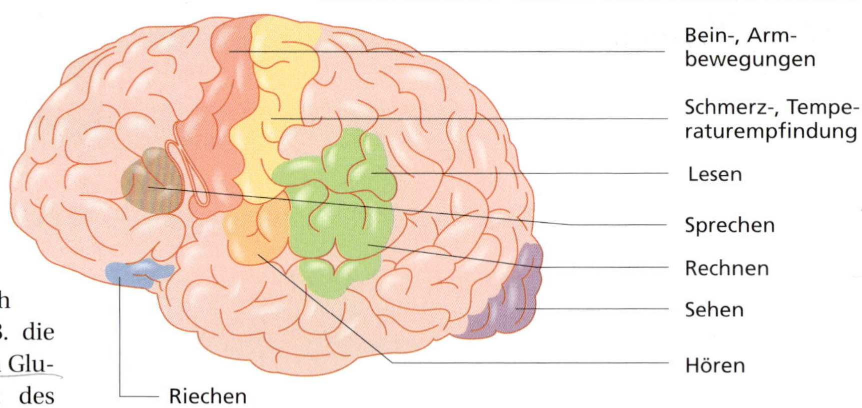

2 Einige Rindenfelder auf der Großhirnrinde

Bau und Funktionen des Rückenmarks

Der etwa 40 bis 50 cm lange und 1 cm dicke weiche und empfindliche Rückenmarksstrang liegt geschützt in dem Wirbelkanal der Wirbelsäule (Abb. 1). Einen weiteren Schutz bieten die Rückenmarkshäute.

In einem Querschnitt durch das Rückenmark (Abb. 1) ist außen die aus Nervenfasern bestehende *weiße Substanz* zu erkennen. Innen liegt, schmetterlingsförmig angeordnet, die aus sensiblen und motorischen Nervenzellkörpern bestehende *graue Substanz* (Abb. 1).

Aus dem Rückenmark treten zwischen den einzelnen Wirbelkörpern 31 Paar Nerven zu beiden Seiten der Wirbelsäule aus. Sie verzweigen sich im Bereich des Rumpfes und der Gliedmaßen. Die Rückenmarksnerven stellen eine Verbindung zu allen Teilen des Körpers her, beispielsweise zu den Muskeln und zur Haut. Über Nervenfasern steht das Rückenmark in enger Verbindung zum Gehirn; es ist eine zentrale Schaltstation (Abb. 2).

Das Rückenmark – umgeben von Rückenmarkshäuten – liegt geschützt im Wirbelkanal der Wirbelsäule. Durch Nervenfasern steht das Rückenmark mit allen Teilen des Körpers und mit dem Gehirn in Verbindung.

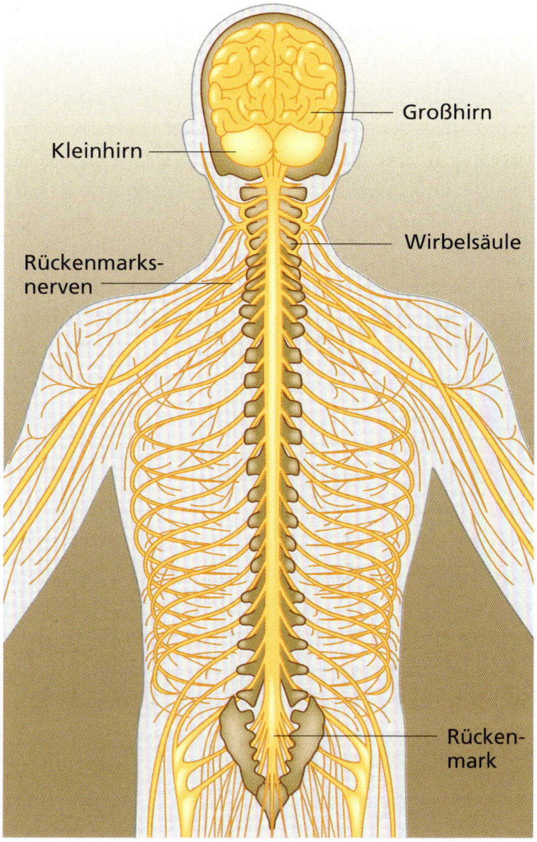

2 Wirbelsäule und Rückenmark

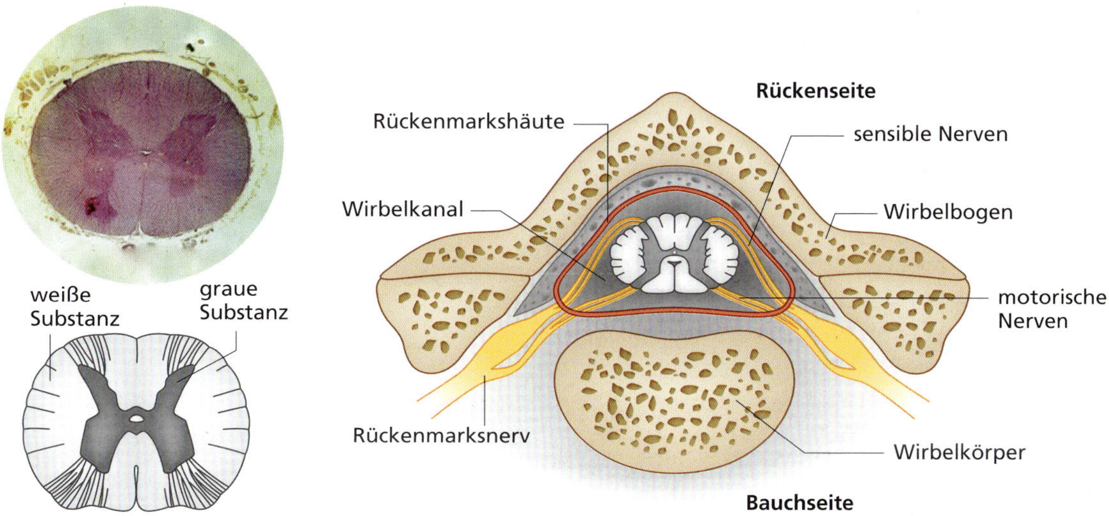

1 Querschnitt durch Rückenmark und Wirbelsäule

Informationsaufnahme, -weiterleitung und -verarbeitung

Nimmt man an einem sportlichen Wettbewerb teil, atmet man schneller und tiefer als in Ruhe. Wenn die Sonnenstrahlen zu stark blenden, kneift man die Augen zu. Berührt man unverhofft mit der Hand einen heißen Ofen, zuckt man zusammen und zieht die Hand schnell zurück (Abb. 1). Wenn man mehrere Stunden nichts gegessen hat, kommt in der Magengegend ein Hungergefühl auf.

Diese Beispiele zeigen, dass wir auf die verschiedensten Einflüsse aus der Umwelt mit bestimmten Reaktionen antworten. Jeder Mensch ist wie alle übrigen Lebewesen reizbar.

Die aus der Umwelt und dem Innern unseres Körpers kommenden **Reize** sind sehr verschiedenartig. Es können z. B. *akustische, optische, chemische, mechanische Reize* oder auch *Temperaturreize* sein (s. Tab., S. 187). Durch Reize werden einzelne Sinneszellen (Rezeptoren), die in Sinnesorganen (z. B. Auge, Ohr) konzentriert sein können, bzw. freie Nervenendigungen (z. B. in der Haut) erregt.

Reizbarkeit ist eine Eigenschaft lebender Organismen, auf Einwirkungen (Reize) aus der Umwelt und dem Innern des Körpers mit bestimmten Reaktionen zu antworten.

Die **Sinneszellen** sind auf bestimmte Reize spezialisiert. Beispielsweise werden die Sinneszellen im Innenohr durch akustische Reize und die Sinneszellen in der Netzhaut des Auges durch optische Reize erregt. Die Reize führen in den Sinneszellen zu elektrischen Spannungsänderungen.

Jede Spannungsänderung breitet sich als **Erregung (Nervenimpuls)** über die ganze Sinneszelle aus und wird auf die anschließende Nervenzelle übertragen. Die Erregungen, die Nervenimpulse, werden von den **Nerven** zum **Rückenmark** und ins **Gehirn** geleitet. Diese Nerven werden *Empfindungsnerven (sensible Nerven)* genannt. Im Gehirn bzw. im Rückenmark werden die Erregungen (Nervenimpulse) verarbeitet und auf andere Nerven, die zu den ausführenden Organen führen, übertragen.

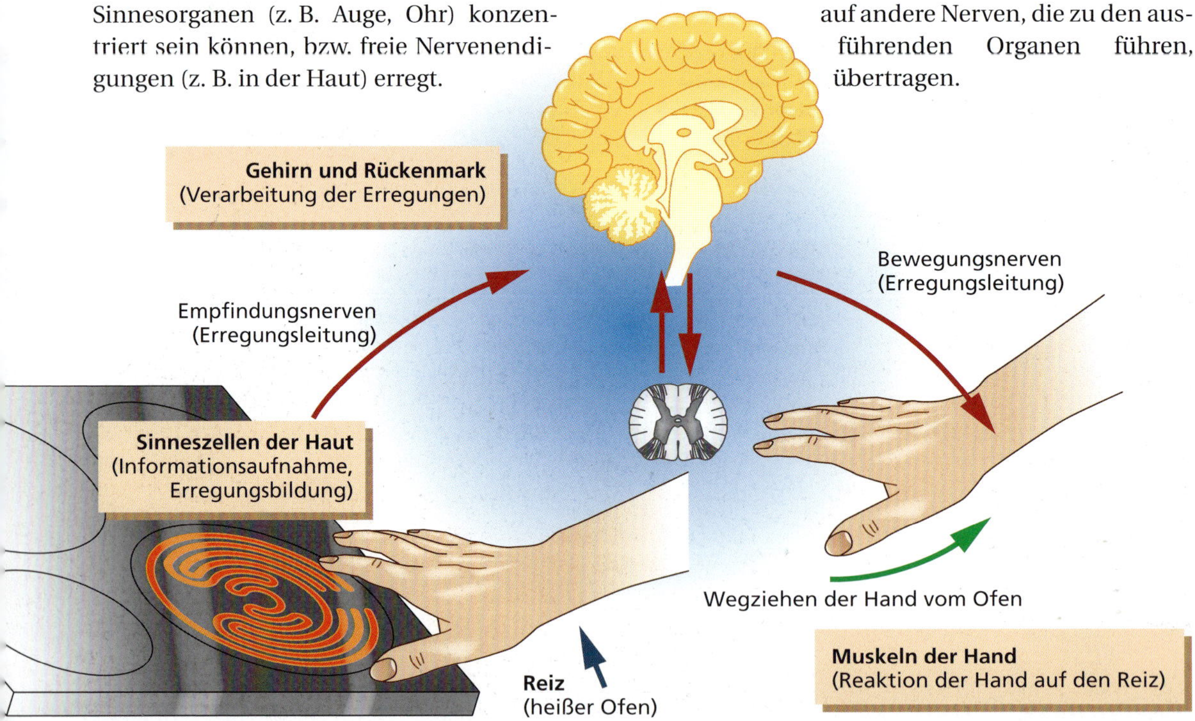

1 Die Reiz-Reaktions-Kette verläuft von der Einwirkung des Reizes auf die Sinneszelle bis zur Auslösung der Reaktion.

Die Nerven, die die Erregungen vom Gehirn bzw. Rückenmark und zu den Organen leiten, werden *Bewegungsnerven (motorische Nerven)* genannt.
Dieser Ablauf von der Einwirkung des Reizes auf die Sinneszelle bis zur Auslösung der Reaktion durch das Erfolgsorgan wird als **Reiz-Reaktions-Kette** bezeichnet (Abb. 1, S. 218).

Die Erregungen werden über Empfindungsnerven zum Gehirn bzw. Rückenmark sowie über Bewegungsnerven zu den ausführenden Organen geleitet.

Dieser Prozess der Reizaufnahme, Erregungsbildung, Erregungsleitung und Erregungsverarbeitung führt zur **Wahrnehmung der Umwelt.**
Nur wenn der Reiz die richtige Stärke hat, werden die Sinneszellen erregt. Die in den Nerven weitergeleiteten Erregungen werden im Gehirn verarbeitet und zu **Wahrnehmungen** umgewandelt. Die Sinneswahrnehmungen ermöglichen uns die Orientierung in der Umwelt. Aus der Tabelle auf Seite 187 ist zu entnehmen, dass ein bestimmtes Sinnesorgan nur durch bestimmte Reize erregt werden kann. Wenn beispielsweise Schall die Ohren erreicht, werden die Hörsinneszellen im Innenohr erregt, man hört bestimmte Töne bzw. Geräusche. Wird sehr leise gesprochen, erreicht der Schall auch unsere Ohren, aber wir hören nichts oder kaum etwas.
Jeder Reiz muss eine minimale Stärke und Einwirkungsdauer – einen **Schwellenwert** – besitzen, damit er in den Sinneszellen eine Erregung hervorrufen kann. Ist die Reizstärke zu gering, wird die **Reizschwelle** für die Auslösung der Erregung in den Sinneszellen nicht erreicht. Die Sinneszellen werden dann nicht erregt.
Übersteigt die Reizstärke den Schwellenwert, kann es zu Beschädigungen der Sinneszellen kommen. Ist beispielsweise der Schall sehr laut, schmerzen die Ohren. Großer Lärm kann zur Hörbeeinträchtigung führen (s. S. 201).

Jeder Reiz muss eine bestimmte Stärke (Schwellenwert) besitzen, um eine Erregung auslösen zu können.

1 Auf einen Schüler wirken die verschiedenen Reize aus der Umwelt gleichzeitig ein. Sie lösen bestimmte, aber ganz verschiedene Reaktionen aus.

Reaktions-Abläufe und Reflexe

Unbedingte Reflexe

Verschluckt man sich, beginnt man sofort zu husten. Wenn plötzlich ein greller Lichtstrahl das Auge erreicht, verengt sich sofort die Pupille. Wenn ein Fremdkörper, z. B. eine Fliege, in die Nähe der Augen kommt, schließen sich die Augenlider. Dringt ein Fremdkörper in die Nase ein, beginnt man zu niesen. Gelangt Nahrungsbrei auf den Zungengrund, kommt es zu Schluckbewegungen. Auf einen bestimmten Reiz folgt eine bestimmte Reaktion. Sie ist unwillkürlich, also wenig von unserem Willen beeinflusst. Solche unwillkürlichen Reiz-Reaktions-Abläufe werden **unbedingte Reflexe** genannt. Jeder Reflex läuft nach einem ähnlichen Schema in einem Reflexbogen ab (Abb. 1). Der **Reflexbogen** ist die Nervenbahn, auf der ein Reflex abläuft.

Grundlage für diese unwillkürlichen Reiz-Reaktions-Abläufe sind also die Veränderungen in den betroffenen Sinneszellen, dem zentralen Nervensystem und dem ausführenden Organ (Erfolgsorgan).

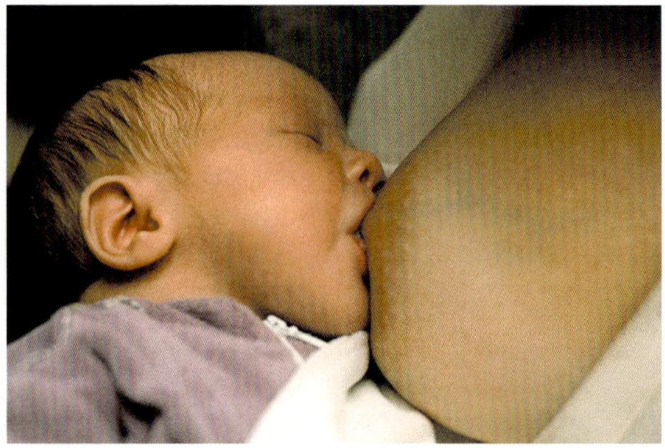

2 Saugendes Menschenbaby (Tragling)

Unbedingte Reflexe sind unwillkürliche Reaktionen des Körpers auf einen Reiz. Jeder Reflex läuft in einem bestimmten Reflexbogen ab.

Wenn ein Kind geboren wird, ist es sofort in der Lage zu saugen (Abb. 2). Angelockt von der Wärme der Milchquelle (Brust), löst die Berührung der Brustwarze mit den Lippen beim Baby die Saugbewegung aus. Diese Reaktion ist der **Saugreflex.**

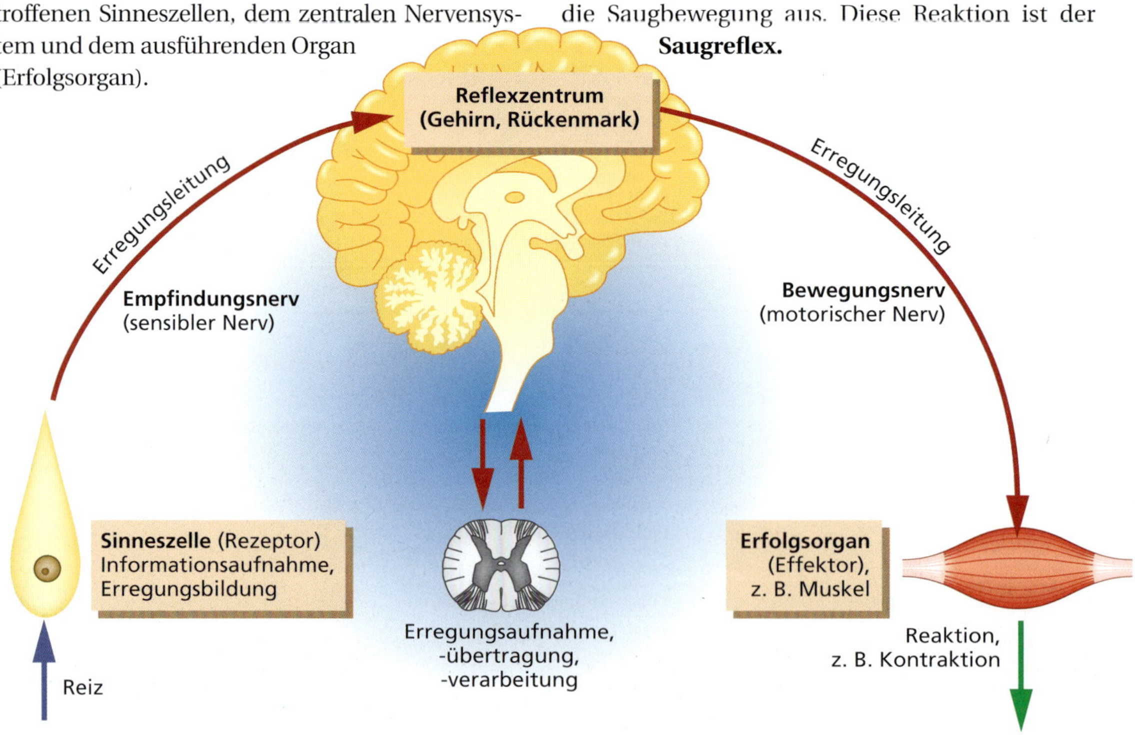

1 Ablauf eines Reflexes in einem Reflexbogen

1. Auf die Zunge gebrachte Nahrung reizt die Geschmackssinneszellen und ruft in ihnen eine Erregung hervor. Die Erregungen gelangen über Empfindungsnerven zum Reflexzentrum im Nachhirn (●). Die Erregungen werden verarbeitet.
2. Neue Erregungen veranlassen über Bewegungsnerven die Speicheldrüsen zur Absonderung des Speichels.
3. Gleichzeitig wird der Geschmack der Nahrung in der Großhirnrinde (●) empfunden.

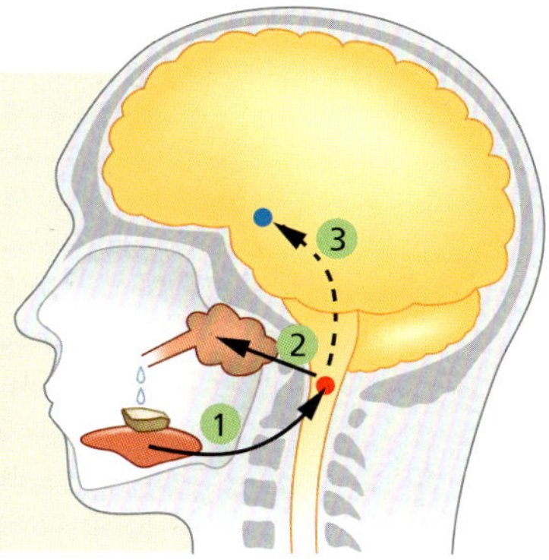

1 Ablauf des angeborenen (unbedingten) Speichelreflexes

Die Saugbewegungen müssen mit Schluckbewegungen koordiniert werden.
Dieser **Schluckreflex** tritt bei jeder Nahrungsaufnahme auch bei Erwachsenen auf. Vor diesem Schluckreflex wird noch ein anderer, nämlich der **Speichelreflex** ausgelöst (Abb. 1). Auch dieser unbedingte Reflex sichert von Geburt an die gute Verdauung der Nahrung.

Ein weiterer angeborener Reflex ist der **Kniesehnenreflex** (Abb. 2).
Der Schlag trifft als Reiz die Kniesehne unterhalb der Kniescheibe. Die Kniesehne verbindet den Streckmuskel im Oberschenkel mit dem Schienbein. Der Schlag bewirkt eine Dehnung des Streckmuskels.
Durch diese Dehnung werden die Muskelspindeln (spindelförmige Sinnesorgane) erregt. Sensible Nerven (Empfindungsnerven) leiten die Erregung in das Rückenmark und schalten sie auf motorische Nerven (Bewegungsnerven) um. Diese führen über motorische Endplatten zum Streckmuskel zurück, der kontrahiert, und der Unterschenkel schnellt nach vorn (Reaktion; Abb. 2).

Zu den angeborenen **Schutzreaktionen** gehören auch das **Niesen, Husten, Erbrechen,** der **Lidschlussreflex**. Die Beispiele zeigen, dass unbedingte Reflexe oft Schutzreaktionen sind.
Auf dem Ablauf dieser Reflexe beruhen elementare Lebensfunktionen wie Ernährung, Atmung, Fortpflanzung und Schutz des Körpers. Angeborene Reflexe bleiben meist zeitlebens erhalten.

Unbedingte Reflexe sind angeborene kurze Reaktionen auf bestimmte Reize. Sie laufen immer in gleicher Weise ab und sind nur gering beeinflussbar.

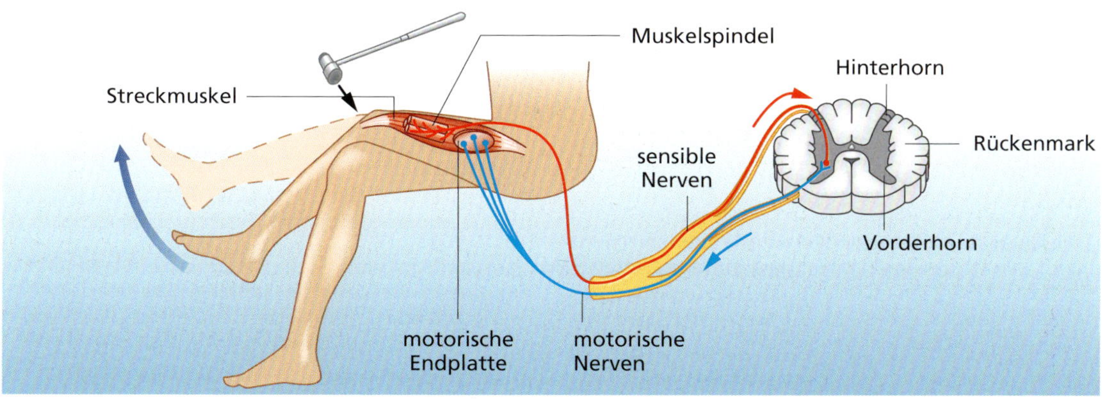

2 Der Ablauf des Kniesehnenreflexes erfolgt als Reiz-Reaktions-Kette zur Koordination der Muskelbewegung.

Bedingte Reflexe

Bedingte Reflexe (auch als bedingte Reaktionen bezeichnet) gehören zum erworbenen Verhalten. Auf der Grundlage von angeborenen unbedingten Reflexen und durch gleichzeitiges, wiederholtes Reizangebot entwickeln sich beim Menschen und bei den Tieren Reaktionen auf bestimmte Reize **(Signalreize).** Die Reaktionen werden im Verlaufe des Lebens erworben. Diese Reaktionen nennt man **erworbene Reflexe** oder **bedingte Reflexe.**

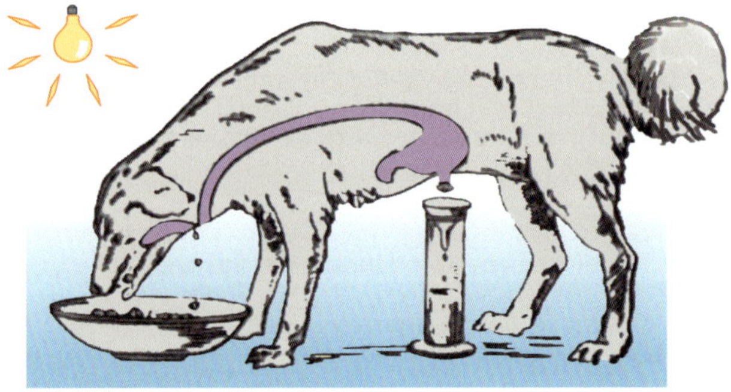

2 Apparatur zur Untersuchung des bedingten Speichelreflexes

Diese Reflexe wurden zuerst von dem russischen Mediziner und Physiologen **PAWLOW** (Abb. unten, S. 223) an *Hunden* erforscht (Abb. 1, 2). Die Aufnahme von Futter löst beim Hund den Speichelreflex und die Abgabe von Magensaft aus (beides unbedingte Reflexe). Leuchtet bei der Futtergabe immer eine Lampe auf, dann reicht nach häufiger Wiederholung schon allein das Aufleuchten der Lampe aus, um die Sekretion (Abgabe) von Speichel und Magensaft auszulösen. Der Hund lernte, das Licht als Signal für Futter zu erkennen.

Eine bedingte Reaktion (bedingter Reflex) entsteht durch wiederholte zeitliche und/oder räumliche Verbindung unbedingter Reaktionen (Reflexe) mit einem neuen Reiz (Signalreiz). Sie kann ohne neuen Signalreiz erlöschen.

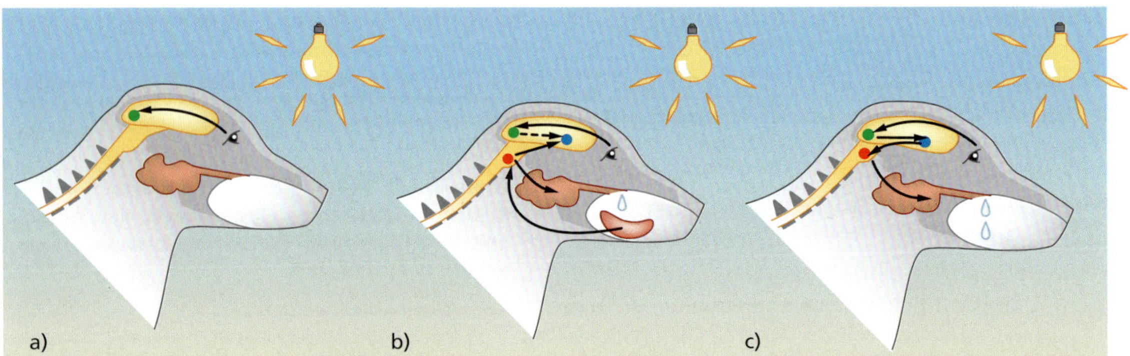

Durch Aufleuchten der Lampe werden die Lichtsinneszellen gereizt. Es erfolgt die Weiterleitung der entstehenden Erregungen über den Sehnerv zum Sehfeld des Gehirns (●). Dort wird das Aufleuchten wahrgenommen (a).

Durch Nahrung werden die Geschmackssinneszellen gereizt. Die entstehenden Erregungen werden zum Geschmackszentrum im Nachhirn (●) weitergeleitet. Über Nerven erfolgt die Weiterleitung der Erregungen zur Speicheldrüse. Dort wird Speichel **(unbedingter Reflex)** abgesondert.

Gleichzeitig wird die Geschmackswahrnehmung im Gehirn (Geschmacksfeld ●) gespeichert. Bei mehrfacher Wiederholung dieses Vorganges **(Aufleuchten der Lampe kombiniert mit Nahrungsgabe)** kommt es zu einer zeitweiligen und unbeständigen Verbindung der erregten Gehirnfelder (Seh- und Geschmacksfeld), zur Anbahnung eines **bedingten (erworbenen) Reflexes** (b).

Allein das Aufleuchten der Lampe genügt nun, um die Absonderung des Speichels auszulösen. Ein **bedingter Reflex (erworbener Reflex)** ist ausgebildet (c).

1 Ausbildung des erworbenen (bedingten) Speichelreflexes

Bedingte Reflexe haben auch bei vielen **Tierdressuren** (Abb. 1) und beim Verhalten des Menschen Bedeutung.
In verantwortungsvollen Tierdressuren werden die bedingten Reaktionen auf dem natürlichen Verhalten der Tiere aufgebaut. So springen *Delfine* oft und gern aus dem Wasser (angeborenes Verhalten). Dieses Verhalten wird bei der Dressur genutzt um sie z. B. durch einen Ring springen zu lassen. Die Delfine werden danach gefüttert, d.h., sie werden für das Lernen einer Reaktion belohnt, und damit lernen sie aufgrund **positiver Erfahrungen**.

1 Dressur von Delfinen (Schwertwal) in den USA

Bedingte Reaktionen durch positive Erfahrungen finden auch beim *Menschen* statt. „Mir läuft das Wasser im Mund zusammen“ ist eine häufige Redewendung, wenn man von einer Speise hört, die man schon einmal selbst gekostet hat und die sehr gut geschmeckt hat. Das Beschreiben der Speise löst also schon den Speichelfluss aus.
Negative Erfahrungen (z.B. Bestrafungen oder körperliche Beeinträchtigungen) können sehr schnell und nachhaltig bedingte Reaktionen auslösen. Das *Anfassen des heißen Ofens* löst beim *unerfahrenen Kind* Schmerz und Zurückziehen der Hand aus. Die typischen Merkmale eines heißen Ofens werden später immer wieder eine Rückziehreaktion zur Folge haben.
Auch wenn man lange Zeit den *gleichen Tagesrhythmus* für Aufstehen, Mittagessen, Abendessen, Schlafengehen einhält, bilden sich erworbene Reflexe heraus. Der Körper stellt sich durch Wachsein, Hungergefühl, Müdigkeit auf diesen Rhythmus ein. Wird der zeitliche Ablauf des Tages dauernd geändert, erlöschen die erworbenen Reflexe. Wird der Tagesablauf wieder rhythmisch gestaltet, entwickeln sich auch wieder zu den bestimmten Zeiten die erworbenen Reflexe, wie Wachsein, Hunger, Müdigkeit.

Durch die Ausbildung erworbener Reflexe sind der Mensch und zahlreiche Tiere in der Lage, Informationen im Gehirn zu speichern und zu verarbeiten sowie zu lernen.

Mosaik

Leben und Leistungen von PAWLOW

PAWLOW wurde am 14. September 1849 in Rjasan geboren. Von 1870 bis 1875 studierte er Naturwissenschaften in Petersburg, arbeitete im Laboratorium über die Tätigkeit von Verdauungsdrüsen und über den Blutkreislauf.
Von 1875 bis 1878 arbeitete er in der medizinisch-chirurgischen Akademie in Petersburg, besonders über den Blutkreislauf und die Bauchspeicheldrüse in Verbindung mit dem Nervensystem. Ab 1879 widmete sich PAWLOW vor allem dem Studium der Verdauungsprozesse an lebenden Tieren.
Im Jahre 1904 erhielt er den Nobelpreis für Medizin und Physiologie.

Ab 1904 arbeitete PAWLOW vor allem auf den Gebieten der Reflexe und der höheren Nerventätigkeit des Menschen. Aufgrund zahlreicher Experimente mit Hunden formulierte er seine Theorie der bedingten Reflexe.

Am 27. Februar 1936 starb er in Leningrad.

Lernen und Gedächtnis

Die Umwelt der Tiere und des Menschen verändert sich ständig. Es werden Straßen gebaut, Wälder gerodet, Industrieanlagen errichtet. Auch Naturgewalten und die Jahreszeiten führen zu Veränderungen. Würden Tiere und Menschen nur über angeborene Verhaltensmuster verfügen, wären sie nicht in der Lage, sich innerhalb kurzer Zeit diesen Veränderungen anzupassen. Diese Leistung vollbringen Tiere genau wie Menschen durch **Lernen.**

Lernen ist die Anpassung des Verhaltens von Tieren und Menschen an die sich verändernden Umweltbedingungen unter Nutzung von Erfahrungen.

Erlerntes Verhalten wird auf verschiedene Weise erreicht. Man unterscheidet z.B. Lernen durch *Gewöhnung*, Lernen durch *bedingte Reaktionen (bedingte Reflexe)*, Lernen durch *Versuch* und *Irrtum*, Lernen durch *Nachahmung*, Lernen durch *Einsicht*.

Lernformen

Lernen durch Versuch und Irrtum

Tiere und Menschen lernen häufig über Handlungen. Während des Lernens werden auch Fehler gemacht, und deshalb wird es als *Versuch-Irrtum-Lernen* bezeichnet.

1 Lernen durch Versuch und Irrtum

In der **menschlichen Entwicklung** spielt das Versuch-Irrtum-Lernen eine große Rolle. Setzen zum Beispiel Kinder oder Erwachsene ein schwieriges Puzzle zusammen, probieren sie immer wieder das Zusammenfügen der Einzelteile, bis das Gesamtpuzzle steht (Abb. 1). Aus *Versuch und Irrtum* gewinnen sie so Erfahrungen, so dass beim nächsten Mal der Zusammenbau des Puzzles schneller erfolgt.
Kinder lernen, einen Turm zu bauen, indem sie durch Versuch und Irrtum die Bausteine genau übereinander stellen.
Und wer hat nicht schon die Erfahrung gemacht, dass das Erlernen des Fahrradfahrens, auch mit schmerzhaften Versuchen verbunden ist.

Versuch-Irrtum-Lernen ist eine Lernform, bei der eine zufällige Handlung zum Erfolg führt und später weiter genutzt wird.

Lernen durch Spielen

Kinder versetzen sich gern in die Rolle von Erwachsenen, sie spielen Verkäufer und Kunde im Warenhaus, Hochzeit (Abb. oben), Krankenschwester und Patient, Lehrer und Schüler. Dabei üben sie soziale Rollen und verbessern ihre soziale Kommunikation, ihre Verständigung untereinander.

Das Spielen ist ein Lernen durch Ausprobieren des Verhaltens ohne eine direkte Anforderung. Es dient der Entwicklung körperlicher Leistungen und dem Gewinn von Erfahrungen über den eigenen Körper und über das Verhalten von anderen Personen.

Lernen durch Nachahmung

Viele Tiere und auch wir Menschen übernehmen bei anderen beobachtete Bewegungen, Lautäußerungen oder Handlungen häufig in das eigene Verhalten. Diese Lernform wird als **Nachahmung** bezeichnet.
So werden die Erfahrungen der Älteren auf die Jüngeren, auf die Nachkommen, weitergegeben. Bauen beispielsweise Eltern ihrem Kleinkind mit Holzklötzchen eine Mauer oder ein Haus, kann es durch *Beobachten* und *Nachahmen* bald selbst die Bauklötze so aufstapeln, wie die Eltern es vorgemacht haben. Das Gleiche kann man auch beobachten, wenn Kleinkinder Tätigkeiten des Vaters nachahmen (Abb. 1).
Das **Lernen durch Nachahmung** findet vor allem bei *sozial lebenden Tieren* und dem *Menschen* statt und setzt das Beobachten voraus. Beispielsweise werden bei einem Schülerexperiment vom Lehrer oft die wichtigsten Handlungen vorgeführt und/oder erklärt. Schülerinnen und Schüler versuchen danach, in gleicher Weise zu handeln.

Nachahmen ist die Übernahme des Verhaltens von anderen Menschen oder anderen Tieren. Durch Nachahmung werden Gewohnheiten oder Traditionen von Generation zu Generation weitergegeben.

1 Lernen durch Beobachten und Nachahmen

Lernen durch Einsicht

Menschen können aufgrund der Kombination von Gedächtnisinhalten, d.h. mehrerer Erfahrungen, ein neues Problem durch planendes und vorausschauendes Handeln lösen. Bei diesem *Lernen durch Einsicht* sind Elemente der Planung und des Handelns bekannt, die Zusammensetzung dieser Elemente ist aber neu. Beispielsweise könnte als Aufgabe die effektive Durchführung der Reise einer Sportgruppe zum Schülerwettkampf im Schwimmen gestellt werden. Durch Kenntnis der Zugabfahrtzeiten, der Fahrtdauer vom Wohnort A zum Wettkampfort B, der verfügbaren Zeit der Schüler und der Zeitdauer des Wettkampfes ist eine exakte Planung und Durchführung der Reise möglich. Auch hier nutzen die Schüler Erfahrungen aus anderen Reisen und die Kenntnisse über Fahrpläne zur neuen Kombination für die aktuelle Reise, also durch Einsicht.
Aber nicht nur die Menschen sind zu einsichtigen Lernleistungen fähig. Es gibt viele Beispiele dieses Lernens bei *Menschenaffen.*
Ein *Schimpanse* wurde z.B. bei seinen Versuchen, eine hoch hängende Banane zu erreichen, beobachtet. Nach einigen erfolglosen Sprungversuchen setzte er sich hin und betrachtete die Gegenstände im Raum. Plötzlich nahm er vorhandene Holzkisten, stapelte sie übereinander, kletterte nach oben und holte sich die Banane (Abb. oben). Er hat nichts probiert, sondern er hat Erfahrungen neu kombiniert.

Einsichtiges Lernen ist die Fähigkeit, komplexe Situationen durch Erfassen von Zusammenhängen und planmäßiges Handeln zu meistern.

Das Lernen lernen – die 10 wichtigsten Lernregeln

1. **Plane dein Lernen.**
   Du sparst dir damit Zeit, denn gut geplant ist halb gelernt. Schau auf deinen Wochen/Tagesplan und schon kann's losgehen.
2. **Beginne jeden Tag zur gleichen Zeit mit dem Lernen.**
   Dein Körper gewöhnt sich daran, und dein Gehirn schaltet leichter auf konzentriertes Arbeiten.
3. **Beginne das Lernen mit leichten Aufgaben.**
   Wie ein Motor braucht auch dein Gehirn eine Aufwärmphase, bis es Höchstleistungen bringt.
4. **Vermeide ähnliche Lernstoffe hintereinander zu lernen.**
   Dadurch überlistest du dein Gedächtnis und verhinderst, dass du viel und schnell vergisst.
5. **Verwende möglichst viele unterschiedliche Lernwege.**
   Lesen, Hören, Sehen sind die verschiedenen Lernwege; je häufiger du beim Lernen damit wechselst, je weniger ermüdest du. Wenn du sie beim Lernen für ein Fach alle einsetzen kannst, umso mehr freut sich dein Gedächtnis.
6. **Wechsle zwischen schriftlicher und mündlicher Arbeit ab.**
   So kannst du noch länger konzentriert arbeiten.
7. **Vermeide zu viel auf einmal zu lernen.**
   Wenn du zu viel auf einmal lernst, vergisst du doppelt so schnell.
8. **Wiederhole am Anfang öfters.**
   Dadurch prägt sich das Gelernte besser und schneller ein.
9. **Versuche den Lernstoff sinnvoll zu lernen.**
   Versuche die Lerninhalte in Zusammenhänge zu bringen, so lernst du sie leichter. Ist das nicht möglich, so gebrauche Gedächtnisstützen.
10. **Vergiss die Pausen nicht.**
    Sie sind zur Erholung wichtig. Für die erste Stunde reichen zweimal 5 Minuten, damit du auch wieder den Einstieg findest.
    (Entnommen aus dem Internet unter www.google.de von mehreren Autoren, z. B. Theodor-Heuss-Gymnasium Aalen, Albert-Schweitzer-Schule Nidderau.)

Gedächtnis

Tiere und Menschen sind in der Lage, **Informationen** zu speichern und bei Bedarf wieder abzurufen. Mit der Höherentwicklung des Gehirns können diese Informationen zu komplexen Eindrücken, Erfahrungen und Kenntnissen verarbeitet und in dieser neuen Qualität gespeichert werden. Die Nervenzellen des Gehirns und ihre Verbindungen sind die Grundlage für diese Speicherung, d. h. für das **Gedächtnis.**

Gedächtnis ist die Fähigkeit des Gehirns, Informationen über verschiedene Zeiträume hinweg zu speichern und abzurufen.

Man unterscheidet nach der Länge der Informationsspeicherung das Kurzzeit- und das Langzeitgedächtnis.
Die aus der Umwelt aufgenommenen Informationen können im **Kurzzeitgedächtnis** (Abb. 1, S. 227) *Sekunden bis maximal wenige Minuten* gespeichert bleiben. Danach werden sie gelöscht oder vom mittelfristigen Speicher aufgenommen. Dazu gehören das Merken einer Telefonnummer ohne Wiederholung oder das Merken einer Anweisung, die nur kurzfristig Bedeutung hat.
Im **mittelfristigen Speicher** bleiben die Informationen einige Stunden bis Tage erhalten. Wenn z. B. ein Jugendlicher von der Disko kommt, wird er die Musikfolge des Abends im Wesentlichen im Kopf haben. Nach und nach vergisst er, was an jenem Abend gespielt wurde. Das Gehörte gerät allmählich in Vergessenheit. Nur einige Teile der Inhalte werden, wenn sie ständig wiederholt werden, in das **Langzeitgedächtnis** aufgenommen.
Informationen, die für uns bedeutsam sind oder einen nachhaltigen Eindruck auf uns machen, können auch im Langzeitgedächtnis gespeichert werden.

Dort hinterlassen sie *Gedächtnisspuren.* Im Langzeitgedächtnis gespeicherte Informationen stehen meist lebenslang zur Verfügung.
Sie müssen durch wiederholtes Abrufen ständig in Erinnerung gebracht werden, damit sie auf Dauer behalten werden (Abb. 1).
Interessen, Neigungen, Einstellungen und Gefühle beeinflussen die Gedächtnisleistung. Deshalb ist das Gedächtnis jedes Menschen immer individuell. So erinnern wir uns an Ereignisse, die für uns sehr bedeutungsvoll waren, noch sehr lange Zeit, z. B. an ein wichtiges sportliches Ereignis, an ein spannendes Experiment im Chemie- oder Biologieunterricht, an Gefahrensituationen. Gleichgültigkeit und Abneigung behindern dagegen die Gedächtnisleistung, die Informationen rutschen dann weg wie durch ein Sieb.

Die Qualität des Gedächtnisses, die **Merkfähigkeit,** ist individuell sehr unterschiedlich. Sie hängt z. B. von der Anzahl der Wiederholungen, vom Zeitabstand, von der Konzentrationsfähigkeit und auch vom Interesse am Thema ab.
Dementsprechend ist auch das **Lernen**, insbesondere das Lernen durch Einsicht, individuell unterschiedlich. Die Fähigkeit zum **Lernen** ist angeboren.

Lernen beruht auf Vorgängen der Informationsaufnahme, -weiterleitung, -verarbeitung, -speicherung und -abgabe.

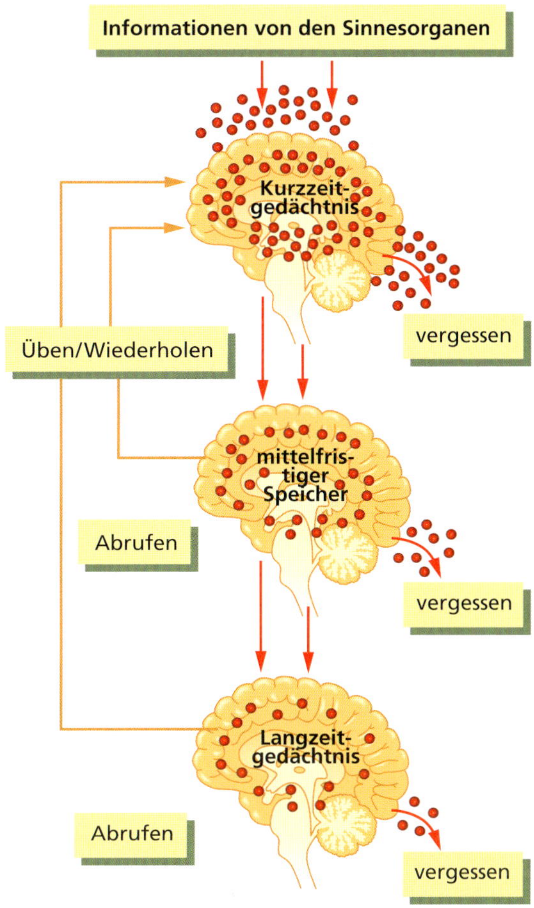

1 Ablauf von Gedächtnisvorgängen (⟶)

Um Gedächtnisleistungen vollbringen zu können, muss der Mensch über ein gewisses **Lernvermögen** verfügen. Beim Menschen sind Erfahrungen und Kenntnisse am dauerhaftesten, die er in seiner Kindheit und im Schulalter aufnimmt. Mit etwa 25 Jahren erreicht das Gehirn den Höhepunkt seiner Leistungsfähigkeit. Leitungsbahnen und Überträgerstoffe nehmen dann wieder ab. Durch Übung kann aber die Leistungsfähigkeit bis ins hohe Alter gefördert werden.

Man unterscheidet verschiedene **Lerntypen.** Manche Menschen behalten am besten, was sie lesen (*Lesetyp,* Abb. links) bzw. hören *(Hörtyp, akustischer Lerntyp),* andere, was sie sehen *(Sehtyp, visueller Lerntyp),* und wieder andere, was sie selbst tun *(Anfasstyp, haptischer Lerntyp).*

Erkrankungen und Gesunderhaltung des Nervensystems

Erkrankungen des Nervensystems

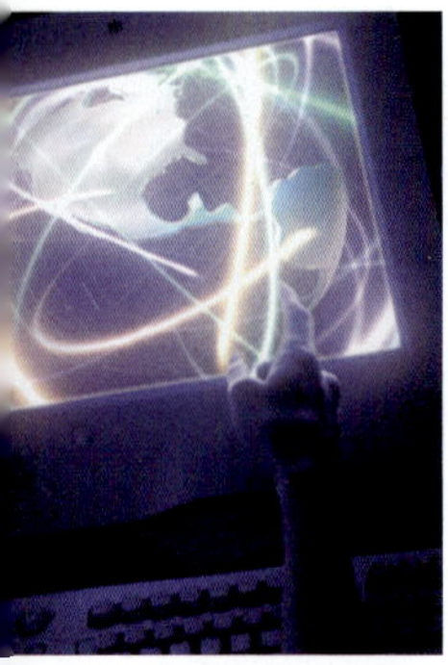

Werden unsere Sinneszellen sehr lange und zu stark erregt, bewirkt diese **Reizüberflutung** eine Schädigung der Sinneszellen und damit auch des Nervensystems. Da das Nervensystem auch die Tätigkeit der inneren Organe steuert, führt eine zu hohe nervliche Beanspruchung z. B. auch zu Magen-Darm- und Herz-Kreislauf-Erkrankungen.

Schlägt man bei einem Sturz mit dem Kopf auf einen festen Gegenstand bzw. auf den Boden auf, kann eine **Gehirnerschütterung** die Folge sein. Der Verletzte ist oftmals bewusstlos, muss sich erbrechen, leidet unter Schwindelgefühlen und Kopfschmerzen. Unbedingte Bettruhe ist erforderlich.

Werden motorische Nervenbahnen durchtrennt oder Nervenzellkörper zerstört, kommt es zu **Lähmungen.** Die Verletzten können ihre Muskeln nicht mehr bewegen. Wird z. B. durch einen Kopfsprung in unbekanntes Gewässer die Wirbelsäule mit dem Rückenmark verletzt, kann eine **Querschnittslähmung** auftreten. Je nach der Höhe der Rückenmarksverletzung treten völlige Lähmung und Empfindungslosigkeit in den tieferen Körperabschnitten ein. Eine Heilung ist nicht mehr möglich. Zeitlebens sind die Erkrankten auf einen Rollstuhl angewiesen.

Eine weitere Nervenerkrankung ist die von Viren verursachte **Kinderlähmung.** Befallen Viren das Rückenmark und zerstören dort Nervenzellen, kommt es zu Lähmungen der Gliedmaßen.

Ausfallerscheinungen des Gehirns bezeichnet man als **Schlaganfall** (Abb., S. 141).

Eine besonders schwere Nervenerkrankung ist die **multiple Sklerose.** Bei ihr treten schubweise Veränderungen in der Hirnsubstanz auf. Die Folge davon sind Lähmungen und Störungen in der Empfindlichkeit der betroffenen Körpergebiete. Die Ursachen dieser Erkrankung sind noch nicht vollständig geklärt. Wird unser Körper insgesamt überfordert, z. B. durch Ärger in der Schule, im Beruf, in der Familie, durch persönliche Konflikte und Probleme, kann dies zu nervlichen Erkrankungen führen. Auch **angeborene Erkrankungen** können zur geistigen Behinderung führen. **Geistig und körperlich behinderte Kinder** bedürfen vonseiten der Eltern, Geschwister und aller anderen Personen einer besonderen Zuneigung, Unterstützung und Hilfe.

Gesunderhaltung des Nervensystems

Eine wichtige Maßnahme zur Gesunderhaltung des Nervensystems und damit des gesamten Körpers ist die **Einhaltung eines bestimmten Tagesablaufs.** Viele unserer Lebensprozesse im Körper verlaufen im regelmäßigen Rhythmus, z. B. Herzmuskeltätigkeit, Atmungstätigkeit, Wechsel von Schlaf- und Wachzustand. Auch die Leistungsfähigkeit des Menschen schwankt im Tagesablauf (Abb., S. 229). So sollte darauf geachtet werden, dass am Tag ein ausreichender Wechsel von Arbeit und Erholung sowie Freizeitgestaltung (Abb. 1) eingehalten wird. Unregelmäßige Zeiteinteilung und große Hektik führen zu nervösen Störungen.

Besonders wichtig für die Gesunderhaltung unseres gesamten Körpers ist ausreichender **Schlaf.** Der Mensch verbringt ca. ein Drittel seines Lebens im Schlaf. Er stellt eine lebensnotwendige Aufbau- und Erholungsphase unseres Körpers dar.

1 Sinnvolle Freizeitgestaltung dient der Gesunderhaltung des Nervensystems.

Schlafdauer in Stunden pro Tag	
Neugeborene	bis 16
Kleinkinder (bis 9 Jahre)	ca. 11
Jugendliche (14–19 Jahre)	ca. 8–9
Erwachsene (bis 45 Jahre)	ca. 7
ältere Menschen (bis 70 Jahre)	ca. 6
Kurzschläfer	5–6
Langschläfer	8–9

Totaler Schlafentzug für eine Nacht hat noch keinen Leistungsabfall zur Folge. Bei Schlafentzug über 48 Stunden zeigen sich Erschöpfungssymptome, z. B. das Reaktionsvermögen ist verlangsamt, die Lernfähigkeit eingeschränkt. Die Koordinierung der Bewegungen verringert sich. Traumbilder (Halluzinationen) können im Wachzustand auftreten. Diese Erscheinungen verlieren sich wieder nach 10 bis 13 Stunden Schlaf.

Die **Schlafdauer** ist von bestimmten Gewohnheiten und auch Umweltbedingungen abhängig. Fest steht, dass der tägliche Schlafbedarf abhängig vom Lebensalter, vom Beruf und den Lebensgewohnheiten ist (s. Tab.).
Im Schlaf sind gegenüber dem Wachzustand zahlreiche Körperfunktionen verändert. Es sinken z.B. Herzfrequenz, Blutdruck und Körpertemperatur, das Bewusstsein ist eingeschränkt, die Augen sind geschlossen, die Muskelspannung lässt nach.
Ursachen von **Schlafstörungen** können Lärm, Übermüdung, Schmerzen, quälende Gedanken, aber auch tief greifende Konflikte und Erkrankungen sein. Schlafstörungen mit **Schlaf-** oder **Beruhigungsmitteln** zu beseitigen bringt keinen Erfolg, höchstens eine kurzzeitige Besserung. Besonders gefährlich ist die Einnahme von **Drogen** (s. S. 230 bis 236) sowie der **Missbrauch von Medikamenten.**

Das Nervensystem ermöglicht uns die Orientierung in der Umwelt, regelt und steuert alle Vorgänge im Körper. Voraussetzung für seine Gesunderhaltung ist ein richtiger Tagesablauf in Bezug auf Arbeit und Erholung, Freizeit, Körperpflege, Essen, Schlafen und Wachsein.

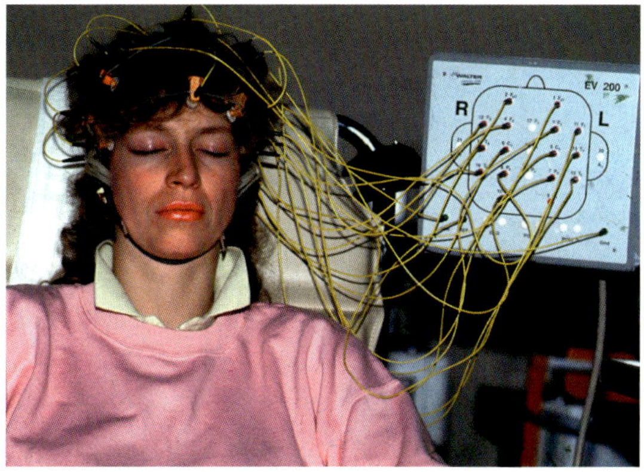

1 Ableiten von Gehirnströmen

Mosaik

Schlafphasen

Durch Ableiten und Aufzeichnen der elektrischen Impulse des Gehirns (EEG; Elektroencephalogramm, Abb. 1), durch Messungen der Augenbewegungen und der Muskelspannung kann man die verschiedenen **Schlafphasen** erforschen. Es werden unterschieden: *Einschlafphase, leichter Schlaf,* beginnender *Tiefschlaf.*

In den Phasen des Tiefschlafs erholen sich das Nervensystem, die Muskeln und Organe. Reservestoffe werden gebildet und Energie „aufgefüllt". In den Phasen des flachen (aktiven) Schlafes ist das Gehirn noch etwas aktiv. In diesen Phasen werden die tagsüber aufgenommenen Informationen verarbeitet und als Erinnerung gespeichert. Es ist die Zeit des bildhaften Träumens.

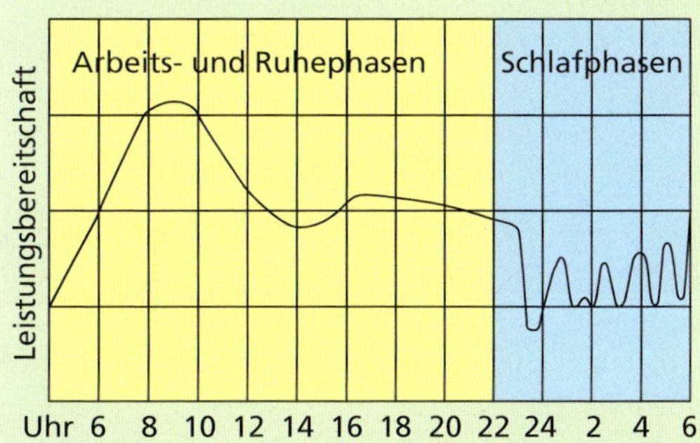

Aktivitäts- und Erholungsphasen eines Tages

Beeinträchtigung der Informationsverarbeitung durch Drogen

Drogen, Sucht und Abhängigkeit

Drogen oder **Suchtmittel** sind Stoffe, die in die natürlichen Lebensprozesse des menschlichen Körpers eingreifen. Sie beeinflussen die Wahrnehmungen, Gefühle und Stimmungen des Menschen (Abb. 1).

Wenn man den Begriff Drogen hört, denkt man zuerst an die verbotenen Drogen wie Haschisch, Heroin, Kokain, LSD, Ecstasy. Aber auch Alkohol, Nikotin und verschiedene Medikamente gehören zu den Drogen.

Warum einige Menschen Suchtmittel einnehmen, hat viele Ursachen, persönliche und gesellschaftliche. Am Anfang steht oftmals der Wunsch, sich wohl oder besser zu fühlen.

Manche Drogen erzeugen Hochstimmung und Glücksgefühle, andere beruhigen, wiederum andere putschen auf, steigern die Erregung, verändern das Denken und die Sinneswahrnehmungen.

Die Drogenwirkung hängt vom jeweiligen eingenommenen Stoff ab. Sie wird auch beeinflusst von der Dauer der Einnahme, von der eingenommenen Dosis sowie von persönlichen Stimmungen und der individuellen körperlichen Verfassung. Im Laufe der Zeit benötigt der Körper – um die gleiche Wirkung zu erzielen – immer mehr des jeweiligen Suchtmittels. Damit geht einher, dass der Körper auch immer mehr des jeweiligen Suchtmittels „verträgt“.

Suchtmittel (Drogen) sind Stoffe, die in die natürlichen Lebensprozesse des Körpers eingreifen und Wahrnehmungen, Gefühle und Stimmungen des Menschen beeinflussen.

Schließlich hat der Drogen Einnehmende ständig das Verlangen, erneut die Droge einzunehmen, um ein bestimmtes Lustgefühl und eine innere Hochstimmung zu erreichen oder auch um Unlustgefühle und eine tiefe Miss-Stimmung zu vermeiden. Man sagt, der Mensch ist **„süchtig“.**

Diese Sucht nach bestimmten Drogen führt letztendlich zur **Abhängigkeit,** sowohl zur seelischen als auch zur körperlichen Abhängigkeit.

Wird das Suchtmittel zum „Dreh- und Angelpunkt“ aller Handlungen, Gedanken und Gefühle, besteht eine *seelische Abhängigkeit* (Abb. 1).

1 Entstehung der seelischen und körperlichen Abhängigkeit von Drogen – ein Teufelskreis

Das Suchtmittel dient dann dazu, das innere Gleichgewicht zu halten, Unlustgefühle, Schmerzen und Belastungen zu vermeiden bzw. sich Wohlbefinden und Glücksgefühle zu verschaffen. Seelische Abhängigkeit ist der unbezwingbare Drang, sich die Droge um jeden Preis zu beschaffen und einzunehmen, z. B. auch durch kriminelle Handlungen.
Wenn das Suchtmittel abgesetzt wird, treten bei den Süchtigen Unlust- und Angstgefühle, Verstimmungen bis hin zu Selbstmordgedanken auf. Weitere Folgen seelischer Abhängigkeit sind u. a. die Einengung der Interessen auf das Suchtmittel, die Vernachlässigung bzw. der Verlust der Familie, das Verlieren der Arbeitsstelle, das Auswechseln der Freunde, die Gleichgültigkeit gegenüber der Schule.

Neben dieser seelischen Abhängigkeit gibt es auch eine *körperliche Abhängigkeit.* Wird das Suchtmittel abgesetzt bzw. dem Körper nicht mehr zugeführt, dann kommt es zu Entzugserscheinungen wie Schmerzen am ganzen Körper, Übelkeit, Erbrechen, Durchfall, Schweißausbrüchen, Fieber und Schwindelanfällen, Frieren, Zittern und Schlafstörungen. Diese körperlichen Entzugserscheinungen bewirken, dass der Abhängige nun bestrebt ist, Suchtmittel zu beschaffen und sie einzunehmen. Dabei werden Gesundheit, Aussehen, Familie und Beruf vernachlässigt. Beide Formen der Abhängigkeit beeinflussen das private und das berufliche Leben des Süchtigen.

Sucht ist die krankhafte, zwanghafte Abhängigkeit von Suchtmitteln, das ständige Verlangen nach einer erneuten Einnahme dieser Stoffe, um ein bestimmtes Glücksgefühl zu erreichen oder Unlust- und Angstgefühle zu vermeiden.

Legale und illegale Drogen

Alle Drogen führen bei Missbrauch zu tiefen Veränderungen im körperlichen, seelischen und sozialen Bereich des Süchtigen. Sie verändern die Beziehungen des Menschen zu seiner Umgebung, z. B. zu den Freunden, Arbeitskollegen, zur Familie.
Von Fachleuten werden legale („erlaubte") und illegale (verbotene) Drogen (s. S. 233) unterschieden.

Alkohol und Nikotin als legale („erlaubte") Drogen

Zu den legalen Drogen gehören beispielsweise *Alkohol, Nikotin* und *Medikamente.* Sie sind in Deutschland nicht verboten. Alkohol und Nikotin werden als Genussmittel, Medikamente als Arzneimittel angeboten.
Bei Missbrauch zeigen diese „Alltagsdrogen" ihre zerstörerische Wirkung an Körper und Leben des „Süchtigen" wie die illegalen Drogen. Leider wird diese Tatsache von der Gesellschaft und in der Politik nach wie vor unterschätzt.

Alkohol ist ein Genussmittel und außerdem eine legale Droge. Die alkoholischen Getränke (Abb., S. 231) haben einen unterschiedlichen *Alkoholgehalt.*
In jedem Supermarkt und Lebensmittelgeschäft kann man alkoholische Getränke kaufen. Sie werden bei den unterschiedlichsten Anlässen in der Familie, im Freundeskreis, unter Berufskollegen, auf Partys oder nach Wettkämpfen getrunken, und zwar in verschieden hohen Mengen.
Sicherlich hat jeder schon einmal erlebt, dass einige Menschen nach Einnahme von Alkohol lustig werden, kontaktfreudig sind und ihre Hemmungen verlieren. Andere dagegen werden aggressiv, laut, sind gereizt oder zeigen nur noch langsame Bewegungen und ein nachlassendes Reaktionsvermögen.

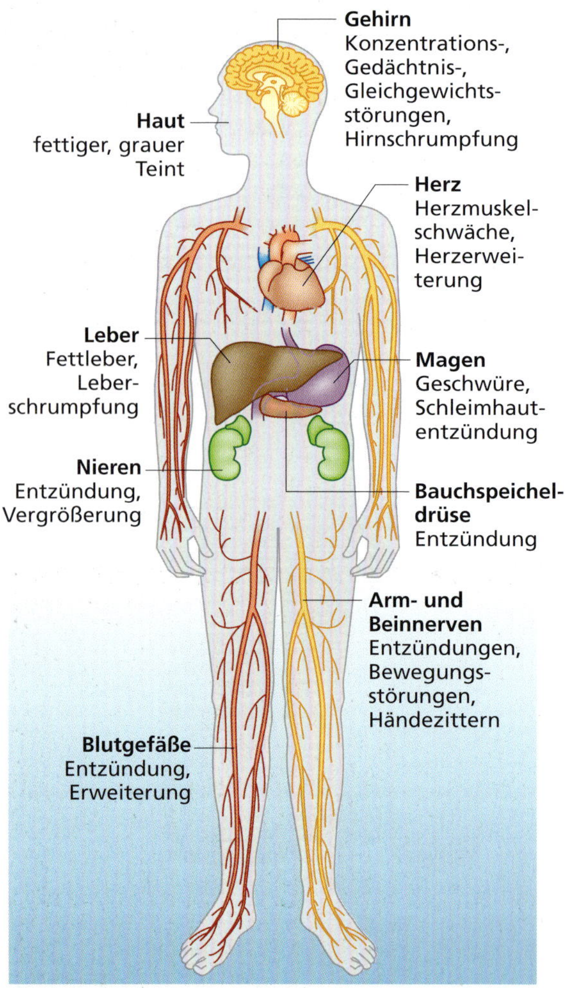

1 Alkohol zerstört innere Organe.

Regelmäßige Einnahme von Alkohol führt wie bei anderen Drogen zur *seelischen* und *körperlichen Abhängigkeit.* Der **Alkoholsüchtige** (Alkoholkranke) kann nach einiger Zeit nicht mehr auf Alkohol verzichten, er ist alkoholkrank. Typische Verhaltensänderungen von Alkoholkranken sind heimliches Trinken, Schuldgefühle, Aggressivität und auch nachlassendes Verantwortungsgefühl.
Länger andauernder Alkoholmissbrauch hat die **Schädigung innerer Organe** (Abb. 1) zur Folge, das Erinnerungsvermögen, die Konzentrations- und Gedächtnisleistungen lassen nach. Letztendlich führt Alkoholmissbrauch zu Wahnvorstellungen und geistigem Verfall. Neben diesen „Langzeitfolgen“ kann die Einnahme von großen Mengen Alkohol in sehr kurzer Zeit zu Störungen der Herz- und Atemtätigkeit, zur Bewusstlosigkeit und auch zum Tode durch Alkoholvergiftung führen. Jährlich gibt es in Deutschland etwa 40 000 Alkoholtote. Besonders gefährdet durch Alkohol sind Ungeborene im Mutterleib (s. S. 267) sowie auch Kinder und Jugendliche. Bei ihnen wirken schon geringe Mengen Alkohol. Laut Jugendschutzgesetz darf zwar an keinen Jugendlichen unter 16 Jahren Alkohol verkauft oder ausgeschenkt werden, aber oft wird gegen diese Bestimmung verstoßen.

Nikotin ist wie Alkohol ein Genussmittel und eine legale Droge. Aus dem Biologieunterricht ist bereits bekannt, dass Nikotin Bestandteil der Tabakpflanze ist. Der Tabak wird geraucht (Zigarette, Zigarre, Pfeife), geschnupft (Schnupftabak) oder gekaut (Kautabak).
Nikotin gelangt durch die dünnen Schleimhäute der Atmungs- und Verdauungsorgane ins Blut. Mit dem Blut wird es im Körper verteilt. In kleinen Mengen führt diese Droge zu einer Anregung der Gehirntätigkeit und kann vorübergehend Unlustgefühle, Ermüdungserscheinungen und Hunger beseitigen sowie die Konzentration steigern.

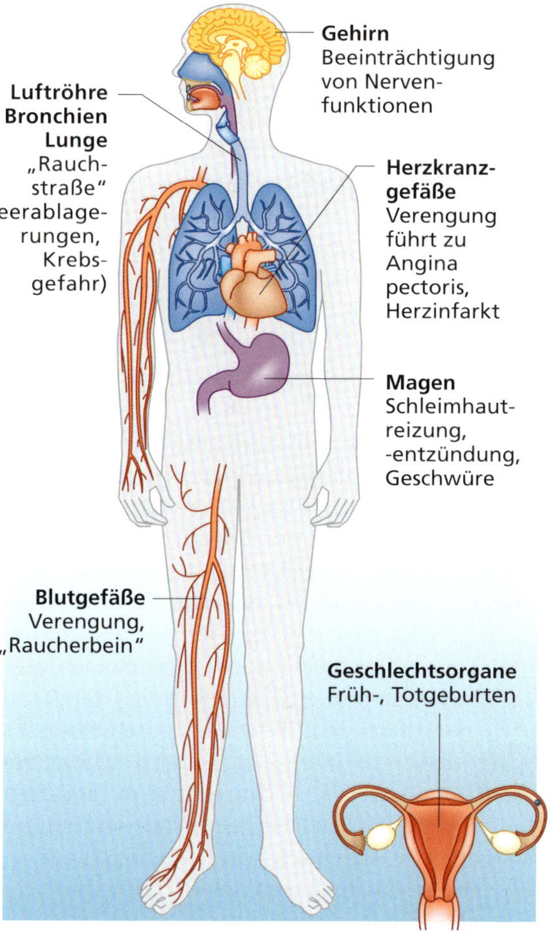

1 Nikotin zerstört innere Organe.

Bei Einnahme größerer Mengen Nikotin entstehen **körperliche Schäden** (Abb. 1). Dazu gehören beispielsweise die Verengung und Verkalkung der Blutgefäße.
Dies führt zu Durchblutungsstörungen insgesamt und insbesondere der Herzkranzgefäße und Beine. Das kann letztendlich Herzinfarkt und „Raucherbein" zur Folge haben. Die Atmungsorgane können an chronischer Bronchitis sowie an Lungen- und Bronchialkrebs erkranken.

Alkohol und Nikotin gehören zu den legalen Drogen. Bei regelmäßiger Einnahme größerer Mengen führen sie zur Abhängigkeit und zur Sucht sowie zur Schädigung innerer Organe.

Haschisch, Heroin und andere illegale (verbotene) Drogen

Der Besitz und Vertrieb sowie die Herstellung von illegalen Drogen ist in der Bundesrepublik Deutschland nach dem Betäubungsmittelgesetz verboten. Verstöße gegen das Gesetz werden bestraft. Zu den illegalen Drogen gehören u.a. *Haschisch* und *Marihuana, Heroin* und *Kokain,* aber auch die künstlich hergestellten Drogen, wie *LSD* und *Crack,* sowie die Designerdrogen, z.B. *Ecstasy.* **Haschisch** und **Marihuana** werden aus den Blättern und Blüten der *Hanfpflanze* (Abb. 2) gewonnen. Diese enthalten Harz. *Haschisch* stellt man aus dem Harz her. Das Harz wird zu Klumpen oder Platten geknetet sowie zu Öl umgewandelt. *Marihuana* (Abb.) besteht aus einem Gemisch getrockneter und zerkleinerter Blüten und Blätter.

Beide Drogen werden in der Regel mit Tabak gemischt und geraucht, aber auch als Tee getrunken. Sie kommen vor allem aus dem Vorderen Orient, Afrika, Asien und Südamerika. Diese Drogen bewirken eine gehobene Stimmung, ein Wohlbefinden sowie oftmals eine gesteigerte Kontaktfreudigkeit. Nach längerem Einnehmen führen sie zum Nachlassen der Konzentrations- und Leistungsfähigkeit, ja sogar zu Depressionen. Hanf ist auch eine wichtige **Nutzpflanze.**

2 Die Hanfpflanze ist eine Drogenpflanze.

Er wird angebaut, um Getränkezusatzstoffe, Öl sowie Fasern zu gewinnen.

Kokain ist ein Stoff, der aus den Blättern des in Südamerika wachsenden *Kokastrauches* gewonnen wird. Es gehört zu den ältesten Drogen, z. B. kauten die Indianer schon vor mehreren Tausend Jahren die Blätter des *Kokastrauches* zu besonderen Anlässen als Aufputschmittel.

Kokain ist als weißes Pulver auf dem Markt. Es wird geraucht, gespritzt oder geschnupft.

Es zeigt eine schnelle, vor allem aufputschende Wirkung durch Beeinträchtigung des Nervensystems in Form von Hemmungslosigkeit, Größenwahn, erhöhtem Kontakt- und Redebedürfnis.

Nach kurzer Zeit (ca. 1 Stunde) folgt diesem „Hoch der Gefühle“ ein unangenehmes Tief, z. B. mit Aggressionen, Magen- und Muskelschmerzen, Angstzuständen, Depressionen und Verfolgungswahn. Längerfristige Einnahme verursacht Gehirnschäden, Überlastung von Herz und Kreislauf, Appetitlosigkeit und Abmagerung, auch Atemstörungen bis hin zum Herz- und Atemstillstand. Das gefährliche Suchtmittel **Crack** wird aus chemisch verändertem Kokain gewonnen. Seine Wirkung ist um ein Vielfaches stärker als die des Kokains. Nach nur einmaliger Einnahme entsteht schon eine körperliche Abhängigkeit.

Der *Schlafmohn* (Abb. 1, 2) ist eine der ältesten Arzneipflanzen der Welt. Aus dem eingetrockneten Milchsaft der noch unreifen Mohnkapsel

1 Anbau von Schlafmohn als Drogenpflanze

2 Angeritzte Mohnkapsel mit Milchsaft

wird **Roh-Opium** (Abb.) hergestellt. Wichtigster Bestandteil dieses Roh-Opiums ist das Morphium (Morphin). Es ist in ärztlich verordneter Dosierung und unter der Kontrolle des Arztes ein wertvolles schmerzstillendes Arzneimittel.

Aus Opium (Abb.) bzw. aus Morphium wird die gefährlichste Droge gewonnen, das **Heroin.** Heroin ist das in der Drogenszene am weitesten verbreitete Suchtmittel. Es gehört zu den stärksten illegalen Rauschgiften. Es kann ebenfalls schon nach einmaliger Anwendung zur Sucht führen. Heroin ist ein weißliches Pulver. Häufig werden ihm im Labor Stoffe beigemischt, die zusätzlich für unseren Körper schädlich sind.

Heroin wird in die Vene gespritzt, es wird geraucht oder inhaliert. Heroin hat eine stark betäubende und beruhigende Wirkung. Es ist angst- und schmerzmindernd, steigert das Selbstbewusstsein und verursacht ein kurzes Hochgefühl. Langfristig treten Gehirnschäden, körperlicher Verfall, Wahnideen, Leberschäden, Magen- und Darmstörungen auf.

Immer wieder kommt es bei Heroinsüchtigen zu Todesfällen durch Überdosierung, giftige Zusatzstoffe oder Atemstörungen.

Die Herstellung und Weitergabe sowie die Einnahme illegaler Drogen sind verboten. Sie bewirken eine seelische und körperliche Abhängigkeit sowie die Schädigung innerer Organe, führen zum Verfall der Persönlichkeit und oft zum Tode.

Biologie im Alltag

Künstlich hergestellte Drogen

Künstlich hergestellte illegale Drogen sind u.a. LSD und Ecstasy. **LSD** wurde aus einem Bestandteil des **Mutterkorns** hergestellt, heute erfolgt die Herstellung synthetisch. Das große, dunkle Mutterkorn in Getreideähren wird von den Pilzfäden eines Pilzes gebildet. LSD ist ein starkes Rauschgift. Im LSD-Rausch kommt es zu Sinnestäuschungen, Wahrnehmungsstörungen und Wahnerlebnissen, verbunden mit einer schwankenden Stimmungslage von „hoch“ und „tief“. Die Einnahme von LSD erfolgt als Lösung auf Tabletten, in Kapseln oder auf anderen Trägern und wird geschluckt. Es führt oft zur seelischen Abhängigkeit.

Seit einigen Jahren gibt es eine neue Szenendroge – **Ecstasy.** Diese Droge wird als Tablette oder Kapsel geschluckt. Sie verursacht Sinnestäuschungen, wirkt leistungssteigernd und verdrängt Ermüdungserscheinungen des Körpers. Besonders in der Technokultur soll Ecstasy helfen, Tanzmarathons von bis zu 36 Stunden Dauer durchzustehen. Der dabei eintretende Flüssigkeitsmangel – bedingt durch Schwitzen – kann zum Hitzschlag bzw. Kreislaufkollaps führen.

Die Wirkung der Droge Ecstasy beginnt etwa 20 bis 60 Minuten nach der Einnahme und hält 3 bis 4 Stunden an. Auftretende Neben- und Nachwirkungen wie erhöhter Blutdruck, Übelkeit, Verengung der Herzkranzgefäße können zu Herzrhythmusstörungen, ja sogar zum Tod durch Herzinfarkt führen.

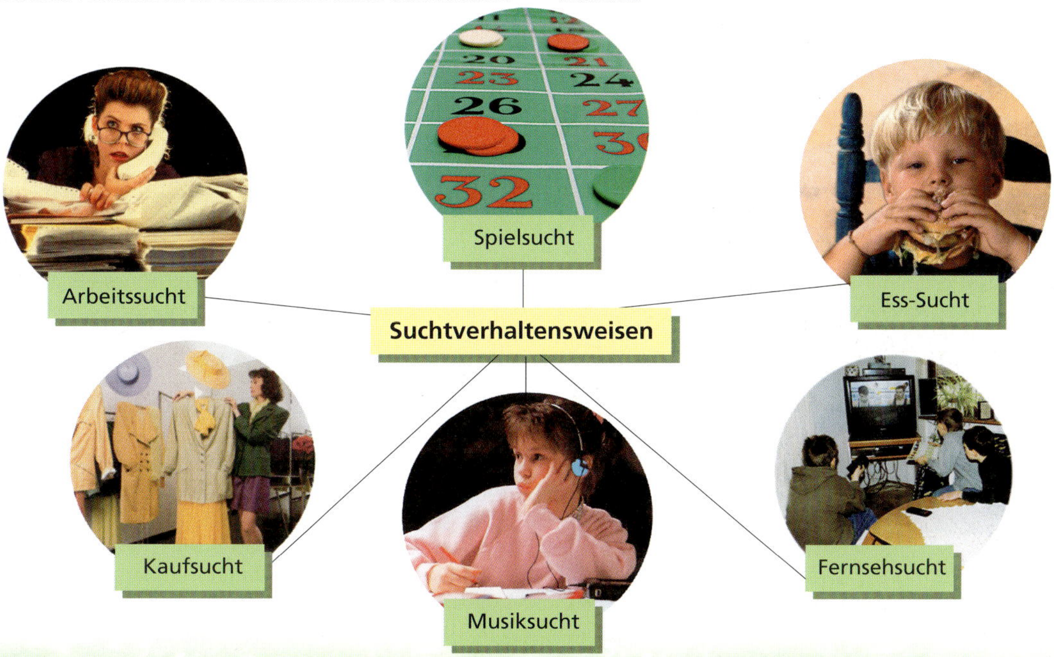

Hilfe bei Drogenproblemen

Ein „intaktes" **Familienleben** ist sehr wichtig für Kinder und Jugendliche, nicht drogensüchtig zu werden. In der Kindheit ist die Familie oft der „Schutzhafen". Die Kinder fühlen sich geborgen. Auch Jugendliche brauchen die Familie als „Heimathafen". Dieser gibt ihnen immer wieder Kraft, um Schwierigkeiten, z. B. in Schule und Beruf, zu meistern. Er gibt aber auch Trost und Halt, wenn sie Enttäuschungen, z. B. mit dem Freund oder der Freundin, erleben.

Die Jugendlichen brauchen die Eltern als Weggefährten und als Gesprächspartner. Wenn sie wissen, dass sie zu Hause verständnisvolle, auch manchmal kritische Partner haben, kommen sie gern von selbst immer wieder ins Elternhaus zurück. Solche Jugendlichen, die eigene Konflikte auf diese Weise partnerschaftlich lösen, brauchen nicht auf Suchtmittel oder auf Gewalttaten zurückzugreifen.

Die Chance, „erfolgreich" gegen eine Suchtgefährdung oder Drogenabhängigkeit vorzugehen, ist umso größer, je früher und gezielter die Hilfe einsetzt. Hilfe für Menschen mit Suchtproblemen geben **Beratungsstellen** (Abb. 1). Dort arbeiten ausgebildete und erfahrene Berater, z. B. Ärzte, Sozialarbeiter, Psychologen, Therapeuten. In der Regel wird mit den Eltern erst ein persönliches Beratungsgespräch geführt. Dann kommt der Suchtgefährdete oder Suchtabhängige entweder allein, mit Freunden oder in Begleitung der Eltern zum Gespräch. Wichtig ist das eigene Wollen des Rat- bzw. Hilfesuchenden und seine aktive Mitarbeit. Gemeinsam wird versucht, die Ursachen der Schwierigkeiten oder Konflikte zu finden und entsprechende Therapiepläne aufzustellen und zu realisieren.

Neben Beratungsstellen gibt es weitere Einrichtungen bzw. Organisationen für Suchtkrankenhilfe, Gesundheitsförderung und Vorbeugung. Dazu gehören u. a. der **„Elternkreis drogengefährdeter und drogenabhängiger Jugendlicher".** Elternkreise dienen dem gegenseitigen Austausch von guten wie schlechten Erfahrungen im Kampf um die Abhängigkeit der Kinder. Es gibt auch eine Reihe von **Selbsthilfegruppen,**

1 Diskussion über die Gefährlichkeit der Drogen

in denen sich Menschen, die Suchtmittel einnehmen oder eingenommen haben, treffen. Ziel dieser Gruppen ist es, sich durch gegenseitige Hilfe dabei zu unterstützen, von dem jeweiligen Suchtmittel loszukommen. Beratungsstellen, andere Einrichtungen oder Organisationen, die Rat und Hilfe bei Suchtmittelgefährdung oder -abhängigkeit anbieten, gibt es sowohl in großen und mittleren als auch in vielen kleinen Städten. Auch in Deutschland gibt es ein relativ enges Netz von Beratungsstellen.

Zahlreiche Einrichtungen bzw. Organisationen geben Hilfe bei Suchtgefährdung oder Drogenabhängigkeit. Ausgebildete Berater sind fachkundige Partner der Rat- und Hilfesuchenden.

Mosaik

Medikamentenmissbrauch

Zahlreiche Medikamente sind für viele Erkrankte lebensnotwendig, z. B. für Zuckerkranke, für Menschen mit Bluthochdruck bzw. zu niedrigem Blutdruck, für Herzkranke, für an Grippe Erkrankte.

Werden Medikamente ohne Aufsicht und Kontrolle des Arztes eingenommen, ist dies **Medikamentenmissbrauch.** Dieser Missbrauch schadet der Gesundheit des Körpers und führt allmählich auch zur seelischen und körperlichen Abhängigkeit. Das betrifft sowohl die Einnahme von Schmerz- und Schlafmitteln als auch von Beruhigungs- und Aufputschmitteln.

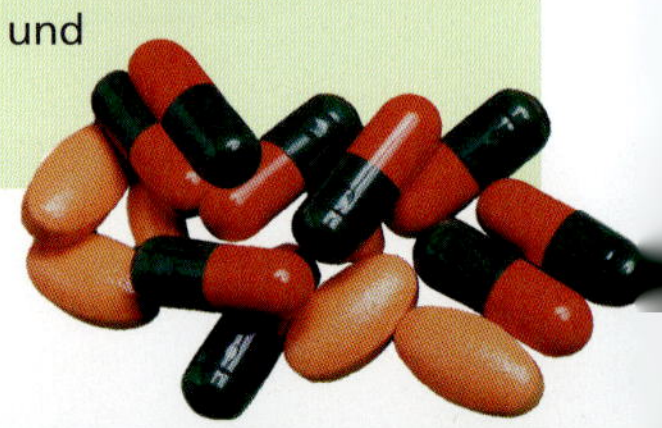

gewusst · gekonnt

1. Erläutere am Beispiel der Nervenzelle den Zusammenhang zwischen Bau und Funktion.

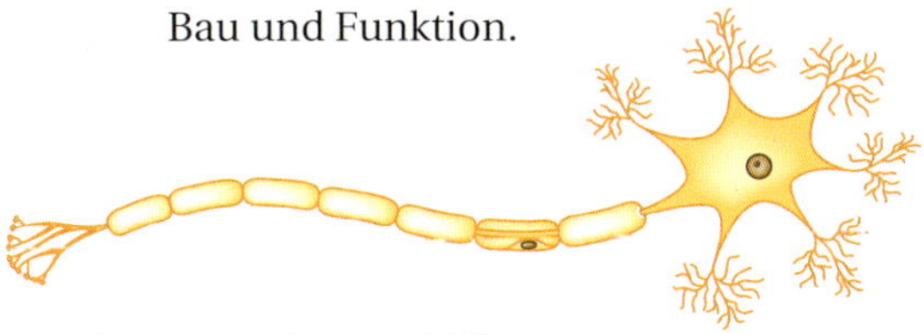

2. Betrachte mithilfe einer Lupe einen Querschnitt vom Rückenmark (Dauerpräparat). Zeichne das Objekt und beschrifte die Zeichnung.

3. Das Gehirn des Menschen besteht aus 5 Abschnitten.

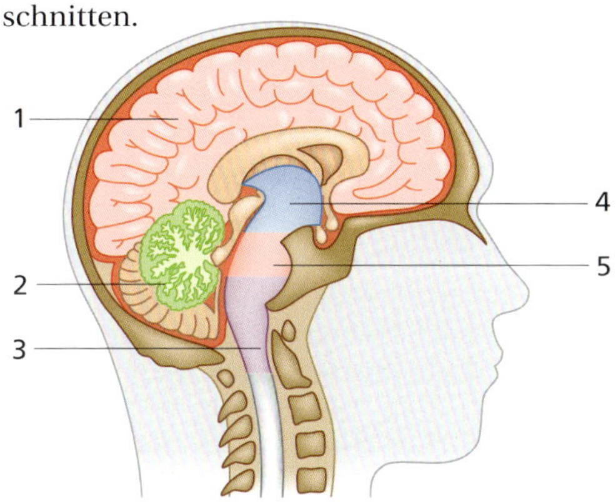

Benenne die Gehirnabschnitte und gib ihre wichtigsten Funktionen an. Fertige eine Tabelle an.

4. Gehirn und Rückenmark bilden das Zentralnervensystem.
Stelle beide in einer Tabelle nach folgenden Gesichtspunkten gegenüber:
Schutz, Lage der grauen und weißen Substanz, allgemeiner Bau, allgemeine Funktion.

5. Mehr als 100 Meter pro Sekunde vermag eine Information im Organismus durch die Nervenfasern zurückzulegen. Rechne diesen Wert in Kilometer pro Stunde um.
Vergleiche die errechnete Geschwindigkeit mit der Geschwindigkeit eines Kleinautos.

6. Vergleiche unbedingte und bedingte Reflexe. Nenne Beispiele. Fertige eine Tabelle an.

7. Auf Reize aus der Umwelt reagiert der Organismus mit bestimmten Reaktionen, z. B. mit einem Reflex. Nenne Beispiele für einen Reflex. Beschreibe den Ablauf eines Reflexes.

8. Bei plötzlicher Annäherung einer Fliege schließen sich unwillkürlich deine Augenlider. Beschreibe den Ablauf dieses Reflexes.

9. Benenne in deinem Heft die in der Abbildung gekennzeichneten Glieder des Speichelreflexes. Gib für jedes Glied die entsprechende Funktion an.

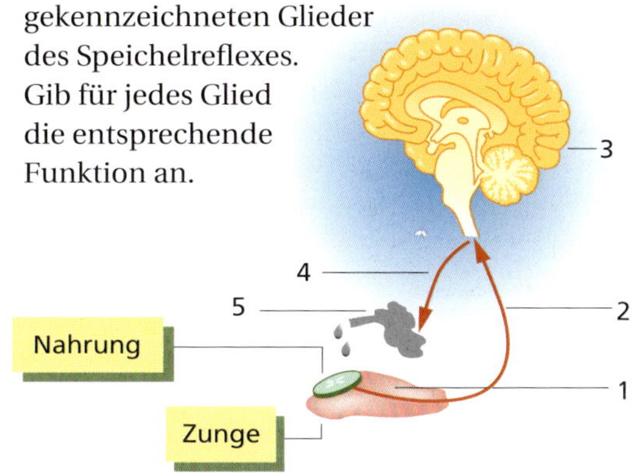

10. a) Ordne den mit Ziffern gekennzeichneten Teilen eines Reflexbogens folgende Bezeichnungen zu: Rückenmark / Gehirn (Reflexzentrum), Sinneszelle (Rezeptor), Bewegungsnerv (motorischer Nerv), Erfolgsorgan (Effektor), Empfindungsnerv (sensibler Nerv).

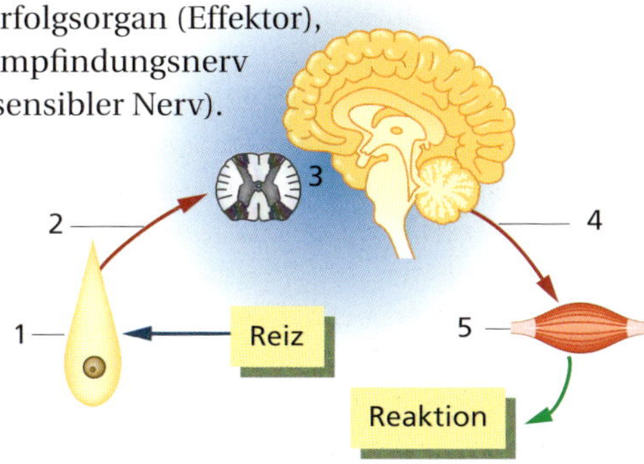

b) Beschreibe mithilfe der Begriffe den Ablauf eines Reflexes.

11. Nenne deine bevorzugten Lernformen. Erläutere sie an Beispielen.

12. Sammle aus Tageszeitungen, Fernseh- und Rundfunkmeldungen Berichte über Drogen. Nutze das Material für eine Diskussion über Missbrauch von Drogen und Möglichkeiten der Sucht- und Drogenprävention.

13. Die Abbildung veranschaulicht den „Teufelskreis" eines Drogensüchtigen.
Beschreibe die Stationen des Kreises.

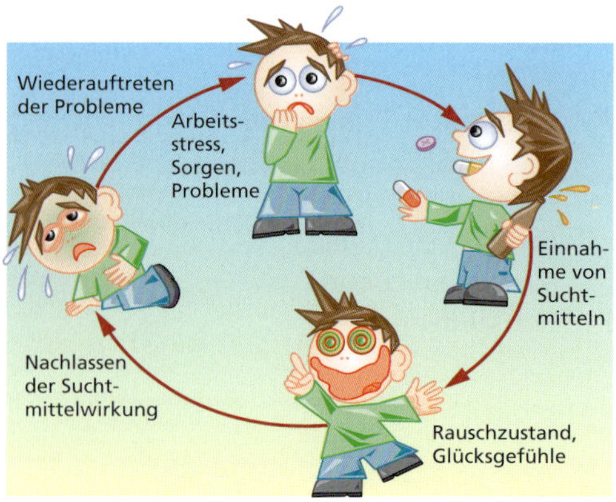

14. Das Nikotin des Zigarettenrauches fördert durch Ablagerung die Verengung der Blutgefäße.
Erläutere mögliche Folgen für den menschlichen Organismus.

15. Auf der Zigarettenschachtel einer bekannten Marke steht: Die EG-Gesundheitsminister: Rauchen verursacht tödlichen Lungenkrebs. Rauchen kann tödlich sein. Teer 10 mg, Nikotin 0,8 mg, Kohlenstoffmonooxid 10 mg.
a) Diskutiere diesen Sachverhalt.
b) Was soll mit der obigen Anordnung erreicht werden?

16. Wer hilft bei Suchtproblemen? Informiere dich, welche Einrichtungen oder Organisationen in deinem Wohnort Hilfe anbieten.

17. Ermittle in der Umgebung Quellen, die Schadstoffe verursachen und somit zur Umweltbelastung beitragen.
Gib jeweils an, welcher Umweltfaktor belastet wird.

18. Welche Bedeutung hat ein „intaktes" Familienleben für Kinder und Jugendliche in Bezug auf Suchtgefährdung und Drogenabhängigkeit? Erläutere.

19. Halten sich viele Menschen in geschlossenen Räumen, z. B. Klassenräumen, längere Zeit auf, muss regelmäßig gelüftet werden.
Erläutere diesen Sachverhalt.

20. Diskutiere folgende Ansichten:
- Ich rauche, weil meine Freunde in der Clique rauchen.
- Durch Rauchen erreiche ich in der Gruppe eine positive Stellung.
- Ich glaube, Herbert raucht, weil er angeben will.
- Mein Großvater ist 80 Jahre und raucht immer noch. Warum soll ich ihm nicht nacheifern?
- Als mein Vater aufgehört hat zu rauchen, wurde er dick.
- Eine Möglichkeit der Haltbarmachung von Lebensmitteln ist das Einräuchern. Das erreiche ich auch durch das Rauchen für meinen Körper.

Informiere dich auch im Internet unter www.schuelerlexikon.de.

Informationsverarbeitung im Zentralnervensystem (Gehirn, Rückenmark)

Kleinstes Bauelement des Zentralnervensystems ist die **Nervenzelle.** Sie dient der Aufnahme, Weiterleitung und Verarbeitung von Erregungen.

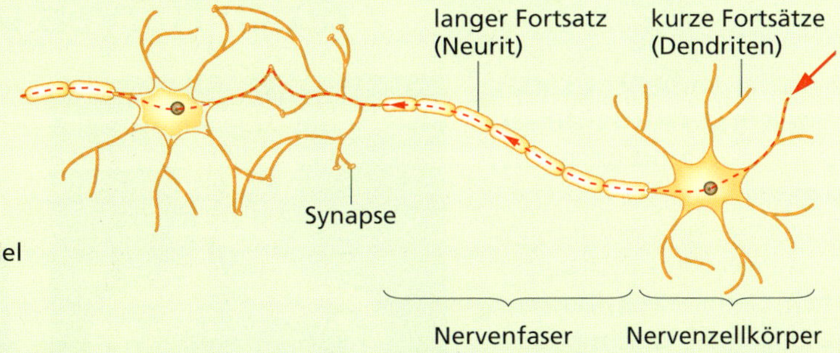

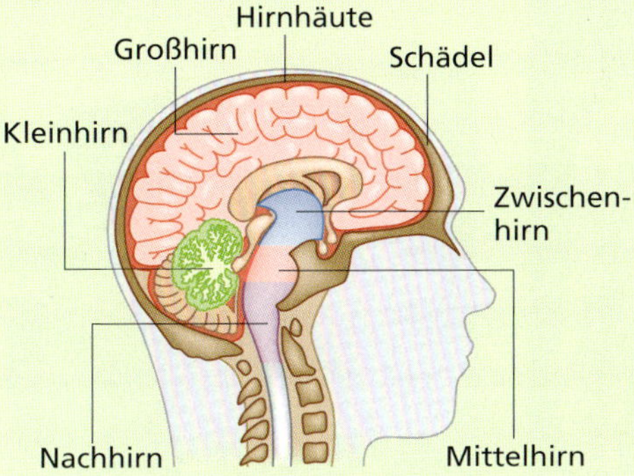

Das weiche **Gehirn** liegt geschützt in der Schädelkapsel. Es besteht aus 5 Abschnitten.
Im Gehirn werden alle Erregungen aufgenommen, verarbeitet, teilweise gespeichert (Gedächtnis) bzw. auf andere Nerven übertragen. In ihm vollziehen sich alle Vorgänge unseres bewussten Fühlens, Denkens und Handelns.

Das **Rückenmark** liegt geschützt im Wirbelkanal der Wirbelsäule. Nerven des Rückenmarks führen in alle Teile des Körpers und zum Gehirn.
Es ist ein Reflexzentrum.

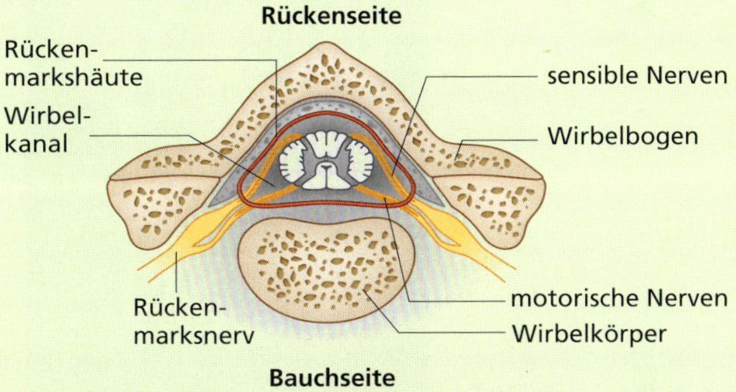

Reflexe

Unbedingte Reflexe sind angeborene unwillkürliche Reaktionen des Körpers auf einen Reiz.

Jeder Reflex läuft in einem **Reflexbogen (einer Reiz-Reaktions-Kette)** ab.
Sie sind oftmals Schutzreaktionen und bedingen den Ablauf von Lebensfunktionen.

Bedingte (erworbene) Reflexe sind Voraussetzung für Lernprozesse sowie für die Speicherung und Verarbeitung von Informationen.

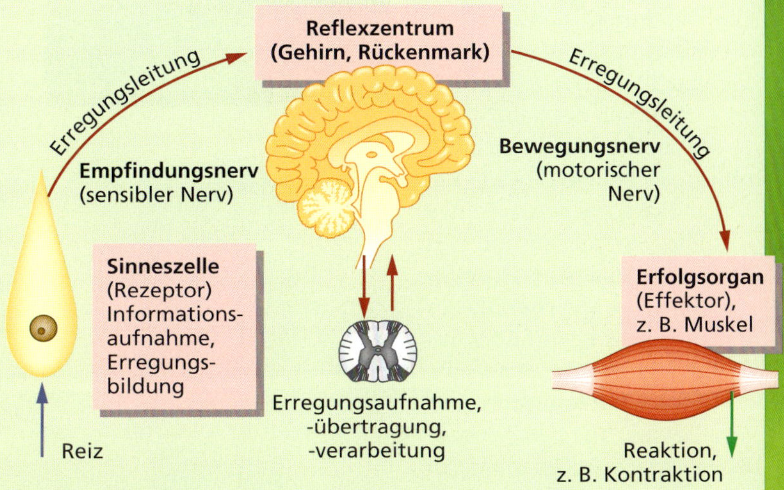

Voraussetzung für die **Gesunderhaltung des Nervensystems** sind ein richtiger Tagesablauf, ausreichend Schlaf und keine Einnahme von Drogen.

4.3 Regelung von Lebensprozessen durch Nerven und Hormone

Lebensprozesse im Körper – koordiniert und geregelt?
In unserem Körper laufen die Lebensprozesse, wie Stoff- und Energiewechsel, Schwangerschaft, Geburt, Individualentwicklung und Wachstum, geregelt und koordiniert ab.
Wodurch wird diese biologische Regulation bewirkt?
Warum müssen Störungen im Ablauf dieser Prozesse vermieden werden?

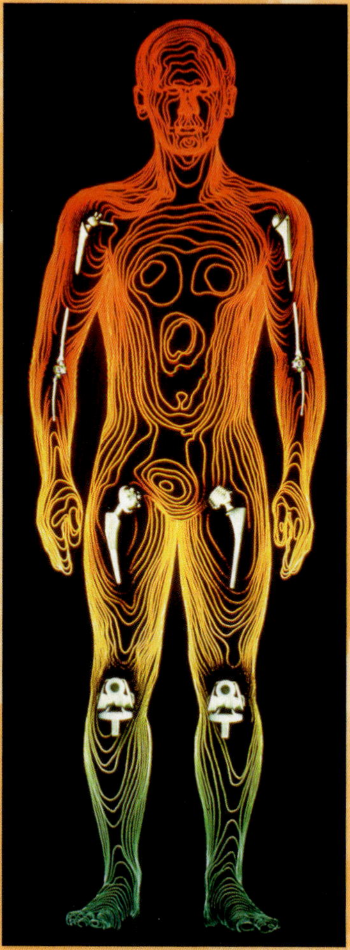

Riese und Zwerg – nur ein Größenunterschied?
Manche Menschen wachsen bis zu einer Größe von 2,20 m oder 2,40 m. Sie zeigen Riesenwuchs. Andere wiederum sind kleinwüchsige Zwerge wie die Basketball spielenden Liliputaner (Abb.).
Wie kommen diese Größenunterschiede zustande?
Welche Ursachen gibt es dafür?

Die Schilddrüse – eine wichtige Hormondrüse?
Die Schilddrüse ist ein kleines, schmetterlingsförmiges Organ, das an der Vorderseite des Halses – unterhalb des Kehlkopfes – wie ein Schild der Luftröhre aufliegt. Sie hat ein Gewicht bei einem Erwachsenen von etwa 50 g. Sie stellt aus Iod und Eiweißbausteinen das Hormon Thyroxin her, speichert dieses und gibt es bei Bedarf über das Blut an den Organismus ab.
Welcher Lebensprozess wird durch Thyroxin geregelt?
Was bewirken ein Unterangebot bzw. ein Überangebot an Thyroxin im Körper?

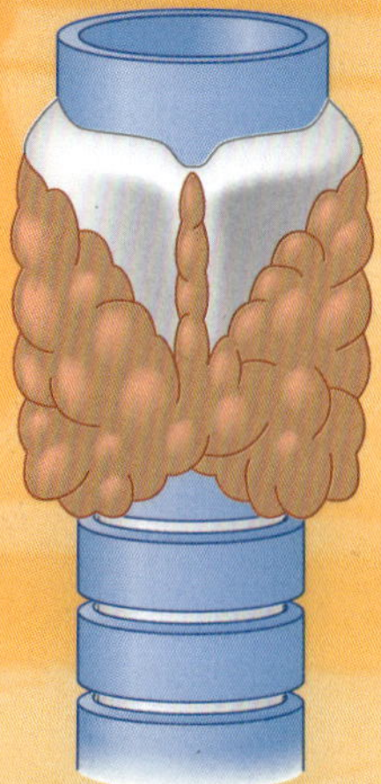

Das Hormonsystem

Hormone – die Boten des Körpers

Ob die Entwicklung im Mutterleib komplikationslos verläuft, das Wachstum nicht zu früh und nicht zu spät beendet wird, ob man in der Pubertät von geringen oder größeren Hautunreinheiten geplagt wird, ob man gut gelaunt oder eher gereizt reagiert, wie man Stress-Situationen meistert, alles das ist unter anderem eine Frage von lebenswichtigen Wirkstoffen, den **Hormonen.** Es gibt kaum einen Prozess, an dem diese chemischen Verbindungen, die schon in unvorstellbar niedrigen Konzentrationen wirken, nicht beteiligt sind. Hormone steuern alle Lebensprozesse, wie den Stoff- und Energiewechsel, das Wachstum, die Schwangerschaft und Geburt, beeinflussen das Immunsystem, wirken auf Organe und Nerven.

Hormone sind chemische Wirkstoffe, die Lebensprozesse in unserem Körper steuern und koordinieren.

Das **Hormonsystem** stellt neben dem Nervensystem das zweite Informationssystem des Körpers dar. Das Nervensystem zeichnet sich durch eine blitzschnelle Informationsübertragung aus. Es dauert beispielsweise nur Bruchteile einer Sekunde, bis wir die Hand von einem heißen Gegenstand zurückziehen, den wir zufällig berührten. Dagegen verläuft die **Signalübermittlung über Hormone** viel langsamer, einige Sekunden bis zu mehreren Stunden. Die Wirkung hält jedoch länger an, weil die Informationsübertragung durch die Struktur chemischer Substanzen realisiert wird. Die vielen unterschiedlichen Prozesse werden durch jeweils ganz bestimmte Hormone ausgelöst oder beeinflusst (Tab., S. 243).

Die chemischen Botenstoffe, die Hormone, werden in **Hormondrüsen** produziert und bei Bedarf direkt in die Blutbahn abgegeben (Abb. 1). Über das Blut gelangen die Hormone zu den jeweiligen Zielorten, ihren Wirkungsorten. Weil die Hormone in das Innere (innen = endo), also direkt in das Blut, abgegeben (krine = sondere ab) werden, nennt man die Hormondrüsen **endokrine Drüsen** und das Hormonsystem **endokrines System.**

Obwohl die Hormone durch das Blut im gesamten Organismus verteilt werden, können nur die Zellen der Zielorte die Information empfangen und verwerten. Jedes Hormon besitzt nämlich eine spezifische chemische Struktur. Deshalb kann sich jedes Hormon nur an bestimmte Zellen des Zielortes anlagern, da nur diese eine passende Stelle (Rezeptor) für die Anlagerung besitzen. Erst dann wird in der Zelle eine Reaktion ausgelöst. Dies funktioniert nach dem **„Schlüssel-Schloss-Prinzip“**, d. h., durch die spezifische chemische Struktur des Hormons (Schlüssel) kann es sich nur an solche Zellen anlagern, die den entsprechenden Rezeptor (Schloss) besitzen (Abb. 2).

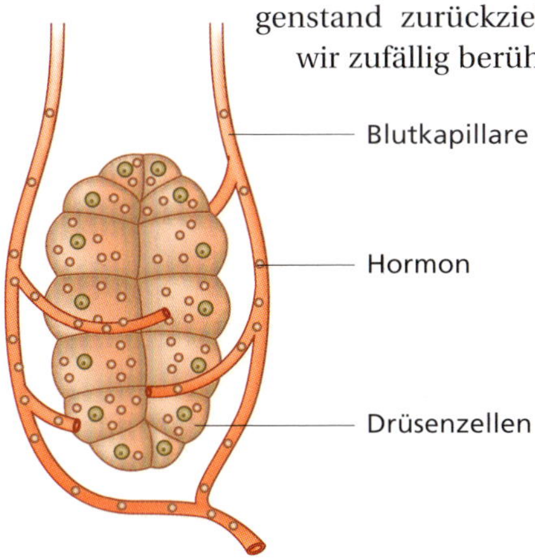

1 Das Hormon wird aus den Drüsenzellen direkt in das Blut gegeben.

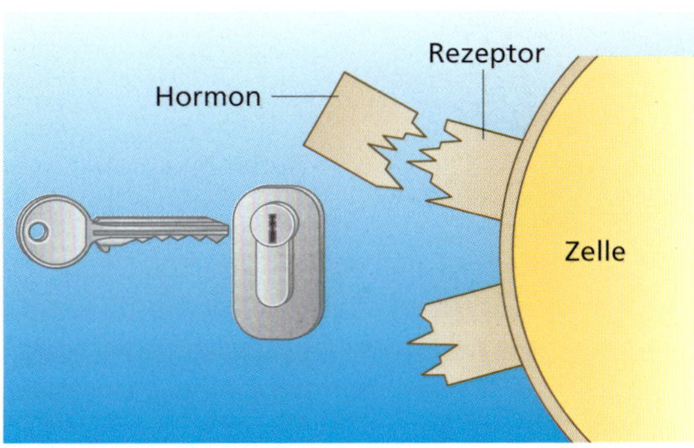

2 Ein Hormon passt zu einem Rezeptor wie ein Schlüssel in sein Schloss.

Durch diese Anlagerung kann das Hormon Reaktionen in der Zelle auslösen. Hormone wirken also in spezifischer Weise in bestimmten Zellen, Geweben oder Organen. Sie sind **wirkungsspezifisch** (Tab., S. 205).
Hormone wirken schon in geringen Mengen anregend oder hemmend auf die Lebensprozesse. Sie haben also einen **hohen Wirkungsgrad.**

Hormone werden in Hormondrüsen produziert, direkt in das Blut abgegeben und durch das Blut zu den spezifischen Wirkungsorten transportiert.

Überblick über das Hormonsystem

Hormondrüsen liegen im Körper verteilt. Dazu gehören *Hirnanhangdrüse* (Hypophyse), *Nebenschilddrüsen, Schilddrüse, Nebennieren, Bauchspeicheldrüse, Thymusdrüse* und *Keimdrüsen* (Eierstöcke bzw. Hoden; Abb. 1). Im Hormonsystem hat die **Hirnanhangdrüse (Hypophyse)** eine übergeordnete Rolle. Sie hat ungefähr die Größe eines Kirschkerns und ist über einen Stiel mit dem Hypothalamus, einem Bereich des Zwischenhirns, verbunden. Über den Hypothalamus besteht die Verbindung des Hormonsystems mit dem Nervensystem (Abb. 1, S. 243; Tab., S. 243).
Die Hirnanhangdrüse produziert nur wenige Milligramm Hormone pro Tag. Diese geringe Menge genügt, um sowohl direkt Prozesse im Körper auszulösen (z.B. durch das Hormon Somatotropin das Wachstum) als auch andere Hormondrüsen zur Tätigkeit anzuregen, z. B. Nebennieren, Schilddrüse, Keimdrüsen. Für die Gesundheit und Funktionsfähigkeit unseres Körpers reicht die Konzentration vieler Stoffe schon in sehr geringen Mengen aus.
Die Hormone der Hirnanhangdrüse bewirken die Abgabe derjenigen Hormone ins Blut, die der Konzentrationsänderung entgegenwirken, z. B. bei einer zuckerreichen Nahrungszufuhr die Ausschüttung von Insulin zur Blutzuckersenkung (s. S. 246).

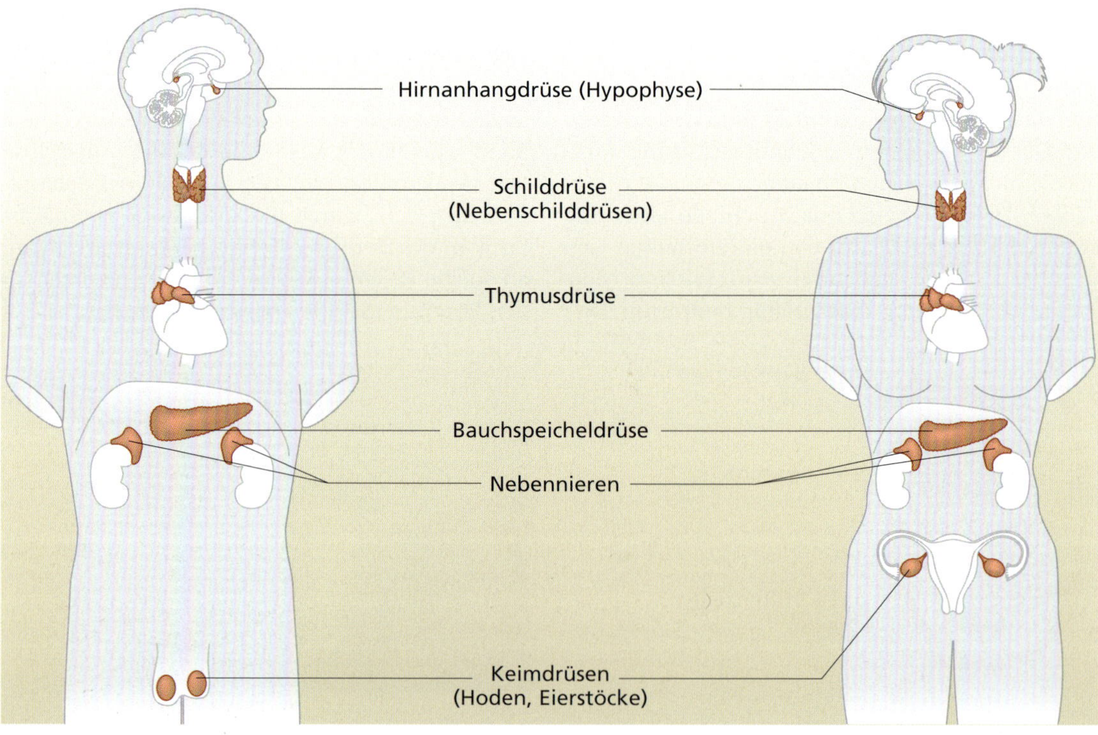

1 Lage der Hormondrüsen im menschlichen Körper

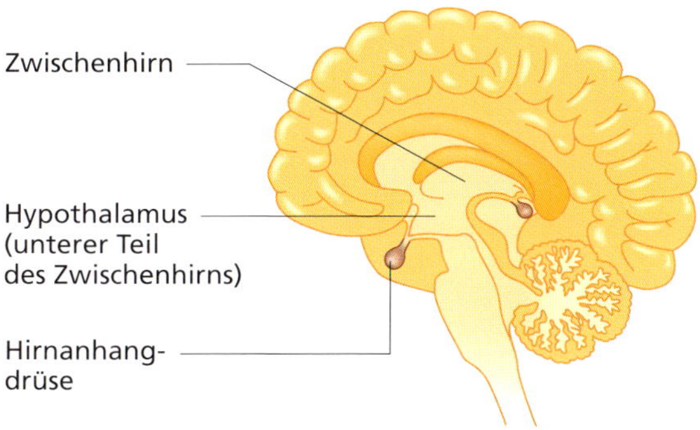

1 Lage von Hirnanhangdrüse und Hypothalamus

Zwischen den Hormondrüsen und der Hirnanhangdrüse besteht außerdem eine negative Rückkopplung, d. h., wenn die erforderliche Konzentration wieder eingestellt wurde, wird die Hormonproduktion der Hirnanhangdrüse zur Anregung der Hormondrüsen wieder reduziert.

Durch Regelkreise ist es möglich, Stoffgleichgewichte im Blut zu realisieren und die Anpassung des Körpers an die jeweiligen aktuellen Bedingungen zu erreichen.

Hormondrüsen	produzierte Hormone (Beispiele)	Wirkungen der Hormone (Beispiele)
Hirnanhangdrüse (Hypophyse)	Wachstumshormone	Regulation des Körperwachstums
	verschiedene Hormone zur Anregung von Lebensprozessen	Anregung anderer Hormondrüsen, z.B. Schilddrüse, Nebennieren, Keimdrüsen
Schilddrüse	Thyroxin	Steuerung des Stoff- und Energiewechsels im Organismus
Nebenschilddrüsen (8 kleine Epithelkörperchen)	Parathormon	Beeinflussung des Calcium- und Phosphorstoffwechsels (Regelung des Calciumwertes im Blut im Zusammenhang mit den Kalkverbindungen in den Knochen)
Thymusdrüse	Thymosin	Förderung der Abwehr gegen Infektionen, Beeinflussung des Immunsystems
Nebennieren		
Nierenmark	Adrenalin	„Stresshormon"; Blutdrucksteigerung, Erhöhung von Blutzuckerspiegel und Schlagfrequenz des Herzens, Beeinflussung der Atmung, Glykogenabbau
Nierenrinde	Kortikoide (Rindenhormone)	Regelung des Wasser- und Salzhaushaltes, Entzündungshemmung, Hemmung von Antikörperbildung und allergischen Reaktionen
Bauchspeicheldrüse (langerhanssche Inseln)	Insulin	Senkung des Blutzuckerspiegels, Glykogenbildung
	Glukagon	Erhöhung des Blutzuckerspiegels, Glykogenabbau
Keimdrüsen		
Eierstöcke	Östrogene	Förderung der Knochenbildung
	Gestagene (Progesteron)	Förderung der Ausprägung sekundärer Geschlechtsmerkmale und sexueller Aktivität, Steuerung des Menstruationszyklus, Schwangerschaft
Hoden	Androgene (Testosteron)	Förderung der Ausprägung sekundärer Geschlechtsmerkmale und sexueller Aktivität, Förderung der Samenzellenbildung

Biologische Regelung

Im gesunden Körper des Menschen laufen viele biologische Vorgänge geregelt ab. Es werden Zustände möglichst konstant gehalten, z. B. Körpertemperatur, Blutdruck, Atmung, Blutzuckerspiegel, Beleuchtungsstärke im Auge, obwohl in der Umwelt und im Körperinneren ständig Veränderungen vor sich gehen. Diese Veränderungen erfolgen unwillkürlich, sind angeboren und ständig vorhanden. Sie sind aber keine unbedingten Reflexe, da durch eine dauernde Rückmeldung über den Ablauf der Reaktion an ein Regelzentrum ein geschlossener Wirkungskreis entsteht. Dieser geschlossene Wirkungskreis wird **biologischer Regelkreis** (Abb. 1) genannt.

Zahlreiche biologische Regelkreise sind die Grundlage für die Regelung und Steuerung aller Lebensprozesse in unserem Körper. Sie erfordern das Vorhandensein einer zentralen Schaltstelle (z. B. Gehirn, Rückenmark), die alle Prozesse überwacht und reguliert.
Die biologische Regelung ermöglicht eine bessere Anpassung des Organismus an sich ändernde Lebensbedingungen in der Umwelt und im Körperinneren.

Die Regelung zahlreicher in unserem Körper ablaufender Prozesse erfolgt in biologischen Regelkreisen.

Wir wissen bereits, dass sich unsere Augen an die Menge des einfallenden Lichtes, also an die unterschiedliche Beleuchtungsstärke, durch **Veränderung der Pupillenweiten** anpassen können (s. Pupillenadaptation, S. 191).
Bei genauerer Betrachtung stellt man fest, dass dieser Vorgang über einen biologischen Regelkreis abläuft (Abb. 1, S. 245).
- Lichtsinneszellen in der Netzhaut „messen" die Menge des einfallenden Lichtes;
- Empfindungsnerven überbringen die „Messergebnisse" als Erregungen dem Sehfeld im Gehirn;
- im Gehirn erfolgt die Verarbeitung der Erregungen, neue Erregungen werden an Bewegungsnerven weitergeleitet;
- Bewegungsnerven überbringen die Erregungen den Muskeln der Regenbogenhaut;
- Muskeln der Regenbogenhaut erweitern bzw. verengen die Pupille je nach der Menge des einfallenden Lichtes, sodass die Beleuchtungsstärke im Auge relativ konstant bleibt.

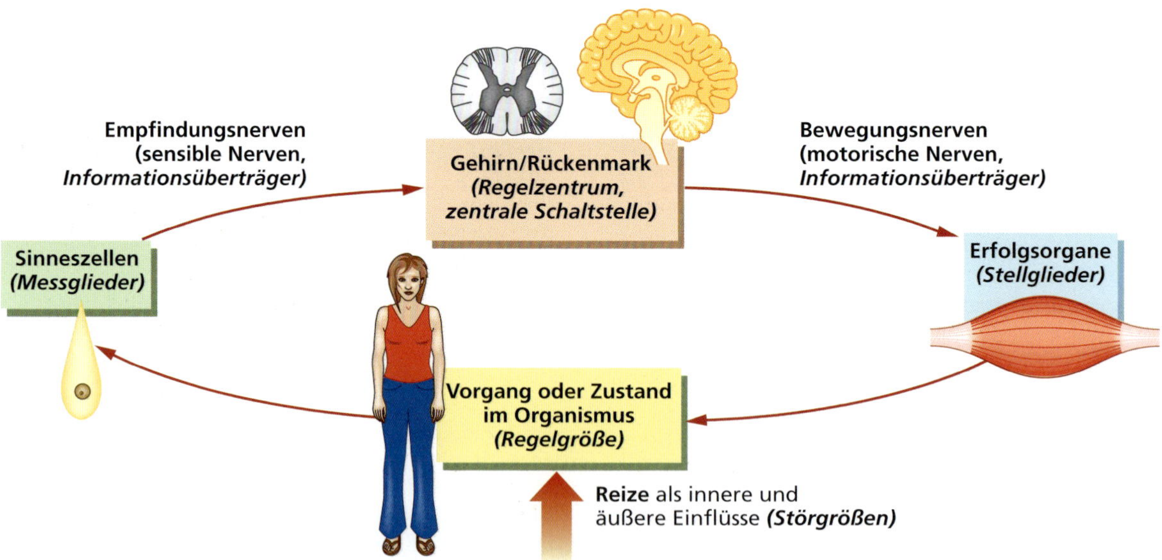

1 Der biologische Regelkreis ist ein geschlossener Wirkungskreis, in dem eine zentrale Schaltstelle die Vorgänge bzw. Zustände im Körper überwacht und reguliert.

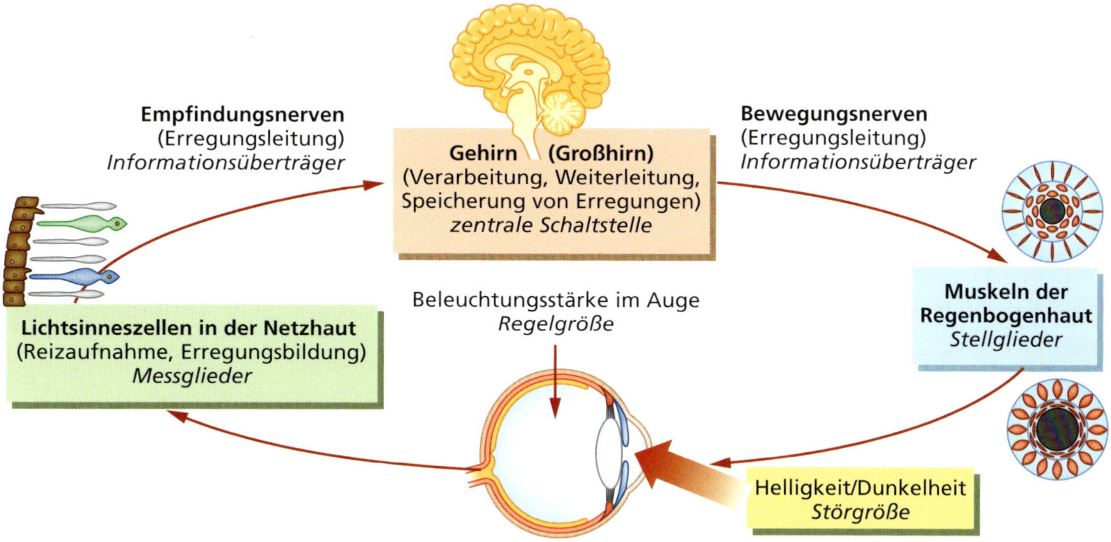

1 Die Regelung der Pupillenweite bei unterschiedlicher Beleuchtungsstärke erfolgt auf der Grundlage eines biologischen Regelkreises.

Auch die **Regelung der Körpertemperatur** erfolgt in einem biologischen Regelkreis (Abb. 2).
Die Regelgröße ist die annähernd konstante Körpertemperatur von etwa 37 °C, unabhängig von höherer oder niedrigerer Außentemperatur.
Bei absinkender Außentemperatur werden Muskeln und Leber als Wärme bildende Organe erregt.
Bei stark erhöhter Außentemperatur werden die Blutgefäße der Haut und die Schweißdrüsen als Wärme abgebende Organe erregt.
Einige biologische Prozesse werden durch **Zusammenwirken von Hormonen und Nerven** geregelt, z. B. Blutzuckerspiegel (Abb. 1, S. 246), Grundumsatz des Stoff- und Energiewechsels, Ausbildung der sekundären Geschlechtsmerkmale.

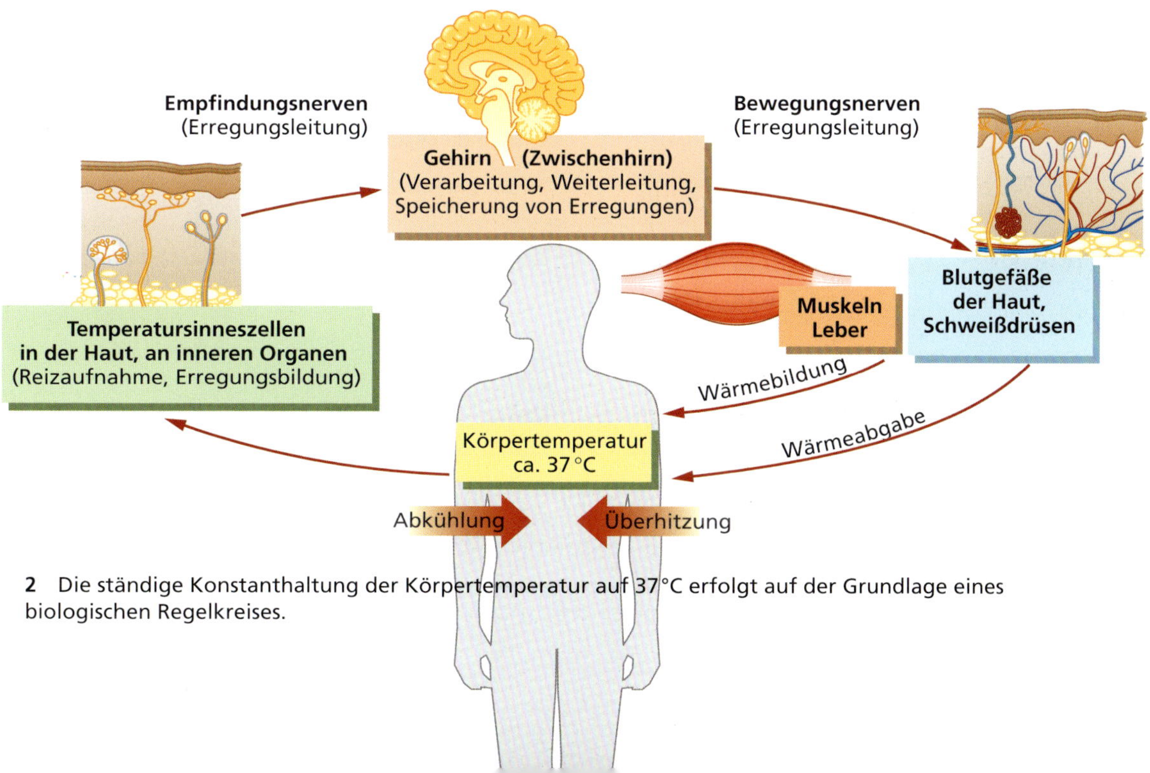

2 Die ständige Konstanthaltung der Körpertemperatur auf 37 °C erfolgt auf der Grundlage eines biologischen Regelkreises.

Regulation des Blutzuckerspiegels

In der Schule klingelt es zur Frühstückspause. Die unterschiedlichsten Nahrungsmittel werden ausgepackt und gegessen. Uns interessiert nun, was mit ihnen in unserem Körper passiert.

Durch die Verdauungsprozesse gelangen die Grundbausteine der Nährstoffe ins Blut und verändern dort die Stoffkonzentration. Bei kohlenhydrathaltiger Nahrung steigt beispielsweise der Traubenzuckerwert im Blut an. Die Konzentration des Blutzuckers muss aber relativ konstant sein. Der Gehalt an Traubenzucker (Glucose) im Blut (Blutzuckerspiegel, Blutzuckerwert) wird durch das Zusammenwirken von Hormonen und Nerven auf 80 mg bis 100 mg Traubenzucker (Glucose) pro 100 ml Blut (im nüchternen Zustand) einreguliert. Der Blutzuckergehalt steigt bei einem Gesunden nach den Mahlzeiten auf etwa140 mg Traubenzucker pro 100 ml Blut. Dieser Überschuss kann von den Körperzellen aufgenommen und genutzt werden, sodass der Blutzuckerwert schnell auf das Normalmaß reduziert wird. Diese **Regelung des Blutzuckerspiegels** wird durch Hormone und Nerven gesteuert (Abb. 1).

Die relative Konstanthaltung des Blutzuckerspiegels (Gehalt an Traubenzucker im Blut) erfolgt durch das Zusammenwirken von Hormonen und Nerven.

Beteiligt an der Regulation sind die Hormone *Insulin* und *Glukagon* der Bauchspeicheldrüse und das Hormon *Adrenalin* der Nebennieren.

Das Insulin der Bauchspeicheldrüse bewirkt eine **Senkung des Blutzuckerspiegels,** indem Traubenzucker aus dem Blut in die Leber transportiert, dort in Glykogen („Leberstärke") umgewandelt und gespeichert wird (Abb. 1).

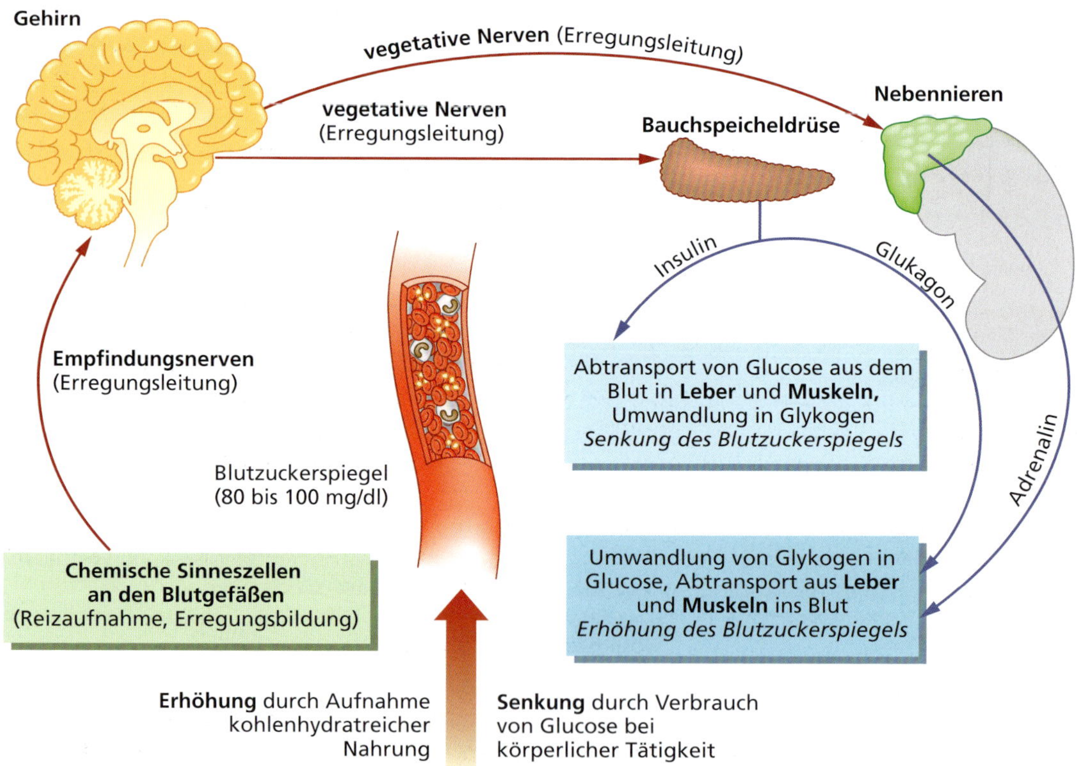

1 Die Regulation des Blutzuckerspiegels ist ein Beispiel für das Zusammenwirken von Nerven und Hormonen.

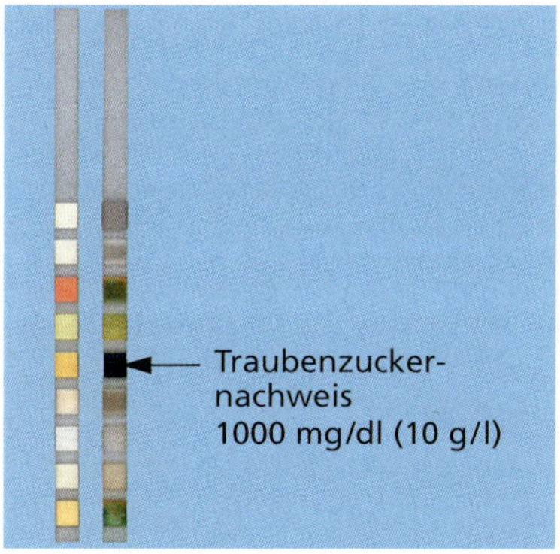

1 Teststreifen für Traubenzucker

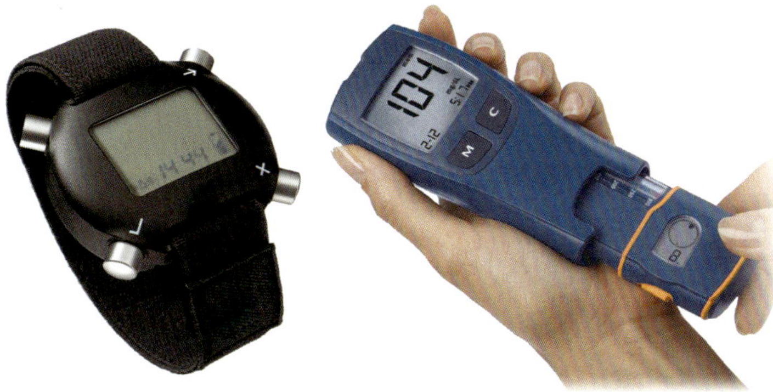

2 Messgeräte zur Blutzuckerkontrolle

Das *Adrenalin* der Nebennieren und das *Glukagon* der Bauchspeicheldrüse bewirken eine **Erhöhung des Blutzuckerspiegels,** indem sie das Glykogen („Leberstärke") in der Leber zu Traubenzucker abbauen. Der Traubenzucker gelangt wieder in das Blut (Abb. 1, S. 246). Damit steigt der Traubenzuckergehalt des Blutes an.

Das Insulin der Bauchspeicheldrüse bewirkt durch Umwandlung von Traubenzucker in Glykogen und dessen Speicherung in Leber und Muskeln eine Senkung des Blutzuckerspiegels. Das Adrenalin der Nebennieren und das Glukagon der Bauchspeicheldrüse bewirken durch Umwandlung von Glykogen in Traubenzucker und dessen Abgabe ins Blut eine Erhöhung des Blutzuckerspiegels.

Bietet man dem Körper ständig zu viel kohlenhydratreiche Nahrung an, findet auch ständig eine Stoffspeicherung statt, und besonders die Fettreserve im Körper wird aufgebaut. Es kommt zu Übergewicht. Damit diese Depots wieder aufgebraucht werden, hilft langfristig eigentlich nur eine Strategie: **weniger essen und mehr bewegen!** Bewegung hingegen bedeutet Muskelarbeit. Damit unsere Muskeln kontrahieren können, benötigen sie Energie. Der Brennstoff dafür ist im allgemeinen Traubenzucker (Glucose).
Sowohl für die Ausführung körperlicher Betätigung (z. B. Sport, körperlich schwere Arbeit) als auch für die Bewältigung geistiger Tätigkeiten (z. B. Forschungsarbeiten, Schulhausaufgaben) wird Traubenzucker verstärkt in den Zellen zur Aufrechterhaltung des Stoff- und Energiewechsels benötigt. Traubenzucker muss also ständig aus dem Blut in die Zellen abgegeben werden.
Ist die Konstanthaltung des Blutzuckerspiegels gestört, kommt es zur **Zuckerkrankheit (Diabetes mellitus).** Sie beruht auf einem **Mangel an Insulin.** Dadurch kann zu wenig Traubenzucker in Glykogen umgewandelt und gespeichert werden. Der im Blut angereicherte Traubenzucker wird aus dem Blut mit dem Harn ungenutzt ausgeschieden und fehlt den Zellen als Energielieferant. Dies führt zu Müdigkeit, Sehstörungen, Gewichtsabnahme und allgemeiner Leistungsminderung. Für die Zuckerausscheidung über den Urin benötigt der Körper viel Flüssigkeit. Diesen Wasserverlust möchte der Körper auffüllen, die Zuckerkranken sind stark durstig.
Weitere Anzeichen können z. B. sein: Hautjucken, Schwindel und Kopfschmerzen.
Hat man diese Anzeichen am eigenen Körper festgestellt, sollte man, um Gewissheit zu haben, einen Arzt aufsuchen.
Der Arzt
- prüft mit einem Teststreifen den Zuckergehalt im Urin (Abb. 1),
- nimmt Blut ab und misst, wie viel Zucker sich im Blut befindet (Abb. 2).

Beim Diabetes (Zuckerkrankheit) ist der Traubenzuckergehalt des Blutes (Blutzuckerspiegel) infolge nicht ausreichender Insulinbildung ständig zu hoch.

Ist der Blutzuckerspiegel durch Diät und **blutzuckersenkende Tabletten** nicht zu steuern, dann sind zusätzlich Insulingaben notwendig (Abb. 1).
Der Diabetes muss unter ständiger Kontrolle durch einen Arzt behandelt werden, da jeder Patient auf „seinen" Diabetes eingestellt werden muss.
Die **Diätnahrung** enthält auch die Nährstoffe Kohlenhydrate, Fette, Eiweiße, nur ist ihr Anteil verändert (z. B. ist sie ohne Traubenzucker).

Eine Behandlung ist wichtig, um **Spätschäden** zu vermeiden bzw. zu vermindern, z. B. Erblindung, Taubheitsgefühle, Muskelschwund, Arteriosklerose, Herzinfarkt, Nierenversagen, Fettleber. Neben Durst, Schwäche, Erbrechen, schnellem Herzschlag, trockener Haut kann es zum diabetischen Koma kommen, wenn der Blutzuckerspiegel aufgrund des Insulinmangels extrem hoch steigt.
Viele Diabetiker verdanken der Entdeckung des Insulins ihr Leben. Die Insulinpräparate waren anfangs sehr teuer, da sie aus Bauchspeicheldrüsenextrakten von Rindern und Schweinen gewonnen wurden. Ungefähr 70 bis 80 Bauchspeicheldrüsen sind erforderlich, um die Menge an Insulin zu isolieren, die ein Diabetiker durchschnittlich in einem Jahr benötigt.
Heute ist es möglich, das **Insulin gentechnisch herzustellen.** Dazu wird ein Stückchen der menschlichen Erbinformation in die Erbinformation von Bakterien eingeschleust. Die so veränderten Bakterien produzieren nun menschliches Insulin, und dies in wesentlich größerer Menge, als man aus Bauchspeicheldrüsenextrakten gewinnen könnte.

Durch gesunde Ernährung, Vermeidung von Übergewicht und ausreichende Bewegung kann man dem Diabetes vorbeugen. Zur Einregulierung des Blutzuckerspiegels sind eine Diät und Insulingaben erforderlich.

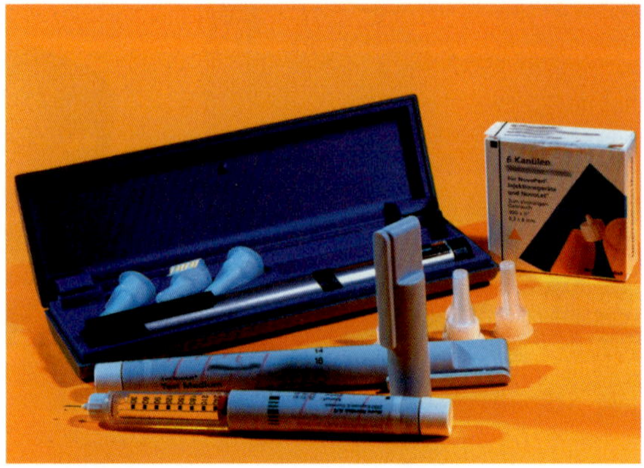

1 Injektionssystem zum Insulinspritzen

Mosaik

Diabetes-Typen

Die Zuckerkrankheit erhielt vor vielen hundert Jahren von griechischen Ärzten die Bezeichnung **Diabetes mellitus.** „Diabetes" beschreibt den Durchfluss des Urins und „mellitus" den honigähnlichen Geschmack des Urins.
Es gibt 2 Typen des Diabetes.
Beim **Typ I-Diabetes** besteht der Insulinmangel infolge der Zerstörung der Inselzellen in der Bauchspeicheldrüse. Dieser Typ tritt vor allem in der Jugend auf (15. bis 24. Lebensjahr). Neben einem ausgeprägten Durstgefühl und einer überdurchschnittlich hohen Urinabgabe ist eine Gewichtsabnahme zu beobachten. Die Störung des Stoffwechsels bewirkt den rapiden Gewichtsverlust. Der Organismus ist nicht mehr in der Lage, ausreichend körpereigene Substanz aufzubauen, da die Stoffspeicherung eingeschränkt ist.
Die Zuckerkranken des Typ I-Diabetes erhalten auf Dauer Insulingaben zur Einregulierung des Blutzuckerspiegels; sie sollten auch eine möglichst zuckerfreie Diät einhalten.
Der **Typ II-Diabetes** wird auch Altersdiabetes genannt und betrifft häufig über 40-Jährige. Eine wesentliche Ursache vermutet man in einer Überforderung der Insulin produzierenden Zellen der Bauchspeicheldrüse durch Übergewicht, falsche Ernährung, Bewegungsarmut sowie Dauerbelastung des Körpers durch zu großen Stress. Oft haben Verwandte ebenfalls Diabetes. Deshalb vermutet man als Ursache auch einen ererbten Defekt der Inselzellen.

gewusst · gekonnt

1. Nenne Hormondrüsen und von ihnen gebildete Hormone.
Beschreibe deren Wirkungen im Körper.

2. Auf welche Weise wirken Hormone im Organismus? Beschreibe an Beispielen.
Informiere dich auch im Internet.

3. Vergleiche Bau und Funktion einer Hormondrüse, Schweißdrüse und Talgdrüse.
Fertige eine Tabelle dazu an.

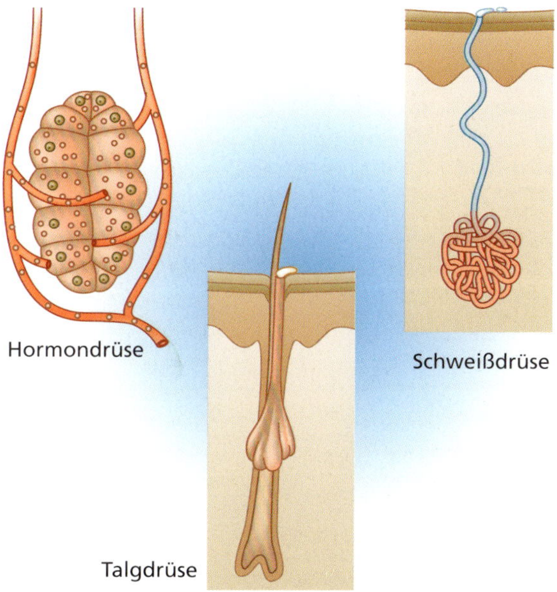

4. Übernimm folgende Tabelle in dein Heft und fülle sie aus.
Welche Unterschiede gibt es in der Informationsübertragung?

Informationsübertragung	Hormonsystem	Nervensystem
Zeit		
Dauer der Wirkung		
Informationsträger		

5. Erläutere anhand der Abbildung 2 auf Seite 245 die Wirkungsweise des biologischen Regelkreises zur Regelung der Körpertemperatur bei Überhitzung deines Körpers.

6. Ein frierender Mensch führt unwillkürlich aktive Körperbewegungen aus. Begründe.

7. a) Stelle die Regulation des Blutzuckers anhand eines selbst entwickelten Schemas dar.
b) Beschreibe die Regulation
– bei der Aufnahme kohlenhydratreicher Nahrung,
– bei der Ausführung schwerer körperlicher Arbeit (z. B. Schweißen) oder anstrengender sportlicher Betätigung (z. B. Boxen).

8. Die Umwandlung von Traubenzucker in Glykogen entlastet den Blutzuckerspiegel. Begründe.

9. Nach intensiver geistiger Tätigkeit (z. B. nach dem Schreiben einer Klassenarbeit) ist dir heiß, dein Gesicht ist gerötet, du bist sehr aufgeregt. Begründe.

10. Eine Diabetestherapie wurde möglich, nachdem es den Wissenschaftlern BANTING und BEST im Jahre 1921 gelungen war, das Hormon Insulin zu isolieren. Heute ist es möglich, das Insulin gentechnisch herzustellen. Welche Bedeutung hat die gentechnische Herstellung von Insulin für die Diabetiker?

Biologische Regelung

Das Nerven- und Hormonsystem sind wichtige Steuerungs- und Regelsysteme unseres Körpers.

Biologische Regelung ist der Ablauf biologischer Prozesse (z. B. Blutdruck, Atmung, Blutzuckerspiegel) in Regelkreisen (Abb.). Sie erfolgt unwillkürlich, ist angeboren und ständig vorhanden. Durch eine dauernde Rückmeldung über den Ablauf der Reaktion an ein Regelzentrum entsteht ein geschlossener Wirkungskreis.

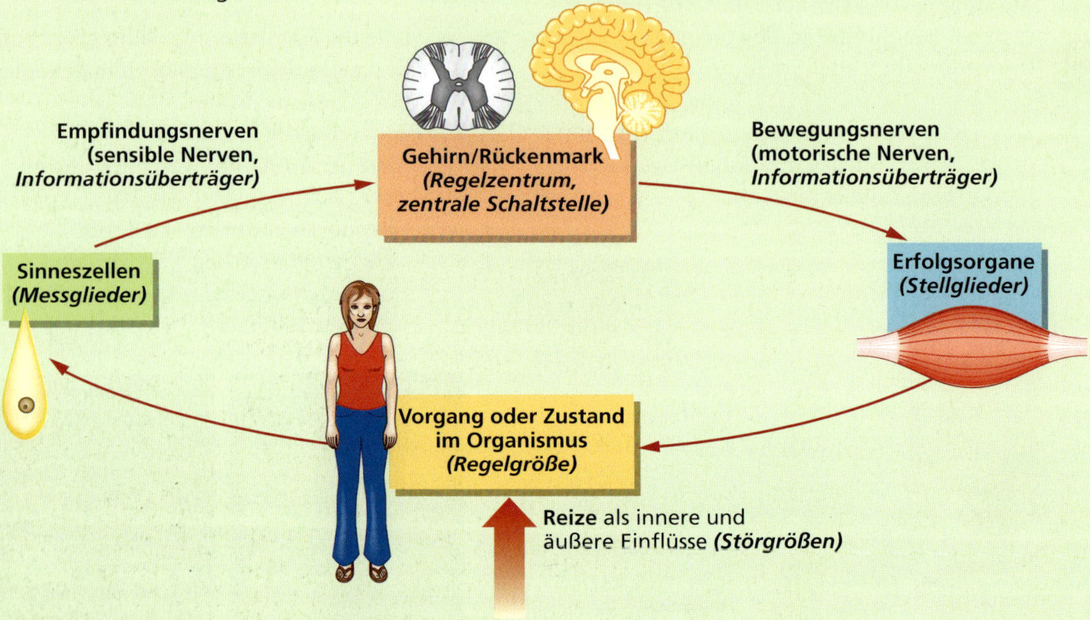

Hormonsystem

Hormone sind chemische Wirkstoffe, die Lebensprozesse in unserem Körper steuern und koordinieren, z. B. Konstanthaltung des Blutzuckerspiegels.

Hormone werden in **Hormondrüsen** (Abb.) produziert, direkt in das Blut abgegeben und durch das Blut zu den spezifischen Wirkungsorten transportiert.

Störungen in der Hormonproduktion führen zu Erkrankungen (z. B. Zuckerkrankheit). Durch eine gesunde Lebensweise (gesunde Ernährung, Vermeidung von Übergewicht, ausreichende Bewegung) kann man Hormonstörungen vorbeugen.

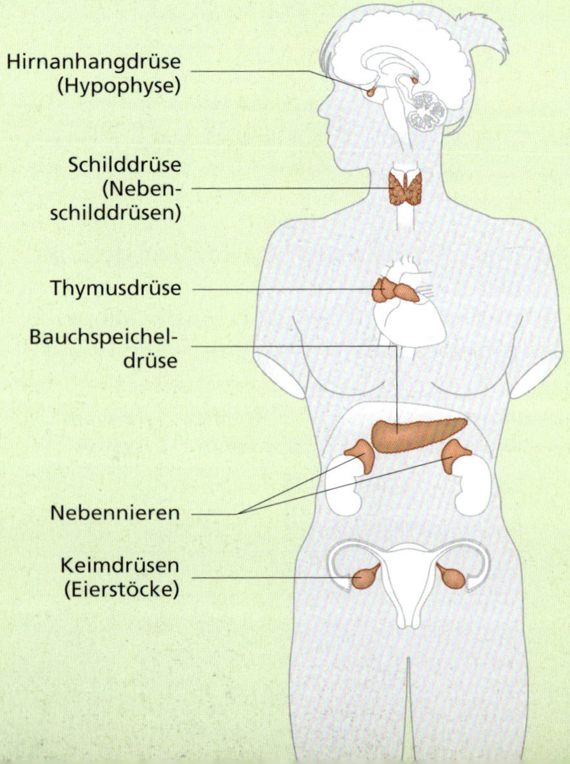

5 Entwicklung und Sexualität des Menschen

5.1 Biologische Grundlagen der Sexualität

Liebe und Partnerschaft – wichtige Bestandteile unseres Lebens

Sexualität, Liebe und Partnerschaft gewinnen mit Eintritt der Geschlechtsreife eine immer größere Bedeutung. Jeder erlebt das auf seine persönliche Art und Weise.

Wer ist für mich der/die Richtige?
Was gehört zu einer guten Partnerschaft?
Zärtlichkeit – ja, schneller Sex – nein?
Wie ist das mit dem „ersten Mal"?

Sexualität – was bedeutet das?

Eine Freundin bzw. einen Freund zu haben, sich lieben, küssen und miteinander intim sein, heiraten und eine Familie gründen – das sind Vorgänge, die mit der Sexualität des Menschen zusammenhängen.

Welche biologischen Grundlagen und welche Funktionen hat die Sexualität beim Menschen?
Durch welche Körpermerkmale unterscheiden sich Jungen und Mädchen, Mann und Frau?

Pubertät – Zeit der Geschlechtsreife

Die Pubertät ist eine wichtige Phase in der Entwicklung jedes Menschen. Dieses Alter ist für beide Geschlechter eine erlebnisreiche Zeit des Suchens, Probierens und Erfahrungsammelns.

Läuft sie bei allen Mädchen und Jungen gleich ab?
Wie verändert sich in der Pubertät die „Psyche" der Jugendlichen, also ihre Gefühle, Einstellungen, Bedürfnisse?
Welche Probleme können dabei auftreten?

Sexualität und Pubertät

Als **Sexualität** bezeichnet man die Gesamtheit der Körpervorgänge und Handlungen, die mit der „Geschlechtlichkeit“ und den Beziehungen der beiden Geschlechter zusammenhängen.
In biologischer Hinsicht dient Sexualität der Erzeugung von Nachkommen (Fortpflanzung).
Beim Menschen hat sie darüber hinaus starken Einfluss auf seine Gefühle, Bedürfnisse, Einstellungen und Verhaltensweisen sowie auf die Beziehungen zwischen den Geschlechtern wie Freundschaft, Liebe, Partnerschaft, Ehe.

Sexualität ist also ein wichtiges **Wesensmerkmal** und **Grundbedürfnis** des Menschen, welches sich bei jedem einzelnen in einer persönlichen (individuellen) Art und Weise ausprägt.

Eine wichtige Phase der sexuellen Entwicklung ist die Zeit der **Geschlechtsreife,** die **Pubertät.** Dieser Übergang vom Mädchen zur jungen Frau und vom Jungen zum jungen Mann findet zwischen dem 11. und 17. Lebensjahr statt. Verbunden mit dem Wachstumsschub des Körpers, entwickeln die **primären Geschlechtsmerkmale,** die Keimdrüsen, bei beiden Geschlechtern ihre volle Funktionsreife.
In den weiblichen Keimdrüsen, den Eierstöcken, werden reife Eizellen gebildet, und die ersten Menstruationsblutungen treten ein. In den männlichen Keimdrüsen, den Hoden, werden reife Samenzellen gebildet; es kommt zu Gliedversteifungen und ersten Samenergüssen.

Im Verlauf der Pubertät prägen sich auch **sekundäre Geschlechtsmerkmale** aus, die das äußere Erscheinungsbild des männlichen und des weiblichen Körpers kennzeichnen und unterscheiden (Abb. 1, 2).

Beim *jungen Mann* sind das die stärkere Ausbildung der Muskeln, breitere Schultern, Bartwuchs und Stimmbruch.

Bei der *jungen Frau* kommt es dagegen zu einer Abrundung der Körperformen, zur Ausbildung der Brüste und zur Verbreiterung des Beckens.

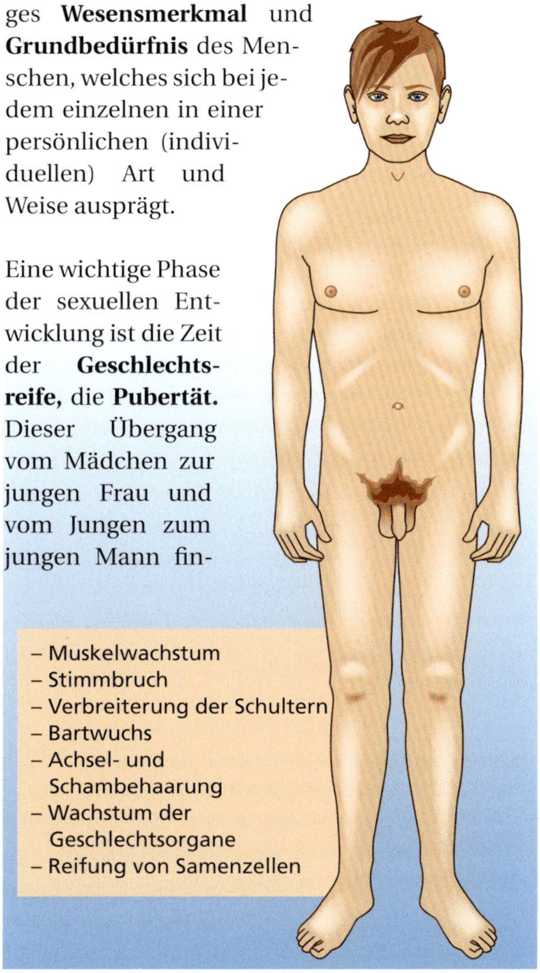

1 Merkmale der Geschlechtsreife des Mannes

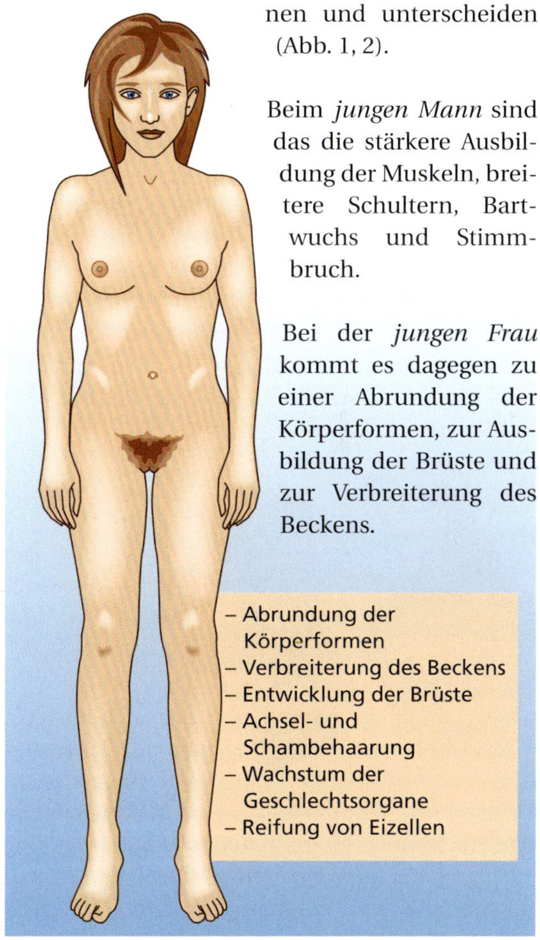

2 Merkmale der Geschlechtsreife der Frau

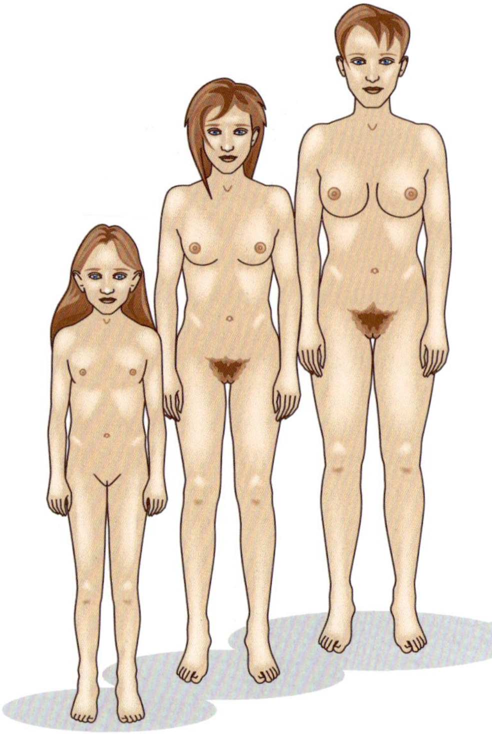

1 Die pubertäre Entwicklung von Sandra

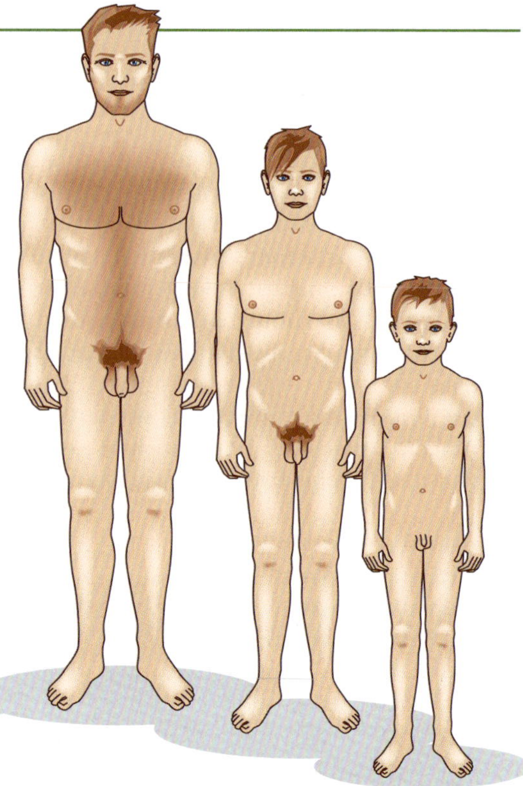

2 Die pubertäre Entwicklung von Stephan

Die Reifungsvorgänge setzen bei manchen **früher,** bei anderen **später** ein. Am Ende der Pubertätszeit gleicht sich das aber wieder aus.
Also: Kein Grund zur Besorgnis bei den „Spätentwicklern"; kein Anlass zu Überheblichkeit und Hänseleien für die „Frühreifen"!

In der Pubertät verändern sich auch die **Gefühle** und **Verhaltensweisen** der Jugendlichen.
Das ist eine Zeit des Suchens, Probierens, Erfahrungsammelns, die nicht problemlos abläuft. Jungen und Mädchen müssen erst lernen, mit ihren neuen Gefühlen richtig umzugehen. Manche sind anfangs noch unsicher, schüchtern, gehemmt; andere geben sich betont selbstbewusst, wollen auffallen durch ihre Kleidung, Frisur oder Sprache.

Viele Jugendliche lehnen gern Pflichten und Normen ab, führen Auseinandersetzungen mit Eltern oder Lehrern. Man bezeichnet die Pubertät daher auch als „Flegeljahre".
Auch die Beziehungen zwischen Jungen und Mädchen ändern sich in dieser Zeit. Die Mädchen achten verstärkt auf ihr Aussehen und wollen den Jungen gefallen. Die Jungen wollen den Mädchen durch mutiges Auftreten und Vorführen ihrer Kraft imponieren.
Freundschaften bilden sich und gehen wieder auseinander. Die einen zieht es mehr zur Gruppe, die anderen sind lieber allein oder zu zweit.

Die Mädchen durchlaufen zwischen dem 11. und 17., die Jungen zwischen dem 13. und 18. Lebensjahr ihre geschlechtliche Reifezeit, die Pubertät.
Dies ist verbunden mit einem körperlichen Gestaltwandel, Ausprägung der sekundären Geschlechtsmerkmale sowie Veränderungen in den Gefühlen und Verhaltensweisen der Jugendlichen.

Bau, Funktionen und Hygiene der Geschlechtsorgane

Männliche Geschlechtsorgane

Zu den männlichen Geschlechtsorganen gehören die Hoden und Nebenhoden, die Samenleiter, die Vorsteher- und Bläschendrüse sowie das männliche Glied, der Penis (Abb. 1).
Die **Hoden** sind die männlichen Keimdrüsen. Sie bestehen aus mehreren hundert Samenkanälchen, in denen beim geschlechtsreifen Mann aus Ursamenzellen durch Teilung in großer Zahl die reifen Samenzellen (Spermien) gebildet werden (Abb. 2, 3). Vermischt mit Drüsensekreten, entsteht daraus die **Samenflüssigkeit (Sperma).** Diese wird von Zeit zu Zeit über die das männliche Glied durchziehende Harnsamenröhre entleert **(Samenerguss).** Das kann unwillkürlich bei Träumen, beim Manipulieren mit dem eigenen Penis (Masturbieren) oder beim partnerschaftlichen Geschlechtsverkehr erfolgen.
Jeder Samenerguss enthält viele Millionen winzig kleiner **Samenzellen.** Sie sind nur 0,05 mm lang und bestehen aus einem Kopf- und einem beweglichen Schwanzteil (Abb. 2).

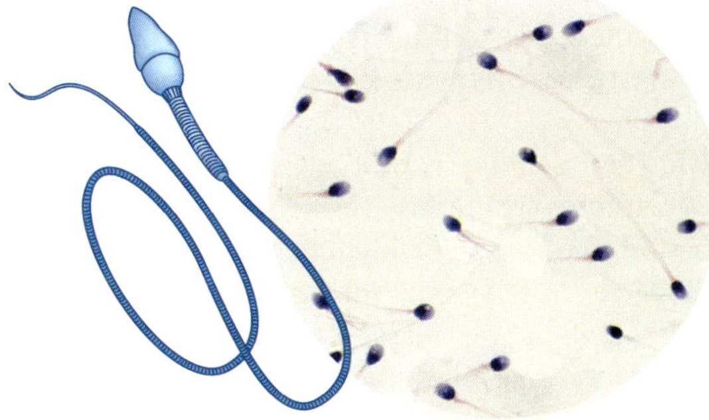

2 Mikroskopisches Bild von Spermien (ca. 500-mal vergrößert) und schematische Zeichnung

Die Hoden produzieren auch das männliche **Sexualhormon Testosteron,** das die Ausprägung der Geschlechtsmerkmale und das Sexualverhalten des Mannes steuert. Die Einnahme von Testosteron-Präparaten zur Muskelförderung und Leistungssteigerung im Sport wird als unerlaubtes Doping mit Wettkampfsperren bestraft.

Zu den männlichen Geschlechtsorganen gehören Hoden, Samenleiter, männliches Glied (Penis). Nach Eintritt der Geschlechtsreife werden in den Hoden ständig Samenzellen (Spermien) in großer Zahl gebildet.

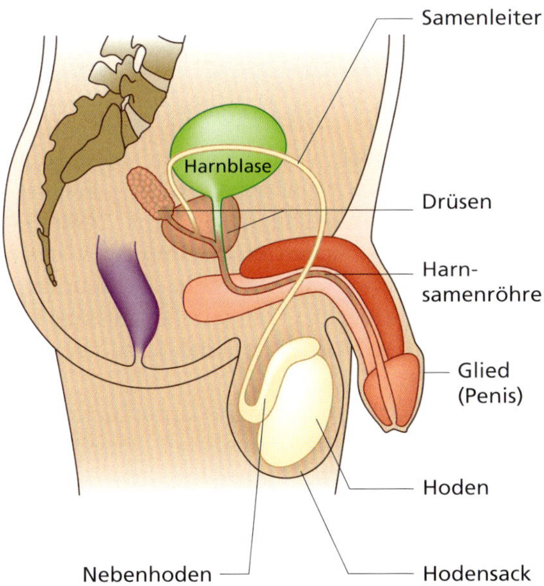

1 Männliche Geschlechtsorgane

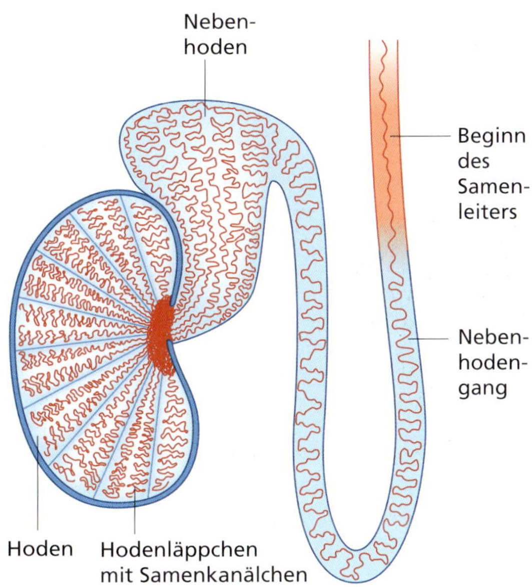

3 Bau eines Hodens (Längsschnitt)

Weibliche Geschlechtsorgane und Menstruationszyklus

Die Geschlechtsorgane der Frau liegen im Körperinneren (Unterleib, Beckenregion). Zu ihnen gehören Eierstöcke, Eileiter, Gebärmutter und Scheide (Abb. 1). Bei jungen Mädchen ist der Scheideneingang außerdem noch durch eine Hautfalte, das Jungfernhäutchen, teilweise verschlossen. Es schützt die inneren Geschlechtsorgane.

Die weiblichen Keimzellen, die **Eizellen,** werden in den beiden **Eierstöcken** gebildet.

Bereits beim neugeborenen Mädchen sind mehrere hunderttausend Eizellen angelegt. Nach Eintritt der Geschlechtsreife (11.–14. Lebensjahr) entwickeln sich einige dieser Eianlagen weiter zu 1 bis 2 cm großen flüssigkeitsgefüllten **Eibläschen (Follikeln).** Alle 4 Wochen platzt das reifste Bläschen (**Follikelsprung** oder auch **Eisprung**). Er findet 12 bis 14 Tage vor Beginn der darauffolgenden Menstruation statt und gibt eine befruchtungsfähige Eizelle frei. Diese wird vom Trichter eines Eileiters aufgefangen (Abb. 2).

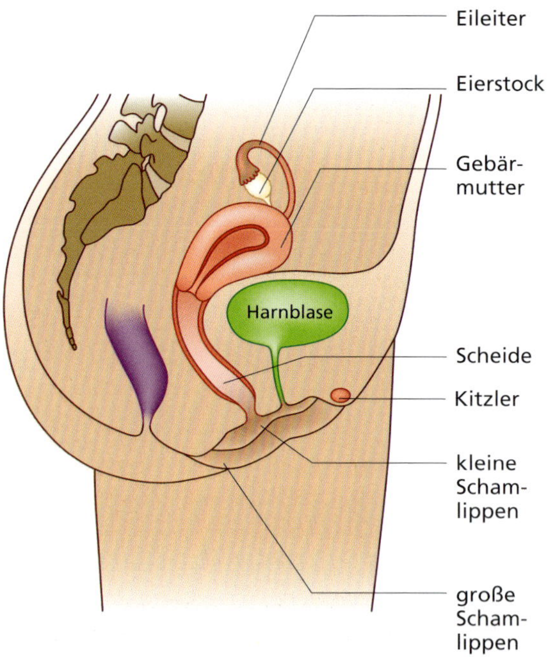

1 Weibliche Geschlechtsorgane

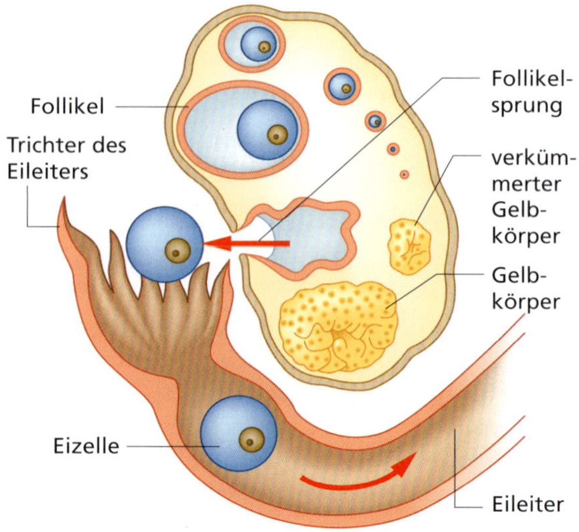

2 Reifung der Eizelle, Follikel-(Ei-)sprung und Auffangen des Eies durch den Eileiter. Der entleerte Follikel bildet sich zum Gelbkörper um.

Die **Eileiter** sind etwa 12 cm lange Röhren; ihre Schleimhaut besitzt feine Flimmerhärchen zum Transport der Eizellen in Richtung Gebärmutter.

Die **Gebärmutter** (Uterus) ist ein birnenförmiges Organ, dessen Wandung aus Muskulatur besteht; der Hohlraum ist mit Schleimhaut ausgekleidet.

> **Weibliche Geschlechtsorgane sind Eierstöcke, Eileiter, Gebärmutter und Scheide. Die weiblichen Geschlechtszellen (Eizellen) werden in den Eierstöcken gebildet.**

Die sich monatlich wiederholenden Vorgänge in den Eierstöcken (Eibläschenreifung, Follikelsprung, Gelbkörperbildung) sind mit **Veränderungen in der Gebärmutterschleimhaut** (Wachstum, Anreicherung mit Blut, Abbau) verbunden. Diese für das Leben der Frau sehr bedeutsame Erscheinung wird **Menstruationszyklus** genannt (Abb. 1, S. 257).

Äußerlich macht sich der Menstruationszyklus durch monatliche **Blutungen,** auch „Regel" oder „Periode" genannt, bemerkbar.

Die erste Regelblutung ihres Lebens tritt bei Mädchen meist im Alter zwischen 11 und 14 Jahren ein. Der genaue Zeitpunkt ist allerdings bei jedem Mädchen anders. Bei dem einen setzt sie früher, bei dem anderen später ein.

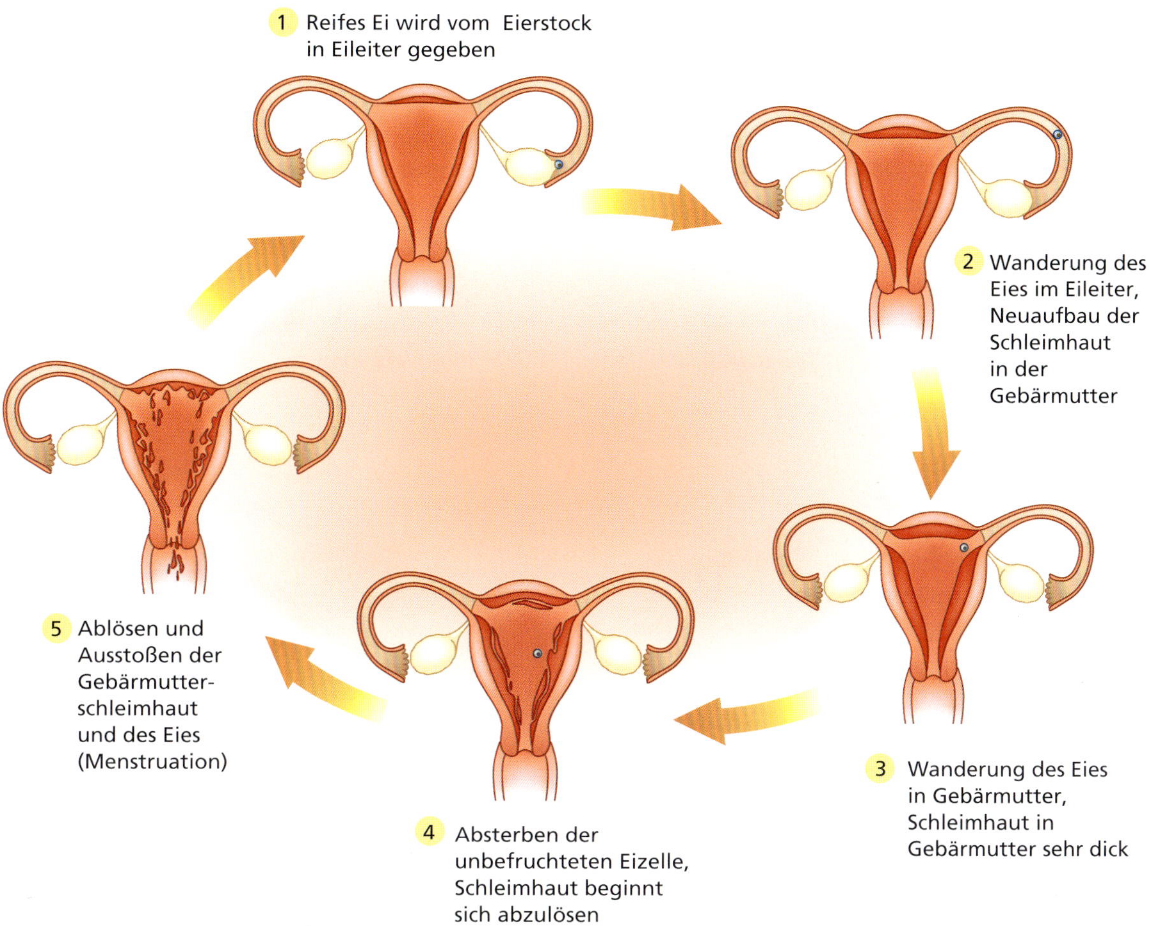

1 Menstruationszyklus (Gesamtschema)

Dauer und Stärke der Monatsblutungen sind bei jeder Frau unterschiedlich; ebenso können Zeitdauer und Regelmäßigkeit des Zyklus schwanken. Das gilt insbesondere für junge Mädchen, bei denen sich der Rhythmus erst einpendeln muss, was 1 Jahr bis 2 Jahre dauern kann.

Der weibliche Zyklus ist ein biologischer Regelprozess, der von weiblichen **Sexualhormonen** gesteuert wird: vom *Follikelhormon* und *Gelbkörperhormon* aus den Eierstöcken.
Diese Hormondrüsen unterliegen wiederum der zentralen Steuerung durch übergeordnete Hormone der Hirnanhangdrüse (Hypophyse, Abb. 3, S. 258).

Schwankungen und zeitweilige **Störungen** des Zyklus können durch starke körperliche oder psychische Belastungen (Aufregung, Stress, Angst), Reisen mit Klimawechsel oder Krankheiten verursacht werden. Das Ausbleiben der Regelblutung kann aber auch eine erfolgte Befruchtung und beginnende Schwangerschaft signalisieren. Deshalb muss die Frau ihren monatlichen Zyklus beobachten und kontrollieren, um Abweichungen und Störungen festzustellen.

Jedes Mädchen und jede Frau sollte einen **Regel-(Menstruations-) Kalender** führen, in den sie die Blutungstage und möglichst auch die Stärke der Blutung einträgt (Abb. 2, S. 258).

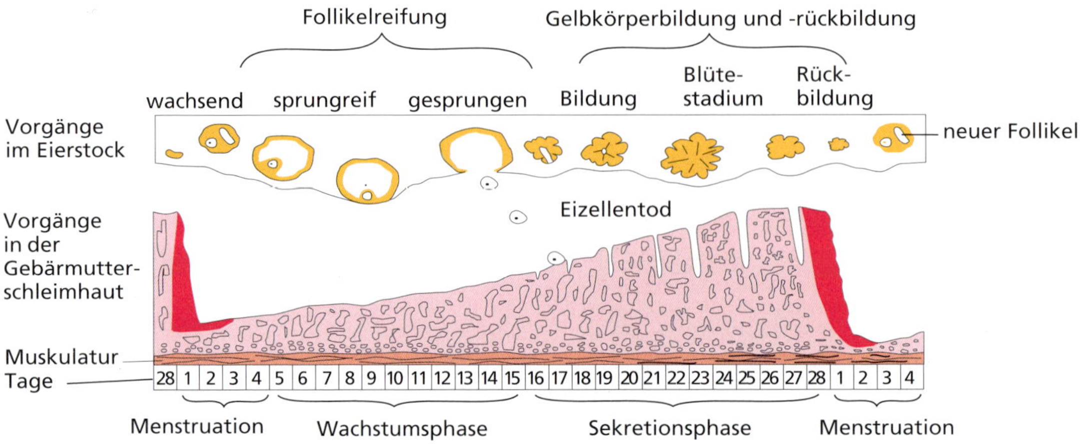

1 Das Schema vom Menstruationszyklus vermittelt genauere Vorstellungen von den ablaufenden Teilvorgängen in den Eierstöcken und in der Gebärmutter.

Das Führen des Menstruationskalenders ist für die Frau eine wichtige Selbstkontrolle, ob ihr Zyklus regelmäßig verläuft. Bei häufigen Unregelmäßigkeiten, sehr starken Blutungen, Schmerzen und anderen Beschwerden sollte sie einen Frauenarzt (Gynäkologen) aufsuchen und ihm dabei den Regelkalender vorlegen (Abb. 2).

Zwischen Geschlechtsreife und Wechseljahren erfolgt bei der Frau die Bildung befruchtungsfähiger Eizellen. Das ist mit einem ca. 28-tägigen Menstruations-(Regel-) Zyklus verbunden, der durch Hormone gesteuert wird.

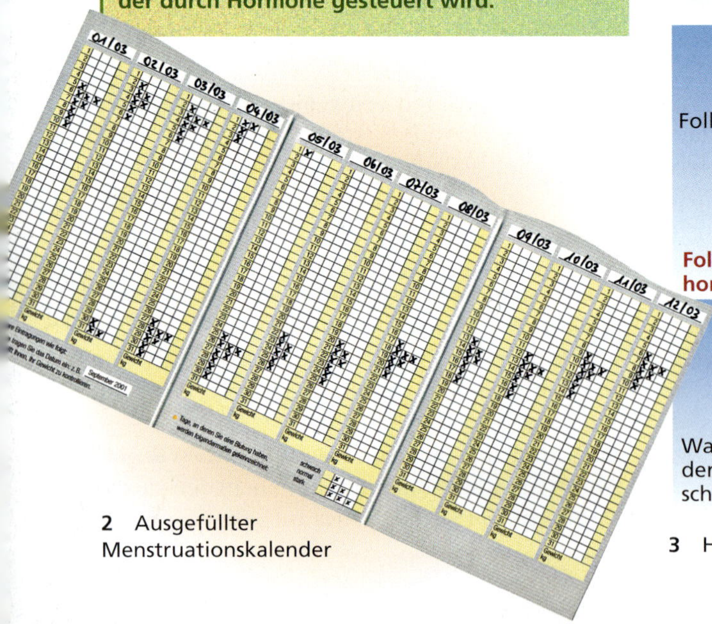

2 Ausgefüllter Menstruationskalender

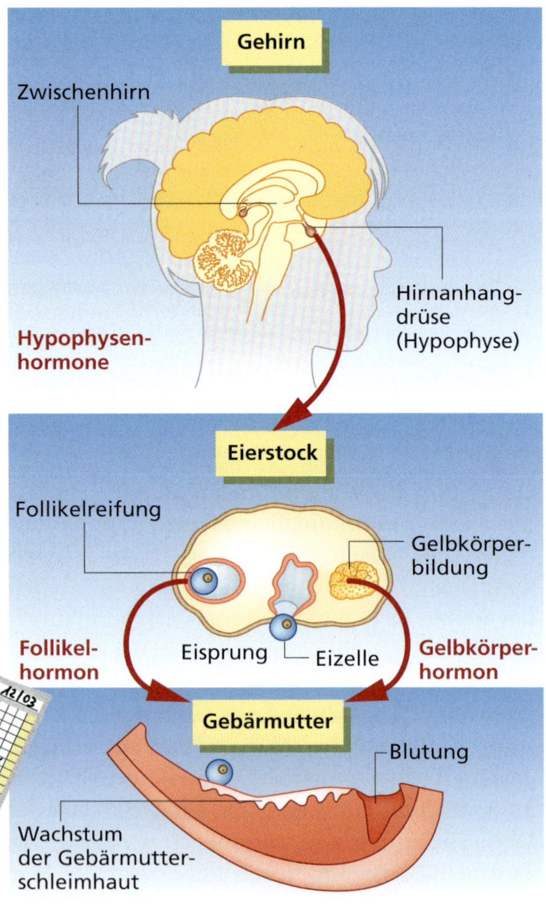

3 Hormone steuern den Menstruationszyklus.

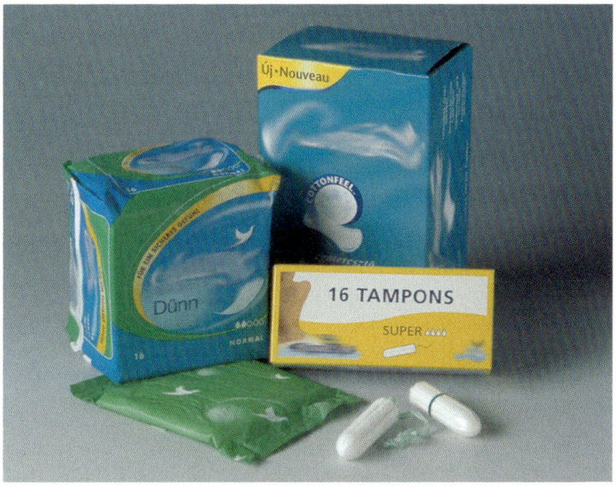

1 Tampons und Slipeinlagen

Hygiene der weiblichen Geschlechtsorgane

Zur täglichen Körperpflege der Frauen und Mädchen (Abb.) gehört auch die Hygiene der Geschlechtsorgane. Dabei müssen Mädchen (Frauen) die äußeren Geschlechtsorgane waschen, da die Schleimhaut in der Scheide ständig Flüssigkeit absondert.

Der monatliche Zyklus des Mädchens bzw. der Frau und die damit verbundenen Blutungen erfordern spezielle Hygienemaßnahmen. Hierfür gibt es mehrere Möglichkeiten, aus denen das Mädchen oder die Frau je nach Alter, Lebenssituation und persönlicher Vorliebe auswählen kann.

Dazu gehören das Verwenden von Slipeinlagen und Tampons (Abb. 1). *Tampons* werden in die Scheide geschoben und ermöglichen der Frau völlige Bewegungsfreiheit während der „Regeltage". Sie bestehen aus einem zusammengerollten Wattevlies, an dem ein Rückholfaden befestigt ist.

Menstruationsbinden und *Slipeinlagen* sind aus Watte und Zellstoff hergestellte Vorlagen, die vor die Scheidenöffnung gelegt werden und das Blut aufsaugen. Je nach Stärke der Blutung kann die Frau Vorlagen von unterschiedlicher Dicke benutzen oder diese entsprechend öfter wechseln. Bei jedem Wechseln sollte die Schamregion äußerlich von Blutresten gesäubert werden.

Hygiene der männlichen Geschlechtsorgane

Zur täglichen Körperpflege der Jungen gehört auch das Sauberhalten der „Intimregion", also das gründliche Waschen zwischen den Beinen. Denn dort können sich sonst Urinreste und Drüsensekrete ansammeln, was zu unangenehmem Körpergeruch oder zu Entzündungen führen kann.

Unter der Vorhaut liegen Talgdrüsen. Diese sondern fettende Stoffe ab, die sich am Rand der Eichel sammeln. Deshalb sollten die Jungen/Männer beim Waschen, Duschen oder Baden die Vorhaut ihres Gliedes zurückschieben und gründlich reinigen.

Die tägliche Sauberhaltung der Geschlechtsorgane ist Teil der Körperpflege.
Während der Menstruation ist die Hygiene besonders wichtig.

gewusst · gekonnt

1. Stelle die männlichen und weiblichen Geschlechtsorgane in einer Tabelle gegenüber. Erläutere deren Funktionen.

2. Beschreibe den Ablauf der Geschlechtsreife (Pubertät) bei Jungen und Mädchen. Nenne primäre und sekundäre Geschlechtsmerkmale von Mann und Frau.

3. Wie erlebst du gegenwärtig deine Pubertät? Welche Veränderungen stellst du fest
a) an deinem Körper,
b) in deiner Persönlichkeit,
c) in deinem Verhältnis zu Eltern, Familie, Freunden, häuslichen Pflichten,
d) in deiner Einstellung zum Lernen, zu Schule und Lehrern, zum sozialen Umfeld?
Welche Probleme hast du damit?

4. Was bedeuten dir Freundschaft, Liebe, Sexualität, Partnerschaft? Welche Erfahrungen hast du hierzu gemacht, welche Enttäuschungen schon erlebt? Woher, von wem holst du dir Rat?

5. Wie wünschst du dir deine(n) Freund(in), deinen Liebes- und künftigen Ehepartner?

6. Welche Voraussetzungen sollten deiner Meinung nach erfüllt sein, wenn ein junges Paar zum ersten Mal miteinander schläft?

7. Gibt es typisch männliche oder weibliche Formen des sexuellen Verhaltens? Äußere dich dazu.

8. Äußere deine Meinung über
- Partnerschaft, Liebe, Sexualität,
- sexuelle Moral, Verantwortung, Freiheit,
- Machos, „leichte Mädchen“, schnellen Sex,
- Prostitution, sexuelle Gewalt.

9. Die Entwicklung eines Jungen zum Mann, eines Mädchens zur Frau sind an äußerlichen Veränderungen sichtbar. Beschreibe diese äußerlich sichtbaren Veränderungen.

10. Beschreibe
a) die Bildung und Reifung der Samenzellen,
b) die Bildung und Reifung der Eizellen.

11. Beschreibe anhand der Abbildung 1 auf Seite 257 den Ablauf des Menstruationszyklus der Frau.

12. Nenne und begründe
a) allgemeine Maßnahmen der Intimhygiene bei beiden Geschlechtern,
b) spezielle Maßnahmen und Mittel der Menstruationshygiene der Frau.

13. Welche Bedeutung hat das gewissenhafte Führen eincs „Rcgelkalenders“? Wann ist der Besuch beim Frauenarzt notwendig?

14. a) Welche Informationsquellen kennst und benutzt du zum Themenkreis Sexualität und Pubertät?
b) An wen wendest du dich, wenn du hierzu Rat und Hilfe suchst?

Über diese und weitere, euch interessierende Fragen solltet ihr im Unterricht oder auf einer Projektveranstaltung frei und offen diskutieren. Richtet in Absprache mit eurem Lehrer einen „Schülerbriefkasten“ ein, in den ihr Fragen und Meinungen einwerfen könnt, die im weiteren Verlauf des Unterrichts zu klären sind.

Sexualität

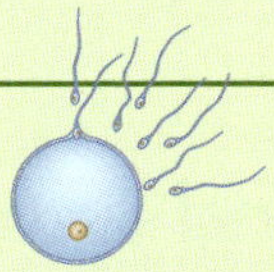

Sexualität nennt man die Gesamtheit der Lebenserscheinungen, die mit der „Geschlechtlichkeit" des Menschen zusammenhängen. Sie hat biologische, psychische und soziale Funktionen, z. B. Fortpflanzung, Lustempfinden, Liebe, Partnerschaft.

Pubertät und Geschlechtsmerkmale

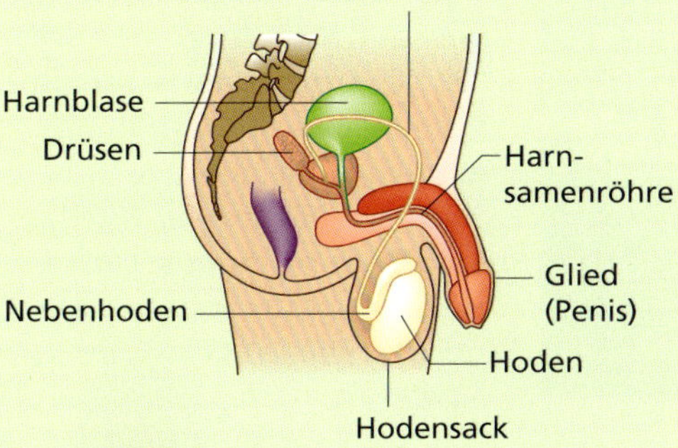

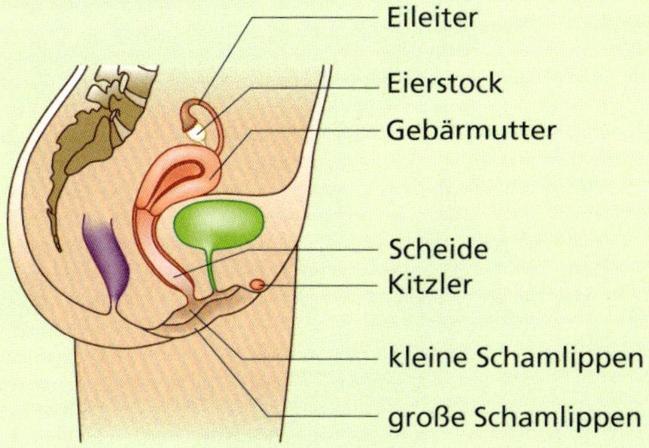

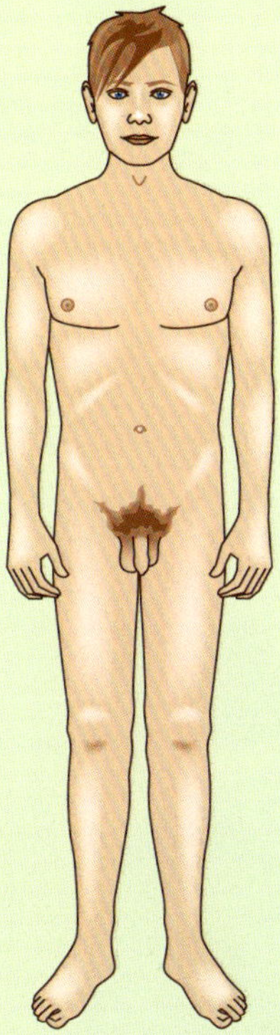

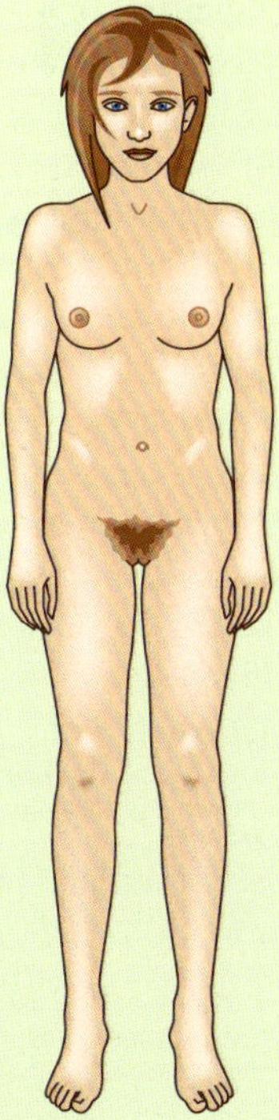

Geschlechtsorgane

Junge und Mädchen, Mann und Frau unterscheiden sich durch primäre und sekundäre Geschlechtsmerkmale. Diese erlangen ihre volle Ausprägung in der Phase der *Pubertät.*

Keimzellenreifung

In den Hoden des Mannes werden mit der Geschlechtsreife *reife Samenzellen* gebildet; in den Eierstöcken der Frau *reife Eizellen*. Letzteres ist verbunden mit einem vierwöchentlichen *Menstruationszyklus.* Dieser erfordert spezielle Hygienemaßnahmen.

Intimhygiene

Junge und Mädchen, Mann und Frau müssen ihre Intimregion bei der *täglichen Körperpflege* sorgfältig säubern, um unangenehmen Körpergeruch und Entzündungen zu vermeiden.

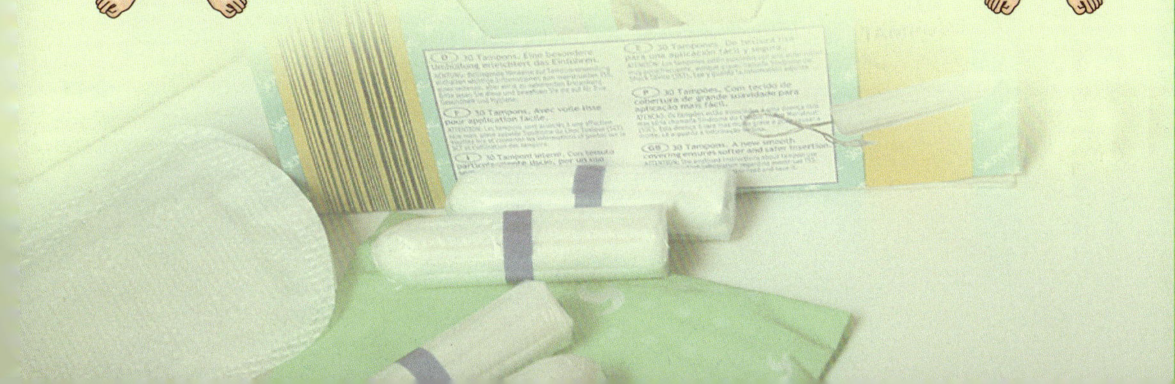

5.2 Fortpflanzung und Entwicklung des Menschen

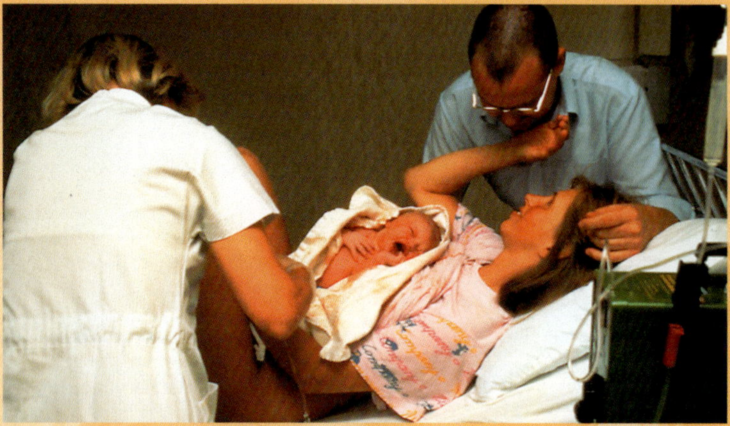

Schwangerschaft und Geburt

Schwangerschaft und Geburt eines Kindes sind bedeutende Ereignisse, die jede Frau anders erlebt und auf die sie sich körperlich und seelisch gut vorbereiten muss.
Beide Partner tragen eine hohe Verantwortung.
Wie entwickelt sich das Kind im Mutterleib?
Wie läuft die Geburt ab?
Was gehört zur gesunden Lebensführung der Schwangeren?
Welche Maßnahmen der Vorbereitung auf die Geburt und der Geburtshilfe gibt es?

Ein Baby braucht Pflege und Liebe

Das Neugeborene ist völlig hilflos und auf sorgsame Betreuung durch die Mutter und andere Familienmitglieder angewiesen. Die dabei entstehenden Beziehungen sind wichtig für die Entwicklung seiner Persönlichkeit.
Welche Verantwortung ergibt sich hieraus für die Mutter und die anderen Bezugspersonen?
Wie verläuft die frühkindliche Entwicklung?
Welche gesellschaftlichen Maßnahmen und Einrichtungen zur Schwangeren-, Mütter- und Säuglingsberatung gibt es?

Schwangerschaft – ja oder nein?

Frühe Schwangerschaften führen bei den jungen Müttern (und Vätern) meist zu Problemen und Schwierigkeiten. Das lässt sich durch gewissenhafte Verwendung von Verhütungsmitteln vermeiden.
Welche Methoden und Mittel zur Empfängnisverhütung gibt es?
Worauf beruht ihre Wirkung, und wie müssen sie angewendet werden?
Wer ist für die Verhütung „verantwortlich"?

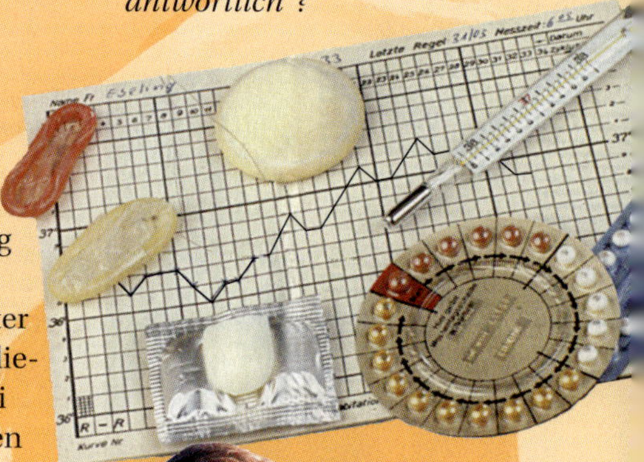

Geschlechtsverkehr und Befruchtung

Wenn der junge Mann so weit entwickelt ist, dass sich in seinen Geschlechtsorganen Samenflüssigkeit (Sperma) bildet, die reife Samenzellen (Spermien) enthält, und wenn sich bei der jungen Frau beim monatlichen Zyklus reife Eizellen bilden, dann haben sie **Zeugungsfähigkeit** erreicht. Das heißt, sie können sich fortpflanzen, Nachkommen „zeugen".

Eine Zeugung erfolgt in der Regel durch geschlechtliche Vereinigung von Mann und Frau.
Die biologische Fachbezeichnung für diesen Vorgang ist **Begattung**. In der Umgangssprache nennt man es Geschlechtsverkehr, Intimbeziehung (Koitus), miteinander schlafen (Beischlaf) u. a. Beim Geschlechtsverkehr kommt es zum **Samenerguss** (Ejakulation) des Mannes.

Mosaik

Geschlechtsverkehr

Die geschlechtliche Vereinigung verläuft in mehreren Phasen. In der ersten stimmen sich die Partner aufeinander durch Zärtlichkeiten ein (Vorspiel), was zur wachsenden beiderseitigen **Erregung** führt.
Beim **Mann** kommt es dabei durch verstärkten Blutstrom in die Schwellkörper des Penis zu einer Versteifung und Aufrichtung des Gliedes **(Erektion).**
Bei der **Frau** schwillt der Kitzler (Clitoris) an. Scheideneingang und Scheidenkanal werden durch Drüsensekrete angefeuchtet.
Beim eigentlichen **Geschlechtsverkehr,** der in verschiedenen Positionen (Stellungen) vollzogen werden kann, wird das versteifte männliche Glied in der Scheide der Frau bewegt, bis auf dem Höhepunkt der sexuellen Erregung **(Orgasmus)** der Samenerguss des Mannes erfolgt. Auch die Frau erlebt beim Sexualakt ansteigende Lustempfindungen bis zum Orgasmus, der aber oft zeitlich nicht mit dem des Mannes zusammenfällt. Daran schließt sich eine Phase des Abklingens der sexuellen Erregung und der Entspannung an.
Die sexuelle Erlebnisfähigkeit und Harmonie entwickelt sich erst allmählich mit zunehmender Dauer und Tiefe der Partnerbeziehung.

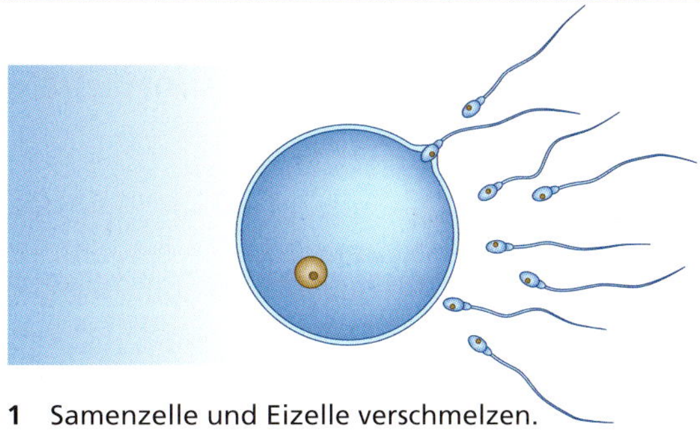

1 Samenzelle und Eizelle verschmelzen.

Beim Samenerguss werden einige Milliliter Samenflüssigkeit ausgestoßen; darin sind mehrere hundert Millionen Samenzellen enthalten. Bei Jugendlichen kommt es auch zu unwillkürlichen nächtlichen Samenergüssen. Sie werden als **Pollution** bezeichnet.
Beim ungeschützten Geschlechtsverkehr gelangen die Samenzellen in die Scheide der Frau, wo sie sich mit ihren Schwanzfäden aktiv vorwärts bewegen. Schon in weniger als 2 Stunden können sie über die Eingangsöffnung der Gebärmutter in die Gebärmutterhöhle und von dort in die Eileiter gelangen.

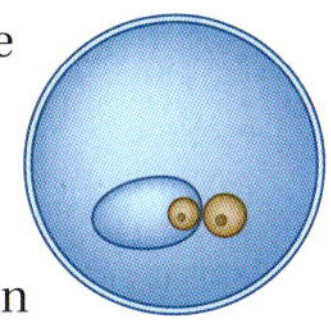

Befindet sich zu diesem Zeitpunkt im Eileiter eine reife Eizelle, dann kann es zum Eindringen einer Samenzelle und damit zur **Befruchtung** (Empfängnis) kommen (Abb. 1). Hierbei verschmilzt der Zellkern der Samenzelle mit dem Zellkern der Eizelle. Aus der **befruchteten Eizelle** (Zygote, Abb.) entwickelt sich der Keimling (Embryo).
Ein Kind zu zeugen bedeutet für beide Partner große Verantwortung, erfordert gesicherte Lebensumstände. Das ist bei sehr jungen Paaren oft nicht gegeben. Deshalb sollten beide schon bei den ersten Intimbeziehungen auf das Anwenden von **Verhütungsmitteln** achten (s. S. 274).

Die geschlechtliche Vereinigung von Mann und Frau ist Voraussetzung für die Zeugung von Nachkommen. Wenn in den Hoden des jungen Mannes reife Samenzellen gebildet, in den Eierstöcken der jungen Frau reife Eizellen frei werden, sind sie zeugungsfähig. Bei ungeschütztem Geschlechtsverkehr kann es zur Befruchtung und Schwangerschaft kommen.

Schwangerschaft und vorgeburtliche Entwicklung

Die Entwicklung der befruchteten Eizelle bis zum geburtsreifen Kind im Bauch der Mutter **(Schwangerschaft)** dauert von der letzten Menstruation gerechnet etwa 9 Monate.

Die Entwicklung der befruchteten Eizelle bis zum geburtsreifen Kind bezeichnet man als **vorgeburtliche Entwicklung.**

Die befruchtete Eizelle beginnt sich bereits auf ihrem Weg durch den Eileiter in die Gebärmutter zu teilen. Es entsteht ein Zellhaufen und daraus ein Bläschen mit einer winzigen Keimlingsanlage im Inneren. Dieses **Keimbläschen** nistet sich nach 7 bis 10 Tagen in die Gebärmutter ein (Abb. 1).

In den folgenden Wochen entwickelt sich aus der Keimlingsanlage der **Embryo** und aus der Hüllschicht der Keimblase, die mit ihren feinen Zotten in die Gebärmutterschleimhaut hineinwächst, der so genannte **Mutterkuchen** (Placenta). Das ist ein spezielles Organ, durch welches im Verlauf der Schwangerschaft das Kind mit Sauerstoff und Nahrung versorgt wird (Abb. 2).

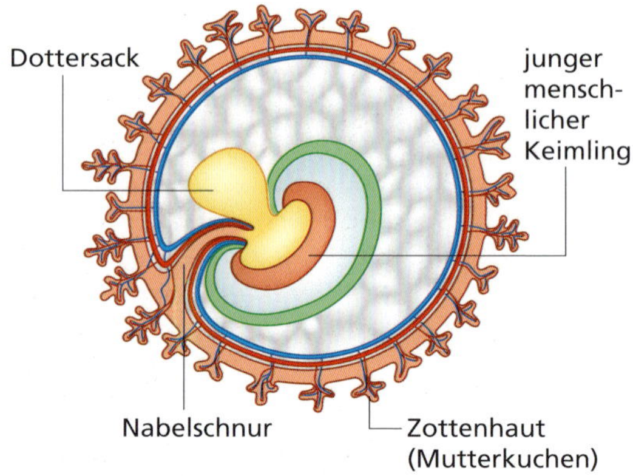

2 Embryo, 4 Wochen alt (Schema)

Nach 6 Wochen lässt der 2 bis 3 cm große Embryo bereits eine Körpergliederung und erste Organanlagen (Augen, Magen-Darm-Trakt, einfaches Herz) erkennen (Abb. 3). Der **4 Monate alte Fetus** ist schon 20 cm groß und hat deutlich menschliche Gestalt. Muskeln und Skelett bilden sich aus; die Mutter verspürt erste Bewegungen ihres Kindes (Abb. 1, S. 265).

Mit medizinischen Geräten lassen sich die Herztöne abhören, Lage und Größe des Kindes, später auch das Geschlecht feststellen und Fehlentwicklungen diagnostizieren. Das heranwachsende Kind wird bis zur Geburt über den **Mutterkuchen** und die **Nabelschnur** mit Nahrung und Sauerstoff versorgt.

Am **Ende des 7. Monats** ist das Kind etwa 35 cm groß und 1300 g schwer. Zu diesem Zeitpunkt ist seine Organentwicklung schon fast abgeschlossen.

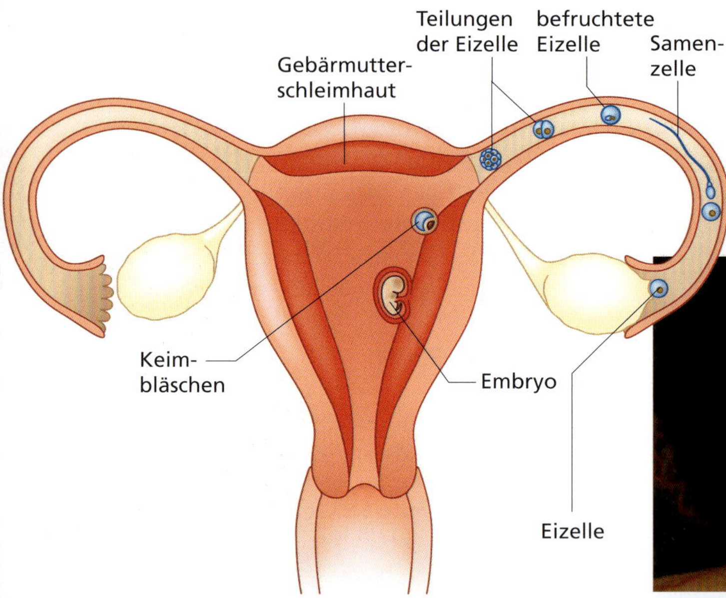

1 Weg der befruchteten Eizelle, ihre Teilung und Einnistung in die Gebärmutter

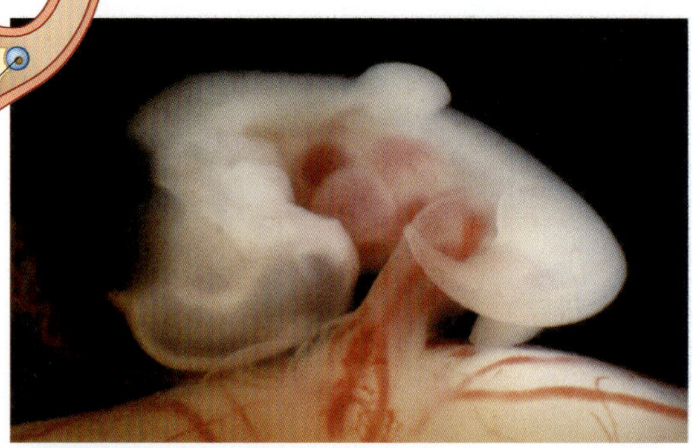

3 Embryo in der 6. Woche, erkennbar sind Körpergliederung sowie erste Organanlagen.

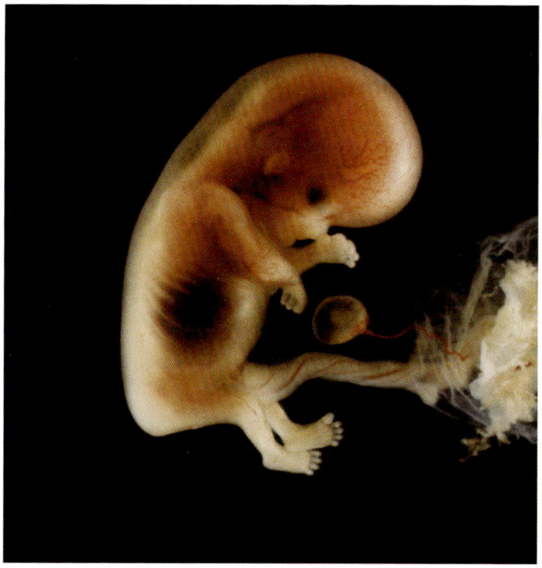

1 Fetus im 4. Monat

Es bestehen nun Chancen, dass das Kind bei einer vorzeitigen Geburt (Frühgeburt) durch spezielle Pflegemaßnahmen am Leben erhalten werden kann.

In den **letzten beiden Monaten** bis zur normalen Geburt erfolgt die weitere „Ausreifung" des Kindes. Es bilden sich Fettpolster in der Haut; die Körperformen runden sich. Das Kind nimmt an Größe, Gewicht und Körperkraft weiter zu; am Ende der Schwangerschaft ist es 50 bis 52 cm lang und 2 800 bis 3 400 g schwer. Es hat nun auch seine spätere Geburtslage in der Gebärmutter eingenommen; das ist in der Regel mit dem Kopf nach unten (Abb. 2).
Der Bauch der Mutter wölbt sich stark vor (Abb. 2). Für die Frau wird es immer mühsamer, das Kind mit sich herumzutragen. Sie ist recht unbeholfen und oft müde. In dieser Zeit braucht sie viel Ruhe und mehr Hilfe und Unterstützung ihrer Familie.

Während der gesamten Schwangerschaft liegt das sich entwickelnde Kind gut geschützt in der mit Fruchtwasser gefüllten **Fruchtblase**. Durch die **Nabelschnur** ist es mit dem **Mutterkuchen** verbunden (Abb. 2).

Über die Poren von Blutkapillaren und die Hohlräume im Mutterkuchen findet zwischen Mutter und Kind ein reger **Stoffaustausch** statt. Aus dem Blut der Mutter gehen Sauerstoff und Nährstoffe in das Blut des Kindes über. Umgekehrt werden Kohlenstoffdioxid und weitere Stoffwechselendprodukte aus dem Blut des Kindes in das der Mutter abgegeben.

Über den Mutterkuchen gelangen auch Hormone und Antikörper in den Organismus des heranwachsenden Kindes. Auf dem gleichen Wege können aber auch schädliche Stoffe wie Alkohol, Nikotin, Medikamente oder Drogen sowie Krankheitserreger in den kindlichen Kreislauf gelangen.

Während der Schwangerschaft (9 Monate) entwickelt sich aus der befruchteten Eizelle ein Kind.
Über den Mutterkuchen und die Nabelschnur wird es mit den lebensnotwendigen Stoffen versorgt.

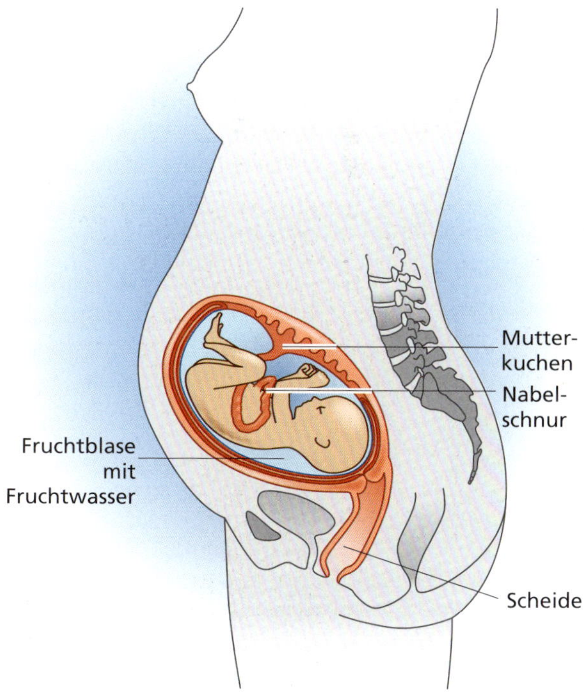

2 Kind im Mutterleib kurz vor der Geburt

Die Geburt (Entbindung)

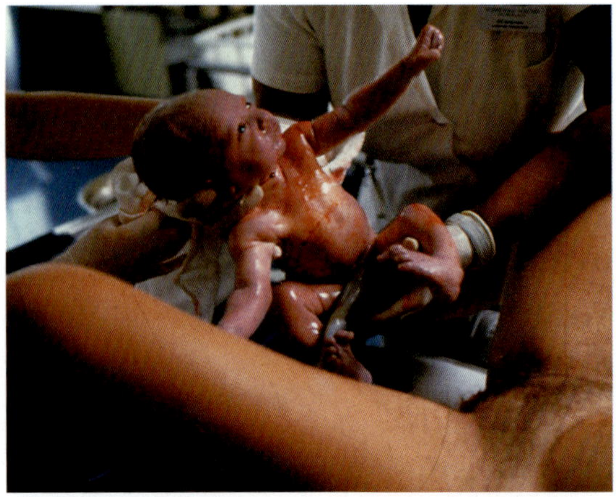

2 Ein Kind wird geboren.

Die Geburt verläuft in 3 Phasen:
In der **Eröffnungsphase** bereiten erste *Wehen*, das sind Kontraktionen der Gebärmutter, den Geburtskanal auf den Austritt des Kindes vor. Der Gebärmuttermund öffnet sich; die Fruchtblase wird in Richtung Scheide gedrückt und platzt schließlich (Blasensprung; Abb. 1).

In der **Austreibungsphase** wird das Kind durch kräftigere, von der Mutter durch aktives Mitpressen unterstützte Wehen meist mit dem Kopf zuerst geboren. Hebamme und Arzt leisten dabei „Geburtshilfe“ (Abb. 1, 2). Das Kind hängt zunächst noch an der Nabelschnur; diese wird abgebunden und durchtrennt.

Da das Kind nun nicht mehr über den Mutterkuchen mit Sauerstoff versorgt wird, reichert sich in seinem Blut Kohlenstoffdioxid an; dadurch wird sein Atemzentrum gereizt. Das Neugeborene fängt kräftig an zu schreien, füllt dabei seine Lunge mit Luft und beginnt selbstständig zu atmen.

In der **Nachgeburtsphase** löst sich innerhalb von 1 bis 2 Stunden nach Austritt des Kindes der funktionslos gewordene Mutterkuchen von der Gebärmutterwand ab. Der Mutterkuchen wird mit der anhängenden Nabelschnur und den Fruchthüllen als „Nachgeburt“ abgestoßen. Damit ist die Nachgeburtsphase beendet.

Der gesamte Geburtsvorgang dauert bei Erstgebärenden manchmal 5 bis 16 Stunden, bei nachfolgenden Geburten meist nur noch 3 bis 8 Stunden.

Es gibt verschiedene Geburtsarten, Entbindungstechniken und Gebärpositionen, über die sich die Schwangere in der Zeit ihrer Geburtsvorbereitung informieren und entscheiden kann. Die Entbindung in einer **Klinik** ist ratsam, weil hier Fachkräfte bereitstehen, die notfalls schmerzlindernde Maßnahmen, ärztliche Eingriffe oder Schnittentbindungen durchführen können. Außerdem stehen moderne Geräte zur Verfügung.

Die Geburt (Entbindung) verläuft in 3 Phasen: Eröffnungs-, Austreibungs- und Nachgeburtsphase. Das Kind wird durch Wehen aus dem Körper der Mutter herausgedrückt. Das geschieht unter Betreuung durch Fachkräfte.

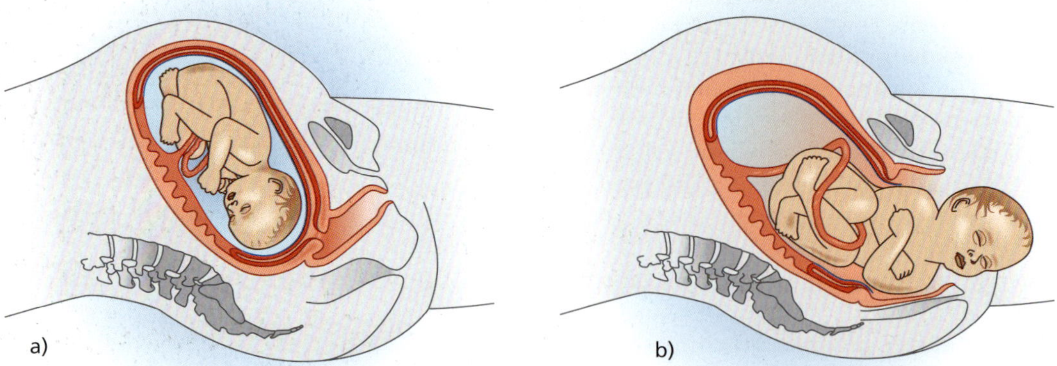

1 Das Kind wird a) in den Gebärmutterausgang gedrückt, b) aus dem Körper gepresst.

Schutz für Mutter und Kind

Im Verlauf der Schwangerschaft gibt es so genannte „sensible Phasen", in denen das heranwachsende Kind besonders empfindlich gegenüber schädlichen Stoffen, Infektionen und anderen Einwirkungen ist. Das sind vor allem die ersten drei Schwangerschaftsmonate, wenn sich beim Kind die Organe ausbilden.

Gefahren für das heranwachsende Kind

- *Rauchen:* Eine Zigarette beschleunigt deutlich den Herzschlag des Kindes im Mutterleib. Rauchende Mütter haben 3-mal so häufig Frühgeburten, doppelt so viel Totgeburten.
- *Alkohol:* 30–50 % der Kinder von Alkoholiker-Müttern kommen mit Schädigungen oder Rückständen in der körperlichen und geistigen Entwicklung zur Welt.
- *Drogen*: Kinder können schon im Mutterleib „drogensüchtig" werden, wenn die Schwangere Drogen nimmt.
- *Medikamente:* Durch unkontrollierte Einnahme von Medikamenten kann das heranwachsende Kind geschädigt werden.
- *Infektionen:* Durch Infektionen im Mutterleib mit Mumps, Gelbsucht, Syphilis und Röteln ist das ungeborene Kind besonders gefährdet.
- *Röntgenstrahlen, Impfung und Zahnbehandlung:* Vor jeder Behandlung muss der Arzt über eine bestehende Schwangerschaft informiert werden.

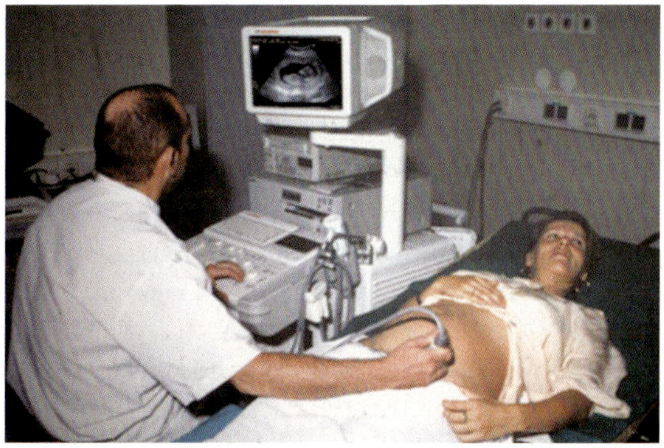

2 Durch das Ultraschallgerät werden immer genauere Untersuchungsergebnisse möglich.

Die werdende Mutter muss deshalb auf *gesunde Lebensführung* achten und die vorgeschriebenen *Voruntersuchungen* beim Frauenarzt einhalten. Sie dienen zur Kontrolle des Schwangerschaftsverlaufs, der Entwicklung des Kindes im Mutterleib und zur Früherkennung von Störungen oder Schäden (Abb. 2). Außerdem gibt es *Kurse zur Vorbereitung auf die Geburt.*

Weitere Vorsorgeuntersuchungen beim Kinderarzt, verbunden mit Schutzimpfungen, finden im 1. bis 10. Lebensjahr statt.

Das Neugeborene ist eine lange Zeit hilflos und auf sorgsame Betreuung angewiesen. In den ersten Wochen schläft es 14–18 Stunden am Tag. Alle 4–6 Stunden braucht es Nahrung, am besten ist *Muttermilch.* Gesunde Mütter sollten ihr Kind mindestens 3 Monate stillen (Abb. 1).

1 Muttermilch – beste Babynahrung

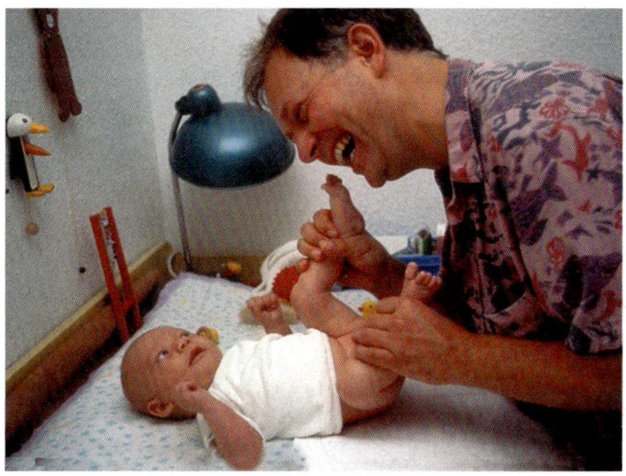

3 Schmusen mit Papa

Nachgeburtliche Lebensabschnitte

Entwicklung im Säuglingsalter (1. Lebensjahr)

In dieser Phase bildet das junge Menschenkind körperliche Grundfertigkeiten wie Kriechen, Sitzen, Laufen aus. Es greift nach Gegenständen und spielt mit ihnen. Das Baby interessiert sich zunehmend für seine Umwelt, entwickelt Kontakte zu Personen, reagiert auf Gebote und Verbote und beginnt schließlich mit dem Sprechenlernen (s. unten). Das verläuft unter der liebevollen Anleitung und Hilfe durch die ganze Familie. Auch bei den *Pflegemaßnahmen,* wie z. B. Windeln, Waschen, Baden, beim Füttern, Insbettlegen oder Spielen müssen sich der Vater, ältere Geschwister und andere Familienmitglieder beteiligen (Abb. 3, S. 267). Das entlastet die Mutter und wirkt sich zugleich positiv auf die Entwicklung des Kindes und die Beziehungen in der Familie aus.

Bis **Ende 3. Monat:**
Heben des Kopfes, Festhalten von Gegenständen, Suchbewegungen der Augen, Lächeln, quietschende und gurrende Lautäußerungen;
das Kind kann sich für kurze Zeit auf dem Unterarm abstützen und für wenigstens 1 Minute den Kopf hochhalten.

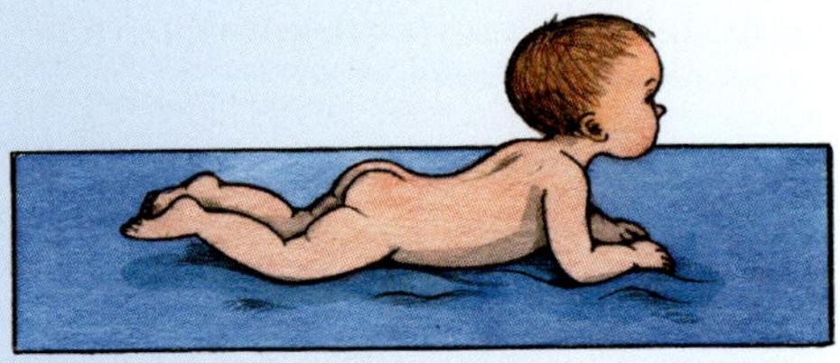

Bis **Ende 6. Monat:**
Drehen aus der Rücken- in die Bauchlage, gezielte Kopf- und Augenbewegungen, Erkennen von Personen;
das Baby will nun unbedingt in die aufrechte Position und hilft beim Hochziehen zum Sitzen sehr aktiv mit.

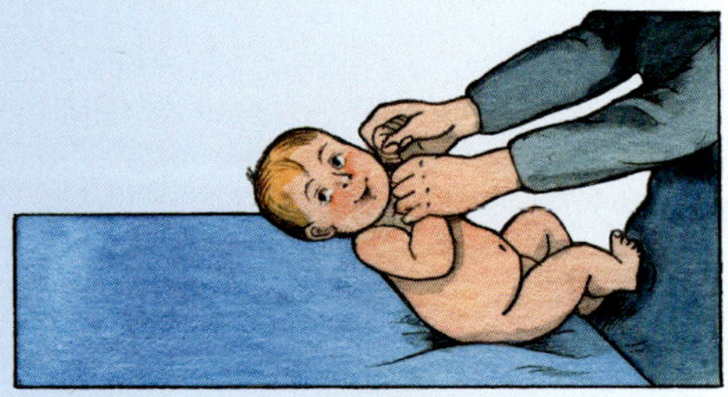

Bis **Ende 9. Monat:**
Kriechen und Sitzen, gezieltes Greifen nach Gegenständen, erste Aufstehversuche, Plappern von Silben;
das Kind versucht sich an Gegenständen hochzuziehen und steht dann schon recht stabil mit voller Gewichtsübernahme.

Bis **Ende 12. Monat:**
Gehen an einer Hand, selbstständiges Trinken, versuchen mit dem Löffel zu essen, Sprechen erster sinnvoller Worte in „Kindersprache“, Verstehen von Aufforderungen und Verboten;
das Kind zieht sich selbstständig an Möbeln hoch und kann – wenn es sich festhält – in die Hocke gehen, um ein Spielzeug aufzuheben.

1 Spielen mit Bauklötzen und Dreiradfahren sind beliebte Tätigkeiten des Kleinkindes.

2 Bastelarbeiten und Mithilfe im Haushalt sind beliebte Tätigkeiten im Vorschulalter.

Entwicklung im Kleinkind- und Vorschulalter (2.–6. Lebensjahr)

Merkmale im Kleinkindalter sind Spielen mit Gegenständen und Geräten, Dreiradfahren (Abb. 1), Erlernen der Sprache, Beobachten und Untersuchen der Umwelt, beginnendes Fragen nach dem „Warum“. Im Vorschulalter stehen im Vordergrund Erweitern des Wortschatzes, Lernen von Liedern, Aufsagen von Versen, Spielen in der Gruppe und Durchführen gemeinsamer Aktionen sowie die Mithilfe im Haushalt (Abb. 2).

Entwicklung im Schulalter

Ab dem 6. Lebensjahr vollzieht sich bei Mädchen und Jungen der erste *Gestaltwandel.* Er ist gekennzeichnet durch Streckungswachstum des Körpers, deutlichere Gliederung des Rumpfes in Brust und Bauch (Taille) sowie Kräftigung der Muskulatur. Die Bewegungen werden zielgerichteter und flüssiger. Im Verlauf des Schulalters vollzieht sich der Wechsel vom Milchgebiss zum Dauergebiss. Auch die geistige Entwicklung geht weiter voran. Die Wortsprache wird bewusster gestaltet und verfeinert; das Denken bildet sich heraus.

Jugendalter

Zwischen dem 11. und 18. Lebensjahr vollzieht sich der Übergang vom Kind zum Erwachsenen *(zweiter Gestaltwandel).* Er ist verbunden mit einem starken Wachstumsschub, Ausprägung der sekundären Geschlechtsmerkmale von Mann und Frau sowie Eintritt der Geschlechtsreife (s. S. 253).

Entwicklung im Erwachsenenalter

Mit 18 bis 20 Jahren ist das Stadium des Erwachsenseins biologisch gesehen erreicht. Jeder Mensch hat sein persönliches Erscheinungsbild (Konstitution) entsprechend den Erbanlagen und äußeren Faktoren ausgeprägt. Zwischen 20 und 40 erreicht er sein optimales körperliches und geistiges Leistungsvermögen (das so genannte „Leistungsalter“). Viele Menschen leisten auch danach noch Bedeutendes in Beruf und Gesellschaft.

Greisenalter und Tod

Im Greisenalter nehmen die Verschleißerscheinungen und Rückbildungsvorgänge zu. Sie treten mit zunehmender Lebensdauer in verschiedenen Organsystemen des Körpers ein. Sie führen zur allmählichen Abnahme des Leistungsvermögens und der Arbeitsfähigkeit und schließlich zum Tod. Zeitlicher Verlauf und Symptome des Alterns sind beim einzelnen Menschen je nach Veranlagung und Lebensführung unterschiedlich.

Lebensphasen des Menschen sind: Säuglings-, Kleinkind-, Vorschul-, Schul-, Jugend-, Erwachsenen-, Greisenalter und Tod.
Junge und Alte, Eltern und Kinder, Gesunde und Kranke sollten sich achten und unterstützen!

Mosaik

Vom Altern des Menschen

Die mittlere Lebenserwartung des Menschen hat sich seit 1950 um 20 Jahre erhöht. Sie liegt heute für Männer bei 75 – 77, für Frauen bei 78 – 81 Jahren. 22 % der Bevölkerung sind über 60 Jahre alt; 2030 könnten es schon 36 % sein.
Mit dem Altern befassen sich 2 Wissenschaften: Die **Gerontologie** erforscht die körperlichen, seelischen und sozialen Faktoren des Alterns; die **Geriatrie** die Krankheiten des alternden Menschen und deren medizinische Behandlung.

Warum und wie wir altern

Im Verlauf des Lebens kommt es im Körper des Menschen zu Abnutzungs-, Verschleiß- und Ausfallerscheinungen in den Zellen, Geweben und Organen. Mit zunehmendem Alter verstärkt sich das. Der Stoffwechsel wird träger und störanfälliger. Das führt zu einer fortschreitenden Minderung der Organfunktionen, zur Abnahme des Leistungsvermögens und der Arbeitsfähigkeit und schließlich zum Tod.
Weitere Alterserscheinungen sind: Knochenabbau, Gelenk- und Haltungsschäden, Gehbehinderungen; Erschlaffen, Faltenbildung der Haut; nachlassendes Seh-, Hör- und Denkvermögen.

Altern und Lebensführung

Die obere Altersgrenze des Menschen liegt bei 110 bis 115 Jahren. Welches Alter der Einzelne tatsächlich erreicht, das hängt von mehreren Faktoren ab: Erbliche (genetische) Anlagen, Lebensführung, soziale und persönliche Umstände. Manche fühlen sich schon mit 60 Jahren alt, andere erst mit 70 Jahren oder 80 Jahren. Man unterscheidet daher zwischen dem *kalendarischen Alter,* das ist die nach dem Geburtsdatum errechnete zeitliche Altersangabe, und dem *biologischen Alter* eines Menschen, das ist die Kennzeichnung seines körperlichen Zustands und der Funktionsleistung seiner Organe. Altern ist ein unausweichlicher biologischer Vorgang. Er lässt sich nicht verhindern, aber durch die persönliche Lebensführung beeinflussen. Die Altersmedizin hat dafür so genannte *„Anti-Aging-Strategien"* entwickelt, die jeder alternde Mensch selbstständig oder unter Anleitung realisieren kann, um bis ins hohe Alter körperlich und geistig leistungsfähig zu sein.
Schwerpunkte sind:

- altersgemäße gesunde Ernährung (cholesterin- und fettarm, vitaminreich essen; Übergewicht vermeiden oder abbauen; ausreichend trinken, 2 l täglich; kein übermäßiger Alkoholgenuss),
- viel körperliche Bewegung (Wandern, Rad fahren, Gymnastik, Freizeitsport),
- Stress vermeiden, sich entspannen, Hobbys nachgehen, Denkleistungen trainieren.

Soziale Aspekte des Alterns, Altenpflege

Altern ist verbunden mit sozialen Veränderungen und Umstellungen wie Ausscheiden aus dem Berufsleben, Auszug der Kinder, Wegfall sozialer und persönlicher Kontakte zu Arbeitskollegen, Familienmitgliedern, Freunden und Bekannten; Tod des Partners u. a.
Das kann zu *Vereinsamung* führen und den Alterungsprozess beschleunigen. Alternde Menschen müssen daher bestrebt sein, neue Kontakte und Aktivitäten zu entwickeln, indem sie z. B. an Seniorenklubveranstaltungen, Gruppenfahrten, Theater- und Museumsbesuchen u. a. teilnehmen. Wichtig und nützlich sind auch *Kontakte zwischen alten und jungen Menschen.* Die Jungen sollten den Alten gegenüber höflich und rücksichtsvoll sein; ihnen beim Tragen oder Einsteigen in Bus oder Bahn helfen, Sitzplatz anbieten, aber auch mit ihnen über Probleme sprechen, Ausflüge machen, Sport treiben u. a.

Mit fortschreitendem Alter nimmt die *Pflegebedürftigkeit* der alten Menschen zu. Daraus erwächst eine hohe moralische Verpflichtung und Belastung für die Familienangehörigen. Wenn dies nicht mehr gewährleistet ist, können ambulante Pflegedienste helfen oder die Übersiedlung in ein Alterspflegeheim erfolgen.

Sexualität und Partnerschaft

Freundschaft, Liebe, Familie

Eine besondere Rolle spielt schon in der Pubertät das wachsende *Interesse am anderen Geschlecht* und die sich ausbildenden neuartigen Beziehungen zueinander. Jungen schwärmen für bestimmte Mädchen und umgekehrt. Man trifft sich, redet und flirtet miteinander, schließt lockere oder festere **Freundschaften.** Finden sich beide attraktiv und sympathisch, so erwächst daraus der Zustand des **Verliebtseins** (Abb. 1). Er ist gekennzeichnet durch Gefühle der Zuneigung, Sehnsucht nach Zusammensein und nach Austausch von *Zärtlichkeiten* wie Schmusen und Küssen (Abb. 2).

Aus Verliebtsein kann echte **Liebe** werden. Das ist ein Gefühl innerer Zuwendung, verbunden mit der Bereitschaft, für den anderen da zu sein, sich gegenseitig zu vertrauen und zu helfen.
Es entwickelt sich eine Partnerschaft, in der das Bedürfnis nach engeren Kontakten und intimeren Zärtlichkeiten wächst, welche sich auf die sexuell besonders empfindsamen Körperzonen ausdehnen *(„Petting")*.
Wann es zum ersten *Geschlechtsverkehr* kommt, ist freie Entscheidung beider Partner. Es sollte nicht übereilt, unüberlegt geschehen, sondern auf Zuneigung, persönlicher Reife und gründlichem gegenseitigem Kennenlernen beruhen.
Gegen Ende der Pubertät lösen sich die meisten Jugendlichen allmählich von ihren Eltern, je nach beruflicher Entwicklung und sozialen Umständen. Irgendwann steht dann auch die **Gründung einer Familie** (Abb. 3) im Blickfeld.
Die Ehe bietet dafür die besten Voraussetzungen und wird deshalb von Staat und Kirche gefördert. Sie basiert auf dauerhaften Partnerbeziehungen, gegenseitiger Treue und gemeinsamer Verantwortung für die Erziehung der Kinder. Wenn diese Prinzipien gewährleistet sind, werden auch nicht eheliche Verbindungen heute zunehmend anerkannt.

2 Austausch von Zärtlichkeiten

1 Verliebt sein bedeutet so viel.

3 Junge Familie in ihrem Glück

Die **heutige Jugend** denkt und spricht offener über Liebe und Sexualität. Gründe hierfür sind das ungezwungenere Verhältnis zu Eltern und Lehrern, intensivere sexuelle Aufklärung und Erziehung. Großen Einfluss haben auch Medien wie Film, Fernsehen und Zeitschriften; allerdings nicht immer nur in positivem Sinne (s. S. 279). Viele Jugendliche knüpfen intime Kontakte zeitiger an, als das früher der Fall war. Hierbei gibt es geschlechtsbedingte und individuelle Unterschiede.

Jungen erleben ihre sexuelle Reife meist etwas dranghafter, streben deshalb Intimkontakte direkter an. **Mädchen** sind meist stärker auf sich behutsam entwickelnde Sexualkontakte ausgerichtet. Das wird aber von individuellen Ausprägungen überlagert.

Die früheren Auffassungen vom unterschiedlichen **Rollenverhalten** der Geschlechter – dem „coolen", aktiven, lustbetonten Männertyp und dem passiv-zurückhaltenden, gefühlsbetonten Frauentyp – gelten heute als einseitig und überholt. Deshalb sollte sich kein junger Mensch von einem solchen falschen Rollenbild unter Druck setzen lassen oder krampfhaft einem Idealtyp aus Film und Fernsehen nacheifern wollen. Jeder ist auch in sexueller Hinsicht seine **eigene Persönlichkeit.** Beide Geschlechter können je nach Veranlagung, Stimmung oder Situation aktiv oder passiv, herausfordernd sinnlich oder romantisch zärtlich sein (Abb. 1, 2).

Für eine **gute Partnerschaft** ist es wichtig, Gefühle zu zeigen und zu erwidern, dem anderen seine Erwartungen und Wünsche mitzuteilen sowie sich über Probleme offen auszusprechen. Liebe zueinander und Sex miteinander erfordern gegenseitiges **Vertrauen** und **Verantwortung.**

Beide Partner sollen über Zeitpunkt, Art und Häufigkeit ihrer sexuellen Kontakte frei entscheiden, ja oder nein sagen können, nichts übereilen oder erzwingen!

Beide tragen Verantwortung für das Anwenden von Mitteln zur Empfängnisverhütung (s. S. 274) und zum Schutz vor Ansteckung mit Geschlechtskrankheiten.

Sexualität, Liebe und Partnerschaft sind wichtige Bestandteile im Leben des Menschen. Mit dem Erreichen der Geschlechtsreife in der Pubertät gewinnt das auch für die Jugendlichen eine immer größere Bedeutung.

1 In einer guten Partnerschaft zeigen beide Partner Gefühle und erwidern sie.

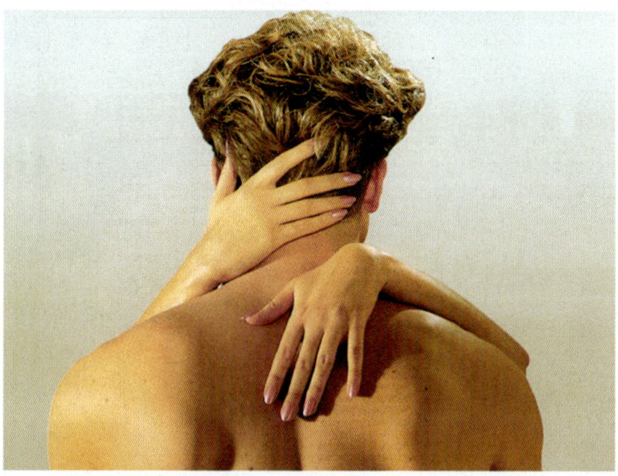

2 Liebe und Sexualität erfordern gegenseitiges Vertrauen und Verantwortung.

Sexualität ist beim Menschen kein triebhaftes Verhalten, sondern **bewusst gesteuertes Handeln** und **Erleben.** Dieses wird von gesellschaftlichen Leitbildern, von sozialen Lebensumständen wie Beruf, Familie, Freundeskreis, von der Erziehung, den positiven und negativen Erfahrungen beeinflusst. Deshalb gibt es Unterschiede in den sexuellen Einstellungen, Bedürfnissen und Handlungsweisen der einzelnen Menschen.
Es lassen sich auch schwer verbindliche **„Normen“** dafür aufstellen, wohl aber für Partnerschaft, Ehe und Familie wichtige **Persönlichkeitseigenschaften** und **ethische Werte** nennen. Dazu gehören gegenseitiges Verständnis und Vertrauen, gemeinsame Verantwortung für Lebenssituationen, gegenseitige Achtung, Toleranz, Liebe, Zärtlichkeit, Einfühlungsvermögen, Rücksichtnahme u. a. Dazu gehören auch die Ablehnung jeglicher Form von sexueller Gewalt und sexuellem Missbrauch sowie die Toleranz gegenüber Homosexuellen. Verbunden mit dem notwendigen Sachwissen, entwickelt jeder junge Mensch seine ganz persönliche individuelle Form des Sexual- und Partnerverhaltens.

Voraussetzung und Wertmaßstab für gute Partnerschaft sind gegenseitige Zuneigung und Vertrauen, Achtung und Verständnis, Rücksichtnahme und gemeinsame Verantwortung.

1 Ein schwules Paar tauscht die Ringe während der Eheschließung aus.

Hetero-, Homo-, Bisexualität

Die meisten Menschen sind sexuell auf Partner des *anderen* Geschlechts orientiert (**heterosexuell**). Etwa 5–10% haben sexuelle Beziehungen zu Partnern des *gleichen* Geschlechts (**homosexuell**) oder Kontakte zu *beiden* Geschlechtern (**bisexuell**). Sexuelle Kontakte zwischen Personen gleichen Geschlechts müssen kein Anzeichen für homosexuelle Veranlagung sein, verunsichern aber die Betroffenen zunehmend. Sie versuchen, ihre „anders“ gerichteten Gefühle zu verdrängen und zu verbergen. Erst nach längerer Zeit bekennen sie sich offen zu ihrem *Schwul-* oder *Lesbischsein* („Coming-out“).

Die **Ursachen** für diese sexuellen Erscheinungsformen sind noch nicht völlig geklärt. Homosexuelle sind jedenfalls weder krank noch pervers. Deshalb werden homosexuelle Beziehungen zwischen Erwachsenen auch nicht mehr strafrechtlich verfolgt. Es gibt aber immer noch Vorbehalte und Diskriminierung gegenüber Schwulen, Lesben und Bisexuellen. Daher kämpfen ihre Interessenvertreter verstärkt um die Anerkennung und rechtliche Gleichstellung dauerhafter homosexueller Partnerschaften. Hierzu sind inzwischen durch den deutschen Bundestag gesetzliche Regelungen erfolgt. Danach können Homosexuelle auch heiraten (Abb. 1, 2).

2 Ein lesbisches Paar nach der Trauung auf dem Frankfurter Römer.

Familienplanung und Empfängnisregelung

Unter **Empfängnis** ist die Vereinigung der Ei- und Samenzelle (Befruchtung) und die nachfolgende Einnistung des daraus entstehenden Blasenkeimes in die Gebärmutter, also der Beginn einer Schwangerschaft, zu verstehen. **Empfängnisregelung** bedeutet, dass die Frau (in Übereinstimmung mit dem Partner) selbst bestimmen kann, ob und wann sie ein Kind bekommen möchte.
Dazu gehören die Anwendung von Methoden und Mitteln zur Verhütung ungewollter Schwangerschaften wie auch die überlegte Planung gewollter Geburten zu einem für Mutter und Kind günstigen Zeitpunkt **(Familienplanung).**
Besonders für junge Menschen ist es wichtig, Liebe und Partnerschaft ohne Angst vor frühzeitiger Schwangerschaft zu erlernen und zu erleben sowie die Berufsausbildung abzuschließen.
Für die **Schwangerschaftsverhütung** gibt es verschiedene Methoden und Mittel, die sich in ihrer Wirksamkeit und Anwendung sowie in ihren möglichen Nebenwirkungen unterscheiden. Manche sind für junge Menschen gut geeignet, andere sind weniger oder gar nicht geeignet. Die meisten Verhütungsmittel sind auf den Körper der Frau gerichtet und werden von ihr angewendet.
Grundsätzlich gilt aber:
Für die Empfängnisregelung tragen **beide Partner** Verantwortung! Deshalb müssen auch beide Partner darüber gut informiert sein und sich bei ihrer persönlichen Entscheidung von erfahrenen Erwachsenen oder vom Arzt beraten lassen.
Nach der **Wirkungsweise** werden verschiedene **Mittel und Methoden der Schwangerschaftsverhütung und Familienplanung** unterschieden:

- *hormonale Verhütungsmittel* (z. B. die Pille), die den Follikelsprung unterbinden;
- mechanische und *chemische Verhütungsmittel* (z. B. Kondom, Scheidenpessar, Spirale, Zäpfchen, Cremes, Gels), die eine Verschmelzung von Eizelle und Samenzelle verhindern;
- *„natürliche" Methoden* (z. B. Temperatur-, Kalendermethode), die auf die Ermittlung der „fruchtbaren Tage" der Frau gerichtet sind.

Sie unterscheiden sich nicht nur in der Art und Weise ihrer Anwendung, sondern auch im Grad der Zuverlässigkeit ihrer Schutzwirkung.

Die „Pille"

„Pille" (Abb. 1) oder auch „Antibabypille" ist der umgangssprachliche Sammelbegriff für *hormonale Verhütungsmittel.* Sie enthalten in Tablettenform die weiblichen Sexualhormone *Östrogen* und *Gestagen* in unterschiedlicher Zusammensetzung und Dosierung und greifen in den Menstruationszyklus der Frau ein. Sie sind das meist verwendete, für junge Frauen mit festem Partner und häufigem Sexualverkehr geeignetste Mittel, das mit *hoher Sicherheit* ungewollte Schwangerschaften verhindert.
Die Wirkstoffe der Pille verhindern mit hoher Zuverlässigkeit bei der Frau das Freiwerden von befruchtungsfähigen Eizellen.
Es gibt verschiedene Pillensorten (Abb. 1), die der Frauenarzt individuell auswählt und verschreibt. Die Einnahme muss exakt nach Vorschrift erfolgen (Beipackzettel beachten!). Wegen möglicher Nebenwirkungen (besonders häufig bei Medikamenteneinnahme und Rauchen) sind halbjährliche Kontrolluntersuchungen notwendig.

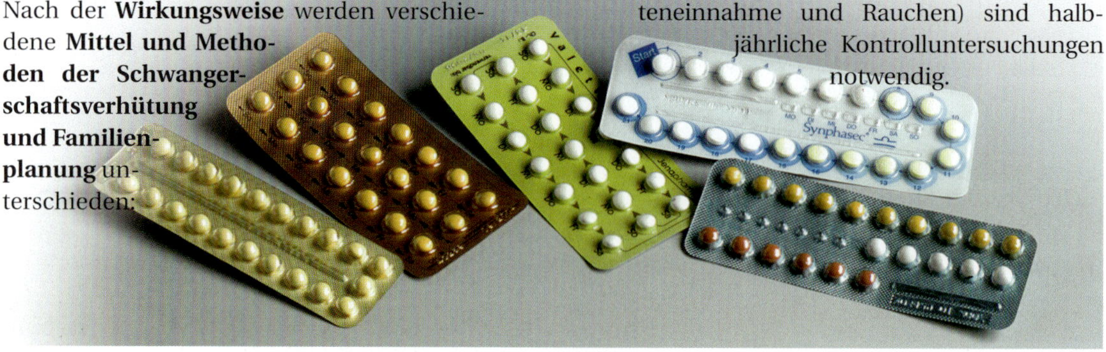

1 Die „Antibabypille" gibt es in einer Vielzahl unterschiedlicher Ausführungen.

Das Kondom

Kondome gehören zur Gruppe der mechanischen Verhütungsmittel. Die dünne, elastische Gummihülle, die es in den verschiedensten Ausführungen gibt (Abb. 1), fängt beim Orgasmus des Mannes die Samenflüssigkeit auf und verhindert somit eine mögliche Befruchtung. Außerdem dient das Kondom als Schutz vor Ansteckung mit Aids oder anderen Geschlechtskrankheiten.
Deshalb gilt als **Grundsatz:**
Geschlechtsverkehr mit neuen Partnern oder Zufallsbekanntschaften niemals ohne Kondom!
Das Kondom wird über das versteifte Glied aufgerollt. Nach dem Samenerguss wird das Glied noch vor dem Erschlaffen aus der Scheide gezogen. Dabei sollte das Kondom am Ring festgehalten werden. Bei jedem Geschlechtsverkehr ist ein neues Kondom zu verwenden.

Scheidenpessar (Diaphragma)

Das *Scheidenpessar* (Abb. 2) ist eine weiche Gummimembran (Latexkappe) mit einem biegsamen Metallring, die 2 bis 3 Stunden vor dem Geschlechtsverkehr auf den Gebärmuttermund geschoben und 6 bis 12 Stunden nach dem Geschlechtsverkehr wieder herausgenommen und gereinigt wird. Damit die Kappe gut sitzt und nicht verrutscht, muss sie vom Frauenarzt angepasst werden.
Dieses Verhütungsmittel verhindert, dass die Samenzellen in die Gebärmutter gelangen.

1 Verschiedenfarbige Kondome

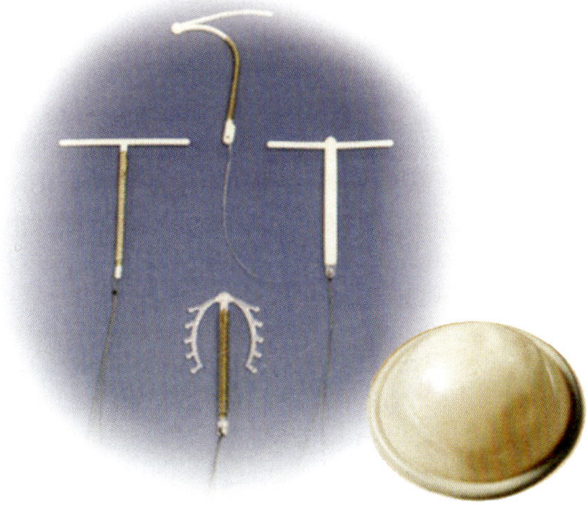

2 Spiralen und Pessar

Die Spirale

Die meisten Spiralen sind mit feinem Kupferdraht umwickelt *(Kupferspiralen)*, einige enthalten einen Gestagen-Speicher *(Hormonspiralen)*.
Sie werden vom Frauenarzt ausgewählt, angepasst und in die Gebärmutter eingelegt (Intra-Uterin-Pessar, Abb. 2). Die Spirale verhindert die Befruchtung der Eizelle und die Einnistung des Blasenkeimes mit ziemlich hoher Sicherheit, wenn ihre Lage alle 6 Monate kontrolliert und nach 3 bis 5 Jahren eine neue Spirale eingesetzt wird. Mögliche Nebenwirkungen sind Reizungen und Entzündungen der Gebärmutter und der Eileiter.
Die Spirale wird hauptsächlich von Frauen angewendet, die bereits Kinder geboren haben oder die die Pille nicht vertragen. Für junge Frauen ist sie weniger geeignet.

Die gebräuchlichsten Verhütungsmittel sind die „Pille" und das Kondom. Letzteres gibt zugleich Schutz vor Infektion mit Geschlechtskrankheiten und Aids.

Chemische Verhütungsmittel

Hierzu gehören *Zäpfchen, Tabletten, Gels* oder *Schaumsprays* (Abb. unten) mit spermienabtötender Wirkung. Sie müssen mindestens 10 Minuten vor dem Geschlechtsverkehr in die Scheide eingeführt werden und lassen schon nach einer Stunde in ihrer Wirkung nach. Ihr Schleim tötet die Samenzellen in der Scheide ab. Als alleiniges Mittel geben sie nur eine mittlere Sicherheit; kombiniert mit Scheidenpessar oder Kondom erhöht sich die Sicherheit (Packungshinweise beachten!).

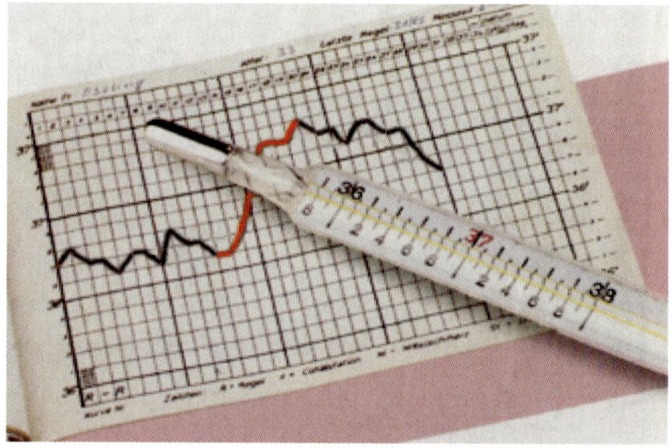

1 Die Basaltemperaturmethode ist eine Methode zur Bestimmuing der fruchtbaren und unfruchtbaren Tage. Hierbei misst die Frau über einen Zeitraum von 3 bis 6 Monaten allmorgendlich zur gleichen Zeit vor dem Aufstehen ihre Körpertemperatur.

Natürliche Methoden

Hierunter werden Maßnahmen zur Bestimmung der *„fruchtbaren Tage"* im Monatszyklus verstanden. An diesen Tagen darf kein Geschlechtsverkehr erfolgen oder es müssen Verhütungsmittel (z. B. Kondome) verwendet werden. Sie erfordern längere Selbstbeobachtung und einen stabilen Menstruationszyklus. Dieser kann aber schwanken, und auch der Eisprung erfolgt nicht immer in der Zyklusmitte.

Deshalb ist die reine **„Kalender-Methode"** (Knaus-Ogino-M.) ziemlich unzuverlässig; es sollte mindestens vom 9. bis 16. Zyklustag ungeschützter Geschlechtsverkehr vermieden werden.

Größere Sicherheit gibt die **„Temperatur-Methode".** Hierbei wird täglich die Aufwachtemperatur (Basaltemperatur) gemessen und gewissenhaft notiert (Abb. 1). Zum Zeitpunkt des Follikelsprungs steigt sie um etwa 0,5 °C an. Ab dritten Tag danach ist die Eizelle nicht mehr befruchtungsfähig. Bis zur nächsten Menstruation ist eine Befruchtung unwahrscheinlich.

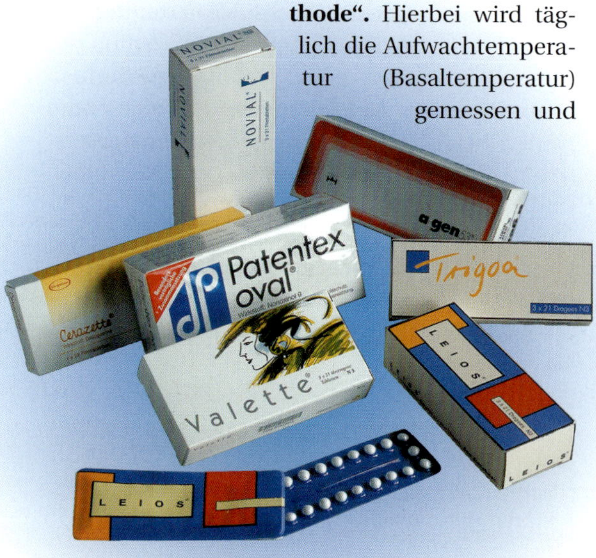

Bei der **„Schleimstrukturmethode"** muss die Frau die Bildung und Beschaffenheit ihres Scheidenschleims untersuchen lassen. Noch genauer ist die **kombinierte Anwendung** der Temperatur- und Schleimstrukturmethode. Beide sind aber für junge unerfahrene Frauen nicht oder nur nach gründlicher Beratung geeignet.

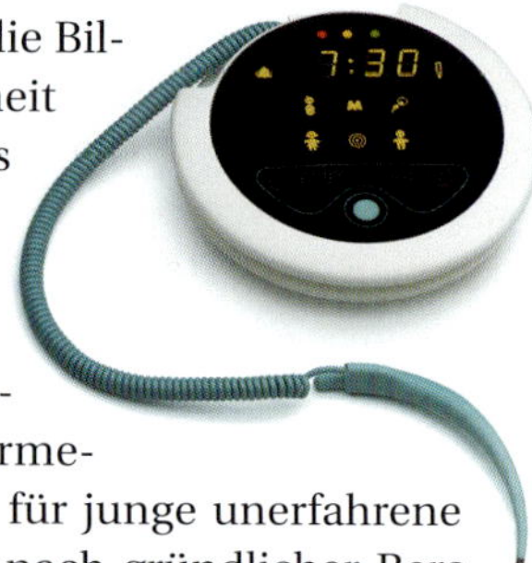

Neuerdings gibt es **Minicomputer,** so genannte **„Babycomputer"** (Abb. Mitte), die durch Thermofühler die Temperaturwerte messen und daraus die fruchtbaren Tage berechnen. Ein anderer Typ macht das über die Messung der Hormonwerte im Urin der Frau mittels Teststreifen.

Der **Coitus interruptus** („Aufpassen") ist der unterbrochene Geschlechtsverkehr, also das Herausziehen des Gliedes aus der Scheide vor der Ejakulation. Es ist eine von jungen Leuten zwar immer noch oft praktizierte, aber sehr unsichere Verhütungsmethode, weil schon vorher etwas Samenflüssigkeit austreten kann. Außerdem beeinträchtigt sie das Liebeserleben der Partner.

Geschlechtskrankheiten

Als Geschlechtskrankheiten im engeren Sinne bezeichnet man solche Krankheiten, die durch Infektion mit bestimmten Erregern bei ungeschützten Sexualkontakten und Geschlechtsverkehr übertragen werden. Man nennt sie deshalb auch **„sexuell übertragbare Krankheiten".**
Ihre Verbreitung wird durch unvorsichtige und wechselnde Partnerbeziehungen und nachlässige Intimhygiene gefördert.
Relativ häufig sind **Infektionen mit Hautpilzen** oder **mit parasitischen Einzellern,** z. B. Geißeltierchen (Abb. 2). Diese rufen Entzündungen in den Harn- und Geschlechtsorganen hervor, was sich durch Schmerzen beim Wasserlassen, durch Jucken, Brennen und Ausfluss bemerkbar macht.

Schwerwiegender und daher meldepflichtig sind die durch bestimmte Bakterien hervorgerufenen **Geschlechtskrankheiten Tripper** und **Syphilis.** Die beiden klassischen, schon vom Namen her bekanntesten Geschlechtskrankheiten, Tripper und Syphilis, waren früher ziemlich verbreitet, sie gingen dann nach der Entwicklung des Penicillins und anderer hochwirksamer Heilmittel stark zurück.
In letzter Zeit treten sie als Folge der größeren Freizügigkeit im Sexualverhalten wieder häufiger auf. Es besteht neben der Meldepflicht eine Kontrollpflicht.

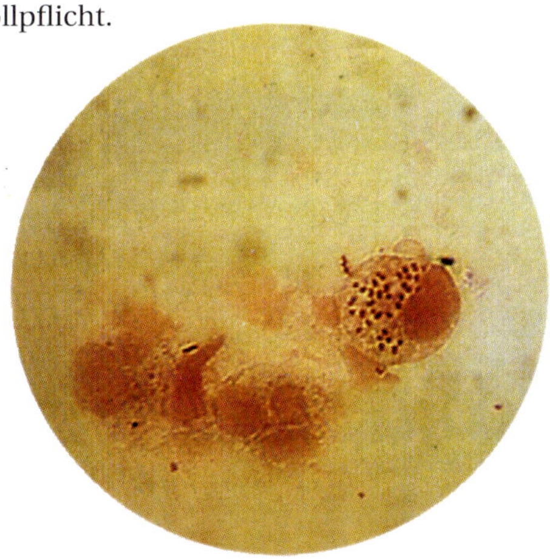

1 Trippererreger sind Kugelbakterien.

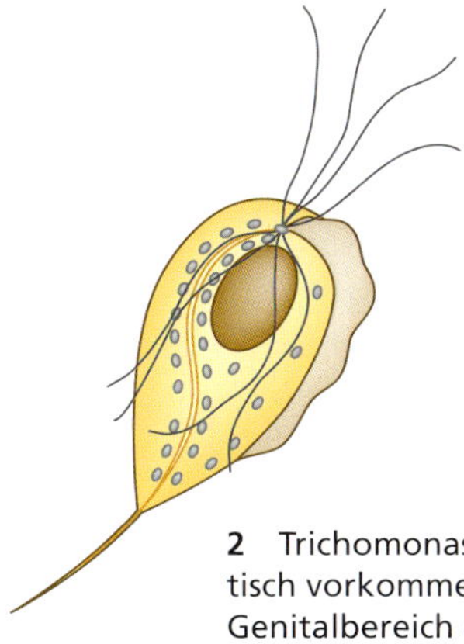

2 Trichomonas vaginalis ist ein parasitisch vorkommendes Geißeltierchen im Genitalbereich des Menschen.

Tripper (Gonorrhoe)

Erreger sind Kugelbakterien (Gonokokken, Abb. 1), die zumeist beim Geschlechtsverkehr übertragen werden. Erste Krankheitszeichen (nach 3 bis 8 Tagen) sind Jucken und Brennen in den Geschlechtsorganen; später dann weißgelblicher eitriger Ausfluss aus Harnröhre und Scheide. Bei diesem Symptom ist jeder Mann und jede Frau verpflichtet, zum Arzt zu gehen. Er oder sie muss den Partner informieren und darf bis zur Heilung keinen Geschlechtsverkehr ausüben!
Im Frühstadium mit Antibiotika behandelt, heilt Tripper bald ab. Aber erst nach 3 negativen Tests darf der Geschlechtsverkehr wieder aufgenommen werden.
Verschleppt und nicht behandelt, befällt Tripper dann die tiefer gelegenen Teile der Geschlechtsorgane und verbreitet sich auf dem Blutweg später auch auf andere Organe, z.B. Gelenke, Herz.
Trippererkrankte Mütter können bei der Geburt die Augen ihres Babys infizieren **(„Augentripper").** Dies kann zur Erblindung führen; deshalb erhält jedes Neugeborene eine desinfizierende Lösung in die Augen geträufelt.

Syphilis (Lues)

Diese Geschlechtskrankheit ist schwerwiegender und heimtückischer als Tripper. Sie verläuft in mehreren Phasen und kann unbehandelt im Endstadium zum Tode führen.
Erreger sind spiralförmige Bakterien (Spirochäten, Abb. 1, S. 278).

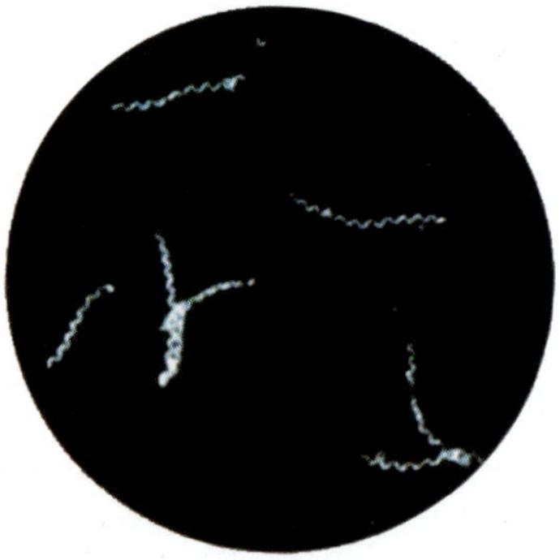

1 Syphiliserreger sind spiralförmige Bakterien.

In der *ersten Phase,* 2–3 Wochen nach Ansteckung, bilden sich knotige Geschwüre an den äußeren Geschlechtsteilen oder auch an Lippen, Zunge, After.
Diese Primäranzeichen sind hochgradig ansteckend. Sie verschwinden oft nach einigen Wochen; aber die Krankheit besteht weiter, die Erreger sind jetzt in der Blutbahn – *zweite Phase.* Dieses Stadium kann Monate oder Jahre dauern; Symptome sind Hautausschläge, Fieber, geschwollene Lymphknoten.

Unbehandelt tritt die Syphilis nach Jahren in die *dritte Phase.* Äußerliche Kennzeichen sind großflächige Geschwüre, Blasen und Löcher in der Haut. Viele innere Organe wie Herz, Lunge, Verdauungs- und Nervensystem werden massiv geschädigt. Im Endstadium kommt es zu Rückenmarksschwindsucht und Gehirnzerfall (Paralyse).
Bei syphiliskranken Schwangeren kann die Krankheit auf das ungeborene Baby übergehen.
Syphilis wird durch Blutuntersuchungen festgestellt und erfordert längere intensive Behandlung.

Wohl die gefährlichste sexuell übertragbare Krankheit ist **Aids** (s. S. 167, 168). Der Erreger ist ein **Virus** (**HIV** genannt, s. S. 163), das bei infizierten Menschen im Blut, in der Samenflüssigkeit (Männer) oder Scheidenflüssigkeit (Frauen) enthalten ist.

Sexuell übertragbare Krankheiten sind Syphilis, Tripper und Aids. Sie unterliegen der Kontroll- und Meldepflicht.

Biologie im Alltag

Sexueller Missbrauch

Hierunter versteht man sexuelle Handlungen gegen den Willen der Betroffenen, an/mit Minderjährigen oder Abhängigen durch Verführung, Drohung, Zwang.

Ganz besonders schlimm ist der **sexuelle Missbrauch von Kindern.** Er bedeutet, dass Mädchen oder Jungen zu sexuellen Handlungen verführt oder gezwungen werden, z. B. zum Anschauen oder Berühren der Geschlechtsorgane oder zum gewaltsamen Geschlechtsverkehr mit Verletzung oder sogar anschließender Tötung. Sexueller Missbrauch wird deshalb unter schwere Strafe gestellt.

Die Täter sind in solchen Fällen zumeist Personen, die ihre Opfer im Auto mitnehmen oder durch Geld, Geschenke, Süßigkeiten und Versprechungen an einsame Orte locken.

Es sind nicht immer Fremde, die Kinder missbrauchen, oft sind es Bekannte, Verwandte oder sogar Familienangehörige (Vater, Stiefvater, Bruder). Die strafbaren sexuellen Handlungen finden in solchen Fällen oft wiederholt über längere Zeit statt. Sie werden erst später aufgedeckt, weil die betroffenen Kinder durch Belohnungen oder Druck zum Schweigen gezwungen werden oder sich schämen, offen darüber zu sprechen.

Nicht jede Zärtlichkeit zwischen Erwachsenen und Kindern/Jugendlichen ist gleich sexueller Missbrauch. Daher: keine Panik, aber im Zweifels- oder Wiederholungsfall nicht schweigen, sondern offen *Rat und Hilfe* bei Vertrauenspersonen oder in Beratungsstellen suchen (z.B. bei PRO FAMILIA Gesellschaft für Familienplanung und Sexualberatung).

Sex in den Medien

Im Fernsehen und Internet gibt es Sendungen, die Sex in verschiedenen Formen zum Inhalt haben. Viele sind für Kinder und Jugendliche als „nicht geeignet" eingestuft, weil sie verfrühte oder unrealistische Vorstellungen von Sexualität vermitteln. In Jugendzeitschriften (z.B. BRAVO) werden neben solchen Darstellungen auch nützliche Beiträge zur fundierten sexuellen Aufklärung von Jugendpsychologen publiziert. Kein junger Mensch sollte sein persönliches Verhalten nur nach dem „Sexbild" der Medien ausrichten. Das gilt noch mehr für pornografische Magazine und Videos aus Sex-Shops, zu denen Jugendliche unter 18 Jahren deshalb keinen Zutritt haben. Die dort ebenfalls verkauften Liebestropfen, Glückshormone und erotischen Hilfsmittel sind von zweifelhaftem Nutzwert. Das Sexualmedikament VIAGRA ist nicht ungefährlich, muss vom Arzt verschrieben werden!

Künstliche Befruchtung

Wenn auf normalem Weg keine Schwangerschaft zustande kommt, können Befruchtungstechniken versucht werden. Bei der *Befruchtung außerhalb des Körpers („Retorten-Baby")* werden der Frau reife Eizellen abgesaugt und zur Befruchtung im Reagenzglas mit Samenzellen vermischt. Nach 48 Stunden erfolgt mit einer Sonde die Übertragung in die Gebärmutter.

Bei der *„Mikro-Methode"* werden unter dem Mikroskop mit einer winzigen Kanüle einzelne Spermien direkt in die Eizelle injiziert (Abb. unten). Die Samenzellen können vom Partner oder von fremden Spendern (aus *„Samenbänken"*) stammen. Letzteres ist nicht ohne Probleme. *Eizellenspende* und Austragen des Babys durch *„Leihmütter"* sind bei uns nicht gestattet.

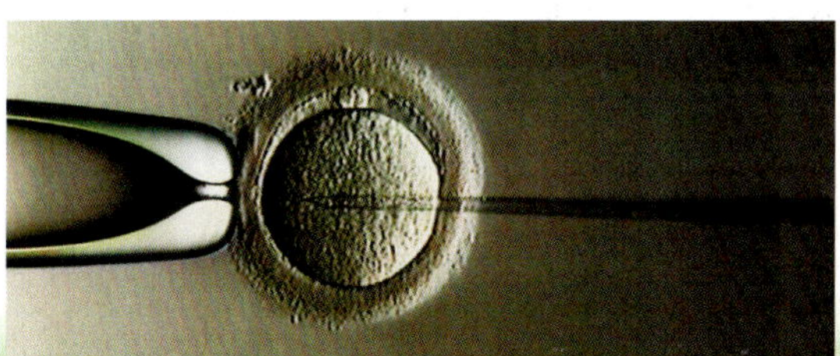

gewusst · gekonnt

1. Beschreibe die Vorgänge des Geschlechtsverkehrs und der Befruchtung (Zeugung).

2. Beschreibe
   a) die Entwicklung der befruchteten Eizelle bis zur Einnistung in die Gebärmutter,
   b) die Entwicklung des Keimlings in den ersten Wochen,
   c) die Entwicklung des Embryos und des Kindes bis zur Geburt.

   Nutze dazu das Lehrbuch und das Internet.

3. Erläutere, wie das sich entwickelnde Kind im Mutterleib mit den lebensnotwendigen Stoffen versorgt wird.

4. Erläutere mögliche Gefahren für die gesunde Entwicklung des Kindes im Mutterleib. Leite daraus Schlussfolgerungen für das Verhalten und die Lebensführung der werdenden Mutter ab.

5. Erkundige dich über gesellschaftliche Maßnahmen und Einrichtungen zur Schwangerenbetreuung und Geburtsvorbereitung.

6. Beschreibe anhand der Lehrbuchdarstellung Seite 266 den Geburtsvorgang in seinen drei Phasen.
   Wie wird die Gebärende dabei durch Hebamme, Arzt und Medizintechnik unterstützt?

7. Sprich mit deiner Mutter darüber, wie sie Schwangerschaft und Geburt erlebt hat.

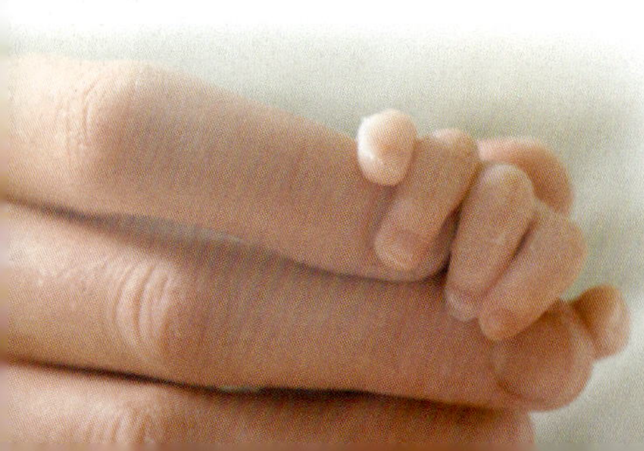

8. Beschreibe die Pflege, Betreuung und Entwicklung des Babys im ersten Lebensjahr. Nutze deine Erfahrungen in der Familie.

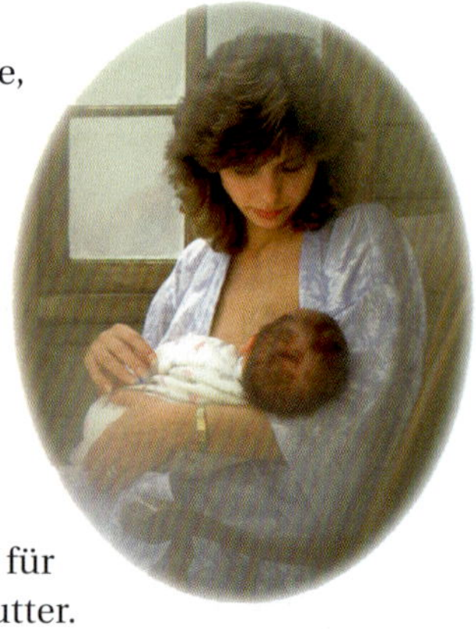

9. Begründe die Notwendigkeit und Bedeutung des Stillens für das Baby und die Mutter.

10. Kennzeichne die Entwicklung in den nachgeburtlichen Lebensphasen des Menschen.

11. Informiere dich im Internet über das Thema „Homosexualität“. Wie denkst du über Homosexuelle in unserer Gesellschaft und deren Forderungen nach Gleichberechtigung?

12. Für junge Liebespaare und auch für Eheleute ist es wichtig, selbst zu bestimmen und zu planen, wann sie ein Kind haben wollen. Für diese „Familienplanung“ ist Schwangerschaftsverhütung sehr wichtig.
    a) Welche Methoden und Mittel gibt es zur Verhütung?
    b) Welche Mittel sind für junge Partner am besten geeignet? Begründe.
    c) Wer ist für die Verhütungsmaßnahmen „verantwortlich“?

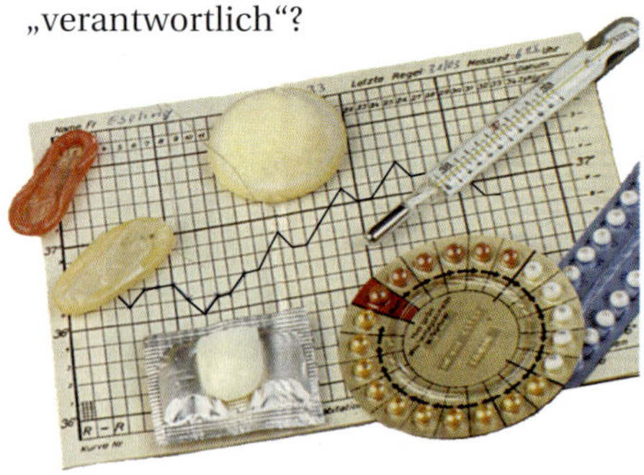

13. Beschreibe Vorgänge und Merkmale des Alterns.

14. Erläutere einige Prinzipien und Regeln des Verhaltens gegenüber alten Menschen.

15. Beschreibe die Anwendungsweise des Kondoms. Erläutere dessen „doppelte“ Schutzfunktion.

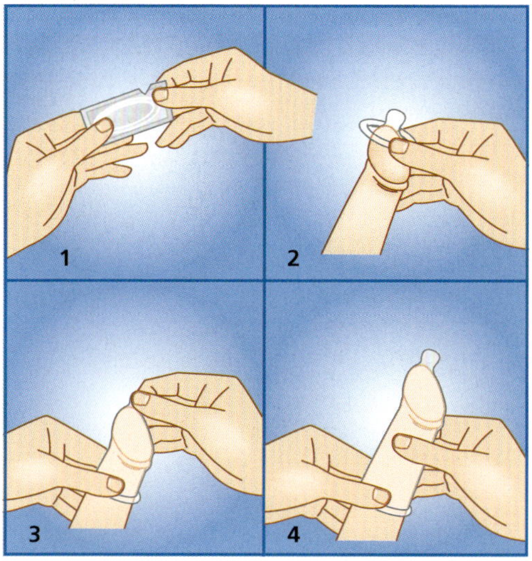

16. Bei der Benutzung der „Pille“ sind ärztliche Kontrolluntersuchungen erforderlich. Begründe.

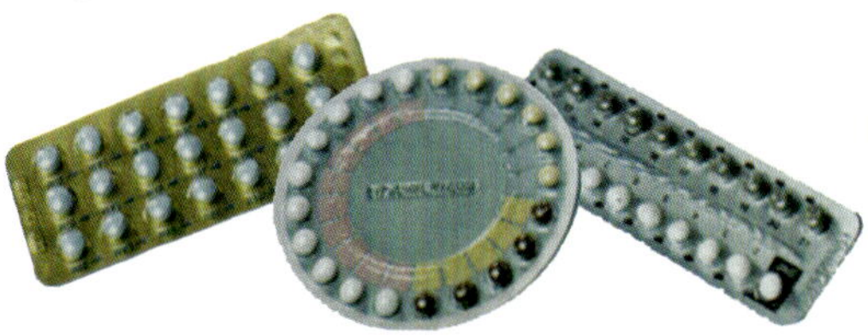

17. Erläutere die empfängnisverhütende Wirkung der „Pille“ und die Grundprinzipien ihrer Einnahme.
Stelle dabei einen Zusammenhang mit dem Menstruationszyklus der Frau her.

18. Diskutiert über Probleme der Schwangerschaftsunterbrechung/Abtreibung.
a) Kennzeichne Gründe (Motive) und mögliche Folgen solcher Eingriffe.
b) Nenne gesetzliche Festlegungen hierzu im § 218 StGB.
c) Vergleiche Argumente der Befürworter und Gegner der Abtreibung.
Äußere deine eigene Meinung dazu.
Nutze auch das Internet.

19. Erkundige dich über Maßnahmen zur Schwangeren- und Mütterberatung.
Überlege, warum jede Schwangere von ihrem Arzt einen „Mutterpass“ bekommt.

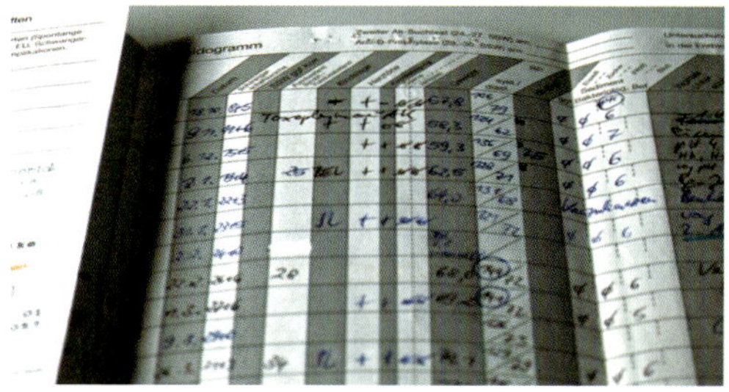

20. Sexuell übertragbare Krankheiten unterliegen der Meldepflicht. Begründe.

21. Erarbeite ein Kurzreferat zum Thema „Sexuell übertragbare Krankheiten“. Nenne verschiedene Krankheiten und deren Erreger, Ansteckungswege und Symptome sowie Möglichkeiten des Schutzes vor diesen Krankheiten.

22. Diskutiert über Meinungen und Fragen
a) zur Darstellung von Sex in den Medien und deren Auswirkungen;
b) zu Prostitution, Sexklubs und anderen Formen „käuflicher Liebe“;
c) zu sexueller Gewalt, Missbrauch von Kindern und Minderjährigen;
d) zu umstrittenen Methoden und Projekten der Fortpflanzungsmedizin.

23. Sammelt zu den Themen Sexualität, Fortpflanzung und Entwicklung des Menschen zusätzliches Informationsmaterial. Nutzt dazu auch das Internet. Formuliert mögliche Fragen und offene Probleme. Gestaltet ein Poster und diskutiert über die gesammelten Informationen.
Zu Projektveranstaltungen mit dem Biologiefachlehrer können auch Gäste als Referenten oder Diskussionspartner eingeladen werden.

Geschlechtsverkehr und Befruchtung

Ungeschützter Geschlechtsverkehr kann zur Verschmelzung von Eizelle und Samenzelle (Befruchtung) und damit zur Empfängnis (Zeugung) führen. Das ist der Beginn einer Schwangerschaft.

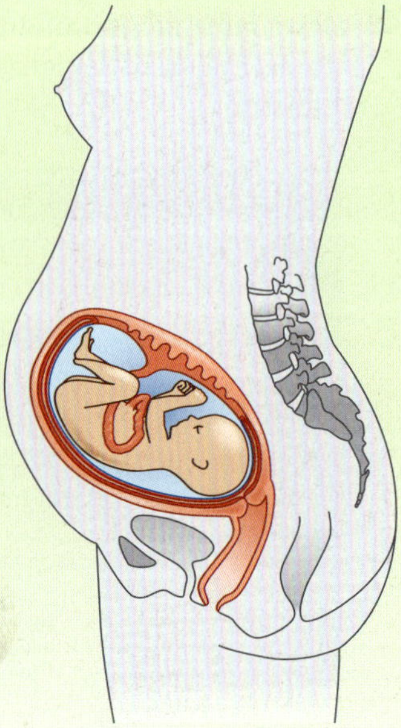

Schwangerschaft und vorgeburtliche Entwicklung

Im Verlauf von 9 Monaten entwickelt sich in der Gebärmutter der Frau ein Keimling (Embryo) bis zum geburtsreifen Kind. Er wird über Mutterkuchen und Nabelschnur von der Mutter mit Nahrung und Sauerstoff versorgt.

Geburt

Die **Geburt** verläuft in 3 Phasen: Eröffnung, Austreibung, Nachgeburt. Das Kind wird durch Wehen, Pressen der Mutter, Geburtshilfe von Hebamme/Arzt geboren.
Das Neugeborene braucht intensive *Betreuung und Pflege* (Stillen, Windeln, Säubern u. a.). Gute *Eltern-Kind-Beziehungen* sind auch in den nachfolgenden Lebensabschnitten sehr wichtig!

Nachgeburtliche Entwicklung

Die **nachgeburtliche Entwicklung** ist die Entwicklung des Organismus von der Geburt bis zum Tode. Sie umfasst mehrere Phasen, die durch typische Merkmale gekennzeichnet sind, z. B. Säuglings-, Kleinkind-, Vorschul-, Schulalter, Jugendalter (Pubertät), Erwachsenen- und Greisenalter.

Verhütungsmethoden

Für junge Partner am geeignetsten sind:
Kondome – sie fangen die Samenflüssigkeit auf, schützen zugleich vor Infektionen.
„Antibabypillen" – sie verhindern bei der Frau das Freiwerden befruchtungsfähiger Eizellen.
Weitere Mittel sind:
Spiralen, Schutzkappen für die Frau, chemische Mittel, Computer zur Bestimmung der (un)fruchtbaren Tage u. a.

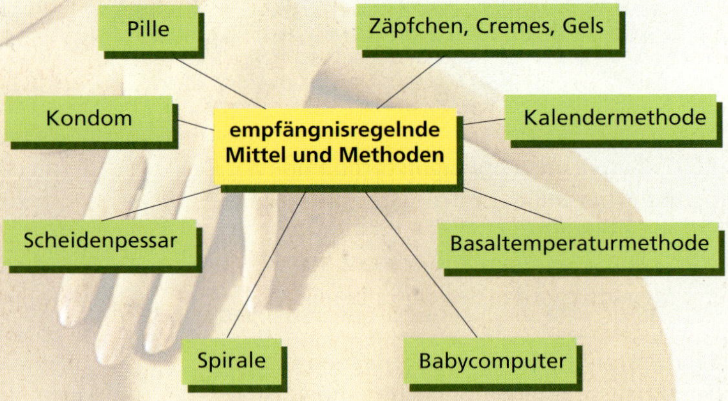

Geschlechtskrankheiten

Bei *ungeschützten Sexualkontakten* kann man sich mit den Erregern (Bakterien, Pilze, Viren, Einzellern) von verschiedenen **Geschlechtskrankheiten** sowie **Aids** anstecken. Besonders gefährdet sind Personen, die Sex mit Zufallsbekanntschaften, Prostituierten, Drogensüchtigen haben.

Zusammenwirken der Organe und Organsysteme

6

Zusammenwirken von Organsystemen bei körperlicher Belastung

Nach einer Sportstunde, in der ihr euch 45 Minuten intensiv bewegt habt, könnt ihr einige Veränderungen an eurem Körper oder dem der Mitschüler feststellen. Ihr atmet häufiger und tiefer ein, das Herz schlägt schneller, der Puls steigt an, viele schwitzen, die Haut ist gerötet. Bei euch stellen sich Hunger und Durst ein.

Schon daran können wir erkennen, wie eng die Wirkungen der Organsysteme miteinander verbunden sind. Erhöhte Muskelkontraktion erfordert die Bereitstellung höherer Energiemengen für den Muskel. Es wird mehr Traubenzucker oxidiert, der Traubenzuckerspiegel sinkt. Das eintretende Hungergefühl bewirkt, dass wir Nahrung zu uns nehmen und der Traubenzuckerspiegel wieder auf den Normalwert eingepegelt wird.

Erhöhte Muskelkontraktion erfordert aber auch die Bereitstellung von mehr Sauerstoff zum Abbau des Taubenzuckers. Sinkt die Sauerstoffkonzentration im Blut ab, werden Herz- und Atemtätigkeit so lange erhöht, bis der Sauerstoff- und Kohlenstoffdioxidgehalt im Blut den Normalwert erreicht haben (Abb., S. 285).

Da etwa zwei Drittel der produzierten Energie als Wärmeenergie abgegeben werden, steigt die Körpertemperatur bei intensiver sportlicher Betätigung an. Um diese auf ihren Normwert einzuregulieren, erhöhen die Schweißdrüsen ihre Tätigkeit, die Blutgefäße erweitern sich. Auch die Nieren erhöhen ihre Tätigkeit, um den gestiegenen Wassergehalt des Blutes zu senken. Neben dem Atmungs-, Kreislauf-, Verdauungssystem sind bei jeder körperlichen Tätigkeit auch das Stütz- und Bewegungssystem, das Nerven- und Hormonsystem beteiligt (Abb., S. 285, 286).

Auch die **Regelung der Körpertemperatur** (s. S. 242) erfolgt durch das Zusammenwirken mehrerer Organe und Organsysteme in einem biologischen Regelkreis.

Voraussetzungen für den Ablauf der Prozesse in unseren Zellen sind

- die Bildung körpereigener Stoffe aus Bestandteilen der aufgenommenen Nahrung,
- das Bereitstellen von Sauerstoff durch die Atmung,
- der Transport von Stoffen zu den Zellen und Muskeln durch das Herz- und Kreislaufsystem,
- der Abbau der organischen energiereichen Stoffe in den Zellen, verbunden mit der Umwandlung der in ihnen enthaltenen Energie in Energie, die für die Aufrechterhaltung der Lebensprozesse nutzbar ist,
- die Abgabe der Stoffwechselendprodukte durch das Ausscheidungssystem.

Beim Ausführen von Lebensprozessen wirken verschiedene Organsysteme zusammen.

Das Zusammenwirken der Organsysteme kann man am eigenen Körper untersuchen.

Betrachte die Abbildungen.

Welche Organsysteme sind bei den Tätigkeiten beteiligt? Beschreibe ihr Zusammenwirken.

1 Turnerin

2 Radfahren

Zusammenwirken von Organsystemen bei körperlicher Aktivität – am Beispiel des Fahrradfahrens

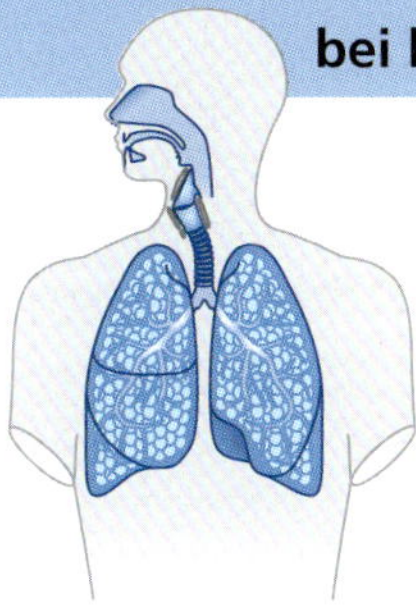

Die Lunge nimmt mehr Sauerstoff auf, der zur Oxidation des Traubenzuckers benötigt wird.

Mehr Nahrung wird aufgenommen, da im Verdauungssystem mehr Nährstoffe verdaut werden, da mehr Traubenzucker als Energielieferant benötigt wird.

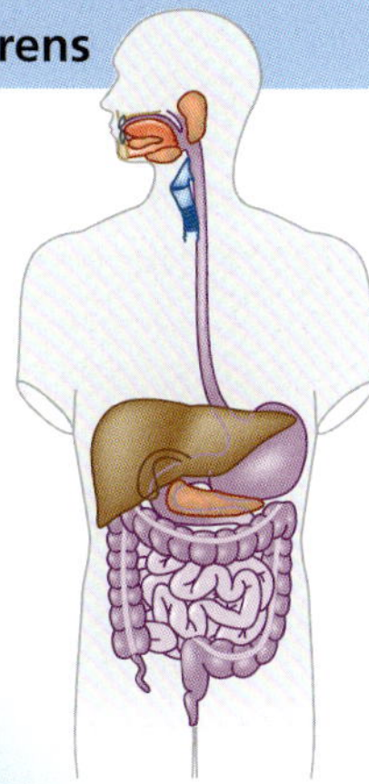

Schweißdrüsen, Nieren und Lunge erhöhen ihre Tätigkeit und scheiden die vermehrt gebildeten Stoffwechselendprodukte aus.

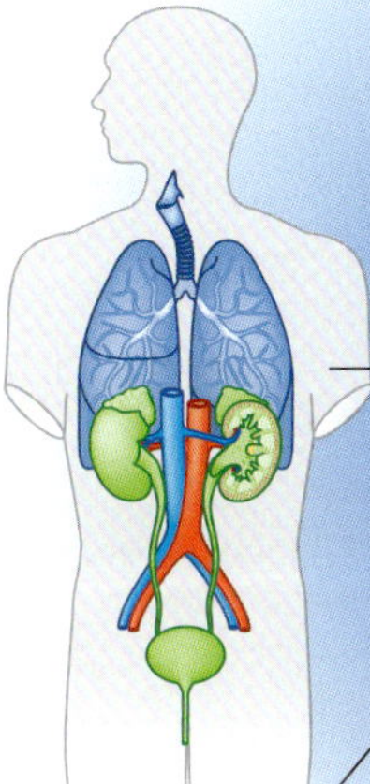

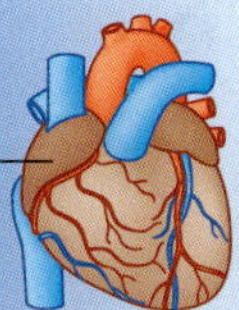

Der einzelne Herzschlag wird kräftiger, der Herzmuskel wird besser durchblutet. Das Herz arbeitet „schneller". Der Herzschlag wird erhöht.

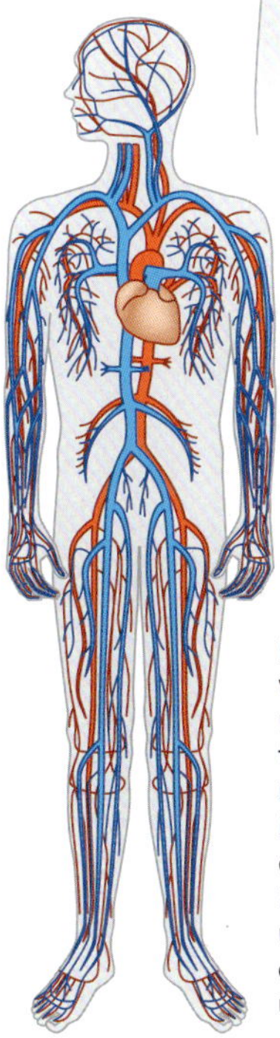

Im Blutgefäßsystem werden mehr Sauerstoff und Nährstoffbausteine transportiert. Blutfette werden verbraucht. Die Fließeigenschaft des Blutes verbessert sich. Ein Teil der beim Laufen umgewandelten Energie erhöht als Wärmeenergie unsere Körpertemperatur.

Die Muskulatur wird besser durchblutet. Sie erhält mehr Sauerstoff und Traubenzucker und damit mehr Energie. Es wird mehr Traubenzucker oxidiert.

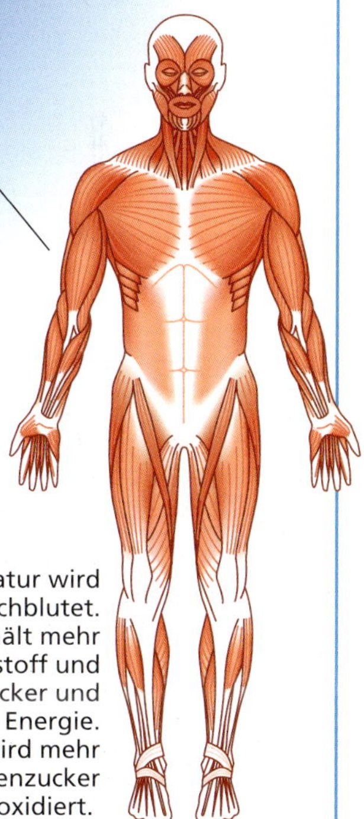

Zusammenwirken von Zellen, Geweben und Organen im Stoff- und Energiewechsel am Beispiel des Menschen

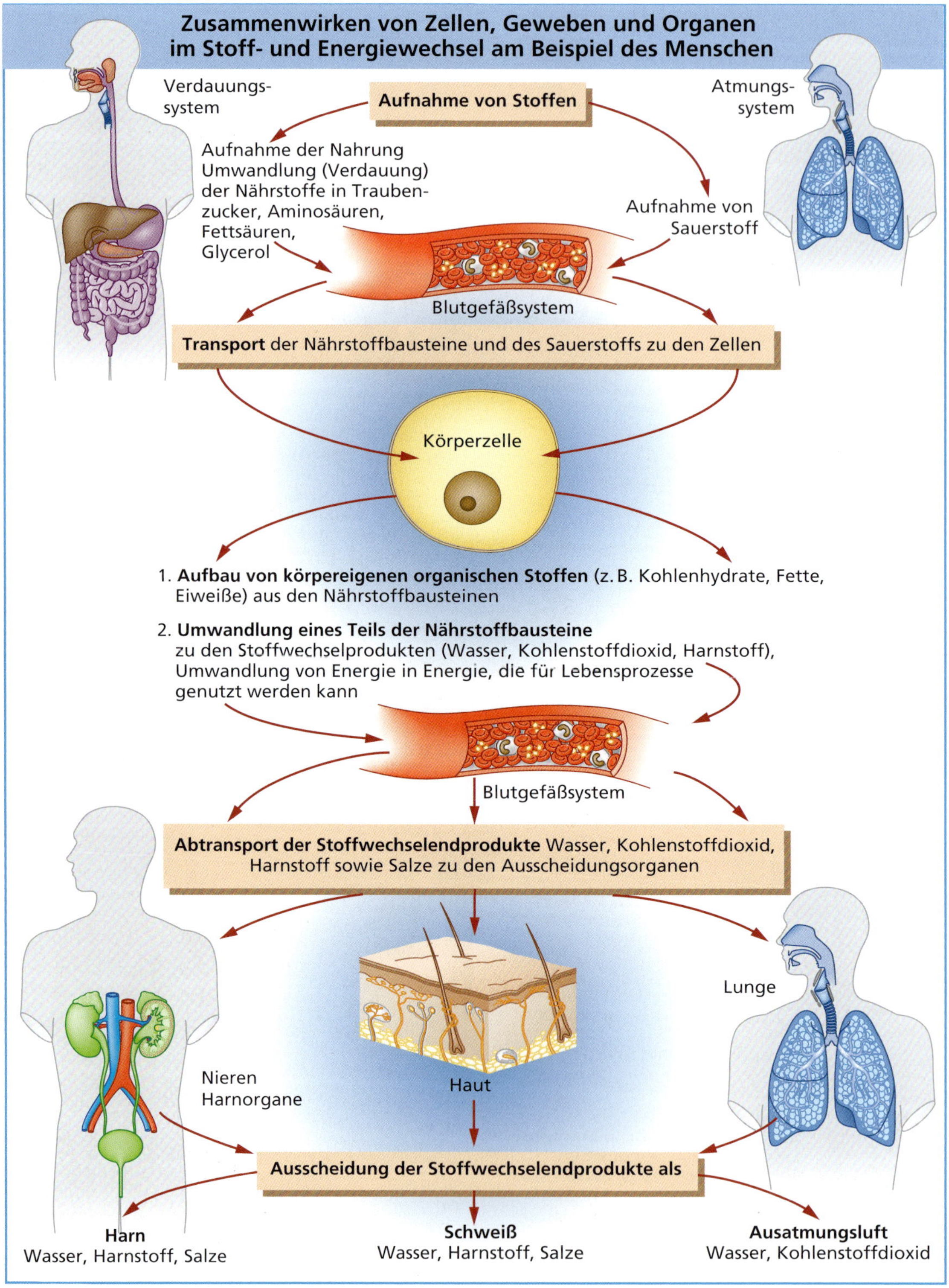

Stress – Motor oder Bremse unserer Leistungsfähigkeit?

Stress und seine Faktoren

Konfliktsituationen, wie sie bei Aggressionen vorkommen, aber auch nicht zu bewältigende Umweltsituationen wie Lärm, Hitze, Kälte sowie überhöhte Leistungsanforderungen, Unfälle, Ärger in der Schule oder bei der Arbeit, Liebeskummer usw. können bei uns zu unangenehm empfundenen Belastungen unseres Körpers führen. Sehr schnell wird dann gesagt, dass man unter **Stress** steht.

Der Körper befindet sich in einer Belastungssituation und reagiert darauf mit Verhaltensänderungen und Veränderungen der Körperfunktionen, ausgelöst durch das Nervensystem und Hormone.

Stress ist die Reaktion des Körpers auf die erhöhte Belastung. Er ist eine Anpassung des Körpers auf diese Belastungen.

Die Auslöser von Stress sind die **Stressfaktoren** oder **Stressoren.** Sie regulieren die Anpassung des Körpers, damit dieser keinen Schaden nimmt. Stressoren können physikalischer, chemischer, medizinischer oder psychischer Art sein. Von ihrer Wirkungsrichtung her unterscheidet man innere Faktoren und äußere Faktoren (s. Tab.).

Stressoren (Stressfaktoren) sind die Stress auslösenden Reize. Die schädigenden Reize sind physikalischer (Hitze, Kälte, Lärm), chemischer (Schadstoffe, Drogen), medizinischer (Infektionen, Verletzungen) oder psychischer (Leistungsdruck, Prüfungsangst, Über-, Unterforderung) Natur.

Die durch Stressoren hervorgerufene Belastungssituation des Körpers ist für ihn eine Notstandssituation. In dieser Situation erfolgt die allgemeine Aktivierung der Körperfunktionen, die eine erhöhte Reaktion des Körpers auf alle Erscheinungen, die mit dieser Notstandssituation zusammenhängen (z. B. Kampf, Flucht) erlauben.

Alle diese Erscheinungen bilden das **Fight- and Flight-Syndrom** (Kampf- und Fluchtsyndrom).

Stressoren (Stressfaktoren)	
innere Faktoren	Krankheitserreger und schwere Erkrankungen, Drogen, extreme soziale Belastung, Leistungsdruck (Unter-, Überforderungen), Ärger, Leid, körperliche Überanstrengung
äußere Faktoren	extreme Hitze und Kälte, Lärm, Schadstoffe, Reizüberflutung, Ernährungs- und Schlafmangel, Veränderungen der Lebenssituation (z. B. Tod eines Freundes, Verlust des Arbeitsplatzes, Durchfallen in einer Prüfung, Verarmung) sowie Verletzungen

Jeder von uns weiß, dass es dieses Syndrom auch beim Menschen gibt, z. B. bei Herzklopfen und Lampenfieber, bei Wut- und Zornausbrüchen, bei Angstzuständen, bei Reizüberflutung.

Entstehung einer Stress-Situation

Immer häufiger kommen Menschen zum Arzt und sagen: „Der **Lärm** vor meinem Haus macht mich krank.“ *Was ist geschehen?*
Der immer in unregelmäßigen Abständen auftretende starke Lärm (über 90 dB) erregt im Innenohr die Hörsinneszellen. Die Erregungen werden vom Gehirn registriert. Der Lärm wird vom Menschen als unangenehm und gefahrvoll empfunden. Die dabei entstandenen Erregungen, die vom Gehirn ausgehen, erreichen über das Rückenmark das **Nebennierenmark** und lösen in ihm eine verstärkte Bildung und Abgabe von **Stresshormonen** *(Adrenalin, Noradrenalin)* aus.
Die Hormone werden in das Blut abgegeben und mobilisieren Energiereserven des Körpers, erhöhen seine Empfindlichkeit, erhöhen die Atemfrequenz, den Herzschlag und den Blutdruck (Abb. 1).

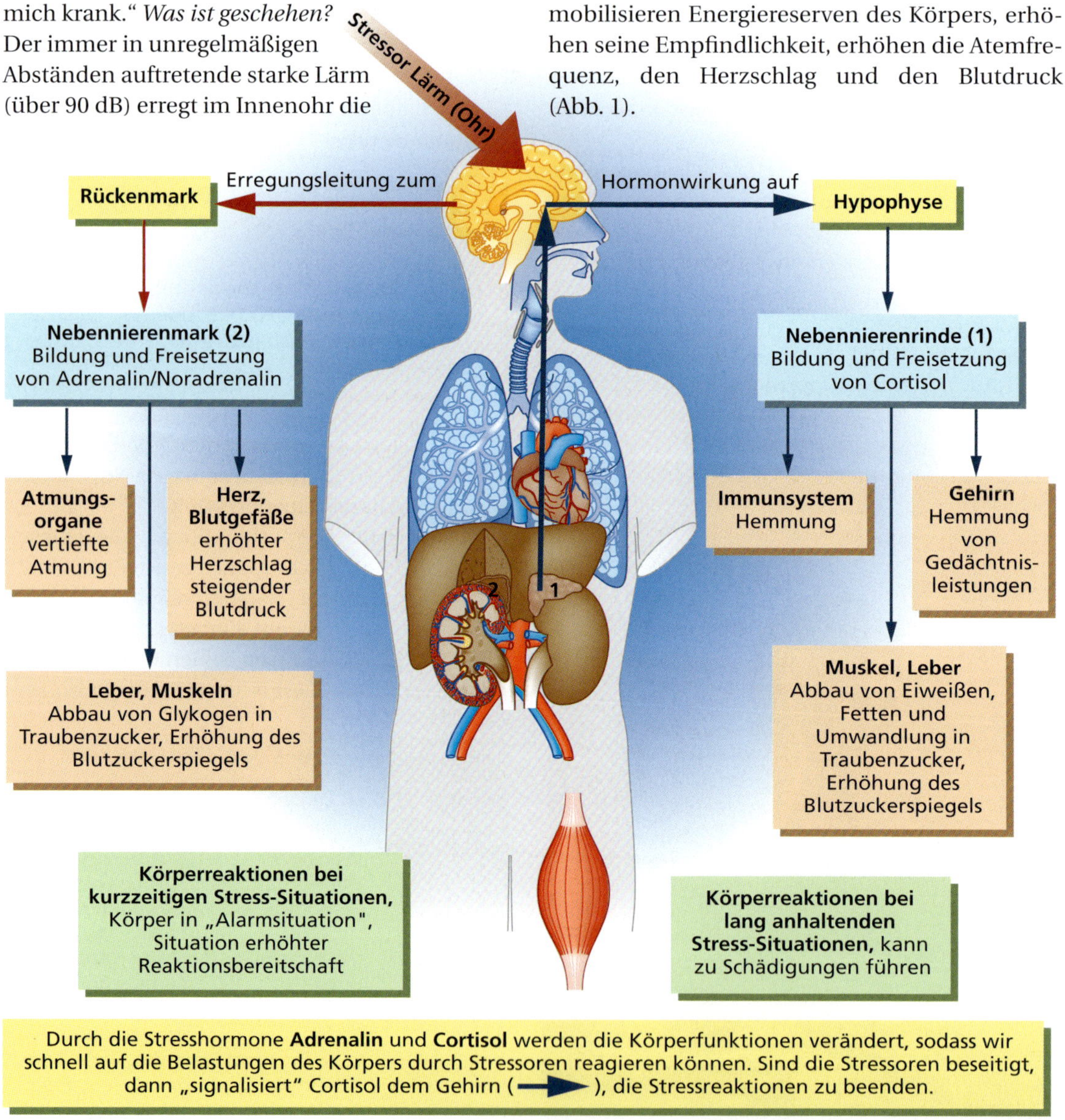

1 Lärm als Auslöser von Stress-Situationen (Erregungsleitung →; Hormonwirkung →)

Die durch den Stressor Lärm lange ausgelösten unangenehmen und den Körper belastenden Empfindungen führen zur Abgabe von **Hypophysenhormonen.** Diese Hormone beeinflussen die **Nebennierenrinde** und regen die Bildung und Abgabe des Stresshormons *Cortisol* an. Dieses Hormon aktiviert ebenfalls die Funktion mehrerer Organe (Abb. 1, S. 288).
In der geschilderten Stress-Situation muss durch die erhöhte Aktivität der Organe mehr Sauerstoff aufgenommen und transportiert werden. Gleichzeitig nehmen Zucker- und Fettgehalt im Blut zu. Dadurch werden auch die „Brennstoffe" zur Energiefreisetzung bereitgestellt.
Der Körper hat in kürzester Zeit auf volle Leistungsbereitschaft geschaltet. Der Stress hat unseren Körper also zu Höchstleistungen herausgefordert und sogar zur Steigerung der Widerstandskraft beigetragen.

Solche Veränderungen hat jeder sicherlich selbst schon erlebt, beispielsweise vor Prüfungen und Klassenarbeiten. Hier ist der Stressor die Leistungsanforderung und/oder die Unsicherheit über die richtige Vorbereitung der Klassenarbeit. So steigt der Adrenalinspiegel an, das setzt energiereiche Substanzen frei, führt aber gleichzeitig zu einer größeren Erregung, zu Herzklopfen. Mit bestandener Prüfung oder nach dem Abschluss der Klassenarbeit verringert sich die Anspannung, und man kann sich wieder erholen.

Reaktionen auf den Stress werden vom Gehirn ausgelöst und führen zu Veränderungen der Bildung und Abgabe von Hormonen. Diese Stresshormone beeinflussen die Herz- und Kreislauffunktion, die Freisetzung energiereicher Stoffe und die Reaktionsbereitschaft der Muskeln und des Nervensystems.

Stress kann also positiv sein, wenn durch ihn der Körper aktiviert wird. Dieser Stress wird **Eustress** genannt.
Kann die Stress-Situation nicht beendet werden, können die Dauerbelastungen und die Körperfunktionsänderungen zu dauerhaften Schäden führen. Zuerst kommt es zur Schwächung des Immunsystems und damit zu erhöhter Infektionsanfälligkeit. Bei weiterem Stress (Dauerstress) kann es zu nervlichen Störungen und Erschöpfungszuständen des Körpers sowie zur Ausbildung organischer Erkrankungen, z. B. Magengeschwüre, Bluthochdruck, Arteriosklerose, Herzinfarkt, kommen.

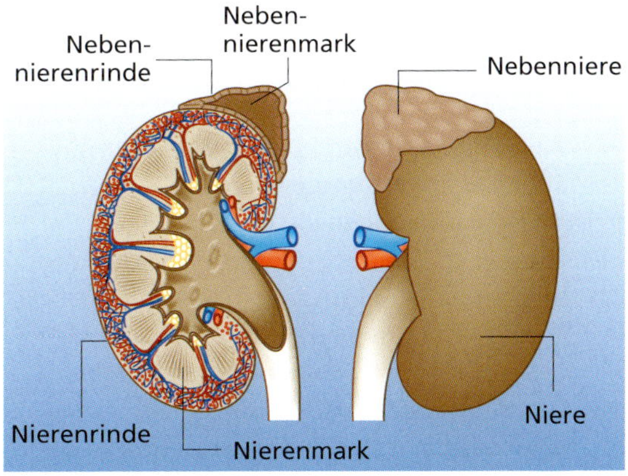

1 Schnitt durch Niere/Nebenniere

Führen die ständigen Dauerbelastungen zur Schädigung des Körpers, dann bezeichnet man diese Situation als **Distress.**
Kann jedoch der Mensch die Stress-Situationen beenden, dann führen wiederum Hormone zur Normalisierung der Körperfunktionen.
Bei Schülern können schon Dauerbelastungen, die durch zu wenig Schlaf und falsche Ernährung verursacht werden, zu Stress-Symptomen wie Nervosität, Kopfschmerzen, Herzklopfen, Magenschmerzen führen.

Lang anhaltender Stress macht krank.

Dem Stress kann durch die Meidung belastender Situationen, durch gute Zeiteinteilung, durch ausreichend Schlaf, richtige Ernährung und Bewegung sowie durch rechtzeitige Gespräche mit Eltern, Lehrern und Freunden entgegengewirkt werden.

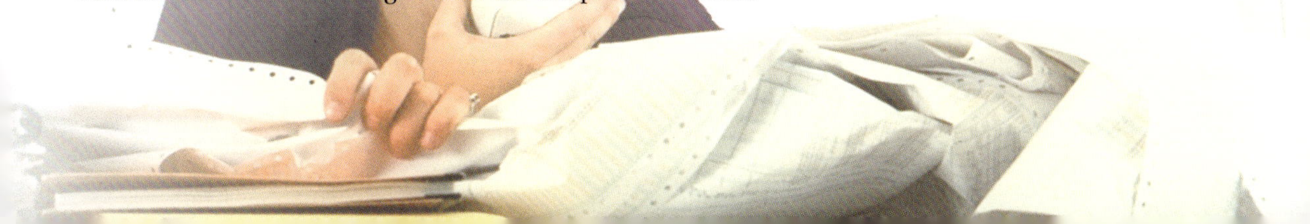

gewusst · gekonnt

1. Bestandteile unserer Nahrungsmittel sind auch Lebensmittelzusatzstoffe (E-Nummern). Untersuche die Verpackungen von Lebensmitteln auf E-Nummern! Stelle mithilfe einer Tabelle der E-Nummern fest, welche Zusatzstoffe in den untersuchten Lebensmitteln enthalten sind und welche Wirkungen sie verursachen.
Nenne die Zusatzstoffe, die du für entbehrlich hältst. Begründe deine Meinung.

2. Ein altes Sprichwort lautet: „Iss morgens wie ein Kaiser, mittags wie ein König und abends wie ein Bettelmann." Interpretiere.
Ziehe Schlussfolgerungen für deine persönliche Ernährung.

3. Manfreds Mahlzeiten bestehen aus folgenden Nahrungsmitteln:
Frühstück: 2 Scheiben Knäckebrot (20 g), Margarine (15 g), Marmelade (15 g), 1 Ei, Milch, 3,5 % (125 ml)
Mittagessen: Pommes frites (150 g), Rinderfilet (200 g), Rosenkohl (200 g), Spargel (200 g)
Abendessen: Tomatensaft (100 ml), 2 Scheiben Vollkornbrot (80 g), Schinken, geräuchert (30 g), Kalbsleberwurst (20 g), Magerjogurt (75 g)
Berechne den Energiegehalt von Manfreds Mahlzeiten anhand von Nahrungsmitteltabellen.
Wie viel Energie nimmt Manfred insgesamt auf?

4. Nahrungsmittel haben einen unterschiedlichen Energiegehalt. Errechne anhand von Energiegehaltstabellen für Nahrungsmittel den Energiegehalt einer selbst zusammengestellten Frühstücks-, Mittags- und Abendmahlzeit. Beachte dabei die Regeln einer gesunden Ernährung.
Ziehe daraus Schlussfolgerungen für deine persönliche Ernährung.

5. Der tägliche Energiebedarf eines Menschen ist abhängig von der körperlichen Betätigung. Richtwerte für Kinder und Jugendliche enthält die folgende Tabelle (Richtwerte nach FLINDT, 1995).

Alter	Energiebedarf in kJ	
	Jungen	Mädchen
7 bis 10 Jahre	8400	8400
10 bis 13 Jahre	10000	8800
13 bis 15 Jahre	11300	10000
15 bis 19 Jahre	13000	10500

Stelle mithilfe von Nahrungsmitteltabellen einen Tagesspeiseplan zusammen.
Beachte dabei die Regeln einer gesunden Ernährung sowie die notwendige Tagesenergiemenge.

6. Ein wichtiger Bestandteil unserer Nahrung sind die Vitamine, z. B. das Vitamin C.
a) Welche Bedeutung hat Vitamin C für unseren Körper?
b) Finde heraus, in welchen Nahrungsmitteln (Möhrensaft, Traubenzuckerlösung, dest. Wasser, Apfelsaft, verdünnter Zitronensaft, Kartoffelpress-Saft, Weizenmehlaufschlemmung) Vitamin C enthalten ist. Gehe nach folgender Anleitung vor.
Hinweis: Bei Vorhandensein von Vitamin C wird die violette Kaliumpermanganatlösung entfärbt.
- Gib die gleiche Menge Nahrungsmittellösung in je ein Reagenzglas.
- Gib in alle Reagenzgläser 5 Tropfen schwach gefärbte Kaliumpermanganatlösung, schüttele und beobachte.
- Notiere deine Beobachtungen in einer Tabelle.

Welche Nahrungsmittel enthalten Vitamin C?

7. Die Zahl der roten Blutzellen pro 1 Kubikmillimeter Blut ist in verschiedenen Höhenlagen der Erde unterschiedlich.
Erkläre diesen Sachverhalt.

über 4000 m Höhe	7,5 bis 8 Mio. Blutzellen
bei 1800 m Höhe	6,5 bis 7 Mio. Blutzellen
bei 700 m Höhe	5,5 bis 6 Mio. Blutzellen
bei 50 m Höhe	4,5 bis 5 Mio. Blutzellen

8. Vor einer Blutübertragung muss das Blut des Empfängers und Spenders auf Vorhandensein der Antigene und Antikörper untersucht werden, um eine Verklumpung des Blutes zu vermeiden.
Fest steht:
Das Empfängerblut der
- Blutgruppe A enthält Antikörper B
- Blutgruppe B enthält Antikörper A
- Blutgruppe 0 enthält Antikörper A und B
- Blutgruppe AB enthält keine Antikörper.

a) Ein Empfänger mit der Blutgruppe AB kann von Spendern welcher Blutgruppen Blut erhalten?
Begründe.

b) Ein Spender mit der Blutgruppe 0 kann Empfängern welcher Blutgruppen Blut spenden?
Begründe.

9. Die schädigende Wirkung der verunreinigten Luft spüren wir besonders bei Smog-Situationen. Diese treten bei bestimmten Wetterlagen vor allem in Großstädten und Industriegebieten auf.

a) Beschreibe anhand der Abbildung die Entstehung einer Smog-Situation.

b) Warum sind Smog-Situationen besonders gesundheitsschädigend?

10. a) Definiere den Begriff Atemfrequenz.

b) Im Ruhezustand werden von uns während eines einzigen Atemzuges 0,5 Liter Luft ein- bzw. ausgeatmet. In Ruhe atmest du etwa 11-mal in der Minute ein und aus.
Berechne die Menge der ein- bzw. ausgeatmeten Luft für 1 Minute.

c) Die Anzahl der Atemzüge pro Minute und damit auch die eingeatmete Luft sind u.a. von der auszuführenden Tätigkeit abhängig.
Werte folgende Tabelle aus.

Tätigkeit	Anzahl der Atemzüge je Minute
Schlafen	8 bis 9
Liegen	13 bis 15
Stehen	15 bis 16
Gehen	30 bis 33
Rad fahren	40 bis 50
Schwimmen	85 bis 90
Rudern	150 bis 180

Berechne die ein- bzw. ausgeatmete Luft in Liter für jeweils 1 Minute der Tätigkeit.
Fertige dazu ein Säulendiagramm an.

11. Diskutiere folgende Ansichten:
- Ich rauche, weil meine Freunde in der Clique rauchen.
- Durch Rauchen erreiche ich in der Gruppe eine positive Stellung.
- Ich glaube, Herbert raucht, weil er angeben will.
- Mein Großvater ist 80 Jahre und raucht immer noch. Warum soll ich ihm nicht nacheifern?
- Als mein Vater aufgehört hat zu rauchen, wurde er dick.
- Eine Möglichkeit der Haltbarmachung von Lebensmitteln ist das Einräuchern. Das erreiche ich auch durch das Rauchen für meinen Körper.

Register

A

Abwehrstoffe 175
Abwehrsystem 174
Aids 167, 168, 278
Akkommodation 192, 211
Algen 33, 34, 35
Allergien 181
Altern des Menschen 270
Ameisenstaat 60
Amöbe 29
Anlegen von Tabellen 94
Antigen-Antikörper-Reaktion 176
Antigene 131, 132
Antikörper 131, 132, 175
Arbeitsteilung 60
Arterien 136
Arterienverkalkung 141
Atembewegungen 123
Atemfrequenz 123
Atmung 121, 123, 151
Atmungsorgane 121, 124, 151
Auge 188, 189, 211
Ausscheidung 144, 152
Ausscheidungsorgane 144
autotroph 19, 25, 39

B

Bakterien 158, 159
- Krankheitserreger 157, 172

Bakterienerkrankungen 160, 172
Bakterienkolonien 157
Ballaststoffe 83
Ballonkatheter 142
Baustoffe 77, 116
bedingte Reflexe 222, 223, 239
Befruchtung 263, 282
Begattung 263
Begründen 159
BEHRING, EMIL VON 178
Beine von Insekten 58
Beratungsstellen 236
Beschreiben von Naturobjekten und Naturvorgängen 114
Bestimmen 67
Betriebsstoffe 77
Bildentstehung in der Netzhaut 190
biologische Regelung 244, 250
biologischer Regelkreis 244
Blindenschrift 208
Blindenuhr 208
Blut 120, 130, 152
Blutbestandteile 129, 152
Blutdruckmessung 139
Blutgefäße 136, 143, 152
Blutgerinnung und Wundverschluss 143
Blutgruppe 131
Blutgruppenbestimmung 132
Bluthochdruck 141
Blutkonserven 132
Blutkreislauf 138, 152
Blutsenkung 129
Blutspenden 132
Blutübertragung 131, 132
Blutzellen 130
Bodendurchmischung 54
Bodenfruchtbarkeit 54
Bypassoperation 142

C

Chlorella 30
Chloroplasten 14

D

Destruenten 62
Diabetes 247
Diabetes-Typen 248
Diäten 99
Diätnahrung 248
Distress 289
Drogen 230, 231, 232, 234
- künstlich hergestellte Drogen 235
- legale („erlaubte“) Drogen 231
- illegale (verbotene) Drogen 233

Drogenprobleme 236

E

Einzeller 26, 32, 41
- einzellige Grünalgen 30, 41
- einzellige Tiere 27, 41

Eiweiße 79, 109
Elektrokardiogramm (EKG) 142
Elektronenmikroskop 10
Empfängnisregelung 274
Energiebedarf 90, 92, 104
Energiegehalt 93
Entbindung 266
Enzyme 108
Ergänzungsstoffe 77, 81, 104
Erkältungskrankheiten 156
Erklären 126
Erkrankungen und Gesunderhaltung des Nervensystems 228
Ernährung 19, 25, 76, 96, 104, 105, 119
- autotrophe Ernährung 19
- heterotrophe Ernährung 19

Ernährungsstörungen 100, 104
Ernährungstabelle 93
Ess-Störungen 100, 101, 104
Euglena 31, 41
Eustress 289
Experimente
- zur Verdauung 111, 112, 113
- zur Atmung 128
- zum Blutkreislauf 139
- zu den Sinnesorganen 147, 195, 198

F

Familie 271
Familienplanung 274
Farbensehen 196
Fehlsichtigkeit 194
Fette 80, 109
Feuchtlufttier 53

G

Gasaustausch 125, 126, 151
Geburt 266, 282

Gedächtnis 224, 226, 227
Gehirn 215, 216, 239
gentechnisch veränderte Stoffe in Lebensmitteln 85
Geschlechtskrankheiten 277, 282
Geschlechtsmerkmale 253, 254, 261
Geschlechtsorgane 255, 256, 259, 261
– männliche 255
– weibliche 256
Geschlechtsreife 253
Geschlechtsverkehr 263, 282
gesunde Ernährung 104
gesunde Lebensweise 182
Gewässer 37, 38, 39
Gewässergüteklassen 35
Gewebe 15
Gleichgewichtsorgan 205
Grundregeln einer gesunden Lebensweise 140, 142
Grundregeln für eine gesunde Ernährung 97
Grundumsatz 91, 92

H
Harnbildung 145
Haut 147, 148, 186, 205, 206, 212
Haut als Sinnesorgan 205, 212
Hautatmer 53
Hautflügler 56
Herz 134, 135, 152
Herz- und Kreislauf-Erkrankungen 140
Herzfrequenz 134, 135
Herzinfarkt 140
Herzkatheter 142
Herzuntersuchung 142
heterotroph 19, 25, 39
Hilfseinrichtungen der Augen 188
Hirnanhangdrüse 245
Hohltiere 50, 51, 74
homosexuell 273
hören 200
Hormondrüsen 241, 242, 243, 250
Hormone 241, 242, 243, 246, 250, 258, 288
Hormonsystem 241, 242, 250
Hörsinnesorgan 200, 212
Hörvorgang 202, 212
Humusbildung 54, 62

I
Immunisierung 177, 178, 179, 184
– aktive 177, 179, 184
– passive 178, 179, 184
Immunität 174, 175, 176, 184
Immunreaktionen 174, 176
Immunsystem 153, 173, 174, 184
Impfbuch 179
Impfkalender 178, 179
Impfungen 173
Infektionskrankheiten 153, 154, 155, 156, 162, 166, 172, 182, 184
Informationsaufnahme 186, 187
Informationsverarbeitung 185, 213, 239
Inkubationszeit 156
Insekten 56, 57, 58, 59, 62, 63, 74
Insektenordnungen 56
Insulin 248
Interpretieren von Tabellen 95

J
JENNER, EDWARD 177

K
Käfer 56
Kammertierchen 28
Kapillare 136, 137
Kieselalgen 38, 39
Kohlenhydrate 78, 109
Kolonie 32
Kondom 275
Kontaktlinsen 194
Korallen 51
Krake 42
Krampfadern 141
Krebstiere 65, 74
künstliche Befruchtung 279

L
LANDSTEINER, KARL 133
Lärm 201, 288, 289
Lautstärke 201
Lebensmittelzusatzstoffe 84
Leber 105, 107
Lebewesen 7, 13
Leistungsumsatz 91
Lernen 224, 225, 227
Lernformen 224
Lernregeln 226
Lerntypen 227
Lernvermögen 227
Lichtmikroskop 9, 10, 24
Lichtsinnesorgan 188
Liebe 252, 271
Lunge 120

M
Magen 107
Magen- und Darmerkrankungen 117
Medikamentenmissbrauch 236
Menschenpocken 177
Menstruationskalender 258
Menstruationszyklus 257, 258
Merkfähigkeit 227
Metamorphosen 59
Methoden zur Beurteilung der Körpermasse 98
Mikropräparate 12, 24
Mikroskop 8, 9, 11
– Elektronenmikroskop 10
– Lichtmikroskop 9, 10, 24
mikroskopieren 9, 11
mikroskopische Untersuchungen 16, 17, 18
mikroskopisches Zeichnen 11
Mineralstoffe 81
Mitochondrien 14

Modell 124
Mundgliedmaßen von Insekten 57

N

nachgeburtliche Entwicklung 282
nachgeburtliche Lebensabschnitte 268
Nachweis von organischen Stoffen in Nahrungsmitteln 86
Nährstoffbedarf 90
Nährstoffe 77, 78, 79, 80, 104, 108, 119
Nahrung 76, 77, 104
Nahrungsbeziehungen 39
Nahrungsketten 39, 61, 62
Nahrungsmittel 93, 119
Nahrungsmittelkreis 97
Nahrungsnetze 39
Nervensystem 214, 229
– peripheres 214
– vegetatives 214
– Zenralnervensystem 214
Nervenzelle 215, 239
Netzhaut 189, 190
Niere 144
Nierenerkrankung 146

O

Ohr 186, 200, 202, 205, 212
optische Täuschungen 197
Organ 15
Organismus 15
Organspende 180
Organspendeausweis 180
Organsysteme 15, 106, 283, 284, 285

P

Pantoffeltierchen 26, 27, 28
Partnerschaft 252, 271, 272, 273
Pawlow 222, 223
peripheres Nervensystem 214
Peristaltik 107
Pflanzenzelle 14, 19, 20, 21, 24
Pille 274
Pilze als Krankheitserreger 169, 172
Pilzerkrankungen 170, 172
Plankton 37, 38
– pflanzliches 37, 38
– tierisches 38
Plasmawachstum 20
Pollution 263
Praktikum
– Nachweis organischer Stoffe 86, 87, 88, 89
Projekt 36, 37
Projektarbeit 36
Pubertät 252, 253, 254, 261
Puls 136
Pulsmessung 139
Pupillenadaptation 191, 211
Pupillenreflex 191

R

räumliches Sehen 195
Reflexbogen 220, 239
Reflexe 220, 221, 222, 223, 239
– bedingte 222, 223, 239
– unbedingte 220, 221, 239
Regel-(Menstruations-) Kalender 257
Regelung
– der Körpertemperatur 139, 242
– der Pupillenweite 242
– von Lebensprozessen 240
– des Blutzuckerspiegels 246
Regenwurm 52, 53, 54, 55
Reiz 219
Reizarten 187
Reizbarkeit 218
Reiz-Reaktions-Kette 218, 219, 221
Reizschwelle 219
Resorption 105
Rhesus-Faktor 133
Rindenfelder 216
Ringelwürmer 52, 74
Risikofaktor 140
Rückenmark 217, 239

S

Samenerguss 263
Scheidenpessar 275
Schilddrüse 240
Schlaf 228
Schlafphasen 229
Schlaganfall 141
Schlüssel-Schloss-Prinzip 131, 243
Schmetterling 56
Schutz der Augen 198
Schutz der Ohren 204
Schutzimpfung 177
Schwangerschaft 262, 264, 265, 282
– Verhütung 274
Schwellenwert 219
See 37
Sehfehler 193, 194, 211
Sehvorgang 190, 211
Sex in den Medien 279
Sexualhormone 255, 257
Sexualität 251, 252, 253, 261, 271, 272, 273
sexueller Missbrauch 279
Sinnesorgane 186, 187, 211
Sinnestäuschungen 198
Sinneszellen 187
Spinnentiere 64, 74
Spirale 275
Stachelhäuter 70
Stoff- und Energiewechsel 75, 108, 116
Stress 287, 289
Stress-Situation 288
Suchtmittel 230
Suchtverhaltensweisen 235
Süßwasserpolyp 50, 51

T

Tasten 208
Termiten 61
Tierstaat 60
Tierzelle 15, 19, 21, 24
Tracheensystem 58

Transplantationen 173, 180

U
Übergewicht 80
unbedingte Reflexe 221, 239
Untersuchungen 47
unvollkommene Verwandlung 59

V
Vakuolen 14
vegetatives Nervensystem 214
Vene 137
Verdauung 105, 108, 109, 119
– Eiweißverdauung 110
– Kohlenhydratverdauung 110
– Verdauung der Fette 110
Verdauungsorgane 105, 106, 119
Verdauungsprozesse 108
Vergleichen 71
Verhütungsmethoden 282
Verhütungsmittel 263, 274, 275, 276
Vielzeller 26, 32, 41
Viren als Krankheitserreger 163, 172
Viruserkrankungen 164, 172
Vitamine 82
vollkommene Verwandlung 59
Volvox 26, 32, 33, 41
vorgeburtliche Entwicklung 264, 282

W
Wachstum 19, 20
Wahrnehmung der Umwelt 219
Wärmetransport 139
Wasser 83
weibliche Geschlechtsorgane
– Menstruationszyklus 256
Weichtiere 66, 74
Wirbellose 43
wirbellose Tiere 42, 43, 44, 45, 46, 47, 48, 49, 74

Z
Zelle 7, 13, 16, 18, 25
– Pflanzenzelle 14, 19, 20, 21, 24
– Tierzelle 15, 19, 21, 24
Zellen Zellkolonie 32, 41
Zellteilung 21, 25
Zellwachstum 20, 25
Zelldifferenzierung 20
Zentralnervensystem 213, 214, 215, 239
Zersetzer 62
Zuckerkrankheit 247, 250
Zusammensetzung der Ein- und Ausatemluft 127
Zweiflügler 56
Zwitter 53

Bildquellenverzeichnis

Abbott GmbH & Co.KG/Atlanta Pharma: 117; ADN-Zentralbild: 183/2; T. Angermayer, Holzkirchen: 43/3, 44/2, 6, 45/6, 46/1, 53/1, 54/1; BackArts GmbH: 93/9; K. Bahro, Berlin: 77/1, 119; Bayer AG/ Eoropark Fichtenhain, Krefeld: 45/3, 170/5, 154/2; Dr. F.-L. Berschat, Berlin: 161/2; Bettmann/Corbis/Picture Press, Hamburg: 266/2; Bibliographisches Institut & F. A. Brockhaus, Mannheim: 26/3; A. Biedermann, Berlin: 77/2, 128/2, 182/1, 267/2, 271/2; blickwinkel/Hecker/Sauer: 31/1; blickwinkel/H. Schmidbauer: 191/1, 2; S. Brezmann, Hamburg: 26/1, 27/1, 40/4, 6; Condomi AG, Köln: 275/1; Corel Photos Inc.: 5/1, 10/1, 45/4, 46/5, 51/2, 89/2, 90/1, 2, 91/1, 92/3, 93/2, 4, 5, 10, 103/1, 104, 186/2, 194/2, 198/3, 199/1, 213/1, 223/1, 226, 228/1, 2, 234/3, 240/1, 249/1, 262/3, 280/1, 281/4, 284/1, 2, 289; Cornelsen Experimenta: 210/3; Deutscher Blinden und Sehbehinderten Verband e.V., Berlin: 208/3; DUDEN - PAETEC GmbH, Berlin: 7/1, 43/5, 46/4, 78/1, 2, 79/1, 80/1, 98, 191/3, 4, 196/1,2,3, 209/2, 3, 262/2, 276/1, 280/3; W. Eisenreich, Gilching: 45/2; Dr. T. Geisel, Paulinenaue: 36/4; M.-L. Gubig, Berlin: 58/1, 2, 3; H. Halle, Charité Berlin: 277/1, 278/1; Hessen Touristik Service e. V., Wiesbaden: 238/2; M. Holzinger, Berlin: 225/1; HVBG/ Nico Schmidt: 173/3; IMA, Bonn : 170/4, 172/8, 235/7; Institut für Lebensmittel- und Umweltforschung e. V.: 34/2; Institut Pasteur, Paris: 29/2 ; Joerg Brockstedt/ VISUM: 213/2; Jonas, R., Alsfeld: 264/3, 265/1; Kalbe, L., „Das Leben im Wassertropfen“: 30/5; KES/ Kaempre: 229; KES/Uselmann: 160/1; Klafs Saunabau GmbH & Co KG, Schwäbisch Hall: 182/2; Lady-Comp/Baby-Comp, Karlsruhe: 276/3; G. Liesenberg, Berlin: 19/1, 45/1, 76/3, 90/3, 103/2, 208/2, 235/3; H. Mahler, Berlin: 34/1, 3, 76/3, 79/2, 3, 80/2, 81, 87/4, 88/2, 89/3, 93/1, 111/1-4, 122/4, 179/2, 182/3, 219, 259/1, 274, 276/2, 281/3; mauritius images: 4/1, 76/2, 100, 160/2, 161/1, 162/1, 166/1, 170/3, 172/3, 183/1, 235/5, 262/1; Max-Planck-Gesellschaft, München: 134/1; L. Meyer, Potsdam: 8/4, 120/2, 139, 159/1, 186/4, 235/6; Natura 2000: 120/1, 186/3, 220/2, 267/3; Natura 2000/S. Kerscher: 252/1, 2, 271/1, 272/1; Naturfotografie Frank Hecker: 16/2, 66/4, 209/1; Z. Neuls, Berlin: 180/1; Nobelstiftelsen, The Nobel Foundation, Stockholm: 133/1; Novo Nordisk Pharma GmbH, Mainz: 247/3; OMRON Medizintechnik Handelsgesellschaft mbH, Mannheim: 141/1; Pendragon Medical AG, Zürich: 247/2; H.-U. Pews, Berlin: 73/1; Ch. Pews-Hocke, Berlin: 17/4, 5; Photo Disc Inc.: 36/2, 42/4, 47/1, 62/1, 64/2, 70/2, 3, 4, 76/3, 83/4, 5, 91/2, 3, 92/1, 2, 93/7, 8, 114/2, 118/3, 120/3, 141/3, 168, 199/3, 204, 232, 233/2, 235/1, 236/2, 249/2, 270, 280/2, 287/1, 2; Phywe Systeme GmbH, Göttingen: 8/3, 9/1, 22/1, 24/2, 96, 103/3; picture-alliance/akg-images, Frankfurt am Main: 133/3, 154/1, 177/2, 223/2; picture-alliance/dpa, Frankfurt am Main: 6/1, 95, 142/1, 173/1, 178/2, 208/1, 240/3, 259/2, 279/2; picture-alliance/OKAPIA, Frankfurt am Main: 47/4, 66/2, 175/2, 181/1, 215/1, 248, 165/1; picture-alliance/Picture Press/Wartenberg, Frank P.: 251; W. Probst, Flensburg: 11/3, 30/1, 170/2, 172/2; B. Raum, Neuenhagen: 61/1; D. Ruhmke, Berlin: 236/1; Ch. Ruppin, Berlin: 76/3, 86/2, 93/3, 105/1, 185, 271/3; M. Scharffenberg, Birkenstein: 75, 224/1; A. Schmidt, Berlin: 40/5; H.-C. Schuppe, Zentrum für Dermatologie, Gießen: 255/2; U. Sedlag, Eberswalde: 43/1, 4, 44/5, 47/2; SFA, Lausenne: 234/1, 2, 235/8, 9; Siemens AG, München: 47/3, 87/2, 159/2; G. Sommerfeld, Fredersdorf: 198/4; Techniker Krankenkasse: 235/2, 4, 267/1, 272/2; H. Theuerkauf, Gotha: 11/1, 16/1, 3, 4, 17/1, 2, 3, 18/1, 2, 3, 4, 22/2, 44/1, 4, 46/2, 50/3, 62/3, 64/3, 4, 65/2, 66/3, 136/1, 137/2, 152/1; Tordjmann, Cohen u.a. "Mann und Frau", Bd. 3 (Hachette Jeunesse Verlag, Paris): 275/2; Ullstein-AP: 272/2, 273/1; H. Wettmann, Berlin: 195; E. Zabel, Güstrow: 36/1, 3, 154/3, 217/1, 233/3; K.-H. Zeitler, München: 45/5, 65/3, 4, 73/4, 5

Titelfoto: Marlitz, U./images.de

Tierstämme wirbelloser Tiere

Stamm Hohltiere ca. 10 000 Arten

Hydratiere

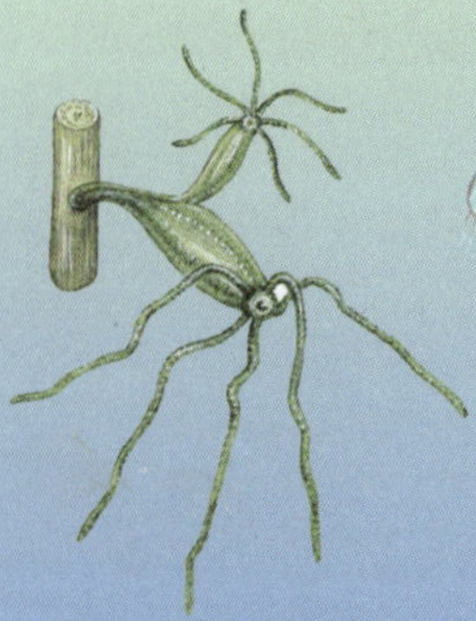

Süßwasserpolyp
(ca. 1,5 cm)

Quallen

Ohrenqualle
(ca. 40 cm)

Korallentiere

Seerose
(ca. 15 cm)

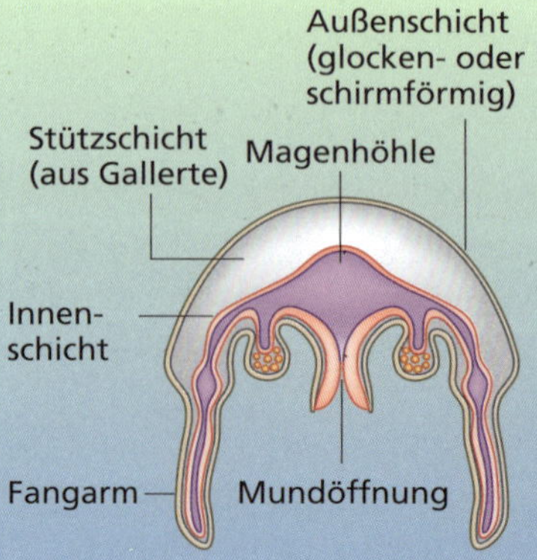

Bauplan einer Qualle

Stamm Stachelhäuter ca. 6 500 Arten

Seesterne

Gemeiner Seestern
(20 – 30 cm)

Seewalzen (Seegurken)

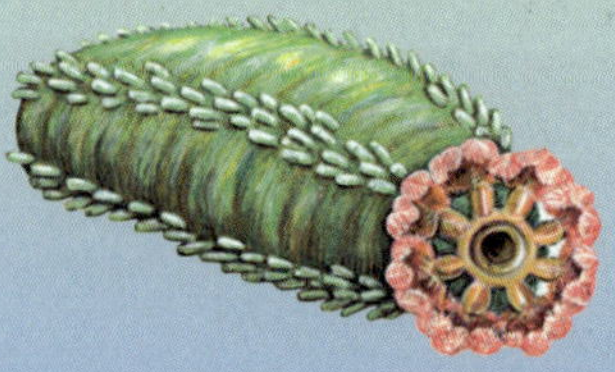

Röhrenseewalze
(25 – 35 cm)

Korallentiere

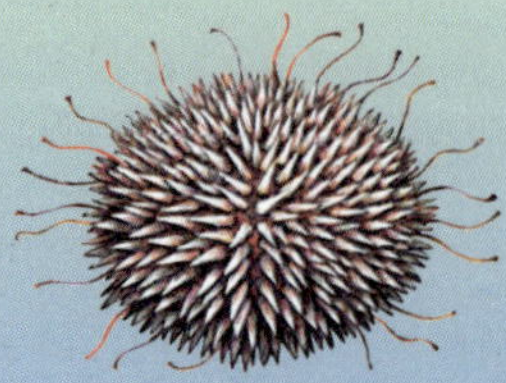

Schwarzer Seeigel
(10 – 16 cm)

Stamm Plattwürmer ca. 20 000 Arten

Strudelwürmer

Planarie
(ca. 2 cm)

Saugwürmer

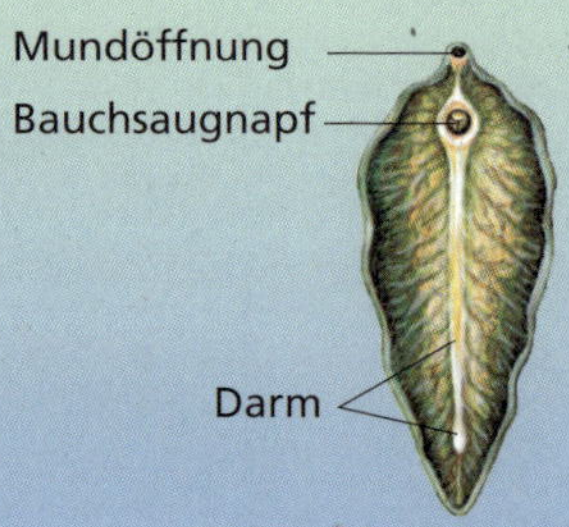

Großer Leberegel
(2 – 5 cm)

Bandwürmer

Schweinefinnenbandwurm
(2 – 4 m)